共立叢書
現代数学の潮流

超函数・FBI変換・無限階擬微分作用素

青木 貴史・片岡 清臣・山崎 晋 著

編集委員

岡本 和夫
桂 利行
楠岡 成雄
坪井 俊

共立出版株式会社

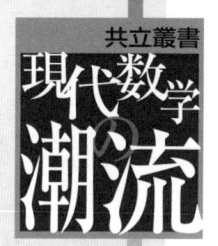

刊行にあたって

数学には，永い年月変わらない部分と，進歩と発展に伴って次々にその形を変化させていく部分とがある．これは，歴史と伝統に支えられている一方で現在も進化し続けている数学という学問の特質である．また，自然科学はもとより幅広い分野の基礎としての重要性を増していることは，現代における数学の特徴の一つである．

「21 世紀の数学」シリーズでは，新しいが変わらない数学の基礎を提供した．これに引き続き，今を活きている数学の諸相を本の形で世に出したい．「共立講座　現代の数学」から 30 年．21 世紀初頭の数学の姿を描くために，私達はこのシリーズを企画した．

これから順次出版されるものは，伝統に支えられた分野，新しい問題意識に支えられたテーマ，いずれにしても，現代の数学の潮流を表す題材であろう，と自負する．学部学生，大学院生はもとより，研究者を始めとする数学や数理科学に関わる多くの人々にとり，指針となれば幸いである．

編集委員

はしがき

本書は超函数，超局所函数及び無限階擬微分作用素の基礎理論の入門書である．超函数とは広義には解析を円滑に行うため，函数（関数）概念を拡張した「一般化函数」の総称であるが，本書では佐藤 幹夫の hyperfunction を指す．この「一般化函数」によって，力学で現れる質点（大きさが無く質量だけを持つ点）の密度分布函数や弾性衝突時の加速度といった，通常の意味では函数ではないが何らかの函数的意味を持つ対象を数学として厳密に扱うことが可能となる．

当初「超函数」は 1940 年代後半に L. Schwartz が発見した distribution（本書では「Schwartz 超函数」と呼ぶ）の岩村 聯による訳語であった．実質的には既に S. Bochner や S. L. Sobolev がこの概念に到達していたのだが，Schwartz 理論は「局所性」を取り入れた明快な定式化を与えたため，多くの人々の支持を得て現在では数学，特に解析学の中で函数概念拡張の標準的理論として定着している．日本でもこの理論はその重要性から「超函数の理論」として発表後直ちに紹介され，多数の人々に受け入れられた．しかし当時この理論に接した佐藤は，その理論構成にある種の違和感を覚え，独自に研究を進め，遂には Schwartz とは全く異なる方法で新たな函数概念の拡張に到った．「佐藤超函数論」の誕生である（文献 [19]）．

Schwartz 超函数がコンパクト台の無限階微分可能函数という，やや人為的なものを基礎に置くのに対し，佐藤の超函数は整型函数 (holomorphic function) を基にしており，理論構成が極めて自然に行える．全ての Schwartz 超函数は超函数であるが，Schwartz 超函数としては捉えられない超函数がある．更に超函数は理論として単に広いというだけではなく，函数概念の自然な一般化として究極の形を与えている．

定式化はどうあれ，超函数という数学的概念は直観的に認識可能である．最も早く超函数を明示的に表現し有効に利用したのは量子力学の創設者の一人 Dirac

であろう．彼が導入した δ 函数は定式化の流儀を超えて一つの実体として把握される（なお，本質的には既に Fourier が δ 函数の概念に到達していた事実は注目に値する）．これは例えば Jordan 測度であれ Lebesgue 測度であれ，如何に数学的に厳密に定義しても我々が持つ「面積」の直観的描像が変わらないのに似ている．逆に言えば「δ 函数に関する限り，超函数の理論は，安心して使えることを保証するだけで，物理学者の直感以上にあまり付け加えることはない」(山内恭彦) との見方もある．これは Schwartz 超函数論について述べたものであるが，厳密な定式化に拘泥する数学者への警告であろう．大切なのは，定式化の向こうにある，数学的世界での存在の的確な認識である．

とは言え，数学に限らず多くの自然科学で，本質を的確に捉えた適切な定式化は次のステップへの道筋を与える．実際，超函数は超局所函数へと発展し，特異性を余接方向に分解するという新たな解析の手法，即ち超局所解析を生み出した．δ 函数もこの立場で考察すれば特異性が余接方向に分解され，新たな構造が見い出される．又，超局所解析では微分作用素を超局所化した擬微分作用素が定義され，微分方程式論で大きな役割を果たす．更には層の超局所解析や特異摂動の代数解析へと繋がり，今日でも新たな高みに発展させる努力が続いている．

本書の前半では超函数，超局所函数の導入及びその基本性質を述べる．超函数は元来，整型函数の層を係数とする相対コホモロジーという代数的概念を用いて定義される．そのため本来超函数を活用すべき解析学関連分野の人々が敷居の高さを感じ敬遠したのは無理からぬところである．それに対して Schwartz 超函数は函数空間の双対空間という，解析学では馴染み深いものを用いている．これが今日もなお，我が国でさえ Schwartz 超函数ユーザーが多い理由であろう．実際は金子 [6] の指摘の通り，Schwartz 超函数論の基礎付けには位相線型空間の深い知識が必要となり，難易の順は簡単には付けられない．しかし普及の現状を考慮すれば，なるべく読者の予備知識を仮定せず，超函数に関して自己完結的な理論構成を行うことに意味はあるだろう．本書の狙いの一つはこの点にある．そのため本書では超函数はコホモロジーを用いず，直接に整型函数の抽象的境界値として定義する．これは基本的には Martineau [16] による佐藤理論の解釈であり金子 [6] もこの観点からの入門書である．佐藤自身の本来の発想も整型函数の境界値として超函数を定義することであり，その表現の普遍性を追求してコホモロジーに行き着いたのだと思われる．更に我々は理論構成の道具として FBI 変換を用いる．FBI は Fourier, Bros 及び Iagolnitzer の三名の頭文字を取ったものである．FBI 変換により整型函数の境界値の特異性が，錐状集合での整型函数の増大度に翻訳できる．この点で我々の手法は「解析的」であり，解析学に関心のある読者には容易に近付けるだろう．

後半では擬微分作用素の基礎理論を無限階作用素に重点を置いて述べる．無限階の作用素は佐藤理論と Schwartz 理論との差を端的に際立たせるものである．擬微分作用素も元々は相対コホモロジーを用いて定義されるが，本書では表象の同値類として定義する．この定式化は C^∞ 範疇の擬微分作用素論では標準的なので，その知識を持つ読者には馴染み深いと思う．但し表象の「漸近級数」である形式表象の定義には，表象解析に好都合となる様に不定元を用いた形式冪級数を使う．この点が若干目新しいかも知れない．

本書を通読しようとして難解さを感じる読者に対して一言付け加えると，把握すべき基礎概念や実体を直観的に捉えられたと感じることができれば，定理等の証明は読み飛ばして先へ進めば良い．省略した部分については，自分にとって必要となったときに読み返せば，入用な記述を見い出せるだろう．学び方としては，それで十分である．

紙数の都合で，重要であるが本書に盛り込めなかった事項も数多くある．特に線型偏微分方程式系の代数解析，即ち $\mathscr{D}$ 加群論については全く触れられなかった．佐藤，河合 隆裕，柏原 正樹（[20] 参照）に始まるこの理論では，線型偏微分方程式系とは微分作用素の成す環 $\mathscr{D}$ の上の加群に他ならない．超函数はこの理論の「函数」として中心的な役割を担っている．又，擬微分作用素は解である超函数を超局所函数と考えて余接束上で特異性を解析する際，基本的な役割を果たす．更に無限階の擬微分作用素を用いれば，線型偏微分方程式系がその特性多様体と呼ばれる集合の幾何学的条件だけから決まる単純な標準型に（一般的条件の下に）変換できる．本書の内容に興味を持たれた読者は是非，代数解析学の参考文献，特に [20] を参照されたい．

本書は著者の内の年長者二人（K. K. と T. A.）が東京大学大学院数理科学研究科等で行った講義及び集中講義を若年のもう一人の著者（S. Y.）がまとめた原稿を基にしているが，その段階で補われたり改良された部分，あるいは論文として著者達が発表したものや土台となった講義・集中講義の理論構成よりも簡潔になっている点が多々ある．又，論文の形では発表されていない内容もある．本書の教科書的性格上，定理等で一々原典を挙げておらず，呼称も恣意的であるかも知れない．いずれにせよ記述に対する責任は著者一同が等しく負うものである．本書を読まれて超函数論及びそれに続く超局所解析，代数解析に興味をひかれる読者が一人でも現れれば，それは著者にとって望外の喜びである．

本書の内容は，その源泉を佐藤 幹夫先生に負う．[19] に始まる超函数論，及びそれに続く SKK 理論 [20] の創始者である佐藤先生，並びに河合 隆裕，柏原 正樹両教授に感謝の意を表する．又，著者一同がセミナーでお世話になった小松 彦三郎教授に感謝する．最後になったが，本書の執筆を辛抱強く応援して下さった共立出版の赤城 圭さんに御礼申し上げる．

2004 年 5 月

著者一同

目　次

1

多変数整型函数と FBI 変換

本章では引用の便も考え，多変数複素解析の基礎について簡単に述べる．又，従来の教科書等であまり紹介されることのなかった無限階の線型偏微分作用素の基礎理論について紹介する．更に通常の Fourier 変換の自然な拡張として FBI 変換を定義した後，これを「無限小楔」上の整型函数に関して適用し，超函数論の基礎付けに必要な諸結果の証明を与える．なお本章のみならず，本書を通して用いる一般的記号は付録にまとめてあるので適宜参照されたい．

1. 多変数複素解析からの準備

本節では多変数複素解析の基本事項を述べる．$\mathbb{C}^n$ の点を $z = (z_1, \ldots, z_n)$ と書く．各変数を $z_j = x_j + \sqrt{-1}\, y_j$ と分けて書き，$\operatorname{Re} z := x = (x_1, \ldots, x_n)$ 及び $\operatorname{Im} z := y = (y_1, \ldots, y_n)$ と置く (即ち $z = \operatorname{Re} z + \sqrt{-1} \operatorname{Im} z = x + \sqrt{-1}\, y$)．$\mathbb{C}^n \ni z \leftrightarrow (x, y) \in \mathbb{R}^{2n}$ の対応で $\mathbb{C}^n$ を位相空間として $\mathbb{R}^{2n}$ と同一視する (例えば $U \subset \mathbb{C}^n$ が開集合とは，$U \subset \mathbb{R}^{2n}$ と考えて開集合を意味する)．z の**複素共軛** (complex conjugate) を $\overline{z} := x - \sqrt{-1}\, y$ で定める．$z, w \in \mathbb{C}^n$ に対して $\langle z, w \rangle := \sum_{j=1}^{n} z_j\, w_j$ と置く．特に $\mathbb{C}^n$ 上のユークリッドノルムは $|z| = \sqrt{\langle z, \overline{z} \rangle}$．又 $\|z\| := \max_{1 \leqslant j \leqslant n} \{|z_j|\}$ と置けば，これも $\mathbb{C}^n$ 上のノルムである．偏微分記号は $\partial_{x_j} = \dfrac{\partial}{\partial x_j}$ 及び $\partial_{y_j} = \dfrac{\partial}{\partial y_j}$ を用い，1 変数の場合と同様

$$\partial_{z_j} = \frac{\partial}{\partial z_j} := \frac{1}{2}\Big(\frac{\partial}{\partial x_j} - \sqrt{-1}\,\frac{\partial}{\partial y_j}\Big), \quad \partial_{\overline{z}_j} = \frac{\partial}{\partial \overline{z}_j} := \frac{1}{2}\Big(\frac{\partial}{\partial x_j} + \sqrt{-1}\,\frac{\partial}{\partial y_j}\Big),$$
$$dz_j := dx_j + \sqrt{-1}\, dy_j\,, \qquad d\overline{z}_j := dx_j - \sqrt{-1}\, dy_j\,,$$

と置く．∂_{z_j}, $\partial_{\overline{z}_j}$ は形式的な複素変数の偏微分作用素だが，本当の偏微分作用素と同様に振舞う．次に多重指数 $\alpha = (\alpha_1, \ldots, \alpha_n) \in \mathbb{N}_0{}^n$ に対し

$$z^\alpha := z_1^{\alpha_1} \cdots z_n^{\alpha_n}, \qquad \partial_z^\alpha := \partial_{z_1}^{\alpha_1} \cdots \partial_{z_n}^{\alpha_n} = \Big(\frac{\partial}{\partial z_1}\Big)^{\alpha_1} \cdots \Big(\frac{\partial}{\partial z_n}\Big)^{\alpha_n},$$

$$\alpha! := \alpha_1! \cdots \alpha_n!, \qquad |\alpha| := \sum_{j=1}^n \alpha_j,$$

と定める．$\sharp\{\alpha \in \mathbb{N}_0{}^n; |\alpha| = m\} = \binom{m+n-1}{m} \leqslant 2^{m+n-1}$ が後に用いられる．但し $\sharp$ は集合の元の数を表す．$\alpha, \beta \in \mathbb{N}_0{}^n$ に対して $\beta \leqslant \alpha$ とは各 j について $\beta_j \leqslant \alpha_j$ を表す．$\beta < \alpha$ は $\beta \leqslant \alpha$ 且つ $\beta \neq \alpha$ を意味する．更に

$$\binom{\alpha}{\beta} := \prod_{j=1}^n \binom{\alpha_j}{\beta_j}$$

と置く．又，$\mathbf{1}_n := (1, \ldots, 1) \in \mathbb{N}^n$ と置く（例えば $z^{\mathbf{1}_n} = \prod_{j=1}^n z_j$）．$p \in \mathbb{C}$ 及び $r > 0$ に対し $\mathsf{D}(p; r) := \{\zeta \in \mathbb{C}; |\zeta - p| < r\}$ と置き，$z_0 = (z_{01}, \ldots, z_{0n}) \in \mathbb{C}^n$ 及び $(\rho_1, \ldots, \rho_n) \in \mathbb{R}^n_{>0}$ に対し $\mathsf{D}_n(z_0; \rho_1, \ldots, \rho_n) := \prod_{j=1}^n \mathsf{D}(z_{0j}; \rho_j)$ と定める．特に $\rho > 0$ に対して $\mathsf{D}_n(z_0; \rho) := \mathsf{D}_n(z_0; \rho, \ldots, \rho)$ と置く．

1.1.1［定義］　$U \in \mathfrak{O}(\mathbb{C}^n)$ に対して以下の条件を満たす函数 $f(z)\colon U \to \mathbb{C}$ を**整型** (holomorphic)（又は**正則**）という：

(H 1) $f(z)$ は局所有界，即ち任意の $z_0 \in U$ に対して z_0 の近傍 $V \subset U$ が存在して $\sup\{|f(z)|; z \in V\}$ は有限値;

(H 2) U の各点 $z = (z_1, \ldots, z_n)$ に対して任意の $(n-1)$ 個を固定すると，残る 1 変数 z_j の函数として f は整型.

U 上の整型函数の全体を $\mathscr{O}(U)$ と置けば，対応 $\mathfrak{O}(\mathbb{C}^n) \ni U \mapsto \mathscr{O}(U)$ は明らかに層を成す．この層を $\mathscr{O}_{\mathbb{C}^n}$ と書く．即ち $\Gamma(U; \mathscr{O}_{\mathbb{C}^n}) = \mathscr{O}(U)$.

実は Hartogs の定理 1.1.19 の通り，**(H 2)** から **(H 1)** が出る.

1.1.2［命題］　$U \in \mathfrak{O}(\mathbb{C}^n)$ に対し，任意の $f(z) \in \Gamma(U; \mathscr{O}_{\mathbb{C}^n})$ は連続となる.

証明　任意の $a = (a_1, \ldots, a_n) \in U$ を固定する．仮定から $\mathsf{D}_n(a;\rho) \Subset U$ 且つ $M := \sup\{|f(z)|;\, z \in \mathsf{D}_n(a;\rho)\} < \infty$ となる $\rho > 0$ が存在する．

$$f_j(a,z) := f(a_1, \ldots, a_{j-1}, z_j, \ldots, z_n) - f(a_1, \ldots, a_j, z_{j+1}, \ldots, z_n)$$

と置けば，$f(z) - f(a) = \sum_{j=1}^{n} f_j(a,z)$．各 $z_{j+1}, \ldots, z_n$ を固定し z_j の函数として $f_j(a,z)$ に **Schwarz の補題**を適用すれば，$\mathsf{D}(a_j;\rho)$ 上で

$$|f_j(a,z)| \leqslant \frac{2M|z_j - a_j|}{\rho}.$$

これから $|f(z) - f(a)| \leqslant \dfrac{2M}{\rho} \sum_{j=1}^{n} |z_j - a_j| \leqslant \dfrac{2\sqrt{n}\, M|z-a|}{\rho}$ だから，$f(z)$ は a で連続．従って $f(z)$ は U で連続である．■

1.1.3 [定理]（Cauchy の積分公式）　$\gamma_j \subset \mathbb{C}$ を正の向きを持つ区分的に滑らかな単純閉曲線，$D_j \subset \mathbb{C}$ を γ_j で囲まれた領域，$D := \prod_{j=1}^{n} D_j \subset \mathbb{C}^n$ と置く．$f(z)$ が D で整型且つ閉包 $\mathrm{Cl}\, D$ で連続ならば，任意の $z \in D$ について

$$f(z) = \frac{1}{(2\pi\sqrt{-1}\,)^n} \oint_{\gamma_1} \cdots \oint_{\gamma_n} \frac{f(w)}{(w-z)^{\mathbf{1}_n}}\, dw.$$

（$dw = dw_1 \cdots dw_n$ は通常の複素積分の繰返し）．特に $f(z)$ は C^∞ 級で

$$\partial_z^\alpha f(z) = \frac{\alpha!}{(2\pi\sqrt{-1}\,)^n} \oint_{\gamma_1} \cdots \oint_{\gamma_n} \frac{f(w)}{(w-z)^{\alpha+\mathbf{1}_n}}\, dw.$$

証明　Fubini の定理から多重積分が順序に依存しないので，1 変数の Cauchy の積分公式を繰返し適用すれば良い．■

Cauchy の積分公式 1.1.3 から:

1.1.4 [系]（Cauchy の不等式）　函数 $f(z)$ が $\mathsf{D}_n(a;\rho_1, \ldots, \rho_n)$ で整型且つ $\mathrm{Cl}\, \mathsf{D}_n(a;\rho_1, \ldots, \rho_n)$ で連続ならば

$$|\partial_z^\alpha f(a)| \leqslant \frac{\alpha!}{\rho^\alpha} \sup\{|f(z)|;\, z \in \mathsf{D}_n(a;\rho_1, \ldots, \rho_n)\}.$$

1.1.5 [命題]　任意の $U \in \mathfrak{O}(\mathbb{C}^n)$ に対して，$\mathit{\Gamma}(U;\mathscr{O}_{\mathbb{C}^n})$ は広義一様収束位相の下で Fréchet 空間．

証明　U のコンパクト集合列 $\{K_m\}_{m\in\mathbb{N}}$ を

$$K_m := \{z \in U;\ \mathrm{dis}(z, \partial U) \geqslant \frac{1}{m}, |z| \leqslant m\}$$

で定めれば $K_1 \Subset K_2 \Subset \cdots \Subset U$ 且つ $\bigcup_{m=1}^{\infty} K_m = U$. 任意の $f(z) \in \varGamma(U; \mathscr{O}_{\mathbb{C}^n})$ に対して $\|f\|_m := \sup\{|f(z)|;\ z \in K_m\}$ と置けば，広義一様収束位相は次の距離で与えられる:

$$\rho(f, g) := \sum_{m=1}^{\infty} \frac{1}{2^m} \frac{\|f-g\|_m}{1+\|f-g\|_m}.$$

任意の Cauchy 列 $\{f_j(z)\}_{j\in\mathbb{N}} \in \varGamma(U; \mathscr{O}_{\mathbb{C}^n})$ を取る．広義一様収束位相の下で連続函数の空間は完備だから，U 上の連続函数 $f(z)$ が存在して $f_j(z) \underset{j}{\longrightarrow} f(z)$. 任意の $a \in U$ に対し $\gamma_j \subset \mathbb{C}$ を正の向きを持つ区分的に滑らかな単純閉曲線，$D_j \subset \mathbb{C}$ を γ_j で囲まれた領域で $D := \prod_{j=1}^{n} D_j \Subset U$ が a のコンパクト近傍となるように取る．このとき任意の $z \in D$ について

$$f_j(z) = \frac{1}{(2\pi\sqrt{-1}\,)^n} \oint_{\gamma_1} \cdots \oint_{\gamma_n} \frac{f_j(w)}{(w-z)^{\mathbf{1}_n}}\, dw.$$

ここで $j \to \infty$ とすれば

$$f(z) = \frac{1}{(2\pi\sqrt{-1}\,)^n} \oint_{\gamma_1} \cdots \oint_{\gamma_n} \frac{f(w)}{(w-z)^{\mathbf{1}_n}}\, dw.$$

微分と積分とが順序交換可能だから，$f(z)$ は $a \in U$ の近傍で整型となる．■

1.1.6 ［定義］　$U \in \mathfrak{O}(\mathbb{C}^n)$ 上の函数 $f(z)$ は $a \in U$ で**解析的** (analytic) とは，$(\rho_1, \ldots, \rho_n) \in \mathbb{R}^n_{>0}$ が存在して $\mathsf{D}_n(a; \rho_1, \ldots, \rho_n)$ 上で絶対収束する冪級数 $f(z) = \sum_{\alpha\in\mathbb{N}_0^n} a_\alpha (z-a)^\alpha$ に展開できることをいう．任意の $a \in U$ で解析的ならば，$f(z)$ は U で解析的と呼ばれる．

冪級数について次の用語を導入しておく:

1.1.7 ［定義］　$\rho = (\rho_1, \ldots, \rho_n) \in \mathbb{R}^n_{\geqslant 0}$ が冪級数 $\sum_{\alpha\in\mathbb{N}_0^n} a_\alpha (z-a)^\alpha$ の**関連収束半径** (associated convergence radii) とは，この級数が $\mathsf{D}_n(a; \rho_1, \ldots, \rho_n)$ 上絶対収束し，$\prod_{j=1}^{n} \{z_j \in \mathbb{C};\ |z_j - a_j| > \rho_j\}$ では絶対収束をしないことをいう．ρ は一意には定まらないが，Cauchy-Hadamard の公式と同様

$$\varlimsup_{|\alpha|\to\infty} \sqrt[|\alpha|]{|a_\alpha|\,\rho^\alpha} = 1$$

を満たす．これを **Biermann-Lemaire の公式**という．

$f(z)$ が U で解析的ならば整型は明らか．逆に $a \in \mathbb{C}^n$ の近傍で $f(z)$ が整型ならば，$f(z)$ が $\mathrm{Cl}\,\mathsf{D}_n(a;\rho)$ で連続且つ $\mathsf{D}_n(a;\rho)$ で整型となる $\rho > 0$ が存在する．任意の $\rho' \in \left]0, \rho\right[$ 及び $z \in \mathsf{D}_n(a;\rho')$ に対して $|w_j - a_j| = \rho$ なる任意の $w \in \mathbb{C}^n$ を取れば

$$\frac{1}{w_j - z_j} = \frac{1}{(w_j - a_j)\Big(1 - \dfrac{z_j - a_j}{w_j - a_j}\Big)} = \frac{1}{w_j - a_j}\sum_{k=0}^{\infty}\Big(\frac{z_j - a_j}{w_j - a_j}\Big)^k$$

と書ける．よって $M := \sup\{|f(z)|;\, z \in \mathsf{D}_n(a;\rho)\}$ と置けば

$$\frac{f(w)}{(w-z)^{\mathbf{1}_n}} = \sum_{\alpha \in \mathbb{N}_0^n}\frac{f(w)\,(z-a)^\alpha}{(w-a)^{\alpha+\mathbf{1}_n}}, \quad \Big|\frac{f(w)\,(z-a)^\alpha}{(w-a)^{\alpha+\mathbf{1}_n}}\Big| \leqslant \frac{M}{\rho^n}\Big(\frac{\rho'}{\rho}\Big)^{|\alpha|}$$

が成り立つ．これから z について項別積分可能がわかり，$\mathsf{D}_n(a;\rho')$ 上絶対収束する Taylor 級数

$$f(z) = \sum_{\alpha \in \mathbb{N}_0^n}\frac{(z-a)^\alpha}{(2\pi\sqrt{-1}\,)^n}\oint_\gamma \frac{f(w)}{(w-a)^{\alpha+\mathbf{1}_n}}\,dw = \sum_{\alpha \in \mathbb{N}_0^n}\frac{\partial_z^\alpha f(a)}{\alpha!}\,(z-a)^\alpha$$

が得られる．但し $\gamma := \{|z_1 - a_1| = \rho\} \times \cdots \times \{|z_n - a_n| = \rho\}$．以上から:

1.1.8 [定理]　$U \in \mathfrak{O}(\mathbb{C}^n)$ 上の函数 $f(z)$ について整型と解析的とは同値．更に任意の $a \in U$ に対して，$f(z) = \sum_{\alpha \in \mathbb{N}_0^n} a_\alpha\,(z-a)^\alpha$ と a の近傍で絶対収束する冪級数に展開すれば，$a_\alpha = \dfrac{\partial_z^\alpha f(a)}{\alpha!}$.

1.1.9 [定理]（一致の定理）　領域 $U \subset \mathbb{C}^n$ 上の整型函数 $f(z)$, $g(z)$ は，$a \in U$ が存在して任意の $\alpha \in \mathbb{N}_0^n$ に対して $\partial_z^\alpha f(a) = \partial_z^\alpha g(a)$（特に a のある近傍上で $f(z) = g(z)$）ならば，U 上で $f(z) = g(z)$.

証明　$h(z) := f(z) - g(z)$ とする．$h(z)$ は C^∞ 級だから任意の $\alpha \in \mathbb{N}_0^n$ に対して $\partial_z^\alpha h(z)$ は連続．従って $U_0 := \bigcap_{\alpha \in \mathbb{N}_0^n}\{z \in U;\, \partial_z^\alpha h(z) = 0\}$ は U の閉集合且つ U_0 上 $h(z) = 0$．一方冪級数展開を見ればわかる通り U_0 は U の開集合．従って連結性から $U_0 = U$ 又は $U_0 = \emptyset$ だが，$a \in U_0$ だから $U_0 = U$，即ち U 上で恒等的に $h(z) = 0$.　∎

一致の定理 1.1.9 から，$z_0 \in \mathbb{C}^n$ に対して z_0 の近傍上の整型函数 $f(z)$ と $f(z)$ の $\mathscr{O}_{\mathbb{C}^n, z_0}$ での芽とは同一視できる．

1.1.10 [定義]　(1) $\Omega \in \mathfrak{O}(\mathbb{R}^n)$ に対し，Ω を閉集合として含む $U \in \mathfrak{O}(\mathbb{C}^n)$ を Ω の**複素近傍** (complex neighborhood) と呼ぶ．

(2) $\mathscr{A}_{\mathbb{R}^n} := \mathscr{O}_{\mathbb{C}^n}\big|_{\mathbb{R}^n}$ と定め（複素数値）**実解析函数** (real analytic function) の層と呼ぶ．$\Omega \in \mathfrak{O}(\mathbb{R}^n)$ ならば，命題 A.2.16 から

$$\Gamma(\Omega; \mathscr{A}_{\mathbb{R}^n}) = \varinjlim_{\Omega \subset U} \Gamma(U; \mathscr{O}_{\mathbb{C}^n}).$$

但し $U \in \mathfrak{O}(\mathbb{C}^n)$ は Ω の複素近傍全体を渡る．

$f(x) \in \Gamma(\Omega; \mathscr{A}_{\mathbb{R}^n})$ が $\widetilde{f}(z) \in \Gamma(U; \mathscr{O}_{\mathbb{C}^n})$ によって定まるならば，$\widetilde{f}(z)$ を $f(x)$ の**複素化**と呼ぶ．次の定理によって $f(x)$ とその複素化とを同一視して，記号 $f(z)$ で表す．

1.1.11 [定理]　$U \subset \mathbb{C}^n$ を領域とし $\Omega := U \cap \mathbb{R}^n$ と置く．$a \in \Omega$ のある実近傍で $f(z) \in \Gamma(U; \mathscr{O}_{\mathbb{C}^n})$ が 0 ならば，U 上 $f(z) = 0$.

証明　$f(z)$ が $\mathsf{D}_n(a;\rho)$ で整型且つ $\mathsf{D}_n(a;\rho) \cap \mathbb{R}^n$ 上 0 となる $\rho > 0$ が存在する．任意に $(z_1, x_2, \dots, x_n) \in \mathsf{D}_n(a;\rho) \cap (\mathbb{C} \times \mathbb{R}^{n-1})$ を取り，z_1 の函数 $f(z_1, x_2, \dots, x_n)$ を考える．仮定から $\mathsf{D}_n(a;\rho) \cap \mathbb{R}^n$ で $f = 0$ だから 1 変数複素解析で周知の通り $\mathsf{D}(a_1;\rho)$ で $f(z_1, x_2, \dots, x_n) = 0$，即ち $\mathsf{D}_n(a;\rho) \cap (\mathbb{C} \times \mathbb{R}^{n-1})$ 上 $f = 0$. 次に $\mathsf{D}_n(a;\rho) \cap (\mathbb{C}^{j-1} \times \mathbb{R}^{n+1-j})$ で $f = 0$ とする．任意の $(z_1, \dots, z_j, x_{j+1}, \dots, x_n) \in \mathsf{D}_n(a;\rho) \cap (\mathbb{C}^j \times \mathbb{R}^{n-j})$ を取り z_j の函数 $f(z_1, \dots, z_j, x_{j+1}, \dots, x_n)$ を考えれば，$\mathsf{D}_n(a;\rho) \cap (\mathbb{C}^{j-1} \times \mathbb{R}^{n+1-j})$ で $f = 0$ だから，$\mathsf{D}(a_j;\rho)$ で $f(z_1, \dots, z_j, x_{j+1}, \dots, x_n) = 0$. よって帰納法が進行し，$\mathsf{D}_n(a;\rho)$ 上 $f(z) = 0$ だから，結局 U 上 $f(z) = 0$. ∎

1.1.12 [系]（実解析函数の一致の定理）　$\Omega \subset \mathbb{R}^n$ が領域，且つ $f(x)$, $g(x) \in \Gamma(\Omega; \mathscr{A}_{\mathbb{R}^n})$ とする．ある $x_0 \in \Omega$ の $\mathbb{R}^n$ 内の近傍で $f(x) = g(x)$ ならば，$\mathbb{C}^n$ 内の共通定義域上 $f(z) = g(z)$.

$f(x)$ が実解析的は，各点の近傍で絶対収束する Taylor 級数に展開できることが必要十分であることもわかる．

さて，$U \in \mathfrak{O}(\mathbb{C}^n)$ 上の複素数値 C^1 級函数 $f(z) = u(x,y) + \sqrt{-1}\, v(x,y)$ を考えれば，1 変数の場合と同様

$$\frac{\partial f}{\partial \bar{z}_j}(z) = 0 \underset{\text{同値}}{\Longleftrightarrow} \begin{cases} \dfrac{\partial u}{\partial x_j}(x,y) = \dfrac{\partial v}{\partial y_j}(x,y), \\ \dfrac{\partial u}{\partial y_j}(x,y) = -\dfrac{\partial v}{\partial x_j}(x,y). \end{cases}$$

これは z_j に関する Cauchy-Riemann 方程式である．従って次が得られた:

1.1.13 [定理]　$f(z) \in C^1(U)$ が整型となるには **Cauchy-Riemann 方程式系**

$$\frac{\partial f}{\partial \bar{z}_j}(z) = 0 \quad (1 \leqslant j \leqslant n)$$

を満たすことが必要十分である．

1.1.14 [定義]　$U \in \mathfrak{O}(\mathbb{C}^n)$ 及び $V \in \mathfrak{O}(\mathbb{C}^m)$ とする．写像

$$F \colon U \ni z \mapsto F(z) = (F_1(z), \ldots, F_m(z)) \in V$$

は，各 $F_j(z)$ が U 上整型ならば整型写像と呼ばれる．特に $n = m$ で，整型な逆写像が存在するならば，F は**双整型** (biholomorphic) 又は（複素）**座標変換**と呼ばれる．

合成写像の微分の法則を見れば:

1.1.15 [命題]　整型写像の合成は再び整型.

1.1.16 [定理]（逆写像定理）　F を $a \in \mathbb{C}^n$ の近傍で定義された $\mathbb{C}^n$ への整型写像とする．F が a のある近傍で双整型と，**複素ヤコビ行列式**に対する条件 $\det \dfrac{\partial F}{\partial z}(a) \neq 0$ とは同値.

証明　$F(z) = u(x,y) + \sqrt{-1}\, v(x,y)$ と実部，虚部に分ける．簡単の ため $A := \dfrac{\partial u}{\partial x}$, $B := \dfrac{\partial v}{\partial x}$ と置けば，Cauchy-Riemann 方程式系から $\dfrac{\partial F}{\partial z} = A + \sqrt{-1}\, B$. F を $\mathbb{R}^{2n}$ の部分集合から $\mathbb{R}^{2n}$ への写像と考えた場合のヤコビ行列式は，やは

り Cauchy-Riemann 方程式系から

$$\det\frac{\partial(u,v)}{\partial(x,y)} = \det\begin{bmatrix}\dfrac{\partial u}{\partial x} & \dfrac{\partial u}{\partial y}\\[2mm] \dfrac{\partial v}{\partial x} & \dfrac{\partial v}{\partial y}\end{bmatrix} = \det\begin{bmatrix}A & -B\\ B & A\end{bmatrix}$$

$$= \det\begin{bmatrix}A+\sqrt{-1}\,B & -B\\ -\sqrt{-1}\,A+B & A\end{bmatrix} = \det\begin{bmatrix}A+\sqrt{-1}\,B & -B\\ 0 & A-\sqrt{-1}\,B\end{bmatrix}$$

$$= |\det(A+\sqrt{-1}\,B)|^2 = \left|\det\frac{\partial F}{\partial z}\right|^2 \neq 0.$$

従って通常の逆写像定理によって，F が a の近傍で C^∞ 級の逆写像 $z = G(w)$ を持つことと $\det\dfrac{\partial F}{\partial z}(a) \neq 0$ とが同値．$G\circ F(z) = z$ の i 成分を $\overline{z}_j$ で偏微分すれば

$$0 = \frac{\partial z_i}{\partial \overline{z}_j} = \sum_{k=1}^n \frac{\partial G_i}{\partial w_k}\frac{\partial F_k}{\partial \overline{z}_j} + \sum_{k=1}^n \frac{\partial G_i}{\partial \overline{w}_k}\frac{\partial \overline{F_k}}{\partial \overline{z}_j} = \sum_{k=1}^n \frac{\partial G_i}{\partial \overline{w}_k}\overline{\frac{\partial F_k}{\partial z_j}}$$

且つ $\dfrac{\partial F}{\partial z}(z)$ が a の近傍で可逆だから，$F(a)$ のある近傍上 $\dfrac{\partial G_i}{\partial \overline{w}_k}(w) = 0$．これは Cauchy-Riemann 方程式を表すから $G(w)$ は整型．∎

1.1.17 [定理]（陰函数定理）　F を $(a,b) \in \mathbb{C}^n_z \times \mathbb{C}^m_w$ の近傍で定義された $\mathbb{C}^n$ への整型写像で $F(a,b) = 0$ 且つ

$$\det\frac{\partial(F_1,\ldots,F_n)}{\partial(z_1,\ldots,z_n)}(a,b) \neq 0$$

を満たすと仮定すれば，b の近傍から a の近傍への整型写像 $z = g(w)$ が存在して，$F(z,w) = 0$ は $z = g(w)$ と同値．

証明　$G(z,w) := (F(z,w), w)$ と置けば $\det\dfrac{\partial G}{\partial(z,w)}(a,b) \neq 0$ だから，逆写像定理 1.1.16 から逆写像 $H(z,w) = (H_1(z,w), H_2(z,w))$ が局所的に一意に存在する．定義から

$$H(F(z,w),w) = \bigl(H_1(F(z,w),w), H_2(F(z,w),w)\bigr) = (z,w),$$

$$G(H(z,w)) = \bigl(F(H(z,w)), H_2(z,w)\bigr) = (z,w).$$

特に $H_2(z,w) = w$．ここで $g(w) := H_1(0,w)$ と置く．$F(z,w) = 0$ ならば $g(w) = H_1(0,w) = z$．逆に $z = g(w)$ ならば

$$F(g(w),w) = F(H_1(0,w), H_2(0,w)) = 0.$$ ∎

陰函数定理 1.1.17 の証明中の H を用いれば $F(H(z,w)) = z$, $H_2(z,w) = w$ だから，F は局所的には射影 $\mathbb{C}^{n+m} \to \mathbb{C}^n$ と同一視できる:

$$\begin{array}{ccc} \mathbb{C}^{n+m} & \xrightarrow[H]{\sim} & \mathbb{C}^{n+m} \\ & \searrow^{\text{射影}} & \downarrow F \\ & & \mathbb{C}^n. \end{array}$$

積分については次の定理が本書で度々用いられる:

1.1.18 [定理] (Cauchy-Poincaré) 　$K \subset \mathbb{C}^n$ は向き付けられた境界 ∂K を持つ C^∞ 級の実 $(n+1)$ 次元曲面で，∂K は区分的に C^∞ 級と仮定する．$f(z)$ が K の近傍で整型且つ K 上可積分ならば，$dz := dz_1 \wedge \cdots \wedge dz_n$ と置いて

$$\int_{\partial K} f(z)\, dz = 0.$$

証明　K がコンパクトならば **Stokes の定理**から

$$\int_{\partial K} f(z)\, dz = \int_K d_{(x,y)}(f(z)\, dz).$$

但し $d_{(x,y)}$ は (x,y) に関する外微分を表す．Cauchy-Riemann 方程式系から

$$\begin{aligned} d_{(x,y)}(f(z)\, dz) &= \sum_{j=1}^n \Big(\frac{\partial f}{\partial x_j}(z)\, dx_j + \frac{\partial f}{\partial y_j}(z)\, dy_j \Big) \wedge dz \\ &= \sum_{j=1}^n \Big(\frac{\partial f}{\partial z_j}(z)\, dz_j + \frac{\partial f}{\partial \overline{z}_j}(z)\, d\overline{z}_j \Big) \wedge dz = \sum_{j=1}^n \frac{\partial f}{\partial z_j}(z)\, dz_j \wedge dz = 0 \end{aligned}$$

だから示された．K が非有界ならば，積分範囲を分割して考えれば有界の場合に帰着する． ∎

予告していた次の定理を証明する (証明は初読の際は読まなくても構わない) :

1.1.19 [定理] (Hartogs) 　$U \in \mathfrak{O}(\mathbb{C}^n)$ 上の函数 $f(z)$ は，**(H 2)** を満たせば整型．

証明　$n = 1$ の場合は周知である．$n-1$ まで示されたと仮定する．$a \in U$ を任意に取る．$f(z)$ が a の近傍で整型を示せば良い．$z' := (z_1, \ldots, z_{n-1})$ 等と置く．$r > 0$ を $\mathsf{D}_n(a; 2r) \Subset U$ と取る．

第 1 段. $\mathsf{D}_n((b',a_n);\rho,\dots,\rho,r)\subset\mathsf{D}_n(a;r)$ となる $b'\in\mathbb{C}^{n-1}$, $\|b'-a'\|<r$ 及び $0<\rho<r$ が存在して，$f(z)$ は $\mathsf{D}_n((b',a_n);\rho,\dots,\rho,r)$ で整型を示す．これには $f(z)$ が $\mathsf{D}_n((b',a_n);\rho,\dots,\rho,r)$ 上で有界を示せば良い．$M>0$ に対して

$$E_M := \bigcap_{z_n\in\mathsf{D}(a_n;r)}\{z'\in\mathsf{D}_{n-1}(a';r);\ |f(z',z_n)|\leqslant M\}$$

と置く．帰納法の仮定から，各 z_n を止めれば $f(z',z_n)$ は z' の整型函数だから，E_M は $\mathsf{D}_{n-1}(a';r)$ 内で閉集合．$\mathsf{D}_{n-1}(a';r)=\bigcup_{M\in\mathbb{N}}E_M$ だから，**Baire の範疇定理**から，いずれかの E_M は内点を持つ．これを b' とすれば良い．

第 2 段. $f(z)$ は $\mathsf{D}_n((b',a_n);r)$ 上整型を示す．実際，$z_n\in\mathsf{D}(a_n;r)$ を固定し $f(z)=\sum_{\alpha\in\mathbb{N}_0^{n-1}}a_\alpha(z_n)\,(z'-b')^\alpha$ と展開する．但し $a_\alpha(z_n):=\dfrac{\partial_{z'}^\alpha f(b',z_n)}{\alpha!}$．特にこれから $a_\alpha(z_n)$ は $\mathsf{D}(a_n;r)$ で整型．$0<r_1<r_2<r$ を任意に取っておく．z_n を固定すれば

$$|a_\alpha(z_n)|\,r_2^{|\alpha|}\underset{|\alpha|}{\longrightarrow}0.$$

更に $\mathsf{D}_n(a;\rho,\dots,\rho,r)$ 上 $|f(z)|\leqslant M$ と仮定すれば，Cauchy の不等式から

$$|a_\alpha(z_n)|\leqslant\frac{M}{\rho^{|\alpha|}}.$$

さて $u_\alpha(z_n):=\dfrac{1}{|\alpha|}\log|a_\alpha(z_n)|$ と置けば，系 A.4.7 から劣調和函数．又 $|z_n-a_n|<r$ で上に一様有界且つ各 z_n を止めれば $\varlimsup_{|\alpha|\to\infty}u_\alpha(z_n)\leqslant-\log r_2$ だから，定理 A.4.5 から $\mathsf{D}(a_n;r_1)$ 上で十分大きい $|\alpha|$ に対して

$$\frac{1}{|\alpha|}\log|a_\alpha(z_n)|\leqslant\log\frac{1}{r_1},$$

即ち $|a_\alpha(z_n)|\leqslant r_1^{-|\alpha|}$ が成り立つ．$0<r_1<r_2<r$ は任意ゆえ $f(z)$ は $\mathsf{D}_n((b',a_n);r)$ 上で整型．更に $\|b'-a'\|<r$ ゆえ $a\in\mathsf{D}_n((b',a_n);r)$，従って $f(z)$ は a の近傍で整型．■

整型函数の割算について述べる．後（第 6 章）にも用いるため，一般的な設定をする．E がノルム $\|\cdot\|$ を持つ Banach 空間で，同時に環であって，任意の $f,g\in E$ に対して $\|fg\|\leqslant\|f\|\,\|g\|$ を満たせば，**Banach 環**と呼ばれる．以下 E を Banach 環とし，不定元 s の E 係数冪級数の全体を $E[[s]]$ とする．

更に $\rho > 0$ に対して

$$E\{\rho\} := \{\sum_{j=0}^{\infty} g_j s^j \in E[[s]];\ \|g\|_{E\{\rho\}} := \sum_{j=0}^{\infty} \|g_j\|\rho^j < \infty\} \tag{1.1.1}$$

と定める．$E\{\rho\}$ はノルム $\|g\|_{E\{\rho\}}$ で Banach 環となる．このとき

$$A\colon E\{\rho\} \times E^p \ni (g, \{h_j\}_{j=0}^{p-1}) \mapsto gs^p + \sum_{j=0}^{p-1} h_j s^j \in E\{\rho\} \tag{1.1.2}$$

は同型で，作用素ノルムについて $\|A^{-1}\| \leqslant \rho^{-p}$ がわかる．従って連続線型写像 $B\colon E\{\rho\} \times E^p \to E\{\rho\}$ が $\|B\| < \rho^p$ ならば，Neumann 級数を用いて $(A+B)^{-1} = A^{-1} \sum_{k=0}^{\infty} (-BA^{-1})^k = \sum_{k=0}^{\infty} (-A^{-1}B)^k A^{-1}$ が構成できる．

1.1.20 [補題] $\{E_t\}_{0<t\leqslant t_0}$ が Banach 環の族で $t' < t$ ならば，$E_t \to E_{t'}$ なる連続埋込みがあって $\|g\|_{E_{t'}} \leqslant \|g\|_{E_t}$ となると仮定する．$f(s) \in E_{t_0}\{\rho_0\}$ が $0 \leqslant j < p$ で $\|\partial_s^j f(0)\|_{E_t} \xrightarrow[t\to+0]{} 0$ 且つ $\partial_s^p f(0)$ が E_{t_0} 内で可逆と仮定する．このとき $\rho_1 > 0$ が存在して次が成り立つ．任意の $\rho \in \left]0, \rho_1\right[$ に対して $t > 0$ が存在して次は同型:

$$C\colon E_t\{\rho\} \times E_t^p \ni (g, \{h_j\}_{j=0}^{p-1}) \mapsto gf + \sum_{j=0}^{p-1} h_j s^j \in E_t\{\rho\}.$$

証明 $f(s) = \sum_{j=0}^{p-1} c_j s^j + c_p s^p + rs^{p+1}$ と書けば c_p は可逆だから $c_p = 1$ として良い．$B(g) := \sum_{j=0}^{p-1} gc_j s^j + grs^{p+1}$ と置けば (1.1.2) の A と併せて $C = A + B$．ここで $\|c_j\|_{E_t} \xrightarrow[t\to+0]{} 0$ 且つ $\|rs^{p+1}\|_{E_t\{\rho\}} \leqslant \|r\|_{E_t\{\rho\}}\rho^{p+1}$ だから $\|r\|_{E_t\{\rho_0\}}\rho_1 < 1$ と取れば，任意の $\rho \in \left]0, \rho_1\right[$ に対して $t > 0$ が存在して $\|B\|_{E_t\{\rho\}} < \rho^p$ とできる． ∎

1.1.21 [定義] $p \in \mathbb{N}_0$ とする．整型函数の芽 $(0 \neq)\ f(z) \in \mathscr{O}_{\mathbb{C}^n,0}$ が z_1 について p 正則 (p-regular) とは，0 のある近傍上で $\dfrac{f(z_1, 0)}{z_1^p}$ が整型且つ零にならないことをいう．

1.1.22 [補題] 任意の $(0 \neq)\ f(z) \in \mathscr{O}_{\mathbb{C}^n,0}$ に対して線型座標変換 $z = Aw$ 及び $p \in \mathbb{N}_0$ が存在して，$f(z) = f(Aw)$ は w_1 について p 正則．

証明　$f(z) = \sum_{|\alpha| \geqslant p} f_\alpha z^\alpha$ と 0 で Taylor 展開し $g(z) := \sum_{|\alpha|=p} f_\alpha z^\alpha \neq 0$ と置けば，$a \in \mathbb{C}^n \setminus \{0\}$ が存在して $a_1 \neq 0$ 且つ $g(a) \neq 0$．そこで $w_1 := z_1/a_1$ 且つ $w_j := z_j - a_j z_1/a_1$ $(2 \leqslant j \leqslant n)$ と置けば，p 正則性がわかる．■

1.1.23 [定理] (Späth)　$f(z) \in \mathscr{O}_{\mathbb{C}^n,0}$ が z_1 について p 正則ならば，任意の $g(z) \in \mathscr{O}_{\mathbb{C}^n,0}$ に対して一意に $q(z), r(z) \in \mathscr{O}_{\mathbb{C}^n,0}$ が存在して，$r(z)$ は z_1 に対して $p-1$ 次以下の多項式且つ $g(z) = q(z)f(z) + r(z)$ と書ける．

証明　$z' = (z_2, \ldots, z_n)$ と置く．$\mathsf{D}_{n-1}(0;t)$ で整型且つ $\operatorname{Cl}\mathsf{D}_{n-1}(0;t)$ で連続な函数全体を E_t として，ノルムを $\|\psi\| := \sup\{|\psi(z')|;\, z' \in \operatorname{Cl}\mathsf{D}_{n-1}(0;t)\}$ とすれば，命題 1.1.5 と同様の議論で補題 1.1.20 の仮定が満たされることがわかる．Cauchy の不等式 1.1.4 から $g(z) \in \mathscr{O}_{\mathbb{C}^n,0}$ と $t, \rho > 0$ が存在して，$g \in E_t\{\rho\}$ と同値も容易にわかる． 仮定から f は $f'(s) \in E_{t_0}\{\rho_0\}$ を定め，$\partial_s^j f'(0) = \dfrac{\partial^j f}{\partial z_1^j}(0, z')$．従って t_0 が十分小さければ $\partial_s^p f'(0)$ は E_{t_0} 内で可逆且つ $\|\partial_s^j f'(0)\|_{E_t} \xrightarrow[t \to +0]{} 0$ $(0 \leqslant j < p)$，即ち補題 1.1.20 の仮定を満たすことがわかる．■

1.1.24 [定理] (Weierstraß の予備定理)　$f(z)$ が定理 1.1.23 と同じ仮定を満たせば $f(z) = h(z)W(z)$ と書ける．但し $h(z) \in \mathscr{O}_{\mathbb{C}^n,0}$ は $h(0) \neq 0$ 且つ $W(z) = z_1^p + \sum_{j=0}^{p-1} z_1^j a_j(z')$ の形で $0 \leqslant j \leqslant p-1$ に対して $a_j(0) = 0$．

証明　定理 1.1.23 から，$z_1^p = q(z)f(z) - \sum_{j=0}^{p-1} z_1^j a_j(z')$ と書ける．両辺を z_1^p で割れば $\dfrac{f(z_1,0)}{z_1^p}$ が整型だから $a_j(0) = 0$．更に $1 = q(z_1,0)\,\dfrac{f(z_1,0)}{z_1^p}$ だから $q(0) \neq 0$．従って $h(z) := \dfrac{1}{q(z)}$ と置けば良い．■

2. 無限階微分作用素とその表象

$\mathbb{C}^n$ 上の**整型函数係数の線型偏微分作用素**（以下単に**微分作用素**と呼ぶ）の層を $\mathscr{D}_{\mathbb{C}^n}$ と書く．即ち $U \in \mathfrak{O}(\mathbb{C}^n)$ に対して，$P(z, \partial_z) \in \varGamma(U; \mathscr{D}_{\mathbb{C}^n})$ は

$m \in \mathbb{N}_0$ が存在して

$$P(z,\partial_z) = \sum_{|\alpha|\leqslant m} a_\alpha(z)\,\partial_z^\alpha, \quad a_\alpha(z) \in \Gamma(U;\mathscr{O}_{\mathbb{C}^n}),$$

で与えられる．この m の最小値を P の**階数** (order) と呼ぶ．$\mathscr{D}_{\mathbb{C}^n}^{(m)} \subset \mathscr{D}_{\mathbb{C}^n}$ を m 階以下の作用素からなる部分層とする．特に $\mathscr{D}_{\mathbb{C}^n}^{(0)} = \mathscr{O}_{\mathbb{C}^n}$ 且つ $\bigcup_{m\in\mathbb{N}_0} \mathscr{D}_{\mathbb{C}^n}^{(m)} = \mathscr{D}_{\mathbb{C}^n}$ である．更に $m \to \infty$ とした作用素を考えるために:

1.2.1 [補題]　列 $\{a_\alpha(z)\}_{\alpha\in\mathbb{N}_0^n} \subset \Gamma(U;\mathscr{O}_{\mathbb{C}^n})$ に対して以下の三条件は同値:

(1) 任意のコンパクト集合 $K \Subset U$ に対して

(1.2.1) $$\lim_{|\alpha|\to\infty} \sup\{ \sqrt[|\alpha|]{\alpha!\,|a_\alpha(z)|}\,;\, z \in K\} = 0.$$

(2) 任意のコンパクト集合 $K \Subset U$ と $\varepsilon > 0$ とに対して定数 $C_{K,\varepsilon} > 0$ が存在して

(1.2.2) $$\sup\{\bigl|a_\alpha(z)\bigr|;\, z \in K\} \leqslant \frac{C_{K,\varepsilon}\,\varepsilon^{|\alpha|}}{\alpha!}.$$

(3) $\zeta = (\zeta_1,\ldots,\zeta_n) \in \mathbb{C}^n$ とし

(1.2.3) $$P(z,\zeta) := \sum_{\alpha\in\mathbb{N}_0^n} a_\alpha(z)\,\zeta^\alpha$$

と置けば $P(z,\zeta)$ は $U \times \mathbb{C}^n$ 上で整型，且つ任意のコンパクト集合 $K \Subset U$ と $h > 0$ とに対して定数 $C_{K,h} > 0$ が存在して

(1.2.4) $$\sup\{\bigl|P(z,\zeta)\bigr|;\, z \in K\} \leqslant C_{K,h}\,e^{h\|\zeta\|}.$$

証明　(1) $\Longleftrightarrow$ (2) は明らか．

(3) $\Longrightarrow$ (2)．任意の $r > 0$ を取り，半径を $|\zeta_j| = r$ として Cauchy の不等式を適用すれば，任意の $z \in K$ に対して (1.2.4) で $h = \varepsilon/e$ と選んで

$$\alpha!\,|a_\alpha(z)| = |\partial_\zeta^\alpha P(z,0)| \leqslant \frac{\alpha!\,C_{K,\varepsilon/e}\,e^{\varepsilon\,r/e}}{r^{|\alpha|}}.$$

特に $r = \dfrac{|\alpha|\,e}{\varepsilon}$ と取れば $|\alpha|^{|\alpha|} \geqslant |\alpha|! \geqslant \alpha!$ だから

$$\sup\{\bigl|a_\alpha(z)\bigr|;\, z \in K\} \leqslant C_{K,\varepsilon/e}\,e^{|\alpha|}\Bigl(\frac{\varepsilon}{|\alpha|\,e}\Bigr)^{|\alpha|} \leqslant \frac{C_{K,\varepsilon/e}\,\varepsilon^{|\alpha|}}{\alpha!}.$$

(2) $\Longrightarrow$ (3)．(1.2.2) で $\varepsilon = h/n$ と選べば

$$\sup_{z\in K}\Bigl|\sum_{\alpha\in\mathbb{N}_0^n} a_\alpha(z)\,\zeta^\alpha\Bigr| \leqslant \sum_{\alpha\in\mathbb{N}_0^n}\frac{C_{K,h/n}}{\alpha!}\Bigl(\frac{h\|\zeta\|}{n}\Bigr)^{|\alpha|} = C_{K,h/n}e^{h\|\zeta\|}. \qquad \blacksquare$$

1.2.2 ［定義］　$U \in \mathfrak{O}(\mathbb{C}^n)$ に対し補題 1.2.1 の同値な条件を満たす形式和

$$P(z,\partial_z) = \sum_{\alpha\in\mathbb{N}_0^n} a_\alpha(z)\,\partial_z^\alpha, \quad a_\alpha(z)\in\Gamma(U;\mathscr{O}_{\mathbb{C}^n})$$

を U 上の**無限階微分作用素** (differential operator of infinite order) と呼ぶ．無限階微分作用素の全体は定義域の制限の下で自然に $\mathbb{C}$ 線型空間の層を成す．この層を $\mathscr{D}_{\mathbb{C}^n}^\infty$ と書く．

$P(z,\partial_z)\in\Gamma(U;\mathscr{D}_{\mathbb{C}^n}^\infty)$ に対して (1.2.3) の $P(z,\zeta)$ を，$P(z,\partial_z)$ の**全表象** (total symbol) 又は単に**表象** (symbol) という．一般に $\zeta_0\in\mathbb{C}^n$ のある錐状近傍で (1.2.4) の評価を満たす整型函数を ζ_0 方向で**劣指数型** (infra-exponential type) という．従って無限階微分作用素の表象は全 ζ 方向で劣指数型である．

1.2.3 ［命題］　(1) 任意の $U\in\mathfrak{O}(\mathbb{C}^n)$ に対し，$P(z,\partial_z)=\sum_{\alpha\in\mathbb{N}_0^n} a_\alpha(z)\,\partial_z^\alpha$ 及び $Q(z,\partial_z)=\sum_{\alpha\in\mathbb{N}_0^n} b_\alpha(z)\,\partial_z^\alpha\in\Gamma(U;\mathscr{D}_{\mathbb{C}^n}^\infty)$ の積 $QP=\sum_{\alpha\in\mathbb{N}_0^n} c_\alpha(z)\,\partial_z^\alpha$ を

$$c_\nu(z) := \sum_{\nu-\alpha=\beta-\gamma\geqslant 0}\binom{\beta}{\gamma} b_\beta(z)\,\frac{\partial^{|\gamma|}a_\alpha}{\partial z^\gamma}(z) \tag{1.2.5}$$

で定義すれば，$QP(z,\partial_z)\in\Gamma(U;\mathscr{D}_{\mathbb{C}^n}^\infty)$．且つこの積で $\mathscr{D}_{\mathbb{C}^n}^\infty$ は（非可換）環の層となり，これから $\mathscr{D}_{\mathbb{C}^n}\subset\mathscr{D}_{\mathbb{C}^n}^\infty$（部分環の層）．

(2) 任意の $P(z,\partial_z)\in\Gamma(U;\mathscr{D}_{\mathbb{C}^n}^\infty)$ に対して，写像

$$P(z,\partial_z)\colon \Gamma(U;\mathscr{O}_{\mathbb{C}^n})\to\Gamma(U;\mathscr{O}_{\mathbb{C}^n})$$

は連続線型であり，更にこの作用で $\mathscr{O}_{\mathbb{C}^n}$ は $\mathscr{D}_{\mathbb{C}^n}^\infty$ 加群の層となる．

証明　(1) (1.2.5) の $\{c_\nu(z)\}_{\nu\in\mathbb{N}_0^n}$ に対して，ある正定数よりも小さい任意の $\varepsilon>0$ に対して (1.2.2) を確かめれば十分．任意のコンパクト集合 $K\Subset U$ に対して $K\Subset L\Subset U$ と L を取る．$\delta\sqrt{n}=\operatorname{dis}(K,\partial L)$ と $\delta>0$ を取れば Cauchy の不等式から

$$\sup_{z\in K}\bigl|b_\beta(z)\bigr| \leqslant \frac{C_{K,\varepsilon/2}}{\beta!}\Bigl(\frac{\varepsilon}{2}\Bigr)^{|\beta|},$$

$$\sup_{z\in K}\Bigl|\frac{\partial^{|\gamma|}a_\alpha}{\partial z^\gamma}(z)\Bigr| \leqslant \frac{\gamma!}{\delta^{|\gamma|}}\sup_{z\in L}\bigl|a_\alpha(z)\bigr| \leqslant \frac{\gamma!\,C'_{L,\varepsilon/2}}{\alpha!\,\delta^{|\gamma|}}\Bigl(\frac{\varepsilon}{2}\Bigr)^{|\alpha|},$$

と評価できる．$C := \max\{C_{K,\varepsilon/2}, C'_{L,\varepsilon/2}\}$ と置く．$\nu = \alpha + \beta - \gamma$ ならば $\nu! \leqslant 2^{|\nu|}\,\alpha!\,(\beta-\gamma)!$ だから

$$\sup_{z\in K}\bigl|c_\nu(z)\bigr| \leqslant \sum_{\nu-\alpha=\beta-\gamma\geqslant 0} \frac{C^2}{\alpha!\,(\beta-\gamma)!\,\delta^{|\gamma|}}\left(\frac{\varepsilon}{2}\right)^{|\alpha+\beta|}$$
$$\leqslant \frac{C^2\varepsilon^{|\nu|}}{\nu!}\sum_{\alpha+\beta\geqslant\nu}\left(\frac{\varepsilon}{2\delta}\right)^{|\alpha+\beta-\nu|}.$$

よって $0<\varepsilon<2\delta$ と取れば (1.2.2) が得られる．この積で $\mathscr{D}^\infty_{\mathbb{C}^n}$ が非可換環の層で $\mathscr{D}_{\mathbb{C}^n}$ が部分環の層となることは直ちにわかる．

(2) $U \in \mathfrak{O}(\mathbb{C}^n)$ 及び $P(z,\partial_z) = \sum_{\alpha\in\mathbb{N}_0^n} a_\alpha(z)\,\partial_z^\alpha \in \Gamma(U;\mathscr{D}^\infty_{\mathbb{C}^n})$ を取る．任意の $K \Subset U$ に対し $K \Subset L \Subset U$ と L を取り，$\delta\sqrt{n} = \mathrm{dis}(K, \partial L)$ と $\delta > 0$ を取れば，Cauchy の不等式から任意の $f(z) \in \Gamma(U;\mathscr{O}_{\mathbb{C}^n})$ と $\alpha \in \mathbb{N}_0{}^n$ とに対して $\sup\{\bigl|\partial_z^\alpha f(z)\bigr|;\, z\in K\} \leqslant \dfrac{\alpha!}{\delta^{|\alpha|}}\sup\{\bigl|f(z)\bigr|;\, z\in L\}$．そこで (1.2.2) の ε を $0<\varepsilon<\delta$ と取ると

$$\sup_{z\in K}\bigl|Pf(z)\bigr| = \sup_{z\in K}\Bigl|\sum_{\alpha\in\mathbb{N}_0^n} a_\alpha(z)\,\partial_z^\alpha f(z)\Bigr| \leqslant C_{L,\varepsilon}\sup_{z\in L}\bigl|f(z)\bigr|\sum_{\alpha\in\mathbb{N}_0^n}\left(\frac{\varepsilon}{\delta}\right)^{|\alpha|}$$
$$= C_{L,\varepsilon}\left(\frac{\delta}{\delta-\varepsilon}\right)^n\sup_{z\in L}\bigl|f(z)\bigr|.$$

$K \Subset U$ は任意ゆえ $Pf(z)$ は $\Gamma(U;\mathscr{O}_{\mathbb{C}^n})$ の切断を定め，$P \mapsto Pf$ は連続線型写像を与える．更に $Q(z,\partial_z) = \sum_{\alpha\in\mathbb{N}_0^n} b_\alpha(z)\,\partial_z^\alpha \in \Gamma(U;\mathscr{D}^\infty_{\mathbb{C}^n})$ に対して **Leibniz 則**から

$$Q\bigl(Pf(z)\bigr) = \sum_{\beta\in\mathbb{N}_0^n} b_\beta(z)\,\partial_z^\beta\Bigl(\sum_{\alpha\in\mathbb{N}_0^n} a_\alpha(z)\,\partial_z^\alpha f(z)\Bigr)$$
$$= \sum_{\alpha,\beta\in\mathbb{N}_0^n}\sum_{\gamma\leqslant\beta}\binom{\beta}{\gamma} b_\beta(z)\,\frac{\partial^{|\gamma|}a_\alpha}{\partial z^\gamma}(z)\,\frac{\partial^{|\alpha+\beta-\gamma|}f}{\partial z^{\alpha+\beta-\gamma}}(z) = (QP)f(z).$$

この積が結合則を満たすのも容易．よって P と Q との作用素としての積と (1) での積とは一致する．これから $\mathscr{O}_{\mathbb{C}^n}$ が $\mathscr{D}^\infty_{\mathbb{C}^n}$ 加群の層となるのは明らか．∎

1.2.4 [定理] (佐藤・石村)　$X \in \mathfrak{O}(\mathbb{C}^n)$ とする．$\Phi\colon \mathscr{O}_X \to \mathscr{O}_X$ が $\mathbb{C}$ 線型空間の層型射で任意の $U \in \mathfrak{O}(X)$ に対して $\Phi|_U\colon \Gamma(U;\mathscr{O}_{\mathbb{C}^n}) \to \Gamma(U;\mathscr{O}_{\mathbb{C}^n})$ が連続ならば一意に $P(z,\partial_z) \in \Gamma(X;\mathscr{D}^\infty_{\mathbb{C}^n})$ が存在し，任意の $f(z) \in \Gamma(U;\mathscr{O}_{\mathbb{C}^n})$ に対して $\Phi|_U(f)(z) = Pf(z)$.

証明　各連結成分で考えれば，X は連結と仮定して構わない．簡単のため $\Phi|_U$ を単に Φ と書く．最初に一意性を示す．$\Phi = \sum_{\alpha\in\mathbb{N}_0^n} a_\alpha(z)\,\partial_z^\alpha = \sum_{\alpha\in\mathbb{N}_0^n} b_\alpha(z)\,\partial_z^\alpha$ と仮定する．任意の $z_0 \in X$ 及び $\alpha \in \mathbb{N}_0^n$ に対して $\Phi((z-z_0)^\alpha)\big|_{z=z_0}$ を計算すれば $a_\alpha(z_0) = b_\alpha(z_0)$．これから $a_\alpha(z) = b_\alpha(z) \in \Gamma(X;\mathscr{O}_{\mathbb{C}^n})$ だから一意性が得られた．

$P(z,\partial_z)$ の存在を示す．$\{a_\alpha(z)\}_{\alpha\in\mathbb{N}_0^n} \subset \Gamma(X;\mathscr{O}_{\mathbb{C}^n})$ を $a_0(z) := \Phi(1) \in \Gamma(X;\mathscr{O}_{\mathbb{C}^n})$ 且つ次の漸化式で帰納的に定める:

$$a_\alpha(z) := \frac{\Phi(z^\alpha)}{\alpha!} - \sum_{\beta<\alpha} a_\beta(z)\,\frac{z^{\alpha-\beta}}{(\alpha-\beta)!} \in \Gamma(X;\mathscr{O}_{\mathbb{C}^n}) \quad (|\alpha|>0).$$

任意の $U \in \mathfrak{O}(X)$ 及び $f(z) \in \Gamma(U;\mathscr{O}_{\mathbb{C}^n})$ を取る．$z_0 \in U$ を固定すれば十分小さい $r>0$ が存在して $\mathsf{D}_n(z_0;r) \Subset U$ 且つ $\mathsf{D}_n(z_0;r)$ 上 $f(z) = \sum_{\alpha\in\mathbb{N}_0^n} \dfrac{\partial_z^\alpha f(z_0)}{\alpha!}(z-z_0)^\alpha$ と Taylor 展開できる．

$$b_{z_0}^\alpha(z) := \frac{(z-z_0)^\alpha}{\alpha!} \in \Gamma(X;\mathscr{O}_{\mathbb{C}^n})$$

と置けば $\Gamma(\mathsf{D}_n(z_0;r);\mathscr{O}_{\mathbb{C}^n})$ 内で $\sum_{|\alpha|\leqslant m} \partial_z^\alpha f(z_0)\,b_{z_0}^\alpha(z) \underset{m}{\longrightarrow} f(z)$．従って Φ の連続線型性から

$$\Phi(f)(z) = \Phi\Big(\sum_{\alpha\in\mathbb{N}_0^n} \partial_z^\alpha f(z_0)\,b_{z_0}^\alpha\Big)(z) = \sum_{\alpha\in\mathbb{N}_0^n} \partial_z^\alpha f(z_0)\,\Phi(b_{z_0}^\alpha)(z).$$

特に $\Phi(f)(z_0) = \sum_{\alpha\in\mathbb{N}_0^n} \Phi(b_{z_0}^\alpha)(z_0)\,\partial_z^\alpha f(z_0)$．ここで $a_\alpha(z_0) = \Phi(b_{z_0}^\alpha)(z_0)$ を示す．$\alpha = 0$ ならば $f=1$ と取って $a_0(z_0) = \Phi(b_{z_0}^0)(z_0)$ だから良い．次に $|\alpha|>0$ とし，任意の $\beta<\alpha$ について $a_\beta(z_0) = \Phi(b_{z_0}^\beta)(z_0)$ が成り立つと仮定する．2 項展開によって

$$\frac{\Phi(z^\alpha)}{\alpha!} = \frac{1}{\alpha!}\Phi\Big(\sum_{\beta\leqslant\alpha}\binom{\alpha}{\beta}(z-z_0)^\beta z_0^{\alpha-\beta}\Big) = \sum_{\beta\leqslant\alpha}\Phi(b_{z_0}^\beta)(z)\,\frac{z_0^{\alpha-\beta}}{(\alpha-\beta)!}$$

だから，漸化式及び帰納法の仮定から

$$\begin{aligned} a_\alpha(z_0) &= \frac{\Phi(z^\alpha)}{\alpha!}\Big|_{z=z_0} - \sum_{\beta<\alpha} a_\beta(z_0)\,\frac{z_0^{\alpha-\beta}}{(\alpha-\beta)!} \\ &= \sum_{\beta\leqslant\alpha}\Phi(b_{z_0}^\beta)(z_0)\,\frac{z_0^{\alpha-\beta}}{(\alpha-\beta)!} - \sum_{\beta<\alpha} a_\beta(z_0)\,\frac{z_0^{\alpha-\beta}}{(\alpha-\beta)!} = \Phi(b_{z_0}^\alpha)(z_0) \end{aligned}$$

が得られ帰納法が進行する．これから $\Phi(f)(z_0) = \sum_{\alpha\in\mathbb{N}_0^n} a_\alpha(z_0)\,\partial_z^\alpha f(z_0)$ 且つ

$z_0 \in U$ は任意だから U 上 $\Phi(f)(z) = \sum_{\alpha\in\mathbb{N}_0^n} a_\alpha(z)\,\partial_z^\alpha f(z)$．ここで f 及び U は任意だから層型射として $\Phi = \sum_{\alpha\in\mathbb{N}_0^n} a_\alpha(z)\,\partial_z^\alpha$．後は条件 (1.2.1) を確かめる．(1.2.1) が満たされないと仮定すれば $K \Subset X, \varepsilon > 0$，列 $\{\alpha(j)\}_{j\in\mathbb{N}} \subset \mathbb{N}_0{}^n$ 及び $\{z_j\}_{j\in\mathbb{N}} \subset K$ が存在して

$$\sqrt[|\alpha(j)|]{\alpha(j)!\,|a_{\alpha(j)}(z_j)|} \geqslant 2\varepsilon.$$

必要ならば部分列を取って z_j は $z_0 \in K$ に収束しているとして良い．更に $z_0 \in K \Subset X$ だから，必要ならば ε を小さく取り直して $\mathsf{D}_n(z_0;\varepsilon) \Subset X$ として良い．

$$f(z) := \frac{1}{(z_0 - z - \varepsilon)^{\mathbf{1}_n}} \in \Gamma(\mathsf{D}_n(z_0;\varepsilon);\mathscr{O}_{\mathbb{C}^n})$$

と置けば

$$\Phi(f)(z) = \sum_{\alpha\in\mathbb{N}_0^n} \frac{\alpha!\,a_\alpha(z)}{(z_0 - z - \varepsilon)^{\alpha+\mathbf{1}_n}} \in \Gamma(\mathsf{D}_n(z_0;\varepsilon);\mathscr{O}_{\mathbb{C}^n}). \tag{1.2.6}$$

ところが j が十分大きければ $z_j \in \mathsf{D}_n(z_0;\varepsilon)$ だから

$$\left|\frac{\alpha(j)!\,a_{\alpha(j)}(z_j)}{(z_0 - z - \varepsilon)^{\alpha(j)+\mathbf{1}_n}}\right| \geqslant \frac{(2\varepsilon)^{|\alpha(j)|}}{(2\varepsilon)^{|\alpha(j)|+n}} = \frac{1}{(2\varepsilon)^n}$$

となり (1.2.6) は収束せず，特に $\mathsf{D}_n(z_0;\varepsilon)$ で整型でない．これは矛盾．　■

1.2.5［定義］　無限階微分作用素 $P(z,\partial_z) = \sum_{\alpha\in\mathbb{N}_0^n} a_\alpha(z)\,\partial_z^\alpha$ に対して

$$\begin{aligned} K_P(z,w) &:= \frac{1}{(2\pi\sqrt{-1}\,)^n} P(z,\partial_z)\Big(\frac{1}{(w-z)^{\mathbf{1}_n}}\Big) \\ &= \sum_{\alpha\in\mathbb{N}_0^n} \frac{\alpha!\,a_\alpha(z)}{(2\pi\sqrt{-1}\,)^n\,(w-z)^{\alpha+\mathbf{1}_n}} \end{aligned}$$

と定義し，$P(z,\partial_z)$ の**核函数** (kernel function) と呼ぶ．

$P(z,\partial_z)$ の整型函数 $f(z)$ への作用は，Cauchy の積分公式から

$$Pf(z) = \oint_{\gamma+\{z\}} K_P(z,w)\,f(w)\,dw = \oint_\gamma K_P(z,z+w)\,f(z+w)\,dw$$

と書ける．但し $\gamma = \gamma_1 \times \cdots \times \gamma_n$ は原点中心の周積分である．特に表象は $P(z,\zeta) = e^{-\langle z,\zeta\rangle} P(z,\partial_z)\,e^{\langle z,\zeta\rangle}$ で計算できるので

$$
\begin{aligned}
P(z,\zeta) &= e^{-\langle z,\zeta\rangle}\oint_{\gamma+\{z\}} K_P(z,w)\,e^{\langle w,\zeta\rangle}dw \\
&= \oint_{\gamma+\{z\}} K_P(z,w)\,e^{\langle w-z,\zeta\rangle}dw = \oint_{\gamma} K_P(z,z+w)\,e^{\langle w,\zeta\rangle}dw.
\end{aligned} \tag{1.2.7}
$$

$U \in \mathfrak{O}(\mathbb{C}^n)$ に対して $U_0 := \{(z,w) \in U \times \mathbb{C}^n;\, w_j \neq z_j\,(1 \leqslant j \leqslant n)\}$, $U_j := \{(z,w) \in U \times \mathbb{C}^n; w_k \neq z_k\ (k \neq j)\}$ $(j = 1,\ldots,n)$ 且つ

$$\mathscr{K}(U) := \Gamma(U_0;\mathscr{O}_{\mathbb{C}^{2n}})/\sum_{j=1}^{n}\Gamma(U_j;\mathscr{O}_{\mathbb{C}^{2n}})$$

と置けば，任意の $P(z,\partial_z) \in \Gamma(U;\mathscr{D}^{\infty}_{\mathbb{C}^n})$ について $K_P(z,w) \in \mathscr{K}(U)$. 特に $\dfrac{1}{w-z}$ の冪級数と考えれば収束半径無限大となる．逆に $K(z,w) \in \mathscr{K}(U)$ は $K(z,w) = \sum\limits_{\alpha\in\mathbb{N}_0^n}\dfrac{b_\alpha(z)}{(w-z)^{\alpha+\mathbf{1}_n}}$ と展開できて，任意の $L \Subset U$ に対して

$$\lim_{|\alpha|\to\infty}\sup\{|b_\alpha(z)|^{1/|\alpha|};\, z \in L\} = 0.$$

従って $a_\alpha(z) := \dfrac{(2\pi\sqrt{-1}\,)^n\,b_\alpha(z)}{\alpha!}$ は (1.2.1) を満たす．よって $P(z,\partial_z) := \sum\limits_{\alpha\in\mathbb{N}_0^n} a_\alpha(z)\,\partial_z^\alpha \in \Gamma(U;\mathscr{D}^{\infty}_{\mathbb{C}^n})$ が定まり

$$K_P(z,w) = \sum_{\alpha\in\mathbb{N}_0^n}\frac{b_\alpha(z)}{(w-z)^{\alpha+\mathbf{1}_n}} = K(z,w).$$

以上から作用素 $P(z,\partial_z)$，表象 $P(z,\zeta)$，核函数 $K_P(z,w)$ の三者が対応する．

1.2.6 [命題]　$P(z,\partial_z) = \sum\limits_{\alpha\in\mathbb{N}_0^n} a_\alpha(z)\,\partial_z^\alpha$, $Q(z,\partial_z) = \sum\limits_{\alpha\in\mathbb{N}_0^n} b_\alpha(z)\,\partial_z^\alpha$ の積 $QP(z,\partial_z)$ の表象は

$$e^{\langle\partial_\zeta,\partial_w\rangle}Q(z,\zeta)\,P(w,\eta)\Big|_{\substack{w=z\\ \eta=\zeta}}$$

で与えられる．但し $e^{\langle\partial_\zeta,\partial_w\rangle} := \sum\limits_{\alpha\in\mathbb{N}_0^n}\dfrac{1}{\alpha!}\partial_\zeta^\alpha\,\partial_w^\alpha$ は形式的微分作用素で

$$
\begin{aligned}
e^{\langle\partial_\zeta,\partial_w\rangle}Q(z,\zeta)\,P(w,\eta)\Big|_{\substack{w=z\\ \eta=\zeta}} &= \sum_{\alpha\in\mathbb{N}_0^n}\frac{1}{\alpha!}\partial_\zeta^\alpha\,\partial_w^\alpha\big(Q(z,\zeta)\,P(w;\eta)\big)\Big|_{\substack{w=z\\ \eta=\zeta}} \\
&= \sum_{\alpha\in\mathbb{N}_0^n}\frac{1}{\alpha!}\frac{\partial^{|\alpha|}Q}{\partial\zeta^\alpha}(z,\zeta)\,\frac{\partial^{|\alpha|}P}{\partial z^\alpha}(z,\zeta).
\end{aligned}
$$

証明　$QP(z,\partial_z) = \sum_{\alpha\in\mathbb{N}_0^n} c_\alpha(z)\,\partial_z^\alpha$ と置けば，(1.2.5) から

$$\sum_\alpha \frac{1}{\alpha!}\,\frac{\partial^{|\alpha|}Q}{\partial\zeta^\alpha}(z,\zeta)\,\frac{\partial^{|\alpha|}P}{\partial z^\alpha}(z,\zeta) = \sum_{\alpha,\beta,\gamma}\frac{1}{\alpha!}\,\partial_\zeta^\alpha\bigl(b_\beta(z)\,\zeta^\beta\bigr)\cdot\partial_z^\alpha\bigl(a_\gamma(z)\,\zeta^\gamma\bigr)$$
$$= \sum_{\alpha,\beta,\gamma}\binom{\beta}{\alpha} b_\beta(z)\,\frac{\partial^{|\alpha|}a_\gamma}{\partial z^\alpha}(z)\,\zeta^{\beta-\alpha+\gamma} = \sum_\nu c_\nu(z)\,\zeta^\nu. \qquad \blacksquare$$

1.2.7 [注意]　作用素 P 及び Q に対して積を $Q\circ P$ とも書く．特に，整型函数 f に対して Pf は f に P を作用した結果を表し，作用素としての積は $P\circ f$ と書き分けることがある．$P\circ f$ の表象 $e^{\langle\partial_\zeta,\partial_w\rangle}P(z,\zeta)\,f(w)\big|_{w=z}$ を考え $\zeta=0$ に制限すれば Pf が得られる（言い換えれば $Pf = P\circ f \bmod \sum_{j=1}^{n}\mathscr{D}_X^\infty\,\partial_{z_j}$）．実際，$P(z,\partial_z) = \sum_{\alpha\in\mathbb{N}_0^n} a_\alpha(z)\,\partial_z^\alpha$ と置けば

$$\begin{aligned} e^{\langle\partial_\zeta,\partial_w\rangle}P(z,\zeta)\,f(w)\Big|_{\substack{w=z\\ \zeta=0}} &= \sum_{\alpha,\beta}\frac{1}{\alpha!}\,\partial_\zeta^\alpha\bigl(a_\beta(z)\,\zeta^\beta\bigr)\,\partial_z^\alpha f(z)\Big|_{\zeta=0} \\ &= \sum_\alpha a_\alpha(z)\,\partial_z^\alpha f(z) = Pf(z). \end{aligned} \tag{1.2.8}$$

さて $P(z,\partial_z) = \sum_{|\alpha|\leqslant m} a_\alpha(z)\,\partial_z^\alpha \in \Gamma(U;\mathscr{D}_{\mathbb{C}^n}^{(m)})$ に対して，その**形式随伴** (formal adjoint) は

$$P^*(z,\partial_z) := \sum_{|\alpha|\leqslant m}(-\partial_z)^\alpha\circ a_\alpha(z) = \sum_{\substack{|\alpha|\leqslant m\\ \beta\leqslant\alpha}}(-1)^{|\alpha|}\binom{\alpha}{\beta}\frac{\partial^{|\beta|}a_\alpha}{\partial z^\beta}(z)\,\partial_z^{\alpha-\beta}$$

であった．これを $\mathscr{D}_{\mathbb{C}^n}^\infty$ に拡張する:

1.2.8 [定義]　$P(z,\partial_z) = \sum_{\alpha\in\mathbb{N}_0^n} a_\alpha(z)\,\partial_z^\alpha \in \Gamma(U;\mathscr{D}_{\mathbb{C}^n}^\infty)$ の**形式随伴**を

$$P^*(z,\partial_z) := \sum_{\alpha\in\mathbb{N}_0^n}(-\partial_z)^\alpha\circ a_\alpha(z) = \sum_{\beta\leqslant\alpha}(-1)^{|\alpha|}\binom{\alpha}{\beta}\frac{\partial^{|\beta|}a_\alpha}{\partial z^\beta}(z)\,\partial_z^{\alpha-\beta}$$

で定義する．特に表象は

$$P^*(z,\zeta) = \sum_{\beta\leqslant\alpha}(-1)^{|\alpha|}\binom{\alpha}{\beta}\frac{\partial^{|\beta|}a_\alpha}{\partial z^\beta}(z)\,\zeta^{\alpha-\beta}.$$

$P^*(z,\partial_z)\in\Gamma(U;\mathscr{D}_{\mathbb{C}^n}^\infty)$ を示しておく．表象が劣指数型をいえば良い．任意のコンパクト集合 $K\Subset U$ に対して L を $K\Subset L\Subset U$ と取り，$\delta\sqrt{n} = \operatorname{dis}(K,\partial L)$

と $\delta > 0$ を取れば，Cauchy の不等式から

$$\sup\{\left|\frac{\partial^{|\beta|}a_\alpha}{\partial z^\beta}(z)\right|;\, z \in K\} \leqslant \frac{\beta!}{\delta^{|\beta|}}\sup\{|a_\alpha(z)|;\, z \in L\} \leqslant \frac{\beta!\,C_{L,\varepsilon}\,\varepsilon^{|\alpha|}}{\alpha!\,\delta^{|\beta|}}.$$

従って $\varepsilon \in \left]0, \min\{\delta/2, h/n\}\right[$ と取れば，$z \in K$ に対して

$$\begin{aligned}|P^*(z,\zeta)| &= \Bigl|\sum_{\beta\leqslant\alpha}(-1)^{|\alpha|}\binom{\alpha}{\beta}\frac{\partial^{|\beta|}a_\alpha}{\partial z^\beta}(z)\,\zeta^{\alpha-\beta}\Bigr| \\ &\leqslant \sum_{\beta\leqslant\alpha}\frac{C_{L,\varepsilon}\,(\varepsilon\|\zeta\|)^{\alpha-\beta}}{(\alpha-\beta)!}\Bigl(\frac{\varepsilon}{\delta}\Bigr)^{|\beta|} \leqslant C_{L,\varepsilon}\,e^{h\|\zeta\|}\sum_\beta\Bigl(\frac{1}{2}\Bigr)^{|\beta|} \leqslant 2^n C_{L,\varepsilon}\,e^{h\|\zeta\|}.\end{aligned}$$

1.2.9 [命題]　$P(z,\partial_z)$ の形式随伴 $P^*(z,\partial_z)$ の表象は $e^{\langle\partial_\zeta,\partial_z\rangle}P(z,-\zeta)$ で与えられる．特に $P^{**}(z,\partial_z) = P(z,\partial_z)$.

証明　$P(z,\partial_z) = \sum_{\alpha\in\mathbb{N}_0^n} a_\alpha(z)\,\partial_z^\alpha$ に対して

$$\begin{aligned}e^{\langle\partial_\zeta,\partial_z\rangle}P(z,-\zeta) &= \sum_{\alpha,\beta}\frac{1}{\beta!}\,\partial_\zeta^\beta\,\partial_z^\beta\bigl(a_\alpha(z)\,(-\zeta)^\alpha\bigr) \\ &= \sum_{\beta\leqslant\alpha}(-1)^{|\alpha|}\binom{\alpha}{\beta}\frac{\partial^{|\beta|}a_\alpha}{\partial z^\beta}(z)\,\zeta^{\alpha-\beta}.\end{aligned}$$

更に

$$P^{**}(z,\zeta) = e^{\langle\partial_\zeta,\partial_z\rangle}P^*(z,-\zeta) = e^{\langle\partial_\zeta,\partial_z\rangle}e^{-\langle\partial_\zeta,\partial_z\rangle}P(z,\zeta) = P(z,\zeta)$$

だから $P^{**}(z,\partial_z)$ と $P(z,\partial_z)$ とは表象が一致する．∎

1.2.10 [注意]　命題 1.2.9 で $K_{P^*}(z,w) = (-1)^n K_P(w,z)$. 実際，任意の整型函数 $f(z)$ に対して

$$\begin{aligned}(-1)^n\oint_\gamma K_P(w,z)f(w)\,dw &= \sum_\alpha\oint_\gamma\frac{\alpha!\,a_\alpha(w)\,f(w)}{(-2\pi\sqrt{-1}\,)^n\,(z-w)^{\alpha+\mathbf{1}_n}}dw \\ &= \sum_\alpha\oint_\gamma\frac{(-1)^{|\alpha|}\,\alpha!\,a_\alpha(w)\,f(w)}{(2\pi\sqrt{-1}\,)^n\,(w-z)^{\alpha+\mathbf{1}_n}}dw \\ &= \sum_\alpha(-1)^{|\alpha|}\,\partial_z^\alpha\bigl(a_\alpha(z)\,f(z)\bigr) = P^*f(z).\end{aligned}$$

次に表象の座標変換則を求める．準備として一つ補題を述べておく:

1.2.11 [補題]　z, ζ の形式冪級数 $A(z,\zeta) = (A_1(z,\zeta), \ldots, A_n(z,\zeta))$, $Q(z,\zeta)$ に対して形式冪級数として以下が成り立つ:

$$\begin{aligned} &e^{\langle \partial_\zeta, \partial_z \rangle} Q(z,\zeta)\, e^{\langle z, A(z,\zeta)\rangle}\big|_{z=0} \\ &\qquad = e^{\langle \partial_\zeta, \partial_z \rangle} \sum_{\alpha \in \mathbb{N}_0^n} \frac{1}{\alpha!}\, \partial_\zeta^\alpha \big(Q(z,\zeta) A(z,\zeta)^\alpha\big)\big|_{z=0}, \\ &e^{\langle \partial_\zeta, \partial_z \rangle} Q(z,\zeta)\, e^{\langle A(z,\zeta), \zeta\rangle}\big|_{\zeta=0} \\ &\qquad = e^{\langle \partial_\zeta, \partial_z \rangle} \sum_{\alpha \in \mathbb{N}_0^n} \frac{1}{\alpha!}\, \partial_z^\alpha \big(Q(z,\zeta) A(z,\zeta)^\alpha\big)\big|_{\zeta=0}. \end{aligned}$$

証明　最初の等式を示す:

$$\begin{aligned} &e^{\langle \partial_\zeta, \partial_z \rangle} Q(z,\zeta)\, e^{\langle z, A(z,\zeta)\rangle}\big|_{z=0} \\ &= \sum_{\alpha,\beta \in \mathbb{N}_0^n} \frac{1}{\alpha!\,\beta!}\, \partial_\zeta^\beta \partial_z^\beta (Q(z,\zeta)\, z^\alpha A(z,\zeta)^\alpha)\big|_{z=0} \\ &= \sum_{\alpha,\beta \in \mathbb{N}_0^n} \sum_{\gamma \leqslant \beta} \binom{\beta}{\gamma} \frac{1}{\alpha!\,\beta!}\, \partial_\zeta^\beta \Big(\frac{\partial^\gamma z^\alpha}{\partial z^\gamma}\, \partial_z^{\beta-\gamma} (Q(z,\zeta)\, A(z,\zeta)^\alpha)\Big)\Big|_{z=0} \\ &= \sum_{\alpha \leqslant \beta \in \mathbb{N}_0^n} \frac{1}{\alpha!\,(\beta-\alpha)!}\, \partial_\zeta^\beta \partial_z^{\beta-\alpha} (Q(z,\zeta)\, A(z,\zeta)^\alpha)\big|_{z=0} \\ &= e^{\langle \partial_\zeta, \partial_z \rangle} \sum_{\alpha \in \mathbb{N}_0^n} \frac{1}{\alpha!}\, \partial_\zeta^\alpha (Q(z,\zeta)\, A(z,\zeta)^\alpha)\big|_{z=0}. \end{aligned}$$

2 番目も同様に示される.　■

1.2.12 [定義]　$z = (z_1, \ldots, z_n)$ と $w = (w_1, \ldots, w_n)$ とを $\mathbb{C}^n$ の座標系とし, 対応する $T^*\mathbb{C}^n$ の座標系を各々 $(z;\zeta)$, $(w;\eta)$, 座標変換を $z = \Phi(w)$ と書く. $\Phi^{-1}(\widetilde{z}) - \Phi^{-1}(z) = J_\Phi^{-1}(\widetilde{z}, z)(\widetilde{z} - z)$ で行列 $J_\Phi^{-1}(\widetilde{z}, z)$ を定める. 特に ${}^{\mathrm{t}}J_\Phi^{-1}(z,z)\eta = {}^{\mathrm{t}}d\Phi^{-1}(z)\eta = \zeta$.

座標 (z,ζ) に関する P の核函数を $K_P(z,\widetilde{z})$, 座標 $(z;\zeta)$ 及び $(w;\eta)$ に関する P の表象を各々 $P(z,\zeta)$ 及び $\Phi^* P(w,\eta)$ と置く.

1.2.13 [命題]　以上の記号下で

$$\Phi^* P(w,\eta) = e^{\langle \partial_{\zeta'}, \partial_{z'} \rangle} P(z, \zeta' + {}^{\mathrm{t}}J_\Phi^{-1}(z', z)\eta)\Big|_{\substack{z'=z=\Phi(w) \\ \zeta'=0}}.$$

証明　(1.2.8) を思い出せば

$$\begin{aligned}\Phi^* P(w,\eta) &= e^{-\langle w,\eta\rangle} P(z,\partial_z)\, e^{\langle w,\eta\rangle}\big|_{z=\Phi(w)} \\ &= e^{-\langle \Phi^{-1}(z),\eta\rangle} e^{\langle \partial_{\zeta'},\partial_{z'}\rangle} P(z,\zeta')\, e^{\langle \Phi^{-1}(z'),\eta\rangle}\big|_{\substack{z'=z=\Phi(w)\\ \zeta'=0}} \\ &= e^{\langle \partial_{\zeta'},\partial_{z'}\rangle} P(z,\zeta')\, e^{\langle \Phi^{-1}(z+z')-\Phi^{-1}(z),\eta\rangle}\big|_{\substack{z'=0,\,z=\Phi(w)\\ \zeta'=0}}.\end{aligned}$$

ここで

$$\langle \Phi^{-1}(z+z')-\Phi^{-1}(z),\eta\rangle = \langle J_\Phi^{-1}(z+z',z)z',\eta\rangle = \langle z', {}^{\mathsf t}J_\Phi^{-1}(z+z',z)\eta\rangle$$

だから

$$\Phi^* P(w,\eta) = e^{\langle \partial_{\zeta'},\partial_{z'}\rangle} P(z,\zeta')\, e^{\langle z', {}^{\mathsf t}J_\Phi^{-1}(z+z',z)\eta\rangle}\big|_{\substack{z'=0,\,z=\Phi(w)\\ \zeta'=0}}.$$

ここで補題 1.2.11 から

$$\begin{aligned}&e^{\langle \partial_{\zeta'},\partial_{z'}\rangle} P(z,\zeta')\, e^{\langle z', {}^{\mathsf t}J_\Phi^{-1}(z+z',z)\eta\rangle}\big|_{\substack{z'=0\\ \zeta'=0}} \\ &\quad= e^{\langle \partial_{\zeta'},\partial_{z'}\rangle} \sum_\alpha \frac{1}{\alpha!}\,\partial_{\zeta'}^\alpha\big(P(z,\zeta')\,({}^{\mathsf t}J_\Phi^{-1}(z+z',z)\eta)^\alpha\big)\big|_{\substack{z'=0\\ \zeta'=0}} \\ &\quad= e^{\langle \partial_{\zeta'},\partial_{z'}\rangle} \sum_\alpha \frac{1}{\alpha!}\,\frac{\partial^{|\alpha|}P}{\partial\zeta'^\alpha}(z,\zeta')\,({}^{\mathsf t}J_\Phi^{-1}(z+z',z)\eta)^\alpha\big|_{\substack{z'=0\\ \zeta'=0}} \\ &\quad= e^{\langle \partial_{\zeta'},\partial_{z'}\rangle} P(z,\zeta'+{}^{\mathsf t}J_\Phi^{-1}(z+z',z)\eta)\big|_{\substack{z'=0\\ \zeta'=0}}.\end{aligned}$$

■

1.2.14 [注意]　命題 1.2.13 を $P(z,\partial_z)=\sum\limits_{|\alpha|\leqslant m} a_\alpha(z)\,\partial_z^\alpha \in \Gamma(U;\mathscr{D}_{\mathbb{C}^n}^{(m)})$ に対して適用すれば $\Phi^*P(w,\eta)=\sum\limits_\alpha b_\alpha(w)\,\partial_w^\alpha$ として

$$\sum_{|\alpha|=j} b_\alpha(w)\,\eta^\alpha = \sum_{|\alpha-\beta|=j}\binom{\alpha}{\beta} a_\alpha(z)\,\partial_{z'}^\beta({}^{\mathsf t}J_\Phi^{-1}(z',z)\eta)^{\alpha-\beta}\big|_{z'=z=\Phi(w)}.$$

従って各 $m\in\mathbb{N}_0$ に対して $\mathscr{D}_{\mathbb{C}^n}^{(m)}$ は座標不変，且つ

$$\begin{aligned}\sum_{|\alpha|=m} b_\alpha(w)\,\eta^\alpha &= \sum_{|\alpha|=m} a_\alpha(z)\,({}^{\mathsf t}J_\Phi^{-1}(z',z)\eta)^\alpha\big|_{z=z'=\Phi(w)} \\ &= \sum_{|\alpha|=m} \Phi^*a_\alpha(w)\,({}^{\mathsf t}d\Phi^{-1}(z)\eta)^\alpha = \sum_{|\alpha|=m}\Phi^*a_\alpha(w)\,\zeta^\alpha,\end{aligned}$$

即ち $\sigma_m(P)(z,\zeta) := \sum\limits_{|\alpha|=m} a_\alpha(z)\,\zeta^\alpha$ が $T^*\mathbb{C}^n$ 上の函数として矛盾なく定義される．この $\sigma_m(P)(z,\zeta)$ を P の**主表象** (principal symbol) と呼ぶ．

3. 整型函数の FBI 変換

最初に通常の Fourier 変換を復習する．$\mathbb{R}^n$ 上のコンパクト台 C^∞ 級函数全体を $C_0^\infty(\mathbb{R}^n)$ と書く．函数 $\varphi(x)$ の **Fourier 変換** (Fourier transform) を

$$\widehat{\varphi}(\xi) := \int_{\mathbb{R}^n} e^{-\sqrt{-1}\langle x,\xi\rangle}\varphi(x)\,dx \tag{1.3.1}$$

で定める．$\varphi(x) \in C_0^\infty(\mathbb{R}^n)$ ならば積分 (1.3.1) は任意の $\xi \in \mathbb{R}^n$ に対して意味を持ち，$đ\xi := \dfrac{1}{(2\pi)^n}\,d\xi$ と置けば **Fourier の逆公式**から

$$\varphi(x) = \int_{\mathbb{R}^{2n}} e^{\sqrt{-1}\langle x-\tilde{x},\xi\rangle}\varphi(\widetilde{x})\,d\widetilde{x}\,đ\xi = \int\limits_{\mathbb{R}^n\times\dot{\mathbb{R}}^n} e^{\sqrt{-1}\langle x-\tilde{x},\xi\rangle}\varphi(\widetilde{x})\,d\widetilde{x}\,đ\xi. \tag{1.3.2}$$

更に (1.3.1) は $\zeta := \xi + \sqrt{-1}\,\eta \in \mathbb{C}^n$ 上に解析的に延長できる．これも Fourier 変換と同じ記号で表し **Fourier-Laplace 変換**と呼ぶ:

$$\widehat{\varphi}(\zeta) := \int_{\mathbb{R}^n} e^{-\sqrt{-1}\langle x,\zeta\rangle}\varphi(x)\,dx. \tag{1.3.3}$$

さて (1.3.2) の ξ に関する積分路は $\zeta = \xi + \sqrt{-1}\,|\xi|(x-\widetilde{x})$ と複素領域内に変形できる．実際積分は絶対収束し，この変形の過程で積分路は (1.3.3) の定義域に入っているので，Cauchy-Poincaré の定理 1.1.18 が適用できる．従って変換 $\zeta = \xi + \sqrt{-1}\,|\xi|\,x$ のヤコビ行列式を $\varDelta(x,\xi)$ と置けば

$$\begin{aligned}\varphi(x) &= \int\limits_{\mathbb{R}^n\times\dot{\mathbb{R}}^n} e^{\sqrt{-1}\langle x-\tilde{x},\xi+\sqrt{-1}(x-\tilde{x})|\xi|\rangle}\varphi(\widetilde{x})\,\varDelta(x-\widetilde{x},\xi)\,d\widetilde{x}\,đ\xi \\ &= \int\limits_{\mathbb{R}^n\times\dot{\mathbb{R}}^n} e^{\sqrt{-1}\langle x-\tilde{x},\xi\rangle-|x-\tilde{x}|^2|\xi|}\varphi(\widetilde{x})\,\varDelta(x-\widetilde{x},\xi)\,d\widetilde{x}\,đ\xi.\end{aligned} \tag{1.3.4}$$

$\varDelta(x,\xi)$ を求める．ヤコビ行列 $J := \dfrac{\partial\zeta}{\partial\xi} = \left[\delta_{ij} + \sqrt{-1}\,\dfrac{x_i\xi_j}{|\xi|}\right]_{\substack{1\leqslant i\leqslant n\\1\leqslant j\leqslant n}}$ の固有値を $\{\alpha_i\}_{i=1}^n$ と置けば，線型代数で周知の通り $\varDelta(x,\xi) = \det J = \prod_{i=1}^n \alpha_i$ 且つ $\operatorname{tr} J = \sum_{i=1}^n \alpha_i$．各 $\xi \neq 0$ に対して $\langle\xi,u_i\rangle = 0$ となる線型独立な $\{u_i\}_{i=1}^{n-1}$ を取れば $Ju_i = u_i$ だから J は固有値 1 を持ち，対応する固有空間は少なくとも $n-1$ 次元．よって $\alpha_1 = \cdots = \alpha_{n-1} = 1$ と置いて構わない．従って $\operatorname{tr} J = \sum_{i=1}^n \bigl(1 + \sqrt{-1}\,\dfrac{x_i\xi_i}{|\xi|}\bigr) = n + \sqrt{-1}\Bigl\langle x, \dfrac{\xi}{|\xi|}\Bigr\rangle$ と併せて

$$\varDelta(x,\xi) = \prod_{i=1}^n \alpha_i = \alpha_n = \operatorname{tr} J - \sum_{i=1}^{n-1}\alpha_i = 1 + \sqrt{-1}\Bigl\langle x, \frac{\xi}{|\xi|}\Bigr\rangle.$$

(1.3.4) を更に書き換えるため記号を準備する．$\zeta \in \mathbb{C}^n$ に対して $\langle \zeta, \zeta \rangle^{1/2}$ を $|\operatorname{Re}\zeta| > |\operatorname{Im}\zeta|$ で整型且つ $\zeta = \xi \in \mathbb{R}^n$ ならば $\langle \xi, \xi \rangle^{1/2} = |\xi|$ となる函数とする．

1.3.1［定義］　$z \in \mathbb{C}^n$ 及び $(\alpha, \zeta) \in \mathbb{C}^n \times \{\zeta \in \mathbb{C}^n; |\operatorname{Re}\zeta| > |\operatorname{Im}\zeta|\}$ に対して

$$\begin{aligned} \Phi(z,\alpha,\zeta) &:= \sqrt{-1}\langle z,\zeta\rangle - 2\langle z-\alpha, z-\alpha\rangle\langle \zeta,\zeta\rangle^{1/2}, \\ \Phi^*(z,\alpha,\zeta) &:= -\sqrt{-1}\langle z,\zeta\rangle - 2\langle z-\alpha, z-\alpha\rangle\langle \zeta,\zeta\rangle^{1/2}, \\ \Delta(z,\zeta) &:= 1 + \sqrt{-1}\Big\langle z, \frac{\zeta}{\langle\zeta,\zeta\rangle^{1/2}}\Big\rangle, \\ \operatorname{Exp}(z;\widetilde{z},\alpha,\xi) &:= \Big|e^{\Phi(z,\alpha,\zeta)+\Phi^*(\tilde{z},\alpha,\zeta)}\Big|, \end{aligned}$$

と置く．更に $\varphi(x) \in C_0^\infty(\mathbb{R}^n)$ に対して φ の **FBI 変換** $\mathscr{T}\varphi$ を

$$\mathscr{T}\varphi(z;\alpha,\zeta) := \int_{\mathbb{R}^n} e^{\Phi^*(\tilde{x},\alpha,\zeta)}\varphi(\widetilde{x})\,\Delta(z-\widetilde{x},\zeta)\,d\widetilde{x}$$

と定義する (FBI は **Fourier-Bros-Iagolnitzer** に因む)．但し，本来の FBI 変換は $\Delta(z-\widetilde{x},\zeta)$ 因子を含まないものであるが互いに他をある種の無限和の形で表せる，という意味で基本的には同等である．また，この因子を省略した場合，$\mathscr{T}\varphi(\alpha,\xi)$ $((\alpha,\xi) \in \mathbb{R}^n \times (\mathbb{R}^n \setminus \{0\}))$ は

$$e^{-\sqrt{-1}\langle\alpha,\xi\rangle - \frac{|\xi|}{8}} \cdot \int_{\mathbb{R}^n} e^{-2|\xi|(\alpha-\sqrt{-1}\frac{\xi}{4|\xi|}-\tilde{x})^2}\varphi(\widetilde{x})d\widetilde{x}$$

と書き直せる．従って，第一因子を除けば，$\varphi(x)$ を初期値とする熱方程式の解公式

$$\frac{1}{(4\pi t)^{n/2}}\int_{\mathbb{R}^n} e^{-\frac{(x-\tilde{x})^2}{4t}}\varphi(\widetilde{x})d\widetilde{x}$$

において，$t = (8|\xi|)^{-1}$, $x = \alpha - \sqrt{-1}\,\dfrac{\xi}{4|\xi|}$（複素数値！）と置いたものに形式的に一致する．この意味でいわゆる熱核と深いつながりをもつだけでなく，変数 x を複素数まで拡張して考える，という意味で J. Sjöstrand による FBI 変換

$$\int_{\mathbb{R}^n} e^{-\lambda(z-\tilde{x})^2}\varphi(\widetilde{x})d\widetilde{x}, \quad (z,\lambda) \in \mathbb{C}^n \times]0,+\infty[$$

の考え方と一致する．

1.3.2［命題］(逆公式)　(1) 任意の $\varphi(x) \in C_0^\infty(\mathbb{R}^n)$ に対して

$$\varphi(x) = \int\limits_{\mathbb{R}^n \times \dot{\mathbb{R}}^n} e^{\Phi(x,\alpha,\xi)}\,\mathscr{T}\varphi(x;\alpha,\xi)\Big(\frac{|\xi|}{\pi^3}\Big)^{n/2} d\alpha\,d\xi.$$

(2) 任意の $x \in \dot{\mathbb{R}}^n$ に対して $\displaystyle\int_{\dot{\mathbb{R}}^n} e^{\sqrt{-1}\langle x,\xi\rangle - |x|^2|\xi|}\Delta(x,\xi)\,đ\xi = 0.$

証明　(1) 積分論で周知の $e^{-|x-\tilde{x}|^2|\xi|} = \displaystyle\int_{\mathbb{R}^n} e^{-2(|x-\alpha|^2+|\tilde{x}-\alpha|^2)|\xi|}\Big(\frac{4|\xi|}{\pi}\Big)^{n/2} d\alpha$ を代入すれば，積分が絶対収束しているから Fubini の定理と (1.3.4) とから

$$\begin{aligned}
\varphi(x) &= \int_{\mathbb{R}^n\times\dot{\mathbb{R}}^n} e^{\sqrt{-1}\langle x-\tilde{x},\xi\rangle - |x-\tilde{x}|^2|\xi|}\varphi(\widetilde{x})\,\Delta(x-\widetilde{x},\xi)\,d\widetilde{x}\,đ\xi \\
&= \int_{\mathbb{R}^n\times\dot{\mathbb{R}}^n} d\widetilde{x}\,d\xi\, e^{\sqrt{-1}\langle x-\tilde{x},\xi\rangle}\varphi(\widetilde{x})\,\Delta(x-\widetilde{x},\xi) \\
&\qquad\cdot\int_{\mathbb{R}^n} e^{-2(|x-\alpha|^2+|\tilde{x}-\alpha|^2)|\xi|}\Big(\frac{|\xi|}{\pi^3}\Big)^{n/2} d\alpha \\
&= \int_{\mathbb{R}^n\times\dot{\mathbb{R}}^n\times\mathbb{R}^n} e^{\Phi(x,\alpha,\xi)+\Phi^*(\tilde{x},\alpha,\xi)}\Big(\frac{|\xi|}{\pi^3}\Big)^{n/2}\varphi(\widetilde{x})\,\Delta(x-\widetilde{x},\xi)\,d\alpha\,d\xi\,d\widetilde{x} \\
&= \int_{\mathbb{R}^n\times\dot{\mathbb{R}}^n} e^{\Phi(x,\alpha,\xi)}\mathscr{T}\varphi(x;\alpha,\xi)\Big(\frac{|\xi|}{\pi^3}\Big)^{n/2} d\alpha\,d\xi.
\end{aligned}$$

(2) 簡単の ため $B(x) := \displaystyle\int_{\dot{\mathbb{R}}^n} e^{\sqrt{-1}\langle x,\xi\rangle - |x|^2|\xi|}\Delta(x,\xi)đ\xi$ と置く．$x \in \dot{\mathbb{R}}^n$ ならば積分が広義一様収束して x の連続函数を与えるのは明らか．任意の $x \in \dot{\mathbb{R}}^n$ を取る．$\varphi(x) \in C_0^\infty(\mathbb{R}^n)$ を $\displaystyle\int_{\mathbb{R}^n}\varphi(x)\,dx = 1$ と取り，$\varepsilon \in \left]0,1\right[$ に対して $\varphi_\varepsilon(x) := \dfrac{1}{\varepsilon^n}\varphi\Big(\dfrac{x}{\varepsilon}\Big)$ と置く．$\psi(x) \in C_0^\infty(\mathbb{R}^n)$ を $\{x\}\cup\{x-y;\, y \in \operatorname{supp}\varphi\}$ の近傍上 1 と取れば，(1) から

$$\int_{\mathbb{R}^n} B(x-\widetilde{x})\,\psi(x-\widetilde{x})\,\varphi_\varepsilon(\widetilde{x})\,d\widetilde{x} = \int_{\mathbb{R}^n} B(x-\widetilde{x})\,\varphi_\varepsilon(\widetilde{x})\,d\widetilde{x} = \varphi_\varepsilon(x).$$

ここで $\varepsilon \to +0$ とすれば，左辺は広義一様に $B(x)\,\psi(x) = B(x)$ に，右辺は零に各々収束する． ∎

次に命題 1.3.2 を整型函数に適用するため記号を準備する．$U \subset \mathbb{R}^n$ を有界領域，$\varGamma \subset \mathbb{R}^n$ を開錐とし，$y_0 \in \mathbb{R}^n$ に対して

$$\begin{aligned}
U_r &:= \{x \in \mathbb{R}^n;\, \operatorname{dis}(x,U) < r\}, \\
\mathbb{B}(y_0;r) &:= \{y \in \mathbb{R}^n;\, |y-y_0| < r\}, \\
\mathbb{B}(r) &:= \mathbb{B}(0;r) \supset \varGamma(r) := \varGamma\cap\mathbb{B}(r), \\
\mathbb{W}_r(U,\varGamma) &:= \{z \in \mathbb{C}^n;\, \operatorname{dis}(z,U) < 3r,\, \operatorname{Im} z \in \varGamma(r^2/2)\},
\end{aligned}$$

と置く．念のため次の補題を用意する．

1.3.3 ［補題］　$V \Subset W$ なる任意の有界領域 $V, W \subset \mathbb{R}^n$ に対し，C^∞ 級境界を持つ有界領域 V' で $V \Subset V' \Subset W$ となるものが存在する．

証明　$\mathrm{Cl}\, W$ の近傍で定義された C^∞ 函数 $f(x)$ で $0 \leqslant f(x) \leqslant 1$，$V$ 上で 0，∂W 上で 1，且つ $\{x \in \mathrm{Cl}\, W;\ \frac{1}{4} \leqslant f(x) \leqslant \frac{3}{4}\} \Subset \mathrm{Int}(W \setminus V)$ を満たすものが存在する．**Sard の定理**から危点（即ち微分が 0 となる点）の集合の像は零集合だから，$\frac{1}{4} < c < \frac{3}{4}$ が存在して $\{x \in \mathrm{Cl}\, W;\ f(x) = c\}$ は $f(x)$ の危点を含まない．よって $V'' := \{x \in \mathrm{Cl}\, W;\ f(x) < c\}$ は開集合で $V \Subset V'' \Subset W$ 且つ $\partial V'' = \{x \in \mathrm{Cl}\, W;\ f(x) = c\}$ は C^∞ 級．従って V を含む V'' の連結成分を V' と置けば良い．∎

1.3.4 ［定義］　補題 1.3.3 から，任意の有界領域 $U \subset \mathbb{R}^n$ に対して $U_{2r} \Subset U^d \Subset U_{5r/2}$ を満たし C^∞ 級境界を持つ有界領域 U^d が存在する．以下 U^d はこの意味で用いる．以下，$r \in \left]0, 1\right[$ を次の通りに取っておく:

$$\left(\frac{5r^2}{2} + 1\right)^2 < \frac{5}{4}. \tag{1.3.5}$$

1.3.5 ［定義］　$F(z) \in \varGamma(\mathbb{W}_r(U, \varGamma); \mathscr{O}_{\mathbb{C}^n})$ の **FBI 変換**を次で定義する:

$$\mathscr{T}_{y_0} F(z; \alpha, \xi) := \int_{U^d + \sqrt{-1}\{y_0\}} e^{\varPhi^*(\tilde{z}, \alpha, \xi)} F(\widetilde{z})\, \varDelta(z - \widetilde{z}, \xi)\, d\widetilde{z}.$$

但し $y_0 \in \varGamma(r^2/2)$ と取っておく．$F(z)$ は $U^d + \sqrt{-1}\{y_0\}$ の近傍で整型なので，積分は意味を持つ．

1.3.6 ［補題］　$H(z, \alpha, \xi)$ が $\mathbb{C}^{2n} \times \dot{\mathbb{R}}^n$ の近傍の整型函数で，開錐 $L \subset \mathbb{R}^n$ に対して次を満たすと仮定する: 任意の $K \Subset \mathbb{C}^n$ に対して $C, \delta > 0$ が存在して

$$\left|H(z, \alpha, \xi)\right| \leqslant C e^{-\delta|\xi|}, \quad ((z, \alpha, \xi) \in K \times U_r \times L).$$

このとき

$$\int_{U_r \times L} e^{\varPhi(z, \alpha, \xi)} H(z, \alpha, \xi) \left(\frac{|\xi|}{\pi^3}\right)^{n/2} d\alpha\, d\xi \tag{1.3.6}$$

は，$\delta > r_0 + 2r_0^2$ なる $r_0 > 0$ に対して $U + \sqrt{-1}\, \mathbb{B}(r_0)$ で整型．

証明　仮定から，$(z,\alpha,\xi)\in\big(U+\sqrt{-1}\,\mathbb{B}(r_0)\big)\times U_r\times L$ ならば

$$\left|e^{\Phi(z,\alpha,\xi)}H(z,\alpha,\xi)\right|\leqslant Ce^{(|y|+2|y|^2-\delta)|\xi|}\leqslant Ce^{(r_0+2r_0^2-\delta)|\xi|}$$

だから，$r_0+2r_0^2<\delta$ ならば (1.3.6) は絶対収束する．特に積分と微分の順序交換ができるので，(1.3.6) は $U+\sqrt{-1}\,\mathbb{B}(r_0)$ 上の整型函数となる．■

1.3.7 [補題]　$U\subset\mathbb{R}^n$ を有界領域，$\Gamma\subset\mathbb{R}^n$ を錐状領域（即ち連結な開錐）とする．$F(z)\in\Gamma(\mathbb{W}_r(U,\Gamma);\mathscr{O}_{\mathbb{C}^n})$ の FBI 変換 $\mathscr{T}_{y_0}F(z;\alpha,\zeta)$，及び r または r' のみで決まる正数 δ は以下を満たす:

(1) $\mathscr{T}_{y_0}F(z;\alpha,\xi)$ は $\mathbb{C}^{2n}\times\dot{\mathbb{R}}^n$ の近傍の整型函数に延長できる．

(2) y_0, $y_1\in\Gamma(r^2/2)$ ならば任意の $K\Subset\mathbb{C}^n$ に対して $C>0$ が存在して

$$\left|\mathscr{T}_{y_0}F(z;\alpha,\xi)-\mathscr{T}_{y_1}F(z;\alpha,\xi)\right|\leqslant Ce^{-\delta|\xi|},\quad((z,\alpha,\xi)\in K\times U_r\times\dot{\mathbb{R}}^n).$$

(3) U^d と同じ条件を満たす V に対し

$$\mathscr{T}'_{y_0}F(z;\alpha,\xi):=\int\limits_{V+\sqrt{-1}\{y_0\}}e^{\Phi^*(\tilde{z},\alpha,\xi)}F(\widetilde{z})\,\Delta(z-\widetilde{z},\xi)\,d\widetilde{z}$$

と置く．このとき任意の $K\Subset\mathbb{C}^n$ に対して $C>0$ が存在して

$$\left|\mathscr{T}_{y_0}F(z;\alpha,\xi)-\mathscr{T}'_{y_0}F(z;\alpha,\xi)\right|\leqslant Ce^{-\delta|\xi|},\quad((z,\alpha,\xi)\in K\times U_r\times\dot{\mathbb{R}}^n).$$

(4) $U'\subset U$, $\Gamma'\subset\Gamma$, $0<r'\leqslant r$ とし，$y_0'\in\Gamma'((r')^2/2)$ を一つ選ぶ．$F(z)\in\Gamma(\mathbb{W}_{r'}(U',\Gamma');\mathscr{O}_{\mathbb{C}^n})$ と考えた FBI 変換を $\mathscr{T}_{y_0'}F'(z;\alpha,\xi)$ と置けば，r' のみによって決まる $\delta>0$ と任意の $K\Subset\mathbb{C}^n$ による $C>0$ が存在して

$$\left|\mathscr{T}_{y_0}F(z;\alpha,\xi)-\mathscr{T}_{y_0'}F'(z;\alpha,\xi)\right|\leqslant Ce^{-\delta|\xi|},\quad((z,\alpha,\xi)\in K\times U'_{r'}\times\dot{\mathbb{R}}^n).$$

(5) 任意の $\varepsilon>0$ 及び $K\Subset\mathbb{C}^n$ に対して $C_{K,\varepsilon}>0$ が存在して

$$\left|\mathscr{T}_{y_0}F(z;\alpha,\xi)\right|\leqslant C_{K,\varepsilon}\,e^{\varepsilon|\xi|},\quad((z,\alpha,\xi)\in K\times U_r\times\dot{\mathbb{R}}^n).$$

証明　(1) は相対コンパクト集合 $U^d+\sqrt{-1}\{y_0\}$ 上の積分なので明らか．

(2) $\widetilde{z}=\widetilde{x}+\sqrt{-1}\,\widetilde{y}$ と置けば

$$\left|e^{\Phi^*(\tilde{z},\alpha,\xi)}\right|=e^{\langle\tilde{y},\xi\rangle-2|\tilde{x}-\alpha|^2|\xi|+2|\tilde{y}|^2|\xi|}.$$

連結性から任意の $y_1\in\Gamma(r^2/2)$ に対して区分的に C^∞ 級の函数 ψ: $[0,1]\to\Gamma(r^2/2)$ が存在して，$\psi(0)=y_0$ 且つ $\psi(1)=y_1$．従って Cauchy-Poincaré の定理 1.1.18 から，積分領域 $U^d+\sqrt{-1}\{y_0\}$ を

$$(U^d+\sqrt{-1}\{y_1\})+(\partial U^d+\sqrt{-1}\bigcup_{0\leqslant t\leqslant 1}\{\psi(t)\})$$

に変更できるので，$\big(\mathscr{T}_{y_0}F-\mathscr{T}_{y_1}F\big)(z;\alpha,\xi)$ は $\partial U^d+\sqrt{-1}\bigcup_{0\leqslant t\leqslant 1}\{\psi(t)\}$ 上の積分となる．$(\tilde{z},\alpha)\in(\partial U^d+\sqrt{-1}\bigcup_{0\leqslant t\leqslant 1}\{\psi(t)\})\times U_r$ では $\partial U^d\subset\mathbb{R}^n\setminus U_{2r}$ だから $|\tilde{x}-\alpha|\geqslant r$．これより

$$\left|e^{\Phi^*(\tilde{z},\alpha,\xi)}\right|\leqslant e^{(|\psi(t)|-2r^2+2|\psi(t)|^2)|\xi|}<e^{-r^2(3-r^2)|\xi|/2}$$

となり指数減少する．以上から直ちに証明される．

(3) 補題 1.3.3 から $U_{2r}\Subset U'\Subset U^d\cap V$ 且つ $\partial U'$ が C^∞ 級の有界開集合が存在する．

$$\mathscr{T}''_{y_0}F(z;\alpha,\xi):=\int_{U'+\sqrt{-1}\{y_0\}}e^{\Phi^*(\tilde{z},\alpha,\xi)}F(\tilde{z})\,\Delta(z-\tilde{z},\xi)\,d\tilde{z}$$

と置けば

$$\mathscr{T}_{y_0}F(z;\alpha,\xi)-\mathscr{T}''_{y_0}F(z;\alpha,\xi)=\int_{(U^d\setminus U')+\sqrt{-1}\{y_0\}}e^{\Phi^*(\tilde{z},\alpha,\xi)}F(\tilde{z})\,\Delta(z-\tilde{z},\xi)\,d\tilde{z}.$$

$(\tilde{z},\alpha)\in\big((U^d\setminus U')+\sqrt{-1}\{y_0\}\big)\times U_r$ ならば $U^d\setminus U'\subset\mathbb{R}^n\setminus U_{2r}$ だから $|\tilde{x}-\alpha|\geqslant r$．よって

$$\left|e^{\Phi^*(\tilde{z},\alpha,\xi)}\right|\leqslant e^{(|y_0|-2r^2+2|y_0|^2)|\xi|}<e^{-r^2(3-r^2)|\xi|/2}$$

となり指数減少する．$\mathscr{T}'_{y_0}F(z;\alpha,\xi)-\mathscr{T}''_{y_0}F(z;\alpha,\xi)$ についても同様だから，以上を併せれば良い．

(4) $y'_0\in\Gamma(r^2/2)$ と考えれば (2) から任意の $K\Subset\mathbb{C}^n$ に対して C', $\delta'>0$ が存在して

$$\left|\big(\mathscr{T}_{y_0}F-\mathscr{T}_{y'_0}F\big)(z;\alpha,\xi)\right|\leqslant Ce^{-\delta|\xi|},\quad((z,\alpha,\xi)\in K\times U_r\times\dot{\mathbb{R}}^n).$$

ここで

$$\big(\mathscr{T}_{y'_0}F-\mathscr{T}_{y'_0}F'\big)(z;\alpha,\xi)=\int_{(U^d\setminus(U')^d)+\sqrt{-1}\{y'_0\}}e^{\Phi^*(\tilde{z},\alpha,\xi)}F(\tilde{z})\,\Delta(z-\tilde{z},\xi)\,d\tilde{z}$$

に対し $(\tilde{z},\alpha)\in\big((U^d\setminus(U')^d)+\sqrt{-1}\{y'_0\}\big)\times U'_r$ ならば $U^d\setminus(U')^d\subset\mathbb{R}^n\setminus U'_{2r}$ だから $|\tilde{x}-\alpha|\geqslant r'$．よって

$$\left|e^{\Phi^*(\tilde{z};\alpha,\xi)}\right|\leqslant e^{(|y'_0|-2(r')^2+2\,|y'_0|^2)|\xi|}<e^{-(r')^2(3-(r')^2)|\xi|/2}$$

となり指数減少する．以上を併せれば良い．

(5) (2) で $y_1\in\Gamma(r^2/2)$ を最初から $|y_1|+2|y_1|^2<\varepsilon$ と取っておけば，$U_r+\sqrt{-1}\{y_1\}$ 上で

$$\left|e^{\Phi^*(\tilde{z},\alpha,\xi)}\right|\leqslant e^{(|y_1|+2|y_1|^2)|\xi|}<e^{\varepsilon|\xi|}$$

だから (2) と併せれば示された. ∎

以上の二つの補題から，$\mathscr{T}_{y_0}F(z;\alpha,\xi)$ の y_0 及び U^d の取り方に依存する不定性は指数減少となり，(α,ξ) で積分した後では解析函数の違いとなる．従って FBI 変換は指数減少項を法として定義されると考えて良い．以下の議論ではこの不定性は問題とならない.

1.3.8 [命題]　$U \subset \mathbb{R}^n$ を有界領域，$\Gamma \subset \mathbb{R}^n$ を錐状領域とする．$L \subset \mathbb{R}^n$ が錐で，有限個の $y_j \in \Gamma(r^2/2)$ $(1 \leqslant j \leqslant N)$ 及び $\delta' > 0$ が存在して

$$L \subset \{0\} \cup \bigcup_{j=1}^{N} \{\xi \in \dot{\mathbb{R}}^n;\ \langle y_j, \xi\rangle < -\delta'|y_j||\xi|\} \tag{1.3.7}$$

と仮定すれば，任意の $F(z) \in \Gamma(\mathbb{W}_r(U,\Gamma);\mathscr{O}_{\mathbb{C}^n})$ 及び $K \Subset \mathbb{C}^n$ に対して C, $\delta > 0$ が存在して

$$|\mathscr{T}_{y_0}F(z;\alpha,\xi)| \leqslant Ce^{-\delta|\xi|}, \quad ((z,\alpha,\xi) \in K \times U_r \times L).$$

証明　(1.3.7) で $\delta' - 2|y_j| > 0$ として構わない．$\xi \in \{\xi \in \dot{\mathbb{R}}^n;\ \langle y_j,\xi\rangle < -\delta'|y_j||\xi|\}$ ならば

$$\left|e^{\Phi^*(\tilde{z},\alpha,\xi)}\right| \leqslant e^{-(\delta'-2|y_j|)|y_j||\xi|}, \quad (\widetilde{z} \in U^d + \sqrt{-1}\{y_j\})$$

だから指数減少．これと補題 1.3.7 (2) とから $\delta_j > 0$ 及び $C_j > 0$ が存在して $(z,\alpha,\xi) \in K \times U_r \times \{\xi \in \dot{\mathbb{R}}^n;\ \langle y_j,\xi\rangle < -\delta'|y_j||\xi|\}$ ならば

$$\left|\mathscr{T}_{y_0}F(z;\alpha,\xi)\right| \leqslant C_j\, e^{-\delta_j|\xi|}.$$

よって $\delta := \min\limits_{1\leqslant j\leqslant N}\{\delta_j\}$ 及び $C := \max\limits_{1\leqslant j\leqslant N}\{C_j\}$ と置けば良い. ∎

1.3.9 [例]　$L \subset \mathbb{R}^n$ が錐で $L \underset{\text{conic}}{\Subset} \mathbb{R}^n \setminus \Gamma^\circ$ ならば (1.3.7) を満たす．実際，条件から

$$\bigcup_{\delta_0>0}\bigcup_{y\in\Gamma}\{\xi \in \dot{\mathbb{R}}^n;\ \langle y,\xi\rangle < -\delta_0|y||\xi|\}$$

は $\mathrm{Cl}\,L \setminus \{0\}$ を被覆するが，$\mathrm{Cl}\,L \underset{\text{conic}}{\Subset} \mathbb{R}^n$ だから δ_0, y は有限個に取れる. □

さて定義 1.3.5 の開錐 $\Gamma \subset \mathbb{R}^n$ に対して次の通りに置く:

$$\widetilde{\Gamma}_r := \{y \in \mathbb{R}^n;\ \mathbb{B}(y;5|y|^2) \subset \Gamma(r^2/2)\}. \tag{1.3.8}$$

この $\widetilde{\Gamma}_r$ は錐ではないが $t \in]0,1[$ 倍の作用で不変である.

1.3.10 ［注意］　$z = x + \sqrt{-1}\, y$ 及び $\widetilde{z} = \widetilde{x} + \sqrt{-1}\, \widetilde{y}$ と書く．後の引用のため定義 1.3.1 で定めた函数

$$\mathrm{Exp}(z; \widetilde{z}, \alpha, \xi) = \exp(\langle \widetilde{y} - y, \xi \rangle - 2(|x-\alpha|^2 + |\widetilde{x}-\alpha|^2 - |y|^2 - |\widetilde{y}|^2)|\xi|)$$

が $|\xi|$ について指数減少する例をまとめておく．

(1) $(z, \widetilde{z}, \alpha, \xi) \in \big(U + \sqrt{-1}\, \mathbb{B}(r^2/2)\big) \times (U^d + \sqrt{-1}\{y_0\}) \times (\mathbb{R}^n \setminus U_r) \times \dot{\mathbb{R}}^n$ ならば $|x - \alpha| \geqslant r$ 且つ $|y_0| < \dfrac{r^2}{2}$ だから，α が非有界に注意して

$$\begin{aligned}
&\langle \widetilde{y} - y, \xi \rangle - 2(|x-\alpha|^2 + |\widetilde{x}-\alpha|^2 - |y|^2 - |\widetilde{y}|^2)|\xi| \\
&\qquad \leqslant \big(|\widetilde{y}| + |y| - 2|x-\alpha|^2 + 2(|y|^2 + |\widetilde{y}|^2)\big)|\xi| \\
&\qquad \leqslant \big(r^2 - 2(|x-\alpha|^2 - r^2) - 2r^2 + r^4\big)|\xi| \\
&\qquad = -\big(2(|x-\alpha|^2 - r^2) + r^2(1-r^2)\big)|\xi|.
\end{aligned}$$

(2) $z \in U + \sqrt{-1}\, \widetilde{\varGamma}_r$ ならば $(\widetilde{z}, \alpha, \xi) \in \Big(U^d + \sqrt{-1}\{y - \dfrac{5|y|^2}{|\xi|}\,\xi\}\Big) \times U_r \times \dot{\mathbb{R}}^n$ のとき $|\widetilde{y}| = \left| y - \dfrac{5|y|^2}{|\xi|}\,\xi \right| \leqslant |y|(1 + 5|y|) < |y|\big(\dfrac{5r^2}{2} + 1\big)$ だから，α が有界に注意して (1.3.5) から

$$\begin{aligned}
&\langle \widetilde{y} - y, \xi \rangle - 2(|x-\alpha|^2 + |\widetilde{x}-\alpha|^2 - |y|^2 - |\widetilde{y}|^2)|\xi| \\
&\qquad \leqslant -(3|y|^2 - 2|\widetilde{y}|^2)|\xi| \leqslant -|y|^2\bigg(3 - 2\Big(\frac{5r^2}{2} + 1\Big)^2\bigg)|\xi| \leqslant -\frac{|y|^2}{2}\,|\xi|.
\end{aligned}$$

(3) $y - \dfrac{5|y|^2}{|\xi|}\,\xi$ と y_0 とを端点とする線分を $\Big[y - \dfrac{5|y|^2}{|\xi|}\,\xi, y_0\Big]$ と書く．$z \in U + \sqrt{-1}\, \widetilde{\varGamma}_r$ 且つ $(\widetilde{z}, \alpha, \xi) \in \big(\partial U^d + \sqrt{-1}\big[y - \dfrac{5|y|^2}{|\xi|}\,\xi, y_0\big]\big) \times U_r \times \dot{\mathbb{R}}^n$ ならば $\partial U^d \subset \mathbb{R}^n \setminus U_{2r}$ だから $|\widetilde{x} - \alpha| \geqslant r$．又 (1.3.8) から $\widetilde{y} \in \Big[y - \dfrac{5|y|^2}{|\xi|}\,\xi, y_0\Big]$ ならば $|\widetilde{y}| < \dfrac{r^2}{2}$．よって α が有界に注意して，(1) と同様

$$\begin{aligned}
&\langle \widetilde{y} - y, \xi \rangle - 2(|x-\alpha|^2 + |\widetilde{x}-\alpha|^2 - |y|^2 - |\widetilde{y}|^2)|\xi| \\
&\qquad \leqslant -\big(2(|\widetilde{x}-\alpha|^2 - r^2) + r^2(1-r^2)\big)|\xi| \leqslant -r^2(1-r^2)\,|\xi|.
\end{aligned}$$

従ってどの場合も $\mathrm{Exp}(z; \widetilde{z}, \alpha, \xi)$ は指数減少する．更に (2), (3) の評価は y について局所一様だから，α, ξ に関する積分が無限積分を含むことに注意して，各々の場合，$(\widetilde{z}, \alpha, \xi)$ に関して積分した結果は z について整型となる．

1.3.11 [補題] 任意の錐状領域 $\Gamma \subset \mathbb{R}^n$ 及び $F(z) \in \Gamma(\mathbb{W}_r(U,\Gamma);\mathscr{O}_{\mathbb{C}^n})$ に対して

$$\int\limits_{(\mathbb{R}^n\setminus U_r)\times\dot{\mathbb{R}}^n} e^{\Phi(z,\alpha,\xi)}\mathscr{T}_{y_0}F(z;\alpha,\xi)\Big(\frac{|\xi|}{\pi^3}\Big)^{n/2}d\alpha\,d\xi \in \Gamma(U+\sqrt{-1}\,\mathbb{B}(r^2/2);\mathscr{O}_{\mathbb{C}^n}).$$

証明 注意 1.3.10 (1) から，上の積分は $U+\sqrt{-1}\,\mathbb{B}(r^2/2)$ で整型. ∎

1.3.12 [定理]（逆公式） $U \subset \mathbb{R}^n$ を有界領域，$\Gamma \subset \mathbb{R}^n$ を凸開錐とする．このとき任意の $F(z) \in \Gamma(\mathbb{W}_r(U,\Gamma);\mathscr{O}_{\mathbb{C}^n})$ に対して，$U+\sqrt{-1}\,\widetilde{\Gamma}_r$ 上

$$F(z) = \int\limits_{\mathbb{R}^n\times\dot{\mathbb{R}}^n} e^{\Phi(z,\alpha,\xi)}\,\mathscr{T}_{y_0}F(z;\alpha,\xi)\Big(\frac{|\xi|}{\pi^3}\Big)^{n/2}d\alpha\,d\xi. \tag{1.3.9}$$

証明 最初に (1.3.9) の右辺が $U+\sqrt{-1}\,\widetilde{\Gamma}_r$ で整型を示す．$z \in U+\sqrt{-1}\,\widetilde{\Gamma}_r$ とする．α に関する積分を U_r と $\mathbb{R}^n\setminus U_r$ とに分割すれば，補題 1.3.11 から

$$\int\limits_{U_r\times\dot{\mathbb{R}}^n} e^{\Phi(z,\alpha,\xi)}\mathscr{T}_{y_0}F(z;\alpha,\xi)\Big(\frac{|\xi|}{\pi^3}\Big)^{n/2}d\alpha\,d\xi \tag{1.3.10}$$

が $U+\sqrt{-1}\,\widetilde{\Gamma}_r$ で整型を示せば良い．Cauchy-Poincaré の定理 1.1.18 を用いて，$(\alpha,\xi)\in U_r\times\dot{\mathbb{R}}^n$ に対して $\mathscr{T}_{y_0}F(z;\alpha,\xi)$ の積分路を以下の通り変更する:

$$\Big(U^d+\sqrt{-1}\{y-\frac{5|y|^2}{|\xi|}\,\xi\}\Big)+\Big(\partial U^d+\sqrt{-1}\Big[y-\frac{5|y|^2}{|\xi|}\,\xi,y_0\Big]\Big).$$

従って注意 1.3.10 (2), (3) から (1.3.10) は $U+\sqrt{-1}\,\widetilde{\Gamma}_r$ 上で整型.

次に $z := x+\sqrt{-1}\,y_0 \in U+\sqrt{-1}\{y_0\}$ を任意に取る．α に関する積分は $\displaystyle\int_{\mathbb{R}^n} e^{-2(\langle z-\alpha,z-\alpha\rangle+\langle\bar{z}-\alpha,\bar{z}-\alpha\rangle)|\xi|}d\alpha$ だから，Cauchy-Poincaré の定理 1.1.18 から，積分路を $\mathbb{R}^n$ から $\mathbb{R}^n+\sqrt{-1}\{y_0\}$ に変更できる．従って $\chi_{U^d}(x)$ を U^d の特性函数とすれば

$$\begin{aligned}
&\int\limits_{\mathbb{R}^n\times\dot{\mathbb{R}}^n} e^{\Phi(z,\alpha,\xi)}\mathscr{T}_{y_0}F(z;\alpha,\xi)\Big(\frac{|\xi|}{\pi^3}\Big)^{n/2}d\alpha\,d\xi\\
&\quad=\int\limits_{\mathbb{R}^n\times\dot{\mathbb{R}}^n} e^{\Phi(z,\alpha+\sqrt{-1}\,y_0,\xi)}\mathscr{T}_{y_0}F(z;\alpha+\sqrt{-1}\,y_0,\xi)\Big(\frac{|\xi|}{\pi^3}\Big)^{n/2}d\alpha\,d\xi\\
&\quad=\int\limits_{\mathbb{R}^n\times\dot{\mathbb{R}}^n} e^{\Phi(x,\alpha,\xi)}\mathscr{T}(\chi_{U^d}F)(x;\alpha,\xi)\Big(\frac{|\xi|}{\pi^3}\Big)^{n/2}d\alpha\,d\xi.
\end{aligned}$$

$\mathrm{Cl}\,U$ の近傍で 1 且つ $\operatorname{supp}\varphi \Subset U^d$ となる $\varphi(x) \in C_0^\infty(\mathbb{R}^n)$ を選び

$$F(\widetilde{x}+\sqrt{-1}\,y_0) = \varphi(\widetilde{x})\,F(\widetilde{x}+\sqrt{-1}\,y_0) + \bigl(1-\varphi(\widetilde{x})\bigr)\,F(\widetilde{x}+\sqrt{-1}\,y_0)$$

と書いておく．第 1 項を $\varphi_1(\widetilde{x})$，第 2 項を $\varphi_2(\widetilde{x})$ と置く．これに応じて

$$\mathscr{T}(\chi_{U^d}F)(x;\alpha,\xi) = \mathscr{T}(\chi_{U^d}\varphi_1)(x;\alpha,\xi) + \mathscr{T}(\chi_{U^d}\varphi_2)(x;\alpha,\xi)$$

と分ける．$\operatorname{supp}\varphi_1 \Subset U^d$ だから $\mathscr{T}(\chi_{U^d}\varphi_1)(x;\alpha,\xi) = \mathscr{T}\varphi_1(x;\alpha,\xi)$．よって $x \in U$ だから，命題 1.3.2 (1) から

$$F(x+\sqrt{-1}\,y_0) = \varphi_1(x) = \int_{\mathbb{R}^n\times\dot{\mathbb{R}}^n} e^{\Phi(x,\alpha,\xi)}\,\mathscr{T}\varphi_1(x;\alpha,\xi)\Bigl(\frac{|\xi|}{\pi^3}\Bigr)^{n/2} d\alpha\,d\xi.$$

一方

$$\begin{aligned}
&\int\limits_{\mathbb{R}^n\times\dot{\mathbb{R}}^n} e^{\Phi(x,\alpha,\xi)}\,\mathscr{T}(\chi_{U^d}\varphi_2)(x;\alpha,\xi)\Bigl(\frac{|\xi|}{\pi^3}\Bigr)^{n/2} d\alpha\,d\xi \\
&\qquad = \int\limits_{U^d\times\dot{\mathbb{R}}^n} e^{\sqrt{-1}\langle x-\tilde{x},\xi\rangle-|\xi||x-\tilde{x}|^2}\varphi_2(\widetilde{x})\,\Delta(x-\widetilde{x},\xi)\,d\widetilde{x}\,\text{đ}\xi \\
&\qquad = \int\limits_{\operatorname{supp}\varphi_2\cap U^d} d\widetilde{x}\,\varphi_2(\widetilde{x})\int_{\dot{\mathbb{R}}^n} e^{\sqrt{-1}\langle x-\tilde{x},\xi\rangle-|\xi||x-\tilde{x}|^2}\Delta(x-\widetilde{x},\xi)\,\text{đ}\xi
\end{aligned}$$

で $\widetilde{x} \in \operatorname{supp}\varphi_2 \cap U^d \Subset \mathbb{R}^n \setminus U$ だから，$\{x-\widetilde{x}\}$ は零を含まないコンパクト集合を成す．従って命題 1.3.2 (2) から上の積分は零．以上から $x \in U$ ならば

$$\begin{aligned}
&F(x+\sqrt{-1}\,y_0) \\
&\quad = \int\limits_{\mathbb{R}^n\times\dot{\mathbb{R}}^n} e^{\Phi(x+\sqrt{-1}\,y_0,\alpha,\xi)}\,\mathscr{T}_{y_0}F(x+\sqrt{-1}\,y_0;\alpha,\xi)\Bigl(\frac{|\xi|}{\pi^3}\Bigr)^{n/2} d\alpha\,d\xi.
\end{aligned}$$

実解析函数の一致の定理（系 1.1.12）から，この等式は両辺の共通整型域で成立する．以上で示された． ∎

補題 1.3.11 及び定理 1.3.12 から次が得られた:

1.3.13 [系]　$\Gamma \subset \mathbb{R}^n$ が凸開錐ならば，任意の $F(z) \in \Gamma(\mathbb{W}_r(U,\Gamma);\mathscr{O}_{\mathbb{C}^n})$ に対して

$$F(z) - \int\limits_{U_r\times\dot{\mathbb{R}}^n} e^{\Phi(z,\alpha,\xi)}\,\mathscr{T}_{y_0}F(z;\alpha,\xi)\Bigl(\frac{|\xi|}{\pi^3}\Bigr)^{n/2} d\alpha\,d\xi$$

は $U+\sqrt{-1}\,\mathbb{B}(r^2/2)$ で整型となる．

4. 整型函数の特殊化

まず補足しておく．前節の記号下で，特に埋込み $N=\mathbb{R}^n \hookrightarrow M=\mathbb{C}^n$ を考えれば

$$\mathbb{R}^n \underset{\mathbb{C}^n}{\times} T\mathbb{C}^n = T\mathbb{R}^n \oplus \sqrt{-1}\,T\mathbb{R}^n, \quad \mathbb{R}^n \underset{\mathbb{C}^n}{\times} T^*\mathbb{C}^n = T^*\mathbb{R}^n \oplus \sqrt{-1}\,T^*\mathbb{R}^n.$$

特に $\sqrt{-1}\,T^*\mathbb{R}^n \to T^*\mathbb{R}^n \oplus \sqrt{-1}\,T^*\mathbb{R}^n \simeq \mathbb{R}^n \underset{\mathbb{C}^n}{\times} T^*\mathbb{C}^n \to T^*\mathbb{C}^n$ なる写像の合成で（座標変換も込めて）$\sqrt{-1}\,T^*\mathbb{R}^n \subset T^*\mathbb{C}^n$ と考えられる．同様に $\Omega \in \mathfrak{O}(\mathbb{R}^n)$ に対して次の同一視がある:

$$\Omega \underset{\mathbb{R}^n}{\times} T_{\mathbb{R}^n}\mathbb{C}^n = \sqrt{-1}\,T\Omega, \quad \Omega \underset{\mathbb{R}^n}{\times} T^*_{\mathbb{R}^n}\mathbb{C}^n = \sqrt{-1}\,T^*\Omega.$$

以下常にこの同一視をする．従って $A \subset T\mathbb{R}^n$ 及び $B \subset T^*\mathbb{R}^n$ に対して

$$\sqrt{-1}\,A := \{x+\sqrt{-1}\langle v, \partial_x\rangle \in \sqrt{-1}\,T\mathbb{R}^n;\ (x;v)\in A\},$$

$$\sqrt{-1}\,B := \{(x;\sqrt{-1}\langle \xi, dx\rangle) \in \sqrt{-1}\,T^*\mathbb{R}^n;\ (x;\xi)\in B\},$$

と置いて同型 $T\mathbb{R}^n \simeq \sqrt{-1}\,T\mathbb{R}^n$ 及び $T^*\mathbb{R}^n \simeq \sqrt{-1}\,T^*\mathbb{R}^n$ を定める．このとき $\sqrt{-1}\,A^\circ = (\sqrt{-1}\,A)^{\circ a}$．又，座標系を定めたとき $x+\sqrt{-1}\langle v,\partial_x\rangle \in \sqrt{-1}\,T\Omega$ を $x+\sqrt{-1}\,v \in \Omega+\sqrt{-1}\,\mathbb{R}^n$ と同一視する．

1.4.1 [定義]　$\sqrt{-1}\,V \subset \sqrt{-1}\,T\mathbb{R}^n \simeq \mathbb{R}^n+\sqrt{-1}\,\mathbb{R}^n$ を錐状開集合とする．$W \in \mathfrak{O}(\mathbb{C}^n)$ は，$W \subset \sqrt{-1}\,V$ 且つ任意の $K \Subset \sqrt{-1}\,V$ に対して $\delta>0$ が存在して

$$K_{]0,\delta[} := \{x+\sqrt{-1}\,ty;\ 0<t<\delta,\ x+\sqrt{-1}\,y\in K\} \subset W$$

となれば，$\sqrt{-1}\,V$ 型の**無限小楔** (tuboid) という．

定理 1.3.12 で，$\mathbb{W}_r(U,\Gamma)$ 及び $U+\sqrt{-1}\,\widetilde{\Gamma}_r$ は各々 $U_{3r}+\sqrt{-1}\,\Gamma$ 及び $U+\sqrt{-1}\,\Gamma$ 型の無限小楔に注意する．

1.4.2 [補題]　$M, N \in \mathfrak{O}(\mathbb{R}^n)$ 且つ $\Phi\colon N \simeq M$ を実解析的同型写像とする．$V \subset TM$ が錐状開集合で W が $\sqrt{-1}\,V$ 型の無限小楔ならば $\Phi^{-1}(W)$ は $\Phi'^{-1}(N \underset{M}{\times} \sqrt{-1}\,V) = \sqrt{-1}\,\Phi'^{-1}(N \underset{M}{\times} V)$ 型の無限小楔．特に無限小楔は実解析的座標変換で不変な概念である．

証明　任意のコンパクト集合 $K \Subset \Phi'^{-1}(N \underset{M}{\times} \sqrt{-1}\,V)$ を取っておく．任意の $x_0+\sqrt{-1}\,v_0 \in K$ に対して $(x_0, \widetilde{x}_0, \sqrt{-1}\,\widetilde{y}_0) \in N \underset{M}{\times} \sqrt{-1}\,V$ が存在して

$d\Phi(x_0)v_0 = \widetilde{y}_0$. $(\widetilde{x}_0; \sqrt{-1}\,\widetilde{y}_0)$ の近傍 $U \Subset \sqrt{-1}\,V$ を取れば $\delta > 0$ が存在して $U_{]0,\delta[} \subset W$. 又，十分小さな正数 t に対して

$$\begin{aligned}\Phi(x_0 + \sqrt{-1}\,tv_0) &= \Phi(x_0) + \sqrt{-1}\,td\Phi(x_0)v_0 + O(t^2) \\ &= \widetilde{x}_0 + \sqrt{-1}\,t\widetilde{y}_0 + O(t^2)\end{aligned}$$

だから連続性から $\delta' > 0$ が存在して $|x - x_0|, \big|v/|v| - v_0/|v_0|\big| \leqslant \delta'$ 且つ $0 < t < \delta'$ ならば $\Phi(x + \sqrt{-1}\,tv) \in U_{]0,\delta[}$. 従って

$$(x + \sqrt{-1}\,tv) \in \Phi^{-1}(U_{]0,\delta[}) \subset \Phi^{-1}(W).$$

よって $x_0 + \sqrt{-1}\,v_0$ の近傍 U' 及び $\delta' > 0$ が存在して

$$U'_{]0,\delta'[} \subset \Phi^{-1}(U_{]0,\delta[}) \subset \Phi^{-1}(W)$$

とできる．K はコンパクトだから有限個の U' で被覆できる． ■

1.4.3［定義］　(1) 開錐 $V \subset T\mathbb{R}^n$ に対して

$$\Gamma(\sqrt{-1}\,V; \widetilde{\mathscr{A}}_{\mathbb{R}^n}) := \varinjlim_{W} \Gamma(W; \mathscr{O}_{\mathbb{C}^n})$$

と定義する．但し $W \in \mathfrak{O}(\mathbb{C}^n)$ は $\sqrt{-1}\,V$ 型の無限小楔全体を渡る．即ち $F(z) \in \Gamma(\sqrt{-1}\,V; \widetilde{\mathscr{A}}_{\mathbb{R}^n})$ とは，任意の $K \Subset \sqrt{-1}\,V$ に対して $\delta > 0$ が存在して $F(z) \in \Gamma(K_{]0,\delta[}; \mathscr{O}_{\mathbb{C}^n})$ を意味する．特に

$$\mathfrak{O}(\sqrt{-1}\,T\mathbb{R}^n) \ni \sqrt{-1}\,V \mapsto \Gamma(\sqrt{-1}\,V; \widetilde{\mathscr{A}}_{\mathbb{R}^n})$$

に附随した $\sqrt{-1}\,T\mathbb{R}^n$ 上の錐状層が定義できる．この層も同じ記号で $\widetilde{\mathscr{A}}_{\mathbb{R}^n}$ と表し，$\mathscr{O}_{\mathbb{C}^n}$ の $\mathbb{R}^n$ に沿った**特殊化** (specialization) と呼ぶ．補題 1.4.2 によって $\widetilde{\mathscr{A}}_{\mathbb{R}^n}$ は実解析的座標変換で不変である．

特に二つの錐状凸領域 $V' \subset V \subset T\mathbb{R}^n$ に対して定義域の制限から

$$\Gamma(\sqrt{-1}\,V; \widetilde{\mathscr{A}}_{\mathbb{R}^n}) \to \Gamma(\sqrt{-1}\,V'; \widetilde{\mathscr{A}}_{\mathbb{R}^n})$$

が定義され，一致の定理 1.1.9 から単準同型となる．又，

$$\Gamma(\Omega + \sqrt{-1}\,\mathbb{R}^n; \widetilde{\mathscr{A}}_{\mathbb{R}^n}) = \Gamma(\Omega; \mathscr{A}_{\mathbb{R}^n})$$

だから単準同型

$$\Gamma(\tau(\sqrt{-1}\,V); \mathscr{A}_{\mathbb{R}^n}) \to \Gamma(\sqrt{-1}\,V; \widetilde{\mathscr{A}}_{\mathbb{R}^n})$$

が得られる．以上から:

1.4.4 [補題]　$\widetilde{\mathscr{A}}_{\mathbb{R}^n}\big|_{\mathbb{R}^n} = \mathscr{A}_{\mathbb{R}^n}$ 且つ定義域の制限は，単型射 $\tau^{-1}\mathscr{A}_{\mathbb{R}^n} \to \widetilde{\mathscr{A}}_{\mathbb{R}^n}$ を誘導する．

1.4.5 [命題]　$U \subset \mathbb{R}^n$ を有界領域，$\Gamma \subset \mathbb{R}^n$ を錐状領域，$V \underset{\text{conic}}{\Subset} \mathbb{R}^n$ を固有的凸開錐とする．任意の $F(z) \in \Gamma(\mathbb{W}_r(U, \Gamma); \mathscr{O}_{\mathbb{C}^n})$ に対して

$$F(z; V) := \int_{U_r \times V^\circ} e^{\Phi(z,\alpha,\xi)} \mathscr{T}_{y_0} F(z; \alpha, \xi) \Big(\frac{|\xi|}{\pi^3}\Big)^{n/2} d\alpha\, d\xi$$

と置くと

$$F(z; V) \in \Gamma(U + \sqrt{-1}\,\gamma(V \cup \Gamma); \widetilde{\mathscr{A}}_{\mathbb{R}^n}).$$

特に，$\gamma(V \cup \Gamma) = \mathbb{R}^n$ ならば $r_0 > 0$ が存在して

$$F(z; V) \in \Gamma(U + \sqrt{-1}\,\mathbb{B}(r_0); \mathscr{O}_{\mathbb{C}^n}).$$

証明　(1) $\gamma(V \cup \Gamma) \neq \mathbb{R}^n$ と仮定する．特に $\gamma(\Gamma) \neq \mathbb{R}^n$ だから $\Gamma^\circ \neq \{0\}$. 任意の $W \underset{\text{conic}}{\Subset} \gamma(V \cup \Gamma)$ を取る．錐状領域 $\Gamma_1 \underset{\text{conic}}{\Subset} \Gamma$ が存在して $W \underset{\text{conic}}{\Subset} \gamma(V \cup \Gamma_1)$ と仮定して良い．

$$V^\circ \cap \Gamma_1^\circ = \gamma(V \cup \Gamma_1)^\circ \underset{\text{conic}}{\Subset} W^\circ$$

だから，これに応じて $V^\circ = (V^\circ \cap \Gamma_1^\circ) \cup (V^\circ \setminus \Gamma_1^\circ)$ と分割する．$V^\circ \setminus \Gamma_1^\circ \underset{\text{conic}}{\Subset} \mathbb{R}^n \setminus \Gamma^\circ$ だから，例 1.3.9 の通り $V^\circ \setminus \Gamma_1^\circ$ は (1.3.7) の L の条件を満たす．従って補題 1.3.6 及び命題 1.3.8 から $r_0 > 0$ が存在して

$$\int_{U_r \times (V^\circ \setminus \Gamma_1^\circ)} e^{\Phi(z,\alpha,\xi)} \mathscr{T}_{y_0} F(z; \alpha, \xi) \Big(\frac{|\xi|}{\pi^3}\Big)^{n/2} d\alpha\, d\xi$$

は $U + \sqrt{-1}\,\mathbb{B}(r_0)$ で整型である．次に

$$\int_{U_r \times (V^\circ \cap \Gamma_1^\circ)} e^{\Phi(z,\alpha,\xi)} \mathscr{T}_{y_0} F(z; \alpha, \xi) \Big(\frac{|\xi|}{\pi^3}\Big)^{n/2} d\alpha\, d\xi$$

を考える．$\delta' > 0$ が存在して，任意の $y \in W, \xi \in V^\circ \cap \Gamma_1^\circ = \gamma(V \cup \Gamma_1)^\circ$ に対して $\langle y, \xi \rangle \geqslant \delta' |y||\xi|$. ここで $r_0 < \min\{r^2/2, \delta'/2\}$ と取る．任意の $\varepsilon \in \left]0, r_0\right[$ を取り，任意の $y \in W$ を $\varepsilon \leqslant |y| < r_0$ と取る．ε のみで決まる $t_0 \in \left]0, 1\right[$ が存在して $|t_0\, y_0| + 2|t_0\, y_0|^2 + 2|y|^2 < \delta' |y|$ とできる．今，Γ は錐状領域だから Cauchy-Poincaré の定理 1.1.18 を用いて，$\mathscr{T}_{y_0} F(z; \alpha, \xi)$ の積分路を

$$(U^d + \sqrt{-1}\{t_0\, y_0\}) + (\partial U^d + \sqrt{-1}\,[t_0\, y_0, y_0])$$

に変更できる．そのとき $\widetilde{z} \in U^d + \sqrt{-1}\{t_0\, y_0\}$ ならば

$$\langle \widetilde{y} - y, \xi\rangle - 2(|x-\alpha|^2 + |\widetilde{x}-\alpha|^2 - |y|^2 - |\widetilde{y}|^2)|\xi| \leqslant (|t_0\, y_0| + 2|t_0\, y_0|^2 + 2|y|^2 - \delta'|y|)|\xi|$$

だから $\mathrm{Exp}(z;\widetilde{z},\alpha,\xi)$ は指数減少する．又，$\widetilde{z}\in\partial U^d + \sqrt{-1}\,[t_0\, y_0, y_0]$ ならば $\partial U^d \subset \mathbb{R}^n \setminus \Omega_{2r}$ 且つ $\alpha\in U_r$ だから $|\widetilde{x}-\alpha| \geqslant r$．よって $|y| < r^2/2$ ならば注意 1.3.10 (3) と同様 $\mathrm{Exp}(z;\widetilde{z},\alpha,\xi)$ は ε のみによる指数減少性を持つ．また $\varepsilon>0$ は任意だから $F(z;V)\in\Gamma(U+\sqrt{-1}\,W(r_0);\mathscr{O}_{\mathbb{C}^n})$．従ってこれから $F(z;V)\in\Gamma(U+\sqrt{-1}\,\gamma(V\cup\Gamma);\widetilde{\mathscr{A}}_{\mathbb{R}^n})$．

(2) $\gamma(V\cup\Gamma)=\mathbb{R}^n$ と仮定すると $V^\circ\cap\Gamma^\circ=\gamma(V\cup\Gamma)^\circ=\{0\}$．従って任意の $\xi\in V^\circ\setminus\{0\}$ を取ると，$\xi\notin\Gamma^\circ$ だから $\langle y_1,\xi\rangle<0$，さらには $\langle y_1,\xi\rangle < -\delta'|y_1||\xi|$ なる $\delta'>0$, $y_1\in\Gamma$ が存在する．よって命題 1.3.8 により $|\mathscr{T}_{y_0}F(z;\alpha,\lambda\xi)|$ は $\lambda\to+\infty$ で指数減少．すなわちすべての方向 ξ で指数減少がわかる．従って補題 1.3.6 によりある $r_0>0$ が存在して

$$F(z;V)\in\Gamma(U+\sqrt{-1}\,\mathbb{B}(r_0);\mathscr{O}_{\mathbb{C}^n}).$$

以上で示された． ∎

本書では，次の条件を満たす有限被覆 $\mathbb{R}^n=\bigcup_{i=1}^{I}\Delta_i^\circ$ が多く用いられる:

(1.4.1)　Δ_i は固有的凸開錐で $i\neq j$ ならば，$\Delta_i^\circ\cap\Delta_j^\circ\cap\mathbb{S}^{n-1}$ は測度零.

実際，$I=n+1$ の例として次がある: $e_1,\ldots,e_{n+1}\in\mathbb{R}^n$ を

$$\{t_1e_1+\cdots+t_{n+1}e_{n+1};t_1,\ldots,t_{n+1}\geqslant 0\}=\mathbb{R}^n$$

のように取る．これは $e_1,\ldots,e_n$ が一次独立で適当な正数 $c_1,\ldots,c_n$ が存在して $e_{n+1}=-c_1e_1-\cdots-c_ne_n$ と書けることと同値．また，任意の $\mathbb{R}^n$ のベクトルのこの意味での表示 $(t_1,\ldots,t_{n+1})$ は $(c_1,\ldots,c_n,1)$ の定数倍の差を除いて一意である．今，正数倍変換で $c_1=\cdots=c_n=1$ としておけば議論は簡単となり，特にある成分が 0 となる表示（最小表示）が存在して一意となる．$j=1,\ldots,n+1$ に対し，

$$\Delta_j^\circ=\{t_1e_1+\cdots+t_{n+1}e_{n+1};t_1,\ldots,t_{n+1}\geqslant 0, t_j=0\}$$

と置くときこれは内点を持つ固有凸閉錐である．また，最小表示の存在および一意性から $\bigcup_{j=1}^{n+1}\Delta_j^\circ=\mathbb{R}^n$，かつ $\Delta_j^\circ\cap\Delta_k^\circ$ は $j\neq k$ のとき超平面に含まれ，特に錐としての測度は 0 であること，などがわかる．このとき $\Delta_j:=\mathrm{Int}(\Delta_j^\circ)^\circ$

とおけば良い．従って，命題 1.4.5 の記号下で $F(z)\in\Gamma(\mathbb{W}_r(U,\Gamma);\mathscr{O}_{\mathbb{C}^n})$ に対し，実解析函数を法として次の分解式を得る．

$$F(z)=\sum_{j=1}^{n+1}F(z;\Delta_j).$$

1.4.6 [定理]（局所 Bochner 型定理）　各繊維が連結錐となる任意の錐状領域 $V\subset T\mathbb{R}^n$ に対して，制限は次の同型を誘導する：

$$\Gamma(\sqrt{-1}\,\gamma(V);\widetilde{\mathscr{A}}_{\mathbb{R}^n})\simeq\Gamma(\sqrt{-1}\,V;\widetilde{\mathscr{A}}_{\mathbb{R}^n}).$$

証明　制限が全準同型を示せば良い．任意の $F(z)\in\Gamma(\sqrt{-1}\,V;\widetilde{\mathscr{A}}_{\mathbb{R}^n})$ を取る．$\Gamma^\circ=\gamma(\Gamma)^\circ$ だから，任意の有界領域 $U\Subset\mathbb{R}^n$ 及び錐状領域 $\Gamma\subset\mathbb{R}^n$ が $U+\sqrt{-1}\,\Gamma\underset{\text{conic}}{\Subset}\sqrt{-1}\,V$ を満たすとき $F(z)\in\Gamma(U+\sqrt{-1}\,\gamma(\Gamma);\widetilde{\mathscr{A}}_{\mathbb{R}^n})$ となるなら証明が終わる．$\Gamma\underset{\text{conic}}{\Subset}\Gamma'\subset\mathbb{R}^n$ を $U+\sqrt{-1}\,\Gamma'\underset{\text{conic}}{\Subset}\sqrt{-1}\,V$ と取る．ここで $r>0$ が存在して $F(z)\in\Gamma(\mathbb{W}_r(U,\Gamma');\mathscr{O}_{\mathbb{C}^n})$ として良い．よって $y_0\in\Gamma$ を十分小さく取り，y_0 の凸錐状開近傍 $\Gamma_0\subset\Gamma$ を取って考えれば，系 1.3.13 から

$$F(z)-\int\limits_{U_r\times\dot{\mathbb{R}}^n}e^{\Phi(z,\alpha,\xi)}\mathscr{T}_{y_0}F(z;\alpha,\xi)\Bigl(\frac{|\xi|}{\pi^3}\Bigr)^{n/2}d\alpha\,d\xi$$

は $U+\sqrt{-1}\,\mathbb{B}(r^2/2)$ で整型となる．よって一致の定理から

$$\int\limits_{U_r\times\dot{\mathbb{R}}^n}e^{\Phi(z,\alpha,\xi)}\mathscr{T}_{y_0}F(z;\alpha,\xi)\Bigl(\frac{|\xi|}{\pi^3}\Bigr)^{n/2}d\alpha\,d\xi$$

が $\Gamma(U+\sqrt{-1}\,\gamma(\Gamma);\widetilde{\mathscr{A}}_{\mathbb{R}^n})$ に属すことを示せば良い．

(1) $\Gamma^\circ\neq\{0\}$ の場合．$\gamma(\Gamma)$ は固有的凸開錐，且つ $\gamma(\Gamma)^\circ=\Gamma^\circ$．ここで $(\Gamma')^\circ$ が固有的凸閉錐となるように Γ' を取れば $\mathbb{R}^n\setminus\gamma(\Gamma)^\circ\underset{\text{conic}}{\Subset}\mathbb{R}^n\setminus(\Gamma')^\circ$．例 1.3.9 から (L,Γ) を $(\mathbb{R}^n\setminus\gamma(\Gamma)^\circ,\Gamma')$ とした (1.3.7) が満たされる．従って命題 1.3.8 及び補題 1.3.6 から，十分小さい $r_0>0$ に対して

$$\int\limits_{U_r\times(\mathbb{R}^n\setminus\gamma(\Gamma)^\circ)}e^{\Phi(z,\alpha,\xi)}\mathscr{T}_{y_0}F(z;\alpha,\xi)\Bigl(\frac{|\xi|}{\pi^3}\Bigr)^{n/2}d\alpha\,d\xi$$

は $U+\sqrt{-1}\,\mathbb{B}(r_0)$ で整型である．一方命題 1.4.5 から

$$\int\limits_{U_r\times\gamma(\Gamma)^\circ}e^{\Phi(z,\alpha,\xi)}\mathscr{T}_{y_0}F(z;\alpha,\xi)\Bigl(\frac{|\xi|}{\pi^3}\Bigr)^{n/2}d\alpha\,d\xi$$

は $\Gamma(U+\sqrt{-1}\,\gamma(\Gamma);\widetilde{\mathscr{A}}_{\mathbb{R}^n})$ の切断である．

(2) $\Gamma^\circ=\{0\}$ の場合．命題 1.4.5 の証明の後半部分の議論と同じく，適当な $r_0>0$ に対し，$F(z)\in\Gamma(U+\sqrt{-1}\,\mathbb{B}(r_0);\mathscr{O}_{\mathbb{C}^n})$ がわかり証明が終わる． ■

この定理から，$\Gamma(\sqrt{-1}\,V;\widetilde{\mathscr{A}}_{\mathbb{R}^n})$ については V は凸と仮定して構わない．更に，通常**柏原の補題**と呼ばれる次の命題も重要である:

1.4.7 [命題](Kneser) $\displaystyle\bigcap_{2\leqslant j\leqslant n}\{z=x+\sqrt{-1}\,y\in\mathbb{C}^n;\,|x|<a,\,0<y_1<b,\,y_j=0\}$ の近傍で整型な函数 $F(z)$ は，原点近傍 $U\subset\mathbb{R}^n$, $(1,0,\dots,0)$ の錐状凸近傍 Γ 及び $r_0>0$ が存在して，$U+\sqrt{-1}\,\Gamma(r_0)$ 上の整型函数に延長できる．

証明　$\mu>0$ に対してスケール変換: $(x,\alpha,\xi)\longmapsto(\mu x,\mu\alpha,\mu^{-1}\xi)$ を考えると

$$\Phi_\mu(z,\alpha,\zeta)=\sqrt{-1}\langle z,\zeta\rangle-2\mu\langle z-\alpha,z-\alpha\rangle\langle\zeta,\zeta\rangle^{1/2},$$
$$\Delta_\mu(z,\zeta)=1+\sqrt{-1}\,\mu\frac{\langle z,\zeta\rangle}{\langle\zeta,\zeta\rangle^{1/2}}$$

と置いて，同様の整型函数の FBI 理論 $\mathscr{T}^{\mu}_{y_0}F(z;\alpha,\xi)$ を構築できる．但しその際，$y_0\in\Gamma(\mu r^2/2)$ が逆公式成立の条件になる．今，座標のスケール変換等により $F(z)$ は $\{|x|<6\}+\sqrt{-1}\,T_\mu$ の近傍で整型として良い．但し $1\gg\mu>0$, であって $y=(y_1,y')\in\mathbb{R}\times\mathbb{R}^{n-1}$ と書くとき

$$T_\mu=\{y'=0,0<y_1\le 1\}\cup\{y_1=1,|y'|\le 6\mu\}\subset\mathbb{R}^n.$$

$U=\mathbb{B}(0;3),r=1,y_0=(\mu/8,0,\dots,0)$ と置くとき，錐ではないが定理 1.3.12 の後半部分の証明は成立して，少なくとも $\mathrm{Im}\,z=y_0$ 上で反転公式が成立する:

$$F(z)=\int_{\mathbb{R}^n\times\mathbb{R}^n}e^{\Phi_\mu(z,\alpha,\xi)}\,\mathscr{T}^{\mu}_{y_0}F(z;\alpha,\xi)\Big(\frac{\mu|\xi|}{\pi^3}\Big)^{n/2}d\alpha d\xi,$$

このうち $|\alpha|>4$ での積分は，注意 1.3.10(1) の議論と同様にして，$U+\sqrt{-1}\,\mathbb{B}(\mu/2)$ で整型となる．そこで $|\alpha|<4$ の積分を見れば良い．更に，これも $\{\pm\xi_1>\mu|\xi'|\}$ と $\{|\xi_1|\leqslant\mu|\xi'|\}$ の 3 つの積分に分けて考える．まず，$\{\xi_1>\mu|\xi'|\}$ では $\tilde{z}$ に関する積分領域を $0<\varepsilon\ll 1$ に対して

$$(U_1+\sqrt{-1}\,\varepsilon y_0)\cup(\partial U_1+\sqrt{-1}\,[\varepsilon y_0,y_0])$$

に変更すると，注意 1.3.10 の指数評価と同様に，第 1 項は

$$\langle\varepsilon y_0-y,\xi/|\xi|\rangle+2\mu(|y|^2+|\varepsilon y_0|^2)<0$$

のとき可積分．特に

$$y_1 - (\mu^{-1}|y'| + 2\sqrt{1+\mu^2}\,|y|^2) > O(\varepsilon)$$

で整型．第2項は $U + \sqrt{-1}\,\mathbb{B}(\mu/2)$ で整型であるから，ε を動かすことによって，$\{\xi_1 > \mu|\xi'|\}$ での積分は

$$U + \sqrt{-1}\{|y'| < (\mu/4)y_1, |y| < \mu/2\}$$

で整型．他方，$\{\xi_1 < -\mu|\xi'|\}$ では $\widetilde{z}$ に関する積分領域を

$$(U_1 + \sqrt{-1}\,2y_0) \cup (\partial U_1 + \sqrt{-1}[2y_0, y_0])$$

に変更することにより，上と同様にして $U + \sqrt{-1}[0, y_0]$ の近傍で整型であることがわかる．最後に一番困難な $\{|\xi_1| \leqslant \mu|\xi'|\}$ のときであるが，各 $\xi \neq 0$ に対して $\widetilde{z}$ に関する積分領域を

$$(U_1 + \sqrt{-1}(1, -6\mu\xi'/|\xi'|)) \cup (\partial U_1 + \sqrt{-1}\,S_{\xi'})$$

と変更する．ただし，$S_{\xi'}$ は T_μ 上の最短経路

$$y_0 \longrightarrow (1, 0, \ldots, 0) \longrightarrow (1, -6\mu\xi'/|\xi'|)$$

である．第1項は

$$\frac{\xi_1}{|\xi|}(1 - y_1) - (6\mu - |y'|)\frac{|\xi'|}{|\xi|} + 2\mu(|y|^2 + 1 + 36\mu^2) < 0$$

のとき可積分．特に

$$|1 - y_1| + \mu^{-1}|y'| + 2\sqrt{1+\mu^2}(1 + 36\mu^2 + |y|^2) < 6$$

なら良い．従って第1項の積分は，z につき $U + \sqrt{-1}[0, (1, 0, \ldots, 0)]$ の近傍で整型．また第2項は $\widetilde{y} = (\theta_1, -6\mu\theta_2\xi'/|\xi'|)$, $\theta_1, \theta_2 \in [0, 1]$ と書けるから，

$$\frac{\xi_1}{|\xi|}(\theta_1 - y_1) - (6\mu\theta_2 - |y'|)\frac{|\xi'|}{|\xi|} + 2\mu(|y|^2 + 1 + 36\mu^2)$$
$$< 2\mu \min_\alpha(|x - \alpha|^2 + |\tilde{x} - \alpha|^2) = \mu|x - \tilde{x}|^2$$

のとき，あるいはより強く

$$|\theta_1 - y_1| + \mu^{-1}|y'| + 2\sqrt{1+\mu^2}(|y|^2 + 1 + 36\mu^2) < |x - \tilde{x}|^2$$

のとき可積分となる．特に $x = 0$ とすると $|x - \tilde{x}|^2 \geqslant 9$ であるから，第2項の積分も $\{x = 0, y' = 0, y_1 \in [0, 1]\}$ の近傍で整型となる．すなわち $\{|\xi_1| \leqslant \mu|\xi'|\}$ 上の積分は $\{x = 0, y' = 0, y_1 \in [0, 1]\}$ の近傍で整型となる．以上，併せると定理の結論を得る．∎

2

超函数と超局所函数

本章から本論に入る．前章の準備の下で，無限小楔上の整型函数の「境界値」として，佐藤の超函数の定義を与え，併せて超函数の実解析的特異性を分解する特異性スペクトルの概念を導入する．更に超函数の FBI 変換を定め，特異性スペクトルとの関連について論じる．次に特異性スペクトルを丁度台とする超局所函数の層を導入し，超函数論の基本定理の一つである「超局所函数の層の錐状脆弱性」を証明する．更にこれから超函数及び超局所函数超函数の基本的演算である，微分，代入，積及び積分を定義する．又，これらの演算を組み合わせて超局所作用素の層を定義する．

1. 超函数の定義

最初に超函数の層を定義する:

2.1.1［定義］　$\mathbb{R}^n$ 上の前層 $\mathfrak{B}_{\mathbb{R}^n}$ を以下で定義する:

任意の $\Omega \in \mathfrak{O}(\mathbb{R}^n)$ に対して

$$\mathfrak{B}_{\mathbb{R}^n}(\Omega) := \{\bigoplus_{j=1}^{J} F_j(z) \in \bigoplus_{j=1}^{J} \Gamma(\sqrt{-1}\,V_j;\widetilde{\mathscr{A}}_{\mathbb{R}^n});\ J \in \mathbb{N},\ V_j \subset T\mathbb{R}^n \text{ は基底が } \Omega \text{ の錐状凸開集合}\}/\sim$$

と定める．但し $\sim$ は以下の同値関係である: $\bigoplus_{j=1}^{J} F_j(z) \in \bigoplus_{j=1}^{J} \Gamma(\sqrt{-1}\,V_j;\widetilde{\mathscr{A}}_{\mathbb{R}^n})$ が $\bigoplus_{j=1}^{J} F_j(z) \sim 0$ とは，自然数 $J' \geqslant J$，基底が Ω で各繊維が凸である錐状開集合 $V_{jk} = V_{kj} \subset T\mathbb{R}^n$，及び

$$F_{jk}(z) = -F_{kj}(z) \in \Gamma(\sqrt{-1}\,V_{jk};\widetilde{\mathscr{A}}_{\mathbb{R}^n}) \quad (1 \leqslant j,k \leqslant J')$$

（特に $F_{jj}(z) = 0$ だから V_{jj} は考えなくて良い）が存在して:

(1) $1 \leqslant j \leqslant J$ ならば $V_j \cap \bigcap_{k=1}^{J'} V_{jk} \neq \emptyset$，且つ

$$\sum_{k=1}^{J'} F_{jk}(z) = F_j(z) \in \Gamma(\sqrt{-1}\bigl(V_j \cap \bigcap_{k=1}^{J'} V_{jk}\bigr); \widetilde{\mathscr{A}}_{\mathbb{R}^n});$$

(2) $J+1 \leqslant j \leqslant J'$ ならば $\bigcap_{k=1}^{J'} V_{jk} \neq \emptyset$，且つ

$$\sum_{k=1}^{J'} F_{jk}(z) = 0 \in \Gamma(\sqrt{-1}\bigcap_{k=1}^{J'} V_{jk}; \widetilde{\mathscr{A}}_{\mathbb{R}^n}).$$

$\sim$ が同値関係となるのは容易にわかる．同値類 $f(x) := \bigoplus_{j=1}^{J} F_j(z)/\sim$ を

$$f(x) = \sum_{j=1}^{J} \mathrm{b}_{\sqrt{-1}\,V_j}(F_j)$$

と書く．$f(x)$ を $\bigoplus_{j=1}^{J} F_j(z)$ の**境界値** (boundary value)，$\{F_j(z)\}_{j=1}^{J}$ を $f(x)$ の（一組の）**定義函数** (defining functions) という．又，$\mathrm{b} = \mathrm{b}_{\sqrt{-1}\,V_j} : F(z) \mapsto \mathrm{b}_{\sqrt{-1}\,V_j}(F)$ を**境界値型射**と呼ぶ.

錐状開集合 $V, V' \subset T\mathbb{R}^n$ が $V' \subset V$ ならば，$\Omega := \tau(V) \supset \Omega' := \tau(V')$ として制限

$$\Gamma(\sqrt{-1}\,V; \widetilde{\mathscr{A}}_{\mathbb{R}^n}) \ni F(z) \mapsto F(z)\big|_{\sqrt{-1}\,V'} \in \Gamma(\sqrt{-1}\,V'; \widetilde{\mathscr{A}}_{\mathbb{R}^n})$$

は明らかに

$$\rho^{\Omega}_{\Omega'} : \mathfrak{B}_{\mathbb{R}^n}(\Omega) \to \mathfrak{B}_{\mathbb{R}^n}(\Omega')$$

を誘導する.

次に $\Omega, \widetilde{\Omega} \in \mathfrak{O}(\mathbb{R}^n)$ 且つ $\Phi : \Omega \simeq \widetilde{\Omega}$ を実解析的座標変換とする．$f(\widetilde{x}) = \sum_{j=1}^{J} \mathrm{b}_{\sqrt{-1}\,V_j}(F) \in \mathfrak{B}_{\mathbb{R}^n}(\widetilde{\Omega})$ に対して，補題 1.4.2 から $F_j \in \Gamma(\sqrt{-1}\,V_j; \widetilde{\mathscr{A}}_{\mathbb{R}^n})$ と $\Phi^* F = F \circ \Phi \in \Gamma(\sqrt{-1}\,\Phi'^{\,-1}(V_j); \widetilde{\mathscr{A}}_{\mathbb{R}^n})$ とは同値だから

$$\Phi^* f(x) = f(\Phi(x)) := \sum_{j=1}^{J} \mathrm{b}_{\sqrt{-1}\,\Phi'^{-1}(V_j)}(\Phi^* F) \in \mathfrak{B}_{\mathbb{R}^n}(\Omega)$$

が矛盾なく定まる．以上から，実解析的座標変換で不変な前層

$$\mathfrak{B}_{\mathbb{R}^n} : \mathfrak{O}(\mathbb{R}^n) \ni \Omega \mapsto \mathfrak{B}_{\mathbb{R}^n}(\Omega)$$

が定義された.

2.1.2［例］　次の計算則が許される: $F_j(z) \in \Gamma(\sqrt{-1}\,V_j; \widetilde{\mathscr{A}}_{\mathbb{R}^n})$ $(j = 1, 2)$ について $V_1 \cap V_2 \neq \emptyset$ ならば

$$\mathrm{b}_{\sqrt{-1}\,V_1}(F_1) + \mathrm{b}_{\sqrt{-1}\,V_2}(F_2) = \mathrm{b}_{\sqrt{-1}(V_1 \cap V_2)}(F_1 + F_2).$$

実際 $V_3 := V_1 \cap V_2$ 且つ $F_3 := -F_1 - F_2 \in \Gamma(\sqrt{-1}\,V_3; \widetilde{\mathscr{A}}_{\mathbb{R}^n})$ と置けば，$\{F_j(z)\}_{j=1}^3 \sim 0$. 例えば全ての V_{jk} を V_3 とし，$F_{13}(z) = -F_{31}(z) := F_1(z)$, $F_{23}(z) = -F_{32}(z) := F_2(z)$，それ以外の $F_{jk}(z)$ は零とする．　□

2.1.3［定義］　前層 $\mathfrak{B}_{\mathbb{R}^n}$ に附随する層を $\mathscr{B}_{\mathbb{R}^n}$ と書き，$\mathbb{R}^n$ 上の**佐藤超函数** (Sato hyperfuntion)，又は単に**超函数**の層と呼ぶ．即ち $\Omega \in \mathfrak{O}(\mathbb{R}^n)$ に対して $f(x) \in \Gamma(\Omega; \mathscr{B}_{\mathbb{R}^n})$ は次で与えられる: Ω の開被覆 $\{\Omega_\lambda\}_{\lambda \in \Lambda}$，自然数 $J_\lambda \in \mathbb{N}$, Ω_λ を基底とする錐状凸開集合 $V_j^\lambda \subset T\mathbb{R}^n$ 及び $F_j^\lambda(z) \in \Gamma(\sqrt{-1}\,V_j^\lambda; \widetilde{\mathscr{A}}_{\mathbb{R}^n})$ $(\lambda \in \Lambda,\ 1 \leqslant j \leqslant J_\lambda)$ が存在して

$$f_\lambda(x) = \sum_{j=1}^{J_\lambda} \mathrm{b}_{\sqrt{-1}\,V_j^\lambda}(F_j^\lambda) \in \mathfrak{B}_{\mathbb{R}^n}(\Omega_\lambda)$$

が定義され，$\Omega_\lambda \cap \Omega_\mu \neq \emptyset$ ならば $\mathfrak{B}_{\mathbb{R}^n}(\Omega_\lambda \cap \Omega_\mu)$ 内で

$$\sum_{j=1}^{J_\lambda} \mathrm{b}_{\sqrt{-1}\,V_j^\lambda}(F_j^\lambda) = \sum_{j=1}^{J_\mu} \mathrm{b}_{\sqrt{-1}\,V_j^\mu}(F_j^\mu).$$

このとき $f(x) = \{f_\lambda(x)\}_{\lambda \in \Lambda}$. 又，$f(x)$ が零とは，Ω の開被覆 $\{\Omega'_\lambda\}_{\lambda \in \Lambda'}$ が存在して，任意の $\lambda \in \Lambda'$ に対して $f(x)\big|_{\Omega'_\lambda} = 0 \in \mathfrak{B}_{\mathbb{R}^n}(\Omega'_\lambda)$. ここで $\mathbb{R}^n$ は Lindelöf 空間だから $\Lambda = \Lambda' = \mathbb{N}$ と取って良い．$f(x) \in \Gamma(\Omega; \mathscr{B}_{\mathbb{R}^n})$ を，Ω 上の（**佐藤**）**超函数**と呼ぶ．

$\sqrt{-1}\,V_j$ が $\Omega + \sqrt{-1}\,\Gamma_j$ 型の無限小楔ならば，$f(x) = \sum\limits_{j=1}^{J} \mathrm{b}_{\sqrt{-1}\,V_j}(F_j)$ を $f(x) = \sum\limits_{j=1}^{J} F_j(x + \sqrt{-1}\,\Gamma_j 0)$ とも書く．

2.1.4［注意］　前層 $\mathfrak{B}_{\mathbb{R}^n}$ が実解析的座標変換で不変なので，層 $\mathscr{B}_{\mathbb{R}^n}$ も実解析的座標変換で不変である．従って，実解析多様体 M 上に層 $\mathscr{B}_M$ が定義できる（本書で扱うのは $M = \mathbb{R}^n, \mathbb{S}^{n-1}$ 及び $\mathbb{R}^n \times \mathbb{S}^{n-1}$ である）．

2.1.5［命題］　$V \subset T\mathbb{R}^n$ が基底を Ω とする錐状凸開集合ならば，境界値

型射

$$\mathrm{b}\colon \varGamma(\sqrt{-1}\,V;\widetilde{\mathscr{A}}_{\mathbb{R}^n}) \ni F(z) \mapsto \mathrm{b}_{\sqrt{-1}\,V}(F) \in \varGamma(\varOmega;\mathscr{B}_{\mathbb{R}^n})$$

は単準同型．特に $\mathrm{b}\colon \widetilde{\mathscr{A}}_{\mathbb{R}^n} \to \tau^{-1}\mathscr{B}_{\mathbb{R}^n}$ は単型射．

証明　$F(z) \in \varGamma(\sqrt{-1}\,V;\widetilde{\mathscr{A}}_{\mathbb{R}^n})$ が $\mathrm{b}_{\sqrt{-1}\,V}(F) = 0 \in \varGamma(\varOmega;\mathscr{B}_{\mathbb{R}^n})$ と仮定する．各茎で考えれば良い．任意の $x_0 \in \varOmega$ を固定すれば x_0 の有界開近傍 $U \Subset \varOmega$, 凸開錐 $\varGamma \subset \mathbb{R}^n$ 及び $r > 0$ が存在して $F(z) \in \varGamma(\mathbb{W}_r(U,\varGamma);\mathscr{O}_{\mathbb{C}^n})$, 且つ自然数 J, 凸開錐 $\varGamma_{jk} = \varGamma_{kj} \subset \mathbb{R}^n$ 及び $F_{jk}(z) = -F_{kj}(z) \in \varGamma(\mathbb{W}_r(U,\varGamma_{jk});\mathscr{O}_{\mathbb{C}^n})$ $(1 \leqslant j,k \leqslant J)$ が存在して次を満たす:

$\varGamma \cap \bigcap_{k=1}^{J} \varGamma_{1k} \neq \emptyset$, $2 \leqslant j \leqslant J$ ならば $\bigcap_{k=1}^{J} \varGamma_{jk} \neq \emptyset$, 且つ

$$\sum_{k=1}^{J} F_{jk}(z) = \begin{cases} F(z) \in \varGamma(\mathbb{W}_r(U,\varGamma \cap \bigcap_{k=1}^{J} \varGamma_{1k});\mathscr{O}_{\mathbb{C}^n}) & (j=1), \\ 0 \in \varGamma(\mathbb{W}_r(U,\bigcap_{k=1}^{J} \varGamma_{jk});\mathscr{O}_{\mathbb{C}^n}) & (2 \leqslant j \leqslant J). \end{cases}$$

さて，$y_1 \in \varGamma \cap \bigcap_{k=1}^{J} \varGamma_{1k}(r^2/2)$ 及び $y_j \in \bigcap_{k=1}^{J} \varGamma_{jk}(r^2/2)$ $(2 \leqslant j \leqslant J)$ を取り

$$\mathscr{T}_{[y_j,y_k]} F_{jk}(z;\alpha,\xi) := \mathscr{T}_{y_j} F_{jk}(z;\alpha,\xi) - \mathscr{T}_{y_k} F_{jk}(z;\alpha,\xi)$$

と置けば，交代性から

$$\begin{aligned} \mathscr{T}_{y_1} F(z;\alpha,\xi) &= \sum_{k=2}^{J} \mathscr{T}_{y_1} F_{1k}(z;\alpha,\xi) \\ &= \sum_{k=2}^{J} \big(\mathscr{T}_{y_1} F_{1k} - \mathscr{T}_{y_k} F_{1k}\big)(z;\alpha,\xi) + \sum_{k=2}^{J} \mathscr{T}_{y_k} F_{1k}(z;\alpha,\xi) \\ &= \sum_{k=2}^{J} \mathscr{T}_{[y_1,y_k]} F_{1k}(z;\alpha,\xi) - \sum_{j=2}^{J}\sum_{k=2}^{J} \mathscr{T}_{y_k} F_{jk}(z;\alpha,\xi) \\ &= \sum_{1 \leqslant j < k \leqslant J} \mathscr{T}_{[y_j,y_k]} F_{jk}(z;\alpha,\xi). \end{aligned}$$

ここで積分

$$\int_{\mathbb{R}^n \times \dot{\mathbb{R}}^n} e^{\varPhi(z,\alpha,\xi)} \mathscr{T}_{[y_j,y_k]} F_{jk}(z;\alpha,\xi) \Big(\frac{|\xi|}{\pi^3}\Big)^{n/2} d\alpha\, d\xi \tag{2.1.1}$$

は x_0 の近傍で実解析的．実際，α に関する積分を U_r と $\mathbb{R}^n \setminus U_r$ とに分割す

ればば

$$\int_{U_r\times\dot{\mathbb{R}}^n} e^{\Phi(z,\alpha,\xi)}\mathscr{T}_{[y_j,y_k]}F_{jk}(z;\alpha,\xi)\Big(\frac{|\xi|}{\pi^3}\Big)^{n/2}d\alpha\,d\xi$$

は補題 1.3.6 及び 1.3.7 (2) から，十分小さい $r_0>0$ に対して $U+\sqrt{-1}\,\mathbb{B}(r_0)$ で整型，

$$\int_{(\mathbb{R}^n\setminus U_r)\times\dot{\mathbb{R}}^n} e^{\Phi(z,\alpha,\xi)}\mathscr{T}_{y_j}F_{jk}(z;\alpha,\xi)\Big(\frac{|\xi|}{\pi^3}\Big)^{n/2}d\alpha\,d\xi,$$

$$\int_{(\mathbb{R}^n\setminus U_r)\times\dot{\mathbb{R}}^n} e^{\Phi(z,\alpha,\xi)}\mathscr{T}_{y_k}F_{jk}(z;\alpha,\xi)\Big(\frac{|\xi|}{\pi^3}\Big)^{n/2}d\alpha\,d\xi,$$

はともに補題 1.3.11 から $U+\sqrt{-1}\,\mathbb{B}(r^2/2)$ で整型だから

$$\int_{(\mathbb{R}^n\setminus U_r)\times\dot{\mathbb{R}}^n} e^{\Phi(z,\alpha,\xi)}\mathscr{T}_{[y_j,y_k]}F_{jk}(z;\alpha,\xi)\Big(\frac{|\xi|}{\pi^3}\Big)^{n/2}d\alpha\,d\xi$$

も $U+\sqrt{-1}\,\mathbb{B}(r^2/2)$ で整型．以上から (2.1.1) は実解析的．更に定理 1.3.12 から共通定義域上で

$$\begin{aligned}F_{jk}(z) &= \int_{\mathbb{R}^n\times\dot{\mathbb{R}}^n} e^{\Phi(z,\alpha,\xi)}\mathscr{T}_{y_j}F_{jk}(z;\alpha,\xi)\Big(\frac{|\xi|}{\pi^3}\Big)^{n/2}d\alpha\,d\xi\\ &= \int_{\mathbb{R}^n\times\dot{\mathbb{R}}^n} e^{\Phi(z,\alpha,\xi)}\mathscr{T}_{y_k}F_{jk}(z;\alpha,\xi)\Big(\frac{|\xi|}{\pi^3}\Big)^{n/2}d\alpha\,d\xi\end{aligned}$$

だから，(2.1.1) は $\Gamma(U+\sqrt{-1}\,\Gamma_{jk};\widetilde{\mathscr{A}}_{\mathbb{R}^n})$ 内で零，よって x_0 の近傍で零となる．従って z が $F(z)$ の定義域の点でも積分は意味を持ち，再び定理 1.3.12 から

$$F(z)=\sum_{1\leqslant j<k\leqslant J}\int_{\mathbb{R}^n\times\dot{\mathbb{R}}^n} e^{\Phi(z,\alpha,\xi)}\mathscr{T}_{[y_j,y_k]}F_{jk}(z;\alpha,\xi)\Big(\frac{|\xi|}{\pi^3}\Big)^{n/2}d\alpha\,d\xi=0.$$

これと解析的延長の一意性とから，$F(z)$ は恒等的に零． ■

$\Omega\in\mathfrak{O}(\mathbb{R}^n)$ 及び $F(x)\in\Gamma(\Omega;\mathscr{A}_{\mathbb{R}^n})$ とする．Ω を基底とする任意の錐状凸開集合 $V\subset T\mathbb{R}^n$ に対して $F(z)\in\Gamma(\sqrt{-1}\,V;\widetilde{\mathscr{A}}_{\mathbb{R}^n})$ が決まるから，超函数 $\mathrm{b}_{\sqrt{-1}\,V}(F)\in\Gamma(\Omega;\mathscr{B}_{\mathbb{R}^n})$ が定まる．超函数の同等性の定義から，$\mathrm{b}_{\sqrt{-1}\,V}(F)$ は V の取り方に依存しない．これから層型射 $\mathscr{A}_{\mathbb{R}^n}\to\mathscr{B}_{\mathbb{R}^n}$ が定まる．この型射も b で表す．制限 $\Gamma(\Omega;\mathscr{A}_{\mathbb{R}^n})\to\Gamma(\sqrt{-1}\,V;\widetilde{\mathscr{A}}_{\mathbb{R}^n})$ は単準同型なので，命題 2.1.5 と併せて次が得られた:

2.1.6［系］　b: $\mathscr{A}_{\mathbb{R}^n} \to \mathscr{B}_{\mathbb{R}^n}$ は単型射.

系 2.1.6 から $\mathscr{A}_{\mathbb{R}^n}$ を $\mathscr{B}_{\mathbb{R}^n}$ の部分層と考え，$F(x) \in \Gamma(\Omega; \mathscr{A}_{\mathbb{R}^n})$ と $\mathrm{b}(F) \in \Gamma(\Omega; \mathscr{B}_{\mathbb{R}^n})$ とを同一視して $\mathrm{b}(F) = F(x)$ と書く.

次に，超函数の実解析的特異性を分解するため，次の概念を導入する.

2.1.7［定義］　$\Omega \in \mathfrak{O}(\mathbb{R}^n)$ 及び $f(x) \in \Gamma(\Omega; \mathscr{B}_{\mathbb{R}^n})$ とする．$f(x)$ が点 $(x_0; \sqrt{-1}\langle\xi_0, dx\rangle) \in \sqrt{-1}\,T^*\Omega$ で**超局所解析的** (microanalytic) とは，x_0 の近傍での適当な境界値表示

$$f(x) = \sum_{j=1}^{J} \mathrm{b}_{\sqrt{-1}\,V_j}(F_j)$$

が存在して，全ての j に対して $(x_0; \sqrt{-1}\langle\xi_0, dx\rangle) \notin \sqrt{-1}\,V_j^\circ$ とできることをいう．$\xi_0 = 0$ ならば必ず $0 \in \sqrt{-1}\,V_j^\circ$ なので，$f(x)$ が $(x_0; 0)$ で超局所解析的とは，x_0 での芽として $f(x) = 0$，即ち $x_0 \notin \operatorname{supp} f$ を表す.

$f(x) \in \Gamma(\Omega; \mathscr{B}_{\mathbb{R}^n})$ が超局所解析的でない点の成す集合を $f(x)$ の**特異性スペクトル** (singularity spectrum) と呼び，$\mathrm{SS}(f)$ で表す．$\mathrm{SS}(f)$ は $\sqrt{-1}\,T^*\Omega$ の錐状閉部分集合となり，更に $\mathrm{SS}(f) \cap \Omega = \operatorname{supp} f$ である．以下，簡単のため $\dot{\mathrm{SS}}(f) := \mathrm{SS}(f) \cap \sqrt{-1}\,\dot{T}^*\Omega = \mathrm{SS}(f) \setminus \operatorname{supp} f$ と置く.

$\mathrm{SS}(f)$ を**解析的波面集合** (analytic wave-front set) と呼び，$\mathrm{WF}_A(f)$ と書く流儀もある.

$F(z) \in \Gamma(\sqrt{-1}\,V; \widetilde{\mathscr{A}}_{\mathbb{R}^n})$ ならば，定義から $\mathrm{SS}\big(\mathrm{b}_{\sqrt{-1}\,V}(F)\big) \subset \sqrt{-1}\,V^\circ$．特に $f(x) \in \Gamma(\Omega; \mathscr{A}_{\mathbb{R}^n})$ ならば $\dot{\mathrm{SS}}(f) = \emptyset$．定理 2.2.5 でこの逆が成り立つことを示す.

2.1.8［注意］　定義 2.1.7 で $\sqrt{-1}\,T^*\Omega$ という記号を用いたが，$\mathrm{SS}(f)$ は実解析的座標変換で不変である．実際，$\Omega, \widetilde{\Omega} \in \mathfrak{O}(\mathbb{R}^n)$ 且つ $\Phi\colon \Omega \simeq \widetilde{\Omega}$ を実解析的座標変換とする．$\Phi(x_0) = \widetilde{x}_0 \in \widetilde{\Omega}$ の近傍の境界値表示

$$f(\widetilde{x}) = \sum_{j=1}^{J} \mathrm{b}_{\sqrt{-1}\,V_j}(F_j)$$

で全ての j に対して $(\widetilde{x}_0; \sqrt{-1}\langle\xi_0, d\widetilde{x}\rangle) \notin \sqrt{-1}\,V_j^\circ$ と仮定する.

$$\Phi^* f(x) = \sum_{j=1}^{J} \mathrm{b}_{\sqrt{-1}\,\Phi'^{-1}(V_j)}(\Phi^* F_j)$$

であった．任意の $x \in \Omega$ での繊維を見れば

$$\begin{aligned}\Phi_d(V_j^{\circ})^{\circ}_x &= \bigcap_{\theta\in\Phi_d(V_j^{\circ})} \{v \in \tau^{-1}(x);\ \langle v,\theta\rangle \geqslant 0\} \\ &= \bigcap_{\xi\in V_j^{\circ}} \{v \in \tau^{-1}(x);\ \langle d\Phi(x)v,\xi\rangle \geqslant 0\} = \mathrm{Cl}\,\Phi'^{\,-1}(V_j)_x\end{aligned}$$

だから

$$(x_0; \sqrt{-1}\,\langle {}^{\mathrm{t}}d\Phi(x)\xi_0, dx\rangle) \notin \sqrt{-1}\,\Phi_d(V_j^{\circ}) = \sqrt{-1}\,\bigl(\Phi'^{\,-1}(V_j)\bigr)^{\circ}.$$

従って $(\widetilde{x}_0; \sqrt{-1}\langle \xi_0, d\widetilde{x}\rangle) \notin \mathrm{SS}(f)$ ならば

$$(x_0; \sqrt{-1}\,\langle {}^{\mathrm{t}}d\Phi(x)\xi_0, dx\rangle) \notin \mathrm{SS}(\Phi^* f).$$

Φ の逆写像についても同様に考えれば，$(x_0; \sqrt{-1}\,\langle {}^{\mathrm{t}}d\Phi(x)\xi_0, dx\rangle) \notin \mathrm{SS}(\Phi^* f)$ から $(\widetilde{x}_0; \sqrt{-1}\langle \xi_0, d\widetilde{x}\rangle) \notin \mathrm{SS}(f)$ が従う．

2. 超函数の局所 FBI 変換

2.2.1［定義］　$U \subset \mathbb{R}^n$ を有界領域，r を正数，J を自然数且つ $\Gamma_j \subset \mathbb{R}^n$ を凸開錐とする．

$$F_j(z) \in \Gamma(\mathbb{W}_r(U, \Gamma_j); \mathscr{O}_{\mathbb{C}^n}) \qquad (1 \leqslant j \leqslant J)$$

に対して

$$f(x) := \sum_{j=1}^{J} F_j(x + \sqrt{-1}\,\Gamma_j\,0) \in \Gamma(U^d; \mathscr{B}_{\mathbb{R}^n}) \tag{2.2.1}$$

と置く．$y_j \in \Gamma_j(r^2/2)$ を取り，$f(x)$ の**局所 FBI 変換**を次で定義する:

$$\mathscr{T}_* f(z; \alpha, \xi) := \sum_{j=1}^{J} \mathscr{T}_{y_j} F_j(z; \alpha, \xi).$$

2.2.2［定理］　$F_j(z)$ 及び $f(x)$ を定義 2.2.1 の通りとする．任意に (1.4.1) を満たす有限被覆 $\mathbb{R}^n = \bigcup_{i=1}^{I} \Delta_i^{\circ}$ を取る．

$$G_i(z) := \int_{U_r\times\Delta_i^{\circ}} e^{\Phi(z,\alpha,\xi)}\, \mathscr{T}_* f(z; \alpha, \xi) \Bigl(\frac{|\xi|}{\pi^3}\Bigr)^{n/2} d\alpha\, d\xi \tag{2.2.2}$$

と定義すれば，$G_i(z) \in \Gamma(U + \sqrt{-1}\,\Delta_i; \widetilde{\mathscr{A}}_{\mathbb{R}^n})$ 且つ

$$f(x) - \sum_{i=1}^{I} G_i(x + \sqrt{-1}\,\Delta_i\, 0) \in \Gamma(U; \mathscr{A}_{\mathbb{R}^n}).$$

証明　$1 \leqslant i \leqslant I$ 及び $1 \leqslant j \leqslant J$ に対して

$$G_{ij}(z) := \int_{U_r \times \Delta_i^\circ} e^{\Phi(z,\alpha,\xi)} \mathscr{T}_{y_j} F_j(z;\alpha,\xi) \Big(\frac{|\xi|}{\pi^3}\Big)^{n/2} d\alpha\, d\xi \tag{2.2.3}$$

と置けば，命題 1.4.5 から $G_{ij}(z) \in \Gamma(U + \sqrt{-1}\,\gamma(\Delta_i \cup \Gamma_j); \widetilde{\mathscr{A}}_{\mathbb{R}^n})$．定義域を見れば

$$\sum_{i=1}^{I} G_{ij}(z) = \int_{U_r \times \dot{\mathbb{R}}^n} e^{\Phi(z,\alpha,\xi)} \mathscr{T}_{y_j} F_j(z;\alpha,\xi) \Big(\frac{|\xi|}{\pi^3}\Big)^{n/2} d\alpha\, d\xi,$$

$$\sum_{j=1}^{J} G_{ij}(z) = G_i(z) \in \Gamma(U + \sqrt{-1}\,\Delta_i; \widetilde{\mathscr{A}}_{\mathbb{R}^n}).$$

系 1.3.13 から

$$\begin{aligned} H_j(z) &:= F_j(z) - \int_{U_r \times \dot{\mathbb{R}}^n} e^{\Phi(z,\alpha,\xi)} \mathscr{T}_{y_j} F_j(z;\alpha,\xi) \Big(\frac{|\xi|}{\pi^3}\Big)^{n/2} d\alpha\, d\xi \\ &= F_j(z) - \sum_{i=1}^{I} G_{ij}(z) \end{aligned}$$

は $U + \sqrt{-1}\,\mathbb{B}(r^2/2)$ で整型だから，超函数の同等性の定義及び系 2.1.6 から

$$\begin{aligned} \sum_{i=1}^{I} G_i(x + \sqrt{-1}\,\Delta_i\, 0) &= \sum_{i=1}^{I}\sum_{j=1}^{J} G_{ij}(x + \sqrt{-1}\,\gamma(\Delta_i \cup \Gamma_j)\, 0) \\ &= \sum_{j=1}^{J} \big(F_j(x + \sqrt{-1}\,\Gamma_j\, 0) - H_j(x + \sqrt{-1}\,\Gamma_j\, 0)\big) = f(x) - \sum_{j=1}^{J} H_j(x). \end{aligned}$$ ■

2.2.3 ［定理］　$U_i \in \mathfrak{O}(\mathbb{R}^n)$ 及び $F_j^i(z) \in \Gamma(\mathbb{W}_{r_i}(U_i, \Gamma_j^i); \mathscr{O}_{\mathbb{C}^n})$ を取り

$$f_i(x) = \sum_{j=1}^{J} F_j^i(x + \sqrt{-1}\,\Gamma_j^i\, 0) \in \Gamma((U_i)^d; \mathscr{B}_{\mathbb{R}^n})$$

と置く $(i = 1, 2)$．$x_0 \in U_1 \cap U_2$ のある近傍上で $f_1(x) = f_2(x)$ ならば，x_0 の近傍 $U \subset U_1 \cap U_2$ が存在して次を満たす: 任意の $K \Subset \mathbb{C}^n$ に対して $C, \delta > 0$ が存在して

$$\big|(\mathscr{T}_* f_1 - \mathscr{T}_* f_2)(z;\alpha,\xi)\big| \leqslant C e^{-\delta|\xi|}, \quad \big((z,\alpha,\xi) \in K \times U \times \dot{\mathbb{R}}^n\big).$$

証明　簡単のため

$$F_j(z) := \begin{cases} F_j^1(z) & (1 \leqslant j \leqslant J_1), \\ -F_{j-J_1}^2(z) & (J_1 + 1 \leqslant j \leqslant J_1 + J_2), \end{cases}$$

$$\Gamma_j := \begin{cases} \Gamma_j^1 & (1 \leqslant j \leqslant J_1), \\ \Gamma_{j-J_1}^2 & (J_1 + 1 \leqslant j \leqslant J_1 + J_2), \end{cases}$$

と置く．定義から x_0 の有界開近傍 $U \subset U_1 \cap U_2$，正数 $r \leqslant \min\{r_1, r_2\}$，自然数 $J \geqslant J_1 + J_2$，凸開錐 $\Gamma_{jk} = \Gamma_{kj} \subset \mathbb{R}^n$ 及び

$$F_{jk}(z) = -F_{kj}(z) \in \Gamma(\mathbb{W}_r(U, \Gamma_{jk}); \mathscr{O}_{\mathbb{C}^n}) \quad (1 \leqslant j, k \leqslant J)$$

が存在して次を満たす:

$1 \leqslant j \leqslant J_1 + J_2$ ならば $\Gamma_j \cap \bigcap_{k=1}^{J} \Gamma_{jk} \neq \emptyset$，$J_1 + J_2 + 1 \leqslant j \leqslant J$ ならば $\bigcap_{k=1}^{J} \Gamma_{jk} \neq \emptyset$，且つ

$$\sum_{k=1}^{J} F_{jk}(z) = \begin{cases} F_j(z), & (z \in \mathbb{W}_r(U, \Gamma_j \cap \bigcap_{k=1}^{J} \Gamma_{jk}); 1 \leqslant j \leqslant J_1 + J_2), \\ 0, & (z \in \mathbb{W}_r(U, \bigcap_{k=1}^{J} \Gamma_{jk}); J_1 + J_2 < j \leqslant J). \end{cases}$$

$y_j^i \in \Gamma_j^i(r_i^2/2)$ $(i = 1, 2)$, $y_j \in \Gamma_j \cap \bigcap_{k=1}^{J} \Gamma_{jk}(r^2/2)$ $(1 \leqslant j \leqslant J_1 + J_2)$ 及び $y_j \in \bigcap_{k=1}^{J} \Gamma_{jk}(r^2/2)$ $(J_1 + J_2 < j \leqslant J)$ を取る．以下，任意の $K \Subset \mathbb{C}^n$ を固定する．元々の局所 FBI 変換

$$\mathscr{T}_* f_1(z; \alpha, \xi) = \sum_{j=1}^{J_1} \mathscr{T}_{y_j^1} F_j^1(z; \alpha, \xi) = \sum_{j=1}^{J_1} \mathscr{T}_{y_j^1} F_j(z; \alpha, \xi),$$

$$\mathscr{T}_* f_2(z; \alpha, \xi) = \sum_{j=1}^{J_2} \mathscr{T}_{y_j^2} F_j^2(z; \alpha, \xi) = -\sum_{j=1}^{J_2} \mathscr{T}_{y_j^2} F_{j+J_1}(z; \alpha, \xi),$$

に対して，$F_j^1(z) \in \Gamma(\mathbb{W}_r(U, \Gamma_j^1); \mathscr{O}_{\mathbb{C}^n})$, $F_j^2(z) \in \Gamma(\mathbb{W}_r(U, \Gamma_j^2); \mathscr{O}_{\mathbb{C}^n})$ と考えた局所 FBI 変換を，各々

$$\mathscr{T}'_* f_1(z; \alpha, \xi) = \sum_{j=1}^{J_1} \mathscr{T}'_{y_j} F_j^1(z; \alpha, \xi) = \sum_{j=1}^{J_1} \mathscr{T}'_{y_j} F_j(z; \alpha, \xi),$$

$$\mathscr{T}'_* f_2(z;\alpha,\xi) = \sum_{j=1}^{J_2} \mathscr{T}'_{y_{j+J_1}} F_j^2(z;\alpha,\xi) = -\sum_{j=1}^{J_2} \mathscr{T}'_{y_{j+J_1}} F_{j+J_1}(z;\alpha,\xi),$$

と置く．補題 1.3.7 を繰返し用いれば，C', $\delta' > 0$ が存在して任意の $(z,\alpha,\xi) \in K \times U_r \times \dot{\mathbb{R}}^n$ に対して

$$\bigl|\bigl(\mathscr{T}_* f_1 - \mathscr{T}'_* f_1\bigr)(z;\alpha,\xi)\bigr| \leqslant C' e^{-\delta'|\xi|},$$
$$\bigl|\bigl(\mathscr{T}_* f_2 - \mathscr{T}'_* f_2\bigr)(z;\alpha,\xi)\bigr| \leqslant C' e^{-\delta'|\xi|}$$

が成り立つ．次に

$$\begin{aligned}\mathscr{T}'_{[y_j,y_k]} F_{jk}(z;\alpha,\xi) &:= \mathscr{T}'_{y_j} F_{jk}(z;\alpha,\xi) - \mathscr{T}'_{y_k} F_{jk}(z;\alpha,\xi)\\ &= \mathscr{T}'_{y_j} F_{jk}(z;\alpha,\xi) + \mathscr{T}'_{y_k} F_{kj}(z;\alpha,\xi)\end{aligned}$$

等と置けば，やはり補題 1.3.7 から C'', $\delta'' > 0$ が存在して任意の $(z,\alpha,\xi) \in K \times U_r \times \dot{\mathbb{R}}^n$ に対して

$$\bigl|\mathscr{T}'_{[y_j,y_k]} F_{jk}(z;\alpha,\xi)\bigr| \leqslant C'' e^{-\delta''|\xi|} \quad (1 \leqslant j,k \leqslant J).$$

定義から

$$\bigl(\mathscr{T}'_* f_1 - \mathscr{T}'_* f_2\bigr)(z;\alpha,\xi) = \sum_{j=1}^{J_1+J_2} \mathscr{T}'_{y_j} F_j(z;\alpha,\xi) = \sum_{j,k=1}^{J} \mathscr{T}'_{y_j} F_{jk}(z;\alpha,\xi)$$
$$= \sum_{1\leqslant j<k\leqslant J} \bigl(\mathscr{T}'_{y_j} F_{jk} + \mathscr{T}'_{y_k} F_{kj}\bigr)(z;\alpha,\xi) = \sum_{1\leqslant j<k\leqslant J} \mathscr{T}'_{[y_j,y_k]} F_{jk}(z;\alpha,\xi)$$

が成り立つので，任意の $(z,\alpha,\xi) \in K \times U_r \times \dot{\mathbb{R}}^n$ に対して

$$\bigl|\bigl(\mathscr{T}'_* f_1 - \mathscr{T}'_* f_2\bigr)(z;\alpha,\xi)\bigr| \leqslant \frac{J(J-1)C'' e^{-\delta''|\xi|}}{2}.$$

以上をまとめれば良い． ∎

2.2.4 ［定理］　$\Omega \in \mathfrak{O}(\mathbb{R}^n)$ 及び $(x_0; \sqrt{-1}\langle\xi_0, dx\rangle) \in \sqrt{-1}\,\dot{T}^*\Omega$ とする．$f(x) \in \Gamma(\Omega; \mathscr{B}_{\mathbb{R}^n})$ について次は同値:

(1) $(x_0; \sqrt{-1}\langle\xi_0, dx\rangle) \notin \mathrm{SS}(f)$;

(2) x_0 の近傍 U' 及び ξ_0 の錐状近傍 W が存在して次を満たす: 任意の $K \Subset \mathbb{C}^n$ に対して $\delta, C > 0$ が存在して

(2.2.4)
$$\bigl|\mathscr{T}_* f(z;\alpha,\xi)\bigr| \leqslant C e^{-\delta|\xi|}, \quad \bigl((z,\alpha,\xi) \in K \times U' \times W\bigr).$$

証明　x_0 の有界な開近傍 $U \subset \mathbb{R}^n$ を十分小さく取れば，$r > 0$, $J \in \mathbb{N}$, 固有的凸開錐 $\Gamma_j \subset \mathbb{R}^n$ 及び $F_j(z) \in \Gamma(\mathbb{W}_r(U,\Gamma_j); \mathscr{O}_{\mathbb{C}^n})$ が存在して，$f(x)$ は

(2.2.1) の通り $f(x)=\sum_{j=1}^{J}F_j(x+\sqrt{-1}\,\Gamma_j\,0)\in\Gamma(U^d;\mathscr{B}_{\mathbb{R}^n})$ と境界値表示されているとして構わない．

(1) $\Longrightarrow$ (2). $(x_0;\sqrt{-1}\langle\xi_0,dx\rangle)\notin \mathrm{SS}(f)$ と仮定する．必要ならば U を十分小さく取り直して，(2.2.1) で全ての j に対して $\xi_0\notin\Gamma_j{}^\circ$ と仮定して良い．よって ξ_0 の錐状近傍 $W\subset\mathbb{R}^n$ が存在して，任意の j について $W\underset{\text{conic}}{\Subset}\mathbb{R}^n\setminus\Gamma_j{}^\circ$ となる．従って，例 1.3.9 及び命題 1.3.8 から $\delta_j,C_j>0$ が存在して，$(z,\alpha,\xi)\in K\times U_r\times W$ ならば

$$\left|\mathscr{T}_{y_j}F_j(z;\alpha,\xi)\right|\leqslant C_j\,e^{-\delta_j|\xi|}.$$

よって $C:=\max_{1\leqslant j\leqslant J}\{C_j\}$ 且つ $\delta:=\min_{1\leqslant j\leqslant J}\{\delta_j\}$ と置けば良い．

(2) $\Longrightarrow$ (1). (2.2.4) が満たされていると仮定する．$U'\subset U$ として一般性を失わない．必要ならば W を小さく取り直せば，固有的凸開錐 $\Delta_1\subset\mathbb{R}^n$ が存在して $W=\Delta_1^\circ$ として構わない．(1.4.1) を満たす有限被覆 $\mathbb{R}^n=\Delta_1^\circ\cup(\mathbb{R}^n\setminus W)=\bigcup_{i=1}^{I}\Delta_i^\circ$ を取る．$2\leqslant i\leqslant I$ ならば $\xi_0\notin\Delta_i^\circ$．定理 2.2.2 の通り

$$G_i(z):=\int_{U_r\times\Delta_i^\circ}e^{\Phi(z,\alpha,\xi)}\,\mathscr{T}_*f(z;\alpha,\xi)\Big(\frac{|\xi|}{\pi^3}\Big)^{n/2}d\alpha\,d\xi$$

と定義すれば $G_i(z)\in\Gamma(U+\sqrt{-1}\,\Delta_i;\widetilde{\mathscr{A}}_{\mathbb{R}^n})$ なので，$2\leqslant i\leqslant I$ について

$$(x_0;\sqrt{-1}\langle\xi_0,dx\rangle)\notin\mathrm{SS}\big(G_i(x+\sqrt{-1}\,\Delta_i\,0)\big).$$

次に $(z,\widetilde{z},\alpha,\xi)\in(U'+\sqrt{-1}\,\mathbb{B}(r^2/2))\times(U^d+\sqrt{-1}\{y_0\})\times(\mathbb{R}^n\setminus U'_r)\times\Gamma_1^\circ$ ならば $U'_r\subset U_r$ だから，注意 1.3.10 (1) と同様の評価で $\mathrm{Exp}(z;\widetilde{z},\alpha,\xi)$ は指数減少し，積分は $U'+\sqrt{-1}\,\mathbb{B}(r^2/2)$ で整型となる．従って

$$\int_{(U_r\setminus U'_r)\times W}e^{\Phi(z,\alpha,\xi)}\,\mathscr{T}_*F_j(z;\alpha,\xi)\Big(\frac{|\xi|}{\pi^3}\Big)^{n/2}d\alpha\,d\xi$$

は $U'+\sqrt{-1}\,\mathbb{B}(r^2/2)$ で整型となる．更に (2.2.4) 及び補題 1.3.6 から $r_0>0$ が存在して

$$\int_{U'_r\times W}e^{\Phi(z,\alpha,\xi)}\,\mathscr{T}_*F_j(z;\alpha,\xi)\Big(\frac{|\xi|}{\pi^3}\Big)^{n/2}d\alpha\,d\xi$$

は $U'+\sqrt{-1}\,\mathbb{B}(r_0)$ で整型だから，併せて

$$G_1(z)\in\Gamma(U'+\sqrt{-1}\,\mathbb{B}(r_0);\mathscr{O}_{\mathbb{C}^n})$$

がわかり，特に

$$(x_0;\sqrt{-1}\langle\xi_0,dx\rangle)\notin \mathrm{SS}\big(G_1(x)\big)=\mathrm{SS}\big(G_1(x+\sqrt{-1}\,\varDelta_1 0)\big).$$

一方，定理 2.2.2 から $H(x)\in\varGamma(U;\mathscr{A}_{\mathbb{R}^n})$ が存在して

$$f(x)=H(x)+\sum_{i=1}^{I}G_k(x+\sqrt{-1}\,\varDelta_i 0)$$

だから，結局 $(x_0;\sqrt{-1}\langle\xi_0,dx\rangle)\notin \mathrm{SS}(f)$. ∎

2.2.5 [定理]　$V\subset T\mathbb{R}^n$ が $\varOmega\in\mathfrak{O}(\mathbb{R}^n)$ を基底とする錐状凸開集合ならば，$f(x)\in\varGamma(\varOmega;\mathscr{B}_{\mathbb{R}^n})$ に対して次は同値:

(1) $\dot{\mathrm{S}}\mathrm{S}(f)\subset\sqrt{-1}\,V^\circ$;

(2) $F(z)\in\varGamma(\sqrt{-1}\,V;\widetilde{\mathscr{A}}_{\mathbb{R}^n})$ が存在して $f(x)=\mathrm{b}_{\sqrt{-1}\,V}(F)$.

更に，$F(z)$ は $f(x)$ から一意に決まる．

特に $\dot{\mathrm{S}}\mathrm{S}(f)=\emptyset$ と $f(x)\in\varGamma(\varOmega;\mathscr{A}_{\mathbb{R}^n})$ とは同値である．

証明　(2) $\Longrightarrow$ (1) は定義から直ちに従う．

(1) $\Longrightarrow$ (2). $F(z)$ の一意性は命題 2.1.5 から従う．存在を示す．やはり命題 2.1.5 から，各点の近傍で存在すれば一意性から共通部分では一致する．従って層の公理から $\varOmega$ 全体の切断が定まる．よって任意の $x_0\in\varOmega$ を固定し，有界な開近傍 $U\subset\mathbb{R}^n$ 及び凸開錐 $\varGamma\subset\mathbb{R}^n$ を $U+\sqrt{-1}\,\varGamma \underset{\text{conic}}{\Subset} \sqrt{-1}\,V$ と任意に取って，そこで存在を示せば良い．$r>0$, $J\in\mathbb{N}$, 固有的凸開錐 $\varGamma_j\subset\mathbb{R}^n$ 及び $F_j(z)\in\varGamma(\mathbb{W}_r(U,\varGamma_j);\mathscr{O}_{\mathbb{C}^n})$ が存在して，$f(x)$ は (2.2.1) の通り $f(x)=\sum_{j=1}^{J}F_j(x+\sqrt{-1}\,\varGamma_j 0)\in\varGamma(U^d;\mathscr{B}_{\mathbb{R}^n})$ と境界値表示されているとする．(1.4.1) を満たす任意の有限被覆 $\mathbb{R}^n=\bigcup_{i=1}^{I}\varDelta_i^\circ$ を取る．$1\leqslant i\leqslant I$ 及び $1\leqslant j\leqslant J$ に対して (2.2.2) 及び (2.2.3) の通り $G_i(z)\in\varGamma(U+\sqrt{-1}\,\varDelta_i;\widetilde{\mathscr{A}}_{\mathbb{R}^n})$ と $G_{ij}(z)\in\varGamma(U+\sqrt{-1}\,\gamma(\varDelta_i\cup\varGamma_j);\widetilde{\mathscr{A}}_{\mathbb{R}^n})$ とを定め，更に次の通り置く:

$$H(z):=\sum_{j=1}^{J}\Big(F_j(z)-\sum_{i=1}^{I}G_{ij}(z)\Big)\in\varGamma(U+\sqrt{-1}\,\mathbb{B}(r^2/2);\mathscr{O}_{\mathbb{C}^n}).$$

(a) $\varGamma^\circ\neq\{0\}$ の場合．特に $\varDelta_1$ として任意の $\varDelta_1 \underset{\text{conic}}{\Subset} \varGamma$ を取る．

$$\mathrm{SS}(f)\cap(U+\sqrt{-1}\,\mathrm{Cl}(\mathbb{R}^n\setminus\varDelta_1^\circ)) \underset{\text{conic}}{\Subset} \mathrm{SS}(f)\cap(U+\sqrt{-1}(\mathbb{R}^n\setminus\varGamma^\circ))=\emptyset$$

だから，定理 2.2.4 から有限個の開錐 $W_k \underset{\text{conic}}{\Subset} \mathbb{R}^n$ $(1 \leqslant k \leqslant N)$ が存在して $\mathbb{R}^n \setminus \Delta_1^\circ \subset \bigcup_{k=1}^{N} W_k$，且つ任意の $K \Subset \mathbb{C}^n$ に対し $\delta_k, C_k > 0$ が存在して

$$\left|\mathscr{T}_* f(z;\alpha,\xi)\right| \leqslant C_k\, e^{-\delta_k|\xi|}, \quad \bigl((z,\alpha,\xi) \in K \times U \times W_k\bigr).$$

よって $C := \max_{1\leqslant k\leqslant N}\{C_k\}$ 且つ $\delta := \min_{1\leqslant k\leqslant N}\{\delta_k\}$ とすれば，任意の $K \Subset \mathbb{C}^n$ に対して $\delta, C > 0$ が存在して

$$\left|\mathscr{T}_* f(z;\alpha,\xi)\right| \leqslant C e^{-\delta|\xi|}, \quad \bigl((z,\alpha,\xi) \in K \times U \times (\mathbb{R}^n \setminus \Delta_1^\circ)\bigr).$$

この評価と補題 1.3.6 とから，$2 \leqslant i \leqslant I$ ならば $\Delta_i^\circ \subset \mathbb{R}^n \setminus \Delta_1^\circ$ だから，十分小さい $r_0 > 0$ に対して $G_i(z) \in \varGamma(U + \sqrt{-1}\,\mathbb{B}(r_0); \mathscr{O}_{\mathbb{C}^n})$．よって定理 2.2.2 の証明及び超函数の同等性の定義から

$$\begin{aligned} f(x) &= \sum_{i=1}^{I}\sum_{j=1}^{J} G_{ij}(x + \sqrt{-1}\,\gamma(\Delta_i \cup \varGamma_j)\,0) + H(x) \\ &= G_1(x + \sqrt{-1}\,V_1\,0) + \sum_{i=2}^{I} G_i(x) + H(x). \end{aligned}$$

従って

$$F(z) := G_1(z) + \sum_{i=2}^{I} G_i(z) + H(z) \in \varGamma(U + \sqrt{-1}\,V_1; \widetilde{\mathscr{A}}_{\mathbb{R}^n})$$

によって $f(x)$ が表された．$\Delta_1 \underset{\text{conic}}{\Subset} \varGamma$ は任意，且つ一意性によって，$F(z) \in \varGamma(U + \sqrt{-1}\,\varGamma; \widetilde{\mathscr{A}}_{\mathbb{R}^n})$．

(b) $\varGamma^\circ = \{0\}$ の場合．やはり定理 2.2.4 から有限個の開錐 $W_k \subset \mathbb{R}^n$ $(1 \leqslant k \leqslant N)$ が存在して $\dot{\mathbb{R}}^n = \bigcup_{k=1}^{N} W_k$，且つ任意の $K \Subset \mathbb{C}^n$ に対して δ_k, $C_k > 0$ が存在して

$$\left|\mathscr{T}_* f(z;\alpha,\xi)\right| \leqslant C_k\, e^{-\delta_k|\xi|}, \quad \bigl((z,\alpha,\xi) \in K \times U \times W_k\bigr).$$

よって $C := \max_{1\leqslant k\leqslant N}\{C_k\}$ 且つ $\delta := \min_{1\leqslant k\leqslant N}\{\delta_k\}$ とすれば，任意の $K \Subset \mathbb{C}^n$ に対して $\delta, C > 0$ が存在して

$$\left|\mathscr{T}_* f(z;\alpha,\xi)\right| \leqslant C e^{-\delta|\xi|}, \quad \bigl((z,\alpha,\xi) \in K \times U \times \dot{\mathbb{R}}^n\bigr).$$

この評価と補題 1.3.6 とから，十分小さい $r_0 > 0$ 及び任意の $1 \leqslant i \leqslant I$ について $G_i(z) \in \varGamma(U + \sqrt{-1}\,\mathbb{B}(r_0); \mathscr{O}_{\mathbb{C}^n})$．よって

$$f(x) = \sum_{i=1}^{I}\sum_{j=1}^{J} G_{ij}(x + \sqrt{-1}\,\gamma(\Delta_i \cup \varGamma_j)\,0) + H(x) = \sum_{i=1}^{I} G_i(x) + H(x)$$

となるから

$$F(z) := \sum_{i=1}^{I} G_i(z) + H(z) \in \Gamma(U + \sqrt{-1}\,\mathbb{B}(r_0); \mathscr{O}_{\mathbb{C}^n})$$

によって $f(x)$ が表された. ∎

3. 超局所函数の定義と基本定理

2.3.1 [定義]　(1) $\sqrt{-1}\,T^*\mathbb{R}^n$ 上の部分層 $\mathscr{A}^*_{\mathbb{R}^n} \subset \pi^{-1}\mathscr{B}_{\mathbb{R}^n}$ を前層

$$\mathfrak{O}(\sqrt{-1}\,T^*\mathbb{R}^n) \ni W \mapsto \{f(x) \in \Gamma(\pi(W); \mathscr{B}_{\mathbb{R}^n});\ \mathrm{SS}(f) \cap W = \emptyset\}$$

に附随する層として定義する. $\mathrm{SS}(f)$ は錐状だから, $\mathscr{A}^*_{\mathbb{R}^n}$ は $\sqrt{-1}\,T^*\mathbb{R}^n$ 上の錐状層となる. 特異性スペクトルの定義から次が成り立つ:

$$\pi_* \mathscr{A}^*_{\mathbb{R}^n} = \mathscr{A}^*_{\mathbb{R}^n}\big|_{\mathbb{R}^n} = 0. \tag{2.3.1}$$

(2) $\sqrt{-1}\,T^*\mathbb{R}^n$ 上の**超局所函数** (microfunction) の層 $\mathscr{C}_{\mathbb{R}^n}$ を, 商層

$$\mathscr{C}_{\mathbb{R}^n} := \pi^{-1}\mathscr{B}_{\mathbb{R}^n} \big/ \mathscr{A}^*_{\mathbb{R}^n}$$

で定義する. $\mathscr{C}_{\mathbb{R}^n}$ は $\sqrt{-1}\,T^*\mathbb{R}^n$ 上の錐状層となる.

(3) 定義から, 層の完全系列

$$0 \to \mathscr{A}^*_{\mathbb{R}^n} \to \pi^{-1}\mathscr{B}_{\mathbb{R}^n} \xrightarrow{\mathrm{sp}} \mathscr{C}_{\mathbb{R}^n} \to 0 \tag{2.3.2}$$

が得られる. (2.3.2) の全型射 $\mathrm{sp}\colon \pi^{-1}\mathscr{B}_{\mathbb{R}^n} \to \mathscr{C}_{\mathbb{R}^n}$ を**スペクトル型射** (spectral morphism) と呼ぶ. 完全系列 (2.3.2) を $\sqrt{-1}\,\dot{T}^*\mathbb{R}^n$ に制限すれば, 次の完全系列が得られる:

$$0 \to \mathscr{A}^*_{\mathbb{R}^n}\big|_{\sqrt{-1}\,\dot{T}^*\mathbb{R}^n} \to \dot{\pi}^{-1}\mathscr{B}_{\mathbb{R}^n} \xrightarrow{\mathrm{sp}} \mathscr{C}_{\mathbb{R}^n}\big|_{\sqrt{-1}\,\dot{T}^*\mathbb{R}^n} \to 0.$$

更に完全系列 (2.3.2) を $\mathbb{R}^n$ に制限すれば, (2.3.1) から単型射

$$0 \to \mathscr{B}_{\mathbb{R}^n} \xrightarrow{\mathrm{sp}} \pi_*\mathscr{C}_{\mathbb{R}^n} = \mathscr{C}_{\mathbb{R}^n}\big|_{\mathbb{R}^n} \tag{2.3.3}$$

が得られる. 上の型射もスペクトル型射と呼ぶ. 定義から, 超函数 $f(x)$ に対し

$$\mathrm{supp}\,\mathrm{sp}\,f = \mathrm{SS}(f).$$

系 2.3.12 で示す通り, (2.3.3) の sp は全型射, 特に同型射である.

定義 A.3.2 と同様, $\gamma\colon \sqrt{-1}\,\dot{T}^*\mathbb{R}^n \to \sqrt{-1}\,\boldsymbol{S}^*\mathbb{R}^n$ を考える. 一般に:

2.3.2 [定義]　$\sqrt{-1}\,T^*\mathbb{R}^n$ 上の錐状層 $\mathscr{F}$ が**錐状脆弱** (conically flabby) とは, $\gamma_*(\mathscr{F}\big|_{\sqrt{-1}\,\dot{T}^*\mathbb{R}^n})$ が $\sqrt{-1}\,\boldsymbol{S}^*\mathbb{R}^n$ 上の脆弱層となることをいう.

次の定理は，超函数論で最も基本的且つ重要なものの一つである．

2.3.3 [定理]（超局所函数の大域表示）　$V \subset \dot{T}^*\mathbb{R}^n$ を任意の（錐状）開集合とする．任意の $u(x) \in \Gamma(\sqrt{-1}\,V; \mathscr{C}_{\mathbb{R}^n})$ に対して $f(x) \in \Gamma(\mathbb{R}^n; \mathscr{B}_{\mathbb{R}^n})$ が存在して

$$u(x) = \mathrm{sp}\, f(x)\big|_{\sqrt{-1}\,V}.$$

特に $\mathscr{C}_{\mathbb{R}^n}\big|_{\sqrt{-1}\,\dot{T}^*\mathbb{R}^n}$ は錐状脆弱となる．

証明　以下，U が錐や $\sqrt{-1}\,T^*\mathbb{R}^n$ 等の錐状集合ならば，$U\infty := U\big/\mathbb{R}_{>0}$ と書く．又，$z = x + \sqrt{-1}\,y$ と置く．

商層の定義を思い出せば，V の錐状開被覆 $\{V_i'\}_{i\in\mathbb{N}}$ 及び超函数 $f_i(x) \in \Gamma(\pi(V_i'); \mathscr{B}_{\mathbb{R}^n})$ が存在して $u(x)\big|_{\sqrt{-1}\,V_i'} = \mathrm{sp}\, f_i(x)$．必要ならば細分を取って，$V_i' \underset{\text{conic}}{\Subset} T^*\mathbb{R}^n$, $\{V_i'\infty\}_{i\in\mathbb{N}}$ は局所有限，且つ $\pi(V_i')$ 上で

$$f_i(x) = \sum_{j=1}^{J_i} F_j^i(x + \sqrt{-1}\,\Gamma_j^i\,0)$$

と書けているとして良い．$\xi = \lambda\eta$ $(\lambda > 0, \eta \in \mathbb{S}^{n-1})$ を極座標とし $\{V_i'\infty\}_{i\in\mathbb{N}}$ に従属する C_0^∞ 級の単位の分割 (partition of unity) $\{\chi_i(\alpha,\eta)\}_{i\in\mathbb{N}}$ を取る．$\mathrm{supp}\,\chi_i \Subset V_i'\infty$ だから V の錐状開被覆 $\{V_i\}_{i\in\mathbb{N}}$ で $\mathrm{supp}\,\chi_i \Subset V_i\infty \Subset V_i'\infty$ となるものが取れる．特に $u(x)\big|_{\sqrt{-1}\,V_i} = \mathrm{sp}\, f_i(x)$．ここで $U_i := \pi(V_i)$ と置く．$V_i \underset{\text{conic}}{\Subset} V_i'$ だから $r_i \in \left]0,1\right[$ が存在して，U_i の距離 $3r_i$ の近傍について $(U_i)_{3r_i} \Subset \pi(V_i')$ 且つ

$$F_j^i(z) \in \Gamma(\mathbb{W}_{r_i}(U_i, \Gamma_j^i); \mathscr{O}_{\mathbb{C}^n})$$

と仮定できる．$y_j^i \in \Gamma_j^i(r_i^2/2)$ を取って，各 $f_i(x)$ の局所 FBI 変換

$$\mathscr{T}_* f_i(z;\alpha,\xi) := \sum_{j=1}^{J_i} \mathscr{T}_{y_j^i} F_j^i(z;\alpha,\xi)$$

を考え，更に η を助変数と考え

$$F_i(z;\eta) := \int_{\mathbb{R}^n} d\alpha\, \chi_i(\alpha,\eta) \int_{N_i}^\infty e^{\Phi(z,\alpha,\lambda\eta)}\, \mathscr{T}_* f_i(z;\alpha,\lambda\eta) \Big(\frac{\lambda}{\pi^3}\Big)^{n/2} \lambda^{n-1} d\lambda$$

と定める．但し $N_i > 0$ は

$$\int_{\mathbb{R}^n} d\alpha\, \chi_i(\alpha,\eta) \int_{N_i}^\infty e^{-\lambda/i} \sup_{|z|\leqslant i} \big|\mathscr{T}_* f_i(z;\alpha,\lambda\eta)\big| \Big(\frac{\lambda}{\pi^3}\Big)^{n/2} \lambda^{n-1} d\lambda \leqslant \Big(\frac{1}{2}\Big)^i$$

と選ぶ．この N_i は必ず存在する．実際，補題 1.3.7 によって任意の $K \Subset \mathbb{C}^n$, $\varepsilon > 0$ に対して $C_{i,\varepsilon,K} > 0$ が存在して

$$\sup_{z\in K} |\mathscr{T}_* f_i(z;\alpha,\lambda\eta)| \leqslant C_{i,\varepsilon,K} e^{\varepsilon\lambda}, \quad \big((\alpha,\eta) \in \operatorname{supp}\chi_i\big) \tag{2.3.4}$$

となるから，$\varepsilon < \dfrac{1}{i}$ と取れば積分が絶対収束するからである．又，α に関する積分は常に有界である．さて，$\eta \in \mathbb{S}^{n-1}$ に対して次の通りに置く:

$$\varGamma_\eta := \{y \in \mathbb{R}^n;\ \langle y,\eta\rangle - 2|y|^2 > 0\}.$$

2.3.4［補題］　(1) z の函数として $F_i(z;\eta) \in \varGamma(\mathbb{R}^n + \sqrt{-1}\,\varGamma_\eta; \mathscr{O}_{\mathbb{C}^n})$.

(2) $F(z;\eta) := \displaystyle\sum_{i=1}^{\infty} F_i(z;\eta)$ と定めると，z の函数として

$$F(z;\eta) \in \varGamma(\mathbb{R}^n + \sqrt{-1}\,\varGamma_\eta; \mathscr{O}_{\mathbb{C}^n}).$$

証明　(1) コンパクト集合 $K \Subset \mathbb{R}^n + \sqrt{-1}\,\varGamma_\eta$ を任意に取れば，(2.3.4) から

$$\left|e^{\varPhi(z,\alpha,\lambda\eta)}\mathscr{T}_* f_i(z;\alpha,\lambda\eta)\right| \leqslant C_{i,\varepsilon,K} e^{-(\langle y,\eta\rangle - 2|y|^2 + 2|x-\alpha|^2 - \varepsilon)\lambda}$$

だから各 K 上で $\varepsilon > 0$ を十分小さく取れば，積分が絶対収束するから良い．

(2) $i \geqslant j$ ならば，集合 $\{z \in \mathbb{C}^n;\ |z| \leqslant j,\ \langle y,\eta\rangle - 2|y|^2 \geqslant \dfrac{1}{j}\}$ 上で

$$\begin{aligned}\left|e^{\varPhi(z,\alpha,\lambda\eta)}\mathscr{T}_* f_i(z;\alpha,\lambda\eta)\right| &\leqslant e^{-(\langle y,\eta\rangle - 2|y|^2)\lambda} \sup_{|z|\leqslant i}\left|\mathscr{T}_* f_i(z;\alpha,\lambda\eta)\right| \\ &\leqslant e^{-\lambda/j} \sup_{|z|\leqslant i}\left|\mathscr{T}_* f_i(z;\alpha,\lambda\eta)\right| \leqslant e^{-\lambda/i} \sup_{|z|\leqslant i}\left|\mathscr{T}_* f_i(z;\alpha,\lambda\eta)\right|\end{aligned}$$

なので，N_i の選び方から $|F_i(z;\eta)| \leqslant \left(\dfrac{1}{2}\right)^i$．以上から

$$\bigcup_{j=1}^{\infty}\{z \in \mathbb{C}^n;\ |z| \leqslant j,\ \langle y,\eta\rangle - 2|y|^2 \geqslant \frac{1}{j}\} = \mathbb{R}^n + \sqrt{-1}\,\varGamma_\eta$$

上で $F(z;\eta)$ は広義一様収束して整型となる．∎

2.3.5［補題］　(1) $S \subset \mathbb{S}^{n-1}$ が可測，且つ $\operatorname{Int} S^\circ \neq \emptyset$ とする．このとき

$$S' := \operatorname{Int}\Big(\bigcap_{\eta\in \operatorname{Cl} S} \varGamma_\eta\Big) = \operatorname{Int}\Big(\bigcap_{\eta\in \operatorname{Cl} S}\{y \in \mathbb{R}^n;\ \langle y,\eta\rangle - 2|y|^2 > 0\}\Big)$$

と置けば，$\mathbb{R}^n + \sqrt{-1}\,S'$ は $\mathbb{R}^n + \sqrt{-1}\operatorname{Int} S^\circ\ 0$ 型の無限小楔である．

(2) 連続函数 $G(z;\eta)$ が $\mathbb{R}^n + \sqrt{-1}\,\varGamma_\eta$ 上で z について整型ならば

$$G_S(z) := \int_S G(z;\eta)\,\omega(\eta)$$

は $\mathbb{R}^n + \sqrt{-1}\, S'$ 上で整型，特に $G_S(z) \in \Gamma(\mathbb{R}^n + \sqrt{-1}\, \operatorname{Int} S^\circ; \widetilde{\mathscr{A}}_{\mathbb{R}^n})$.

証明　(1) 任意の $\Delta \underset{\text{conic}}{\Subset} \operatorname{Int} S^\circ$ に対し $\delta > 0$ が存在して，任意の $(y, \eta) \in \Delta \times \operatorname{Cl} S$ に対して $\langle y, \eta \rangle \geqslant \delta |y|$. 従って $\Delta(\delta/2) \subset \operatorname{Int} S^\circ$.

(2) $y \in S'$ を固定する．任意の $\eta \in \operatorname{Cl} S$ に対して $\langle y, \eta \rangle - 2|y|^2 > 0$ だが $\operatorname{Cl} S$ はコンパクトだから最小値を与える $\eta_0 \in \operatorname{Cl} S$ がある．従って $\eta \in \operatorname{Cl} S$ に対して $\langle y, \eta \rangle - 2|y|^2 \geqslant \delta := \langle y, \eta_0 \rangle - 2|y|^2 > 0$. この評価は y の十分小さい近傍上で一様に成立するから，結局 $G_S(z)$ は $\mathbb{R}^n + \sqrt{-1}\, S'$ 上で整型. ∎

(1.4.1) を満たす有限被覆 $\mathbb{S}^{n-1} = \bigcup_{i=1}^{I} \Delta_i^\circ \infty$ を選び

$$F_i(z) := \int_{\Delta_i^\circ \infty} F(z; \eta)\, \omega(\eta)$$

と置けば，補題 2.3.5 から $F_i(z)$ は $\Gamma(\mathbb{R}^n + \sqrt{-1}\, \Delta_i; \widetilde{\mathscr{A}}_{\mathbb{R}^n})$ の切断を定めるから，次が定義できる:

$$f(x) := \sum_{i=1}^{I} F_i(x + \sqrt{-1}\, \Delta_i 0) \in \Gamma(\mathbb{R}^n; \mathscr{B}_{\mathbb{R}^n}).$$

2.3.6［補題］　$f(x)$ は $\{\Delta_i\}_{i=1}^{I}$ の取り方に依存しない.

証明　$\{\Delta_i\}_{i=1}^{I}$ と同じ条件を満たす $\{\Gamma_j\}_{j=1}^{J}$ を取り

$$F'_j(z) := \int_{\Gamma_j^\circ \infty} F(z; \eta)\, \omega(\eta), \qquad F_{ij}(z) := \int_{(\Delta_i^\circ \cap \Gamma_j^\circ)\infty} F(z; \eta)\, \omega(\eta),$$

と置けば，定義から

$$F_i(z) = \sum_{j=1}^{J} F_{ij}(z), \qquad F'_j(z) = \sum_{i=1}^{I} F_{ij}(z).$$

又，補題 2.3.5 から $F'_j(z) \in \Gamma(\mathbb{R}^n + \sqrt{-1}\, \Gamma_j; \widetilde{\mathscr{A}}_{\mathbb{R}^n})$ 且つ $F_{ij}(z) \in \Gamma(\mathbb{R}^n + \sqrt{-1}\, \gamma(\Delta_i \cup \Gamma_j); \widetilde{\mathscr{A}}_{\mathbb{R}^n})$ だから，超函数の同等性の定義から

$$\begin{aligned}\sum_{i=1}^{I} F_i(x + \sqrt{-1}\, \Delta_i 0) &= \sum_{i=1}^{I} \sum_{j=1}^{J} F_{ij}(x + \sqrt{-1}\, \gamma(\Delta_i \cup \Gamma_j)\, 0) \\ &= \sum_{j=1}^{J} F'_j(x + \sqrt{-1}\, \Gamma_j\, 0).\end{aligned}$$

∎

以下，この $f(x)$ を

$$\int_{\mathbb{S}^{n-1}} F(x+\sqrt{-1}\,\mathrm{Int}\{\eta\}^\circ\,0;\eta)\,\omega(\eta) \tag{2.3.5}$$

とも書く．ここで $\mathrm{Int}\{\eta\}^\circ = \{v\in\mathbb{R}^n; \langle v,\eta\rangle > 0\}$．従って，特に次の超局所函数が定まる:

$$\mathrm{sp}\, f(x) \in \Gamma(\sqrt{-1}\,T^*\mathbb{R}^n; \mathscr{C}_{\mathbb{R}^n}).$$

以下 $\mathrm{sp}\, f(x)\big|_{\sqrt{-1}\,V} = u(x)$ を示す．任意の $p^* = (x_0;\sqrt{-1}\langle\xi_0, dx\rangle) \in \sqrt{-1}\,V$ に対して p^* での芽として $\mathrm{sp}\, f(x)\big|_{p^*} = u(x)\big|_{p^*}$ を示せば良い．$\xi_0\infty := \dfrac{\xi_0}{|\xi_0|}$ 及び

$$\mathsf{B}(\xi_0\infty;\varepsilon) := \{\eta\in\mathbb{S}^{n-1};\, |\xi_0\infty - \eta| < \varepsilon\}$$

と置く．$\nu\in\mathbb{N}$ が存在して $(x_0;\xi_0\infty)\in \mathrm{Int}\,\mathrm{supp}\,\chi_\nu$．局所有限性から $\varepsilon>0$ 及び $i_0\in\mathbb{N}$ が存在して，$\mathbb{B}(x_0;2\varepsilon)\times\mathsf{B}(\xi_0\infty;2\varepsilon)\subset\mathrm{supp}\,\chi_\nu$ 且つ任意の $i\geqslant i_0$ に対して

$$\mathbb{B}(x_0;2\varepsilon)\times\mathsf{B}(\xi_0\infty;2\varepsilon) \Subset V\infty\setminus\mathrm{supp}\,\chi_i\,.$$

従って $\nu\leqslant i_0-1$．又，$\varepsilon>0$ は小さく取り直して構わないから，$\varepsilon+\varepsilon^2\leqslant 1$ としておく．

2.3.7［補題］　$1\leqslant i\leqslant i_0-1$ ならば

$$\mathscr{T}_*^{i\nu} f(z;\alpha,\lambda\eta) := \mathscr{T}_* f_i(z;\alpha,\lambda\eta) - \mathscr{T}_* f_\nu(z;\alpha,\lambda\eta)$$

と置くと，$\varepsilon'\in\,]0,\varepsilon[$ が存在して次を満たす: 任意の $K\Subset\mathbb{C}^n$ に対して $C,\delta>0$ が存在して，任意の $1\leqslant i\leqslant i_0-1$ 及び $(z,\alpha,\eta)\in K\times\mathbb{B}(x_0;2\varepsilon')\times\mathsf{B}(\xi_0\infty;\varepsilon')$ に対して

$$\big|\mathscr{T}_*^{i\nu} f(z;\alpha,\lambda\eta)\big|\chi_i(\alpha,\eta)\leqslant Ce^{-\delta\lambda}.$$

証明　$(x_0;\xi_0\infty)\notin\mathrm{supp}\,\chi_i$ ならば明らか．$(x_0;\xi_0\infty)\in\mathrm{supp}\,\chi_i$ と仮定する．$\sqrt{-1}\,\mathbb{R}_{>0}(\mathrm{supp}\,\chi_i\cap\mathrm{supp}\,\chi_\nu)$ の開近傍 $\sqrt{-1}(V_i\cap V_\nu)$ 上で $\mathrm{sp}\, f_i(x) = \mathrm{sp}\, f_\nu(x) = u(x)$ だから，定理 2.2.3 及び 2.2.4 を適用して，次を満たす $\varepsilon'\in\,]0,\varepsilon[$ が見付かる: 任意の $K\Subset\mathbb{C}^n$ に対して $\delta, C>0$ が存在して

$$\big|\mathscr{T}_*^{i\nu} f(z;\alpha,\xi)\big|\leqslant Ce^{-\delta|\xi|},\quad \big((z,\alpha,\eta)\in K\times\mathbb{B}(x_0;2\varepsilon')\times\mathsf{B}(\xi_0\infty;\varepsilon')\big).$$

後はこの議論を各 i に対して有限回繰返せば良い．　∎

補題 2.3.7 の ε' に対応して，先に $f(x)$ を定義した際の $\{\varDelta_i\}_{i=1}^{I}$ を

$$\varDelta_1^\circ\infty \Subset \mathsf{B}(\xi_0\infty;\varepsilon') \subset \mathsf{B}(\xi_0\infty;\varepsilon)$$

と取っておく．$2 \leqslant i \leqslant I$ ならば $\xi_0 \notin \varDelta_i^\circ$ だから

$$p^* \notin \mathrm{SS}\big(F_i(x+\sqrt{-1}\,\varDelta_i\,0)\big).$$

従って p^* での芽として $\mathrm{sp}\,f(x) = \mathrm{sp}\,F_1(x+\sqrt{-1}\,\varDelta_1\,0)$ なので，$u(x) = \mathrm{sp}\,F_1(x+\sqrt{-1}\,\varDelta_1\,0)$ を示せば良い．

$F(z;\eta) = \sum\limits_{i=1}^{i_0-1} F_i(z;\eta) + \sum\limits_{i=i_0}^{\infty} F_i(z;\eta)$ に応じて

$$F_1(z) = \sum_{i=1}^{i_0-1} \int\limits_{\varDelta_1^\circ\infty} F_i(z;\eta)\,\omega(\eta) + \sum_{i=i_0}^{\infty} \int\limits_{\varDelta_1^\circ\infty} F_i(z;\eta)\,\omega(\eta)$$

と分け，第 1 項を $F^{(1)}(z)$，第 2 項を $F^{(2)}(z)$ と置く．

2.3.8［補題］　$F^{(2)}(z)$ は $\mathbb{B}(x_0;\varepsilon)$ の近傍で整型となる．

証明　i_0 の選び方から $i \geqslant i_0$，$\eta \in \varDelta_1^\circ\infty \subset \mathsf{B}(\xi_0\infty;\varepsilon)$，且つ $\chi_i(\alpha,\eta) \neq 0$ ならば $|\alpha - x_0| \geqslant 2\varepsilon$ となる．$i_1 \geqslant \max\{i_0, |x_0|+\varepsilon+\varepsilon^2, 1/\varepsilon^2\}$ と取る．

$$K_\varepsilon := \{z \in \mathbb{C}^n;\ |x-x_0| \leqslant \varepsilon,\ |y|+2|y|^2 \leqslant \varepsilon^2\} \tag{2.3.6}$$

と置く．$z \in K_\varepsilon$ ならば $\eta \in \mathsf{B}(\xi_0\infty;2\varepsilon)$ について一様に

$$\left|e^{\varPhi(z,\alpha,\lambda\eta)}\right| \leqslant e^{(|y|+2|y|^2-2|x-\alpha|^2)\lambda} \leqslant e^{(|y|+2|y|^2-2\varepsilon^2)\lambda} \leqslant e^{-\varepsilon^2\lambda}$$

だから，各 $\displaystyle\int\limits_{\varDelta_1^\circ\infty} F_i(z;\eta)\,\omega(\eta)$ は $\mathbb{B}(x_0;\varepsilon)$ の近傍で整型．更に $i \geqslant i_1$ ならば

$$|z| \leqslant |x_0| + |x-x_0| + |y| \leqslant |x_0| + \varepsilon + \varepsilon^2 \leqslant i,$$

且つ $|e^{\varPhi(z,\alpha,\lambda\eta)}| \leqslant e^{-\varepsilon^2\lambda} \leqslant e^{-\lambda/i}$．従って N_i の選び方から $K_\varepsilon \times \mathsf{B}(\xi_0\infty;\varepsilon)$ 上 $|F_i(z;\eta)| \leqslant \left(\dfrac{1}{2}\right)^i$ が得られ，$F^{(2)}(z)$ は $\mathbb{B}(x_0;\varepsilon)$ の近傍で整型．■

これから，$\mathbb{B}(x_0;\varepsilon) \times \sqrt{-1}\,\mathrm{Int}\,\varDelta_1^\circ$ 上で

$$\mathrm{sp}\,f(x) = \mathrm{sp}\,F_1(x+\sqrt{-1}\,\varDelta_1\,0) = \mathrm{sp}\,F^{(1)}(x+\sqrt{-1}\,\varDelta_1\,0).$$

ε' を補題 2.3.7 のものとし，$\varDelta_1^\circ[N_i] := \varDelta_1^\circ \cap \{\xi \in \mathbb{R}^n;\ |\xi| \geqslant N_i\}$ と置く．$1 \leqslant i \leqslant i_0 - 1$ ならば

$$\int_{\mathbb{R}^n\times\Delta_1^\circ\infty} d\alpha\,\omega(\eta)\,\chi_i(\alpha,\eta)\int_{N_i}^{\infty} e^{\Phi(z,\alpha,\lambda\eta)}\mathscr{T}_* f_i(z;\alpha,\lambda\eta)\Big(\frac{\lambda}{\pi^3}\Big)^{n/2}\lambda^{n-1}d\lambda$$
$$=\int_{\mathbb{R}^n\times\Delta_1^\circ[N_i]}\chi_i(\alpha,\frac{\xi}{|\xi|})\,e^{\Phi(z,\alpha,\xi)}\,\mathscr{T}_* f_i(z;\alpha,\xi)\Big(\frac{|\xi|}{\pi^3}\Big)^{n/2}d\alpha\,d\xi$$

について α に関する積分を $\mathbb{B}(x_0;2\varepsilon')$ と $\mathbb{R}^n\setminus\mathbb{B}(x_0;2\varepsilon')$ とに分割し，次の通りに置く:

$$G_i^{(1)}(z):=\int_{\mathbb{B}(x_0;2\varepsilon')\times\Delta_1^\circ[N_i]}\chi_i(\alpha,\frac{\xi}{|\xi|})\,e^{\Phi(z,\alpha,\xi)}\,\mathscr{T}_* f_i(z;\alpha,\xi)\Big(\frac{|\xi|}{\pi^3}\Big)^{n/2}d\alpha\,d\xi,$$
$$G_i^{(2)}(z):=\int_{(\mathbb{R}^n\setminus\mathbb{B}(x_0;2\varepsilon'))\times\Delta_1^\circ[N_i]}\chi_i(\alpha,\frac{\xi}{|\xi|})\,e^{\Phi(z,\alpha,\xi)}\,\mathscr{T}_* f_i(z;\alpha,\xi)\Big(\frac{|\xi|}{\pi^3}\Big)^{n/2}d\alpha\,d\xi.$$

2.3.9 [補題]　$\displaystyle\sum_{i=1}^{i_0-1} G_i^{(2)}(z)$ は $\mathbb{B}(x_0;\varepsilon')$ で整型となる.

証明　各 y_j^i を $|y_j'^{\,i}|+2|y_j'^{\,i}|^2\leqslant\dfrac{(\varepsilon')^2}{2}$ なる $y_j'^{\,i}$ に取り替え

$$\mathscr{T}'_* f_i(z;\alpha,\xi):=\sum_{j=1}^{J_i}\mathscr{T}_{y_j'^{\,i}}F_j^i(z;\alpha,\xi)$$

と置く. (2.3.6) の通り $K_{\varepsilon'}$ を定めれば，補題 1.3.7 から C', $\delta'>0$ が存在して

$$\Big|(\mathscr{T}_* f_i-\mathscr{T}'_* f_i)(z;\alpha,\xi)\Big|\leqslant C'e^{-\delta'|\xi|},\quad ((z,\alpha,\xi)\in K_{\varepsilon'}\times(U_i)_{r_i}\times\dot{\mathbb{R}}^n).$$

$\operatorname{supp}\chi_i\subset V_i\infty$ 且つ $\pi(V_i)=U_i\Subset(U_i)_{r_i}$ だから，結局 $z\in K_{\varepsilon'}$ に対して積分領域上

$$\Big|(\mathscr{T}_* f_i-\mathscr{T}'_* f_i)(z;\alpha,\lambda\eta)\Big|\chi_i(\alpha,\eta)\leqslant C'e^{-\delta'\lambda}.$$

従って

$$G_i^{(2)\prime}(z):=\int_{(\mathbb{R}^n\setminus\mathbb{B}(x_0;2\varepsilon'))\times\Delta_1^\circ[N_i]}\chi_i(\alpha,\frac{\xi}{|\xi|})\,e^{\Phi(z,\alpha,\xi)}\,\mathscr{T}'_* f_i(z;\alpha,\xi)\Big(\frac{|\xi|}{\pi^3}\Big)^{n/2}d\alpha\,d\xi$$

と置けば，$\displaystyle\sum_{i=1}^{i_0-1}(G_i^{(2)}-G_i^{(2)\prime})(z)$ は $\mathbb{B}(x_0;\varepsilon')$ で整型.

一方，$(z,\alpha)\in K_{\varepsilon'}\times(\mathbb{R}^n\setminus\mathbb{B}(x_0;2\varepsilon'))$ ならば $|\alpha-x|>\varepsilon'$. 更に $\mathrm{Exp}(z;$

$\widetilde{z}, \alpha, \lambda\eta)$ の指数部分は $\widetilde{y}$ が何れかの $y'^{\,i}_j$ だから

$$\lambda\langle \widetilde{y} - y, \eta\rangle - 2\lambda(|x-\alpha|^2 + |\widetilde{x}-\alpha|^2 - |y|^2 - |\widetilde{y}|^2) \leqslant -\frac{(\varepsilon')^2\,\lambda}{2}.$$

この議論を各 $1 \leqslant i \leqslant i_0-1$ について有限回繰返せば，$\sum\limits_{i=1}^{i_0-1} G_i^{(2)\prime}(z)$ は $\mathbb{B}(x_0;\varepsilon')$ 上で整型がわかる．■

この補題から，$\mathbb{B}(x_0;\varepsilon') \times \sqrt{-1}\,\mathrm{Int}\,\Delta_1^\circ$ 上で

$$\mathrm{sp}\,F^{(1)}(x+\sqrt{-1}\,\Delta_1 0) = \sum_{i=1}^{i_0-1} \mathrm{sp}\,G_i^{(1)}(x+\sqrt{-1}\,\Delta_1 0).$$

次に補題 2.3.7 を適用すれば

$$\sum_{i=1}^{i_0-1} \int\limits_{\mathbb{B}(x_0;2\varepsilon')\times\Delta_1^\circ[N_i]} \chi_i(\alpha, \frac{\xi}{|\xi|})\, e^{\Phi(z,\alpha,\xi)}\, \mathscr{T}_*^{i\nu} f_i(z;\alpha,\xi)\Big(\frac{|\xi|}{\pi^3}\Big)^{n/2} d\alpha\, d\xi$$

は $\mathbb{B}(x_0;\varepsilon')$ で整型である．従って

$$G_i^{(1)\prime}(z) := \int\limits_{\mathbb{B}(x_0;2\varepsilon')\times\Delta_1^\circ[N_i]} \chi_i(\alpha, \frac{\xi}{|\xi|})\, e^{\Phi(z,\alpha,\xi)}\, \mathscr{T}_* f_\nu(z;\alpha,\xi)\Big(\frac{|\xi|}{\pi^3}\Big)^{n/2} d\alpha\, d\xi$$

と置けば，$\sum\limits_{i=1}^{i_0-1}(G_i^{(1)} - G_i^{(1)\prime})(z)$ は $\mathbb{B}(x_0;\varepsilon')$ で整型となるので，$\mathbb{B}(x_0;\varepsilon') \times \sqrt{-1}\,\mathrm{Int}\,\Delta_1^\circ$ 上で

$$\mathrm{sp}\,f(x) = \sum_{i=1}^{i_0-1} \mathrm{sp}\,G_i^{(1)\prime}(x+\sqrt{-1}\,\Delta_1 0).$$

明らかに

$$\int\limits_{\mathbb{B}(x_0;2\varepsilon')\times\Delta_1^\circ\infty} d\alpha\,\omega(\eta)\,\chi_i(\alpha,\eta) \int_0^{N_i} e^{\Phi(z,\alpha,\lambda\eta)}\, \mathscr{T}_* f_\nu(z;\alpha,\lambda\eta)\Big(\frac{\lambda}{\pi^3}\Big)^{n/2}\lambda^{n-1} d\lambda$$

は $\mathbb{B}(x_0;\varepsilon')$ で整型なので，$G_i^{(1)\prime}(z)$ は $\mathrm{mod}\,\Gamma(\mathbb{B}(x_0;\varepsilon');\mathscr{A}_{\mathbb{R}^n})$ で

$$\int\limits_{\mathbb{B}(x_0;2\varepsilon')\times\Delta_1^\circ\infty} d\alpha\,\omega(\eta)\,\chi_i(\alpha,\eta) \int_0^{\infty} e^{\Phi(z,\alpha,\lambda\eta)}\, \mathscr{T}_* f_\nu(z;\alpha,\lambda\eta)\Big(\frac{\lambda}{\pi^3}\Big)^{n/2}\lambda^{n-1} d\lambda$$

と等しい．$i \geqslant i_0$ ならば

$$\mathbb{B}(x_0;2\varepsilon') \times \Delta_1^\circ\infty \subset \mathbb{B}(x_0;2\varepsilon) \times \mathsf{B}(\xi_0\infty;2\varepsilon) \Subset V\infty \setminus \mathrm{supp}\,\chi_i$$

だから，結局 $\sum_{i=1}^{i_0-1} G_i^{(1)\prime}(z)$ は $\mathrm{mod}\,\Gamma(\mathbb{B}(x_0;\varepsilon');\mathscr{A}_{\mathbb{R}^n})$ で

$$F_1'(z) := \int_{\mathbb{B}(x_0;2\varepsilon')\times\Delta_1^\circ\infty} d\alpha\,\omega(\eta)\int_0^\infty e^{\Phi(z,\alpha,\lambda\eta)}\mathscr{T}_* f_\nu(z;\alpha,\lambda\eta)\Big(\frac{\lambda}{\pi^3}\Big)^{n/2}\lambda^{n-1}d\lambda$$

$$= \int_{\mathbb{B}(x_0;2\varepsilon')\times\Delta_1^\circ} e^{\Phi(z,\alpha,\xi)}\mathscr{T}_* f_\nu(z;\alpha,\xi)\Big(\frac{|\xi|}{\pi^3}\Big)^{n/2}d\alpha\,d\xi$$

と等しい．よって $\mathbb{B}(x_0;\varepsilon')\times\sqrt{-1}\,\mathrm{Int}\,\Delta_1^\circ$ 上で

$$\mathrm{sp}\,f(x) = \mathrm{sp}\,F_1'(x+\sqrt{-1}\,\Delta_1 0).$$

次に，$F_j^\nu(z)\in\Gamma(\mathbb{W}_{r_\nu}(\mathbb{B}(x_0;2\varepsilon'),\Gamma_j^\nu);\mathscr{O}_{\mathbb{C}^n})$ と考えた局所 FBI 変換

$$\mathscr{T}_* f_\nu'(z;\alpha,\xi) := \sum_{j=1}^{J_\nu}\int_{\mathbb{B}(x_0;2\varepsilon')^d+\sqrt{-1}\{y_j^i\}} e^{\Phi^*(\tilde{z},\alpha,\xi)}F_j^\nu(\tilde{z})\,\Delta(x-\tilde{x},\xi)\,d\tilde{z}$$

を考えれば，補題 1.3.7 から任意の $K\Subset\mathbb{C}^n$ に対して $C',\ \delta'>0$ が存在して

$$\Big|(\mathscr{T}_* f_\nu - \mathscr{T}_* f_\nu')(z;\alpha,\xi)\Big| \leqslant C'e^{-\delta'|\xi|},\quad \Big((z,\alpha,\xi)\in K\times\mathbb{B}(x_0;2\varepsilon')_{r_\nu}\times\dot{\mathbb{R}}^n\Big).$$

よって

$$\int_{\mathbb{B}(x_0;2\varepsilon')\times\Delta_1^\circ} e^{\Phi(z,\alpha,\xi)}(\mathscr{T}_* f_\nu - \mathscr{T}_* f_\nu')(z;\alpha,\xi)\Big(\frac{|\xi|}{\pi^3}\Big)^{n/2}d\alpha\,d\xi$$

は $\mathbb{B}(x_0;\varepsilon')$ で整型である．従って

$$\widetilde{F}'(z) := \int_{\mathbb{B}(x_0;2\varepsilon')\times\Delta_1^\circ} e^{\Phi(z,\alpha,\xi)}\mathscr{T}_* f_\nu'(z;\alpha,\xi)\Big(\frac{|\xi|}{\pi^3}\Big)^{n/2}d\alpha\,d\xi$$

と定めれば，$\mathbb{B}(x_0;\varepsilon')\times\sqrt{-1}\,\mathrm{Int}\,\Delta_1^\circ$ 上

$$\mathrm{sp}\,f(x) = \mathrm{sp}\,\widetilde{F}'(x+\sqrt{-1}\,\Delta_1 0).$$

十分小さい $r>0$ 及び $\varepsilon''>0$ によって $\mathbb{B}(x_0;2\varepsilon')=\mathbb{B}(x_0;\varepsilon'')_r$ と書けば，定理 2.2.2 及び Δ_1 の選び方から，$\mathbb{B}(x_0;\varepsilon'')\times\sqrt{-1}\,\mathrm{Int}\,\Delta_1^\circ$ 上

$$\mathrm{sp}\,f_\nu(x) = \mathrm{sp}\,\widetilde{F}'(x+\sqrt{-1}\,\Delta_1 0).$$

従って，$\varepsilon_1 := \min\{\varepsilon',\varepsilon''\}$ と置けば

$$u(x) = \mathrm{sp}\,f_\nu(x) = \mathrm{sp}\,\widetilde{F}'(x+\sqrt{-1}\,\Delta_1 0) = \mathrm{sp}\,f(x)$$

が $\mathbb{B}(x_0;\varepsilon_1)\times\sqrt{-1}\,\mathrm{Int}\,\Delta_1^\circ$ で成り立つ．以上で示された． ∎

2.3.10 [注意]　証明を見ればわかる通り，$(x_0;\sqrt{-1}\,\xi_0)\in\sqrt{-1}\,V\setminus\operatorname{supp}u$ ならば，補題 2.3.4 の $F(z;\eta)$ は $(x_0;\xi_0\infty)$ の近傍で整型となる．

2.3.11 [定理] (佐藤の基本完全系列)　任意の $\Omega\in\mathfrak{O}(\mathbb{R}^n)$ に対して

$$0\to\Gamma(\Omega;\mathscr{A}_{\mathbb{R}^n})\to\Gamma(\Omega;\mathscr{B}_{\mathbb{R}^n})\xrightarrow{\mathrm{sp}}\Gamma(\dot{\pi}^{-1}(\Omega);\mathscr{C}_{\mathbb{R}^n})\to 0$$

は完全系列である．特に，次の $\mathbb{R}^n$ 上の層の完全系列が存在する:

$$0\to\mathscr{A}_{\mathbb{R}^n}\to\mathscr{B}_{\mathbb{R}^n}\xrightarrow{\mathrm{sp}}\dot{\pi}_*\mathscr{C}_{\mathbb{R}^n}\to 0.$$

証明　系 2.1.6 から $\Gamma(\Omega;\mathscr{A}_{\mathbb{R}^n})\subset\Gamma(\Omega;\mathscr{B}_{\mathbb{R}^n})$，且つ定理 2.2.5 から $f(x)\in\Gamma(\Omega;\mathscr{B}_{\mathbb{R}^n})$ について $f(x)\in\Gamma(\Omega;\mathscr{A}_{\mathbb{R}^n})$ と $\mathrm{SS}(f)=\operatorname{supp}(\operatorname{sp}f)\subset\Omega$ とは同値だから

$$0\to\Gamma(\Omega;\mathscr{A}_{\mathbb{R}^n})\to\Gamma(\Omega;\mathscr{B}_{\mathbb{R}^n})\xrightarrow{\mathrm{sp}}\Gamma(\dot{\pi}^{-1}(\Omega);\mathscr{C}_{\mathbb{R}^n})$$

は完全．sp が全準同型となることは，定理 2.3.3 から従う．■

2.3.12 [系]　(2.3.3) の sp は全型射，特に，次の同型が存在する:

$$\mathrm{sp}\colon\mathscr{B}_{\mathbb{R}^n}\xrightarrow{\sim}\pi_*\mathscr{C}_{\mathbb{R}^n}=\mathscr{C}_{\mathbb{R}^n}\big|_{\mathbb{R}^n}.$$

証明　局所的に示せば良い．任意の $u(x)\in\pi_*\mathscr{C}_{\mathbb{R}^n}\big|_x$ に対して，定理 2.3.11 から $f(x)\in\mathscr{B}_{\mathbb{R}^n,x}$ が存在して，$\operatorname{sp}f(x)\big|_{\sqrt{-1}\,\dot{T}^*\mathbb{R}^n}=u(x)\big|_{\sqrt{-1}\,\dot{T}^*\mathbb{R}^n}$．従って，再び定理 2.3.11 から $g(x)\in\mathscr{A}_{\mathbb{R}^n,x}$ が存在して，$u(x)-\operatorname{sp}f(x)=\operatorname{sp}g(x)$，即ち $u(x)=\operatorname{sp}(f+g)(x)$．■

更に定理 2.2.5 を言い換えると，次の通りとなる:

2.3.13 [定理]　$V\subset T\mathbb{R}^n$ を各繊維が連結である，基底が Ω の錐状領域とすれば，次の完全な可換図式が存在する:

$$
\begin{array}{ccc}
0 & & 0 \\
\downarrow & & \downarrow \\
\Gamma(\sqrt{-1}\,\gamma(V);\widetilde{\mathscr{A}}_{\mathbb{R}^n}) & \xrightarrow{\quad\sim\quad} & \Gamma(\sqrt{-1}\,V;\widetilde{\mathscr{A}}_{\mathbb{R}^n}) \\
\downarrow & & \downarrow \\
\Gamma(\Omega;\mathscr{B}_{\mathbb{R}^n}) & = & \Gamma(\Omega;\mathscr{B}_{\mathbb{R}^n}) \\
\downarrow & & \downarrow \\
\Gamma(\dot{\pi}^{-1}(\Omega)\setminus\sqrt{-1}\,\gamma(V)^\circ;\mathscr{C}_{\mathbb{R}^n}) & = & \Gamma(\dot{\pi}^{-1}(\Omega)\setminus\sqrt{-1}\,V^\circ;\mathscr{C}_{\mathbb{R}^n}) \\
\downarrow & & \downarrow \\
0 & & 0
\end{array}
$$

2.3.14 [補題]　$\mathscr{F}$ を位相空間 X 上の脆弱層とする．任意の $U\in\mathfrak{O}(X)$ 及び閉集合 $Z_j\subset U$ $(1\leqslant j\leqslant m)$ に対して $Z:=\bigcup_{j=1}^m Z_j$ と置けば，完全系列

$$
{\bigoplus_{j,k=1}^m}'\,\Gamma_{Z_j\cap Z_k}(U;\mathscr{F})\xrightarrow{\alpha^m}\bigoplus_{j=1}^m\Gamma_{Z_j}(U;\mathscr{F})\xrightarrow{\beta^m}\Gamma_Z(U;\mathscr{F})\to 0
$$

が存在する．但し ${\bigoplus_{j,k=1}^m}'$ は交代和，即ち $(s_{jk})_{j,k=1}^m\in\bigoplus_{j,k=1}^m\Gamma_{Z_j\cap Z_j}(U;\mathscr{F})$ で $s_{jk}+s_{jk}=0$ となるもの全体を表し，

$$
\alpha^m\colon(s_{jk})_{j,k=1}^m\mapsto(\sum_{k=1}^m s_{1k},\dots,\sum_{k=1}^m s_{mk}),\quad\beta^m\colon(s_j)_{j=1}^m\mapsto\sum_{j=1}^m s_j\,.
$$

証明　$\beta^m\alpha^m=0$ は明らか．β^m が全準同型を示す．$m=1$ ならば明らか．$m-1$ まで示されたと仮定する．$Z':=\bigcup_{j=2}^m Z_j$ と置けば $Z=Z_1\cup Z'$．任意の $f\in\Gamma_Z(U;\mathscr{F})$ を取る．$(U\setminus Z_1)\cap(U\setminus Z')=U\setminus(Z_1\cup Z')=U\setminus Z$ 上で $f=0$ だから，$f_1\big|_{U\setminus Z'}:=f$ 且つ $f_1\big|_{U\setminus Z_1}:=0$ と定めると

$$
f_1\in\Gamma((U\setminus Z_1)\cup(U\setminus Z');\mathscr{F})=\Gamma(U\setminus(Z_1\cap Z');\mathscr{F})
$$

と考えて良い．$\mathscr{F}$ の脆弱性から，f_1 の U への延長 $\widetilde{f_1}\in\Gamma(U;\mathscr{F})$ が存在する．$\operatorname{supp}\widetilde{f_1}\subset Z_1$ であり $\widetilde{f_2}:=f-\widetilde{f_1}$ と置けば $\operatorname{supp}\widetilde{f_2}\subset Z'$．これで $\widetilde{f_2}\subset Z'$ に帰納法の仮定を用いれば分解が得られ，β^m が全準同型が示された．

残りを m に関する帰納法で示す．$m=2$ ならば $s_j\in\Gamma_{Z_j}(U;\mathscr{F})$ $(j=1,2)$ が $\beta^2(s_1,s_2)=s_1+s_2=0$ とすれば $s_1=-s_2$ だから $\operatorname{supp}s_1,\operatorname{supp}s_2\subset Z_1\cap Z_2$．$m-1$ まで示されたとする．$(s_j)_{j=1}^m\in\operatorname{Ker}\beta^m$ ならば $s_m=-\sum_{j=1}^{m-1}s_j$ だから，$\operatorname{supp}s_m\subset\bigcup_{j=1}^{m-1}(Z_j\cap Z_m)$ となる．β^m は全準同型だから，$s_{mj}\in$

$\Gamma_{Z_j \cap Z_m}(U;\mathscr{F})$ が存在して，$s_m = \sum_{j=1}^{m-1} s_{mj}$ と分解できる．$1 \leqslant j \leqslant m-1$ に対して

$$s_{jm} := -s_{mj}\,, \qquad t_j := s_j - s_{jm} = s_j + s_{mj} \in \Gamma_{Z_j}(U;\mathscr{F}),$$

とすれば $(t_j)_{j=1}^{m-1} \in \operatorname{Ker}\beta^{m-1}$ だから，帰納法の仮定から

$$(s_{jk})_{j,k=1}^{m-1} \in \bigoplus_{j,k=1}^{m-1}{}' \Gamma_{Z_j \cap Z_k}(U;\mathscr{F})$$

が存在して $\sum_{k=1}^{m-1} s_{jk} = t_j = s_j - s_{jm}$ となる．従って

$$\sum_{k=1}^{m} s_{jk} = \sum_{k=1}^{m-1} s_{jk} + s_{jm} = s_j \quad (1 \leqslant j \leqslant m-1),$$
$$\sum_{j=1}^{m} s_{mj} = \sum_{j=1}^{m-1} s_{mj} = s_m\,,$$

だから帰納法が進行する．∎

2.3.15［定理］　$J \in \mathbb{N}$ 且つ $V_j \subset T\mathbb{R}^n$ $(1 \leqslant j \leqslant J)$ を，基底が Ω の錐状凸開集合とする．$f(x) \in \Gamma(\Omega;\mathscr{B}_{\mathbb{R}^n})$ が $\mathrm{SS}(f) \subset \sqrt{-1}\bigcup_{j=1}^{J} V_j^\circ$ ならば $F_j(z) \in \Gamma(\sqrt{-1}\,V_j;\widetilde{\mathscr{A}}_{\mathbb{R}^n})$ が存在して

$$f(x) = \sum_{j=1}^{J} \mathrm{b}_{\sqrt{-1}\,V_j}(F_j), \quad \dot{\mathrm{SS}}\big(\mathrm{b}_{\sqrt{-1}\,V_j}(F_j)\big) \subset \dot{\mathrm{SS}}(f) \cap \sqrt{-1}\,V_j^\circ.$$

特に $\dot{\mathrm{SS}}(f) \cap (\sqrt{-1}\,V_j^\circ)_x = \emptyset$ となる点 x の近傍では，$F_j(z)$ も x の近傍まで整型になる．

証明　$g(x) := \operatorname{sp} f(x)\big|_{\dot{\pi}^{-1}(\Omega)} \in \Gamma(\dot{\pi}^{-1}(\Omega);\mathscr{C}_{\mathbb{R}^n})$ について補題 2.3.14 を適用すると，$g_j(x) \in \Gamma(\dot{\pi}^{-1}(\Omega);\mathscr{C}_{\mathbb{R}^n})$ が存在して

$$g(x) = \sum_{j=1}^{J} g_j(x), \quad \operatorname{supp} g_j \subset \operatorname{supp} g \cap \sqrt{-1}\,V_j^\circ.$$

$\operatorname{sp} f_j(x)\big|_{\dot{\pi}^{-1}(\Omega)} = g_j(x)$ となる $f_j(x) \in \Gamma(\Omega;\mathscr{B}_{\mathbb{R}^n})$ を取れば

(2.3.7)
$$\dot{\mathrm{SS}}(f_j) \subset \dot{\mathrm{SS}}(f) \cap \sqrt{-1}\,V_j^\circ \subset \sqrt{-1}\,V_j^\circ.$$

従って定理 2.2.5 から $F_j(z)\in\Gamma(V_j;\widetilde{\mathscr{A}}_{\mathbb{R}^n})$ が存在して $f_j(x)=\mathrm{b}_{\sqrt{-1}\,V_j}(F_j)$. ここで $\dot{\mathrm{SS}}(f)\cap(\sqrt{-1}\,V_j^\circ)_x=\emptyset$ ならば, (2.3.7) から $\dot{\mathrm{SS}}(f_j)\cap(\sqrt{-1}\,V_j^\circ)_x=\emptyset$ だから, $F_j(z)$ は x の近傍で整型である. 最後に

$$\dot{\mathrm{SS}}\Big(f(x)-\sum_{j=1}^{J}\mathrm{b}_{\sqrt{-1}\,V_j}(F_j)\Big)=\mathrm{supp}\Big(g(x)-\sum_{j=1}^{J}g_j(x)\Big)=\emptyset$$

だから $H(x):=f(x)-\sum\limits_{j=1}^{J}\mathrm{b}_{\sqrt{-1}\,V_j}(F_j)\in\Gamma(\Omega;\mathscr{A}_{\mathbb{R}^n})$. 従って, 例えば $F_1(z)$ を $F_1(z)+H(z)$ に代えれば証明が終わった. ∎

特に有限被覆 $\mathbb{S}^{n-1}=\bigcup\limits_{j=1}^{J}\Gamma_j^\circ\infty$ を取れば, 任意の $f(x)\in\Gamma(\Omega;\mathscr{B}_{\mathbb{R}^n})$ に対して $F_j(z)\in\Gamma(\Omega+\sqrt{-1}\,\Gamma_j;\widetilde{\mathscr{A}}_{\mathbb{R}^n})$ $(1\leqslant j\leqslant J)$ が存在して

$$f(x)=\sum_{j=1}^{J}F_j(x+\sqrt{-1}\,\Gamma_j\,0).$$

2.3.16 [定理] (Martineau の楔の刃定理)　$V_j\subset T\mathbb{R}^n$ が基底が Ω の錐状凸開集合ならば, $F_j(z)\in\Gamma(\sqrt{-1}\,V_j;\widetilde{\mathscr{A}}_{\mathbb{R}^n})$ $(1\leqslant j\leqslant J)$ が

$$\sum_{j=1}^{J}\mathrm{b}_{\sqrt{-1}\,V_j}(F_j)=0\in\Gamma(\Omega;\mathscr{B}_{\mathbb{R}^n})$$

を満たせば

$$F_{jk}(z)=-F_{kj}(z)\in\Gamma(\sqrt{-1}\,\gamma(V_j\cup V_k);\widetilde{\mathscr{A}}_{\mathbb{R}^n})\quad(1\leqslant j,k\leqslant J)$$

が存在して

$$\sum_{k=1}^{J}F_{jk}(z)=F_j(z)\in\Gamma(\sqrt{-1}\,V_j;\widetilde{\mathscr{A}}_{\mathbb{R}^n}),$$

$$\dot{\mathrm{SS}}(\mathrm{b}_{\sqrt{-1}\,\gamma(V_j\cup V_k)}(F_{jk}))\subset\dot{\mathrm{SS}}\big(\mathrm{b}_{\sqrt{-1}\,V_j}(F_j)\big)\cap\dot{\mathrm{SS}}\big(\mathrm{b}_{\sqrt{-1}\,V_k}(F_k)\big).$$

特に $F_j(z)$ 又は $F_k(z)$ が実軸まで整型に延長できる点では, $F_{jk}(z)$ も実軸まで整型に延長できる.

証明　$Z_j:=\mathrm{SS}\big(\mathrm{b}_{\sqrt{-1}\,V_j}(F_j)\big)\subset\sqrt{-1}\,V_j^\circ$ と置けば, これは $\pi^{-1}(\Omega)$ の閉集合である. $\sum\limits_{j=1}^{J}\mathrm{sp}\,\mathrm{b}_{\sqrt{-1}\,V_j}(F_j)=0$ だから, 補題 2.3.14 から $g_{jk}(x)=-g_{kj}(x)\in$

$\Gamma(\dot{\pi}^{-1}(\Omega);\mathscr{C}_{\mathbb{R}^n})$ が存在して

$$\operatorname{sp} \mathrm{b}_{\sqrt{-1}\,V_j}(F_j)\big|_{\dot{\pi}^{-1}(\Omega)} = \sum_{k=1}^{J} g_{jk}(x),$$

$$\operatorname{supp} g_{jk}(x) \subset (Z_j \cap Z_k) \setminus \Omega \subset \sqrt{-1}(V_j^\circ \cap V_k^\circ) \setminus \Omega.$$

sp は全準同型だから $f_{jk}(x) = -f_{kj}(x) \in \Gamma(\Omega;\mathscr{B}_{\mathbb{R}^n})$ が存在して $g_{jk}(x) = \operatorname{sp} f_{jk}(x)\big|_{\dot{\pi}^{-1}(\Omega)}$. ここで $V_j^\circ \cap V_k^\circ = \gamma(V_j \cup V_k)^\circ$ だから，定理 2.2.5 から $F'_{jk}(z) \in \Gamma(\sqrt{-1}\,\gamma(V_j \cup V_k);\widetilde{\mathscr{A}}_{\mathbb{R}^n})$ が存在して

$$f_{jk}(x) = \mathrm{b}_{\sqrt{-1}\,\gamma(V_j \cup V_k)}(F'_{jk}),$$

$$\text{(2.3.8)}\quad \dot{\mathrm{SS}}(\mathrm{b}_{\sqrt{-1}\,\gamma(V_j\cup V_k)}(F'_{jk})) \subset \dot{\mathrm{SS}}\big(\mathrm{b}_{\sqrt{-1}\,V_j}(F_j)\big) \cap \dot{\mathrm{SS}}\big(\mathrm{b}_{\sqrt{-1}\,V_k}(F_k)\big).$$

よって

$$\operatorname{sp} \mathrm{b}_{\sqrt{-1}\,V_j}(F_j)\big|_{\dot{\pi}^{-1}(\Omega)} = \sum_{k=1}^{J} \operatorname{sp} \mathrm{b}_{\sqrt{-1}\,\gamma(V_j\cup V_k)}(F'_{jk})\big|_{\dot{\pi}^{-1}(\Omega)}$$

となるから

$$H_j(x) := \mathrm{b}_{\sqrt{-1}\,V_j}(F_j) - \sum_{k=1}^{J} \mathrm{b}_{\sqrt{-1}\,\gamma(V_j\cup V_k)}(F'_{jk}) \in \Gamma(\Omega;\mathscr{A}_{\mathbb{R}^n}).$$

$F'_{jk}(z) = -F'_{kj}(z)$ だから $\sum\limits_{j=1}^{J} H_j(z) = 0$. これから $H_{11}(z) = 0$ 且つ $H_{1j}(z) = -H_{j1}(z) := H_j(z)$，それ以外は $H_{jk}(z) = 0$ と定め

$$F_{jk}(z) := F'_{jk}(z) - H_{jk}(z) \in \Gamma(\sqrt{-1}\,\gamma(V_j \cup V_k);\widetilde{\mathscr{A}}_{\mathbb{R}^n})$$

と置けば，これは交代的且つ (2.3.8) から

$$\dot{\mathrm{SS}}(\mathrm{b}_{\sqrt{-1}\,\gamma(V_j\cup V_k)}(F_{jk})) \subset \dot{\mathrm{SS}}\big(\mathrm{b}_{\sqrt{-1}\,V_j}(F_j)\big) \cap \dot{\mathrm{SS}}\big(\mathrm{b}_{\sqrt{-1}\,V_k}(F_k)\big).$$

特にこれから $F_j(z)$ 又は $F_k(z)$ が実軸まで整型に延長できる点では，$F_{jk}(z)$ も実軸まで整型に延長できる．最後に

$$\begin{aligned}
\sum_{k=1}^{J} \mathrm{b}_{\sqrt{-1}\,\gamma(V_1\cup V_k)}(F_{1k}) &= \sum_{k=2}^{J} \big(\mathrm{b}_{\sqrt{-1}\,\gamma(V_1\cup V_k)}(F'_{1k}) - H_{1k}(x)\big) \\
&= \sum_{k=2}^{J} \big(\mathrm{b}_{\sqrt{-1}\,\gamma(V_1\cup V_k)}(F'_{1k}) - H_k(x)\big) \\
&= \sum_{k=2}^{J} \mathrm{b}_{\sqrt{-1}\,\gamma(V_1\cup V_k)}(F'_{1k}) + H_1(x) = \mathrm{b}_{\sqrt{-1}\,V_j}(F_1),
\end{aligned}$$

且つ $2 \leqslant j \leqslant J$ ならば

$$\sum_{k=1}^{J} \mathrm{b}_{\sqrt{-1}\,\gamma(V_j \cup V_k)}(F_{jk}) = \sum_{k=1}^{J} \left(\mathrm{b}_{\sqrt{-1}\,\gamma(V_j \cup V_k)}(F'_{jk}) - H_{jk}(x)\right)$$

$$= \sum_{k=1}^{J} \mathrm{b}_{\sqrt{-1}\,\gamma(V_j \cup V_k)}(F'_{jk}) + H_j(x) = \mathrm{b}_{\sqrt{-1}\,V_j}(F_j).$$

定理 2.2.5 の一意性から

$$\sum_{k=1}^{J} F_{jk}(z) = F_j(z) \in \Gamma(\sqrt{-1}\,V_j; \widetilde{\mathscr{A}}_{\mathbb{R}^n}).$$

■

定理 2.3.15 及び Martineau の楔の刃定理 2.3.16 から次が得られた:

2.3.17 [系]　前層 $\mathfrak{B}_{\mathbb{R}^n}$ は層になり，任意の $\Omega \in \mathfrak{O}(\mathbb{R}^n)$ に対して

$$\Gamma(\Omega; \mathscr{B}_{\mathbb{R}^n}) = \mathfrak{B}_{\mathbb{R}^n}(\Omega).$$

4. 微分，代入と積

$\mathscr{B}_{\mathbb{R}^n}$ 及び $\mathscr{C}_{\mathbb{R}^n}$ には無限階微分作用素が作用する:

2.4.1 [定理]　(1) 任意の $\Omega \in \mathfrak{O}(\mathbb{R}^n)$，$P(x, \partial_x) \in \Gamma(\Omega; \mathscr{D}^{\infty}_{\mathbb{C}^n}\big|_{\mathbb{R}^n})$ 及び $f(x) \in \Gamma(\Omega; \mathscr{B}_{\mathbb{R}^n})$ に対して，$Pf(x) \in \Gamma(\Omega; \mathscr{B}_{\mathbb{R}^n})$ が定まり $\mathrm{SS}(Pf) \subset \mathrm{SS}(f)$.

(2) $\mathscr{C}_{\mathbb{R}^n}$ は $\pi^{-1}(\mathscr{D}^{\infty}_{\mathbb{C}^n}\big|_{\mathbb{R}^n})$ 加群の層となる．特に $\mathscr{B}_{\mathbb{R}^n}$ は $\mathscr{D}^{\infty}_{\mathbb{C}^n}\big|_{\mathbb{R}^n}$ 加群の層になる.

証明　(1) Ω の複素近傍 $U \in \mathfrak{O}(\mathbb{C}^n)$ が存在して $P(z, \partial_z) \in \Gamma(U; \mathscr{D}^{\infty}_{\mathbb{C}^n})$．定理 2.3.15 の通り

$$f(x) = \sum_{j=1}^{J} \mathrm{b}_{\sqrt{-1}\,V_j}(F_j)$$

と境界値表示しておく．$PF_j(z)$ は同じ定義域での整型函数だから

$$Pf(x) := \sum_{j=1}^{J} \mathrm{b}_{\sqrt{-1}\,V_j}(PF_j)$$

と置けば，これは明らかに境界値表示によらず特異性スペクトルを増やさない.

(2) 超局所函数 $u(x)$ を超函数 $f(x)$ で代表させて

$$Pu(x) := \mathrm{sp}(Pf)$$

と定義すれば，$\mathrm{SS}(Pf) \subset \mathrm{SS}(f)$ だから $f(x)$ の取り方に依存しない． ∎

2.4.2 [注意]　やや不正確な言い方だが，通常は定理 2.4.1 (2) を単に「$\mathscr{C}_{\mathbb{R}^n}$ 及び $\mathscr{B}_{\mathbb{R}^n}$ は $\mathscr{D}^\infty_{\mathbb{C}^n}$ 加群」ということが多い．

2.4.3 [定理]（テンソル積）　$\sqrt{-1}\,T^*\mathbb{R}^{n+m}$ を $\sqrt{-1}\,T^*\mathbb{R}^n \times \sqrt{-1}\,T^*\mathbb{R}^m$ と同一視する．

(1) $\Omega_1 \in \mathfrak{O}(\mathbb{R}^n)$ 及び $\Omega_2 \in \mathfrak{O}(\mathbb{R}^m)$ とする．任意の $f_1(x_1) \in \Gamma(\Omega_1; \mathscr{B}_{\mathbb{R}^n})$ 及び $f_2(x_2) \in \Gamma(\Omega_2; \mathscr{B}_{\mathbb{R}^m})$ に対して

$$f_1(x_1) \otimes f_2(x_2) \in \Gamma(\Omega_1 \times \Omega_2; \mathscr{B}_{\mathbb{R}^{n+m}})$$

が定義できて $f_1(x_1)$ 及び $f_2(x_2)$ について双線型，且つ

$$\mathrm{SS}\big(f_1(x_1) \otimes f_2(x_2)\big) \subset \mathrm{SS}(f_1) \times \mathrm{SS}(f_2).$$

(2) $p_1\colon \sqrt{-1}\,T^*\mathbb{R}^{n+m} \to \sqrt{-1}\,T^*\mathbb{R}^n$, $p_2\colon \sqrt{-1}\,T^*\mathbb{R}^{n+m} \to \sqrt{-1}\,T^*\mathbb{R}^m$ を標準射影とすれば，自然な層型射

$$\mathscr{C}_{\mathbb{R}^n} \boxtimes \mathscr{C}_{\mathbb{R}^m} := p_1^{-1}\mathscr{C}_{\mathbb{R}^n} \otimes p_2^{-1}\mathscr{C}_{\mathbb{R}^m} \to \mathscr{C}_{\mathbb{R}^{n+m}}$$

が存在する．これは (1) と両立する．

証明　(1) $F^1_j(z_1) \in \Gamma(\sqrt{-1}\,V^1_j; \widetilde{\mathscr{A}}_{\mathbb{R}^n})$, $F^2_j(z_2) \in \Gamma(\sqrt{-1}\,V^2_j; \widetilde{\mathscr{A}}_{\mathbb{R}^m})$ による境界値表示 $f_i(x_i) = \sum_{j=1}^{J_i} \mathrm{b}_{\sqrt{-1}\,V^i_j}(F^i_j)$ を取る．$\Omega := \Omega_1 \times \Omega_2 \in \mathfrak{O}(\mathbb{R}^{n+m})$ と置く．$V_{jk} := V^1_j \times V^2_k \subset T\mathbb{R}^{n+m}$ は錐状開集合となる．

$$F_{jk}(z_1, z_2) := F^1_j(z_1)\,F^2_k(z_2) \in \Gamma(\sqrt{-1}\,V_{jk}; \widetilde{\mathscr{A}}_{\mathbb{R}^{n+m}})$$

と定め，更に

$$f_1(x_1) \otimes f_2(x_2) := \sum_{j=1}^{J_1}\sum_{k=1}^{J_2} \mathrm{b}_{\sqrt{-1}\,V_{jk}}(F_{jk})$$

と定義する．$f_1(x_1) = \sum_{j=1}^{J_1} \mathrm{b}_{\sqrt{-1}\,V_j}(F^1_j) = 0$ ならば

$$F^1_{jk}(z) = -F^1_{kj}(z) \in \Gamma(\sqrt{-1}\,\gamma(V^1_j \cup V^1_k); \widetilde{\mathscr{A}}_{\mathbb{R}^n}) \quad (1 \leqslant j, k \leqslant J_1)$$

が存在して

$$\sum_{k=1}^{J_1} F^1_{jk}(z) = F^1_j(z) \in \Gamma(V^1_j; \widetilde{\mathscr{A}}_{\mathbb{R}^n}).$$

$V_{jkl} := \gamma(V^1_j \cup V^1_k) \times V^2_l \subset T\mathbb{R}^{n+m}$ は錐状開集合となる．

$$F_{jkl}(z_1, z_2) = -F_{kjl}(z_1, z_2) := F^1_{jk}(z_1)\, F^2_l(z_2) \in \Gamma(\sqrt{-1}\, V_{jkl}; \widetilde{\mathscr{A}}_{\mathbb{R}^{n+m}})$$

と置けば

$$\sum_{k=1}^{J_1} F_{jkl}(z) = F_{jl}(z) \in \Gamma(\sqrt{-1}\, V_{jl}; \widetilde{\mathscr{A}}_{\mathbb{R}^{n+m}})$$

だから，超函数の零の定義から $\sum_{j=1}^{J_1} \mathrm{b}_{\sqrt{-1}\, V_{jl}}(F_{jl}) = 0$．従って

$$f_1(x_1) \otimes f_2(x_2) = 0 \in \Gamma(\Omega; \mathscr{B}_{\mathbb{R}^{n+m}}).$$

$f_2(x_2) = 0$ でも同様．V^1_j, V^2_k に依存しないことは，細分を取って上と同様の議論をすれば良い．以上から $f_1(x_1) \otimes f_2(x_2) \in \Gamma(\Omega; \mathscr{B}_{\mathbb{R}^{n+m}})$ が矛盾なく定義される．$f_1(x_1)$ 及び $f_2(x_2)$ について双線型となるのは構成法から従う．

次に

$$\big((x_1; \sqrt{-1}\,\xi_1), (x_2; \sqrt{-1}\,\xi_2)\big) \notin \mathrm{SS}(f_1) \times \mathrm{SS}(f_2)$$

とする．$(x_1; \sqrt{-1}\,\xi_1) \notin \mathrm{SS}(f_1)$ と仮定する．最初に $\xi_1 = 0$ とすれば $x_1 \notin \mathrm{SS}(f_1) \cap \Omega_1 = \operatorname{supp} f_1$ だから，前半から (x_1, x_2) の近傍で $f_1(x_1) \otimes f_2(x_2) = 0$ となり，明らかに $\big(x_1, x_2; \sqrt{-1}(0, \xi_2)\big) \notin \mathrm{SS}(f_1 \otimes f_2)$．次に $\xi_1 \neq 0$ ならば先の境界値表示で x_1 の近傍で任意の $1 \leqslant j \leqslant J_1$ について $(x_1; \sqrt{-1}\,\xi_1) \notin \sqrt{-1}\, V^{1\circ}_j$ となるものが存在する．このとき，任意の $\xi_2 \in \mathbb{R}^m$ 及び $1 \leqslant k \leqslant J_2$ について $\big(x_1, x_2; \sqrt{-1}(\xi_1, \xi_2)\big) \notin \sqrt{-1}\, V^\circ_{jk}$．実際，$\xi_2 \in \mathbb{R}^m$ 及び $1 \leqslant k \leqslant J_2$ が存在して $\big(x_1, x_2; \sqrt{-1}(\xi_1, \xi_2)\big) \in \sqrt{-1}\, V^\circ_{jk}$ と仮定すれば，任意の $\big(x_1, x_2; \sqrt{-1}(y_1, y_2)\big) \in V_{jk}$ について

$$\langle (y_1, y_2), (\xi_1, \xi_2) \rangle = \langle y_1, \xi_1 \rangle + \langle y_2, \xi_2 \rangle \geqslant 0.$$

$(x_1; \sqrt{-1}\,\xi_1) \notin \sqrt{-1}\, V^{1\circ}_j$ だからある $(x_1; y_1) \in V^1_j$ が存在して，$-c_1 := \langle y_1, \xi_1 \rangle < 0$．よって $c_2 := \langle y_2, \xi_2 \rangle > 0$ だが，$\big(x_1, x_2; \sqrt{-1}(2c_2 y_1, c_1 y_2)\big) \in V_{jk}$ だから

$$0 \leqslant \langle (2c_2 y_1, c_1 y_2), (\xi_1, \xi_2) \rangle = 2c_2 \langle y_1, \xi_1 \rangle + c_1 \langle y_2, \xi_2 \rangle = -2c_1 c_2 + c_1 c_2 < 0$$

となり矛盾する．これから $\big(x_1, x_2; \sqrt{-1}(\xi_1, \xi_2)\big) \notin \mathrm{SS}(f_1 \otimes f_2)$ となる．$(x_2; \sqrt{-1}\,\xi_2) \notin \mathrm{SS}(f_2)$ でも同様である．

(2) 任意に錐状開集合 $V_1 \in \mathfrak{O}(T^*\mathbb{R}^n)$ 及び $V_2 \in \mathfrak{O}(T^*\mathbb{R}^m)$ を取る．任意の $u_1(x_1) \in \Gamma(\sqrt{-1}\,V_1;\mathscr{C}_{\mathbb{R}^n})$ 及び $u_2(x_2) \in \Gamma(\sqrt{-1}\,V_2;\mathscr{C}_{\mathbb{R}^m})$ に対して $f_1(x_1) \in \Gamma(\mathbb{R}^n;\mathscr{B}_{\mathbb{R}^n})$, $f_2(x_2) \in \Gamma(\mathbb{R}^m;\mathscr{B}_{\mathbb{R}^m})$ が存在して $\operatorname{sp} f_i\big|_{\sqrt{-1}\,V_i} = u_i$. そこで

$$u_1(x_1) \otimes u_2(x_2) := \operatorname{sp}(f_1 \otimes f_2)\big|_{\sqrt{-1}(V_1 \times V_2)} \in \Gamma(\sqrt{-1}(V_1 \times V_2);\mathscr{C}_{\mathbb{R}^{n+m}})$$

が定まる．$\operatorname{sp} f_i\big|_{\sqrt{-1}\,V_i} = \operatorname{sp} f_i'\big|_{\sqrt{-1}\,V_i} = u_i$ と仮定する．

$$f_1 \otimes f_2 - f_1' \otimes f_2' = (f_1 - f_1') \otimes f_2 + f_1' \otimes (f_2 - f_2')$$

と書け，(1) から

$$\operatorname{SS}\big((f_1 - f_1') \otimes f_2\big) \subset \operatorname{SS}(f_1 - f_1') \times \operatorname{SS}(f_2),$$
$$\operatorname{SS}\big(f_1' \otimes (f_2 - f_2')\big) \subset \operatorname{SS}(f_1') \times \operatorname{SS}(f_2 - f_2'),$$

だから

$$\operatorname{sp}(f_1 \otimes f_2)\big|_{\sqrt{-1}(V_1 \times V_2)} = \operatorname{sp}(f_1' \otimes f_2')\big|_{\sqrt{-1}(V_1 \times V_2)}.$$

これで矛盾なく定めることができた．(1) と両立するのも明らか．■

$M \in \mathfrak{O}(\mathbb{R}^n)$, $N \in \mathfrak{O}(\mathbb{R}^m)$ 及び実解析的写像 $\Phi\colon N \to M$ に対して，二つの規準的写像 $\sqrt{-1}\,T^*N \xleftarrow{\Phi_d} N \underset{M}{\times} \sqrt{-1}\,T^*M \xrightarrow{\Phi_\pi} \sqrt{-1}\,T^*M$ を

$$\Phi_d(x,\widetilde{x};\sqrt{-1}\langle\xi,d\widetilde{x}\rangle) := (x;\sqrt{-1}\langle{}^t d\Phi(x)\xi,dx\rangle),$$
$$\Phi_\pi(x,\widetilde{x};\sqrt{-1}\langle\xi,d\widetilde{x}\rangle) := (\widetilde{x};\sqrt{-1}\langle\xi,d\widetilde{x}\rangle),$$

で定める ($\operatorname{Ker}\Phi_d = \sqrt{-1}\,T_N^*M$)．ここで座標変換の一般化として:

2.4.4 [定理] (代入)　(1) $f(\widetilde{x}) \in \Gamma(M;\mathscr{B}_{\mathbb{R}^n})$ が

$$\Phi_\pi^{-1}\operatorname{SS}(f) \cap \sqrt{-1}\,T_N^*M \subset N$$

を満たせば，**代入** (substitution)

$$\Phi^* f(x) = f(\Phi(x)) \in \Gamma(N;\mathscr{B}_{\mathbb{R}^m})$$

が定義できて

$$\operatorname{SS}(\Phi^* f) \subset \Phi_d\big(\Phi_\pi^{-1}\operatorname{SS}(f)\big).$$

(2) $\mathscr{C}_M := \mathscr{C}_{\mathbb{R}^n}\big|_{\sqrt{-1}\,T^*M}$ 且つ $\mathscr{C}_N := \mathscr{C}_{\mathbb{R}^m}\big|_{\sqrt{-1}\,T^*N}$ とすれば，代入

$$\Phi^*\colon \Phi_{d!}\,\Phi_\pi^{-1}\,\mathscr{C}_M \to \mathscr{C}_N$$

が定義できる．これは (1) と両立する．

証明　(1) $x_0 \in N$, $\widetilde{x}_0 := \Phi(x_0) \in M$ として局所的に定義する．$\widetilde{x}_0$ のある近傍 $\widetilde{\Omega}$ 上で，次の条件を満たす $F_j \in \Gamma(\widetilde{\Omega} + \sqrt{-1}\,\Gamma_j; \widetilde{\mathscr{A}}_{\mathbb{R}^n})$ による境界値表示

$$f(\widetilde{x}\,) = \sum_{j=1}^{J} F_j(\widetilde{x} + \sqrt{-1}\,\Gamma_j\,0)$$

が存在する: Γ_j は固有的凸開錐で x が x_0 の近傍 $\Omega := \Phi^{-1}(\widetilde{\Omega})$ の点ならば

$$\mathrm{Ker}\,{}^{\mathrm{t}}d\Phi(x) \cap \Gamma_j^{\circ} = \{\xi \in \Gamma_j^{\circ};\ {}^{\mathrm{t}}d\Phi(x)\xi = 0\} = \{0\}.$$

さて，$\mathrm{Image}\,{}^{\mathrm{t}}d\Phi(x) = 0$ ならば $\mathrm{Ker}\,{}^{\mathrm{t}}d\Phi(x) = \mathbb{R}^n$ だから上の式に矛盾する．従って ${}^{\mathrm{t}}d\Phi(x)\Gamma_j^{\circ} \neq \{0\}$ だから，これは零でない凸閉錐である．各 $x \in \Omega$ について $d\Phi(x)^{-1}\Gamma_j$ は凸開錐となることを示す．仮定から固有的凸閉錐 $\Delta_j \subset \mathbb{R}^n$ を $\Gamma_j^{\circ} \underset{\text{conic}}{\Subset} \Delta_j^{\circ}$ $(\Delta_j \underset{\text{conic}}{\Subset} \Gamma_j)$，且つ $\Delta_j^{\circ} \cap \mathrm{Ker}\,{}^{\mathrm{t}}d\Phi(x) = \{0\}$ と選べる．ここで

$$({}^{\mathrm{t}}d\Phi(x)\Delta_j^{\circ})^{\circ} = d\Phi(x)^{-1}\Delta_j\,.$$

実際

$$\begin{aligned}
({}^{\mathrm{t}}d\Phi(x)\Delta_j^{\circ})^{\circ} &= \bigcap_{\theta \in {}^{\mathrm{t}}d\Phi(x)\Delta_j^{\circ}} \{v \in \mathbb{R}^m;\ \langle v, \theta\rangle \geqslant 0\} \\
&= \bigcap_{\xi \in \Delta_j^{\circ}} \{v \in \mathbb{R}^m;\ \langle d\Phi(x)v, \xi\rangle \geqslant 0\} \\
&= d\Phi(x)^{-1}(\Delta_j^{\circ\circ}) = d\Phi(x)^{-1}\Delta_j\,.
\end{aligned}$$

さて，$\{0\} = d\Phi(x)^{-1}\Delta_j = ({}^{\mathrm{t}}d\Phi(x)\Delta_j^{\circ})^{\circ}$ と仮定すれば

$$\mathrm{Cl}\,\gamma({}^{\mathrm{t}}d\Phi(x)\Delta_j^{\circ}) = ({}^{\mathrm{t}}d\Phi(x)\Delta_j^{\circ})^{\circ\circ} = \mathbb{R}^m.$$

一方 $\Delta_j^{\circ} \cap \mathrm{Ker}\,{}^{\mathrm{t}}d\Phi(x) = \{0\}$ だから，${}^{\mathrm{t}}d\Phi(x)\Delta_j^{\circ} \subset \mathbb{R}^m$ が零でない凸閉集合が容易にわかるから，${}^{\mathrm{t}}d\Phi(x)\Delta_j^{\circ} = \mathbb{R}^m$．よって，任意の $\theta \in \dot{\mathbb{R}}^m$ に対して $\xi \in \Delta_j^{\circ}$ が存在して ${}^{\mathrm{t}}d\Phi(x)\xi = \theta$．更に $-\theta \in \dot{\mathbb{R}}^m$ だから，同様に $\xi' \in \Delta_j^{\circ}$ が存在して ${}^{\mathrm{t}}d\Phi(x)\xi' = -\theta$．ここで，$\Delta_j^{\circ}$ は固有的凸閉錐だから $0 \neq \xi + \xi' \in \Delta_j^{\circ}$，だが

$${}^{\mathrm{t}}d\Phi(x)(\xi + \xi') = \theta - \theta = 0$$

だから $\xi + \xi' \in \Delta_j^{\circ} \cap \mathrm{Ker}\,{}^{\mathrm{t}}d\Phi(x)$ となり矛盾する．これで $d\Phi(x)^{-1}\Delta_j \neq \{0\}$ が示された．$d\Phi(x)^{-1}\Delta_j \subset d\Phi(x)^{-1}\Gamma_j$ に注意すれば，$d\Phi(x)^{-1}\Gamma_j$ は固有的凸開錐の線型写像による逆像で，零でないから凸開錐となる．従って

$$\begin{aligned}
\sqrt{-1}\,V_j &:= \Phi'^{\,-1}\big(N \underset{M}{\times} (\widetilde{\Omega} + \sqrt{-1}\,\Gamma_j)\big) \\
&= \{(x; \sqrt{-1}\langle v, \partial_x\rangle) \in \sqrt{-1}\,T\mathbb{R}^m;\ x \in \Omega,\ v \in d\Phi(x)^{-1}\Gamma_j\}
\end{aligned}$$

は錐状開集合となる．更に K が $\widetilde{\Omega}+\sqrt{-1}\,\Gamma_j$ 型の無限小楔ならば，補題 1.4.2 と全く同じ証明で $\Phi^{-1}(K)$ が $\sqrt{-1}\,V_j$ 型の無限小楔となる．従って $\Phi^* F(z) \in \Gamma(\sqrt{-1}\,V_j; \widetilde{\mathscr{A}}_{\mathbb{R}^m})$ だから，境界値

$$\Phi^* f(x) := \sum_{j=1}^{J} \mathrm{b}_{\sqrt{-1}\,V_j}(\Phi^* F_j)$$

が定まる．これが境界値表示に依存せず N 上の超函数を定めることが定理 2.4.3 と同様にしてわかる．評価に関して，まず 0 セクションでは

$$\operatorname{supp} \Phi^* f \subset \Phi^{-1} \operatorname{supp} f \subset \Phi_d\big(\Phi_\pi^{-1} \operatorname{SS}(f)\big)$$

は定め方から直ちにわかる．$(x_0; \sqrt{-1}\langle {}^{\mathrm{t}}d\Phi(x_0)\xi_0, dx\rangle) \notin \Phi_d\big(\Phi_\pi^{-1}\operatorname{SS}(f)\big)$ 且つ ${}^{\mathrm{t}}d\Phi(x_0)\xi_0 \neq 0$ とすれば，任意の $\eta \in \operatorname{Ker} {}^{\mathrm{t}}d\Phi(x_0)$ に対して $(\Phi(x_0); \sqrt{-1}\langle \xi_0 + \eta, d\widetilde{x}\rangle) \notin \operatorname{SS}(f)$ 且つ $\xi_0 + \eta \neq 0$ だから，上と同様の条件を満たす $\Phi(x_0)$ の近傍での境界値表示

$$f(\widetilde{x}) = \sum_{j=1}^{J} F_j(\widetilde{x} + \sqrt{-1}\,\Gamma_j 0)$$

で，全ての j に対して $(\xi_0 + \operatorname{Ker} {}^{\mathrm{t}}d\Phi(x_0)) \cap \Gamma_j^\circ = \emptyset$ となるものが存在する．上の証明と同様 $({}^{\mathrm{t}}d\Phi(x)\Gamma_j^\circ)^\circ = d\Phi(x)^{-1} \operatorname{Cl} \Gamma_j$ だから，${}^{\mathrm{t}}d\Phi(x)\Gamma_j^\circ$ が凸閉錐に注意して

$${}^{\mathrm{t}}d\Phi(x)\Gamma_j^\circ = ({}^{\mathrm{t}}d\Phi(x)\Gamma_j^\circ)^{\circ\circ} = (d\Phi(x)^{-1} \operatorname{Cl} \Gamma_j)^\circ.$$

これから

$$(x_0; \sqrt{-1}\langle {}^{\mathrm{t}}d\Phi(x_0)\,\xi_0, dx\rangle) \notin \Phi'^{-1}\big(N \underset{M}{\times} (\widetilde{\Omega} + \sqrt{-1}\,\Gamma_j)\big)^\circ = \sqrt{-1}\,V_j^\circ.$$

従って

$$(x_0; \sqrt{-1}\langle {}^{\mathrm{t}}d\Phi(x_0)\,\xi_0, dx\rangle) \notin \operatorname{SS}(\Phi^* f)$$

が示されたから

$$\dot{\operatorname{SS}}(\Phi^* f) \subset \Phi_d\big(\Phi_\pi^{-1} \operatorname{SS}(f)\big) \cap \sqrt{-1}\,\dot{T}^* N.$$

(2) 任意の錐状集合 $W \in \mathfrak{O}(T^*N)$ 及び $u(\widetilde{x}) \in \Gamma(\sqrt{-1}\,W; \Phi_{d!}\,\Phi_\pi^{-1}\mathscr{C}_M)$ を取る．定義から錐状集合 $V \in \mathfrak{O}(T^*M)$ が存在して，$\Phi_\pi \Phi_d^{-1}(\sqrt{-1}\,W) \subset \sqrt{-1}\,V$ 且つ $u(\widetilde{x}) \in \Gamma(\sqrt{-1}\,V; \mathscr{C}_M)$ となり，$\Phi_\pi^{-1} \operatorname{supp} u \to \sqrt{-1}\,W$ が適正になる．このとき $\Phi_\pi^{-1} \operatorname{supp} u \cap \sqrt{-1}\,T_N^* M \subset N$．実際

$$x^* = (x_0, \Phi(x_0); \sqrt{-1}\langle \xi_0, d\widetilde{x}\rangle) \in \Phi_\pi^{-1} \operatorname{supp} u \cap \sqrt{-1}\,\dot{T}_N^* M$$

が存在すれば，$\Phi_d(x^*) = x_0 \in \sqrt{-1}(W \cap T_N^* N)$ に対して

$$\{(x_0, \Phi(x_0); \sqrt{-1}\langle c\xi_0, d\widetilde{x}\rangle); c \in \mathbb{R}_{\geqslant 0}\} \subset \Phi_d^{-1}(\{x_0\}) \subset \Phi_\pi^{-1} \operatorname{supp} u$$

はコンパクトとならない．

任意の錐状開集合 $U \underset{\text{conic}}{\Subset} \sqrt{-1}\,W$ に対して閉近傍 $U \underset{\text{conic}}{\Subset} K \underset{\text{conic}}{\Subset} \sqrt{-1}\,W$ を取れば，仮定から

$$K' := \Phi_d^{-1}(K) \cap \Phi_\pi^{-1} \operatorname{supp} u \underset{\text{conic}}{\Subset} N \underset{M}{\times} \sqrt{-1}\,T^*M \setminus \sqrt{-1}\,\dot{T}_N^* M.$$

これより $Z := \Phi_\pi(K')$ と置けば $Z \underset{\text{conic}}{\Subset} \sqrt{-1}\,V$．今 $Z \in \sqrt{-1}\,V' \underset{\text{conic}}{\Subset} \sqrt{-1}\,V$ なる錐状開集合 $\sqrt{-1}\,V'$ をとり，閉錐 $S := (\mathrm{Cl}\,\sqrt{-1}\,V') \cap (\operatorname{supp} u) \underset{\text{conic}}{\Subset} \sqrt{-1}\,T^*\mathbb{R}^n$ を考える．定理 2.3.3 から $g(\widetilde{x}) \in \Gamma(\mathbb{R}^n; \mathscr{B}_{\mathbb{R}^n})$ が存在して $\sqrt{-1}\,V'$ 上 $\operatorname{sp} g(\widetilde{x}) = u$ かつ $\mathrm{SS}(g) \subset S$ とできる．このとき $(\Phi_\pi^{-1}\,\mathrm{SS}(g)) \cap \sqrt{-1}\,T_N^* M \subset (\Phi_\pi^{-1} \operatorname{supp} u) \cap \sqrt{-1}\,T_N^* M \subset N$ だから

$$\Phi^* u(x)\big|_U := \operatorname{sp} \Phi^* g(x)\big|_U \in \Gamma(U; \mathscr{C}_N)$$

が定まる．$\mathrm{SS}(\Phi^* f) \subset \Phi_d\bigl(\Phi_\pi^{-1}\,\mathrm{SS}(f)\bigr)$ だから $\Phi^* u(x)\big|_U$ は g に依存せず，矛盾なく定まる．同じ理由で，$\Phi^* u(x)\big|_U$ を層の公理を用いて $\sqrt{-1}\,W$ 全体に張り合わせることができる．以上で示された．■

2.4.5 ［定義］　$f(x,t)$ が $\mathbb{R}^{n+m}$ 変数 (x,t) の超函数で，(x_0, t_0) に対して

$$\mathrm{SS}(f) \cap \{(x_0, t_0; \sqrt{-1}\langle\theta, dt\rangle)\} \subset \{\theta = 0\}$$

ならば，x_0 の近傍で制限 $f(x, t_0)$ が x の超函数として定義できる．このとき (x_0, t_0) で $f(x,t)$ は t を**実解析的助変数** (real analytic parameter(s)) に持つという．

$\Phi\colon N \to M$ は，任意の $x \in N$ に対して $d\Phi(x)\colon T_x N \to T_{\Phi(x)} M$ が全写像ならば，**沈め込み** (submersion) という．陰函数定理 1.1.17 から，Φ は局所的には射影 $N = M \times L \to M$ で表すことができる．従って $\Phi_d\colon N \underset{M}{\times} \sqrt{-1}\,T^*M \to \sqrt{-1}\,T^*N$ は埋込みとなり，$\Phi_\pi\colon N \underset{M}{\times} \sqrt{-1}\,T^*M \to \sqrt{-1}\,T^*M$ は射影と同一視できる．更に $T_N^* M \subset N$ だから，任意の $f(\widetilde{x}) \in \Gamma(M; \mathscr{B}_{\mathbb{R}^n})$ に対して定理 2.4.4 から $\Phi^* f(x) \in \Gamma(N; \mathscr{B}_{\mathbb{R}^m})$ が定義できる:

2.4.6 ［系］　$\Phi\colon N \to M$ が沈め込みと仮定する．

(1) 任意の $f(\widetilde{x}) \in \Gamma(M; \mathscr{B}_{\mathbb{R}^n})$ に対して

$$\mathrm{SS}(\Phi^* f) = \Phi_d\bigl({\Phi_\pi}^{-1}\,\mathrm{SS}(f)\bigr).$$

(2) $\mathscr{C}_M := \mathscr{C}_{\mathbb{R}^n}\big|_{\sqrt{-1}\,T^*M}$ 且つ $\mathscr{C}_N := \mathscr{C}_{\mathbb{R}^m}\big|_{\sqrt{-1}\,T^*N}$ とすれば，代入は次を誘導する:

$$\Phi_\pi^{-1}\mathscr{C}_M \to \Gamma_{N \underset{M}{\times} \sqrt{-1}\,T^*M}(\mathscr{C}_N).$$

証明　(1) 定理 2.4.4 から $\Phi_d\bigl({\Phi_\pi}^{-1}\,\mathrm{SS}(f)\bigr) \subset \mathrm{SS}(\Phi^* f)$ を示せば良い．Φ を局所的に射影 $N = M \times L \ni x = (x', x'') \mapsto x' \in M$ で表す．任意の $x_0'' \in L$ を固定して，$i\colon M \ni x' \mapsto (x', x_0'') \in N$ によって $M \subset N$ と考える．定理 2.4.4 から

$$\mathrm{SS}(\Phi^* f) \subset \Phi_d\bigl({\Phi_\pi}^{-1}\,\mathrm{SS}(f)\bigr) = \mathrm{SS}(f) \times L$$

且つ $\sqrt{-1}\,T^*_M N = \{(x', x_0''; \sqrt{-1}(0, \xi''))\}$ だから，定理 2.4.4 から $i^*\Phi^* f$ が定義できる．$f(x') := \sum_{j=1}^{J} \mathrm{b}_{\sqrt{-1}\,V_j}(F_j)$ と境界値表示しておけば，$i^*\Phi^* f$ は $F_j(\Phi\, i(z')) = F_j(z')$ で境界値表示されるから，$i^*\Phi^* f = f$ と考えられる．これと定理 2.4.4 とから

$$\begin{aligned}\mathrm{SS}(f) \times \{x_0\} &= \mathrm{SS}(i^*\Phi^* f) \subset i_d\bigl(i_\pi^{-1}\,\mathrm{SS}(\Phi^* f)\bigr)\\ &= \{(x', x_0''; \sqrt{-1}\,\xi');\, (x', x_0''; \sqrt{-1}\,\xi) \in \mathrm{SS}(\Phi^* f)\} \subset \mathrm{SS}(f) \times \{x_0''\}.\end{aligned}$$

x_0'' は任意だから，これを動かして

$$\mathrm{SS}(f) \times L = \Phi_d\bigl({\Phi_\pi}^{-1}\,\mathrm{SS}(f)\bigr) \subset \mathrm{SS}(\Phi^* f).$$

(2) 定義から，任意の $u(x') \in (\Phi_\pi^{-1}\mathscr{C}_M)_{p^*}$ に対して $\mathrm{sp}\, f = u$ なる $f(x') \in \mathscr{B}_{M,x'}$ を取って，$\Phi^* u(x) := \mathrm{sp}\,\Phi^* f \in \mathscr{B}_{N,x}$．定義から

$$\mathrm{supp}\,\Phi^* u = \mathrm{SS}(\Phi^* f) = \Phi_d\bigl({\Phi_\pi}^{-1}\,\mathrm{SS}(f)\bigr) \subset N \underset{M}{\times} \sqrt{-1}\,T^*M.$$ ∎

2.4.7 [定理]（積）　定理 2.4.3 で $n = m$ とする．$\delta\colon \Delta \rightarrowtail \mathbb{R}^n \times \mathbb{R}^n = \mathbb{R}^{2n}$ を対角埋込み $x \mapsto (x, x)$ とし，この δ によって $\mathbb{R}^n = \Delta$ と同一視する．

(1) $\Omega \in \mathfrak{O}(\mathbb{R}^n)$ とする．$u(x), v(x) \in \Gamma(\Omega; \mathscr{B}_{\mathbb{R}^n})$ が $\mathrm{SS}(u) \cap \mathrm{SS}(v)^a \subset \Omega$ と仮定すれば，$u(x)$ と $v(x)$ との積 $u(x)\,v(x) \in \Gamma(\Omega; \mathscr{B}_{\mathbb{R}^n})$ が定義できて

$$\begin{aligned}\mathrm{SS}\bigl(u(x)\,v(x)\bigr) &\subset \delta_d\bigl(\delta_\pi^{-1}\bigl(\mathrm{SS}(u) \times \mathrm{SS}(v)\bigr)\bigr)\\ &= \bigl\{\bigl(x; \sqrt{-1}(\xi_1 + \xi_2)\bigr);\, (x; \sqrt{-1}\,\xi_1) \in \mathrm{SS}(u),\, (x; \sqrt{-1}\,\xi_2) \in \mathrm{SS}(v)\bigr\}.\end{aligned}$$

(2) 積の型射

$$\delta_{d!}\,\delta_\pi^{-1}(\mathscr{C}_{\mathbb{R}^n} \boxtimes \mathscr{C}_{\mathbb{R}^n}) \to \mathscr{C}_{\mathbb{R}^n}$$

が存在する．これは (1) と両立する．

証明　(1) 定理 2.4.3 から，$u(x_1) \otimes v(x_2) \in \Gamma(\Omega \times \Omega; \mathscr{B}_{\mathbb{R}^{2n}})$ が定まり

$$\mathrm{SS}\big(u(x_1) \otimes v(x_2)\big) \subset \mathrm{SS}(u) \times \mathrm{SS}(v).$$

$\sqrt{-1}\,T^*_\Delta\mathbb{R}^{2n} = \{\big(x, x; \sqrt{-1}(\xi, -\xi)\big) \in \Delta \underset{\mathbb{R}^{2n}}{\times} \sqrt{-1}\,T^*\mathbb{R}^{2n}\}$ だから

$$\delta_\pi^{-1}\,\mathrm{SS}\big(u(x_1) \otimes v(x_2)\big) \cap \sqrt{-1}\,T^*_\Delta\mathbb{R}^{2n} \subset \Omega.$$

従って，定理 2.4.4 から

$$u(x)\,v(x) := \delta^*\big(u(x_1) \otimes v(x_2)\big) \in \Gamma(\Omega; \mathscr{B}_{\mathbb{R}^n})$$

が定義できて

$$\mathrm{SS}\big(u(x)\,v(x)\big) \subset \delta_d\big(\delta_\pi^{-1}\,\mathrm{SS}\big(u(x_1) \otimes v(x_2)\big)\big) \subset \delta_d\big(\delta_\pi^{-1}\big(\mathrm{SS}(u) \times \mathrm{SS}(v)\big)\big).$$

(2) 定理 2.4.3 及び 2.4.4 から，次の型射が得られる:

$$\delta_{d!}\,\delta_\pi^{-1}(\mathscr{C}_{\mathbb{R}^n} \boxtimes \mathscr{C}_{\mathbb{R}^n}) \to \delta_{d!}\,\delta_\pi^{-1}\,\mathscr{C}_{\mathbb{R}^{2n}} \to \mathscr{C}_{\mathbb{R}^n}\,. \qquad \blacksquare$$

5. 積分

本節では積分を定義する．

2.5.1 ［定義］　$\Omega \in \mathfrak{O}(\mathbb{R}^n)$ 及び $U \in \mathfrak{O}(\mathbb{R}^m)$ とする．

$f(x,t) \in \Gamma(\Omega \times U; \mathscr{B}_{\mathbb{R}^{n+m}})$ は $K \Subset U$ が存在して $\Omega \times \partial K$ の近傍で実解析的と仮定する．任意に (1.4.1) 及び $\mathrm{SS}(f) \subset \Omega \times U + \sqrt{-1}\bigcup_{j=1}^{J}\Gamma_j^\circ$ を満たす被覆を取る．定理 2.3.15 から $F_j(z,\tau) \in \Gamma(\Omega \times U + \sqrt{-1}\,\Gamma_j; \widetilde{\mathscr{A}}_{\mathbb{R}^{n+m}})$ が存在して

$$f(x,t) = \sum_{j=1}^{J} F_j((x,t) + \sqrt{-1}\,\Gamma_j\,0)$$

と境界値表示され，且つ $\Omega \times \partial K$ の近傍で $F_j(z,\tau)$ は実解析的とできる．$p\colon \mathbb{C}^{n+m} \to \mathbb{C}^n$ を射影とし $\Delta_j := p(\Gamma_j)$ と置く．$\Omega \times U + \sqrt{-1}\,\Gamma_j$ 型の無限小楔 $\sqrt{-1}\,V_j$ が存在して $F_j(z,\tau) \in \Gamma(\sqrt{-1}\,V_j; \mathscr{O}_{\mathbb{C}^{n+m}})$．ここで $\sqrt{-1}\,W_j := p(\sqrt{-1}\,V_j)$ は $\Omega + \sqrt{-1}\,\Delta_j$ 型の無限小楔となる．実際，任意の $L \Subset \Omega + \sqrt{-1}\,\Delta_j$

に対して，ある $S \Subset \Omega \times U + \sqrt{-1}\,\Gamma_j$ が存在して $L \subset p(S)$ とできる（補題 1.4.2 の証明と同様，L の各点で考えれば良い）．このとき，$\delta > 0$ が存在して $S_{]0,\delta[} \subset \sqrt{-1}\,V_j$ だから $L_{]0,\delta[} \subset \sqrt{-1}\,W_j$．任意に $z \in \sqrt{-1}\,W_j$ を取る．区分的に，C^∞ 級の函数 $\varepsilon_j \colon U \to \mathbb{R}^m$ を $t \in \operatorname{Int} K$ で F_j が実解析的でなければ $(z, t + \sqrt{-1}\,\varepsilon_j(t)) \in \sqrt{-1}\,V_j$ 且つ $t \in \partial K$ ならば $\varepsilon_j(t) = 0$ と選ぶ．以上の記号下で

$$G_j(z) := \int\limits_{K+\sqrt{-1}\,\varepsilon_j} F_j(z,\tau)\,d\tau$$

と定義する．Cauchy-Poincaré の定理 1.1.18 から，$G_j(z)$ は ε_j の取り方に依存しない．更に z を微小に動かしても ε_j は共通に取れるから，$G_j(z) \in \Gamma(\sqrt{-1}\,W_j; \mathscr{O}_{\mathbb{C}^n})$．そこで

$$\int_K f(x,t)\,dt := \sum_{j=1}^{J} \mathrm{b}_{\sqrt{-1}\,W_j}(G_j) = \sum_{j=1}^{J} \mathrm{b}_{\sqrt{-1}\,W_j}\Bigl(\int\limits_{K+\sqrt{-1}\,\varepsilon_j} F_j(z,\tau)\,d\tau\Bigr)$$

と定義する．これが矛盾なく定まることを示す．$\sum\limits_{j=1}^{J} F_j((x,t) + \sqrt{-1}\,\Gamma_j\,0) = 0$ ならば，Martineau の楔の刃定理 2.3.16 から $1 \leqslant j, k \leqslant J$ に対して

$$F_{jk}(z,\tau) = -F_{kj}(z,\tau) \in \Gamma(\Omega \times U + \sqrt{-1}\,\gamma(\Gamma_j \cup \Gamma_k); \widetilde{\mathscr{A}}_{\mathbb{R}^{n+m}})$$

が存在して

$$\sum_{k=1}^{J} F_{jk}(z,\tau) = F_j(z,\tau) \in \Gamma(\Omega \times U + \sqrt{-1}\,\Gamma_j; \widetilde{\mathscr{A}}_{\mathbb{R}^{n+m}}).$$

更に $\Omega \times \partial K$ では $F_{jk}(z,\tau)$ も実解析的と選べる．

$$G_{jk}(z) := \int\limits_{K+\sqrt{-1}\,\varepsilon_j} F_{jk}(z,\tau)\,d\tau \in \Gamma(\Omega + \sqrt{-1}\,\gamma(p(\Gamma_j) \cup p(\Gamma_k)); \widetilde{\mathscr{A}}_{\mathbb{R}^n})$$

と置けば，Cauchy-Poincaré の定理 1.1.18 から，$G_{jk}(z) = -G_{kj}(z)$ 且つ

$$\sum_{k=1}^{J} G_{jk}(z) = G_j(z)$$

だから

$$\int_K f(x,t)\,dt = \sum_{j=1}^{J} \mathrm{b}_{\sqrt{-1}\,W_j}(G_j) = 0.$$

$\{\Gamma_j\}_{j=1}^{J}$（及び $\{\sqrt{-1}\,V_j\}_{j=1}^{J}$）の取り方に依存しないのは細分を取れば容易にわ

かる．これで定義された．更に $f(x,t) \in \Gamma(\Omega \times U; \mathscr{A}_{\mathbb{R}^{n+m}})$ ならば $\int_K f(x,t)\,dt$ が通常の積分と一致することも容易にわかる．

2.5.2 [補題]　以上の記号の下で

$$\begin{aligned} \mathrm{SS}(\int_K f(x,t)\,dt) & \\ \subset \bigcup_{t\in K} & \{(x;\sqrt{-1}\langle\xi,dx\rangle) \in \sqrt{-1}\,T^*\Omega;\ (x,t;\sqrt{-1}\langle\xi,dx\rangle) \in \mathrm{SS}(f)\} \\ \subset p_\pi & \bigl(p_d^{-1}\,\mathrm{SS}(f)\bigr). \end{aligned}$$

証明　任意の $t \in K$ について $(x_0,t;\sqrt{-1}\langle\xi_0,dx\rangle) \notin \mathrm{SS}(f)$ とする．$\xi_0 = 0$ ならば $x_0 \notin \mathrm{supp}(\int_K f(x,t)\,dt)$ を示せば良いが，これは明らか．$\xi_0 \neq 0$ ならば，$\{x_0\} \times K$ のある近傍で $f(x,t) = \sum_{j=1}^{J} F_j((x,t)+\sqrt{-1}\,\Gamma_j 0)$ という境界値表示で $(\sqrt{-1}\,\xi_0,0) \notin \sqrt{-1}\,\Gamma_j^\circ$ となるものが取れる．ここで

$$\begin{aligned} \Delta_j^\circ = p(\Gamma_j)^\circ &= \bigcap_{v\in p(\Gamma_j)} \{\xi\in\mathbb{R}^n;\ \langle v,\xi\rangle \geqslant 0\} \\ &\simeq \bigcap_{(v,w)\in\Gamma_j} \{(\xi,0)\in\mathbb{R}^{n+m};\ \langle(v,w),(\xi,0)\rangle \geqslant 0\}. \end{aligned}$$

よって，$(x_0;\sqrt{-1}\langle\xi_0,dx\rangle) \notin \{x_0\} + \sqrt{-1}\,\Delta_j^\circ$ だから

$$(x_0;\sqrt{-1}\langle\xi_0,dx\rangle) \notin \mathrm{SS}(\int_K f(x,t)\,dt).$$ ∎

2.5.3 [命題]　以上の記号下で以下が成り立つ:

(1) 任意の $P(x,\partial_x) \in \Gamma(\Omega;\mathscr{D}^\infty_{\mathbb{C}^n}|_{\mathbb{R}^n})$ に対して

$$P(x,\partial_x)\int_K f(x,t)\,dt = \int_K Pf(x,t)\,dt.$$

(2) $m=1$, $K=[a,b]$ のとき，$\int_K f(x,t)\,dt$ を $\int_a^b f(x,t)\,dt$ と書けば

$$\int_a^b \frac{\partial f}{\partial t}(x,t)\,dt = f(x,b) - f(x,a).$$

(3) $K = K_1 \times K_2$ のとき，対応する変数を $t=(t_1,t_2)$ と分けると

$$\int_K f(x,t)\,dt = \int_{K_1} dt_1 \int_{K_2} f(x,t_1,t_2)\,dt_2 = \int_{K_2} dt_2 \int_{K_1} f(x,t_1,t_2)\,dt_1.$$

証明　$f(x,t)=\sum_{j=1}^{J}\mathrm{b}_{\sqrt{-1}\,V_j}(F_j)$ を積分の定義に用いた境界値表示とする．

(1) 定義から $Pf(x,t)=\sum_{j=1}^{J}\mathrm{b}_{\sqrt{-1}\,V_j}(PF_j)$ だから，直ちにわかる．

(2) $f(x,t)$ は b の近傍で実解析的だから，定理 2.4.4 から代入 $f(x,b)$ が定義できる．$f(x,a)$ についても同様である．各 $F_j(z,\tau)$ を $\tau=a,b$ の近傍で実解析的と取れば，$\dfrac{\partial f}{\partial t}(x,t)=\sum_{j=1}^{J}\mathrm{b}_{\sqrt{-1}\,V_j}\left(\dfrac{\partial F_j}{\partial\tau}\right)$ だから

$$\int_a^b\frac{\partial f}{\partial t}(x,t)\,dt=\sum_{j=1}^{J}\mathrm{b}_{\sqrt{-1}\,W_j}\Biggl(\int\limits_{[a,b]+\sqrt{-1}\,\varepsilon_j}\frac{\partial F_j}{\partial\tau}(z,\tau)\,d\tau\Biggr)$$

$$=\sum_{j=1}^{J}\mathrm{b}_{\sqrt{-1}\,W_j}\bigl(F_j(z,b)-F_j(z,a)\bigr)=f(x,b)-f(x,a).$$

(2) $\varepsilon_j^1(t)$ 及び $\varepsilon_j^2(t)$ を，積分の定義に用いた通りに取り，

$$G_j^2(z,\tau_1):=\int\limits_{K_2+\sqrt{-1}\,\varepsilon_j^2}F_j(z,\tau_1,\tau_2)\,d\tau_2,$$

$$G_j^1(z):=\int\limits_{K_1+\sqrt{-1}\,\varepsilon_j^1}G_j^2(z,\tau_1)\,d\tau_1=\int\limits_{K_1+\sqrt{-1}\,\varepsilon_j^1}d\tau_1\int\limits_{K_2+\sqrt{-1}\,\varepsilon_j^2}F_j(z,\tau_1,\tau_2)\,d\tau_2,$$

と置けば，Fubini の定理から

$$G_j^1(z)=\int\limits_{(K_1+\sqrt{-1}\,\varepsilon_j^1)\times(K_2+\sqrt{-1}\,\varepsilon_j^2)}F_j(z,\tau)\,d\tau.$$

これが $G_j(z)=\int_{K+\sqrt{-1}\,\varepsilon_j}F_j(z,\tau)\,d\tau$ と一致することを示せば良い．$F_j(z,\tau)$ が $(z,\tau)\in\Omega\times K$ の近傍で整型ならば，積分を一度実軸に変更して考えれば両者の一致がわかる．次に (y_0,s_0) を絶対値を十分小さく取り，十分小さい任意の $\varepsilon>0$ について $F_j(z+\sqrt{-1}\,\varepsilon y_0,\tau+\sqrt{-1}\,\varepsilon s_0)$ が $(z,\tau)\in\Omega\times K$ の近傍で整型と取れば

$$\int\limits_{(K_1+\sqrt{-1}\,\varepsilon_j^1)\times(K_2+\sqrt{-1}\,\varepsilon_j^2)}F_j(z+\sqrt{-1}\,\varepsilon y_0,\tau+\sqrt{-1}\,\varepsilon s_0)\,d\tau=\int\limits_{K+\sqrt{-1}\,\varepsilon_j}F_j(z+\sqrt{-1}\,\varepsilon y_0,\tau+\sqrt{-1}\,\varepsilon s_0)\,d\tau.$$

$\varepsilon\to+0$ とすれば，$F_j(z,\tau)$ は $(z,\tau)\in\Omega\times\partial K$ の近傍で整型だから

$$\int\limits_{(K_1+\sqrt{-1}\,\varepsilon_j^1)\times(K_2+\sqrt{-1}\,\varepsilon_j^2)}F_j(z,\tau)\,d\tau=\int\limits_{K+\sqrt{-1}\,\varepsilon_j}F_j(z,\tau)\,d\tau.$$ ∎

2.5.4 [定理]　$p\colon \mathbb{R}^{n+m} \to \mathbb{R}^n$ を射影とする.

(1) $\Omega \in \mathfrak{O}(\mathbb{R}^n)$ 及び $f(x,t) \in \Gamma(\Omega; p_! \mathscr{B}_{\mathbb{R}^{n+m}})$ と仮定すれば

$$\int_{p^{-1}(x)} f(x,t)\,dt \in \Gamma(\Omega; \mathscr{B}_{\mathbb{R}^n})$$

が定義できて

$$\mathrm{SS}(\int_{p^{-1}(x)} f(x,t)\,dt) \subset p_\pi\big(p_d^{-1}\,\mathrm{SS}(f)\big).$$

(2) $V \in \mathfrak{O}(T^*\mathbb{R}^n)$ を錐状開集合, $u(x,t) \in \Gamma(\sqrt{-1}\,V; p_{\pi\,!}\,p_d^{-1}\mathscr{C}_{\mathbb{R}^{n+m}})$ とすれば

$$\int_{p^{-1}(x)} u(x,t)\,dt \in \Gamma(\sqrt{-1}\,V; \mathscr{C}_{\mathbb{R}^n})$$

が定義できて

$$\mathrm{supp}(\int_{p^{-1}(x)} u(x,t)\,dt) \subset p_\pi(p_d^{-1}\,\mathrm{supp}\,u).$$

証明　(1) 任意の $x \in \Omega$ の相対コンパクト開近傍 Ω_x を取れば, 仮定から $p^{-1}(\mathrm{Cl}\,\Omega_x) \cap \mathrm{supp}\,f \subset \mathrm{Cl}\,\Omega_x \times \mathbb{R}^m$ はコンパクトだから, $K_x \Subset \mathbb{R}^m$ が存在して $p^{-1}(\Omega_x) \cap \mathrm{supp}\,f \subset \Omega_x \times K_x$ 且つ $\Omega_x \times \partial K_x$ の近傍で $f(\widetilde{x},t) = 0$. 従って

$$\int_{K_x} f(\widetilde{x},t)\big|_{p^{-1}(\Omega_x)}\,dt \in \Gamma(\Omega_x; \mathscr{B}_{\mathbb{R}^n})$$

が定義できる. $\Omega_x \cap \Omega_{x'} \neq \emptyset$ ならば, 定義 2.5.1 と同様

$$\int_{K_x} f(\widetilde{x},t)\big|_{p^{-1}(\Omega_x)}\,dt\big|_{\Omega_x\cap\Omega_{x'}} = \int_{K_{x'}} f(\widetilde{x},t)\big|_{p^{-1}(\Omega_{x'})}\,dt\big|_{\Omega_x\cap\Omega_{x'}}$$

だから, $\Gamma(\Omega; \mathscr{B}_{\mathbb{R}^n})$ の切断が一意に定まる. これを

$$\int_{p^{-1}(x)} f(x,t)\,dt \in \Gamma(\Omega; \mathscr{B}_{\mathbb{R}^n})$$

と定義すれば良い.

$$\mathrm{SS}(\int_{p^{-1}(x)} f(x,t)\,dt) \subset p_\pi\big(p_d^{-1}\,\mathrm{SS}(f)\big)$$

は補題 2.5.2 から直ちに従う.

(2) $\sqrt{-1}\,V \times \mathbb{R}^m$ の錐状近傍 $\sqrt{-1}\,W \in \mathfrak{O}(\sqrt{-1}\,T^*\mathbb{R}^{n+m})$ が存在して, $u(x,t) \in \Gamma(\sqrt{-1}\,W; \mathscr{C}_{\mathbb{R}^{n+m}})$ 且つ $p_d^{-1}\,\mathrm{supp}\,u \to \sqrt{-1}\,V$ は適正. $\sqrt{-1}\,V$ が零切断を含むならば $u(x,t)$ は超函数となり (1) の通りだから, $V \subset \dot{T}^*\mathbb{R}^n$ とする. 仮定から任意の錐状開集合 $U \underset{\mathrm{conic}}{\Subset} \sqrt{-1}\,V$ に対して $K \Subset \mathbb{R}^m$ が存在して, $(\mathrm{Cl}\,U) \times (\mathbb{R}^m \backslash K)$ の近傍で $u(x,t) = 0$. 従って, K に十分近い相対コンパクト

開近傍 $K \Subset K'$ に対し, $(\mathrm{Cl}\,U) \times K$ の錐状近傍 $\sqrt{-1}\,W' \Subset \sqrt{-1}\,W \cap \{t \in K'\}$ が取れる. 定理 2.3.3 から $u'(x,t) \in \Gamma(\sqrt{-1}\,\dot{T}^*\mathbb{R}^{n+m}; \mathscr{C}_{\mathbb{R}^{n+m}})$ が存在して, $\sqrt{-1}\,W'$ 上 $u' = u$ 且つ $\mathrm{supp}\,u' \subset (\mathrm{Cl}\,\sqrt{-1}\,W') \cap \mathrm{supp}\,u$. 再び, 定理 2.3.3 から $f(x) \in \Gamma(\mathbb{R}^{n+m}; \mathscr{B}_{\mathbb{R}^{n+m}})$ が存在して $u'(x,t) = \mathrm{sp}\,f\big|_{\sqrt{-1}\,\dot{T}^*\mathbb{R}^{n+m}}$. 特に $f(x,t)$ は $\pi(U) \times \partial K'$ の近傍で実解析的になる. 従って, 定義 2.5.1 の通り $\displaystyle\int_{K'} f(x,t)\,dt$ が定まるから, 次の通りに定義する:

$$\int_{p^{-1}(x)} u(x,t)\,dt\big|_U := \mathrm{sp}\,\Big(\int_{K'} f(x,t)\,dt\Big)\big|_U \in \Gamma(U; \mathscr{C}_{\mathbb{R}^n}).$$

補題 2.5.2 から, これは K 及び $f(x,t)$ の取り方に依存せずに定まる. 同じ理由で, これが $\sqrt{-1}\,V$ 上の超局所函数を定めることが直ちにわかる. ∎

$V \subset T^*\mathbb{R}^n$ を基底を $\Omega \in \mathfrak{O}(\mathbb{R}^n)$ とする錐状開集合, $U \in \mathfrak{O}(\mathbb{R}^m)$ とする. $\Phi(x,t) = (x,\tilde{t}\,) = (x, \varphi(x,t))$ を $\Omega \times U$ 上の実解析的座標変換とする. 特に $\det \dfrac{\partial\varphi}{\partial t}(x,t) \neq 0$. 複素化についても $\det \dfrac{\partial\varphi}{\partial\tau}(z,\tau) \neq 0$ と仮定できる.

2.5.5 [定理]　以上の記号下で更に $u(x,\tilde{t}\,) \in \Gamma(\sqrt{-1}\,V; p_{\pi\,!}\,p_d^{-1}\mathscr{C}_{\mathbb{R}^{n+m}})$ とし, $\pi_{\mathbb{R}^{n+m}}(\mathrm{supp}\,u) \subset \Omega \times U$ と仮定すれば

$$\int_{p^{-1}(x)} u(x,\tilde{t}\,)\,d\tilde{t} = \int_{p^{-1}(x)} \Phi^* u(x,t) \left|\det \frac{\partial\varphi}{\partial t}(x,t)\right| dt.$$

証明　定理 2.5.7 の証明を見れば, $u(x,\tilde{t}\,) = f(x,\tilde{t}\,) \in \Gamma(\Omega \times U; \mathscr{B}_{\mathbb{R}^{n+m}})$ の場合に示せば十分である. 定理 2.4.4 から $\Phi^* f(x,t)$ が矛盾なく定義されて, $\mathrm{supp}\,\Phi^* f(x,t) \to \Omega$ が適正となる. 従って

$$\int_{p^{-1}(x)} \Phi^* f(x,t)\,\det \frac{\partial\varphi}{\partial t}(x,t)\,dt$$

が定義できる. 十分小さい $x \in \Omega$ の相対コンパクト開近傍 Ω_x を取れば, $p^{-1}(\mathrm{Cl}\,\Omega_x) \cap \mathrm{supp}\,f \subset \mathrm{Cl}\,\Omega_x \times U$ はコンパクトだから $K_x \Subset U$ が存在して, $p^{-1}(\Omega_x) \cap \mathrm{supp}\,f \subset \Omega_x \times K_x$ 且つ $\Omega_x \times \partial K_x$ の近傍で $f(x,\widetilde{t}) = 0$. よって $\Omega_x \times \partial(\varphi^{-1}(K_x))$ の近傍で $\Phi^* f(x,t) = 0$. 積分を定義する境界値表示を $f(x,\tilde{t}\,) = \displaystyle\sum_{j=1}^{J} \mathrm{b}_{\sqrt{-1}\,V_j}(F_j)$ とすれば, Ω_x 上で

$$\int_{p^{-1}(x)} \Phi^* f(x,t)\,\det \frac{\partial\varphi}{\partial t}(x,t)\,dt\Big|_{\Omega_x}$$

$$= \sum_{j=1}^{J} \mathrm{b}_{\sqrt{-1}\,W_j}\Bigl(\int_{\varphi^{-1}(K_x)+\sqrt{-1}\,\varepsilon_j} \Phi^* F_j(z,\tau) \det \frac{\partial \varphi}{\partial \tau}(z,\tau)\,d\tau \Bigr)\Bigr|_{\Omega_x}.$$

Ω_x が十分小さければ

$$\int_{\varphi^{-1}(K_x+\sqrt{-1}\,\tilde{\varepsilon}_j)} \Phi^* F_j(z,\tau) \det \frac{\partial \varphi}{\partial \tau}(z,\tau)\,d\tau = \int_{\varphi^{-1}(K_x)+\sqrt{-1}\,\varepsilon_j} \Phi^* F_j(z,\tau) \det \frac{\partial \varphi}{\partial \tau}(z,\tau)\,d\tau$$

を示す．$\Phi^* F_j(z,\tau)$ が $(z,\tau) \in \Omega_x \times \varphi^{-1}(K_x)$ の近傍で整型ならば，積分を一度実軸に変更して考えれば両者の一致がわかる．次に $\eta_0 = (y_0, s_0)$ を絶対値を十分小さく上手く取っておけば，十分小さい任意の $\varepsilon > 0$ について $\Phi^* F_j((z,\tau)+\sqrt{-1}\,\varepsilon\eta_0)$ は $(z,\tau) \in \Omega_x \times \varphi^{-1}(K_x)$ の近傍で整型なので

$$\int_{\varphi^{-1}(K_x+\sqrt{-1}\,\tilde{\varepsilon}_j)} \Phi^* F_j((z,\tau)+\sqrt{-1}\,\varepsilon\eta_0) \det \frac{\partial \varphi}{\partial \tau}((z,\tau)+\sqrt{-1}\,\varepsilon\eta_0)\,d\tau$$

$$= \int_{\varphi^{-1}(K_x)+\sqrt{-1}\,\varepsilon_j} \Phi^* F_j((z,\tau)+\sqrt{-1}\,\varepsilon\eta_0) \det \frac{\partial \varphi}{\partial \tau}((z,\tau)+\sqrt{-1}\,\varepsilon\eta_0)\,d\tau.$$

ここで $\varepsilon \to +0$ とすれば

$$\int_{\varphi^{-1}(K_x+\sqrt{-1}\,\tilde{\varepsilon}_j)} \Phi^* F_j(z,\tau) \det \frac{\partial \varphi}{\partial \tau}(z,\tau)\,d\tau = \int_{\varphi^{-1}(K_x)+\sqrt{-1}\,\varepsilon_j} \Phi^* F_j(z,\tau) \det \frac{\partial \varphi}{\partial \tau}(z,\tau)\,d\tau$$

が示される．

φ が $\mathbb{R}^m$ の向きを保てば $\det \dfrac{\partial \varphi}{\partial t}(x,t) > 0$ であり，通常の積分変数変換で

$$\int_{K_x+\sqrt{-1}\,\tilde{\varepsilon}_j} F_j(z,\widetilde{\tau})\,d\widetilde{\tau} = \int_{\varphi^{-1}(K_x+\sqrt{-1}\,\tilde{\varepsilon}_j)} F_j(z,\varphi(z,\tau)) \det \frac{\partial \varphi}{\partial \tau}(z,\tau)\,d\tau$$

$$= \int_{\varphi^{-1}(K_x)+\sqrt{-1}\,\varepsilon_j} \Phi^* F_j(z,\tau) \det \frac{\partial \varphi}{\partial \tau}(z,\tau)\,d\tau$$

となるから

$$\int_{p^{-1}(x)} f(x,\tilde{t})\,d\tilde{t}\Bigr|_{\Omega_x} = \sum_{j=1}^{J} \mathrm{b}_{\sqrt{-1}\,W_j}\Bigl(\int_{K_x+\sqrt{-1}\,\tilde{\varepsilon}_j} F_j(z,\widetilde{\tau})\,d\widetilde{\tau} \Bigr)\Bigr|_{\Omega_x}$$

$$= \sum_{j=1}^{J} \mathrm{b}_{\sqrt{-1}\,W_j}\Bigl(\int_{\varphi^{-1}(K_x)+\sqrt{-1}\,\varepsilon_j} \Phi^* F_j(z,\tau) \det \frac{\partial \varphi}{\partial \tau}(z,\tau)\,d\tau \Bigr)\Bigr|_{\Omega_x}$$

$$= \int_{p^{-1}(x)} \Phi^* f(x,t) \det \frac{\partial \varphi}{\partial t}(x,t)\, dt \Big|_{\Omega_x}$$
$$= \int_{p^{-1}(x)} \Phi^* f(x,t) \Big| \det \frac{\partial \varphi}{\partial t}(x,t) \Big|\, dt \Big|_{\Omega_x}.$$

次に φ が $\mathbb{R}^m$ の向きを変えれば $\det \dfrac{\partial \varphi}{\partial t}(x,t) < 0$ であり，積分変数変換公式は

$$\int\limits_{K_x + \sqrt{-1}\,\tilde{\varepsilon}_j} F_j(z, \tilde{\tau})\, d\tilde{\tau} = -\int\limits_{\varphi^{-1}(K_x)+\sqrt{-1}\,\varepsilon_j} \Phi^* F_j(z,\tau) \det \frac{\partial \varphi}{\partial \tau}(z,\tau)\, d\tau.$$

よって，上と同様

$$\int_{p^{-1}(x)} f(x,t)\, dt \Big|_{\Omega_x} = -\sum_{j=1}^{J} \mathrm{b}_{\sqrt{-1}\,W_j} \Big(\int\limits_{\varphi^{-1}(K_x)+\sqrt{-1}\,\varepsilon_j} \Phi^* F_j(z,\tau) \det \frac{\partial \varphi}{\partial \tau}(z,\tau)\, d\tau \Big) \Big|_{\Omega_x}$$
$$= -\int_{p^{-1}(x)} \Phi^* f(x,t) \det \frac{\partial \varphi}{\partial t}(x,t)\, dt \Big|_{\Omega_x}$$
$$= \int_{p^{-1}(x)} \Phi^* f(x,t) \Big| \det \frac{\partial \varphi}{\partial t}(x,t) \Big|\, dt \Big|_{\Omega_x}.$$

以上で示された. ∎

2.5.6 ［定義］　$\mathbb{R}^m_t$ 上の**実解析的体積要素**の層 $\mathscr{V}_{\mathbb{R}^m}$ とは，実解析係数の m 次微分形式 $\varphi(t)\, dt_1 \wedge \cdots \wedge dt_m$ を実解析的座標変換 $t = \Psi(\tilde{t})$ に対して

$$\varphi(t)\, dt_1 \wedge \cdots \wedge dt_m = \varphi(\Psi(\tilde{t})) \Big| \det \frac{\partial \Psi}{\partial \tilde{t}}(\tilde{t}) \Big|\, d\tilde{t}_1 \wedge \cdots \wedge d\tilde{t}_m$$

なる変換規則で張り合わせたものである（通常の m 次微分形式の変換規則は $\varphi(t)\, dt_1 \wedge \cdots \wedge dt_m = \varphi(\Psi(\tilde{t})) \det \dfrac{\partial \Psi}{\partial \tilde{t}}(\tilde{t})\, d\tilde{t}_1 \wedge \cdots \wedge d\tilde{t}_m$ であった）.

定理 2.5.5 を考慮して定理 2.5.4 を書き直せば，次が得られる:

2.5.7 ［定理］（繊維に沿う積分）　p 及び p_2 を各々，$p\colon \mathbb{R}^{n+m} \ni (x,t) \mapsto x \in \mathbb{R}^n$ 及び $p_2\colon \sqrt{-1}\, T^*\mathbb{R}^{n+m} \ni (x, t; \sqrt{-1}(\langle \xi, dx \rangle + \langle \theta, dt \rangle)) \mapsto t \in \mathbb{R}^m$ と置く．このとき**繊維に沿う積分** (integration along fibers)

$$p_* : p_{\pi\,!}\, p_d^{-1} (\mathscr{C}_{\mathbb{R}^{n+m}} \underset{p_2^{-1}\mathscr{A}_{\mathbb{R}^m}}{\otimes} p_2^{-1} \mathscr{V}_{\mathbb{R}^m}) \to \mathscr{C}_{\mathbb{R}^n}$$

が定義できる.

2.5.8 [定理] 　$f(x),\ g(x) \in \Gamma(\mathbb{R}^n; \mathscr{B}_{\mathbb{R}^n})$ に対し写像 $\operatorname{supp} f \times \operatorname{supp} g \ni (x_1, x_2) \mapsto x_1 + x_2 \in \mathbb{R}^n$ が適正と仮定する．このとき**畳み込み** (convolution)

$$f * g(x) := \int_{\mathbb{R}^n} f(x - \widetilde{x}\,)\, g(\widetilde{x}\,)\, d\widetilde{x}$$

が定義できて

$$\mathrm{SS}(f * g) \subset \{(x + \widetilde{x}; \sqrt{-1}\,\xi);\ (x; \sqrt{-1}\,\xi) \in \mathrm{SS}(f),\ (\widetilde{x}; \sqrt{-1}\,\xi) \in \mathrm{SS}(g)\}.$$

更に以下が成り立つ:

(1) $f * g(x) = g * f(x)$;

(2) 任意の定数係数無限階微分作用素 $P = P(\partial_x)$ に対して

$$P(f * g)(x) = (Pf) * g(x) = f * (Pg)(x).$$

証明　系 2.4.6 から $f(x - \widetilde{x}\,)$ が定義できて

$$\begin{aligned}&\mathrm{SS}(f(x - \widetilde{x}\,))\\ &\quad = \{\big(x, \widetilde{x}; \sqrt{-1}(\xi, -\xi)\big) \in \sqrt{-1}\,T^*\mathbb{R}^{2n};\ (x - \widetilde{x}; \sqrt{-1}\,\xi) \in \mathrm{SS}(f)\}.\end{aligned}$$

これと $f(x - \widetilde{x}_1)\, g(\widetilde{x}_2)$ に対して

$$\begin{aligned}\mathrm{SS}(f(x - \widetilde{x}_1)\, g(\widetilde{x}_2)) \subset \{&\big(x, \widetilde{x}_1, \widetilde{x}_2; \sqrt{-1}(\eta, \xi_1, \xi_2)\big) \in \sqrt{-1}\,T^*\mathbb{R}^{3n};\\ &(x, \widetilde{x}_1, \sqrt{-1}(\eta, \xi_1)) \in \mathrm{SS}(f(x - \widetilde{x}_1)),\ (\widetilde{x}_2; \sqrt{-1}\,\xi_2) \in \mathrm{SS}(g)\}\end{aligned}$$

とを併せると，定理 2.4.4 から $f(x - \widetilde{x}\,)\, g(\widetilde{x}\,)$ が定義され

$$\begin{aligned}\mathrm{SS}(f(x - \widetilde{x}\,)\, g(\widetilde{x}\,)) \subset \{&\big(x, \widetilde{x}; \sqrt{-1}(\xi_1, \xi_2 - \xi_1)\big) \in \sqrt{-1}\,T^*\mathbb{R}^{2n};\\ &(x - \widetilde{x}, \sqrt{-1}\,\xi_1) \in \mathrm{SS}(f),\ (\widetilde{x}; \sqrt{-1}\,\xi_2) \in \mathrm{SS}(g)\}.\end{aligned}$$

これと仮定とから $\operatorname{supp}(f(x - \widetilde{x}\,)\, g(\widetilde{x}\,)) \ni (x, \widetilde{x}) \mapsto x \in \mathbb{R}^n$ は適正，従って定理 2.5.4 から

$$f * g(x) = \int_{\mathbb{R}^n} f(x - \widetilde{x}\,)\, g(\widetilde{x}\,)\, d\widetilde{x}$$

が定義できて

$$\mathrm{SS}(f * g) \subset \{(x + \widetilde{x}; \sqrt{-1}\,\xi);\ (x; \sqrt{-1}\,\xi) \in \mathrm{SS}(f),\ (\widetilde{x}; \sqrt{-1}\,\xi) \in \mathrm{SS}(g)\}.$$

次に変換 $(x, \widetilde{x}) \mapsto (x, y) := (x, x - \widetilde{x}\,)$ を考えれば，定理 2.5.5 から

$$f * g(x) = \int_{\mathbb{R}^n} f(x - \widetilde{x}\,)\, g(\widetilde{x}\,)\, d\widetilde{x} = \int_{\mathbb{R}^n} f(y)\, g(x - y)\, dy = g * f(x)$$

だから (1) が従う．(2) は定義及び命題 2.5.3 (1) から直ちに従う．■

定理 2.5.8 の仮定は，例えば $\operatorname{supp} f$ 又は $\operatorname{supp} g$ がコンパクトならば満たされる．更に $\operatorname{supp} f$ 及び $\operatorname{supp} g$ の両方がコンパクトならば，$\operatorname{supp}(f * g)$ もコンパクトとなる．

6. 曲面波展開

本節では，後に重要な役割を果たし，それ自身重要な Dirac の δ 函数について定義と性質を述べる．

2.6.1 [定義]　**Dirac の δ 函数** $\delta(x)$ を

$$\begin{aligned}\delta(x) &:= \prod_{j=1}^{n} \frac{-1}{2\pi\sqrt{-1}}\Bigl(\frac{1}{x_j+\sqrt{-1}\,0} - \frac{1}{x_j-\sqrt{-1}\,0}\Bigr)\\ &= \Bigl(\frac{-1}{2\pi\sqrt{-1}}\Bigr)^n \prod_{j=1}^{n}\sum_{\sigma_j=\pm1}\frac{\sigma_j}{x_j+\sqrt{-1}\,\sigma_j 0}\\ &= \Bigl(\frac{-1}{2\pi\sqrt{-1}}\Bigr)^n \sum_{\sigma\in\{\pm1\}^n}\frac{\operatorname{sgn}(\sigma)}{(x_1+\sqrt{-1}\,\sigma_1 0)\cdots(x_n+\sqrt{-1}\,\sigma_n 0)}\end{aligned}$$

で定義する．但し sgn は符号を表し，$\sigma=(\sigma_1,\dots,\sigma_n)\in\{\pm1\}^n$ に対しては $\operatorname{sgn}(\sigma):=\sigma_1\cdots\sigma_n$ である．

定義から $\delta(x)=\delta(x_1)\cdots\delta(x_n)$ に注意する．

2.6.2 [命題]　(1) $f(x,t)$ が原点近傍の $(x,t)\in\mathbb{R}^n\times\mathbb{R}^m$ の超函数で t を実解析的助変数に持つならば

$$f(x,t)\,\delta(t)=f(x,0)\,\delta(t).$$

(2) $U\subset\mathbb{R}^n$ が原点の近傍，$F\colon U\to\mathbb{R}^n$ が実解析的写像で $F(0)=0$ 且つ $\det\dfrac{\partial F}{\partial x}(0)\neq 0$ ならば，原点の近傍で

$$\delta(F(x))=\Bigl|\det\frac{\partial F}{\partial x}(0)\Bigr|^{-1}\delta(x).$$

(3) $\mathrm{SS}\,\delta(x)=\{(0;\sqrt{-1}\langle\xi,dx\rangle);\ \xi\in\mathbb{R}^n\}$.

証明　(1) $\dfrac{t_j}{t_j\pm\sqrt{-1}\,0}=1$ が容易にわかるから

$$t_j\,\delta(t_j)=\frac{-1}{2\pi\sqrt{-1}}\Bigl(\frac{t_j}{t_j+\sqrt{-1}\,0}-\frac{t_j}{t_j-\sqrt{-1}\,0}\Bigr)=0.$$

従って

$$t_j\,\delta(t)=t_j\,\delta(t_1)\cdots\delta(t_n)=\delta(t_1)\cdots t_j\,\delta(t_j)\cdots\delta(t_n)=0.$$

さて，$f(x,t)\,\delta(t)$ が定義可能は良い．境界値表示

$$f(x,t)=\sum_{i=1}^{I}\mathrm{b}_{\sqrt{-1}\,U_i}(F_i)$$

で任意の $\eta\in\dot{\mathbb{R}}^n$ について $(x,0;\sqrt{-1}\langle\eta,dt\rangle)\notin\sqrt{-1}\,U_i^\circ$ となるものを取る．$U_i\cap(\mathbb{C}^n\times\{0\})$ が変数 x の空でない無限小楔になるから，局所的には

$$F_i(z,\tau)=F_i(z,0)+\sum_{j=1}^{m}\tau_j\int_0^1\frac{\partial F_i}{\partial\tau_j}(z,s\tau)\,ds$$

と書ける．

$$g_j(x,t):=\sum_{i=1}^{I}\mathrm{b}\Big(\int_0^1\frac{\partial F_i}{\partial\tau_j}(z,s\tau)\,ds\Big)$$

と定めれば，やはり $g_j(x,t)$ も t を実解析的助変数に持つことがわかり，$f(x,t)=f(x,0)+\sum\limits_{j=1}^{n}t_j\,g_j(x,t)$．従って

$$\begin{aligned}f(x,t)\,\delta(t)&=f(x,0)\,\delta(t)+\sum_{j=1}^{n}(t_j\,g_j(x,t))\,\delta(t)\\&=f(x,0)\,\delta(t)+\sum_{j=1}^{n}g_j(x,t)\,(t_j\,\delta(t))=f(x,0)\,\delta(t).\end{aligned}$$

(2) 必要なら U を十分小さく取り直せば，$F(x)=G(x)x$ 且つ $dF(0)=G(0)$ となる実解析写像 $G\colon U\ni x\mapsto G(x)\in GL(n;\mathbb{R})$ が存在する．$G(x)$ は行の入れ替え及び

$$G_1(x):=\begin{bmatrix}a(x)&\\&E_{n-1}\end{bmatrix},\quad G_2(x):=\begin{bmatrix}1&b(x)&\\&1&\\&&E_{n-2}\end{bmatrix}$$

で生成されるから，各々について示せば良い．但し E_j は j 次単位行列で，a,b は実解析函数である．行の入れ替えについては明らか．$G_1(x)$ の場合 $a(x)\neq0$，従って $c:=\operatorname{sgn}a(0)=\operatorname{sgn}a(x)$ である．$a(0)\neq0$ だから，$x_1\neq0$ ならば

$$\frac{1}{a(x)x_1+\sqrt{-1}\,0}-\frac{1}{a(x)x_1-\sqrt{-1}\,0}=0.$$

又，$x_1=0$ ならば $\dfrac{1}{a(x)x_1\pm\sqrt{-1}\,0}$ は $\pm\operatorname{Im}(a(z)z_1)>0$ からの境界値だが

$$\operatorname{Im}(a(z)z_j)=a(0)\operatorname{Im}z_1+O(|z|\cdot|\operatorname{Im}z|)$$

なので $|z|$ が十分小さければ，$\pm\operatorname{Im}(a(z)z_1) > 0$ と $\pm c\operatorname{Im} z_1 > 0$ とは共通定義域を持つから

$$\frac{1}{a(x)x_1 \pm \sqrt{-1}\,0} = \frac{1}{a(x)}\,\frac{1}{x_1 \pm c\sqrt{-1}\,0}\,.$$

よって

$$\begin{aligned}\delta(a(x)x_1) &= \frac{-1}{2\pi\sqrt{-1}}\left(\frac{1}{a(x)x_1 + \sqrt{-1}\,0} - \frac{1}{a(x)x_1 - \sqrt{-1}\,0}\right)\\ &= \frac{-1}{2\pi\sqrt{-1}\,a(x)}\left(\frac{1}{x_j + c\sqrt{-1}\,0} - \frac{1}{x_j - c\sqrt{-1}\,0}\right) = \frac{c}{a(x)}\,\delta(x_1).\end{aligned}$$

従って

$$\begin{aligned}\delta(G_1(x)x) = \delta(a(x)x_1)\prod_{j=2}^{n}\delta(x_j) &= \frac{c}{a(x)}\,\delta(x) = \frac{c}{a(0)}\,\delta(x)\\ &= \frac{1}{|\det G_1(0)|}\,\delta(x).\end{aligned}$$

$G_2(x)$ に対しては，各 $\sigma_1, \sigma_2 \in \{\pm 1\}$ に対して超函数

$$\begin{aligned}\text{(2.6.1)}\qquad &\frac{1}{(x_1 + \sqrt{-1}\,\sigma_1 0)\,(x_2 + \sqrt{-1}\,\sigma_2 0)}\\ &\qquad - \frac{1}{(x_1 + b(x)x_2 + \sqrt{-1}\,\sigma_1 0)\,(x_2 + \sqrt{-1}\,\sigma_2 0)}\end{aligned}$$

を考える．第 1 項は $\{\sigma_1\operatorname{Im} z_1 > 0,\ \sigma_2\operatorname{Im} z_2 > 0\}$ からの境界値，第 2 項は $\{\sigma_1\operatorname{Im}(z_1 + b(z)z_2) > 0,\ \sigma_2\operatorname{Im} z_2 > 0\}$ からの境界値だから，(2.6.1) は

$$\frac{1}{z_1 z_2} - \frac{1}{(z_1 + b(z)z_2)\,z_2} = \frac{b(z)}{z_1(z_1 + b(z)z_2)}$$

の $\{\sigma_1\operatorname{Im} z_1 > 0,\ \sigma_1\operatorname{Im}(z_1 + b(z)z_2) > 0\}$ からの境界値．従って (2.6.1) は

$$u_{\sigma_1}(x_1, x_2) := \frac{b(x)}{(x_1 + \sqrt{-1}\,\sigma_1 0)\,(x_1 + b(x)x_2 + \sqrt{-1}\,\sigma_1 0)}$$

と書けるから，定義と併せて

$$\bigl(\delta(x_1) - \delta(x_1 + b(x)x_2)\bigr)\,\delta(x_2) = \sum_{\sigma_1, \sigma_2 = \pm 1}\frac{\sigma_1\sigma_2\, u_{\sigma_1}(x_1, x_2)}{(2\pi\sqrt{-1}\,)^2} = 0$$

だから

$$\delta(x) - \delta(G_2(x)x) = \bigl(\delta(x_1) - \delta(x_1 + b(x)x_2)\bigr)\,\delta(x_2)\prod_{j=3}^{n}\delta(x_j) = 0.$$

(3) $x_j\,\delta(x) = 0$ 且つ $x_j \neq 0$ ならば

$$\delta(x) = (x_j^{-1}x_j)\,\delta(x) = x_j^{-1}\,(x_j\,\delta(x)) = 0$$

だから $\operatorname{supp}\delta(x)\subset\{0\}$．一方，定義から

$$\int_{\mathbb{R}^n}\delta(x)\,dx=1$$

だから $\delta(x)\neq 0$．従って $\operatorname{supp}\delta(x)=\{0\}$ となり，特に解析的ではない．よって $\mathrm{SS}\,\delta(x)\subset\{(0;\sqrt{-1}\langle\xi,dx\rangle);\ \xi\in\mathbb{R}^n\}$ 且つ $\xi_0\in\dot{\mathbb{R}}^n$ が存在して $(0;\sqrt{-1}\langle\xi_0,dx\rangle)\in\mathrm{SS}\,\delta(x)$．任意の $G\in GL(n;\mathbb{R})$ に対して (2) と併せて

$$(0;\sqrt{-1}\langle{}^{\mathrm{t}}G\xi_0,dx\rangle)=(0;\sqrt{-1}\langle\xi_0,d(Gx)\rangle)\in\mathrm{SS}\,\delta(Gx)=\mathrm{SS}\,\delta(x).$$

任意の $\xi\in\dot{\mathbb{R}}^n$ に対して $G\in GL(n;\mathbb{R})$ が存在して $\xi={}^{\mathrm{t}}G\xi_0$ だから，結局

$$\{(0;\sqrt{-1}\langle\xi,dx\rangle);\ \xi\in\mathbb{R}^n\}\subset\mathrm{SS}\,\delta(x).$$

■

2.6.3 [注意]　命題 2.6.2 (2) から特に $\delta(-x)=\delta(x)$．又，$F(x)$ が原点を原点に写す実解析的同型ならば

$$\delta(x)\,dx=\delta(F(x))\left|\det\frac{\partial F}{\partial x}(0)\right|dx=\delta(F(x))\left|\det\frac{\partial F}{\partial x}(x)\right|dx$$

だから，規準的に定義されるのは δ 函数に実解析的体積要素を掛けた $\delta(x)\,dx$ である．

2.6.4 [命題] (δ 函数の平面波展開公式)　次の等式が成立する：

$$\delta(x)=\frac{(n-1)!}{(-2\pi\sqrt{-1}\,)^n}\int_{\mathbb{S}^{n-1}}\frac{\omega(\eta)}{(\langle x,\eta\rangle+\sqrt{-1}\,0)^n}.$$

2.6.5 [注意]　上式の右辺は $\mathbb{R}^n\times\mathbb{S}^{n-1}$ 上の超函数 $\dfrac{1}{(\langle x,\eta\rangle+\sqrt{-1}\,0)^n}$ の射影 $\mathbb{R}^n\times\mathbb{S}^{n-1}\to\mathbb{R}^n$ に関する繊維に沿う積分であるが，(2.3.5) と同様に定義されると考えても良い．

証明　$\sigma=(\sigma_1,\ldots,\sigma_n)\in\{\pm1\}^n$ に対して次の通りに定める：

(2.6.2)
$$\Gamma^\sigma:=\bigcap_{j=1}^{n}\{\xi\in\mathbb{R}^n;\ \sigma_j\,\xi_j\geqslant 0\}.$$

又，$\Gamma^\sigma\infty:=\dot{\Gamma}^\sigma/\mathbb{R}_{>0}\subset\mathbb{S}^{n-1}$ と置く．

2.6.6 [補題] (Feynman)　$a\in(\mathbb{C}^\times)^n$ が任意の $\omega\in\Gamma^\sigma$ に対して $\langle a,\omega\rangle\neq 0$ ならば

$$(n-1)!\int_{\Gamma^\sigma\infty}\frac{\omega(\eta)}{\langle a,\eta\rangle^n}=\prod_{j=1}^{n}\frac{\sigma_j}{a_j}.$$

証明　最初に $\sigma_j \operatorname{Im} a_j > 0$ と仮定する．$p \in \mathbb{C}$ が $\operatorname{Im} p > 0$ ならば

$$\frac{(n-1)!}{(-\sqrt{-1}\,)^n}\frac{1}{p^n} = \int_0^\infty e^{\sqrt{-1}\,sp} s^{n-1} ds. \tag{2.6.3}$$

よって $\xi = s\eta$ と極座標変換すれば $d\xi = s^{n-1} ds\,\omega(\eta)$ だから

$$\begin{aligned}(n-1)! \int_{\Gamma^\sigma\infty} \frac{\omega(\eta)}{\langle a,\eta\rangle^n} &= (-\sqrt{-1}\,)^n \int_0^\infty \int_{\Gamma^\sigma\infty} e^{\sqrt{-1}\,s\langle a,\eta\rangle} s^{n-1} ds\,\omega(\eta) \\ &= (-\sqrt{-1}\,)^n \int_{\Gamma^\sigma} e^{\sqrt{-1}\langle a,\xi\rangle} d\xi \\ &= \lim_{\rho\to\infty} \prod_{j=1}^n \left(-\sigma_j \sqrt{-1} \int_0^{\sigma_j\rho} e^{\sqrt{-1}\,a_j\xi_j} d\xi_j\right) = \prod_{j=1}^n \frac{\sigma_j}{a_j}.\end{aligned}$$

一般の a については，この解析的延長で得られる．■

命題 2.6.4 を証明する．Feynman の補題 2.6.6 から

$$\begin{aligned}\int_{\mathbb{S}^{n-1}} \frac{\omega(\eta)}{(\langle x,\eta\rangle + \sqrt{-1}\,0)^n} &= \sum_{\sigma\in\{\pm1\}^n} \mathrm{b}_{\{\operatorname{Im}\langle z,\eta\rangle>0\}}\left(\int_{\Gamma^\sigma\infty} \frac{\omega(\eta)}{\langle z,\eta\rangle^n}\right) \\ &= \frac{1}{(n-1)!}\prod_{j=1}^n \sum_{\sigma_j=\pm1} \mathrm{b}_{\{\operatorname{Im}\sigma_j z_j>0\}}\left(\frac{\sigma_j}{z_j}\right) \\ &= \frac{1}{(n-1)!}\prod_{j=1}^n \sum_{\sigma_j=\pm1} \frac{\sigma_j}{x_j + \sqrt{-1}\,\sigma_j 0} = \frac{(-2\pi\sqrt{-1}\,)^n}{(n-1)!}\delta(x).\end{aligned}$$

これで示された．■

2.6.7 [命題]（δ 函数の曲面波展開公式）　$\varphi_i(x,\xi)$ は $x=0, \xi\in\mathbb{S}^{n-1}$ の近傍の実解析函数で ξ について 1 次斉次，$\Phi(x,\xi) := (\varphi_1(x,\xi),\dots,\varphi_n(x,\xi))$ は $\Phi(0,\xi)=\xi$，且つ $\langle x,\Phi(x,\xi)\rangle$ は次の条件を満たすと仮定する．任意の $\varepsilon>0$ に対して $\delta>0$ が存在して，次の集合上で $\operatorname{Im}\langle z,\Phi(z,\eta)\rangle > 0$:

$$\{(z,\eta)\in\mathbb{C}^n\times\mathbb{S}^{n-1};\ |z|<\delta,\ \langle\operatorname{Im} z,\eta\rangle > \varepsilon|\operatorname{Im} z|\}. \tag{2.6.4}$$

このとき $J(x,\xi) := \det\dfrac{\partial\Phi}{\partial\xi}(x,\xi)$ と置けば，$x=0$ の近傍で

$$\delta(x) = \frac{(n-1)!}{(-2\pi\sqrt{-1}\,)^n}\int_{\mathbb{S}^{n-1}} \frac{J(x,\eta)\,\omega(\eta)}{(\langle x,\Phi(x,\eta)\rangle + \sqrt{-1}\,0)^n}.$$

証明　(2.6.2) の通り Γ^σ を定め，$z\in\mathbb{C}^n$ に対して

$$G_z^\sigma := \{\zeta = \Phi(tz,\eta)\in\mathbb{C}^n;\ 0\leqslant t\leqslant 1,\ \eta\in\Gamma^\sigma\infty\},$$

$$\Gamma_z^\sigma := \{\zeta = \Phi(z,\eta) \in \mathbb{C}^n;\ \eta \in \Gamma^\sigma\infty\},$$
$$\partial_j \Gamma_z^\sigma := \{\zeta = \Phi(tz,\eta) \in G_z^\sigma;\ \eta_j = 0\}$$

と置けば，$\partial G_z^\sigma = \Gamma^\sigma\infty \cup \Gamma_z^\sigma \cup \bigcup_{j=1}^n \partial_j \Gamma_z^\sigma$．Stokes の定理から

$$\int_{\partial G_z^\sigma} \frac{\omega(\zeta)}{\langle z,\zeta\rangle^n} = \int_{G_z^\sigma} d_\zeta\Big(\frac{\omega(\zeta)}{\langle z,\zeta\rangle^n}\Big) = 0$$

だから，向き付けを考慮すれば

$$\int_{\Gamma_z^\sigma} \frac{\omega(\zeta)}{\langle z,\zeta\rangle^n} = \int_{\Gamma^\sigma\infty} \frac{\omega(\eta)}{\langle z,\eta\rangle^n} + \sum_{j=1}^n (-1)^j \sigma_j \int_{\partial_j \Gamma_z^\sigma} \frac{\omega(\zeta)}{\langle z,\zeta\rangle^n}.$$

$\displaystyle\int_{\partial_j \Gamma_z^\sigma} \frac{\omega(\zeta)}{\langle z,\zeta\rangle^n}$ を考える．$\Gamma_j^\sigma\infty := \{\eta \in \Gamma^\sigma\infty;\ \eta_j = 0\}$ と置く．このとき，仮定から，任意の $\varepsilon > 0$ に対して $\delta > 0$ が存在して

$$D_j^\sigma := \bigcap_{\eta \in \Gamma_j^\sigma\infty} \{z = x + \sqrt{-1}\,y \in \mathbb{C}^n;\ |z| < \delta,\ \langle y,\eta\rangle > \varepsilon|y|\} \neq \emptyset$$

上で $\mathrm{Im}\langle z, \Phi(tz,\eta)\rangle > 0$（$t = 0$ でも $\mathrm{Im}\langle z, \Phi(0,\eta)\rangle = \langle y,\eta\rangle > \varepsilon|y|$ に注意する）．よって，$x = 0$ の近傍で次の超函数が定まる:

$$\mathrm{b}_{D_j^\sigma}\Big(\int_{\partial_j \Gamma_z^\sigma} \frac{\omega(\zeta)}{\langle z,\zeta\rangle^n}\Big).$$

$\sigma' := (\sigma_1, \ldots, \sigma_{j-1}, -\sigma_j, \sigma_{j+1}, \ldots, \sigma_n)$ と置けば，定義から $\partial_j \Gamma_z^\sigma = \partial_j \Gamma_z^{\sigma'}$ 且つ $D_j^\sigma = D_j^{\sigma'}$ だから

$$\mathrm{b}_{D_j^\sigma}\Big(\int_{\partial_j \Gamma_z^\sigma} \frac{\omega(\zeta)}{\langle z,\zeta\rangle^n}\Big) = \mathrm{b}_{D_j^{\sigma'}}\Big(\int_{\partial_j \Gamma_z^\sigma} \frac{\omega(\zeta)}{\langle z,\zeta\rangle^n}\Big),$$

即ち $\displaystyle\sum_{\sigma \in \{\pm 1\}^n} \sum_{j=1}^n (-1)^j \sigma_j\, \mathrm{b}_{D_j^\sigma}\Big(\int_{\partial_j \Gamma_z^\sigma} \frac{\omega(\zeta)}{\langle z,\zeta\rangle^n}\Big) = 0$．従って

$$\int_{\mathbb{S}^{n-1}} \frac{J(x,\eta)\,\omega(\eta)}{(\langle x, \Phi(x,\eta)\rangle + \sqrt{-1}\,0)^n} = \sum_{\sigma \in \{\pm 1\}^n} \mathrm{b}\Big(\int_{\Gamma_z^\sigma} \frac{\omega(\zeta)}{\langle z,\zeta\rangle^n}\Big)$$
$$= \sum_{\sigma \in \{\pm 1\}^n} \int_{\Gamma^\sigma\infty} \frac{\omega(\eta)}{(\langle x,\eta\rangle + \sqrt{-1}\,0)^n} = \frac{(-2\pi\sqrt{-1}\,)^n}{(n-1)!}\,\delta(x). \qquad ∎$$

2.6.8［例］ $\alpha, \beta \in \mathbb{R}$ を $\alpha \geqslant |\beta| \geqslant 0$ と取る．

$$\varphi_i(x,\xi) := \Big(1 - \sqrt{-1}\,\beta\,\frac{\langle x,\xi\rangle}{|\xi|}\Big)\xi_i + \sqrt{-1}\,\alpha|\xi|x_i$$

と置けば，$\Phi(x,\xi) := (\varphi_1(x,\xi),\dots,\varphi_n(x,\xi))$ は命題 2.6.7 の条件を満たす．実際，$\Phi(0,\xi)=\xi$ のとき

$$\mathrm{Im}\langle x,\Phi(x,\xi)\rangle = \alpha|\xi|\,|x|^2 - \frac{\beta}{|\xi|}\langle x,\xi\rangle^2 = (\alpha-|\beta|)|\xi|\,|x|^2 \geqslant 0$$

だから $\mathrm{Im}\langle z,\Phi(z,\xi)\rangle \geqslant \langle \mathrm{Im}\,z,\xi\rangle + O(|z||\mathrm{Im}\,z|)$ なので条件を満たす．

$$J(x,\xi) = \Bigl(1-\frac{\sqrt{-1}\,\beta\langle x,\xi\rangle}{|\xi|}\Bigr)^{n-1}\Bigl(1+\sqrt{-1}(\alpha-\beta)\frac{\langle x,\xi\rangle}{|\xi|}\Bigr) - \alpha\beta\Bigl(1-\frac{\sqrt{-1}\,\beta\langle x,\xi\rangle}{|\xi|}\Bigr)^{n-2}\Bigl(|x|^2-\frac{\langle x,\xi\rangle^2}{|\xi|^2}\Bigr)$$

に注意する．これを示す．$d\varphi = d\varphi_1\wedge\cdots\wedge d\varphi_n$ 及び $d\xi = d\xi_1\wedge\cdots\wedge d\xi_n$ と略記すれば $d\varphi = J(x,\xi)\,d\xi$ となる．$d\varphi_i$ は

$$\Bigl(1-\sqrt{-1}\,\frac{\beta\langle x,\xi\rangle}{|\xi|}\Bigr)d\xi_i + \sqrt{-1}\Bigl(\alpha x_i + \frac{\beta\xi_i\langle x,\xi\rangle}{|\xi|^2}\Bigr)d|\xi| - \frac{\sqrt{-1}\,\beta\xi_i\langle x,d\xi\rangle}{|\xi|}$$

で与えられるから

$$\begin{aligned} d\varphi = {}&\Bigl(1-\frac{\sqrt{-1}\,\beta\langle x,\xi\rangle}{|\xi|}\Bigr)^n d\xi + \Bigl(1-\frac{\sqrt{-1}\,\beta\langle x,\xi\rangle}{|\xi|}\Bigr)^{n-1} \\ &\times\Bigl(\sum_{i=1}^n \sqrt{-1}\Bigl(\alpha x_i + \frac{\beta\xi_i\langle x,\xi\rangle}{|\xi|^2}\Bigr)d\xi_1\wedge\cdots\wedge \overset{i}{d|\xi|}\wedge\cdots\wedge d\xi_n \\ &\quad - \sum_{i=1}^n \frac{\sqrt{-1}\,\beta\xi_i}{|\xi|}\,d\xi_1\wedge\cdots\wedge\overset{i}{\langle x,d\xi\rangle}\wedge\cdots\wedge d\xi_n\Bigr) \\ &+\Bigl(1-\frac{\sqrt{-1}\,\beta\langle x,\xi\rangle}{|\xi|}\Bigr)^{n-2}\sum_{i\neq j}\Bigl(\frac{\alpha\beta x_i\xi_j}{|\xi|}+\frac{\beta^2\xi_i\xi_j\langle x,\xi\rangle}{|\xi|^3}\Bigr)d\xi_1\wedge\cdots \\ &\wedge\overset{i}{d|\xi|}\wedge\cdots\wedge\overset{j}{\langle x,d\xi\rangle}\wedge\cdots\wedge d\xi_n \end{aligned}$$

となる．第 2 項から $\Bigl(1-\dfrac{\sqrt{-1}\,\beta\langle x,\xi\rangle}{|\xi|}\Bigr)^{n-1}$ を除いた部分は

$$\sqrt{-1}\sum_{i=1}^n\Bigl(\frac{\alpha x_i\xi_i}{|\xi|}+\frac{\beta\xi_i^2\langle x,\xi\rangle}{|\xi|^3}-\frac{\beta x_i\xi_i}{|\xi|}\Bigr)d\xi = \frac{\sqrt{-1}\,\alpha\langle x,\xi\rangle}{|\xi|}d\xi$$

であり，第 3 項から $\Bigl(1-\dfrac{\sqrt{-1}\,\beta\langle x,\xi\rangle}{|\xi|}\Bigr)^{n-2}$ を除いた部分は

$$\begin{aligned} &\sum_{i\neq j}\Bigl(\frac{\alpha\beta x_i x_j\xi_i\xi_j}{|\xi|^2}+\frac{\beta^2\xi_i^2 x_j\xi_j\langle x,\xi\rangle}{|\xi|^4}-\frac{\alpha\beta x_i^2\xi_j^2}{|\xi|^2}-\frac{\beta^2 x_i\xi_i\xi_j^2\langle x,\xi\rangle}{|\xi|^4}\Bigr)d\xi \\ &= \sum_{i,j=1}^n\Bigl(\frac{\alpha\beta}{|\xi|^2}(x_ix_j\xi_i\xi_j - x_i^2\xi_j^2)+\frac{\beta}{|\xi|^4}\bigl(\xi_i^2x_j\xi_j\langle x,\xi\rangle - x_i\xi_i\xi_j^2\langle x,\xi\rangle\bigr)\Bigr)d\xi \end{aligned}$$

$$= -\alpha\beta\Big(|x|^2 - \frac{\langle x,\xi\rangle^2}{|\xi|^2}\Big)d\xi$$

となる．以上をまとめれば良い．

$\alpha=\beta=0$ と取れば，δ 函数の平面波展開公式 2.6.4 を表す．それ以外では，特に以下の二つの例が良く知られている:

(1) (**柏原**) $\alpha=\beta=1$ と取って

$$\delta(x) = \frac{(n-1)!}{(-2\pi\sqrt{-1}\,)^n}\int_{\mathbb{S}^{n-1}}\omega(\eta) \cdot \frac{(1-\sqrt{-1}\langle x,\eta\rangle)^{n-2}(1-\sqrt{-1}\langle x,\eta\rangle - |x|^2 + \langle x,\eta\rangle^2)}{(\langle x,\eta\rangle + \sqrt{-1}(|x|^2-\langle x,\eta\rangle^2)+\sqrt{-1}\,0)^n}.$$

(2) (**Bony**) $\alpha=1$, $\beta=0$ と取って

$$\delta(x) = \frac{(n-1)!}{(-2\pi\sqrt{-1}\,)^n}\int_{\mathbb{S}^{n-1}}\frac{(1+\sqrt{-1}\langle x,\eta\rangle)\,\omega(\eta)}{(\langle x,\eta\rangle + \sqrt{-1}\,|x|^2+\sqrt{-1}\,0)^n}.$$

後に用いるのはこちらなので，以下，この積分核を斉次にした複素化を

$$B(z;\zeta) := \frac{(n-1)!}{(-2\pi\sqrt{-1}\,)^n}\frac{1+\sqrt{-1}\,\dfrac{\langle z,\zeta\rangle}{\langle\zeta,\zeta\rangle^{1/2}}}{(\langle z,\zeta\rangle+\sqrt{-1}\langle z,z\rangle\langle\zeta,\zeta\rangle^{1/2})^n} \tag{2.6.5}$$

と置く．$x\neq 0$ ならば任意の $\eta\in\mathbb{S}^{n-1}$ について $\langle x,\eta\rangle+\sqrt{-1}\,|x|^2\neq 0$ だから，積分 $\displaystyle\int_{\mathbb{S}^{n-1}} B(x;\eta)\,\omega(\eta)$ は通常の函数の意味で収束し x の実解析函数となるが，δ 函数の台は原点のみであり，$\mathrm{b}\colon \mathscr{A}_{\mathbb{R}^n}\to\mathscr{B}_{\mathbb{R}^n}$ が単型射に注意すれば，解析延長の一意性によって任意の $x\neq 0$ に対して $\displaystyle\int_{\mathbb{S}^{n-1}} B(x;\eta)\,\omega(\eta)=0$. 又，$\xi=\lambda\eta$ と極座標変換して λ について積分すれば，積分が収束する範囲では (2.6.3) を適用して

$$\frac{1}{(2\pi)^n}\int_0^\infty e^{(\sqrt{-1}\langle z,\eta\rangle-\langle z,z\rangle)\lambda}\Delta(z,\eta)\,\lambda^{n-1}d\lambda = B(z;\eta). \tag{2.6.6}$$

(命題 1.3.2 を参照)． □

7. 超局所作用素

2.7.1 [定義]　定理 2.4.7 と同様，$\delta\colon\Delta\rightarrowtail\mathbb{R}^n\times\mathbb{R}^n=\mathbb{R}^{2n}$ を対角埋込みとし $\mathbb{R}^n=\Delta$ と同一視する．更に $\sqrt{-1}\,T^*\mathbb{R}^n$ と $\sqrt{-1}\,T^*_\Delta\mathbb{R}^{2n}$ とを

$$\sqrt{-1}\,T^*_\Delta\mathbb{R}^{2n}\ni(x,x;\sqrt{-1}(\xi,-\xi))\mapsto(x;\sqrt{-1}\,\xi)\in\sqrt{-1}\,T^*\mathbb{R}^n$$

で同一視する．$p_2\colon \sqrt{-1}\,T^*\mathbb{R}^{2n} \ni (x, y; \sqrt{-1}(\xi_1, \xi_2)) \mapsto y \in \mathbb{R}^n$ とする．このとき $\sqrt{-1}\,T^*\mathbb{R}^n$ の層として

$$\mathscr{L}_{\mathbb{R}^n} := \Gamma_{\sqrt{-1}\,T^*_\Delta\mathbb{R}^{2n}}(\mathscr{C}_{\mathbb{R}^{2n}} \underset{p_2^{-1}\mathscr{A}_{\mathbb{R}^n}}{\otimes} p_2^{-1}\mathscr{V}_{\mathbb{R}^n})$$

と定め**超局所作用素** (microlocal operator) の層といい，その切断を超局所作用素と呼ぶ．特に $\mathscr{L}_{\mathbb{R}^n}\big|_{\mathbb{R}^n}$ を**局所作用素** (local operator) の層，その切断を局所作用素と呼ぶこともある．超局所作用素は $K(x, y)\,dy$ と表される．但し $K(x, y)$ は $\mathscr{C}_{\mathbb{R}^{2n}}$ の芽で $\operatorname{supp} K \subset \sqrt{-1}\,T^*_\Delta\mathbb{R}^{2n}$．$K(x, y)$ を**核函数**と呼ぶ．

2.7.2 ［定理］　$V \in \mathfrak{O}(T^*\mathbb{R}^n)$ を錐状とする．

(1) 任意の $K(x, y)\,dy,\ L(x, y)\,dy \in \Gamma(\sqrt{-1}\,V; \mathscr{L}_{\mathbb{R}^n})$ に対して積

$$LK(x, y)\,dy := \Big(\int L(x, \widetilde{y})\,K(\widetilde{y}, y)\,d\widetilde{y}\Big)dy \in \Gamma(\sqrt{-1}\,V; \mathscr{L}_{\mathbb{R}^n})$$

が定まり，$\mathscr{L}_{\mathbb{R}^n}$ は単位元を $\delta(x - y)\,dy$ とする（非可換）環の層になる．

(2) 更に任意の $u(x) \in \Gamma(\sqrt{-1}\,V; \mathscr{C}_{\mathbb{R}^n})$ に対して繊維に沿う積分

$$Ku(x) := \int K(x, y)\,u(y)\,dy \in \Gamma(\sqrt{-1}\,V; \mathscr{C}_{\mathbb{R}^n})$$

が定まり，これで $\mathscr{C}_{\mathbb{R}^n}$ は $\mathscr{L}_{\mathbb{R}^n}$ 加群の層となる．

証明　(1) 定理 2.4.3 から $L(x, y_1) \otimes K(y_2, y)$ が定まり

$$\operatorname{supp}(L \otimes K) \subset \{\big(x, y_1, y_2, y; \sqrt{-1}(\xi, -\xi, \eta, -\eta)\big);\ x = y_1,\ y_2 = y\}$$

となる．$\mathbb{R}^{3n} \ni (x, \widetilde{y}, y) \mapsto (x, \widetilde{y}, \widetilde{y}, y) \in \mathbb{R}^{4n}$ とすれば

$$\sqrt{-1}\,T^*_{\mathbb{R}^{3n}}\mathbb{R}^{4n} = \{\big(x, \widetilde{y}, \widetilde{y}, y; \sqrt{-1}(0, \eta, -\eta, 0)\big)\}$$

だから，定理 2.4.4 から $\big(x_0, x_0, x_0; \sqrt{-1}(\xi_0, 0, -\xi_0)\big)$ の近傍で $L(x, \widetilde{y})\,K(\widetilde{y}, y)$ が定まり

$$\operatorname{supp}\big(L(x, \widetilde{y})\,K(\widetilde{y}, y)\big) \subset \{\big(x, \widetilde{y}, y; \sqrt{-1}(\xi, \eta - \xi, -\eta)\big);\ x = \widetilde{y} = y\}.$$

よって定理 2.5.7 から

$$LK(x, y) = \int L(x, \widetilde{y})\,K(\widetilde{y}, y)\,d\widetilde{y}$$

が定義できて

$$\operatorname{supp} LK \subset \{\big(x, x; \sqrt{-1}(\xi, -\xi)\big) \in \sqrt{-1}\,T^*\mathbb{R}^{2n}\} = \sqrt{-1}\,T^*_\Delta\mathbb{R}^{2n}.$$

これで示された．結合則は容易に示される．$\delta(x-y)\,dy$ が任意の点で超局所作用素を定めることは，直ちにわかる．定理 2.5.5 から

$$\int K(x,\widetilde{y})\,\delta(\widetilde{y}-y)\,d\widetilde{y} = \int K(x,y+\widetilde{y})\,\delta(\widetilde{y})\,d\widetilde{y}.$$

$K(x,\widetilde{y}) = \sum_{j=1}^{J} K_j((x,\widetilde{y}) + \sqrt{-1}\,\varGamma_j\,0)$ と境界値表示し，$K_j(z,w)$ の定義域上の点 (z,w) を固定する．$w' = (w_1,\ldots,w_{n-1})$ 等と置いて

$$\int K(x,y',y_n+\widetilde{y}_n)\,\delta(\widetilde{y}_n)\,d\widetilde{y}_n$$

を計算する．積分の定義から，原点を中心に正の向きに回る十分小さい路を γ とすれば

$$\frac{1}{2\pi\sqrt{-1}} \oint_\gamma \frac{K(z,w',w_n+\widetilde{w}_n)}{\widetilde{w}_n}\,d\widetilde{w}_n$$

の境界値で与えられるから，Cauchy の積分公式から

$$\int K(x,y',y_n+\widetilde{y}_n)\,\delta(\widetilde{y}_n)\,d\widetilde{y}_n = K(x,y).$$

これを各変数について繰返せば

$$\int K(x,\widetilde{y})\,\delta(\widetilde{y}-y)\,d\widetilde{y} = K(x,y).$$

同様に

$$\int \delta(x-\widetilde{y})\,K(\widetilde{y},y)\,d\widetilde{y} = K(x,y).$$

(2) も同様である．∎

2.7.3 ［定義］　超局所作用素 $K(x,y)\,dy$ に対してその**随伴作用素** (adojoint operator) を $K^*(x,y)\,dy := K(y,x)\,dy$ で定義する．これは

$$\int K(x,\widetilde{x})\,\delta(\widetilde{x}-y)\,d\widetilde{x} = \int K^*(y,\widetilde{x})\,\delta(\widetilde{x}-x)\,d\widetilde{x}$$

で特徴付けられる．$K(x,y)\,dy \in \varGamma(\sqrt{-1}\,V;\mathscr{L}_{\mathbb{R}^n})$ ならば，$K^*(x,y)\,dy \in \varGamma(\sqrt{-1}\,V^a;\mathscr{L}_{\mathbb{R}^n})$ に注意する．

2.7.4 ［命題］　$\delta^*(x-y)\,dy = \delta(x-y)\,dy,\ K^{**} = K$ 且つ $(LK)^* = K^*L^*$.

証明　$\delta^*(x-y)\,dy = \delta(x-y)\,dy$ は $\delta(y-x) = \delta(x-y)$ だから良い．

$$K^{**}(x,y) = K^*(y,x) = K(x,y)$$

だから $K^{**} = K$．最後に

$$(LK)^*(x,y) = LK(y,x) = \int L(y,\widetilde{y})\,K(\widetilde{y},x)\,d\widetilde{y}$$

$$= \int L^*(\widetilde{y}, y)\, K^*(x, \widetilde{y})\, d\widetilde{y} = K^* L^*(x, y)$$

だから $(LK)^* = K^* L^*$. ∎

2.7.5 [例]　(1) $\delta(y-x) = \delta(x-y)$ だから，超函数 $f(x)$ に対して定理 2.7.2 の通り

$$\int \delta(y-x)\, f(y)\, dy = \int \delta(x-y)\, f(y)\, dy = f(x).$$

(2) 無限階微分作用素 $P(z, \partial_z) = \sum_{|\alpha|=0}^{\infty} a_\alpha(z)\, \partial_z^\alpha$ は

$$K(x, y) = P(x, \partial_x)\, \delta(x-y)$$

を核函数とする超局所作用素を定める．

$$\int K(x, y)\, u(y)\, dy = \int \sum_\alpha a_\alpha(x)\, \frac{\partial^{|\alpha|}\delta}{\partial x^\alpha}(x-y)\, u(y)\, dy$$

$$= \sum_\alpha a_\alpha(x)\, \partial_x^\alpha \int \delta(x-y)\, u(y)\, dy = \sum_\alpha a_\alpha(x)\, \partial_x^\alpha u(x) = Pu(x)$$

だから $P(x, \partial_x)$ の本来の作用と超局所作用素としての作用とは一致する．

但し上の変形の中の無限和は佐藤超函数の意味では一般には許されない．しかし u の定義関数の段階での無限和としては意味付けできて最終的な等式が成立する．無限階微分作用素に関する後の議論でも同様の意味でこの様に表記することがある．

$K(x, y)$ は

$$\sum_{\alpha \in \mathbb{N}_0^n} \frac{a_\alpha(z)}{(-2\pi\sqrt{-1}\,)^n}\, \partial_z^\alpha \Big(\frac{1}{(z-w)^{\mathbf{1}_n}} \Big) = \sum_{\alpha \in \mathbb{N}_0^n} \frac{\alpha!\, a_\alpha(z)}{(2\pi\sqrt{-1}\,)^n\, (w-z)^{\alpha+\mathbf{1}_n}}$$

即ち $K_P(z, w)$ を定義函数として持つ．従って $K(x, y)$ を $\mathrm{b}_{\mathbb{R}}(K_P)(x, y)$ と書く．但し，$\mathrm{b}_{\mathbb{R}}$ は積分の向きを考慮すれば

(2.7.1)　　$$\mathrm{b}_{\mathbb{R}} \colon K_P(z, w) \mapsto (-1)^n \sum_{\sigma \in \{\pm 1\}^n} \mathrm{sgn}(\sigma)\, K_P(x, y + \sqrt{-1}\,\sigma_j\, 0)$$

という境界値型射である．特に

$$\frac{1}{(2\pi\sqrt{-1}\,)^n\, (w-z)^{\mathbf{1}_n}} \mapsto \sum_{\sigma \in \{\pm 1\}^n} \frac{(-1)^n\, \mathrm{sgn}(\sigma)}{(2\pi\sqrt{-1}\,)^n\, (y - x + \sqrt{-1}\,\sigma\, 0)^{\mathbf{1}_n}}$$

$$= \prod_{j=1}^{n} \sum_{\sigma_j = \pm 1} \frac{-\sigma_j}{2\pi\sqrt{-1}\,(y_j - x_j + \sqrt{-1}\,\sigma_j\, 0)} = \delta(y-x).$$

$\mathrm{b}_{\mathbb{R}}\colon \mathscr{D}^{\infty}_{\mathbb{C}^n}\big|_{\mathbb{R}^n} \to \mathscr{L}_{\mathbb{R}^n}\big|_{\mathbb{R}^n}$ は単型射である．実際，$\mathrm{b}_{\mathbb{R}}(K_P)(x,y)=0$ ならば

$$0=\int \mathrm{b}_{\mathbb{R}}(K_P)(x,y)\,y^{\alpha}\,dy=\alpha!\,a_{\alpha}(x)$$

に注意すれば良い．$\mathrm{b}_{\mathbb{R}}$ が環の型射となるのも明らか．更に

$$\begin{aligned}\int K(y,x)\,u(y)\,dy&=\sum_{\alpha}\int a_{\alpha}(y)\,\frac{\partial^{|\alpha|}\delta}{\partial y^{\alpha}}(y-x)\,u(y)\,dy\\&=\sum_{\alpha}\int(-1)^{|\alpha|}\,\frac{\partial^{|\alpha|}}{\partial x^{\alpha}}\Big(\delta(y-x)\,a_{\alpha}(y)\,u(y)\Big)dy\\&=\sum_{\alpha}(-\partial_x)^{\alpha}\int\delta(y-x)\,a_{\alpha}(y)\,u(y)\,dy=\sum_{\alpha}(-\partial_x)^{\alpha}\big(a_{\alpha}(x)\,u(x)\big)\end{aligned}$$

だから，$P(z,\partial_z)$ の $\mathscr{D}^{\infty}_{\mathbb{C}^n}$ 内の形式随伴と $\mathscr{L}_{\mathbb{R}^n}$ 内の随伴とは一致する．　□

3

超函数の諸性質

本章では，最初に超函数の位相的性質について紹介し，その応用として局所可積分函数の層を超函数の層に埋込む．更に，この位相的性質を用いて超函数の層の脆弱性を証明する．残りの節は，Schwartz 超函数と超函数との関連について紹介し，更に応用上重要な超函数の諸性質を紹介する．

1. コンパクト台の超函数と位相

一般に E が（複素）**位相線型空間** (topological vector space) とは，E は（複素）線型空間と同時に位相空間であって，この位相の下で線型空間の演算，即ち加法とスカラー倍とが連続となることをいう．

位相線型空間 E に対して，線型写像 $E \to \mathbb{C}$ を E 上の**線型汎函数** (linear functional) と呼ぶ．更に，E 上の**連続線型汎函数**全体を E' と書く．$\varphi \in E$ 及び $f \in E'$ に対して $\langle \varphi, f \rangle := f(\varphi)$ と定める．

以下，$K \Subset \mathbb{R}^n$ をコンパクト集合とする．最初に，コンパクト集合の近傍で定義された実解析函数の空間に位相を導入する．

$$\Gamma(K; \mathscr{A}_{\mathbb{R}^n}) = \varinjlim_{K \subset U} \Gamma(U; \mathscr{O}_{\mathbb{C}^n})$$

であった．但し $U \in \mathfrak{O}(\mathbb{C}^n)$ は K の複素近傍を渡る．

3.1.1 ［定義］　(1) K に対して $\mathbb{C}^n$ 上のコンパクト集合列 $\{K_m\}_{m \in \mathbb{N}}$ を

$$K_m := \{z \in \mathbb{C}^n; \operatorname{dis}(z, K) \leqslant \frac{1}{m}\}$$

と置く．$\operatorname{Int} K_m$ 上で整型且つ K_m 上で連続な函数全体を $\mathscr{O}_C(K_m)$ と表す．$\mathscr{O}_C(K_m)$ はノルム $\|\varphi\|_{K_m} := \sup\{|\varphi(z)|; z \in K_m\}$ で Banach 空間となる．

又，集合として $\Gamma(K;\mathscr{A}_{\mathbb{R}^n}) = \bigcup_{m\in\mathbb{N}} \mathscr{O}_C(K_m)$ である．

(2) 列 $\{\varphi_\nu(x)\}_{\nu\in\mathbb{N}} \subset \Gamma(K;\mathscr{A}_{\mathbb{R}^n})$ が $\Gamma(K;\mathscr{A}_{\mathbb{R}^n})$ で零に収束することを，$m \in \mathbb{N}$ が存在して各 $\varphi_\nu(x)$ は $\varphi_\nu(z) \in \mathscr{O}_C(K_m)$ に拡張され $\|\varphi_\nu\|_{K_m} \underset{\nu}{\to} 0$ と定義する．

(3) $B \subset \Gamma(K;\mathscr{A}_{\mathbb{R}^n})$ が $\Gamma(K;\mathscr{A}_{\mathbb{R}^n})$ で有界とは，$m \in \mathbb{N}$ が存在して B は $B^{\mathbb{C}} \subset \mathscr{O}_C(K_m)$ に拡張され $\sup\{\|\varphi\|_{K_m};\, \varphi \in B^{\mathbb{C}}\} < \infty$，即ち K_m 上一様有界となることと定義する．$\mathbb{R}^n$ 上では同型

$$\Gamma(K;\mathscr{A}_{\mathbb{R}^n}) \ni \varphi(x) \mapsto \varphi(x)\,dx \in \Gamma(K;\mathscr{V}_{\mathbb{R}^n})$$

で $\Gamma(K;\mathscr{A}_{\mathbb{R}^n})$ からの位相を $\Gamma(K;\mathscr{V}_{\mathbb{R}^n})$ に与える．

(4) $\Gamma(K;\mathscr{A}_{\mathbb{R}^n})$ 上の線型汎函数 f が連続とは，任意の $m \in \mathbb{N}$ に対して $C_m > 0$ が存在して，任意の $\varphi(x) \in \mathscr{O}_C(K_m)$ に対して

$$|\langle\varphi, f\rangle| \leqslant C_m \|\varphi\|_{K_m}$$

となることと定義する．これから集合として $\Gamma(K;\mathscr{A}_{\mathbb{R}^n})' = \bigcap_{m\in\mathbb{N}} \mathscr{O}_C(K_m)'$．

$\Gamma(K;\mathscr{A}_{\mathbb{R}^n})'$ は有界集合 $B \subset \Gamma(K;\mathscr{A}_{\mathbb{R}^n})$ 上の一様収束位相の下で位相空間と考える．$\Gamma(K;\mathscr{V}_{\mathbb{R}^n})'$ も同様．

3.1.2［注意］　本書の通り一般の実解析多様体上でなく $\mathbb{R}^n$ 上で考える場合は，$\mathscr{V}_{\mathbb{R}^n}$ を持ち出す必要はない．しかし，$\mathscr{B}_{\mathbb{R}^n}$ の座標変換を述べた理論上の理由から $\mathscr{V}_{\mathbb{R}^n}$ とその双対とを考える．

3.1.3［定義］　$z = x + \sqrt{-1}\,y \in \mathbb{C}^n, \eta \in \mathbb{S}^{n-1}$ 及び $l \in \mathbb{N}$ に対して，以下の通り集合を定める:

$$\mathbb{D}_\eta(K) := \{z \in \mathbb{C}^n;\, \langle y,\eta\rangle + \mathrm{dis}(x,K)^2 > |y|^2\},$$

$$\mathbb{D}(K)_l := \{(z,\eta) \in \mathbb{C}^n \times \mathbb{S}^{n-1};\, |z| \leqslant l, \langle y,\eta\rangle + \mathrm{dis}(x,K)^2 \geqslant |y|^2 + \frac{1}{5l}\},$$

$$\mathbb{D}(K) := \{(z,\eta) \in \mathbb{C}^n \times \mathbb{S}^{n-1};\, \langle y,\eta\rangle + \mathrm{dis}(x,K)^2 > |y|^2\}.$$

$\mathbb{D}(K)_1 \Subset \mathbb{D}(K)_2 \Subset \cdots \Subset \mathbb{D}(K)$ 且つ $\bigcup_{l\in\mathbb{N}} \mathbb{D}(K)_l = \mathbb{D}(K)$ に注意する．

以下，$B(z;\eta)$ を (2.6.5) で定めた函数とする．

3.1.4 [命題]　$f(x) \in \Gamma_K(\mathbb{R}^n; \mathscr{B}_{\mathbb{R}^n})$ に対して

$$B * f(z;\eta) := \int_{\mathbb{R}^n} B(z - \widetilde{x};\eta)\, f(\widetilde{x})\, d\widetilde{x}$$

は，$\mathbb{D}(K)$ 上で連続且つ z について整型．更に (2.3.5) と同様の意味で

$$\int_{\mathbb{S}^{n-1}} B * f(x + \sqrt{-1}\,\mathrm{Int}\{\eta\}^{\circ}\, 0;\eta)\,\omega(\eta) = f(x).$$

証明　定理 2.3.15 から，$f(x) = \sum\limits_{j=1}^{J} F_j(x + \sqrt{-1}\,\Gamma_j\, 0)$ という境界値表示で，$F_j(z) \in \Gamma(\mathbb{R}^n \setminus K; \mathscr{A}_{\mathbb{R}^n})$ 且つ $\mathbb{R}^n \setminus K$ では通常の函数の意味で $\sum\limits_{j=1}^{J} F_j(z) = 0$ となるものが存在する．適当な $K \Subset D \Subset \mathbb{R}^n$ 及び函数 ε_j を取って

$$B * F_j(z;\eta) := \int\limits_{D+\sqrt{-1}\,\varepsilon_j} B(z - \widetilde{z};\eta)\, F_j(\widetilde{z})\, d\widetilde{z}$$

としたものの和 $\sum\limits_{j=1}^{J} B * F_j(z;\eta)$ が $B * f(z;\eta)$ であった．$(z,\eta) \in \mathbb{D}(K)$ ならば D 及び ε_j を取り替えて Cauchy-Poincaré の定理 1.1.18 を適用することで，$B * f(z;\eta)$ が z につき整型がわかる．特に $B * f(z;\eta)$ は $\mathbb{R}^n + \sqrt{-1}\,\Gamma_\eta$ 上で z について整型である．(1.4.1) を満たす有限被覆 $\mathbb{S}^{n-1} = \bigcup\limits_{i=1}^{I} \Delta_i^{\circ}\infty$ を選ぶ．補題 2.3.5 から

$$F_i(z) := \int\limits_{\Delta_i^{\circ}\infty} B * f(z;\eta)\,\omega(\eta) \tag{3.1.1}$$

は $\Gamma(\mathbb{R}^n + \sqrt{-1}\,\Delta_i; \widetilde{\mathscr{A}}_{\mathbb{R}^n})$ の切断を定め，超函数

$$\int_{\mathbb{S}^{n-1}} B * f(x + \sqrt{-1}\,\mathrm{Int}\{\eta\}^{\circ}\, 0;\eta)\,\omega(\eta) = \sum_{i=1}^{I} F_i(x + \sqrt{-1}\,\Delta_i\, 0)$$

が定義できる．任意の $\eta \in \mathbb{S}^{n-1}$ に対し $\{z \in \mathbb{C}^n;\ |y| + |y|^2 < \mathrm{dis}(x,K)^2\} \subset \mathbb{D}_\eta(K)$ だから，$\mathbb{D}_\eta(K)$ は $\mathbb{R}^n \setminus K$ の複素近傍である．これから，各 $F_i(z)$ は $\mathbb{R}^n \setminus K$ で実解析的になる．更に定義から

$$\int_{\mathbb{S}^{n-1}} B * f(x + \sqrt{-1}\,\mathrm{Int}\{\eta\}^{\circ}\, 0;\eta)\,\omega(\eta) = \int_{\mathbb{S}^{n-1}} \omega(\eta) \int_{\mathbb{R}^n} B(x - \widetilde{x};\eta)\, f(\widetilde{x})\, d\widetilde{x}$$

$$= \int_{\mathbb{R}^n} d\widetilde{x}\, f(\widetilde{x}) \int_{\mathbb{S}^{n-1}} B(x - \widetilde{x};\eta)\,\omega(\eta) = \int_{\mathbb{R}^n} \delta(x - \widetilde{x})\, f(\widetilde{x})\, d\widetilde{x} = f(x). \qquad \blacksquare$$

3.1.5 [補題]　$f(x) \in \Gamma_c(\mathbb{R}^n; \mathscr{B}_{\mathbb{R}^n})$ 及び可測集合 $S \subset \mathbb{S}^{n-1}$ に対して超函数

$$f_S(x) := \int_S B * f(x + \sqrt{-1}\,\mathrm{Int}\{\eta\}^\circ 0; \eta)\,\omega(\eta)$$

を考えれば

$$\dot{\mathrm{SS}}(f_S) \subset \dot{\mathrm{SS}}(f) \cap \{(x; \sqrt{-1}\langle t\eta, dx\rangle) \in \sqrt{-1}\,\dot{T}^*\mathbb{R}^n;\, \eta \in \mathrm{Cl}\,S,\, t > 0\}.$$

証明　$B * f(z;\eta)$ が $\mathbb{R}^n + \sqrt{-1}\,\Gamma_\eta$ 上で z について整型となるのは命題 3.1.4 と同様である．簡単のため

$$W := \dot{\mathrm{SS}}(f) \cap \{(x; \sqrt{-1}\langle t\eta, dx\rangle) \in \sqrt{-1}\,\dot{T}^*\mathbb{R}^n;\, \eta \in \mathrm{Cl}\,S,\, t > 0\}$$

と置く．$(x; \sqrt{-1}\,\eta) \notin W$ ならば (1.4.1) を満たす有限被覆 $W\infty \subset \bigcup_{i=1}^{I} \Delta_i^\circ\infty$ で，任意の i について $(x; \sqrt{-1}\,\eta) \notin \Delta_i^\circ$ となるものが選べる．

$$F_i(z) := \int_{S\cap\Delta_i^\circ\infty} B * f(z;\eta)\,\omega(\eta)$$

と置けば，補題 2.3.5 を適用して $F_i(z) \in \Gamma(\mathbb{R}^n + \sqrt{-1}\,\Delta_i; \widetilde{\mathscr{O}}_{\mathbb{R}^n})$ 且つ $f_S(x) = \sum_{i=1}^{I} F_i(x + \sqrt{-1}\,\Delta_i 0)$．特に $\dot{\mathrm{SS}}(f_S) \subset \mathbb{R}^n + \sqrt{-1}\bigcup_{i=1}^{I} \Delta_i^\circ$ だから $(x; \sqrt{-1}\,\eta) \notin \dot{\mathrm{SS}}(f_S)$．■

特に，(3.1.1) の $F_i(z)$ は $\dot{\mathrm{SS}}F_i(x + \sqrt{-1}\,\Delta_i 0) \subset \dot{\mathrm{SS}}(f) \cap (\mathbb{R}^n + \sqrt{-1}\,\Delta_i^\circ)$ を満たす．

命題 3.1.4 から $f(x) \in \Gamma_K(\mathbb{R}^n; \mathscr{B}_{\mathbb{R}^n})$ に対して

$$\|f\|_{K,(l)} := \sup\{|B * f(z;\eta)|;\, (z,\eta) \in \mathbb{D}(K)_l\}$$

が定まる．$\Gamma_K(\mathbb{R}^n; \mathscr{B}_{\mathbb{R}^n})$ 上に $\{\|\cdot\|_{K,(l)}\}_{l\in\mathbb{N}}$ によって位相を入れる．即ち，列 $f_\nu(x)$ が $\Gamma_K(\mathbb{R}^n; \mathscr{B}_{\mathbb{R}^n})$ で零に収束することを任意の $l \in \mathbb{N}$ に対して $\|f_\nu\|_{K,(l)} \underset{\nu}{\longrightarrow} 0$ と定める．この位相は Hausdorff である．実際，任意の $l \in \mathbb{N}^n$ に対して $\|f\|_{K,(l)} = 0$ とは $B * f(z;\eta) = 0$ を意味するから，整型函数として

$$f(x) = \int_{\mathbb{S}^{n-1}} B * f(x + \sqrt{-1}\,\mathrm{Int}\{\eta\}^\circ 0; \eta)\,\omega(\eta) = 0.$$

従って $f(x) = 0 \in \Gamma_K(\mathbb{R}^n; \mathscr{B}_{\mathbb{R}^n})$．

3.1.6 [補題]　上の位相で $\Gamma_K(\mathbb{R}^n; \mathscr{B}_{\mathbb{R}^n})$ は Fréchet 空間，即ち完備となる．

証明　任意の $l \in \mathbb{N}$ に対して $\{\|f_\nu\|_{K,(l)}\}_{\nu\in\mathbb{N}}$ が Cauchy 列ならば，$B * f_\nu$ は $\mathbb{D}(K)$ 上の連続函数 $F(z;\eta)$ に広義一様収束する．これと $\dfrac{\partial(B * f_\nu)}{\partial\overline{z}_j}(z;\eta) = 0$ とから $\dfrac{\partial F}{\partial\overline{z}_j}(z;\eta) = 0$ が従う．即ち $F(z;\eta)$ は z について整型である．従って (1.4.1) を満たす有限被覆 $\mathbb{S}^{n-1} = \bigcup_{i=1}^{I} \Delta_i^\circ\infty$ を選べば，(3.1.1) で $B * f(z;\eta)$ を $F(z;\eta)$ に取り替えた $F_i(z) \in \Gamma(\mathbb{R}^n + \sqrt{-1}\,\Delta_i; \widetilde{\mathscr{A}}_{\mathbb{R}^n})$ が定義できる．更に任意の $\eta \in \mathbb{S}^{n-1}$ に対して $\{z; |\langle y,\eta\rangle| + |y|^2 < \mathrm{dis}(x,K)^2\}(\subset \mathbb{D}(K))$ で，$F(z;\eta)$ は整型．よって $F_i(z)$ は $\mathbb{R}^n \setminus K$ では実解析的である．

$$f(x) := \int_{\mathbb{S}^{n-1}} F(x + \sqrt{-1}\,\mathrm{Int}\{\eta\}^\circ 0;\eta)\,\omega(\eta) = \sum_{i=1}^{I} F_i(x + \sqrt{-1}\,\Delta_i 0)$$

と置けば，$x \in \mathbb{R}^n \setminus K$ ならば実解析函数として

$$f(x) = \sum_{i=1}^{I} \int_{\Delta_i^\circ\infty} F(x;\eta)\,\omega(\eta) = \int_{\mathbb{S}^{n-1}} F(x;\eta)\,\omega(\eta).$$

上と同様の理由で実解析函数として

$$0 = f_\nu(x) = \int_{\mathbb{S}^{n-1}} B * f_\nu(x;\eta)\,\omega(\eta) \to \int_{\mathbb{S}^{n-1}} F(x;\eta)\,\omega(\eta)$$

だから結局 $f(x) \in \Gamma_K(\mathbb{R}^n;\mathscr{B}_{\mathbb{R}^n})$ がわかる．さて，(3.1.1) で $B * f(z;\eta)$ を $B * f_\nu(z;\eta)$ に取り替えた函数を $F_{\nu,i}(z)$ と置けば，定義域上広義一様に $F_{\nu,i}(z) \to F_i(z)$．又，$f_\nu(x) = \sum_{i=1}^{I} F_{\nu,i}(x + \sqrt{-1}\,\Delta_i 0)$ だから

$$B * f_\nu(z;\eta) - B * f(z;\eta) = \sum_{i=1}^{I} \int_{D+\sqrt{-1}\,\varepsilon_i} B(z - \widetilde{z};\eta)\bigl(F_{\nu,i}(\widetilde{z}) - F_i(\widetilde{z})\bigr)\,d\widetilde{z}.$$

よって $\varepsilon_i^l, C_{l,i} > 0$ が存在して

$$\|f_\nu - f\|_{K,(l)} \leqslant \sum_{i=1}^{I} C_{l,i} \sup\{|F_{\nu,i}(z) - F_i(z)|;\, z \in D + \sqrt{-1}\,\varepsilon_i^l\} \underset{\nu}{\longrightarrow} 0$$

だから完備がわかった．■

この位相の下で $\Gamma_K(\mathbb{R}^n;\mathscr{B}_{\mathbb{R}^n})$ 上の線型汎函数 ψ が連続とは，$C > 0$ 及び $l \in \mathbb{N}$ が存在して

$$|\langle f,\psi\rangle| \leqslant C\|f\|_{K,(l)}, \quad \bigl(f(x) \in \Gamma_K(\mathbb{R}^n;\mathscr{B}_{\mathbb{R}^n})\bigr)$$

が成り立つことである．

$\varphi(z) \in \mathscr{O}_C(K_m)$, $f(x) \in \Gamma_K(\mathbb{R}^n; \mathscr{B}_{\mathbb{R}^n})$ に対して $K \subset D \subset \mathbb{R}^n$ を K に十分近く取れば

$$\int_{\mathbb{R}^n} \varphi(x)\, f(x)\, dx = \int_{\mathbb{R}^n \times \mathbb{S}^{n-1}} \varphi(x)\, B * f(x + \sqrt{-1}\,\mathrm{Int}\{\eta\}^{\circ}0; \eta)\, dx\, \omega(\eta)$$
$$= \sum_{j=1}^{I} \int_{D+\sqrt{-1}\,\varepsilon_j} dz\, \varphi(z) \int_{\Delta_j^{\circ}\infty} B * f(z;\eta)\, \omega(\eta).$$

ここで Cauchy-Poincaré の定理 1.1.18 を用いて $\varphi(z)$ と $B * f(z;\eta)$ の定義域内で積分路を変更すれば，任意の $m \in \mathbb{N}$ に対して $l \in \mathbb{N}$ 及び $C > 0$ が存在して

$$\left| \int_{\mathbb{R}^n} \varphi(x)\, f(x)\, dx \right| \leqslant C\, \|\varphi\|_{K_m} \|f\|_{K,(l)}.$$

従って，$f(x)$ は $\Gamma(K; \mathscr{V}_{\mathbb{R}^n})'$ の切断を定める．これを

$$\Psi\colon \Gamma_K(\mathbb{R}^n; \mathscr{B}_{\mathbb{R}^n}) \ni f(x) \mapsto \Psi(f) \in \Gamma(K; \mathscr{V}_{\mathbb{R}^n})'$$

と書く．同様にして $\varphi(x)\, dx \in \Gamma(K; \mathscr{V}_{\mathbb{R}^n})$ は $\Gamma_K(\mathbb{R}^n; \mathscr{B}_{\mathbb{R}^n})'$ の切断を定める．これを

$$\Gamma(K; \mathscr{V}_{\mathbb{R}^n}) \ni \varphi(x)\, dx \mapsto {}^{\mathrm{t}}\Psi(\varphi(x)\, dx) \in \Gamma_K(\mathbb{R}^n; \mathscr{B}_{\mathbb{R}^n})'$$

と書く．定義から，$\varphi(x) \in \Gamma(K; \mathscr{A}_{\mathbb{R}^n})$ 及び $f(x) \in \Gamma_K(\mathbb{R}^n; \mathscr{B}_{\mathbb{R}^n})$ に対して

$$\int_{\mathbb{R}^n} \varphi(x)\, f(x)\, dx = \langle \varphi(x)\, dx, \Psi(f) \rangle = \langle {}^{\mathrm{t}}\Psi(\varphi(x)\, dx), f \rangle$$

だから，Ψ と ${}^{\mathrm{t}}\Psi$ とは互いに双対の関係である．

3.1.7 ［定理］　Ψ は次の位相同型を誘導する:

$$\Psi\colon \Gamma_K(\mathbb{R}^n; \mathscr{B}_{\mathbb{R}^n}) \xrightarrow{\sim} \Gamma(K; \mathscr{V}_{\mathbb{R}^n})'.$$

証明　$f(x) \in \Gamma_K(\mathbb{R}^n; \mathscr{B}_{\mathbb{R}^n})$ が $\Psi(f) = 0 \in \Gamma(K; \mathscr{V}_{\mathbb{R}^n})'$ ならば

$$0 = \langle B(z - \widetilde{x};\eta)\, d\widetilde{x}, f(\widetilde{x}) \rangle = \int_{\mathbb{R}^n} B(z - \widetilde{x};\eta)\, f(\widetilde{x})\, d\widetilde{x} = B * f(z;\eta).$$

これと命題 3.1.4 とから $f(x) = 0$ となる．$\Gamma_K(\mathbb{R}^n; \mathscr{B}_{\mathbb{R}^n})$ で $f_\nu \to 0$ ならば，$\Gamma(K; \mathscr{V}_{\mathbb{R}^n})'$ で $\Psi(f_\nu) \to 0$ となるのは明らか．従って Ψ は連続単準同型．

次に全準同型を示す．(1.4.1) を満たす有限被覆 $\mathbb{S}^{n-1} = \bigcup_{j=1}^{J} \Delta_j^\circ\infty$ を選び，(3.1.1) と同様

$$B_j(z) := \int_{\Delta_j^\circ\infty} B(z;\eta)\,\omega(\eta)$$

と置けば，これは $\bigcap_{\eta\in\Delta_j^\circ\infty} \{z \in \mathbb{C}^n;\ \langle y,\eta\rangle + |x|^2 > |y|^2\}$ で整型である．従って $W_j(K) := \bigcap_{\eta\in\Delta_j^\circ\infty} \{z \in \mathbb{C}^n;\ \langle y,\eta\rangle + \mathrm{dis}(x,K)^2 > |y|^2\}$ と置けば，任意の $z \in W_j(K)$ に対して $B_j(z-\widetilde{x})$ は $\widetilde{x}$ の函数として $\Gamma(K;\mathscr{A}_{\mathbb{R}^n})$ の切断を定める．任意の $g \in \Gamma(K;\mathscr{V}_{\mathbb{R}^n})'$ に対して，次の通り定める:

$$B_j * g(z) := \langle B_j(z-\widetilde{x})\,d\widetilde{x}, g(\widetilde{x})\rangle.$$

3.1.8 ［補題］　$B_j * g(z)$ は $W_j(K)$ 上の整型函数である．

証明　$B_j * g(z)$ が定義可能なことは $W_j(K)$ の形から良い．g の連続性から任意の $m \in \mathbb{N}$ に対して $C > 0$ が存在して，任意の $\varphi(z) \in \mathscr{O}_C(K_m)$ に対して $|\langle g(\widetilde{x}), \varphi(\widetilde{x})\,d\widetilde{x}\rangle| \leqslant C\|\varphi\|_{K_m}$．任意の $z_0 \in W_j(K)$ を固定し，その十分小さい近傍 V で考えれば，$B(z;\eta)$ の具体的な形を見ればわかる通り，$m \in \mathbb{N}$ が存在して $(z,\widetilde{z}) \in V \times K_m$ の函数として $B_j(z-\widetilde{z})$ は整型で $\mathrm{Cl}(V \times K_m)$ で連続となる．従って

$$|B_j * g(z) - B_j * g(z_0)| \leqslant C\sup\{|B_j(z-\widetilde{z}) - B_j(z_0-\widetilde{z})|;\ \widetilde{z} \in K_m\}.$$

$\boldsymbol{e}_i$ を i 次単位ベクトルとする．必要ならば $V \times K_m$ を小さく取り直せば，$0 \neq h \in \mathbb{R}$ が $h \to 0$ のとき

$$\sup\left\{\left|\frac{B_j(z+h\boldsymbol{e}_i-\widetilde{z}) - B_j(z-\widetilde{z})}{h} - \frac{\partial B_j}{\partial x_i}(z-\widetilde{z})\right|;\ \widetilde{z} \in K_m\right\}$$

は零に収束するから

$$\frac{B_j * g(z+h\boldsymbol{e}_i) - B_j * g(z)}{h} - \left\langle \frac{\partial B_j}{\partial x_i}(z-\widetilde{x})\,d\widetilde{x}, g(\widetilde{x})\right\rangle \to 0.$$

即ち，$\dfrac{\partial(B_j * g)}{\partial x_i}(z) = \left\langle \dfrac{\partial B_j}{\partial x_i}(z-\widetilde{x})\,d\widetilde{x}, g(\widetilde{x})\right\rangle$．同様に，$\dfrac{\partial(B_j * g)}{\partial y_i}(z) = \left\langle \dfrac{\partial B_j}{\partial y_i}(z-\widetilde{x})\,d\widetilde{x}, g(\widetilde{x})\right\rangle$ だから

$$\frac{\partial(B_j * g)}{\partial \overline{z}_i}(z) = \left\langle \frac{\partial B_j}{\partial \overline{z}_i}(z-\widetilde{x})\,d\widetilde{x}, g(\widetilde{x})\right\rangle = 0,$$

即ち，$B_j * g(z)$ は Hartogs の定理 1.1.19 から整型となる．∎

$W_j(K)$ は $\mathbb{R}^n + \sqrt{-1}\,\Delta_j$ 型の無限小楔だから，超函数

$$f(x) := \sum_{j=1}^{J} B_j * g(x + \sqrt{-1}\,\Delta_j\, 0) \in \Gamma_K(\mathbb{R}^n; \mathscr{B}_{\mathbb{R}^n})$$

が定まる．任意の $\varphi(x)\,dx \in \Gamma(K; \mathscr{V}_{\mathbb{R}^n})$ を取れば

$$\int_{\mathbb{R}^n} \varphi(x)\, f(x)\, dx = \sum_{j=1}^{J} \int_{D+\sqrt{-1}\,\varepsilon_j} \varphi(z)\, B_j * g(z)\, dz$$
$$= \sum_{j=1}^{J} \int_{D+\sqrt{-1}\,\varepsilon_j} \varphi(z)\, \langle B_j(z - \widetilde{x}\,)\, d\widetilde{x}, g(\widetilde{x}\,)\rangle\, dz.$$

3.1.9 [補題]　次の等式が成り立つ:

$$\sum_{j=1}^{J} \int_{D+\sqrt{-1}\,\varepsilon_j} \varphi(z)\, \langle B_j(z - \widetilde{x}\,)\, d\widetilde{x}, g(\widetilde{x}\,)\rangle\, dz$$
$$= \Big\langle \sum_{j=1}^{J} \int_{D+\sqrt{-1}\,\varepsilon_j} \varphi(z)\, B_j(z - \widetilde{x}\,)\, dz\, d\widetilde{x}, g(\widetilde{x}\,) \Big\rangle.$$

証明　各 j について示せば良い．定積分 $\displaystyle\int_{D+\sqrt{-1}\,\varepsilon_j} \varphi(z)\, B_j(z-\widetilde{x}\,)\, dz$ の Riemann 式近似和 $\displaystyle\sum_k \varphi(\xi^{(k)})\, B_j(\xi^{(k)} - \widetilde{x}\,)\Delta\xi^{(k)}$ は，分割を細かくしたとき $\Gamma(K; \mathscr{A}_{\mathbb{R}^n})$ の位相で定積分に収束するので

$$\sum_k \varphi(\xi^{(k)})\, \langle B_j(\xi^{(k)} - \widetilde{x}\,)\, d\widetilde{x}, g(\widetilde{x}\,)\rangle\, \Delta\xi^{(k)}$$
$$= \langle \sum_k \varphi(\xi^{(k)})\, B_j(\xi^{(k)} - \widetilde{x}\,)\, \Delta\xi^k\, d\widetilde{x}, g(\widetilde{x}\,)\rangle$$

の極限を取って証明される．∎

$x \in \operatorname{Int} D$ ならば，超函数の積分の定義から

$$\sum_{j=1}^{J} \int_{D+\sqrt{-1}\,\varepsilon_j} \varphi(z)\, B_j(z - x)\, dz\, dx = \sum_{j=1}^{J} \int_{D+\sqrt{-1}\,\varepsilon_j} dz\, \varphi(z) \int_{\Delta_j^{\circ}\infty} B(z - x; \eta)\, \omega(\eta)$$

$$= \int_D \delta(\widetilde{x} - x)\,\varphi(\widetilde{x}\,)\,d\widetilde{x} = \varphi(x)$$

となるから，以上をまとめて

$$\int_{\mathbb{R}^n} \varphi(x)\,f(x)\,dx = \langle \varphi(x)\,dx, g(x)\rangle$$

となり，全準同型が示された．$\varGamma(K;\mathscr{V}_{\mathbb{R}^n})'$ 内で $g_\nu \underset{\nu}{\longrightarrow} g$ ならば，$\mathbb{D}(K)$ 上で広義一様に $\langle B(z - \widetilde{x};\eta)\,d\widetilde{x}, g_\nu(\widetilde{x}\,)\rangle \underset{\nu}{\longrightarrow} \langle B(z - \widetilde{x};\eta)\,d\widetilde{x}, g(\widetilde{x}\,)\rangle$．これから $\varGamma_K(\mathbb{R}^n;\mathscr{B}_{\mathbb{R}^n})$ 内で $\varPsi^{-1}(g_\nu)(x) \underset{\nu}{\longrightarrow} \varPsi^{-1}(g)(x)$ となることは，補題 3.1.6 の完備性の証明と同様である．以上で示された．■

3.1.10 [命題]　任意の $a(x)$, $\varphi(x) \in \varGamma(K;\mathscr{A}_{\mathbb{R}^n})$, $f(x) \in \varGamma_K(\mathbb{R}^n;\mathscr{B}_{\mathbb{R}^n})$, $1 \leqslant j \leqslant n$ に対して

$$\langle (a\varphi)(x)\,dx, \varPsi(f)\rangle = \langle \varphi(x)\,dx, \varPsi(af)\rangle,$$
$$-\langle \frac{\partial\varphi}{\partial x_j}(x)\,dx, \varPsi(f)\rangle = \langle \varphi(x)\,dx, \varPsi\Big(\frac{\partial f}{\partial x_j}\Big)\rangle.$$

証明　最初の等式は

$$\langle (a\varphi)(x)\,dx, \varPsi(f)\rangle = \int_{\mathbb{R}^n} a(x)\,\varphi(x)\,f(x)\,dx$$

から良い．次に $\varphi(x)\,f(x) \in \varGamma_K(\mathbb{R}^n;\mathscr{B}_{\mathbb{R}^n})$ だから積分領域を $[a_1, b_1] \times \cdots \times [a_n, b_n]$ と思って構わない．

$$\int_{\mathbb{R}^n} \partial_{x_j}(\varphi(x)\,f(x))\,dx$$
$$= \int \big(\varphi(x)\,f(x)\big|_{x_j=b_j} - \varphi(x)\,f(x)\big|_{x_j=a_j}\big)\,dx_1 \cdots \widehat{dx_j} \cdots dx_n = 0$$

だから

$$\int_{\mathbb{R}^n} \frac{\partial\varphi}{\partial x_j}(x)\,f(x)\,dx + \int_{\mathbb{R}^n} \varphi(x)\,\frac{\partial f}{\partial x_j}(x)\,dx = 0.$$ ■

無限階微分作用素は，$\varGamma(K;\mathscr{A}_{\mathbb{R}^n})$ 上の連続線型作用素を与えるので，命題 3.1.10 を組み合わせれば，任意の無限階微分作用素 $P(x,\partial_x)$ に対して

$$\int_{\mathbb{R}^n} \varphi(x)\,Pf(x)\,dx = \int_{\mathbb{R}^n} P^*\varphi(x)\,f(x)\,dx$$

がわかる．即ち，形式随伴はこの双対内積での随伴である．

3.1.11 [定理]　${}^{\mathrm{t}}\varPsi$ は次の同型を与える:

$${}^{\mathrm{t}}\varPsi\colon \varGamma(K;\mathscr{V}_{\mathbb{R}^n}) \simeq \varGamma_K(\mathbb{R}^n;\mathscr{B}_{\mathbb{R}^n})'.$$

証明　単準同型となることは $\delta(x-a)$ $(a \in K)$ を考えれば良い．即ち

$$0 = \langle {}^{\mathrm{t}}\Psi(\varphi(x)\,dx), \delta(x-a)\rangle = \int_{\mathbb{R}^n} \delta(x-a)\,\varphi(x)\,dx = \varphi(a)$$

だから $\varphi(x) = 0$．全準同型となることを示す．$\mathbb{D}(K)_l$ 上の連続函数の成す空間を $C^0(\mathbb{D}(K)_l)$ で表し，一様収束位相を入れる．任意の $\psi \in \Gamma_K(\mathbb{R}^n; \mathscr{B}_{\mathbb{R}^n})'$ を取る．連続性から $C > 0, l \in \mathbb{N}$ が存在して，任意の $f(x) \in \Gamma_K(\mathbb{R}^n; \mathscr{B}_{\mathbb{R}^n})$ に対して

$$|\langle \psi, f\rangle| = \left|\left\langle \psi(x), \int B * f(x + \sqrt{-1}\,\mathrm{Int}\{\eta\}^\circ\, 0; \eta)\,\omega(\eta)\right\rangle\right| \leqslant C\|f\|_{K,(l)}\,.$$

従って, **Hahn-Banach の定理**を適用すれば, ψ は $C^0(\mathbb{D}(K)_l)$ 上の連続線型汎函数 ψ' に拡張できて, 任意の $F(z;\eta) \in C^0(\mathbb{D}(K)_l)$ に対し $|\langle \psi', F\rangle| \leqslant C\|F\|_l$. 但し

$$\|F\|_l := \sup\{|F(z;\eta)|;\ (z,\eta) \in \mathbb{D}(K)_l\}$$

と置く．特に $f(x) \in \Gamma_K(\mathbb{R}^n; \mathscr{B}_{\mathbb{R}^n})$ に対して

$$\langle \psi, f\rangle = \left\langle \psi(x), \int B * f(x + \sqrt{-1}\,\mathrm{Int}\{\eta\}^\circ\, 0; \eta)\,\omega(\eta)\right\rangle = \langle \psi', B * f\rangle.$$

$\mathbb{D}(K)_l$ 上 $\langle y, \eta\rangle + \mathrm{dis}(x, K)^2 \geqslant |y|^2 + \dfrac{1}{5l}$ だから, $m \in \mathbb{N}$ が存在して $w \in K_m$ に対して対応 $w \mapsto B(z-w;\eta) \in C^0(\mathbb{D}(K)_l)$ が定義される．補題 3.1.8 と同様の議論で

$${}^{\mathrm{t}}B * \psi'(w) := \langle \psi'(z,\eta), B(z-w;\eta)\rangle$$

は K_m 上の整型函数となり，特に ${}^{\mathrm{t}}B * \psi'(x) \in \Gamma(K; \mathscr{A}_{\mathbb{R}^n})$．任意の $f(x) = \sum_{j=1}^{J} F_j(x + \sqrt{-1}\,\Delta_j\, 0) \in \Gamma_K(\mathbb{R}^n; \mathscr{B}_{\mathbb{R}^n})$ に対して，補題 3.1.9 と同様の議論で

$$\begin{aligned}
\langle {}^{\mathrm{t}}\Psi({}^{\mathrm{t}}B * \psi'(x)\,dx), f(x)\rangle &= \int_{\mathbb{R}^n} {}^{\mathrm{t}}B * \psi'(x)\,f(x)\,dx \\
&= \sum_{j=1}^{J} \int_{D + \sqrt{-1}\,\varepsilon_j} {}^{\mathrm{t}}B * \psi'(\widetilde{z})\,F_j(\widetilde{z})\,d\widetilde{z} \\
&= \sum_{j=1}^{J} \int_{D + \sqrt{-1}\,\varepsilon_j} \langle \psi'(z,\eta), B(z-\widetilde{z};\eta)\rangle\,F_j(\widetilde{z})\,d\widetilde{z} \\
&= \left\langle \psi'(z,\eta), \sum_{j=1}^{J} \int_{D + \sqrt{-1}\,\varepsilon_j} B(z-\widetilde{z};\eta)\,F_j(\widetilde{z})\,d\widetilde{z}\right\rangle = \langle \psi', B * f\rangle = \langle \psi, f\rangle
\end{aligned}$$

だから ${}^{\mathrm{t}}\Psi({}^{\mathrm{t}}B * \psi'(x)\,dx) = \psi$. ■

特に，これから

3.1.12 [系]　$K_1, K_2 \Subset \mathbb{R}^n$ をコンパクト集合で $\emptyset \neq K_1 \subset K_2$ 且つ K_2 の各連結成分は K_1 と交わると仮定すれば，自然な連続準同型

$$\Gamma_{K_1}(\mathbb{R}^n; \mathscr{B}_{\mathbb{R}^n}) \to \Gamma_{K_2}(\mathbb{R}^n; \mathscr{B}_{\mathbb{R}^n})$$

は稠密像を持つ.

証明　$\Gamma_{K_j}(\mathbb{R}^n; \mathscr{B}_{\mathbb{R}^n})' \simeq \Gamma(K_j; \mathscr{V}_{\mathbb{R}^n})$ 及び実解析函数の一致の定理 1.1.12 から，$\Gamma_{K_2}(\mathbb{R}^n; \mathscr{B}_{\mathbb{R}^n})' \to \Gamma_{K_1}(\mathbb{R}^n; \mathscr{B}_{\mathbb{R}^n})'$ は単準同型．これは，Hahn-Banach の定理から $\Gamma_{K_1}(\mathbb{R}^n; \mathscr{B}_{\mathbb{R}^n}) \to \Gamma_{K_2}(\mathbb{R}^n; \mathscr{B}_{\mathbb{R}^n})$ が稠密像を持つことと同値. ■

3.1.13 [注意]　(1) 実は，$\Gamma(K; \mathscr{V}_{\mathbb{R}^n})$ は **DFS 空間**という位相線型空間であって，その強双対は **FS 空間**と呼ばれる位相線型空間となる．これは特に Fréchet 空間だから，**Banach の開写像定理**を適用すれば

$$\Psi\colon \Gamma_K(\mathbb{R}^n; \mathscr{B}_{\mathbb{R}^n}) \to \Gamma(K; \mathscr{V}_{\mathbb{R}^n})'$$

が連続全単写像から，位相同型が従う．又，DFS 空間 E について次が知られている: E は Montel 空間，特に反射的となる．任意の有界集合 $B \subset E$ は相対コンパクト且つ距離付け可能である.

従って，特に定理 3.1.7 から

$$\Gamma(K; \mathscr{V}_{\mathbb{R}^n}) \simeq \Gamma(K; \mathscr{V}_{\mathbb{R}^n})'' \simeq \Gamma_K(\mathbb{R}^n; \mathscr{B}_{\mathbb{R}^n})'$$

が直ちに従う.

(2) $\Gamma_K(\mathbb{R}^n; \mathscr{B}_{\mathbb{R}^n})$ の位相は，通常の函数等のものと大変異なった振舞いをする．例えば系 3.1.12 によれば，次の「奇妙なこと」が起きる: $K \Subset \mathbb{R}^n$ を原点を含む連結コンパクト集合とすれば $\Gamma_{\{0\}}(\mathbb{R}^n; \mathscr{B}_{\mathbb{R}^n}) \to \Gamma_K(\mathbb{R}^n; \mathscr{B}_{\mathbb{R}^n})$ の像は稠密，従って任意の $f(x) \in \Gamma_K(\mathbb{R}^n; \mathscr{B}_{\mathbb{R}^n})$ は原点のみに台を持つ超函数で近似できる.

2. 函数空間の埋込み

$\mathbb{R}^n$ 上のコンパクト台 L_1 級函数全体を $L_{1,\mathrm{c}}(\mathbb{R}^n)$ と書く．$g(x) \in L_{1,\mathrm{c}}(\mathbb{R}^n)$ の台を $K \Subset \mathbb{R}^n$ とすれば

$$\Gamma(K; \mathscr{V}_{\mathbb{R}^n}) \ni \varphi(x)\,dx \mapsto \int_{\mathbb{R}^n} \varphi(x)\,g(x)\,dx \in \mathbb{C}$$

によって $\Gamma(K; \mathscr{V}_{\mathbb{R}^n})'$ の切断が定まる．実際，$\varphi(x) \in \Gamma(K; \mathscr{A}_{\mathbb{R}^n})$ ならば $m \in \mathbb{N}$ が存在して $\varphi(z) \in \mathscr{O}_C(K_m)$ であった．このとき

$$\left|\int_{\mathbb{R}^n} \varphi(x)\,g(x)\,dx\right| \leqslant \sup\{|\varphi(x)|;\, x \in K\}\,\|g\|_{L_1} \leqslant \|\varphi\|_{K_m}\,\|g\|_{L_1}.$$

従って $g(x)$ は $\iota(g)(x) \in \Gamma_K(\mathbb{R}^n; \mathscr{B}_{\mathbb{R}^n})$ を定める．即ち:

$$\iota(g)(x) := \int_{\mathbb{S}^{n-1}} B * g(x + \sqrt{-1}\,\mathrm{Int}\{\eta\}^\circ 0; \eta)\,\omega(\eta).$$

ι が単準同型を示すため準備をする:

3.2.1 [補題]　任意の $\varphi(x) \in C_0^m(\mathbb{R}^n)$ $(m \in \mathbb{N}_0 \cup \{\infty\})$ に対して実解析函数列 $\{\varphi_\nu(x)\}_{\nu\in\mathbb{N}} \subset \Gamma(\mathbb{R}^n; \mathscr{A}_{\mathbb{R}^n})$ が存在して，次を満たす:

(1) 任意のコンパクト集合 $L \Subset \mathbb{R}^n \setminus \operatorname{supp}\varphi$ に対して $\Gamma(L; \mathscr{A}_{\mathbb{R}^n})$ の位相で $\varphi_\nu(x) \underset{\nu}{\longrightarrow} 0$.

(2) $C^m(\mathbb{R}^n)$ の位相で $\varphi_\nu(x) \underset{\nu}{\longrightarrow} \varphi(x)$．但し $C^m(\mathbb{R}^n)$ の位相は m 階までの導函数の広義収束位相で与える．

証明　任意の $\nu \in \mathbb{N}$ に対して，**Gauß-Weierstraß 核**の変形

$$G_\nu(z) := \frac{\nu^n}{\pi^{n/2}}\,e^{-\nu^2\langle z,z\rangle} \in \Gamma(\mathbb{C}^n; \mathscr{O}_{\mathbb{C}^n})$$

を考える．$x \in \mathbb{R}^n$ ならば $G_\nu(x) \geqslant 0$ 且つ $\displaystyle\int_{\mathbb{R}^n} G_\nu(x)\,dx = 1$．更に，任意の $\delta > 0$ に対して $\displaystyle\int_{|x|>\delta} G_\nu(x)\,dx \underset{\nu}{\longrightarrow} 0$ がわかる．

$$\varphi_\nu(z) := \int_{\mathbb{R}^n} G_\nu(z - \widetilde{x})\,\varphi(\widetilde{x})\,d\widetilde{x}$$

は z の整函数で，任意のコンパクト集合 $L \Subset \mathbb{R}^n \setminus \operatorname{supp}\varphi$ について $\Gamma(L; \mathscr{A}_{\mathbb{R}^n})$ の位相で $\varphi_\nu(x) \underset{\nu}{\longrightarrow} 0$．実際，十分大きい $l \in \mathbb{N}$ に対し $\varphi_\nu(z) \in \mathscr{O}_C(L_l)$ 且つ $\delta > 0$ が存在して，$z \in L_l$ 且つ $\widetilde{x} \in \operatorname{supp}\varphi$ に対して $\mathrm{Re}\langle z - \widetilde{x}\rangle^2 > \delta$．従って

$$\|\varphi_\nu\|_l \leqslant \frac{\nu^n e^{-\nu^2\delta}}{\pi^{n/2}}\,\|\varphi\|_{L_1} \underset{\nu}{\longrightarrow} 0$$

だから，$\varphi_\nu(z)$ は $\mathscr{O}_C(L_l)$ の位相で零に収束する．一方，任意の $\varepsilon > 0$ 及び $\alpha \in \mathbb{N}_0{}^n$ $(|\alpha| \leqslant m)$ を取る．$\operatorname{supp}\partial_x^\alpha\varphi(x) \subset \operatorname{supp}\varphi \Subset \mathbb{R}^n$ 且つ $\partial_x^\alpha\varphi(x)$ は一様連続なので，$M_\alpha := \sup_{x\in\mathbb{R}^n} |\partial_x^\alpha\varphi(x)| < \infty$ 且つ $\delta > 0$ が存在して

$$\sup_{\substack{x\in\mathbb{R}^n \\ \widetilde{|x|}\leqslant\delta}} |\partial_x^\alpha\varphi(x-\widetilde{x}\,) - \partial_x^\alpha\varphi(x)| \leqslant \varepsilon.$$

更に $\nu_0 > 0$ が存在して $\nu \geqslant \nu_0$ ならば，$\displaystyle\int_{|x|>\delta} G_\nu(x)\,dx \leqslant \frac{\varepsilon}{2M_\alpha + 1}$ とできる．これから

$$\begin{aligned}
|\partial_x^\alpha\varphi_\nu(x) - \partial_x^\alpha\varphi(x)| &= \left|\int_{\mathbb{R}^n} G_\nu(\widetilde{x})\,(\partial_x^\alpha\varphi(x-\widetilde{x}\,) - \partial_x^\alpha\varphi(x))\,d\widetilde{x}\right| \\
&= \left|\left(\int_{|\tilde{x}|\leqslant\delta} + \int_{|\tilde{x}|>\delta}\right) G_\nu(\widetilde{x})\,(\partial_x^\alpha\varphi(x-\widetilde{x}\,) - \partial_x^\alpha\varphi(x))\,d\widetilde{x}\right| \\
&\leqslant \sup_{|\tilde{x}|\leqslant\delta} |\partial_x^\alpha\varphi(x-\widetilde{x}\,) - \partial_x^\alpha\varphi(x)| + 2M_\alpha \int_{|\tilde{x}|>\delta} G_\nu(\widetilde{x})\,d\widetilde{x} \leqslant 2\varepsilon,
\end{aligned}$$

即ち，$\mathbb{R}^n$ 上一様に $\partial_x^\alpha\varphi_\nu(x) \underset{\nu}{\longrightarrow} \partial_x^\alpha\varphi(x)$. ∎

3.2.2［補題］　任意の $g(x) \in L_{1,\mathrm{c}}(\mathbb{R}^n)$ に対して $\operatorname{supp} g = \operatorname{supp}\iota(g)$.

証明　$\operatorname{supp}\iota(g) \subset K := \operatorname{supp} g$ は明らかだから，$\operatorname{supp} g \subset \operatorname{supp}\iota(g)$ を示す．$\varphi(x) \in C_0(\mathbb{R}^n)$ を $\operatorname{supp}\varphi \cap \operatorname{supp}\iota(g) = \emptyset$ と取る．補題 3.2.1 の函数列 $\{\varphi_\nu(x)\}_{\nu\in\mathbb{N}} \subset \mathit{\Gamma}(\mathbb{R}^n; \mathscr{A}_{\mathbb{R}^n})$ を取れば，任意のコンパクト集合 $L \Subset \mathbb{R}^n \setminus \operatorname{supp}\varphi$ に対して $\mathit{\Gamma}(L; \mathscr{A}_{\mathbb{R}^n})$ の位相で $\varphi_\nu(z) \underset{\nu}{\longrightarrow} 0$ だから，定義と連続性とから

$$\int_{\mathbb{R}^n} \varphi_\nu(x)\,g(x)\,dx = \int_{\mathbb{R}^n} \varphi_\nu(x)\,\iota(g)(x)\,dx = \langle \varphi_\nu(x)\,dx, \iota(g)(x)\rangle \underset{\nu}{\longrightarrow} 0.$$

一方，$C(\mathbb{R}^n)$ の位相で $\varphi_\nu(x) \underset{\nu}{\longrightarrow} \varphi(x)$ だから

$$\int_{\mathbb{R}^n} \varphi_\nu(x)\,g(x)\,dx \underset{\nu}{\longrightarrow} \int_{\mathbb{R}^n} \varphi(x)\,g(x)\,dx.$$

これから $\operatorname{supp} g \subset \operatorname{supp}\iota(g)$ が得られる． ∎

特に $L_{1,\mathrm{c}}(\mathbb{R}^n)$ は $\mathit{\Gamma}_{\mathrm{c}}(\mathbb{R}^n; \mathscr{B}_{\mathbb{R}^n}) = \bigcup_{K\Subset\mathbb{R}^n} \mathit{\Gamma}(K; \mathscr{V}_{\mathbb{R}^n})'$ の部分空間と考えられる．ここで

3.2.3［命題］　$\mathbb{R}^n$ 上の二つの層 $\mathscr{F}$, $\mathscr{G}$ に対して，$\mathscr{F}$ が軟層と仮定する．

線型写像 $\iota_c\colon \Gamma_c(\mathbb{R}^n;\mathscr{F}) \to \Gamma_c(\mathbb{R}^n;\mathscr{G})$ が $\operatorname{supp}\iota_c(f) = \operatorname{supp} f$ を満たせば，ι_c は一意に層の単型射 $\iota\colon \mathscr{F} \to \mathscr{G}$ に拡張できる．

証明　任意の $U \in \mathfrak{O}(\mathbb{R}^n)$, $f \in \Gamma(U;\mathscr{F})$ に対して $f_i \in \Gamma_c(U;\mathscr{F}) \subset \Gamma_c(\mathbb{R}^n;\mathscr{F})$ $(i \in \mathbb{N}_0)$ が存在して，$\{\operatorname{supp} f_i\}_{i\in\mathbb{N}_0}$ は局所有限且つ $f = \sum_{i=0}^{\infty} f_i$ とできる．実際，コンパクト集合列を以下の通りに取る:

$$K_0 \Subset K_1 \Subset \cdots \Subset K_i \Subset \cdots \Subset U, \qquad \bigcup_{i=0}^{\infty} K_i = U.$$

K_i の近傍では f に等しく $\mathrm{Cl}(U \setminus K_{i+1})$ の近傍では零とした切断を軟層という仮定を用いて，U 全体に拡張した $g_i \in \Gamma_c(U;\mathscr{F})$ を取り，$f_0 := g_0$, $f_i := g_i - g_{i-1}$ $(i \in \mathbb{N})$ と定めれば良い．$\iota_U\colon \Gamma(U;\mathscr{F}) \to \Gamma(U;\mathscr{G})$ を次で定める:

$$\iota_U(f) := \sum_{i=0}^{\infty} \iota_c(f_i).$$

$\operatorname{supp}\iota_c(f_i) = \operatorname{supp} f_i$ だから上式の右辺も局所有限和となるので，$\iota_U(f) \in \Gamma(\Omega;\mathscr{G})$ が定まる．任意の $x \in U$ に対して開近傍 $V \subset U$ が存在して $\operatorname{supp} f_i \cap V = \operatorname{supp}\iota_c(f_i) \cap V \neq \emptyset$ となる i は有限個である．これを $i_0, \ldots, i_m$ と置けば，$f\big|_V = \sum_{k=0}^{m} f_{i_k}\big|_V$ だから $\iota_U(f)\big|_V = \sum_{k=0}^{m} \iota_c(f_{i_k})\big|_V$．台の条件から $0 = f\big|_V = \sum_{k=0}^{m} f_{i_k}\big|_V$ は $\iota_U(f)\big|_V = \sum_{k=0}^{m} \iota_c(f_{i_k})\big|_V = 0$ と同値が容易にわかる．従って ι_U は分解の仕方によらず矛盾なく定まり，更に単準同型となることもわかる．$f \in \Gamma_c(U;\mathscr{F})$ ならば f 自身が 1 つの分解だから，ι は ι_c の拡張である．$V \Subset U$ を任意の開部分集合とし $g \in \Gamma_c(U;\mathscr{F})$ が $f\big|_V = g\big|_V$ ならば $\iota_U(f)\big|_V = \iota_c(g)\big|_V$ が構成法からわかる．従って，任意の $U_1 \subset U$ なる $U_1, U \in \mathfrak{O}(\mathbb{R}^n)$ と $x \in U_1$ とに対し，x の開近傍 V を U_1 内で相対コンパクトと取れば

$$\iota_U(f)\big|_V = \iota_c(g)\big|_V = \iota_{U_1}(f\big|_{U_1})\big|_V.$$

以上をまとめれば，層単型射 $\iota\colon \mathscr{F} \to \mathscr{G}$ が定まる．逆に ι_c が層単型射に拡張できるならば $\iota_U(f) = \sum_{i=0}^{\infty} \iota_c(f_i)$ を満たすから，ι の一意性も同様にわかる．

∎

補題 3.2.2 及び命題 3.2.3 から次が示された:

3.2.4 [定理]　単型射 $\iota\colon L_{1,loc} \rightarrowtail \mathscr{B}_{\mathbb{R}^n}$ が定まり，$L_{1,loc}$ は $\mathscr{B}_{\mathbb{R}^n}$ の部分層と考えられる．

3.2.5 [命題]　(1) $g(x) \in L_{1,loc}(\Omega)$ ならば，任意の $a(x) \in \Gamma(\Omega; \mathscr{A}_{\mathbb{R}^n})$ に対して $a(x)\,\iota(g)(x) = \iota(ag)(x)$.

(2) $g(x) \in C^1(\Omega) \subset L_{1,loc}(\Omega)$ ならば，$\dfrac{\partial \iota(g)}{\partial x_j}(x) = \iota(\partial_{x_j} g)(x)$. 但し，$C^1(\Omega)$ は Ω 上の C^1 級函数の成す空間を表す．

証明　(1) 問題は局所的だから，$K := \operatorname{supp} g \Subset \mathbb{R}^n$ のときに示せば良い．任意の $\varphi(x) \in \Gamma(K; \mathscr{A}_{\mathbb{R}^n})$ に対して

$$\langle \varphi(x)\,dx, \Psi(a\,\iota(g))\rangle = \int \varphi(x)\,a(x)\,g(x)\,dx = \langle \varphi(x)\,dx, \Psi\iota(ag)\rangle$$

だから，$\Gamma(K; \mathscr{V}_{\mathbb{R}^n})' = \Gamma_K(\mathbb{R}^n; \mathscr{B}_{\mathbb{R}^n})$ の切断として $a(x)\,\iota(g)(x) = \iota(ag)(x)$ だから良い．

(2) やはり問題は局所的だから，C_0^1 級函数で台を分割して $g(x)$ がコンパクト台のときに示せば良い．任意の $\varphi(x) \in \Gamma(\operatorname{supp} g; \mathscr{A}_{\mathbb{R}^n})$ に対して

$$\begin{aligned}\langle \varphi(x)\,dx, \Psi\iota(\partial_{x_j} g)\rangle &= \int \varphi(x)\,\frac{\partial g}{\partial x_j}(x)\,dx = -\int \frac{\partial \varphi}{\partial x_j}(x)\,g(x)\,dx \\ &= -\langle \frac{\partial \varphi}{\partial x_j}(x)\,dx, \Psi\iota(g)\rangle = \langle \varphi(x)\,dx, \Psi\Bigl(\frac{\partial \iota(g)}{\partial x_j}\Bigr)\rangle\end{aligned}$$

だから $\iota(\partial_{x_j} g)(x) = \dfrac{\partial \iota(g)}{\partial x_j}(x)$. ∎

以下，$\iota(g)(x)$ を単に $g(x)$ と書いて同一視する．ι は位相的なものと両立する．例えば，次の命題がある:

3.2.6 [命題]　$\Omega \in \mathfrak{O}(\mathbb{R}^n)$ 及び $\Gamma \subset \mathbb{R}^n$ を凸開錐とする．このとき $F(z) \in \Gamma(\Omega + \sqrt{-1}\,\Gamma; \widetilde{\mathscr{A}}_{\mathbb{R}^n})$ が実軸まで連続に延長できれば，この連続函数 $F(x)$ について $F(x) = F(x + \sqrt{-1}\,\Gamma 0)$.

証明　各 $x \in \Omega$ の近傍で示せば良い．x の有界近傍 $U \Subset \Omega$, $\Gamma_1 \underset{\text{conic}}{\Subset} \Gamma$ 及び十分小さい $r > 0$ が存在して $F(z) \in \Gamma(\mathbb{W}_r(U, \Gamma_1); \mathscr{O}_{\mathbb{C}^n})$. (1.4.1) を満たす

有限被覆 $\mathbb{S}^{n-1} = \bigcup_{i=1}^{I} \Delta_i^\circ\infty$ を $\Gamma_1^\circ \underset{\text{conic}}{\Subset} \Delta_1^\circ$ と選ぶ．ι の定義から

$$F_i(z) := \int_{\Delta_i^\circ\infty} \omega(\eta) \int_{U^d} B(z-\widetilde{x};\eta)\, F(\widetilde{x})\, d\widetilde{x}$$

と置けば，U 上 $F(x) = \sum_{i=1}^{I} F_i(x+\sqrt{-1}\,\Delta_i\, 0)$．ここで $\mathrm{SS}\big(F(x+\sqrt{-1}\,\Gamma_1\, 0)\big) \subset U+\sqrt{-1}\,\Gamma_1^\circ$ と Δ_i の選び方とから，補題 1.3.11 及び命題 1.4.5 によって $i \neq 1$ ならば $F_i(z) \in \Gamma(U;\mathscr{A}_{\mathbb{R}^n})$．従って，$U$ 上

$$(3.2.1)\quad F(x) = F_1(x+\sqrt{-1}\,\Delta_1\, 0) + \sum_{i=2}^{I} F_i(x) = \sum_{i=1}^{I} F_i(x+\sqrt{-1}\,\Delta_1\, 0).$$

一方，反転公式（定理 1.3.12）から $y_0 \in \Gamma_1$ の絶対値を十分小さく取れば，任意の $\varepsilon \in \left]0,1\right[$ に対して $U+\sqrt{-1}\,\widetilde{\Gamma}_{1\,r}$ 上

$$F(z) = \int_{\mathbb{R}^n\times\dot{\mathbb{R}}^n} e^{\Phi(z,\alpha,\xi)}\, \mathscr{T}_{\varepsilon y_0} F(z;\alpha,\xi) \Big(\frac{|\xi|}{\pi^3}\Big)^{n/2} d\alpha\, d\xi.$$

次に

$$\mathscr{T}_0 F(z;\alpha,\xi) := \int_{U^d} e^{\Phi(\widetilde{x},\alpha,\xi)} F(\widetilde{x})\, \Delta(z-\widetilde{x},\xi)\, d\widetilde{x}$$

と置く．Cauchy-Poincaré の定理 1.1.18 から

$$(\mathscr{T}_{\varepsilon y_0} F - \mathscr{T}_0 F)(z;\alpha,\xi) = \int_{\partial U^d+\sqrt{-1}[0,\varepsilon y_0]} e^{\Phi(\widetilde{z},\alpha,\xi)}\, F(\widetilde{z})\, \Delta(z-\widetilde{z},\xi)\, d\widetilde{z}.$$

$z \in U+\sqrt{-1}\,\widetilde{\Gamma}_{1\,r}$ 且つ $(\widetilde{z},\alpha,\xi) \in (\partial U^d + \sqrt{-1}\big[0,\varepsilon y_0\big]) \times \mathbb{R}^n \times \dot{\mathbb{R}}^n$ ならば注意 1.3.10 (1), (3) と同様に評価して

$$\mathrm{Exp}(z;\widetilde{z},\alpha,\xi) \leqslant \exp\Big(-\Big(2(|x-\alpha|^2 + |\widetilde{x}-\alpha|^2 - r^2) + r^2(1-r^2)\Big)|\xi|\Big).$$

従って，$\alpha \in U_r$ ならば $|\widetilde{x}-\alpha| \geqslant r$，$\alpha \in \mathbb{R}^n \setminus U_r$ ならば $|x-\alpha| \geqslant r$ により ε によらない可積分評価を得るから，**Lebesgue の優収束定理**が適用できて

$$\int_{\mathbb{R}^n\times\dot{\mathbb{R}}^n} e^{\Phi(z,\alpha,\xi)}\, \mathscr{T}_0 F(z;\alpha,\xi) \Big(\frac{|\xi|}{\pi^3}\Big)^{n/2} d\alpha\, d\xi$$

$$= \lim_{\varepsilon\to+0} \int_{\mathbb{R}^n\times\dot{\mathbb{R}}^n} e^{\Phi(z,\alpha,\xi)}\, \mathscr{T}_{\varepsilon y_0} F(z;\alpha,\xi) \Big(\frac{|\xi|}{\pi^3}\Big)^{n/2} d\alpha\, d\xi = F(z).$$

次に $\xi = \lambda\eta$ と極座標変換して $B(z-\widetilde{x};\eta)$ に (2.6.6) を適用すれば，命題 1.3.2

(1) の証明と同様の計算で

$$
\begin{aligned}
F_i(z) &= \int_{\overset{\circ}{\Delta}_i\infty} \omega(\eta) \int_{U^d} d\widetilde{x}\, \frac{F(\widetilde{x})}{(2\pi)^n} \int_0^\infty e^{(\sqrt{-1}\langle z-\widetilde{x},\eta\rangle - \langle z-\widetilde{x}, z-\widetilde{x}\rangle)\lambda} \Delta(z-\widetilde{x},\eta)\, \lambda^{n-1} d\lambda \\
&= \int_{\overset{\circ}{\dot{\Delta}}_i} d\xi \int_{U^d} \frac{F(\widetilde{x})}{(2\pi)^n}\, e^{\sqrt{-1}\langle z-\widetilde{x},\xi\rangle - \langle z-\widetilde{x}, z-\widetilde{x}\rangle|\xi|} \Delta(z-\widetilde{x},\xi)\, d\widetilde{x} \\
&= \int_{\overset{\circ}{\dot{\Delta}}_i} d\xi \int_{U^d} d\widetilde{x}\, F(\widetilde{x}) \int_{\mathbb{R}^n} e^{\Phi(z,\alpha,\xi) + \Phi^*(\widetilde{x},\alpha,\xi)} \Delta(z-\widetilde{x},\xi) \left(\frac{|\xi|}{\pi^3}\right)^{n/2} d\alpha \\
&= \int_{\mathbb{R}^n \times \overset{\circ}{\dot{\Delta}}_i} e^{\Phi(z,\alpha,\xi)} \mathscr{T}_0 F(z;\alpha,\xi) \left(\frac{|\xi|}{\pi^3}\right)^{n/2} d\alpha\, d\xi.
\end{aligned}
$$

特に $U + \sqrt{-1}\,\widetilde{\Gamma}_{1\,r}$ 上 $\sum_{i=1}^I F_i(z) = F(z)$. 従って, (3.2.1) から U 上
$$F(x) = F(x + \sqrt{-1}\,\Delta_1 0) = F(x + \sqrt{-1}\,\Gamma 0).$$
∎

これから特に, 次が得られた:

3.2.7 [系] 埋込み $L_{1,loc} \rightarrowtail \mathscr{B}_{\mathbb{R}^n}$ は, $\mathscr{A}_{\mathbb{R}^n} \rightarrowtail \mathscr{B}_{\mathbb{R}^n}$ 及び通常の意味の埋込み $\mathscr{A}_{\mathbb{R}^n} \rightarrowtail L_{1,loc}$ と両立する. 即ち, 次は可換となる:

$$
\begin{array}{ccc}
\mathscr{A}_{\mathbb{R}^n} & \xrightarrow{b} & \mathscr{B}_{\mathbb{R}^n} \\
& \searrow \quad \nearrow & \\
& L_{1,loc} &
\end{array}
$$

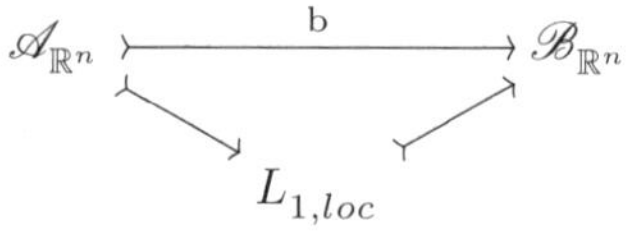

3.2.8 [例] 任意の可測集合 $K \subset \mathbb{R}^n$ に対し特性函数 $\chi_K(x)$ は $L_{1,loc}(\mathbb{R}^n)$ に属するから $\chi_K(x) \in \Gamma(\mathbb{R}^n; \mathscr{B}_{\mathbb{R}^n})$ となり, $\mathrm{supp}\,\chi_K = \mathrm{Cl}\,K$ 且つ $\mathrm{S\dot{S}}(\chi_K) \subset \partial K + \sqrt{-1}\,\dot{\mathbb{R}}^n$. □

同様の証明で, **Schwartz 超函数** (distribution) の層 $\mathscr{D}b_{\mathbb{R}^n}$ も $\mathscr{B}_{\mathbb{R}^n}$ の部分層となる. これについては, Schwartz 超函数論を既知の読者のために, 後に紹介する.

3. 超函数の層の脆弱性

本節では, 超函数の最も重要な性質の一つである次を証明する:

3.3.1 [定理]　超函数の層 $\mathscr{B}_{\mathbb{R}^n}$ は脆弱である.

証明　任意の $\Omega \in \mathfrak{O}(\mathbb{R}^n)$ を取れば, 可換図式

$$\begin{array}{ccccccccc} 0 & \longrightarrow & \Gamma(\mathbb{R}^n;\mathscr{A}_{\mathbb{R}^n}) & \longrightarrow & \Gamma(\mathbb{R}^n;\mathscr{B}_{\mathbb{R}^n}) & \longrightarrow & \Gamma(\dot{\pi}^{-1}(\mathbb{R}^n);\mathscr{C}_{\mathbb{R}^n}) & \longrightarrow & 0 \\ & & \downarrow & & \downarrow & & \downarrow & & \\ 0 & \longrightarrow & \Gamma(\Omega;\mathscr{A}_{\mathbb{R}^n}) & \longrightarrow & \Gamma(\Omega;\mathscr{B}_{\mathbb{R}^n}) & \longrightarrow & \Gamma(\dot{\pi}^{-1}(\Omega);\mathscr{C}_{\mathbb{R}^n}) & \longrightarrow & 0 \\ & & & & & & \downarrow & & \\ & & & & & & 0 & & \end{array}$$

が得られるから, 任意の $f(x) \in \Gamma(\Omega;\mathscr{B}_{\mathbb{R}^n})$ に対し $\widetilde{f}(x) \in \Gamma(\mathbb{R}^n;\mathscr{B}_{\mathbb{R}^n})$ が存在して, $\mathrm{sp}(f)\big|_{\dot{\pi}^{-1}(\Omega)} = \mathrm{sp}(\widetilde{f})\big|_{\dot{\pi}^{-1}(\Omega)}$. 従って

$$h(x) := f(x) - \widetilde{f}(x)\big|_{\Omega} \in \Gamma(\Omega;\mathscr{A}_{\mathbb{R}^n})$$

だから, $\widetilde{h}(x) \in \Gamma(\mathbb{R}^n;\mathscr{B}_{\mathbb{R}^n})$ が存在して $\widetilde{h}(x)\big|_{\Omega} = h(x)$ となることを示せば, $\widetilde{f}(x) + \widetilde{h}(x) \in \Gamma(\mathbb{R}^n;\mathscr{B}_{\mathbb{R}^n})$ が $f(x)$ の延長である.

さて, $x_0 \in \partial\Omega$ に対して Ω 上の函数を

$$\varphi_{x_0}(x) := \begin{cases} |x|^2 + \dfrac{1}{|x-x_0|^{n-2}} & (n \geqslant 3), \\ |x|^2 + \log|x-x_0| & (n = 2), \\ |x|^2 + \dfrac{1}{|x-x_0|} & (n = 1), \end{cases}$$

と定める. この函数は $x \neq x_0$ ならば C^∞ 級で $\Delta\varphi_{x_0}(x) \geqslant 2n$, 従って命題 A.4.4 から劣調和函数である.

$$\varphi(x) := \sup\{\varphi_{x_0}(x);\, x_0 \in \partial\Omega\} = \begin{cases} |x|^2 + \dfrac{1}{\mathrm{dis}(x,\partial\Omega)^{n-2}} & (n \geqslant 3), \\ |x|^2 + \log \mathrm{dis}(x,\partial\Omega) & (n = 2), \\ |x|^2 + \dfrac{1}{\mathrm{dis}(x,\partial\Omega)} & (n = 1), \end{cases}$$

は連続だから, 命題 A.4.2 及び補題 A.4.3 から最大値原理を満たす.

$$K_\nu := \{x \in \Omega;\, \varphi(x) \leqslant \nu\}$$

と置けば, これはコンパクト集合で $K_1 \Subset K_2 \Subset \cdots$ 且つ $\bigcup_{\nu\in\mathbb{N}} K_\nu = \Omega$ となる. $K_0 := \emptyset$ と置く. $\nu \geqslant 2$ ならば $K_{\nu+1} \setminus K_{\nu-1}$ の各連結成分は必ず $K_{\nu+1} \setminus K_\nu$ と交わる. 実際, 最大値原理から, $\varphi(x)$ は $K_{\nu+1} \setminus K_{\nu-1}$ の各連結成分上最大値 $\nu+1$ を取るからである. 従って, 系 3.1.12 から

$$\Gamma_{\mathrm{Cl}(K_{\nu+1}\setminus K_\nu)}(\mathbb{R}^n;\mathscr{B}_{\mathbb{R}^n}) \to \Gamma_{\mathrm{Cl}(K_{\nu+1}\setminus K_{\nu-1})}(\mathbb{R}^n;\mathscr{B}_{\mathbb{R}^n})$$

は稠密像を持つ．

$\chi_{K_\nu \setminus K_{\nu-1}}(x)$ は L_1 級だから，定理 3.2.4 から任意の $h(x) \in \Gamma(\Omega; \mathscr{A}_{\mathbb{R}^n})$ に対して

$$h_\nu(x) := h(x)\,\chi_{K_\nu \setminus K_{\nu-1}}(x) \in \Gamma_{\mathrm{Cl}(K_\nu \setminus K_{\nu-1})}(\mathbb{R}^n; \mathscr{B}_{\mathbb{R}^n})$$

が矛盾なく定まる．更に台が局所有限なので $h(x) = \sum_{\nu=1}^{\infty} h_\nu(x)$ となる．$\nu \geqslant 2$ ならば $\Gamma_{\mathrm{Cl}(K_{\nu+1} \setminus K_{\nu-1})}(\mathbb{R}^n; \mathscr{B}_{\mathbb{R}^n})$ 上

$$\|f\|_{(\nu)} := \|f\|_{\mathrm{Cl}(K_{\nu+1} \setminus K_{\nu-1}),(\nu)}$$

と置く．$f_1(x) := h_1(x) \in \Gamma_{K_1}(\mathbb{R}^n; \mathscr{B}_{\mathbb{R}^n})$ 且つ $g_1(x) := 0$ と置く．

$h_2(x) \in \Gamma_{\mathrm{Cl}(K_3 \setminus K_1)}(\mathbb{R}^n; \mathscr{B}_{\mathbb{R}^n})$ と考えると

$$\Gamma_{\mathrm{Cl}(K_3 \setminus K_2)}(\mathbb{R}^n; \mathscr{B}_{\mathbb{R}^n}) \to \Gamma_{\mathrm{Cl}(K_3 \setminus K_1)}(\mathbb{R}^n; \mathscr{B}_{\mathbb{R}^n})$$

は稠密像を持つから，$g_2(x) \in \Gamma_{\mathrm{Cl}(K_3 \setminus K_2)}(\mathbb{R}^n; \mathscr{B}_{\mathbb{R}^n})$ が存在して

$$f_2(x) := h_2(x) - g_2(x) \in \Gamma_{\mathrm{Cl}(K_3 \setminus K_1)}(\mathbb{R}^n; \mathscr{B}_{\mathbb{R}^n}), \quad \|f_2\|_{(2)} \leqslant \frac{1}{2},$$

とできる．以下 $g_l(x) \in \Gamma_{\mathrm{Cl}(K_{l+1} \setminus K_l)}(\mathbb{R}^n; \mathscr{B}_{\mathbb{R}^n})$ $(l \leqslant \nu)$ が

$$f_l(x) := h_l(x) + g_{l-1}(x) - g_l(x) \in \Gamma_{\mathrm{Cl}(K_{l+1} \setminus K_{l-1})}(\mathbb{R}^n; \mathscr{B}_{\mathbb{R}^n}),$$
$$\|f_l\|_{(l)} \leqslant \left(\frac{1}{2}\right)^{l-1},$$

と選べていると仮定する．$h_{\nu+1}(x) + g_\nu(x) \in \Gamma_{\mathrm{Cl}(K_{\nu+2} \setminus K_\nu)}(\mathbb{R}^n; \mathscr{B}_{\mathbb{R}^n})$ と考えると

$$\Gamma_{\mathrm{Cl}(K_{\nu+2} \setminus K_{\nu+1})}(\mathbb{R}^n; \mathscr{B}_{\mathbb{R}^n}) \to \Gamma_{\mathrm{Cl}(K_{\nu+2} \setminus K_\nu)}(\mathbb{R}^n; \mathscr{B}_{\mathbb{R}^n})$$

は稠密像を持つから，$g_{\nu+1}(x) \in \Gamma_{\mathrm{Cl}(K_{\nu+2} \setminus K_{\nu+1})}(\mathbb{R}^n; \mathscr{B}_{\mathbb{R}^n})$ が存在して，

$$f_{\nu+1}(x) := h_\nu(x) + g_\nu(x) - g_{\nu+1}(x) \in \Gamma_{\mathrm{Cl}(K_{\nu+1} \setminus K_{\nu-1})}(\mathbb{R}^n; \mathscr{B}_{\mathbb{R}^n})$$

と置いたとき

$$\|f_{\nu+1}\|_{(\nu+1)} \leqslant \left(\frac{1}{2}\right)^{\nu}$$

とできる．これで帰納的に列 $\{f_\nu(x)\}_{\nu \in \mathbb{N}}$ が定まる．そこで

$$H(z; \eta) := \sum_{\nu=1}^{\infty} B * f_\nu(z; \eta)$$

と置けば，これは $\{(z, \eta) \in \mathbb{C}^n \times \mathbb{S}^{n-1};\ \langle y, \eta \rangle > |y|^2\}$ 上の連続函数で，z について整型が直ちにわかる．よって (2.3.5) と同様

$$\widetilde{h}(x) := \int_{\mathbb{S}^{n-1}} H(x + \sqrt{-1}\,\mathrm{Int}\{\eta\}^\circ\, 0; \eta)\, \omega(\eta) \in \Gamma(\mathbb{R}^n; \mathscr{B}_{\mathbb{R}^n})$$

が定義できる．任意の $x_0 \in \Omega$ を取れば $\nu_0 \in \mathbb{N}$ が存在して $x_0 \in \operatorname{Int} K_{\nu_0}$, $|x_0| < \nu_0$ 且つ $\operatorname{dis}(x_0, \partial K_{\nu_0})^2 > \dfrac{1}{5\nu_0}$ となる．

$$H(z;\eta) = \sum_{\nu=1}^{\nu_0} B * f_\nu(z;\eta) + \sum_{\nu=\nu_0+1}^{\infty} B * f_\nu(z;\eta)$$

と分割する．

$$\begin{aligned}
\sum_{\nu=1}^{\nu_0} \int_{\mathbb{S}^{n-1}} & B * f_\nu(x + \sqrt{-1}\operatorname{Int}\{\eta\}^\circ 0;\eta)\,\omega(\eta) = \sum_{\nu=1}^{\nu_0} f_\nu(x) \\
&= h_1(x) + \sum_{\nu=2}^{\nu_0} \bigl(h_\nu(x) + g_{\nu-1}(x) - g_\nu(x)\bigr) = \sum_{\nu=1}^{\nu_0} h_\nu(x) - g_{\nu_0}(x) \\
&= h(x)\,\chi_{K_{\nu_0}}(x) - g_{\nu_0}(x)
\end{aligned}$$

だから，x_0 の近傍で

$$\sum_{\nu=1}^{\nu_0} \int_{\mathbb{S}^{n-1}} B * f_\nu(x + \sqrt{-1}\operatorname{Int}\{\eta\}^\circ 0;\eta)\,\omega(\eta) = h(x).$$

一方，十分小さい $r > 0$ を取れば $\{(z,\eta) \in \mathbb{C}^n \times \mathbb{S}^{n-1};\, |z - x_0| < r\}$ 上で

$$\sum_{\nu=\nu_0+1}^{\infty} B * f_\nu(z;\eta)$$

は z の整型函数として収束する．実際，$\nu \geqslant \nu_0 + 1$ と取る．$B * f_\nu(z;\eta)$ の定義域は，定義 3.1.3 の記号下で $\mathbb{D}(\operatorname{Cl}(K_{\nu+1} \setminus K_{\nu-1}))$ である．$z = x + \sqrt{-1}\,y$ と置く．十分小さい r に対して，$|z - x_0| \leqslant r$ ならば $x \in \operatorname{Int} K_{\nu_0}$，且つ

$$\operatorname{dis}(x, \partial K_{\nu_0})^2 - |y| - |y|^2 \geqslant \frac{1}{5(\nu_0+1)} \geqslant \frac{1}{5\nu}.$$

よって任意の $\eta \in \mathbb{S}^{n-1}$ に対して

$$\langle y, \eta\rangle + \operatorname{dis}(x, \operatorname{Cl}(K_{\nu+1} \setminus K_{\nu-1}))^2 - |y|^2 \geqslant \operatorname{dis}(x, \partial K_{\nu_0})^2 - |y| - |y|^2 \geqslant \frac{1}{5\nu}.$$

これから $\{z \in \mathbb{C}^n;\, |z - x_0| \leqslant r\} \times \mathbb{S}^{n-1} \subset \mathbb{D}(\operatorname{Cl}(K_{\nu+1} \setminus K_{\nu-1})_\nu)$ だから

$$|B * f_\nu(z;\eta)| \leqslant \|f_\nu\|_{(\nu)} \leqslant \left(\frac{1}{2}\right)^{\nu-1}.$$

これで整型函数となることがわかった．一方

$$\int_{\mathbb{S}^{n-1}} B * f_\nu(x + \sqrt{-1}\operatorname{Int}\{\eta\}^\circ 0;\eta)\,\omega(\eta) = f_\nu(x)$$

且つ $\operatorname{supp} f_\nu \subset \operatorname{Cl}(K_{\nu+1} \setminus K_{\nu-1})$ だから，$\mathbb{B}(x_0;r)$ 上で $f_\nu(x) = 0$．従って

$\{z \in \mathbb{C}^n; |z - x_0| < r\}$ 上の整型函数として

$$\int_{\mathbb{S}^{n-1}} \Bigl(\sum_{\nu=\nu_0+1}^{\infty} B * f_\nu(z;\eta)\Bigr)\omega(\eta) = 0.$$

以上で $\widetilde{h}(x)\bigr|_{\Omega} = h(x)$ が示され，証明が終わった． ∎

3.3.2 [注意]　一般に $\mathscr{F}$ が位相空間 X 上の脆弱層ならば，任意の $j \in \mathbb{N}$ 及び $U \in \mathfrak{O}(X)$ に対して $H^j(U;\mathscr{F}) = 0$．従って定理 2.3.3 及び 3.3.1 から，任意の $j \in \mathbb{N}$ 及び $\Omega \in \mathfrak{O}(\mathbb{R}^n)$ に対して $H^j(\Omega;\mathscr{B}_{\mathbb{R}^n}) = H^j(\dot{\pi}^{-1}(\Omega);\mathscr{C}_{\mathbb{R}^n}) = 0$．よって長完全系列

$$\begin{aligned}0 \to \Gamma(\Omega;\mathscr{A}_{\mathbb{R}^n}) &\to \Gamma(\Omega;\mathscr{B}_{\mathbb{R}^n}) \xrightarrow{\text{sp}} \Gamma(\dot{\pi}^{-1}(\Omega);\mathscr{C}_{\mathbb{R}^n})\\ &\to H^1(\Omega;\mathscr{A}_{\mathbb{R}^n}) \to H^1(\Omega;\mathscr{B}_{\mathbb{R}^n}) \to H^1(\dot{\pi}^{-1}(\Omega);\mathscr{C}_{\mathbb{R}^n}) \to \cdots\end{aligned}$$

と sp の大域的全型射性より，任意の $j \in \mathbb{N}$ で $H^j(\Omega;\mathscr{A}_{\mathbb{R}^n}) = 0$ (**Grauert の定理**)．

3.3.3 [注意]　Čech コホモロジー論及び多変数複素解析の理論を既知の読者の参考のため，超函数の本来の代数的定義について簡単に述べる．$\Omega \subset \mathbb{R}^n$ を領域とする．(1.4.1) の例に従って $e_1, \dots, e_{n+1} \in \mathbb{R}^n$ を任意に取る．$\mathbb{R}^n$ の閉凸錐

$$E_j = \{\sum_{k\neq j} t_k e_k | t_k \geqslant 0 (k \neq j)\}$$

を考えると直線を含まず，従って固有的凸錐．

$$\bigcap_{j\neq l} E_j = \mathbb{R}_{\geqslant 0} e_l, \qquad \bigcap_{j\neq l,m} E_j = \mathbb{R}_{\geqslant 0} e_l + \mathbb{R}_{\geqslant 0} e_m$$

に注意する．今，e_l を含む任意の開凸錐 Γ_l に対して $E_j \setminus \{0\} \subset \Delta_j$ を満たす十分小さな固有的開凸錐 Δ_j を取れば上の考察により $e_l \in \bigcap_{j\neq l} \Delta_j \subset \Gamma_l$．多変数複素解析の Grauert の定理によって Ω のいくらでも小さい Stein 近傍 U が存在する．例えば $\mu \in \mathbb{R}^n$ に対して $\varphi_\mu(z) := |\operatorname{Im} z|^2 - |\operatorname{Re} z - \mu|^2 = -\operatorname{Re}\langle z-\mu, z-\mu\rangle$ は多重調和だから $\sup\{\varphi_\mu(z); \mu \in \mathbb{R}^n \setminus \Omega\} = |\operatorname{Im} z|^2 - \operatorname{dis}(\operatorname{Re} z, \mathbb{R}^n \setminus \Omega)^2$ は $\mathbb{C}^n$ 上の連続な多重劣調和関数．よって

$$U := \{z \in \mathbb{C}^n; |\operatorname{Im} z|^2 - \operatorname{dis}(\operatorname{Re} z, \mathbb{R}^n \setminus \Omega)^2 < 0\}$$

は Ω を閉集合として含む Stein 近傍である．$\mathbb{R}^n + \sqrt{-1}\,\Delta_j$ は $\mathbb{C}^n$ の凸開集合

だから特に Stein. 従って

$$V_j := U \cap (\mathbb{R}^n + \sqrt{-1}\,\Delta_{j+1}) \quad (j = 0, \ldots, n)$$

も Stein となり対 $\mathfrak{U} = \{U, V_j\}_{j=0}^n$, $\mathfrak{U}' = \{V_j\}_{j=0}^n$ は対 $(U, U \setminus \Omega)$ に対する Stein 開被覆対となる. 実際, $\mathbb{R}^n \setminus \{0\} \supset \bigcup_j \Delta_j \supset \bigcup_j (E_j \setminus \{0\}) = \mathbb{R}^n \setminus \{0\}$ であることは (1.4.1) の例で示した. このとき向き付けを無視した相対コホモロジー群による超函数の定義 $\mathscr{B}(\Omega) = H^n_\Omega(U; \mathscr{O}_{\mathbb{C}^n})$ は, 後で述べるようにこれらの被覆を用いると商空間

$$\bigoplus_{l=1}^{n+1} \mathscr{O}((\mathbb{R}^n + \sqrt{-1} \bigcap_{j \neq l} \Delta_j) \cap U) \big/ Z,$$

$$Z = \{\bigoplus_{l=1}^{n+1} \sum_{m=1}^{n+1} (G_{lm} - G_{ml}); G_{lm}(z) \in \mathscr{O}((\mathbb{R}^n + \sqrt{-1} \bigcap_{j \neq l,m} \Delta_j) \cap U)\}$$

として表される. 従って $\bigoplus_\ell F_\ell(z) \in \bigoplus_\ell \mathscr{O}((\mathbb{R}^n + \sqrt{-1} \bigcap_{j \neq l} \Delta_j) \cap U)$ に $\sum_\ell F_\ell(x + \sqrt{-1}(\bigcap_{j \neq l} \Delta_j)0)$ を対応させることにより (Z がやはり 0 クラスに写されるので) Ω 上の超函数の形式和表現への対応を得る. $\bigcap_{j \neq l} \Delta_j$ が e_j の錐状基本近傍を動き, $\{e_j\}_{j=1}^{n+1}$ の取り方の任意性, 及びコホモロジー表現の同値性により対応が全型射であることもわかる. また単型射性は楔の刃定理 (定理 2.3.16) から従う. 実際, $\Delta_j (\supset E_j \setminus \{0\})$ が十分小さければ $\bigcap_{j \neq \ell, m} \Delta_j \subset \Gamma_\ell + \Gamma_m$ となるので, ある $\{\Delta_j\}_j$ で表現されたコホモロジー類 $[\bigoplus_\ell F_\ell(z)]$ が形式和超函数として Ω 上 0 であるならば, より小さく取り直した $\{\Delta_j\}_j$, 及び U に関する相対コホモロジー群の中で 0 となることがわかる. 最後に被覆 $\mathfrak{U}, \mathfrak{U}'$ に関する $\mathscr{O}_{\mathbb{C}^n}$ 係数相対コホモロジー群の定義を述べる. $C^j(\mathfrak{U} \bmod \mathfrak{U}'; \mathscr{O}_{\mathbb{C}^n})$ を j 次交代的な $\mathscr{O}_{\mathbb{C}^n}$ 係数相対余鎖体とする. 即ち $C^j(\mathfrak{U} \bmod \mathfrak{U}'; \mathscr{O}_{\mathbb{C}^n})$ の切断は, 添字の交換に対して交代的な切断 $F_{\lambda_0, \ldots, \lambda_j}(z) \in \Gamma(U \cap \bigcap_{l=0}^j V_{\lambda_l}; \mathscr{O}_{\mathbb{C}^n})$ の形式和 $\sum_{0 \leqslant \lambda_0, \ldots, \lambda_j \leqslant n} F_{\lambda_0, \ldots, \lambda_j}(z)\, U \wedge V_{\lambda_0} \wedge \cdots \wedge V_{\lambda_j}$ (Palamodov の記号 $U \wedge V_{\lambda_0} \wedge \cdots \wedge V_{\lambda_j}$ を用いた. 通常の外積と同様の規則に従う. 金子 [6] を参照). この記号下では, 余境界作用素 δ は

$$\delta^j : C^j(\mathfrak{U} \bmod \mathfrak{U}'; \mathscr{O}_{\mathbb{C}^n}) \ni F \mapsto \sum_{\lambda=0}^n V_\lambda \wedge F \in C^{j+1}(\mathfrak{U} \bmod \mathfrak{U}'; \mathscr{O}_{\mathbb{C}^n})$$

と書ける. 以上の記号下で, Leray の定理から

$$H^n_\Omega(U;\mathscr{O}_{\mathbb{C}^n}) = \frac{\mathrm{Ker}(C^n(\mathfrak{U} \bmod \mathfrak{U}';\mathscr{O}_{\mathbb{C}^n}) \to C^{n+1}(\mathfrak{U} \bmod \mathfrak{U}';\mathscr{O}_{\mathbb{C}^n}))}{\mathrm{Image}(C^{n-1}(\mathfrak{U} \bmod \mathfrak{U}';\mathscr{O}_{\mathbb{C}^n}) \to C^n(\mathfrak{U} \bmod \mathfrak{U}';\mathscr{O}_{\mathbb{C}^n}))}.$$

この右辺を計算する．$\bigcap_{j=0}^n V_j = \emptyset$ だから $C^{n+1}(\mathfrak{U} \bmod \mathfrak{U}';\mathscr{O}_{\mathbb{C}^n}) = 0$．次に $V_{\widehat{j}} := \bigcap_{i\neq j} V_i$ と置けば，$C^n(\mathfrak{U} \bmod \mathfrak{U}';\mathscr{O}_{\mathbb{C}^n})$ の切断は $G_j \in \Gamma(V_{\widehat{j}} \cap U;\mathscr{O}_{\mathbb{C}^n})$ によって $\sum_{j=0}^n G_j(z)\, {\scriptstyle U\wedge V_0\wedge\cdots\wedge\widehat{V}_j\wedge\cdots\wedge V_n}$ と書ける．但し $\widehat{V}_j$ は V_j を除くことを表す．$\sum_{j=0}^n G_j(z)\, {\scriptstyle U\wedge V_0\wedge\cdots\wedge\widehat{V}_j\wedge\cdots\wedge V_n}$ の同値類を $[\sum_{j=0}^n G_j]$ と書く．$V_{\widehat{jk}} := \bigcap_{i\neq j,k} V_i$ と置けば，$C^{n-1}(\mathfrak{U} \bmod \mathfrak{U}';\mathscr{O}_{\mathbb{C}^n})$ の切断は $G_{jk} = -G_{kj} \in \Gamma(V_{\widehat{jk}} \cap U;\mathscr{O}_{\mathbb{C}^n})$ によって $G_{**} = \sum_{j<k} G_{jk}\, {\scriptstyle U\wedge V_0\wedge\cdots\wedge\widehat{V}_j\wedge\cdots\wedge\widehat{V}_k\wedge\cdots\wedge V_n}$ と書ける．故に，

$$\delta^{n-1}(G_{**}) = \sum_{j\neq k}(-1)^k G_{jk}(z)\, {\scriptstyle U\wedge V_0\wedge\cdots\wedge\widehat{V}_j\wedge\cdots\wedge V_n}.$$

従って，$[\sum_{j=0}^n G_j] = 0$ は $G_{jk} = -G_{kj} \in \Gamma(V_{\widehat{jk}} \cap U;\mathscr{O}_{\mathbb{C}^n})$ が存在して $G_j = \sum_{k\neq j}(-1)^k G_{jk}$ と同値．前と合わせるには $(-1)^j G_j(z)$ を $G_j(z)$ と置き換えればよいが，このときの符号の不定性が $\mathbb{R}^n$ の向き付けと関係する．

4. Schwartz 超函数の埋込み

任意の $g(x) \in \Gamma_{\mathrm{c}}(\mathbb{R}^n;\mathscr{D}b_{\mathbb{R}^n})$ を取る．コンパクト台の Schwartz 超函数の連続性から，任意の $\mathrm{supp}\, g \Subset K \Subset \mathbb{R}^n$ に対して $p \in \mathbb{N}_0$, $C > 0$ が存在して，任意の $\varphi(x) \in C^\infty(\mathbb{R}^n)$ に対して

$$|\langle \varphi(x)\,dx, g(x)\rangle| \leqslant C \sum_{|\alpha|\leqslant p} \sup\{|\partial_x^\alpha \varphi(x)|;\, x \in K\} \tag{3.4.1}$$

であった．任意の $\varphi(x) \in \Gamma(K;\mathscr{A}_{\mathbb{R}^n})$ は $m \in \mathbb{N}$ が存在して $\varphi(z) \in \mathscr{O}_C(K_m)$ だから $\chi(x) \in C_0^\infty(\mathbb{R}^n)$ を K の近傍で 1 且つ $\mathrm{supp}\,\chi \subset K_m \cap \mathbb{R}^n$ と取り

$$\langle \varphi(x)\,dx, \iota_{\mathrm{c}}(g)(x)\rangle := \langle (\chi\varphi)(x)\,dx, g(x)\rangle$$

と定義する．これは明らかに χ の取り方によらない．特に $\varphi(x) \in \Gamma(\mathbb{R}^n;\mathscr{A}_{\mathbb{R}^n})$ ならば $\chi(x)$ は不要である．更に Cauchy の不等式（系 1.1.4）から

$$\begin{aligned}|\langle \varphi(x)\,dx, \iota_{\mathrm{c}}(g)(x)\rangle| &= |\langle (\chi\varphi)(x)\,dx, g(x)\rangle| \\ &\leqslant C \sum_{|\alpha|\leqslant p} \sup\{|\partial_x^\alpha (\chi\varphi)(x)|;\, x \in K\}\end{aligned}$$

$$= C \sum_{|\alpha| \leqslant p} \sup\{|\partial_x^\alpha \varphi(x)|;\, x \in K\} \leqslant C \sum_{|\alpha| \leqslant p} \alpha!\, m^{|\alpha|}\, \|\varphi\|_{K_m}$$

だから $\iota_{\mathrm{c}}(g) \in \Gamma(K; \mathscr{V}_{\mathbb{R}^n})' \simeq \Gamma_K(\mathbb{R}^n; \mathscr{B}_{\mathbb{R}^n}) \subset \Gamma_{\mathrm{c}}(\mathbb{R}^n; \mathscr{B}_{\mathbb{R}^n})$ が定まる．

3.4.1 ［補題］　任意の $g(x) \in \Gamma_{\mathrm{c}}(\mathbb{R}^n; \mathscr{D}b_{\mathbb{R}^n})$ に対し $\operatorname{supp} g = \operatorname{supp} \iota_{\mathrm{c}}(g)$.

証明　補題 3.2.2 と同様である: $\operatorname{supp} \iota_{\mathrm{c}}(g) \subset \operatorname{supp} g$ は良い．$\operatorname{supp} g \subset \operatorname{supp} \iota_{\mathrm{c}}(g)$ を示す．$\varphi(x) \in C_0^\infty(\mathbb{R}^n)$ を $\operatorname{supp} \varphi \cap \operatorname{supp} \iota_{\mathrm{c}}(g) = \emptyset$ と取る．補題 3.2.1 の函数列 $\{\varphi_\nu(x)\}_{\nu \in \mathbb{N}} \subset \Gamma(\mathbb{R}^n; \mathscr{A}_{\mathbb{R}^n})$ を取れば，任意のコンパクト集合 $L \Subset \mathbb{R}^n \setminus \operatorname{supp} \varphi$ に対して $\Gamma(L; \mathscr{A}_{\mathbb{R}^n})$ の位相で $\varphi_\nu(z) \underset{\nu}{\longrightarrow} 0$ だから，定義と連続性とから

$$\langle \varphi_\nu(x)\, dx, g(x) \rangle = \int_{\mathbb{R}^n} \varphi_\nu(x)\, \iota_{\mathrm{c}}(g)(x)\, dx = \langle \varphi_\nu(x)\, dx, \iota_{\mathrm{c}}(g) \rangle \underset{\nu}{\longrightarrow} 0.$$

一方，$C^\infty(\mathbb{R}^n)$ の位相で $\varphi_\nu(x) \underset{\nu}{\longrightarrow} \varphi(x)$ だから

$$\langle \varphi_\nu(x)\, dx, g(x) \rangle \underset{\nu}{\longrightarrow} \langle \varphi(x)\, dx, g(x) \rangle.$$

これから $\operatorname{supp} g \subset \operatorname{supp} \iota_{\mathrm{c}}(g)$ が得られる．■

任意の $K \Subset \mathbb{R}^n$ を取る．任意の $g(x) \in \Gamma_K(\mathbb{R}^n; \mathscr{D}b_{\mathbb{R}^n})$, $P \in \Gamma(K; \mathscr{D}_{\mathbb{C}^n})$, 及び $\varphi(x) \in \Gamma(K; \mathscr{A}_{\mathbb{R}^n})$ に対して命題 3.1.10 を適用すれば

$$\begin{aligned} \langle \varphi(x)\, dx, Pg(x) \rangle &= \langle P^* \varphi(x)\, dx, g(x) \rangle = \langle P^* \varphi(x)\, dx, \iota_{\mathrm{c}}(g)(x) \rangle \\ &= \langle \varphi(x)\, dx, P \iota_{\mathrm{c}}(g)(x) \rangle. \end{aligned}$$

$\mathscr{D}b_{\mathbb{R}^n}$ は軟層だから（例えば小松 [13] を参照），これと命題 3.2.3 及び補題 3.4.1 とから $\mathscr{D}_{\mathbb{C}^n}\big|_{\mathbb{R}^n}$ 加群の層として $\mathscr{D}b_{\mathbb{R}^n} \subset \mathscr{B}_{\mathbb{R}^n}$ と考えられる．$g(x) \in \Gamma_{\mathrm{c}}(\mathbb{R}^n; \mathscr{D}b_{\mathbb{R}^n})$ ならば，$B * g(z) := \langle B(z - \widetilde{x}; \eta)\, d\widetilde{x}, g(\widetilde{x}) \rangle$ に対して

$$\int_{\mathbb{S}^{n-1}} B * g(x + \sqrt{-1}\, \mathrm{Int}\{\eta\}^\circ\, 0; \eta)\, \omega(\eta)$$

が対応する超函数である．更にこの埋込みは $L_{1,loc} \subset \mathscr{B}_{\mathbb{R}^n}$ と両立している．実際 $L_{1,\mathrm{c}}(\mathbb{R}^n)$ については両立することに注意すれば良い．

次に $\mathscr{D}b_{\mathbb{R}^n}$ の切断の特徴付けを $\mathscr{B}_{\mathbb{R}^n}$ 内の定義函数の言葉で述べる．そのために次の定義をする:

3.4.2 ［定義］　$\sqrt{-1}\, V \subset \sqrt{-1}\, T\mathbb{R}^n$ を錐状凸開集合とする．このとき $F(z) \in \Gamma(\sqrt{-1}\, V; \widetilde{\mathscr{A}}_{\mathbb{R}^n})$ が**緩増大** (temperate) とは，任意の $K \Subset \sqrt{-1}\, V$ に対して

$C, p, \delta > 0$ が存在して，任意の $x+\sqrt{-1}\,y \in K \cap \{x+\sqrt{-1}\,y;\, 0<|y|<\delta\}$ について

$$|F(x+\sqrt{-1}\,y)| \leqslant \frac{C}{|y|^p}$$

となることと定義する．$\sqrt{-1}\,V$ 上の緩増大整型函数の全体を $\Gamma(\sqrt{-1}\,V; \widetilde{\mathscr{A}}^{\,t}_{\mathbb{R}^n})$ と書く．

3.4.3 [命題]　$\Omega \in \mathfrak{O}(\mathbb{R}^n)$ 及び $\Gamma \subset \mathbb{R}^n$ を固有的凸開錐とする．

$$F(z) \in \Gamma(\Omega+\sqrt{-1}\,\Gamma; \widetilde{\mathscr{A}}^{\,t}_{\mathbb{R}^n})$$

と仮定すれば，任意の $\Gamma_0 \underset{\text{conic}}{\Subset} \Gamma$ に対して $\Gamma(\Omega; \mathscr{D}b_{\mathbb{R}^n})$ 内で極限 $f(x) := \lim\limits_{\Gamma_0 \ni y \to 0} F(x+\sqrt{-1}\,y)$ が存在して $\Gamma(\Omega; \mathscr{B}_{\mathbb{R}^n})$ 内で $f(x) = F(x+\sqrt{-1}\,\Gamma 0)$. 特に $f(x)$ は Γ_0 に依存しない．

証明　任意の連結コンパクト集合 $K \Subset \Omega$ 及び $\Gamma_0 \underset{\text{conic}}{\Subset} \Gamma$ に対し $C, p, \delta' > 0$ が存在して $F(z) \in \Gamma(K+\sqrt{-1}\,\Gamma_0(\delta'); \mathscr{O}_{\mathbb{C}^n})$，且つ任意の $x+\sqrt{-1}\,y \in K+\sqrt{-1}\,\Gamma_0(\delta')$ に対し

$$|F(x+\sqrt{-1}\,y)| \leqslant \frac{C}{|y|^p}\,.$$

平行移動によって $0 \in \operatorname{Int} K$ として良い．Γ_0 は固有的凸だから，必要ならば直交変換によって $y_0 := (\delta, 0, \ldots, 0)$ $(0<\delta<\delta')$ と置いたとき Γ_0 は y_0 の錐状近傍とできる．従って定数 $c>0$ が存在して Γ_0 上 $y_1 \leqslant |y| \leqslant c y_1$ となる．$z' = (z_2, \ldots, z_n)$ と置く．$2 \leqslant p \in \mathbb{N}$ として一般性を失わない．従って $K+\sqrt{-1}\,\Gamma_0(\delta')$ 上で

$$|F(x+\sqrt{-1}\,y)| \leqslant \frac{C}{y_1^p}.$$

ここで

$$U(z) := \int_{\sqrt{-1}\,\delta}^{z_1} \frac{(z_1-w)^p}{p!}\, F(w,z')\,dw$$

と置けば，$U(z) \in \Gamma(K+\sqrt{-1}\,\Gamma_0(\delta'); \mathscr{O}_{\mathbb{C}^n})$ 且つ $\dfrac{\partial^{p+1}U}{\partial z_1^{\,p+1}}(z) = F(z)$. $z \in K+\sqrt{-1}\,\Gamma_0(\delta)$ 且つ $0<y_1<\delta$ ならば

$$|U(z)| = \Big|\Big(\int_{\sqrt{-1}\,\delta}^{x_1+\sqrt{-1}\,\delta} + \int_{x_1+\sqrt{-1}\,\delta}^{z_1}\Big) \frac{(z_1-w)^p}{p!}\, F(w,z')\,dw\Big|$$

$$
\begin{aligned}
&\leqslant \left|\int_0^{x_1} \frac{(z_1 - t - \sqrt{-1}\,\delta)^p}{p!} F(t + \sqrt{-1}\,\delta, z')\,dt\right| \\
&\qquad + \left|(\sqrt{-1}\,)^{p+1} \int_\delta^{y_1} \frac{(y_1 - s)^p}{p!} F(x_1 + \sqrt{-1}\,s, z')\,ds\right| \\
&\leqslant \frac{C(|z_1 - \sqrt{-1}\,\delta| + |x_1|^{p+1})}{\delta^p\,(p+1)!} + \int_{y_1}^{\delta} \frac{C(s - y_1)^p}{s^p\,p!}\,ds \\
&\leqslant C\,\frac{(2|x_1| + \delta)^{p+1}}{\delta^p\,(p+1)!} + \frac{C}{p!}\int_{y_1}^{\delta} ds \\
&\leqslant \frac{C(2|x_1| + \delta)^{p+1}}{\delta^p\,(p+1)!} + \frac{C\delta}{p!}\,.
\end{aligned}
$$

従って $C' > 0$ が存在して $K + \sqrt{-1}\,\Gamma_0(\delta)$ 上で $|U(z)| \leqslant C'$.

$$
G(z) := \int_{\sqrt{-1}\,\delta}^{z_1} \int_0^{z_2} \cdots \int_0^{z_n} U(w)\,dw
$$

と置く. $P(\partial_x) := \dfrac{\partial^{n+p+1}}{\partial x^{\mathbf{1}}{}_n \partial x_1^{p+1}}$ と置けば $P(\partial_z)\,G(z) = F(z)$.

$$
M := \sup\{|z_1 - \sqrt{-1}\,\delta|, |z_j|;\ z \in K + \sqrt{-1}\,\Gamma_0(\delta'),\ 2 \leqslant j \leqslant n\} < \infty
$$

と置けば, 任意の $z, w \in K + \sqrt{-1}\,\Gamma_0(\delta)$ に対して

$$
\begin{aligned}
|G(z) - G(w)| &\leqslant \sum_{j=1}^{n} \left|\int_{\sqrt{-1}\,\delta}^{w_1} \cdots \int_0^{w_{j-1}} \int_{w_j}^{z_j} \int_0^{z_{j+1}} \cdots \int_0^{z_n} U(\zeta)\,d\zeta\right| \\
&\leqslant C' M^{n-1} \sum_{j=1}^{n} |z_j - w_j| \leqslant nC'M^{n-1}|z - w|
\end{aligned}
$$

だから, 特に零に収束する任意の列 $\{y_j\}_{j\in\mathbb{N}} \subset \Gamma_0(\delta)$ に対して

$$
\sup\{|G(x + \sqrt{-1}\,y_j) - G(x + \sqrt{-1}\,y_k)|;\ x \in K\} \leqslant nC'M^{n-1}|y_j - y_k|.
$$

従って K 上の連続函数列 $\{G(x + \sqrt{-1}\,y_j)\}_{j=1}^{\infty}$ の一様極限として K 上の連続函数 $G(x) := \lim\limits_{j\to\infty} G(x + \sqrt{-1}\,y_j)$ が定まる. これが列 $\{y_j\}_{j\in\mathbb{N}} \subset \Gamma_0(\delta)$ の取り方に依存しないことが直ちにわかるから

$$
G(x) = \lim_{\Gamma_0 \ni y \to 0} G(x + \sqrt{-1}\,y).
$$

従って, 命題 3.2.6 から $x \in K$ ならば $G(x) = G(x + \sqrt{-1}\,\Gamma_0 0)$ だから, $\Gamma(\mathrm{Int}\,K; \mathscr{B}_{\mathbb{R}^n})$ の切断として

$$
\begin{aligned}
P(\partial_x)\,G(x) &= P(\partial_x)\,G(x + \sqrt{-1}\,\Gamma_0 0) = F(x + \sqrt{-1}\,\Gamma_0 0) \\
&= F(x + \sqrt{-1}\,\Gamma 0).
\end{aligned} \tag{3.4.2}
$$

更に，$\varphi(x)\in C_0^\infty(\operatorname{Int}K)$ 及び $y\in\Gamma_0(\delta)$ に対して

$$\begin{aligned}\langle\varphi(x)\,dx, F(x+\sqrt{-1}\,y)\rangle &= \int_{\mathbb{R}^n}\varphi(x)\,P(\partial_x)G(x+\sqrt{-1}\,y)\,dx\\ &= \int_{\mathbb{R}^n}P(-\partial_x)\varphi(x)\cdot G(x+\sqrt{-1}\,y)\,dx\end{aligned}$$

が定まるから，この極限として

$$\langle\varphi(x)\,dx, \lim_{\Gamma_0\ni y\to 0}F(x+\sqrt{-1}\,y)\rangle := \int_{\mathbb{R}^n}P(-\partial_x)\varphi(x)\cdot G(x)\,dx$$

が存在する．$K\Subset\Omega$ は任意だから

$$f(x) := \lim_{\Gamma_0\ni y\to 0}F(x+\sqrt{-1}\,y)\in\Gamma(\Omega;\mathscr{D}b_{\mathbb{R}^n})$$

が定義できる．更に $\Gamma(\operatorname{Int}K;\mathscr{D}b_{\mathbb{R}^n})$ の切断として $f(x)=P(\partial_x)\,G(x)$ だから，(3.4.2) から $\Gamma(\operatorname{Int}K;\mathscr{B}_{\mathbb{R}^n})$ の切断として $f(x)=F(x+\sqrt{-1}\,\Gamma 0)$．ここで K は任意，且つ定理 2.2.5 の一意性から $\Gamma(\Omega;\mathscr{B}_{\mathbb{R}^n})$ の切断として

$$\lim_{\Gamma_0\ni y\to 0}F(x+\sqrt{-1}\,y)=f(x)=F(x+\sqrt{-1}\,\Gamma 0).$$ ∎

3.4.4 [命題]　$\Omega\in\mathfrak{O}(\mathbb{R}^n)$ 及び $\Gamma\subset\mathbb{R}^n$ を固有的凸開錐とする．このとき $g(x)\in\Gamma(\Omega;\mathscr{D}b_{\mathbb{R}^n})$ が $\dot{\mathrm{S}}\mathrm{S}(g)\subset\Omega+\sqrt{-1}\,\Gamma^\circ$ ならば，一意に $F(z)\in\Gamma(\Omega+\sqrt{-1}\,\Gamma;\widetilde{\mathscr{A}}^t_{\mathbb{R}^n})$ が存在して

$$F(x+\sqrt{-1}\,\Gamma 0)=g(x).$$

証明　定理 2.2.5 から一意に $F(z)\in\Gamma(\Omega+\sqrt{-1}\,\Gamma;\widetilde{\mathscr{A}}_{\mathbb{R}^n})$ が存在して $F(x+\sqrt{-1}\,\Gamma 0)=g(x)$．よって $F(z)$ が緩増大を示せば良い．任意の $K\Subset L\Subset\Omega$ 及び $\Gamma_1\underset{\text{conic}}{\Subset}\Gamma_2\underset{\text{conic}}{\Subset}\Gamma_3\underset{\text{conic}}{\Subset}\Gamma$ を取る．$\chi(x)\in C_0^\infty(\operatorname{Int}L)$ を K の近傍で 1 と取り $g^\chi(x):=(\chi g)(x)\in\Gamma_{\mathrm{c}}(\mathbb{R}^n;\mathscr{D}b_{\mathbb{R}^n})$ と置けば (3.4.1) と同様，$C>0$, $p\in\mathbb{N}_0$ が存在して任意の $\varphi(x)\in C^\infty(\mathbb{R}^n)$ に対して

$$|\langle\varphi(x)\,dx, g^\chi(x)\rangle|\leqslant C\sum_{|\alpha|\leqslant p}\sup\{|\partial_x^\alpha\varphi(x)|;\, x\in L\}.$$

ここで

$$B*g^\chi(z;\eta):=\langle B(z-\widetilde{x};\eta)\,d\widetilde{x}, g^\chi(\widetilde{x})\rangle$$

と置けば，命題 3.1.4 から

$$g^\chi(x)=\int_{\mathbb{S}^{n-1}}B*g^\chi(x+\sqrt{-1}\operatorname{Int}\{\eta\}^\circ 0;\eta)\,\omega(\eta).$$

更に

$$g''(x) := \int_{\mathbb{S}^{n-1}\setminus\Gamma_3^\circ\infty} B * g^\chi(x + \sqrt{-1}\,\mathrm{Int}\{\eta\}^\circ 0; \eta)\,\omega(\eta)$$

と置けば K 上 $g(x) = g^\chi(x)$ だから，補題 3.1.5 から

$$\dot{\mathrm{S}}\mathrm{S}(g'') \cap \pi^{-1}(K) \subset (K + \sqrt{-1}\,\dot{\Gamma}^\circ) \cap (K + \sqrt{-1}\,\mathrm{Cl}(\mathbb{R}^n \setminus \Gamma_3^\circ)) = \emptyset.$$

従って $g''(x)$ は K の近傍で実解析的である．次に

$$G'(z) := \int_{\Gamma_3^\circ\infty} B * g^\chi(z;\eta)\,\omega(\eta)$$

と置く．$\varepsilon > 0$ が存在して任意の $y \in \Gamma_2(\varepsilon)$, $\eta \in \Gamma_3^\circ\infty$ に対し $\langle y, \eta\rangle > 2|y|^2$. ここで $C' > 0$ が存在して任意の $z \in L + \sqrt{-1}\,\Gamma_2(\varepsilon)$ 及び $\eta \in \Gamma_3^\circ\infty$ に対し

$$\sup\{|B(z - \widetilde{x};\eta)|; \widetilde{x} \in K\} \leqslant \frac{C'}{|y|^{2n}}.$$

実際，$B(z-\widetilde{x};\eta)$ の分母の $(\langle z - \widetilde{x}, \eta\rangle + \sqrt{-1}\langle z - \widetilde{x}\,\rangle^2)^n$ の絶対値は

$$\begin{aligned}|\langle z - \widetilde{x}, \eta\rangle + \sqrt{-1}\langle z - \widetilde{x}\,\rangle^2|^n &\geqslant |\,\mathrm{Im}(\langle z - \widetilde{x}, \eta\rangle + \sqrt{-1}\langle z - \widetilde{x}\,\rangle^2)|^n \\ &= (\langle y, \eta\rangle + |x - \widetilde{x}|^2 - |y|^2)^n \geqslant (\langle y,\eta\rangle - |y|^2)^n \geqslant |y|^{2n}\end{aligned}$$

と評価される．更に十分小さい $\varepsilon', \delta > 0$ を取れば任意の $z \in K + \sqrt{-1}\,\Gamma_1(\varepsilon')$ 及び各 $1 \leqslant j \leqslant n$ について $|z_j - w_j| = \delta|y|$ なる w は $w \in L + \sqrt{-1}\,\Gamma_2(\varepsilon)$ とできるから，Cauchy の不等式（系 1.1.4）を用いれば

$$\begin{aligned}|G'(z)| &\leqslant C \sum_{|\alpha|\leqslant p} \sup\{|\partial_z^\alpha \int_{\Gamma_3^\circ\infty} B(z - \widetilde{x};\eta) w(\eta)|; \widetilde{x} \in K\} \\ &\leqslant C \sum_{|\alpha|\leqslant p} \frac{C'\,\alpha!}{|(1-\delta)y|^{2n}\,|\delta y|^{|\alpha|}} = \frac{CC'}{|y|^{2n+p}} \sum_{|\alpha|\leqslant p} \frac{\alpha!}{(1-\delta)^{2n}\,\delta^{|\alpha|}}.\end{aligned}$$

従って $G'(z) \in \Gamma(K + \sqrt{-1}\,\Gamma_0; \widetilde{\mathscr{A}}^t_{\mathbb{R}^n})$ がわかる．K 上で

$$F(x + \sqrt{-1}\,\Gamma 0) = g(x) = g^\chi(x) = G'(x + \sqrt{-1}\,\Gamma_1 0) + g''(x)$$

だから定理 2.2.5 の一意性と併せて $F(z) \in \Gamma(\mathrm{Int}\,K + \sqrt{-1}\,\Gamma_1; \widetilde{\mathscr{A}}^t_{\mathbb{R}^n})$. ここで K 及び Γ_0 は任意だから $F(z) \in \Gamma(\Omega + \sqrt{-1}\,\Gamma; \widetilde{\mathscr{A}}^t_{\mathbb{R}^n})$. ∎

3.4.5［定理］ $g(x) \in \Gamma_{\mathrm{c}}(\mathbb{R}^n; \mathscr{D}b_{\mathbb{R}^n})$ 及び固有的凸開錐 $\{\Gamma_i\}_{i=1}^I \subset \mathbb{R}^n$ が

$$\dot{\mathrm{S}}\mathrm{S}(g) \subset \mathbb{R}^n + \sqrt{-1} \bigcup_{i=1}^I \Gamma_i^\circ$$

を満たせば，$G_i(z) \in \Gamma(\mathbb{R}^n + \sqrt{-1}\,\Gamma_i; \widetilde{\mathscr{A}^t_{\mathbb{R}^n}})$ が存在して，$\Gamma(\mathbb{R}^n; \mathscr{B}_{\mathbb{R}^n})$ 内で

$$g(x) - \sum_{i=1}^{I} G_i(x + \sqrt{-1}\,\Gamma_i 0) \in \Gamma(\mathbb{R}^n; \mathscr{A}_{\mathbb{R}^n}),$$

$$\dot{\mathrm{SS}}\big(G_i(x + \sqrt{-1}\,\Gamma_i 0)\big) \subset (\mathbb{R}^n + \sqrt{-1}\,\Gamma_i^\circ) \cap \dot{\mathrm{SS}}(g).$$

更に，$G_i(z)$ は $\{z = x + \sqrt{-1}\,y \in \mathbb{C}^n;\ \mathrm{dis}(x, \mathrm{supp}\, g)^2 > |y| + |y|^2\}$ で整型に取れる．

証明　任意の $\mathrm{supp}\, g \Subset K \Subset \mathbb{R}^n$ に対して $C > 0,\ p \in \mathbb{N}_0$ が存在して，任意の $\varphi(x) \in C^\infty(\mathbb{R}^n)$ に対して (3.4.1) が成り立つ．よって

$$B * g(z;\eta) := \langle B(z - \widetilde{x};\eta)\, d\widetilde{x}, g(\widetilde{x})\rangle$$

と置けば，$B * g(z;\eta)$ は連続且つ $\mathbb{R}^n + \Gamma_\eta$ で z について整型で

$$\begin{aligned}|B * g(z;\eta)| &\leqslant C \sum_{|\alpha| \leqslant p} \sup\{|\partial_{\widetilde{x}}^\alpha B(z - \widetilde{x};\eta)|;\ \widetilde{x} \in K\} \\ &= C \sum_{|\alpha| \leqslant p} \sup\{|\partial_z^\alpha B(z - \widetilde{x};\eta)|;\ \widetilde{x} \in K\}.\end{aligned}$$

命題 3.1.4 から

$$g(x) = \int_{\mathbb{S}^{n-1}} B * g(x + \sqrt{-1}\,\mathrm{Int}\{\eta\}^\circ 0;\eta)\,\omega(\eta).$$

$\bigcup_{i=1}^{I} \Gamma_i^\circ$ の十分小さい錐状近傍 $V \underset{\mathrm{conic}}{\Subset} \mathbb{R}^n$ を取り

$$g_V(x) := \int_{\mathbb{S}^{n-1} \setminus V\infty} B * g(x + \sqrt{-1}\,\mathrm{Int}\{\eta\}^\circ 0;\eta)\,\omega(\eta)$$

と定めれば，命題 3.4.4 と同様，$g_V(x)$ が実解析的がわかる．次に

$$\int_{V\infty} B * g(x + \sqrt{-1}\,\mathrm{Int}\{\eta\}^\circ 0;\eta)\,\omega(\eta)$$

を考える．

$$\varXi_i := \{\eta \in \mathbb{S}^{n-1};\ \mathrm{dis}(\eta, \Gamma_i^\circ\infty) = \min_{1 \leqslant j \leqslant I} \mathrm{dis}(\eta, \Gamma_j^\circ\infty)\}$$

と置けば

$$\Big(\bigcup_{i=1}^{I} \Gamma_i^\circ\Big) \cap \varXi_j = \Gamma_j^\circ, \quad \bigcup_{i=1}^{I} \varXi_i = \mathbb{S}^{n-1},$$

が容易にわかる．V を十分小さく取っておけば，固有的凸開錐 $\varDelta_i \subset \Gamma_i$ が存在して $\varXi_i \cap V \subset \varDelta_i^\circ\infty$ と仮定して構わない．$E_1 := \varXi_1$ 且つ $i > 1$ ならば

$E_i := \Xi_i \setminus \bigcup_{j<i} \Xi_j$ 及び

$$G_i(z) := \int_{V \cap E_i} B * g(z;\eta)\,\omega(\eta)$$

と置く．$G_i(z)$ は $\{z = x + \sqrt{-1}\,y \in \mathbb{C}^n;\ \mathrm{dis}(x,K)^2 > |y| + |y|^2\}$ で整型と取れる．従って $\mathrm{supp}\, g \Subset K$ の任意性から，$\mathrm{dis}(x, \mathrm{supp}\, g)^2 > |y| + |y|^2$ ならば $G_i(z)$ は整型である．$V \cap E_i \subset \Delta_i^{\circ}\infty$ だから，命題 3.4.4 と同様 $G_i(z) \in \Gamma(\mathbb{R}^n + \sqrt{-1}\,\Delta_i; \widetilde{\mathscr{A}}^t_{\mathbb{R}^n})$．従って命題 3.4.3 から $g_i(x) := G_i(x + \sqrt{-1}\,\Delta_i\, 0) \in \Gamma(\mathbb{R}^n; \mathscr{D}b_{\mathbb{R}^n})$．これと定義とから

$$\sum_{i=1}^{I} g_i(x) + g_V(x) = g(x).$$

一方，補題 3.1.5 から

$$\begin{aligned}\dot{\mathrm{SS}}(g_i) &\subset \dot{\mathrm{SS}}(g) \cap (\dot{\mathbb{R}}^n + \sqrt{-1}(V \cap \Xi_i)) \\ &\subset (\mathbb{R}^n + \sqrt{-1} \bigcup_{i=1}^{I} \Gamma_i^{\circ}) \cap (\dot{\mathbb{R}}^n + \sqrt{-1}(V \cap \Xi_i)) = \mathbb{R}^n + \sqrt{-1}\,\Gamma_i^{\circ}\end{aligned}$$

だから定理 2.2.5 と併せて $G_i(z) \in \Gamma(\mathbb{R}^n + \sqrt{-1}\,\Gamma_i; \widetilde{\mathscr{A}}_{\mathbb{R}^n})$．再び命題 3.4.4 から $G_i(z) \in \Gamma(\mathbb{R}^n + \sqrt{-1}\,\Gamma_i; \widetilde{\mathscr{A}}^t_{\mathbb{R}^n})$．以上を併せれば，定理が証明された．■

次の定理は，定理 2.3.15 の Schwartz 超函数版である:

3.4.6 [定理]　任意の $\Omega \in \mathfrak{O}(\mathbb{R}^n)$, $g(x) \in \Gamma(\Omega; \mathscr{D}b_{\mathbb{R}^n})$ 及び固有的凸開錐 $\{\Gamma_i\}_{i=1}^{I} \subset \mathbb{R}^n$ が

$$\dot{\mathrm{SS}}(g) \subset \Omega + \sqrt{-1} \bigcup_{i=1}^{I} \Gamma_i^{\circ}$$

を満たせば，$F_i(z) \in \Gamma(\Omega + \sqrt{-1}\,\Gamma_i; \widetilde{\mathscr{A}}^t_{\mathbb{R}^n})$ が存在して，$\Gamma(\Omega; \mathscr{D}b_{\mathbb{R}^n})$ 内で

$$g(x) = \sum_{i=1}^{I} F_i(x + \sqrt{-1}\,\Gamma_i\, 0),$$

$$\dot{\mathrm{SS}}\big(F_i(x + \sqrt{-1}\,\Gamma_i\, 0)\big) \subset (\mathbb{R}^n + \sqrt{-1}\,\Gamma_i^{\circ}) \cap \dot{\mathrm{SS}}(g).$$

証明　Ω の任意の局所有限且つ相対コンパクトな開被覆 $\{\Omega_\nu\}_{\nu \in \mathbb{N}}$ 及びこれに従属する C_0^∞ 級の単位の分割 $\{\chi_\nu\}_{\nu \in \mathbb{N}}$ を取る．$g^{(\nu)}(x) := \chi_\nu(x)\, g(x) \in \Gamma_{\mathrm{c}}(\mathbb{R}^n; \mathscr{D}b_{\mathbb{R}^n})$ と置けば $\sum_{\nu=1}^{\infty} g^{(\nu)}(x) = g(x)$ 且つ $\mathrm{supp}\, g^{(\nu)} \subset \mathrm{supp}\, \chi_\nu \Subset \Omega$.

従って，定理 3.4.5 の証明の記号下で

$$G^{(\nu)}(z;\eta) := \langle B(z-\widetilde{x};\eta)\,d\widetilde{x}, g^{(\nu)}(\widetilde{x})\rangle,$$
$$G_i^{(\nu)}(z) := \int_{V\cap E_i} G^{(\nu)}(z;\eta)\,\omega(\eta) \in \Gamma(\mathbb{R}^n + \sqrt{-1}\,\Gamma_i; \widetilde{\mathscr{A}}^{\,t}_{\mathbb{R}^n}),$$

が定まり，$\Gamma(\mathbb{R}^n;\mathscr{B}_{\mathbb{R}^n})$ 内で

$$g^{(\nu)}(x) - \sum_{i=1}^{I} G_i^{(\nu)}(x+\sqrt{-1}\,\Gamma_i 0) \in \Gamma(\mathbb{R}^n;\mathscr{A}_{\mathbb{R}^n}).$$

$G^{(\nu)}(z;\eta)$ は定義 3.1.3 の記号下で $\mathbb{D}_\eta(\operatorname{supp}\chi_\nu)$ で整型である．$B(z-\widetilde{x};\eta)$ に (2.6.6) を適用すれば，$G^{(\nu)}(z;\eta)$ は

$$\frac{1}{(2\pi)^n}\Big\langle \int_0^\infty e^{(\sqrt{-1}\langle z-\tilde{x},\eta\rangle-(z-\tilde{x})^2)\lambda}\Delta(z-\widetilde{x},\eta)\,d\widetilde{x}\,\lambda^{n-1}d\lambda, g^{(\nu)}(\widetilde{x})\Big\rangle$$

で与えられる．更に $\mathbb{D}(\operatorname{supp}\chi_\nu)_\nu$ 上で上の値が有限がわかるから，この集合上で $N_\nu>0$ が存在して $\mathbb{D}(\operatorname{supp}\chi_\nu)_\nu$ 上で

$$\Big|\Big\langle \int_{N_\nu}^\infty e^{(\sqrt{-1}\langle z-\tilde{x},\eta\rangle-(z-\tilde{x})^2)\lambda}\Delta(z-\widetilde{x},\eta)\,d\widetilde{x}\,\lambda^{n-1}d\lambda, g^{(\nu)}(\widetilde{x})\Big\rangle\Big| \leqslant \Big(\frac{1}{2}\Big)^\nu.$$

ここで

$$F^{(\nu)}(z;\eta) := \frac{1}{(2\pi)^n}\Big\langle \int_{N_\nu}^\infty e^{(\sqrt{-1}\langle z-\tilde{x},\eta\rangle-(z-\tilde{x})^2)\lambda}\Delta(z-\widetilde{x},\eta)\,d\widetilde{x}\,\lambda^{n-1}d\lambda, g^{(\nu)}(\widetilde{x})\Big\rangle$$

と置く．補題 2.3.4 と同様の理由で $F(z;\eta) := \sum_{\nu=1}^\infty F^{(\nu)}(z;\eta)$ は

$$\bigcup_{\nu=1}^\infty \Big\{z\in\mathbb{C}^n; |z|\leqslant\nu, \langle y,\eta\rangle \geqslant |y|^2+\frac{1}{5\nu}\Big\}\times\mathbb{S}^{n-1}$$
$$= (\mathbb{R}^n+\sqrt{-1}\{y\in\mathbb{R}^n;\langle y,\eta\rangle>|y|^2\})\times\mathbb{S}^{n-1}$$

上で広義一様収束して z について整型となる．

$$F_i^{(\nu)}(z) := \int_{V\cap E_i} F^{(\nu)}(z;\eta)\,\omega(\eta) \in \Gamma(\mathbb{R}^n+\sqrt{-1}\,\Gamma_i;\widetilde{\mathscr{A}}_{\mathbb{R}^n}),$$

$$F_i(z) := \sum_{\nu=1}^\infty F_i^{(\nu)}(z) = \int_{V\cap E_i} F(z;\eta)\,\omega(\eta) \in \Gamma(\mathbb{R}^n+\sqrt{-1}\,\Gamma_i;\widetilde{\mathscr{A}}_{\mathbb{R}^n}),$$

と置く．$(G^{(\nu)}-F^{(\nu)})(z;\eta)$ は明らかに任意の $\eta\in\mathbb{S}^{n-1}$ に対して $\mathbb{R}^n$ 上で実解析的だから，$(G_i^{(\nu)}-F_i^{(\nu)})(z)$ は $\mathbb{R}^n$ 上実解析的．従って $F_i^{(\nu)}(z)\in$

$\Gamma(\mathbb{R}^n+\sqrt{-1}\,\Gamma_i;\widetilde{\mathscr{A}}^t_{\mathbb{R}^n})$ 且つ $\mathbb{D}(\operatorname{supp}\chi_\nu)_\nu$ で整型，且つ

$$g^{(\nu)}(x)-\sum_{i=1}^{I}F_i^{(\nu)}(x+\sqrt{-1}\,\Gamma_i\,0)\in\Gamma(\mathbb{R}^n;\mathscr{A}_{\mathbb{R}^n}).$$

任意の $x_0\in\Omega$ に対して局所有限性から $\delta>0$ 及び $m_0\in\mathbb{N}$ が存在して，$\mathbb{B}(x_0;3\delta)\Subset\Omega$ 及び $\nu\geqslant m_0$ ならば $\operatorname{Cl}\mathbb{B}(x_0;3\delta)\cap\operatorname{supp}\chi_\nu=\emptyset$．従って $x\in\mathbb{B}(x_0;\delta)$ 且つ $\nu\geqslant m_0$ ならば $\operatorname{dis}(x,\operatorname{supp}\chi_\nu)\geqslant 2\delta$.

$$U_\delta:=\{z\in\mathbb{C}^n;\,x\in\mathbb{B}(x_0;\delta)\,,\,|y|+|y|^2<\delta^2,\cdots,|y|+|y|^2<\delta^2\}$$

と置く．$m\in\mathbb{N}$ を $\operatorname{Cl}U_\delta\subset\{|z|\in\mathbb{C}^n;\,|z|<m\}$ 且つ $m\geqslant\max\{m_0,\dfrac{1}{5\delta^2}\}$ と取れば，任意の $\nu\geqslant m$ 及び $z\in U_\delta$ に対して $|z|<\nu$ 且つ

$$|y|+|y|^2+\frac{1}{5\nu}<\delta^2+\frac{1}{5m}\leqslant 2\delta^2<(2\delta)^2\leqslant\operatorname{dis}(x,\operatorname{supp}\chi_\nu)^2$$

だから $U_\delta\times\mathbb{S}^{n-1}\subset\mathbb{D}(\operatorname{supp}\chi_\nu)_\nu$．よって $\sum\limits_{\nu=m}^{\infty}F_i^{(\nu)}(z)$ は U_δ で整型，特に $\mathbb{B}(x_0;\delta)$ で緩増大である．任意のコンパクト集合は有限個の $\mathbb{B}(x_0;\delta)$ で被覆されるから，$\sum\limits_{\nu=1}^{m-1}F_i^{(\nu)}(z)\in\Gamma(\mathbb{R}^n+\sqrt{-1}\,\Gamma_i;\widetilde{\mathscr{A}}^t_{\mathbb{R}^n})$ と併せて $F_i(z)\in\Gamma(\Omega+\sqrt{-1}\,\Gamma_i;\widetilde{\mathscr{A}}^t_{\mathbb{R}^n})$ がわかった．一方，この結果と定め方とから

$$\begin{aligned}\operatorname{sp}g(x)\big|_{\dot\pi^{-1}(\mathbb{B}(x_0;\delta))}&=\operatorname{sp}\sum_{\nu=1}^{m-1}g^{(\nu)}(x)\big|_{\dot\pi^{-1}(\mathbb{B}(x_0;\delta))}\\&=\sum_{\nu=1}^{m-1}\sum_{i=1}^{I}\operatorname{sp}F_i^{(\nu)}(x+\sqrt{-1}\,\Gamma_i\,0)\big|_{\dot\pi^{-1}(\mathbb{B}(x_0;\delta))}\\&=\sum_{i=1}^{I}\operatorname{sp}F_i(x+\sqrt{-1}\,\Gamma_i\,0)\big|_{\dot\pi^{-1}(\mathbb{B}(x_0;\delta))}.\end{aligned}\tag{3.4.3}$$

x_0 は任意だから，$H(x):=g(x)-\sum\limits_{i=1}^{I}F_i(x+\sqrt{-1}\,\Gamma_i\,0)$ は Ω 上で実解析的である．又，補題 3.1.5 及び (3.4.3) から

$$\begin{aligned}&\dot{\operatorname{SS}}\big(F_i(x+\sqrt{-1}\,\Gamma_i\,0)\big)\cap\pi^{-1}(\mathbb{B}(x_0;\delta))\\&=\dot{\operatorname{SS}}\big(\sum_{\nu=1}^{m-1}F_i^{(\nu)}(x+\sqrt{-1}\,\Gamma_i\,0)\big)\cap\pi^{-1}(\mathbb{B}(x_0;\delta))\\&\subset(\mathbb{B}(x_0;\delta)+\sqrt{-1}\,\Gamma_i^\circ)\cap\dot{\operatorname{SS}}(\sum_{\nu=1}^{m-1}g^{(\nu)})\\&=(\mathbb{B}(x_0;\delta)+\sqrt{-1}\,\Gamma_i^\circ)\cap\dot{\operatorname{SS}}(g).\end{aligned}$$

従って，$H(x)$ をどれかの $F_i(z)$ に繰込めば良い． ∎

3.4.7 [定理]（Schwartz 超函数に関する楔の刃定理）　$\Gamma_j \subset \mathbb{R}^n$ が固有的凸開錐，$\Omega \in \mathfrak{O}(\mathbb{R}^n)$，$F_j(z) \in \Gamma(\Omega + \sqrt{-1}\,\Gamma_j; \widetilde{\mathscr{A}}^t_{\mathbb{R}^n})$ $(1 \leqslant j \leqslant J)$ とし，$\Gamma(\Omega; \mathscr{D}b_{\mathbb{R}^n})$ 内で

$$\sum_{j=1}^{J} F_j(x + \sqrt{-1}\,\Gamma_j\,0) = 0$$

ならば

$$F_{jk}(z) = -F_{kj}(z) \in \Gamma(\Omega + \sqrt{-1}(\Gamma_j + \Gamma_k); \widetilde{\mathscr{A}}^t_{\mathbb{R}^n}) \quad (1 \leqslant j, k \leqslant J)$$

が存在して

$$\sum_{k=1}^{J} F_{jk}(z) = F_j(z) \in \Gamma(\Omega + \sqrt{-1}\,\Gamma_j; \widetilde{\mathscr{A}}^t_{\mathbb{R}^n}),$$

$$\dot{\mathrm{SS}}\bigl(\mathrm{b}(F_{jk})\bigr) \subset \bigl(\Omega + \sqrt{-1}(\Gamma_j^\circ \cap \Gamma_k^\circ)\bigr) \cap \bigcup_{i=1}^{J} \dot{\mathrm{SS}}\bigl(\mathrm{b}(F_i)\bigr).$$

証明　定理 3.4.6 を用いれば，補題 2.3.14 と同様に証明できる．詳細は読者に委ねる．■

3.4.8 [注意]　$\mathscr{D}b_{\mathbb{R}^n}$ は $\mathscr{B}_{\mathbb{R}^n}$ の部分層なので，部分層

$$\mathscr{C}^f_{\mathbb{R}^n} := \mathrm{Image}(\mathrm{sp}\colon \pi^{-1}\mathscr{D}b_{\mathbb{R}^n} \to \mathscr{C}_{\mathbb{R}^n}) \subset \mathscr{C}_{\mathbb{R}^n}$$

が定まる．即ち，$\sqrt{-1}\,T^*\mathbb{R}^n$ 上の部分層 $\mathscr{A}^{*t}_{\mathbb{R}^n} \subset \pi^{-1}\mathscr{D}b_{\mathbb{R}^n}$ を前層

$$\mathfrak{O}(\sqrt{-1}\,T^*\mathbb{R}^n) \ni W \mapsto \{f(x) \in \Gamma(\pi(W); \mathscr{D}b_{\mathbb{R}^n});\ \mathrm{SS}(f) \cap W = \emptyset\}$$

に附随する層として定め

$$\mathscr{C}^f_{\mathbb{R}^n} := \pi^{-1}\mathscr{D}b_{\mathbb{R}^n} \big/ \mathscr{A}^{*t}_{\mathbb{R}^n}$$

と定義する．$\mathscr{C}^f_{\mathbb{R}^n}$ を**緩増大超局所函数** (temperate microfunction) の層という．$\sqrt{-1}\,T^*\mathbb{R}^n$ 上

$$\begin{array}{ccccccccc}
 & & 0 & & 0 & & 0 & & \\
 & & \downarrow & & \downarrow & & \downarrow & & \\
0 & \longrightarrow & \mathscr{A}^{*t}_{\mathbb{R}^n} & \longrightarrow & \pi^{-1}\mathscr{D}b_{\mathbb{R}^n} & \xrightarrow{\mathrm{sp}} & \mathscr{C}^f_{\mathbb{R}^n} & \longrightarrow & 0 \\
 & & \downarrow & & \downarrow & & \downarrow & & \\
0 & \longrightarrow & \mathscr{A}^{*}_{\mathbb{R}^n} & \longrightarrow & \pi^{-1}\mathscr{B}_{\mathbb{R}^n} & \xrightarrow{\mathrm{sp}} & \mathscr{C}_{\mathbb{R}^n} & \longrightarrow & 0
\end{array}$$

なる可換図式が得られる．又，$\mathscr{C}^f_{\mathbb{R}^n}$ に対しても佐藤の基本完全系列（定理 2.3.11）

が得られる．即ち，任意の $\Omega \in \mathfrak{O}(\mathbb{R}^n)$ に対して可換完全系列

$$\begin{array}{ccccccccc} & & & & 0 & & & & \\ & & & & \downarrow & & & & \\ 0 & \longrightarrow & \Gamma(\Omega;\mathscr{A}_{\mathbb{R}^n}) & \longrightarrow & \Gamma(\Omega;\mathscr{D}b_{\mathbb{R}^n}) & \xrightarrow{\mathrm{sp}} & \Gamma(\dot{\pi}^{-1}(\Omega);\mathscr{C}^f_{\mathbb{R}^n}) & \longrightarrow & 0 \\ & & \| & & \downarrow & & \downarrow & & \\ 0 & \longrightarrow & \Gamma(\Omega;\mathscr{A}_{\mathbb{R}^n}) & \longrightarrow & \Gamma(\Omega;\mathscr{B}_{\mathbb{R}^n}) & \xrightarrow{\mathrm{sp}} & \Gamma(\dot{\pi}^{-1}(\Omega);\mathscr{C}_{\mathbb{R}^n}) & \longrightarrow & 0 \end{array}$$

が存在する（これは注意 3.3.2 で述べた Grauert の定理から従う）．更に $\mathscr{C}^f_{\mathbb{R}^n}$ は錐状脆弱ではないが錐状軟層，且つ補題 2.3.14 の結論に当る次の性質を満たす: $U \in \mathfrak{O}(\sqrt{-1}\,\dot{T}^*\mathbb{R}^n)$ が錐状ならば，任意の錐状閉集合 $Z_j \subset U$ $(1 \leqslant j \leqslant m)$ 及び $Z := \bigcup_{j=1}^{m} Z_j$ に対して

$$\bigoplus_{j,k=1}^{m}{}'\Gamma_{Z_j\cap Z_k}(U;\mathscr{C}^f_{\mathbb{R}^n}) \xrightarrow{\alpha^m} \bigoplus_{j=1}^{m}\Gamma_{Z_j}(U;\mathscr{C}^f_{\mathbb{R}^n}) \xrightarrow{\beta^m} \Gamma_Z(U;\mathscr{C}^f_{\mathbb{R}^n}) \to 0 \tag{3.4.4}$$

は完全系列となる（記号は補題 2.3.14 と同じである）．$\mathscr{C}^f_{\mathbb{R}^n}\big|_{\mathbb{R}^n} = \mathscr{D}b_{\mathbb{R}^n}$ だから，(3.4.4) は零切断では $\mathbb{R}^n$ 上での台の分解を意味するが，ここでは除外している．以上を併せれば，定理 3.4.7 は容易に示される．

5. 超函数の諸構造

最初に，微分方程式論で重要な次の結果を証明する:

3.5.1 [定理] (Holmgren 型定理)　$0 \in \mathbb{R}^n$ の近傍の実解析函数 $\varphi(x)$ が $\varphi(0) = 0$ 且つ $d\varphi(0) \neq 0$ を満たすならば

$$\mathrm{sp}\colon \Gamma_{\{x;\varphi(x)\geqslant 0\}}(\mathscr{B}_{\mathbb{R}^n})_0 \to \mathscr{C}_{\mathbb{R}^n,(0;\sqrt{-1}\,d\varphi(0))},$$
$$\mathrm{sp}\colon \Gamma_{\{x;\varphi(x)\geqslant 0\}}(\mathscr{B}_{\mathbb{R}^n})_0 \to \mathscr{C}_{\mathbb{R}^n,(0;-\sqrt{-1}\,d\varphi(0))},$$

は各々単準同型，即ち $f(x)$ が $0 \in \mathbb{R}^n$ の近傍の超函数で $0 \in \operatorname{supp} f \subset \{x;\, \varphi(x) \geqslant 0\}$ ならば

$$(0;\pm\sqrt{-1}\,\langle d\varphi(0), dx\rangle) \in \mathrm{SS}(f).$$

証明　座標変換で $\varphi(x) = x_1 - |x'|^2$ として良い（但し $x' := (x_2, \ldots, x_n)$ と置く）．従って $\operatorname{supp} f \subset \{x;\, x_1 \geqslant |x'|^2\}$（この座標変換を **Holmgren 変換**と

いう). $(0;\sqrt{-1}\,dx_1)\notin \mathrm{SS}(f)$ と仮定する. $\mathbb{R}^{n-1}$ に対して (1.4.1) を満たす有限被覆 $\mathbb{S}^{n-2}=\bigcup_{i=1}^{I}\Delta_i^{\circ}\infty$ を選べば

$$f_i(x):=\int_{\mathbb{R}^{n-1}}dy'\,f(x_1,y')\int_{\Delta_i^{\circ}\infty}B(x'-y';\eta')\,\omega'(\eta')$$

が矛盾なく定義できて, ある $C>0$ に対し

$$\begin{aligned}\mathrm{SS}(f_i)\cap\{x=0\}&\subset\{(0;\sqrt{-1}\langle\xi,dx\rangle)\in\mathrm{SS}(f);\xi'\in\Delta_i^{\circ}\}\\&\subset\{(0;\sqrt{-1}\langle\xi,dx\rangle);\xi_1\leqslant C|\xi'|,\xi'\in\Delta_i^{\circ}\}.\end{aligned}$$

従って, 原点の十分小さい近傍 U 及び固有的凸開錐 $\Gamma_i\subset\mathbb{R}^n$ が存在して, $\mathrm{SS}(f_i)\big|_{\dot{\pi}^{-1}(U)}\subset U+\sqrt{-1}\,\Gamma_i^{\circ}$. 従って $f_i(x)=F_i(x+\sqrt{-1}\,\Gamma_i 0)$ と書ける. 明らかに $x_1<0$ なら $f_i(x)=0$, 従って $F_i(z)=0$ となり解析的延長の一意性から U 上 $F_i(x)=0$. これから U 上 $f_i(x)=0$ だから

$$\begin{aligned}0=\sum_{i=1}^{I}f_i(x)&=\int_{\mathbb{R}^{n-1}}dy'\,f(x_1,y')\int_{\mathbb{S}^{n-2}}B(x'-y';\eta')\,\omega'(\eta')\\&=\int_{\mathbb{R}^{n-1}}\delta(x'-y')\,f(x_1,y')\,dy'=f(x).\end{aligned}$$

$(0;-\sqrt{-1}\,dx_1)\notin\mathrm{SS}(f)$ でも同様である. ∎

この定理の精密化として次が得られる:

3.5.2 [定理] (西瓜割り定理)　$f(x)$ が $0\in\mathbb{R}^n$ の近傍の超函数で $0\in\operatorname{supp}f\subset\{x;\,x_1\geqslant 0\}$ と仮定すれば, 閉錐 $G\subset\mathbb{R}^{n-1}$ が存在して

$$\mathrm{SS}(f)\cap\dot{\pi}^{-1}(0)=\{(0;\sqrt{-1}\langle\xi,dx\rangle);\,\xi_1\in\mathbb{R},\xi'\in G\}.$$

但し, $\xi':=(\xi_2,\ldots,\xi_n)$.

証明　$(0;\sqrt{-1}\langle\xi_0,dx\rangle)\notin\mathrm{SS}(f)$ 且つ $\xi_0'\neq 0$ ならば

$$\mathrm{SS}(f)\cap\{(0;\sqrt{-1}\langle\xi,dx\rangle);\,\xi_1\in\mathbb{R},\xi'=\xi_0'\}=\emptyset$$

を示せば良い. f を原点近傍の外側で変更しコンパクト台, かつ $\operatorname{supp}\widetilde{f}\subset\{x\in\mathbb{R}^n;x_1\geqslant 0\}$ としたものを $\widetilde{f}$ と置く. この $\widetilde{f}$ について示せば良い.

固有的凸開錐 $\Delta \subset \mathbb{R}^{n-1}$ を，Δ° が ξ_0' の錐状閉近傍と取り

$$
(3.5.1)\quad
\begin{aligned}
\widetilde{f}(x) = &\int_{\mathbb{R}^{n-1}} dy'\, \widetilde{f}(x_1, y') \int_{\Delta^\circ\infty} B(x'-y';\eta')\,\omega'(\eta') \\
&+ \int_{\mathbb{R}^{n-1}} dy'\, \widetilde{f}(x_1, y') \int_{\mathbb{S}^{n-2}\setminus\Delta^\circ\infty} B(x'-y';\eta')\,\omega'(\eta')
\end{aligned}
$$

と分割する．(3.5.1) の第 1 項は，特異性スペクトルが $\{(x;\sqrt{-1}\langle\xi, dx\rangle) \in \mathrm{SS}(\widetilde{f});\ \xi' \in \Delta^\circ\}$ に含まれるから，Δ° が十分小さければ

$$\{(0;\sqrt{-1}\langle\xi, dx\rangle);\ \frac{\xi_1}{|\xi'|} = \frac{\xi_{01}}{|\xi_0'|}\}$$

と共通部分を持たないとして良い．(3.5.1) の第 2 項の特異性スペクトルは

$$\{(x;\sqrt{-1}\langle\xi, dx\rangle) \in \mathrm{SS}(\widetilde{f});\ \xi' \notin \mathrm{Int}\,\Delta^\circ\}$$

で評価されるから，元々 $\{(0;\sqrt{-1}\langle\xi, dx\rangle);\ \xi' = \xi_0'\}$ と交わっていない．第 1 項を $g(x)$ と置く．座標変換によって

$$
\begin{aligned}
\mathrm{SS}(g) \cap \dot{\pi}^{-1}(0) \subset &\{(0;\sqrt{-1}\langle\xi, dx\rangle);\ \xi' = 0\} \\
&\cup \bigcap_{j=2}^{n-1} \{(0;\sqrt{-1}\langle\xi, dx\rangle\infty);\ |\xi_1 - a| > \varepsilon,\ |\xi_j| < \varepsilon,\ \xi_n = 1\}
\end{aligned}
$$

として構わない．また，$\widetilde{x}_n := x_n + a x_1$，$\widetilde{x}_j := x_j\ (j \neq n)$ と座標変換すれば，$a = 0$ とできる．すなわち，$\mathrm{supp}\, g \subset \{\widetilde{x};\ \widetilde{x}_1 \geqslant 0\}$ 且つ

$$
\begin{aligned}
\mathrm{SS}(g) \cap \dot{\pi}^{-1}(0) \subset &\{(0;\sqrt{-1}\langle\xi, dx\rangle);\ \xi' = 0\} \\
&\cup \bigcap_{j=2}^{n-1} \{(0;\sqrt{-1}\langle\xi, dx\rangle\infty);\ |\xi_1| > \varepsilon,\ |\xi_j| < \varepsilon,\ \xi_n = 1\}.
\end{aligned}
$$

即ち，$\mathrm{SS}(g) \cap \{(0;\sqrt{-1}\langle\xi, dx\rangle);\ \xi_1 = 0, \xi' \neq 0\} = \emptyset$ である．

次に，$\mathrm{SS}(g) \cap \{(0;\sqrt{-1}\langle\xi, dx\rangle);\ \xi_1 = 0, \xi' \neq 0\} = \emptyset$ ならば $\mathrm{SS}(g) \cap \dot{\pi}^{-1}(0) \subset \{(0;\pm\sqrt{-1}\, dx_1\infty)\}$ を示す．原点近傍 $U \subset \mathbb{R}^n$ 及び固有的凸開錐 $\Gamma \subset \{y \in \mathbb{R}^n;\ y_1 > 0\}$ が存在して

$$\mathrm{SS}(g) \cap \dot{\pi}^{-1}(U) \subset U + \sqrt{-1}\left(\Gamma^\circ \cup \Gamma^{\circ a}\right).$$

これから $F_\pm(z) \in \Gamma(U \pm \sqrt{-1}\,\Gamma; \widetilde{\mathscr{A}}_{\mathbb{R}^n})$ が存在して，U 上

$$g(x) = F_+(x + \sqrt{-1}\,\Gamma 0) - F_-(x - \sqrt{-1}\,\Gamma 0)$$

と書ける．$\mathrm{supp}\, g \subset \{x;\ x_1 \geqslant 0\}$ だから $\{x \in U;\ x_1 < 0\}$ 上で $F_+(x) = F_-(x)$．この合体した $F_\pm(z)$ を $F(z)$ とし，更に $G(w, z') := F(w^2, z')$ と置く．

$\operatorname{Im} w > 0$ のとき $w^2 \in \mathbb{C}\backslash[0, +\infty[$ だから $G(w, z')$ は $\{(w, z'); |\operatorname{Re} w|, |x'| < \delta, 0 < \operatorname{Im} w < \delta, y' = 0\}$ で整型．よって命題 1.4.7 から $\delta' > 0$ が存在して，$G(w, z')$ は

$$\{(z', w); |\operatorname{Re} w| < \delta', |x'| < \delta', \frac{|y'|}{\delta'} < \operatorname{Im} w < \delta'\}$$

で整型である．$z_1 \in \mathbb{C} \setminus [0, +\infty[$ かつ $y_1 \neq 0$ において

$$\operatorname{Im} \sqrt{x_1 + \sqrt{-1} y_1} = \sqrt{\frac{|z_1| - x_1}{2}} = \frac{|y_1|}{\sqrt{2(|z_1| + x_1)}} \geqslant \frac{|y_1|}{2\sqrt{|z_1|}}$$

だから，十分小さい $\delta' > 0$ に対して $F_{\pm}(z)$ はそれぞれ

$$\{|z| < \delta', |y'| < \frac{\pm\delta' y_1}{2\sqrt{|z_1|}}\}$$

で整型．特にこれらの集合は $x_1 = 0$ 上で $\{y; \pm y_1 > 0\}0$ 型の無限小楔である．以上を併せて定理が示された．■

次に，原点のみに台を持つ超函数の構造を述べる．Schwartz 超函数の場合は，定係数の微分作用素 P によって $P\delta(x)$ と書けるのであった．以下，$\delta^{(\alpha)}(x) := \partial_x^\alpha \delta(x)$ と置く．

3.5.3［命題］　任意の $f(x) \in \Gamma_{\{0\}}(\mathbb{R}^n; \mathscr{B}_{\mathbb{R}^n})$ に対して定係数の無限階微分作用素 $P(\partial_x) = \sum_{\alpha \in \mathbb{N}_0^n} a_\alpha \partial_x^\alpha$ が存在して $f(x) = P\delta(x)$ と書ける．更に $a_\alpha = \dfrac{(-1)^{|\alpha|}}{\alpha!} \displaystyle\int x^\alpha f(x)\, dx.$

証明　任意の定係数無限階微分作用素 $P(\partial_x) = \sum_{\alpha \in \mathbb{N}_0^n} a_\alpha \partial_x^\alpha$ に対し $P\delta(x) \in \Gamma_{\{0\}}(\mathbb{R}^n; \mathscr{B}_{\mathbb{R}^n})$ となることは良い．逆に任意の $f(x) \in \Gamma_{\{0\}}(\mathbb{R}^n; \mathscr{B}_{\mathbb{R}^n})$ を取る．定理 3.1.7 から $f(x) \in \Gamma(\{0\}; \mathscr{V}_{\mathbb{R}^n})'$．よって，連続性から任意の $\varepsilon > 0$ 及び $\alpha \in \mathbb{N}_0{}^n$ に対して $C_\varepsilon > 0$ が存在して

$$\left| \int_{\mathbb{R}^n} x^\alpha f(x)\, dx \right| \leqslant C_\varepsilon \sup\{|z^\alpha|; |z| \leqslant \varepsilon\} \leqslant C_\varepsilon \varepsilon^{|\alpha|}.$$

従って，$a_\alpha := \dfrac{(-1)^{|\alpha|}}{\alpha!} \displaystyle\int_{\mathbb{R}^n} x^\alpha f(x)\, dx$ と置けば，$P(\partial_z) := \sum_{\alpha \in \mathbb{N}_0^n} a_\alpha \partial_z^\alpha$ は定係数無限階微分作用素となる．$\Gamma_{\{0\}}(\mathbb{R}^n; \mathscr{B}_{\mathbb{R}^n})$ に対する位相の定義により，$g(x) := f(x) - \sum_{\alpha \in \mathbb{N}_0^n} a_\alpha \delta^{(\alpha)}(x) = 0$ を示すには任意の $(z, \eta) \in \mathbb{D}(\{0\})$ に対し

て $\int_{\mathbb{R}^n} B(z-\widetilde{x};\eta)g(\widetilde{x})=0$ をいえば良い．実際，それは $\varGamma(\{0\};\mathscr{A}_{\mathbb{R}^n})$ の位相で $B(z-\widetilde{x};\eta)=\sum_{\alpha\in\mathbb{N}_0^n}\dfrac{(-\widetilde{x})^{|\alpha|}}{\alpha!}\partial_z^\alpha B(z;\eta)$ と Taylor 展開できることから明らかである． ∎

3.5.4 [系]　$f(x)\in\varGamma_{\{0\}}(\mathbb{R}^n;\mathscr{B}_{\mathbb{R}^n})$ が Euler の方程式 $(\vartheta_x-\lambda)f(x)=0$ を満たすと仮定する $(\vartheta_x:=\sum_{j=1}^n x_j\partial_{x_j})$．このとき $f(x)$ は次の形となる:

$$f(x)=\begin{cases} 0, & \lambda\neq -n,-n-1,\ldots, \\ \displaystyle\sum_{|\alpha|=m} a_\alpha\delta^{(\alpha)}(x), & \lambda=-n-m,\quad m\in\mathbb{N}_0\,. \end{cases}$$

証明　$\vartheta_x\delta^{(\alpha)}(x)=-(n+|\alpha|)\,\delta^{(\alpha)}(x)$ だから，$f(x)=\sum_{\alpha\in\mathbb{N}_0^n}a_\alpha\delta^{(\alpha)}(x)$ と書いておけば

$$0=(\vartheta_x-\lambda)f(x)=-\sum_{\alpha\in\mathbb{N}_0^n}a_\alpha(n+|\alpha|+\lambda)\,\delta^{(\alpha)}(x).$$

従って，命題 3.5.3 から $a_\alpha\,(n+|\alpha|+\lambda)=0$ だから示された． ∎

6. Fourier 変換

本節では，超函数論の立場から Fourier 変換の初歩を紹介する．

$\mathbb{R}^n$ 上の（超）函数 $f(x)$ に対して，その Fourier 変換を積分が意味を持つ限り (1.3.1) で定める．$z=x+\sqrt{-1}\,y\in\mathbb{C}^n$ 及び $\zeta=\xi+\sqrt{-1}\,\eta\in\mathbb{C}^n$ とする．又，逆 Fourier 変換を次で定める:

$$\mathcal{F}^*\varphi(x):=\int_{\mathbb{R}^n}e^{\sqrt{-1}\,\langle x,\xi\rangle}\varphi(\xi)\,d\!\!{}^{-}\xi.$$

3.6.1 [命題]　$f(x)\in L_{1,loc}(\mathbb{R}^n)$ が，任意の $\varepsilon>0$ に対して $C_\varepsilon>0$ が存在してほとんど到るところ $|f(x)|\leqslant C_\varepsilon e^{\varepsilon|x|}$ を満たすと仮定すれば，$f(x)$ の Fourier 変換 $\widehat{f}(\xi)$ が $\mathbb{R}^n$ 上の超函数として定まる．更に $C,N>0$ が存在してほとんど到るところ $|f(x)|\leqslant C(1+|x|)^N$ ならば，$\widehat{f}(\xi)$ は Schwartz 超函数となる．逆 Fourier 変換についても同様である．

証明　任意に (1.4.1) を満たす有限被覆 $\mathbb{R}^n = \bigcup_{i=1}^{I} \Delta_i^\circ$ を取る．

$$G_i(\zeta) := \int_{\Delta_i^\circ} e^{-\sqrt{-1}\langle x,\zeta\rangle} f(x)\,dx$$

と置けば，$G_i(\zeta) \in \Gamma(\mathbb{R}^n - \sqrt{-1}\,\Delta_i; \widetilde{\mathscr{A}}_{\mathbb{R}^n})$．証明は補題 2.3.5 と同様である: 仮定から，任意の $\varepsilon > 0$ に対して

$$|e^{-\sqrt{-1}\langle x,\zeta\rangle} f(x)| \leqslant C_\varepsilon e^{\varepsilon|x| + \langle x,\eta\rangle}.$$

任意の $\Gamma \underset{\text{conic}}{\Subset} -\Delta_i$ を取れば $\delta > 0$ が存在して任意の $(x,\eta) \in \Delta_i^\circ \times \Gamma$ に対して $\langle x, -\eta\rangle \geqslant \delta|x|\,|\eta|$．従って任意の $\varepsilon' > 0$ に対して $\eta \in \Gamma$ 且つ $|\eta| > \varepsilon'$ ならば $\varepsilon|x| + \langle x,\eta\rangle \leqslant |x|(\varepsilon - \delta\,|\eta|) \leqslant |x|(\varepsilon - \delta\varepsilon')$ だから $\varepsilon < \delta\varepsilon'$ と取れば積分が収束して整型となることがわかる．ε' 及び Γ は任意だからこれで示された．従って

$$\widehat{f}(\xi) := \sum_{i=1}^{I} G_i(\xi - \sqrt{-1}\,\Delta_i\,0) \in \Gamma(\mathbb{R}^n; \mathscr{B}_{\mathbb{R}^n})$$

が定まる．$\widehat{f}(\xi)$ が $\{\Delta_i\}_{i=1}^{I}$ の取り方に依存しないのは補題 2.3.6 と同様である．次に $|f(x)| \leqslant C(1+|x|)^N$ ならば上の $\Gamma \underset{\text{conic}}{\Subset} -\Delta_i$ に対して

$$|e^{-\sqrt{-1}\langle x,\zeta\rangle} f(x)| \leqslant C(1+|x|)^N e^{\langle x,\eta\rangle} \leqslant C(1+|x|)^N e^{-\delta|x||\eta|}$$

だから $G_i(\zeta) \in \Gamma(\mathbb{R}^n - \sqrt{-1}\,\Delta_i; \widetilde{\mathscr{A}}^{\,t}_{\mathbb{R}^n})$ がわかる．　■

3.6.2 [例]　　超函数の意味でも次の逆変換公式が成り立つ:

$$\int_{\mathbb{R}^n} e^{\sqrt{-1}\langle x,\xi\rangle}\,\bar{d}\,\xi = \delta(x).$$

実際，$y \in \operatorname{Int}\Gamma^\sigma$ ならば

$$\int_{\Gamma^\sigma} e^{\sqrt{-1}\langle z,\xi\rangle}\,\bar{d}\,\xi = \int_{\Gamma^{\mathbf{1}_n}} e^{\sqrt{-1}\langle \sigma z,\xi\rangle}\,\bar{d}\,\xi = \Big(\frac{-1}{2\pi\sqrt{-1}}\Big)^n \frac{\operatorname{sgn}(\sigma)}{z^{\mathbf{1}_n}}$$

ここで $\sigma z = (\sigma_1 z_1, \ldots, \sigma_n z_n)$．だから，命題 3.6.1 から

$$\int_{\mathbb{R}^n} e^{\sqrt{-1}\langle x,\xi\rangle}\,\bar{d}\,\xi = \sum_{\sigma\in\{\pm1\}^n} \mathrm{b}_{\sqrt{-1}\operatorname{Int}\Gamma^\sigma}\Big(\int_{\Gamma^\sigma} e^{\sqrt{-1}\langle z,\xi\rangle}\,\bar{d}\,\xi\Big)$$

$$=\Big(\frac{-1}{2\pi\sqrt{-1}}\Big)^n \sum_{\sigma\in\{\pm1\}^n} \mathrm{b}_{\sqrt{-1}\operatorname{Int}\Gamma^\sigma}\Big(\frac{\operatorname{sgn}(\sigma)}{z^{\mathbf{1}_n}}\Big) = \delta(x).$$

□

任意の $f(x) \in \Gamma_K(\mathbb{R}^n; \mathscr{B}_{\mathbb{R}^n}) = \Gamma(K; \mathscr{V}_{\mathbb{R}^n})'$ に対して

$$\widehat{f}(\xi) = \int_{\mathbb{R}^n} e^{-\sqrt{-1}\langle x,\xi\rangle} f(x)\,dx = \langle e^{-\sqrt{-1}\langle x,\xi\rangle} dx, f(x)\rangle$$

が定まる．これも Fourier 変換と呼ぶ．$\widehat{f}(\xi)$ は ξ を複素変数 $\zeta = \xi + \sqrt{-1}\,\eta$ にしても意味を持ち，$\widehat{f}(\zeta) \in \Gamma(\mathbb{C}^n; \mathscr{O}_{\mathbb{C}^n})$ が容易にわかる．$\widehat{f}(\zeta)$ を，函数の場合と同様，Fourier-Laplace 変換と呼ぶ．

3.6.3 [注意]　$\operatorname{supp} f$ 及び $\operatorname{supp} g$ がともにコンパクトならば，積分順序の変更及び変数変換で

$$\begin{aligned}(f * g)^{\wedge}(\xi) &= \int dx\, e^{-\sqrt{-1}\langle x,\xi\rangle} \int f(x-y)\,g(y)\,dy \\ &= \int e^{-\sqrt{-1}\langle y,\xi\rangle} g(y)\,dy \int e^{-\sqrt{-1}\langle x-y,\xi\rangle} f(x-y)\,dx \\ &= \int e^{-\sqrt{-1}\langle y,\xi\rangle} g(y)\,dy \int e^{-\sqrt{-1}\langle x,\xi\rangle} f(x)\,dx = \widehat{g}(\xi)\,\widehat{f}(\xi).\end{aligned}$$

凸コンパクト集合 $K \subset \mathbb{R}^n$ に対して，その**支持函数** (supporting function) $H_K\colon \mathbb{R}^n \to \mathbb{R}$ を

$$H_K(\eta) := \sup\{\langle x, \eta\rangle;\ x \in K\}$$

で定める．$f(x) \in \Gamma_K(\mathbb{R}^n; \mathscr{B}_{\mathbb{R}^n})$ 及び任意の $\varepsilon > 0$ に対して $K_\varepsilon := \{x+z;\ x \in K,\ z \in \mathbb{C}^n,\ |z| < \varepsilon\} \subset \mathbb{C}^n$ と定めれば，連続性から

$$|\widehat{f}(\zeta)| \leqslant C_\varepsilon \sup\{|e^{-\sqrt{-1}\langle z,\zeta\rangle}|;\ z \in K_\varepsilon\} \leqslant C_\varepsilon e^{H_K(\operatorname{Im}\zeta)+\varepsilon|\zeta|}.$$

3.6.4 [定義]　凸コンパクト集合 $K \Subset \mathbb{R}^n$ に対して部分集合 $\operatorname{Exp}_K(\mathbb{C}^n) \subset \Gamma(\mathbb{C}^n; \mathscr{O}_{\mathbb{C}^n})$ を，任意の $\varepsilon > 0$ に対して $C_\varepsilon > 0$ が存在して

$$|\varphi(\zeta)| \leqslant C_\varepsilon e^{H_K(\operatorname{Im}\zeta)+\varepsilon|\zeta|} \tag{3.6.1}$$

を満たす $\mathbb{C}^n$ 上の整型函数全体とする．

3.6.5 [定理] (Paley-Wiener)　任意の凸コンパクト集合 $K \Subset \mathbb{R}^n$ に対して，Fourier-Laplace 変換は次の線型同型を与える:

$$\Gamma_K(\mathbb{R}^n; \mathscr{B}_{\mathbb{R}^n}) \xrightarrow{\sim} \operatorname{Exp}_K(\mathbb{C}^n).$$

証明　$\Gamma_K(\mathbb{R}^n; \mathscr{B}_{\mathbb{R}^n}) \ni f(x) \mapsto \widehat{f}(\zeta) \in \operatorname{Exp}_K(\mathbb{C}^n)$ が定義できることは既に

述べた．逆写像を定める．任意の $\varphi(\zeta) \in \mathrm{Exp}_K(\mathbb{C}^n)$ に対して

$$F_\sigma(z) := \int_{\Gamma^\sigma} e^{\sqrt{-1}\langle z,\xi\rangle}\varphi(\xi)\,đ\xi$$

と置く．但し $\sigma = (\sigma_1, \ldots, \sigma_n) \in \{\pm 1\}^n$ 且つ Γ^σ は (2.6.2) の通りである．$(\Gamma^\sigma)^\circ = \Gamma^\sigma$ である．(3.6.1) を $\xi \in \mathbb{R}^n$ に制限すれば $|\varphi(\xi)| \leqslant C_\varepsilon e^{\varepsilon|\xi|}$ だから，命題 3.6.1 から $F_\sigma(z) \in \Gamma(\mathbb{R}^n + \sqrt{-1}\,\Gamma^\sigma; \widetilde{\mathscr{A}}_{\mathbb{R}^n})$ 且つ超函数

$$\mathcal{F}^*\varphi(x) := \sum_{\sigma\in\{\pm 1\}^n} F_\sigma(x + \Gamma^\sigma 0)$$

が定まることがわかる．$\operatorname{supp}\mathcal{F}^*\varphi \subset K$ を示す．

3.6.6［補題］　$x_0 \in \mathbb{R}^n \setminus K$ ならばある $\eta_0 \in \mathbb{R}^n$ に対して $\langle x_0, \eta_0\rangle > H_K(\eta_0)$.

証明　Hahn-Banach の定理から凸集合 K と $x_0 \in \mathbb{R}^n \setminus K$ とは超平面で分割できる．即ち $\eta_0, a \in \mathbb{R}^n$ が存在して $\langle x_0, \eta_0\rangle - a > 0$ 且つ任意の $y \in K$ に対して $\langle y, \eta_0\rangle - a < 0$. これから $\langle x_0, \eta_0\rangle > a > \langle y, \eta_0\rangle$ だから，上限を取って $\langle x_0, \eta_0\rangle > a \geqslant H_K(\eta_0)$. ∎

任意の $x_0 \in \mathbb{R}^n \setminus K$ に対して補題 3.6.6 の η_0 を取り

$$F_\sigma(z;\eta_0) := \int_{\Gamma^\sigma + \sqrt{-1}\{|\xi|\eta_0\}} e^{\sqrt{-1}\langle z,\zeta\rangle}\varphi(\zeta)\,đ\zeta$$

と置く．$\operatorname{Im}\zeta = |\operatorname{Re}\zeta|\,\eta_0 = |\xi|\,\eta_0$ ならば

$$\begin{aligned} &H_K(\operatorname{Im}\zeta) + \varepsilon|\zeta| - \operatorname{Im}\langle z,\zeta\rangle \\ &\qquad \leqslant |\xi|(H_K(\eta_0) + \varepsilon(1+|\eta_0|) - \langle x,\eta_0\rangle + |y|) \end{aligned}$$

だから，必要ならば ε を小さく取り直せば，各 $F_\sigma(z;\eta_0)$ は x_0 の近傍で整型がわかる．一方

$$\partial_j\Gamma^\sigma(\eta_0) := \bigcup_{0\leqslant t\leqslant 1}\{\zeta \in \mathbb{C}^n;\ \operatorname{Re}\zeta \in \Gamma^\sigma,\ \operatorname{Re}\zeta_j = 0,\ \operatorname{Im}\zeta = t|\operatorname{Re}\zeta|\,\eta_0\},$$

$$G_j^\sigma(z;\eta_0) := \int_{\partial_j\Gamma^\sigma(\eta_0)} e^{\sqrt{-1}\langle z,\zeta\rangle}\varphi(\zeta)\,đ\zeta,$$

と置けば，Cauchy-Poincaré の定理 1.1.18 から，向き付けを考慮して

$$\sum_{\sigma\in\{\pm 1\}^n} F_\sigma(z) = \sum_{\sigma\in\{\pm 1\}^n} F_\sigma(z;\eta_0) + \sum_{\sigma\in\{\pm 1\}^n}\sum_{j=1}^n (-1)^j\sigma_j G_j^\sigma(z;\eta_0)$$

となる．$\sigma=(\sigma_1,\dots,\sigma_n)$ に対して $\sigma':=(-\sigma_1,\sigma_2,\dots,\sigma_n)$ と置く．又 $\xi':=(\xi_2,\dots,\xi_n)$ 等と定める．$\Gamma_1^\sigma=\Gamma^\sigma\cap\{y\in\mathbb{R}^n;\,y_1=0\}$ とし，$\Delta_1^\sigma\underset{\text{conic}}{\Subset}\Gamma_1^\sigma$ 及び $\delta>0$ を $(y',\xi)\in\Delta_1^\sigma\times\Gamma^\sigma$ に対して $\langle y',\xi\rangle=\langle y',\xi'\rangle\geqslant\delta|y'|\,|\xi'|$ と取る．$\zeta\in\partial_1\Gamma^\sigma(\eta_0)$ ならば

$$\begin{aligned}&H_K(\operatorname{Im}\zeta)+\varepsilon|\zeta|-\operatorname{Im}\langle z,\zeta\rangle\\&\quad\leqslant|\xi'|(tH_K(\eta_0)+\varepsilon(1+t|\eta_0|)-t\langle x,\eta_0\rangle-\delta|y'|)\end{aligned}$$

だから x_0 の近傍で $G_1^\sigma(z;\eta_0)$ と $G_1^{\sigma'}(z;\eta_0)$ とは共通定義域を持ち，更に $G_1^\sigma(z;\eta_0)=G_1^{\sigma'}(z;\eta_0)$．他の j についても同様だから，結局 x_0 の近傍で

$$\sum_{\sigma\in\{\pm1\}^n}\sum_{j=1}^{n}(-1)^j\sigma_jG_j^\sigma(z;\eta_0)=0.$$

従って x_0 の近傍で

$$\begin{aligned}\mathcal{F}^*\varphi(x)&=\sum_{\sigma\in\{\pm1\}^n}F_\sigma(x+\sqrt{-1}\,\Gamma^\sigma0)=\sum_{\sigma\in\{\pm1\}^n}F_\sigma(x+\sqrt{-1}\,\Gamma^\sigma0;\eta_0)\\&=\sum_{\sigma\in\{\pm1\}^n}F_\sigma(x;\eta_0)=G(x;\eta_0).\end{aligned}$$

更に Cauchy-Poincaré の定理 1.1.18 から，任意の $t\geqslant1$ に対して

$$G(z;\eta_0)=\int\limits_{\operatorname{Im}\zeta=|\operatorname{Re}\zeta|\eta_0}e^{\sqrt{-1}\langle z,\zeta\rangle}\varphi(\zeta)\,đ\zeta=\int\limits_{\operatorname{Im}\zeta=t|\operatorname{Re}\zeta|\eta_0}e^{\sqrt{-1}\langle z,\zeta\rangle}\varphi(\zeta)\,đ\zeta$$

だから $t\to\infty$ として $G(z;\eta_0)=0$．従って x_0 の近傍で $\mathcal{F}^*\varphi(x)=0$ だから結局 $\operatorname{supp}\mathcal{F}^*\varphi\subset K$ がわかった．$(\mathcal{F}^*\varphi)^\wedge(\zeta)=\varphi(\zeta)$ を示す．十分大きな $T>0$ に対し $K\Subset[-T,T]\times\cdots\times[-T,T]$ として良い．従って，$z=(z_1,z')$, $\sigma=(\sigma_1,\sigma')$ と置くとき $\{\operatorname{Re}z_1>M\}\cap\{\operatorname{Im}z\in\operatorname{Int}\Gamma^\sigma\}$ では

$$\begin{aligned}F_\sigma(z)&=\int_{\Gamma^\sigma}e^{\sqrt{-1}\langle z,\xi\rangle}\varphi(\xi)đ\xi=\int_{\Gamma^{\mathbf{1}_n}}e^{\sqrt{-1}\langle z,\sigma\xi\rangle}\varphi(\sigma\xi)đ\xi\\&=\int_{\Gamma^{\mathbf{1}_n}}e^{\sqrt{-1}((z_1-T)\sigma_1\xi_1+\langle z',\sigma'\xi'\rangle)+\sqrt{-1}\,T\sigma_1\xi_1}\varphi(\sigma\xi)đ\xi\\&=\sigma_1\sqrt{-1}\int_{\Gamma^{\mathbf{1}_{n-1}}}đ\xi'\int_0^\infty đs\,e^{-(z_1-T)s+\sqrt{-1}\langle z',\sigma'\xi'\rangle}e^{-Ts}\varphi(\sqrt{-1}\,s,\sigma'\xi')\end{aligned}$$

と変形できるので，$F_\sigma(z)$ と $-F_{-\sigma_1,\sigma'}(z)$ は合体して $(\mathbb{C}\setminus]-\infty,T])\times(\mathbb{R}^{n-1}+\sqrt{-1}\,\operatorname{Int}\Gamma^{\sigma'})$ で整型な函数に拡張される．更に $\operatorname{Re}z_1<-T$ でも同様の変形をすることにより，結局 $F_\sigma(z)$ と $-F_{-\sigma_1,\sigma'}(z)$ は合体して $(\mathbb{C}\setminus[-T,T])\times(\mathbb{R}^{n-1}+\sqrt{-1}\,\operatorname{Int}\Gamma^{\sigma'})$ で整型な函数に拡張される．この様な考察を他の変数

に対しても行えば，最終的に $\{\mathrm{sgn}(\sigma)F_\sigma(z)\}_\sigma$ は合体して $(\mathbb{C}\setminus[-T,T])^n$ で整型な一つの函数 $F(z)$ となることがわかる．このことから超函数積分 $\displaystyle\int_{\mathbb{R}^n} e^{-\sqrt{-1}\langle\eta,x\rangle}\mathcal{F}^*\varphi(x)dx$ は $e^{-\sqrt{-1}\langle\eta,z\rangle}F(z)$ の $[-T,T]^n$ の周りの多重周回積分になることがいえる．従ってそれは $T'>T$ と取るとき

$$\lim_{\varepsilon\to+0}\sum_\sigma \mathrm{sgn}(\sigma)\int_{-T'+\sqrt{-1}\,\varepsilon\sigma_1}^{T'+\sqrt{-1}\,\varepsilon\sigma_1}dz_1\cdots\int_{-T'+\sqrt{-1}\,\varepsilon\sigma_n}^{T'+\sqrt{-1}\,\varepsilon\sigma_n}e^{-\sqrt{-1}\langle\eta,z\rangle}F(z)dz_n$$

で表され，これは元の $\varphi(\xi)$ により以下のように書ける．

$$\lim_{\varepsilon\to+0}\sum_\sigma\int_{-T'}^{T'}dx_1\cdots\int_{-T'}^{T'}dx_n\int_{\Gamma^\sigma}e^{\sqrt{-1}\langle\xi-\eta,x+\sqrt{-1}\,\varepsilon\sigma\rangle}\varphi(\xi)d\!\!{}^-\xi$$
$$=\lim_{\varepsilon\to+0}\sum_\sigma\int_{\Gamma^\sigma}\prod_j\left[\frac{e^{\sqrt{-1}\,T'(\xi_j-\eta_j)}-e^{-\sqrt{-1}\,T'(\xi_j-\eta_j)}}{2\pi\sqrt{-1}(\xi_j-\eta_j)}\right]\cdot e^{-\varepsilon\langle\xi-\eta,\sigma\rangle}\varphi(\xi)d\xi.$$

ここで各 σ に対応する項は

$$\int_{\Gamma^{\mathbf{1}_n}}\prod_j\left[\frac{e^{\sqrt{-1}\,T'(\sigma_j\xi_j-\eta_j)}-e^{-\sqrt{-1}\,T'(\sigma_j\xi_j-\eta_j)}}{2\pi\sqrt{-1}(\sigma_j\xi_j-\eta_j)}\right]\cdot e^{-\varepsilon\langle\xi-\sigma\eta,\mathbf{1_n}\rangle}\varphi(\sigma\xi)d\xi$$

と書き直せ，$\eta_j\neq0$ のとき積分核の第 j 因子は

$$\begin{aligned}&\frac{e^{\sqrt{-1}\,T'(\sigma_j\xi_j-\eta_j)}-e^{-\sqrt{-1}\,T'(\sigma_j\xi_j-\eta_j)}}{2\pi\sqrt{-1}(\sigma_j\xi_j-\eta_j)}\\&=\frac{e^{\sqrt{-1}\,T'(\sigma_j\xi_j-\eta_j)}}{2\pi\sqrt{-1}(\sigma_j\xi_j-\eta_j+\sqrt{-1}\,0)}-\frac{e^{-\sqrt{-1}\,T'(\sigma_j\xi_j-\eta_j)}}{2\pi\sqrt{-1}(\sigma_j\xi_j-\eta_j-\sqrt{-1}\,0)}\\&\quad+\delta(\sigma_j\xi_j-\eta_j)Y(\sigma_j\eta_j)\end{aligned}$$

とも書ける．ここで $Y(t)=1\,(t>0),=0\,(t<0)$．このとき φ に対する増大度条件により，第 1 項では積分路 $[0,+\infty[$ を $[0,+\infty\sigma_j\sqrt{-1}[$，第 2 項では積分路 $[0,+\infty[$ を $[0,-\infty\sigma_j\sqrt{-1}[$ にそれぞれ回転させて変更できる．例えば

$$\int_o^\infty\frac{e^{\sqrt{-1}\,T'(\sigma_1\xi_1-\eta_j)}-e^{-\sqrt{-1}\,T'(\sigma_1\xi_1-\eta_j)}}{2\pi\sqrt{-1}(\sigma_1\xi_1-\eta_1)}e^{-\varepsilon(\xi_1-\sigma_1\eta_1)}\varphi(\sigma\xi)d\xi_1$$
$$=\sqrt{-1}\,\sigma_1\int_o^\infty\frac{e^{-T'(s_1+\sqrt{-1}\,\eta_j)}}{2\pi\sqrt{-1}(\sqrt{-1}\,s_1-\eta_1)}e^{-\varepsilon\sigma_1(\sqrt{-1}\,s_1-\eta_1)}\varphi(\sqrt{-1}\,s_1,\sigma'\xi')ds_1$$
$$-\sqrt{-1}\,\sigma_1\int_o^\infty\frac{e^{-T'(s_1-\sqrt{-1}\,\eta_j)}}{2\pi\sqrt{-1}(\sqrt{-1}\,s_1+\eta_1)}e^{\varepsilon\sigma_1(\sqrt{-1}\,s_1+\eta_1)}\varphi(-\sqrt{-1}\,s_1,\sigma'\xi')ds_1$$
$$+\varphi(\eta_1,\sigma'\xi')Y(\sigma_1\eta_1).$$

重要なことは，右辺にある s_1 についての積分は，$\varepsilon=0$ のときまで込めて絶対収束することである．各因子 $j=2,\ldots,n$ についても同様に変形すると，展

開された各項は最大 n 重積分となり，この段階で極限 $\varepsilon \to +0$ が代入計算として求められる．更に上の第 1 項，2 項に付く符号因子からもわかるように，σ に関して和を取ると 1 重以上の積分を含んだ項は互いに相殺する．そして最後に生き残るのが $\sum_{\sigma} \varphi(\eta) Y(\sigma_1\eta_1) \cdots Y(\sigma_n\eta_n) = \varphi(\eta)$ である．但しこのとき $\eta_1 \neq 0, \ldots, \eta_n \neq 0$ としたが，最終的な両辺の連続性によりすべての点で $\varphi(\eta)$ に一致することがわかる．

逆に任意の $f(x) \in \Gamma_K(\mathbb{R}^n; \mathscr{B}_{\mathbb{R}^n})$ に対して適当な $F_j(z) \in \Gamma(D_j; \mathscr{O}_{\mathbb{C}^n})$ が存在して $f(x) = \sum_{j=1}^{J} F_j(x + \sqrt{-1}\,\Delta_j 0)$ と書け，更に $K \Subset D \Subset \mathbb{R}^n$ 及び $\{w \in \mathbb{C}^n;\, \mathrm{Re}\, w \in D,\, \mathrm{Im}\, w = \varepsilon_j(\mathrm{Re}\, w)\} \Subset D_j$ 且つ ∂D 上 0 となる函数 $\varepsilon_j \colon D \to \mathbb{R}^n$ を取れば

$$\begin{aligned}\mathcal{F}^* \widehat{f}(x) &= \int d\!\!\bar{}\,\xi\, e^{\sqrt{-1}\langle x,\xi\rangle} \int e^{-\sqrt{-1}\langle y,\xi\rangle} f(y)\, dy \\ &= \mathrm{b}\Big(\sum_{\sigma \in \{\pm 1\}^n} \int_{\Gamma^\sigma} d\!\!\bar{}\,\xi\, e^{\sqrt{-1}\langle z,\xi\rangle} \sum_{j=1}^{J} \int_{D+\sqrt{-1}\,\varepsilon_j} e^{-\sqrt{-1}\langle w,\xi\rangle} F_j(w)\, dw \Big).\end{aligned}$$

よって

$$G_j^\sigma(z) := \int_{\Gamma^\sigma} d\!\!\bar{}\,\xi\, e^{\sqrt{-1}\langle z,\xi\rangle} \int_{D+\sqrt{-1}\,\varepsilon_j} e^{-\sqrt{-1}\langle w,\xi\rangle} F_j(w)\, dw$$

と置けば $\mathcal{F}^* \widehat{f}(x) = \sum_{\sigma \in \{\pm 1\}^n} \sum_{j=1}^{J} \mathrm{b}(G_j^\sigma)$．ここで $\mathrm{Im}\, z \in \mathrm{Int}\, \Gamma^\sigma$ 且つ任意の $\mathrm{Re}\, w \in D$ に対して $\mathrm{Im}\, z - \varepsilon_j(\mathrm{Re}\, w) \in \mathrm{Int}\, \Gamma^\sigma$ なる z については

$$G_j^\sigma(z) = \int_{D+\sqrt{-1}\,\varepsilon_j} dw\, F_j(w) \int_{\Gamma^\sigma} e^{\sqrt{-1}\langle z-w,\xi\rangle} d\!\!\bar{}\,\xi.$$

$|\varepsilon_j(\mathrm{Re}\, w)|$ は任意に小さく取れるから，$G_j^\sigma(z) \in \Gamma(\mathbb{R}^n + \sqrt{-1}\,\mathrm{Int}\, \Gamma^\sigma; \mathscr{O}_{\mathbb{C}^n})$ がわかる．更に

$$G_j^\sigma(z) = \frac{\mathrm{sgn}(\sigma)}{(-2\pi\sqrt{-1}\,)^n} \int_{D+\sqrt{-1}\,\varepsilon_j^\sigma} \frac{F_j(w)}{(z-w)^{\mathbf{1}_n}}\, dw$$

だから $\sum_{\sigma,j} G_j^\sigma(x)$ は積分 $\int_{\mathbb{R}^n} \delta(x-u) f(u) du$ の定義函数による表示そのものである．従って $\mathcal{F}^* \widehat{f}(x) = \sum_{j=1}^{J} \mathrm{b}(F_j) = f(x)$．∎

3.6.7 [注意]　　$K=\{0\}$ ならば $\mathrm{Exp}_{\{0\}}(\mathbb{C}^n)$ は定数係数無限階微分作用素の表象集合である．従って Paley-Wiener の定理 3.6.5 は，命題 3.5.3 を表す．

3.6.8 [注意]　　$f(x)\in\Gamma(\mathbb{R}^n;\mathscr{B}_{\mathbb{R}^n})$ に対して $K_0\Subset\mathbb{R}^n$ が存在して，$f(x)\big|_{\mathbb{R}^n\setminus K_0}$ は実解析的且つ命題 3.6.1 の仮定を満たすとする．$K_0\Subset K\Subset\mathbb{R}^n$ を任意に取れば，命題 3.6.1 から $\chi^K(x)$ を $\mathbb{R}^n\setminus K$ の定義函数として $(\chi^K f)^\wedge(\xi)$ が定まる．一方，∂K の近傍で $f(x)$ が実解析的だから，定義 2.5.1 から $\displaystyle\int_K e^{-\sqrt{-1}\langle x,\xi\rangle}f(x)\,dx$ が定まる．超函数

$$\int_K e^{-\sqrt{-1}\langle x,\xi\rangle}f(x)\,dx+(\chi^K f)^\wedge(\xi)$$

は K の取り方に依存しない．実際 $K_0\Subset L\Subset K\Subset\mathbb{R}^n$ のときに示せば十分．$(\chi^L f)^\wedge(\xi)-(\chi^K f)^\wedge(\xi)$ は，任意に (1.4.1) を満たす有限被覆 $\mathbb{R}^n=\bigcup\limits_{i=1}^{I}\Delta_i^\circ$ を取れば

$$G_i(\zeta):=\int_{(K\setminus L)\cap\Delta_i^\circ}e^{-\sqrt{-1}\langle x,\zeta\rangle}f(x)\,dx$$

の境界値 $\sum\limits_{i=1}^{I}G_i(\xi-\sqrt{-1}\,\Delta_i 0)$ で表されるが，明らかに $G_i(\zeta)$ は $\mathrm{Im}\,\zeta=0$ まで実解析的だから，結局

$$(\chi^L f)^\wedge(\xi)-(\chi^K f)^\wedge(\xi)=\int_{K\setminus L}e^{-\sqrt{-1}\langle x,\xi\rangle}f(x)\,dx.$$

この積分は，定義 2.5.1 で積分路 $\varepsilon_j(x)$ を $x\in K\setminus L$ で 0 に選べるから

$$\int_K e^{-\sqrt{-1}\langle x,\xi\rangle}f(x)\,dx-\int_L e^{-\sqrt{-1}\langle x,\xi\rangle}f(x)\,dx$$

と等しい．従って

$$\widehat{f}(\xi):=\int_K e^{-\sqrt{-1}\langle x,\xi\rangle}f(x)\,dx+(\chi^K f)^\wedge(\xi)$$

と定義できる．

7. 1 変数超函数の諸例

始めに 1 変数超函数に特有の記号について述べる．1 変数の場合，無限小楔の方向は $\pm\sqrt{-1}$ の 2 方向のみである．従って，$\Omega\in\mathfrak{O}(\mathbb{R}^n)$ に対して $f(x)\in\Gamma(\Omega;\mathscr{B}_{\mathbb{R}})$ は $G_\pm(z)\in\Gamma(\Omega\pm\sqrt{-1}\,;\widetilde{\mathscr{A}}_{\mathbb{R}})$ の境界値で与えられる:

$$f(x)=G_+(x+\sqrt{-1}\,0)+G_-(x-\sqrt{-1}\,0).$$

又，$\Gamma(\Omega \pm \sqrt{-1}; \widetilde{\mathscr{A}_{\mathbb{R}}}) = \varinjlim_{\Omega\subset U} \Gamma(U_{\pm}; \mathscr{O}_{\mathbb{C}})$．但し，$U \in \mathfrak{O}(\mathbb{C})$ は Ω の複素近傍を渡り $U_{\pm} := U \cap \{z \in \mathbb{C}; \pm \operatorname{Im} z > 0\}$．更に，Martineau の楔の刃定理 2.3.16 によれば，

$$G_{+}(x + \sqrt{-1}\, 0) + G_{-}(x - \sqrt{-1}\, 0) = 0$$

とは，Ω の複素近傍 $V \in \mathfrak{O}(\mathbb{C}^n)$ 及び $H(z) \in \Gamma(V; \mathscr{O}_{\mathbb{C}})$ が存在して共通定義域で $G_{+}(z) = H(z)$ 且つ $G_{-}(z) = -H(z)$ ということと同値．従って

$$\Gamma(\Omega; \mathscr{B}_{\mathbb{R}}) = \varinjlim_{\Omega\subset U} \frac{\Gamma(U \setminus \Omega; \mathscr{O}_{\mathbb{C}})}{\Gamma(U; \mathscr{O}_{\mathbb{C}})} = \frac{\Gamma(\Omega + \sqrt{-1}; \widetilde{\mathscr{A}_{\mathbb{R}}}) \oplus \Gamma(\Omega - \sqrt{-1}; \widetilde{\mathscr{A}_{\mathbb{R}}})}{\Gamma(\Omega; \mathscr{A}_{\mathbb{R}})}$$

且つ，符号を考慮して $F(z) \in \Gamma(U \setminus \Omega; \mathscr{O}_{\mathbb{C}})$ の表す超函数 $f(x) = [F(z)]$ を

$$f(x) = F(x + \sqrt{-1}\, 0) - F(x - \sqrt{-1}\, 0)$$

と書く．これは $f(x) = 0$，即ち $H(z) \in \Gamma(V; \mathscr{O}_{\mathbb{C}})$ が存在して $F(z) = H(z)$ 且つ $-F(z) = -H(z)$ ならば

$$\begin{aligned} F(x + \sqrt{-1}\, 0) - F(x - \sqrt{-1}\, 0) &= H(x + \sqrt{-1}\, 0) - H(x - \sqrt{-1}\, 0) \\ &= H(x) - H(x) = 0 \end{aligned}$$

だから辻褄が合う．又，実際に極限 $\lim_{\varepsilon\to+0} F(x \pm \sqrt{-1}\, \varepsilon)$ が存在する場合とも適合する．

3.7.1 ［注意］　実は $U, V \in \mathfrak{O}(\mathbb{C})$ がともに $\Omega \in \mathfrak{O}(\mathbb{R})$ の複素近傍ならば

$$\frac{\Gamma(U \setminus \Omega; \mathscr{O}_{\mathbb{C}})}{\Gamma(U; \mathscr{O}_{\mathbb{C}})} \simeq \frac{\Gamma(V \setminus \Omega; \mathscr{O}_{\mathbb{C}})}{\Gamma(V; \mathscr{O}_{\mathbb{C}})}$$

が知られている（金子 [6]，小松 [13] 等を参照）．従って $\Gamma(\Omega; \mathscr{B}_{\mathbb{R}})$ の定義の際，実は帰納極限を取る必要はない．

$F(x) \in \Gamma(\Omega; \mathscr{A}_{\mathbb{R}})$ に対して $\operatorname{Im} z > 0$ で $F(z)$ 且つ $\operatorname{Im} z < 0$ で零と置いて定まる $\Gamma(\Omega + \sqrt{-1}; \widetilde{\mathscr{A}_{\mathbb{R}}})$ の切断の境界値を $F(x + \sqrt{-1}\, 0)$，$\operatorname{Im} z > 0$ で 0 且つ $\operatorname{Im} z < 0$ で $-F(z)$ と置いて定まる $\Gamma(\Omega - \sqrt{-1}; \widetilde{\mathscr{A}_{\mathbb{R}}})$ の切断の境界値を $F(x - \sqrt{-1}\, 0)$ と置けば，$F(x + \sqrt{-1}\, 0) = F(x - \sqrt{-1}\, 0)$．これから $\mathrm{b}(F)(x) := F(x + \sqrt{-1}\, 0) = F(x - \sqrt{-1}\, 0)$ で $\mathrm{b}\colon \mathscr{A}_{\mathbb{R}} \rightarrowtail \mathscr{B}_{\mathbb{R}}$ が定まる．以下，図の積分路に対して簡単のため，$(c+)$ は積分路が正の向き，$(c-)$ は積分路が負の向きを表し，$\int_{[a,b]}^{(c-)} dz := \int_{\gamma_1} dz$，$\int_{[a,b]}^{(c+)} dz := \int_{\gamma_2} dz$，

$\displaystyle\oint^{(c+)} dz := \oint_{\gamma_2-\gamma_1} dz$ と書く．

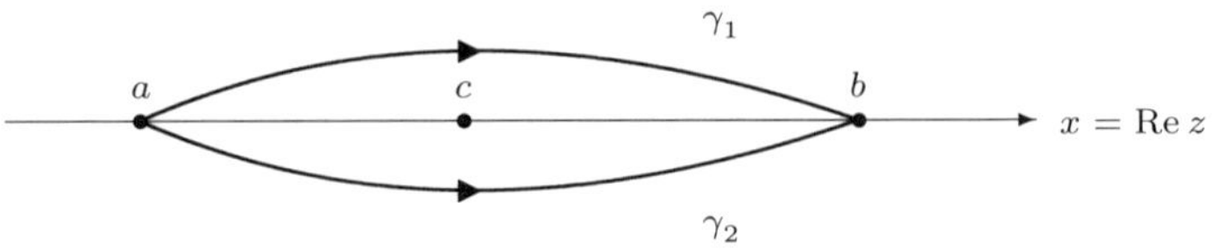

Dirac の δ 函数　多変数の δ 函数は既に定義したが，1 変数の δ 函数について改めて述べる．

3.7.2 [定義]　1 変数の **Dirac の δ 函数** $\delta(x)$ を

$$\delta(x) := \frac{-1}{2\pi\sqrt{-1}}\left[\frac{1}{z}\right] = \frac{-1}{2\pi\sqrt{-1}}\left(\frac{1}{x+\sqrt{-1}\,0} - \frac{1}{x-\sqrt{-1}\,0}\right)$$

で定義する．

$$x\delta(x) = \frac{-1}{2\pi\sqrt{-1}}\left[\frac{z}{z}\right] = \frac{-1}{2\pi\sqrt{-1}}[1] - \frac{-1}{2\pi\sqrt{-1}}(1-1) = 0$$

且つ $x \neq 0$ ならば

$$\delta(x) = \frac{-1}{2\pi\sqrt{-1}}\left(\frac{1}{x+\sqrt{-1}\,0} - \frac{1}{x-\sqrt{-1}\,0}\right) = \frac{-1}{2\pi\sqrt{-1}}\left(\frac{1}{x} - \frac{1}{x}\right) = 0$$

だから $\operatorname{supp}\delta(x) \subset \{0\}$．又，積分の定義から，任意の $a < 0 < b$ に対して

$$\int \delta(x)\,dx = \frac{-1}{2\pi\sqrt{-1}}\left(\int_{[a,b]}^{(0-)} - \int_{[a,b]}^{(0+)}\right)\frac{dz}{z} = \frac{1}{2\pi\sqrt{-1}}\oint^{(0+)}\frac{dz}{z} = 1$$

だから $\delta(x) \neq 0$，特に $\operatorname{supp}\delta(x) = \{0\}$．更に任意の $\varphi(x) \in \Gamma(\,[0];\mathscr{A}_{\mathbb{R}})$ に対して

$$\int \varphi(x)\,\delta(x)\,dx = \frac{1}{2\pi\sqrt{-1}}\oint^{(0+)}\frac{\varphi(z)}{z}\,dz = \varphi(0).$$

$\delta^{(p)}(x) := \dfrac{d^p\delta}{dx^p}(x)$ と置けば

$$\delta^{(p)}(x) = \frac{-1}{2\pi\sqrt{-1}}\left[\frac{d^p}{dz^p}\left(\frac{1}{z}\right)\right] = \frac{(-1)^{p+1}p!}{2\pi\sqrt{-1}}\left[\frac{1}{z^{p+1}}\right]$$
$$= \frac{(-1)^{p+1}p!}{2\pi\sqrt{-1}}\left(\frac{1}{(x+\sqrt{-1}\,0)^{p+1}} - \frac{1}{(x-\sqrt{-1}\,0)^{p+1}}\right).$$

これから $x\delta^{(p)}(x) = \dfrac{(-1)^{p+1}p!}{2\pi\sqrt{-1}}\left[\dfrac{z}{z^{p+1}}\right] = -p\delta^{(p-1)}(x)$.

Heaviside 函数　以下，$\log z$ は $\mathbb{C}$ の負軸に切れ目を入れ $-\pi < \arg z < \pi$ と選んだ主枝を表す．$\lambda \in \mathbb{C}$ に対して

$$x_+^\lambda := \begin{cases} \dfrac{-1}{2\pi\sqrt{-1}}\left[z^\lambda \log(-z)\right] & (\lambda \in \mathbb{Z}), \\ \dfrac{-1}{2\sqrt{-1}\sin\pi\lambda}\left[(-z)^\lambda\right] & (\lambda \in \mathbb{C}\setminus\mathbb{Z}), \end{cases}$$

と定める．$x > 0$ ならば $x_+^\lambda = x^\lambda$ 且つ $x < 0$ のとき $x_+^\lambda = 0$．実際 $x \neq 0$ ならば $\mathrm{b}\colon \mathscr{A}_\mathbb{R} \rightarrowtail \mathscr{B}_\mathbb{R}$ の定義から $(x+\sqrt{-1}\,0)^\lambda = (x-\sqrt{-1}\,0)^\lambda = x^\lambda$．従って $x > 0$ ならば $\log(-x \pm \sqrt{-1}\,0) = \log|x| \pm \pi\sqrt{-1}$ だから，$\lambda \in \mathbb{Z}$ ならば

$$x_+^\lambda = \frac{1}{2\pi\sqrt{-1}}\Big(x^\lambda(\log x + \pi\sqrt{-1}\,) - x^\lambda(\log x - \pi\sqrt{-1}\,)\Big) = x^\lambda,$$

且つ $\lambda \in \mathbb{C}\setminus\mathbb{Z}$ ならば

$$\begin{aligned} x_+^\lambda &= \frac{1}{2\sqrt{-1}\sin\pi\lambda}\Big(e^{\lambda(\log|x|+\pi\sqrt{-1})} - e^{\lambda(\log|x|-\pi\sqrt{-1})}\Big) \\ &= \frac{1}{e^{\lambda\pi\sqrt{-1}} - e^{-\lambda\pi\sqrt{-1}}}\Big(x^\lambda e^{\lambda\pi\sqrt{-1}} - x^\lambda e^{-\lambda\pi\sqrt{-1}}\Big) = x^\lambda. \end{aligned}$$

$x < 0$ ならば $\log(-x \pm \sqrt{-1}\,0) = \log|x|$ だから $x_+^\lambda = 0$．特に $\lambda = 0$ ならば

$$Y(x) := x_+^0 = \frac{-1}{2\pi\sqrt{-1}}\left[\log(-z)\right]$$

と定め，**Heaviside 函数**と呼ぶ．即ち $x > 0$ ならば $Y(x) = 1$, $x < 0$ ならば $Y(x) = 0$．定義から

$$\frac{dY}{dx}(x) = \frac{-1}{2\pi\sqrt{-1}}\left[\frac{d\log(-z)}{dz}\right] = \frac{-1}{2\pi\sqrt{-1}}\left[\frac{1}{z}\right] = \delta(x).$$

同様にして

$$x_-^\lambda := \begin{cases} \dfrac{1}{2\pi\sqrt{-1}}\left[(-z)^\lambda \log z\right] & (\lambda \in \mathbb{Z}), \\ \dfrac{1}{2\sqrt{-1}\sin\pi\lambda}\left[z^\lambda\right] & (\lambda \in \mathbb{C}\setminus\mathbb{Z}), \end{cases}$$

と定めれば，$x > 0$ で $x_-^\lambda = 0$ 且つ $x < 0$ で $x_-^\lambda = |x|^\lambda$ となる．従って

$$|x|^\lambda := x_+^\lambda + x_-^\lambda$$

と定義する．

3.7.3 [注意]　$\mathbb{C}\setminus\mathbb{Z} \ni \lambda \to m \in \mathbb{Z}$ ならば $x_+^\lambda \to x_+^m$．これは厳密には整型助変数を持つ超函数の理論が必要だが，本書では単に以下の計算を紹介するに留める．$\lambda \in \mathbb{C}\setminus\mathbb{Z}$ ならば $\dfrac{-1}{2\sqrt{-1}\sin\pi\lambda}\left[(-z)^m\right] = 0$ に注意して

$x_+^\lambda = \dfrac{-1}{2\sqrt{-1}\sin\pi\lambda}\big[(-z)^\lambda - (-z)^m\big]$ と書ける．定義函数の極限を取れば

$$\lim_{\lambda\to m}\frac{-((-z)^\lambda-(-z)^m)}{2\sqrt{-1}\sin\pi\lambda} = -\lim_{\lambda\to m}\left(\frac{\lambda-m}{2\sqrt{-1}\sin\pi\lambda}\cdot\frac{(-z)^\lambda-(-z)^m}{\lambda-m}\right)$$
$$= \lim_{\lambda\to m}\left(\frac{-1}{2\pi\sqrt{-1}\cos\pi m}\cdot((-z)^m\log(-z))\right) = \frac{-z^m\log(-z)}{2\pi\sqrt{-1}}$$

だから，この意味で $\lim\limits_{\lambda\to m} x_+^\lambda = x_+^m$．

$\lambda\in\mathbb{C}\setminus\mathbb{Z}$ ならば

$$\frac{d}{dx}\left(\frac{1}{\lambda+1}x_+^{\lambda+1}\right) = \frac{-1}{2\sqrt{-1}(\lambda+1)\sin\pi(\lambda+1)}\left[\frac{d}{dz}(-z)^{\lambda+1}\right]$$
$$= \frac{-1}{2\sqrt{-1}\sin\pi\lambda}\big[(-z)^\lambda\big] = x_+^\lambda,$$

且つ $\lambda\in\mathbb{N}_0$ ならば

$$\frac{d}{dx}\left(\frac{1}{\lambda+1}x_+^{\lambda+1}\right) = \frac{-1}{2\pi\sqrt{-1}(\lambda+1)}\left[\frac{d}{dz}\big(z^{\lambda+1}\log(-z)\big)\right]$$
$$= \frac{-1}{2\pi\sqrt{-1}(\lambda+1)}\big[(\lambda+1)z^\lambda\log(-z)+z^\lambda\big] = x_+^\lambda.$$

一方，$\lambda\in-\mathbb{N}$ ならば $\dfrac{d}{dx}\left(\dfrac{1}{\lambda+1}x_+^{\lambda+1}\right)\neq x_+^\lambda$ に注意する．そこで $Y_\lambda(x) := \dfrac{x_+^\lambda}{\Gamma(1+\lambda)}$ $(\lambda\notin-\mathbb{N})$ を考える．$\lambda\in\mathbb{N}_0$ ならば $Y_\lambda(x) = \dfrac{x_+^\lambda}{\lambda!} = \dfrac{x^\lambda Y(x)}{\lambda!}$，特に $Y_0(x) = Y(x)$ である．$\lambda\notin-\mathbb{N}$ ならば上で見た通り $\dfrac{dY_{\lambda+1}}{dx}(x) = Y_\lambda(x)$ である．$\lambda = -m\in-\mathbb{N}$ ならば

$$Y_{-m}(x) := \lim_{\lambda\to-m}\frac{x_+^\lambda}{\Gamma(1+\lambda)}$$

と定める．但し，極限は上と同様に定義函数の極限を表す．Γ 函数の函数等式 $\Gamma(1+\lambda)\Gamma(-\lambda) = \dfrac{-\pi}{\sin\pi\lambda}$ を用いれば

$$\lim_{\lambda\to-m}\frac{-(-z)^\lambda}{2\sqrt{-1}\,\Gamma(1+\lambda)\sin\pi\lambda} = \lim_{\lambda\to-m}\frac{\Gamma(-\lambda)(-z)^\lambda}{2\pi\sqrt{-1}} = \frac{(-1)^m(m-1)!}{2\pi\sqrt{-1}\,z^m}$$

だからこの意味で $Y_{-m}(x) = \delta^{(m-1)}(x)$，特に

$$\frac{dY_{-m+1}}{dx}(x) = \frac{d\delta^{(m-2)}}{dx}(x) = \delta^{(m-1)}(x) = Y_{-m}(x)$$

だから結局，任意の $\lambda\in\mathbb{C}$ について $\dfrac{dY_{\lambda+1}}{dx}(x) = Y_\lambda(x)$．

x_+^λ は注意 3.6.8 の条件を満たすから Fourier 変換が定義できる．任意に $c>0$ を取れば，定義から

$$\int_{\mathbb{R}} e^{-\sqrt{-1}\,x\xi} x_+^\lambda\,dx = \int_0^c e^{-\sqrt{-1}\,x\xi} x_+^\lambda\,dx + \int_c^\infty e^{-\sqrt{-1}\,x\xi} x^\lambda\,dx$$

且つ

$$\int_0^c e^{-\sqrt{-1}\,x\xi} x_+^\lambda\,dx = \mathrm{b}_{\{\eta>0\}}\Big(\int_0^c e^{-\sqrt{-1}\,x(\xi-\sqrt{-1}\,\eta)} x_+^\lambda\,dx\Big)$$

に注意する．最初に $\lambda\notin\mathbb{Z}$ と仮定する．

$$\int_{-c}^c e^{-\sqrt{-1}\,x(\xi-\sqrt{-1}\,\eta)} x_+^\lambda\,dx = \int_0^c e^{-\sqrt{-1}\,x(\xi-\sqrt{-1}\,\eta)} x_+^\lambda\,dx$$

且つ積分の絶対収束性から，$\eta>0$ ならば

$$\int_c^\infty e^{-\sqrt{-1}\,x(\xi-\sqrt{-1}\,\eta)} x^\lambda\,dx = \int_c^\infty e^{-\sqrt{-1}\,x(\xi-\sqrt{-1}\,\eta)} x_+^\lambda\,dx.$$

これを併せる．$-\infty-\sqrt{-1}\,0$ から始まって原点を正の向きに廻り $-\infty+\sqrt{-1}\,0$ に向かう線積分を $\int_{-\infty}^{(0+)} dz$ と表せば，$\eta>0$ ならば Hankel の積分表示式から

$$\begin{aligned}
&\int_0^\infty e^{-\sqrt{-1}\,x(\xi-\sqrt{-1}\,\eta)} x_+^\lambda\,dx\\
&\quad= \frac{-1}{2\sqrt{-1}\sin\pi\lambda}\Big(\int_{[-c,\infty]}^{(0-)} - \int_{[-c,\infty]}^{(0+)}\Big) e^{-\sqrt{-1}\,z(\xi-\sqrt{-1}\,\eta)}(-z)^\lambda dz\\
&\quad= \frac{-1}{2\sqrt{-1}\sin\pi\lambda}\Big(\int_{[-\infty,c]}^{(0-)} - \int_{[-\infty,c]}^{(0+)}\Big) e^{\sqrt{-1}\,z(\xi-\sqrt{-1}\,\eta)} z^\lambda dz\\
&\quad= \frac{-1}{2\sqrt{-1}(\sqrt{-1}(\xi-\sqrt{-1}\,\eta))^{\lambda+1}\sin\pi\lambda}\int_{-\infty}^{(0+)} e^z z^\lambda dz\\
&\quad= \frac{-\pi e^{-\pi(\lambda+1)/2}}{(\xi-\sqrt{-1}\,\eta)^{\lambda+1}\Gamma(-\lambda)\sin\pi\lambda} = \frac{\Gamma(\lambda+1)\,e^{-\pi(\lambda+1)/2}}{(\xi-\sqrt{-1}\,\eta)^{\lambda+1}}
\end{aligned}$$

だから $\eta>0$ からの境界値を取って

$$\int e^{-\sqrt{-1}\,x\xi} x_+^\lambda\,dx = \frac{\Gamma(\lambda+1)\,e^{-\pi(\lambda+1)/2}}{(\xi-\sqrt{-1}\,0)^{\lambda+1}}.$$

これは $\lambda\in\mathbb{N}_0$ でも同様である．

$\lambda=-m\in\mathbb{N}$ ならば同様の議論で

$$\begin{aligned}
&\int_0^\infty e^{-\sqrt{-1}\,x(\xi-\sqrt{-1}\,\eta)} x_+^{-m}\,dx\\
&\quad= \frac{-1}{2\pi\sqrt{-1}}\Big(\int_{[-c,\infty]}^{(0-)} - \int_{[-c,\infty]}^{(0+)}\Big) e^{-\sqrt{-1}\,z(\xi-\sqrt{-1}\,\eta)}\frac{\log(-z)}{z^m}dz
\end{aligned}$$

$$
\begin{aligned}
&= \frac{(-1)^{m+1}}{2\pi\sqrt{-1}} \int_{-\infty}^{(0+)} e^{\sqrt{-1}\,z(\xi-\sqrt{-1}\,\eta)} \frac{\log z}{z^m} dz \\
&= \frac{(-1)^{m+1}}{2\pi\sqrt{-1}} \partial_\lambda \int_{-\infty}^{(0+)} e^{\sqrt{-1}\,z(\xi-\sqrt{-1}\,\eta)} z^\lambda dz \Big|_{\lambda=-m} \\
&= (-1)^{m+1} \partial_\lambda \Big(\frac{1}{(\sqrt{-1}(\xi-\sqrt{-1}\,\eta))^{\lambda+1} \Gamma(-\lambda)} \Big) \Big|_{\lambda=-m} \\
&= (-1)^{m+1} \Big(\frac{-(\sqrt{-1}(\xi-\sqrt{-1}\,\eta))^{m-1} \log(\sqrt{-1}(\xi-\sqrt{-1}\,\eta))}{\Gamma(m)} \\
&\qquad\qquad + \frac{(\sqrt{-1}(\xi-\sqrt{-1}\,\eta))^{m-1} \Gamma'(m)}{\Gamma(m)^2} \Big) \\
&= \frac{(-\sqrt{-1}(\xi-\sqrt{-1}\,\eta))^{m-1}}{\Gamma(m)} \Big(\frac{\Gamma'(m)}{\Gamma(m)} - \log(\sqrt{-1}(\xi-\sqrt{-1}\,\eta)) \Big)
\end{aligned}
$$

だから $\eta > 0$ からの境界値を取って

$$
\begin{aligned}
&\int e^{-\sqrt{-1}\,x\xi} x_+^{-m}\, dx \\
&\qquad = \frac{(-\sqrt{-1}\,\xi)^{m-1}}{(m-1)!} \Big(\sum_{j=1}^{m-1} \frac{1}{j} - \gamma - \log(\xi - \sqrt{-1}\,0) - \frac{\pi}{2}\sqrt{-1} \Big).
\end{aligned}
$$

発散積分の有限部分　$F(x) \in \Gamma(\,]a,b];\mathscr{A}_{\mathbb{R}})$ が

$$
F(x) = G(x) + \sum_{\nu=1}^{N} \frac{A_\nu}{(x-a)^{\lambda_\nu}}
$$

という形をしていると仮定する．但し，$G(x) \in \Gamma([a',b];\mathscr{A}_{\mathbb{R}})$ $(a' < a < b)$, $A_\nu \in \mathbb{C}$ 且つ $\lambda_1 := 1$, $\lambda_\nu \in \{\lambda \in \mathbb{C} \setminus \{1\};\ \mathrm{Re}\,\lambda > 0\}$ $(2 \leqslant \nu \leqslant N)$ とする．このとき

$$
\mathrm{Pf.}F(x) := G(x)\,Y(x-a) + \sum_{\nu=1}^{N} A_\nu\,(x-a)_+^{-\lambda_\nu}
$$

と定義する．$\mathrm{Pf.}F(x)$ は任意の $x < a$ の近傍で 0 且つ $x = b$ の近傍で実解析的だから，定義 2.5.1 の通り

$$
\mathrm{Pf.}\int_a^b F(x)\,dx := \int_{a'}^b \mathrm{Pf.}F(x)\,dx
$$

が定義できる．これを **Hadamard の発散積分の有限部分** (partie finie（仏語)) と呼ぶ．実際に求めてみよう．最初に $H(x)$ を $G(x)$ の原始函数の一つとすれば，分枝の取り方に注意して

$$
\int_{a'}^b G(x)\,Y(x-a)\,dx = \int_{a'-a}^{b-a} G(x+a)\,Y(x)\,dx
$$

$$= \frac{-1}{2\pi\sqrt{-1}}\left(\int_{[a'-a,b-a]}^{(0-)} - \int_{[a'-a,b-a]}^{(0+)}\right) G(z+a)\log(-z)\,dz$$

$$= \frac{-1}{2\pi\sqrt{-1}}\left(\Big[H(z+a)\log(-z)\Big]_{b-a-\sqrt{-1}\,0}^{b-a+\sqrt{-1}\,0} - \oint^{(0+)} \frac{H(z+a)}{z}\,dz\right)$$

$$= \frac{-H(b)}{2\pi\sqrt{-1}}\big((\log(b-a) - \pi\sqrt{-1}\,) - (\log(b-a) + \pi\sqrt{-1}\,)\big) - H(a)$$

$$= H(b) - H(a) = \int_a^b G(x)\,dx.$$

$\lambda = 1$ ならば，不定積分によって

$$\int_{a'}^{b} (x-a)_+^{-1}\,dx = \int_{a'-a}^{b-a} x_+^{-1}\,dx$$

$$= \frac{1}{2\pi\sqrt{-1}}\left(\int_{[a'-a,b-a]}^{(0-)} - \int_{[a'-a,b-a]}^{(0+)}\right)\frac{\log(-z)}{z}\,dz$$

$$= \frac{1}{4\pi\sqrt{-1}}\Big[(\log(-z))^2\Big]_{b-a-\sqrt{-1}\,0}^{b-a+\sqrt{-1}\,0}$$

$$= \frac{1}{4\pi\sqrt{-1}}\big((\log(b-a) - \pi\sqrt{-1}\,)^2 - (\log(b-a) + \pi\sqrt{-1}\,)^2\big)$$

$$= -\log(b-a).$$

$\lambda \in \mathbb{N}$ 且つ $\lambda \geqslant 2$ ならば，部分積分によって

$$\int_{a'}^{b} (x-a)_+^{-\lambda}\,dx = \int_{a'-a}^{b-a} x_+^{-\lambda}\,dx$$

$$= \frac{1}{2\pi\sqrt{-1}}\left(\int_{[a'-a,b-a]}^{(0-)} - \int_{[a'-a,b-a]}^{(0+)}\right)\frac{\log(-z)}{z^\lambda}\,dz$$

$$= \frac{1}{2\pi\sqrt{-1}(\lambda-1)}\left(\left[\frac{\log(-z)}{z^{\lambda-1}}\right]_{b-a-\sqrt{-1}\,0}^{b-a+\sqrt{-1}\,0} - \oint^{(0+)}\frac{1}{z^\lambda}\,dz\right)$$

$$= \frac{(\log(b-a) - \pi\sqrt{-1}\,) - (\log(b-a) + \pi\sqrt{-1}\,)}{2\pi\sqrt{-1}(\lambda-1)(b-a)^{\lambda-1}} = \frac{-1}{(\lambda-1)(b-a)^{\lambda-1}}.$$

$\lambda \in \mathbb{C} \setminus \mathbb{Z}$ ならば

$$\int_{a'}^{b} (x-b)_+^{-\lambda}\,dx = \int_{a'-a}^{b-a} x_+^{-\lambda}\,dx = \int_{a'-a}^{b-a} \frac{d}{dx}\left(\frac{-1}{(\lambda-1)\,x_+^{\lambda-1}}\right)dx$$

$$= \frac{-1}{(\lambda-1)\,(b-a)^{\lambda-1}}.$$

従って

$$\text{Pf.}\int_a^b F(x)\,dx = \int_a^b G(x)\,dx - A_1\log(b-a) - \sum_{\nu=2}^{N}\frac{A_\nu}{(\lambda_\nu-1)(b-a)^{\lambda_\nu-1}}.$$

Cauchy の主値　$\mathrm{v.p.}\dfrac{1}{x} := \dfrac{1}{2}\Big(\dfrac{1}{x+\sqrt{-1}\,0} + \dfrac{1}{x-\sqrt{-1}\,0}\Big)$ と定め **Cauchy の主値**(valeur principale（仏語)) と呼ぶ．$\varphi(x) \in \Gamma([a,b];\mathscr{A}_{\mathbb{R}})$ $(a<0<b)$ ならば，超函数 $\mathrm{v.p.}\dfrac{\varphi(x)}{x} := \varphi(x)\,\mathrm{v.p.}\dfrac{1}{x}$ は $x=a,\,b$ の近傍で実解析的だから，積分が定義できる: Cauchy の積分公式から

$$\begin{aligned}
\int_a^b \mathrm{v.p.}\frac{\varphi(x)}{x}\,dx &= \int_a^b \frac{1}{2}\Big(\frac{\varphi(x)}{x+\sqrt{-1}\,0} + \frac{\varphi(x)}{x-\sqrt{-1}\,0}\Big)\,dx \\
&= \Big(\int_{[a,b]}^{(0-)} + \int_{[a,b]}^{(0+)}\Big)\frac{\varphi(z)}{2z}\,dz = -\pi\sqrt{-1}\,\varphi(0) + \int_{[a,b]}^{(0+)}\frac{\varphi(z)}{z}\,dz \\
&= \int_{[a,b]}^{(0+)}\frac{\varphi(z)-\varphi(0)}{z}\,dz = \int_a^b \frac{\varphi(x)-\varphi(0)}{x}\,dx.
\end{aligned}$$

Poisson の和公式　余接函数 $\cot\pi z = \dfrac{1}{\tan\pi z}$ は実軸上の整数点上で 1 位の極を持ち，それ以外では整型である．そこで，$\varphi(z) := \dfrac{-1}{2\sqrt{-1}}\cot\pi z$ と置き，$\varphi(z)$ を定義函数とする超函数 $f = [\varphi(z)]$ を考える．余接函数の部分分数展開は，複素函数論で周知である:

$$\pi\cot\pi z = \frac{1}{z} + \sum_{k=1}^{\infty}\Big(\frac{1}{z+k} + \frac{1}{z-k}\Big).$$

従って

$$\varphi(z) = \frac{-1}{2\pi\sqrt{-1}\,z} + \sum_{k=1}^{\infty}\frac{-1}{2\pi\sqrt{-1}}\Big(\frac{1}{z+k} - \frac{1}{-z+k}\Big)$$

となるから，f は $x = m \in \mathbb{Z}$ を含む十分小さな開区間に制限すると，Dirac の δ 函数を m だけ平行移動した $\delta(z-m)$ に一致する．又，$\operatorname{supp} f \subset \mathbb{Z}$ は明らかである．特に $\operatorname{supp} f$ は局所有限だから

$$f = \sum_{m=-\infty}^{\infty}\delta(x-m)$$

と書ける．一方，三角函数を指数函数により表示すると

$$\varphi(z) = -\frac{1}{2} - \frac{e^{-\pi\sqrt{-1}\,z}}{e^{\pi\sqrt{-1}\,z} - e^{-\pi\sqrt{-1}\,z}}.$$

これを z の虚部の符号に応じて次の通りに変形する．$\operatorname{Im} z > 0$ ならば右辺を

$$-\frac{1}{2} + \frac{1}{1-e^{2\pi\sqrt{-1}\,z}}$$

と書き直し，$|e^{2\pi\sqrt{-1}\,z}| < 1$ に注意して幾何級数に展開すると

$$\varphi(z) = -\frac{1}{2} + \sum_{k=0}^{\infty} e^{2\pi\sqrt{-1}\,kz}.$$

一方，$\mathrm{Im}\, z < 0$ ならば $\varphi(z)$ を

$$-\frac{1}{2} - \frac{e^{-2\pi\sqrt{-1}\,z}}{1 - e^{-2\pi\sqrt{-1}\,z}}$$

と書けば，$|e^{-2\pi\sqrt{-1}\,z}| < 1$ より

$$\varphi(z) = -\frac{1}{2} - \sum_{k=1}^{\infty} e^{-2\pi\sqrt{-1}\,kz}$$

という展開が得られる．従って，$\varphi(z)$ の上半平面及び下半平面各々からの境界値の差として得られる超函数 f は

$$\sum_{k=0}^{\infty} e^{2\pi\sqrt{-1}\,k(x+\sqrt{-1}\,0)} + \sum_{k=1}^{\infty} e^{-2\pi\sqrt{-1}\,k(x-\sqrt{-1}\,0)}$$

と表示することもできる．通常，これは略して単に

$$\sum_{k=-\infty}^{\infty} e^{2\pi\sqrt{-1}\,kx}$$

と書かれる．勿論この級数は普通の意味では収束しないが，上の通りに解釈する．この 2 通りの方法で得られた f の表示を併せると

$$\sum_{m=-\infty}^{\infty} \delta(x-m) = \sum_{k=-\infty}^{\infty} e^{2\pi\sqrt{-1}\,kx}.$$

これは **Poisson の和公式**と呼ばれ，Fourier 解析で重要である．

4

無限階擬微分作用素

本章では，超函数から超局所函数を得たのと同様，無限階微分作用素の超局所化として無限階擬微分作用素を定義する．本来，無限階擬微分作用素は相対コホモロジーを用いて定義されるのだが，本書では具体的に表象と呼ばれる函数の同値類として定めた．従って抽象理論に馴染んでいる読者には遠回りの感を与えるかも知れないが，多くの読者には歓迎されるものと期待している．更に，残りの節では無限階微分作用素の核函数を定義し，種々の性質を証明する．

1. 表象と古典的形式表象

最初に，座標を固定して $T^*\mathbb{C}^n \simeq \mathbb{C}^n \times \mathbb{C}^n = \{(z;\zeta)\}$ と同一視する．$\pi_{\mathbb{C}}\colon T^*\mathbb{C}^n \to \mathbb{C}^n$ を射影とする．錐状集合 $V \subset T^*\mathbb{C}^n$ と定数 $d > 0$ とに対し，本章以降では

$$V[d] := \{(z,\zeta) \in V;\ \|\zeta\| \geqslant d\}$$

と置く．又，錐状開集合 $\Omega \subset T^*\mathbb{C}^n$ と $\varepsilon \geqslant 0$ とに対して

$$\Omega_\varepsilon := \mathrm{Cl}\Big[\bigcup_{(z,\zeta)\in\Omega}\{(z';\zeta') \in \mathbb{C}^{2n};\ \|z'-z\| \leqslant \varepsilon,\ \|\zeta'-\zeta\| \leqslant \varepsilon\|\zeta\|\}\Big] \tag{4.1.1}$$

と置く．特に $\Omega_0 = \mathrm{Cl}\,\Omega$ である．又，簡単のため $\varepsilon \in \left[0,1\right[$ 及び $d > 0$ とに対して次の通りに置く．

$$d_\varepsilon := d(1-\varepsilon). \tag{4.1.2}$$

4.1.1 [定義]　$\Omega \underset{\text{conic}}{\Subset} T^*\mathbb{C}^n$ を錐状開集合とする．

(1) 以下の条件を満たす函数 $P(z,\zeta)$ を，Ω 上の**表象** (symbol) と呼ぶ:

(***S***) $r \in \left]0,1\right[$ 及び $d > 0$ が存在して $P(z,\zeta) \in \Gamma(\Omega_r[d_r];\mathscr{O}_{T^*\mathbb{C}^n})$，且つ任意

の $h>0$ に対して $C>0$ が存在して

$$|P(z,\zeta)| \leqslant Ce^{h\|\zeta\|}, \quad \bigl((z;\zeta)\in \Omega_r[d_r]\bigr).$$

Ω 上の表象の全体を $\mathscr{S}(\Omega)$ で表す.

(2) 以下の条件を満たす $P(z,\zeta)\in\mathscr{S}(\Omega)$ を, Ω 上の**零表象** (null symbol) と呼ぶ:

($\boldsymbol{N}$) $P(z,\zeta)\in\Gamma(\Omega_r[d_r];\mathscr{O}_{T^*\mathbb{C}^n})$ とするとき, $C,\,h>0$ が存在して

$$|P(z,\zeta)| \leqslant Ce^{-h\|\zeta\|}, \quad \bigl((z;\zeta)\in \Omega_r[d_r]\bigr).$$

Ω 上の零表象の全体を $\mathscr{N}(\Omega)$ で表す.

(3) $z^*\in T^*\mathbb{C}^n$ に対し

$$\mathscr{S}_{z^*} := \varinjlim_{\Omega\ni z^*} \mathscr{S}(\Omega) \supset \mathscr{N}_{z^*} := \varinjlim_{\Omega\ni z^*} \mathscr{N}(\Omega)$$

と定める. 但し, 帰納極限は z^* の錐状近傍 $\Omega \underset{\text{conic}}{\Subset} T^*\mathbb{C}^n$ 全体について取る. 即ち, $\mathscr{S}_{z^*}$ の元は z^* の繊維方向で劣指数型の整型函数の芽である.

4.1.2 [注意]　$\Omega_r[d_r]$ は $T^*\mathbb{C}^n$ の閉集合なので, 命題 A.2.16 から

$$\Gamma(\Omega_r[d_r];\mathscr{O}_{T^*\mathbb{C}^n}) = \varinjlim_{\Omega_r[d_r]\subset V} \Gamma(V;\mathscr{O}_{T^*\mathbb{C}^n}).$$

但し, $V\in\mathfrak{O}(T^*\mathbb{C}^n)$ は $\Omega_r[d_r]$ の開近傍を渡る.

$\mathscr{S}(\Omega)$ が通常の函数の和, 積で可換環となることは容易にわかる. 更に:

4.1.3 [命題]　$\mathscr{N}(\Omega)$ は $\mathscr{S}(\Omega)$ のイデアルである.

証明　任意の $P(z,\zeta)\in\mathscr{S}(\Omega)$ 及び $Q(z,\zeta)\in\mathscr{N}(\Omega)$ に対して共通定義域を $\Omega_r[d_r]$ とする. 定数 $h,\,C>0$ が存在して $\Omega_r[d_r]$ 上 $|Q(z,\zeta)|\leqslant Ce^{-h\|\zeta\|}$. よってこの h に対して定数 $C'>0$ が存在して $\Omega_r[d_r]$ 上 $|P(z,\zeta)|\leqslant C'e^{h\|\zeta\|/2}$ となるから, $\Omega_r[d_r]$ 上

$$|P(z,\zeta)\,Q(z,\zeta)| \leqslant CC'e^{-h\|\zeta\|/2}.$$ ∎

次に, 表象及び零表象の一般化として, 次の定義を与える:

4.1.4 [定義]　$\Omega \underset{\text{conic}}{\Subset} T^*\mathbb{C}^n$ を錐状開集合とする.

(1) t を不定元とする形式冪級数

$$P(t;z,\zeta)=\sum_{j=0}^{\infty}t^j P_j(z,\zeta)$$

は，次の条件を満たせば Ω 上の**古典的形式表象** (classical formal symbol) と呼ばれる:

($\widehat{\boldsymbol{S}}$**cl**) $r\in\,]0,1[$ 及び $d>0$ が存在して $P_j(z,\zeta)\in\Gamma(\Omega_r[d_r];\mathscr{O}_{T^*\mathbb{C}^n})$，且つ $B>0$ が存在して次が成り立つ: 任意の $h>0$ に対して $C>0$ が存在して

$$|P_j(z,\zeta)|\leqslant\frac{CB^j j!\,e^{h\|\zeta\|}}{\|\zeta\|^j},\quad\big((z;\zeta)\in\Omega_r[d_r],j\in\mathbb{N}_0\big).$$

Ω 上の古典的形式表象の全体を $\widehat{\mathscr{S}_{\mathrm{cl}}}(\Omega)$ で表す.

(2) $P(t;z,\zeta)=\sum\limits_{j=0}^{\infty}t^jP_j(z,\zeta)\in\widehat{\mathscr{S}_{\mathrm{cl}}}(\Omega)$ は，次の条件を満たすならば Ω 上の**古典的形式零表象**と呼ばれる:

($\widehat{\boldsymbol{N}}$**cl**) $P_j(z,\zeta)\in\Gamma(\Omega_r[d_r];\mathscr{O}_{T^*\mathbb{C}^n})$ とするとき，定数 $B>0$ が存在して次が成り立つ: 任意の $h>0$ に対して $C>0$ が存在して

$$\left|\sum_{j=0}^{m-1}P_j(z,\zeta)\right|\leqslant\frac{CB^m m!\,e^{h\|\zeta\|}}{\|\zeta\|^m},\quad\big((z;\zeta)\in\Omega_r[d_r],\,m\in\mathbb{N}\big).$$

Ω 上の古典的形式零表象の全体を $\widehat{\mathscr{N}_{\mathrm{cl}}}(\Omega)$ で表す.

(3) $z^*\in T^*\mathbb{C}^n$ に対して

$$\widehat{\mathscr{S}_{\mathrm{cl},z^*}}:=\varinjlim_{\Omega\ni z^*}\widehat{\mathscr{S}_{\mathrm{cl}}}(\Omega)\supset\widehat{\mathscr{N}_{\mathrm{cl},z^*}}:=\varinjlim_{\Omega\ni z^*}\widehat{\mathscr{N}_{\mathrm{cl}}}(\Omega)$$

と定める．但し，帰納極限は z^* の錐状近傍 $\Omega\underset{\mathrm{conic}}{\Subset}T^*\mathbb{C}^n$ 全体について取る.

$P(z,\zeta)\in\mathscr{S}(\Omega)$ は，$P(z,\zeta)+t\cdot 0+t^2\cdot 0+\cdots$ によって $\widehat{\mathscr{S}_{\mathrm{cl}}}(\Omega)$ の切断を定める．これから $\mathscr{S}(\Omega)\subset\widehat{\mathscr{S}_{\mathrm{cl}}}(\Omega)$ と考えられることは明らか.

4.1.5 [命題]　$\mathscr{S}(\Omega)\cap\widehat{\mathscr{N}_{\mathrm{cl}}}(\Omega)=\mathscr{N}(\Omega)$ となる.

証明　任意の $P(z,\zeta)\in\mathscr{S}(\Omega)\cap\widehat{\mathscr{N}_{\mathrm{cl}}}(\Omega)$ を取る．$r\in\,]0,1[$, d, $B>0$ が存在して次が成り立つ:

任意の $h>0$ に対し定数 $C>0$ が存在して

$$|P(z,\zeta)|\leqslant\frac{CB^m\,m!\,e^{h\|\zeta\|}}{\|\zeta\|^m},\quad(\Omega_r[d_r],\,m\in\mathbb{N}).$$

よって ζ を固定したとき，m を $\dfrac{\|\zeta\|}{B}$ の整数部分と選べば，**Stirling の公式**から $C>0$ が存在して

$$|P(z,\zeta)| \leqslant C\Big(\frac{2\pi\|\zeta\|}{B}\Big)^{1/2} e^{(h-1/B)\|\zeta\|-1}.$$

$h>0$ を十分小さく取れば $h', C''>0$ が存在して

$$\|\zeta\|^{1/2} e^{(h-1/B)\|\zeta\|} \leqslant C' e^{-h'\|\zeta\|}$$

とできるから $P(z,\zeta) \in \mathscr{N}(\Omega)$．逆に $P(z,\zeta) \in \mathscr{N}(\Omega)$ ならば C, $h>0$ が存在して

$$|P(z,\zeta)| \leqslant Ce^{-h\|\zeta\|}, \quad \big((z;\zeta) \in \Omega_r[d_r]\big).$$

$B := \dfrac{1}{h}$ と置けば，任意の $m \in \mathbb{N}$ に対して $\dfrac{\|\zeta\|^m}{B^m\, m!} \leqslant e^{h\|\zeta\|}$ だから，任意の $h'>0$, $(z;\zeta) \in \Omega_r[d_r]$，及び $m \in \mathbb{N}$ に対して

$$|P(z,\zeta)| \leqslant Ce^{-h\|\zeta\|} \leqslant \frac{CB^m\, m!}{\|\zeta\|^m} \leqslant \frac{CB^m\, m!\, e^{h'\|\zeta\|}}{\|\zeta\|^m}.$$

従って $P(z,\zeta) \in \mathscr{S}(\Omega) \cap \widehat{\mathscr{N}_{\mathrm{cl}}}(\Omega)$．　■

4.1.6 ［注意］　定義 4.1.1 及び 4.1.4 の条件 ($\boldsymbol{S}$) 及び ($\widehat{\boldsymbol{S}}$**cl**) は，種々の評価が面倒になる．そこで次の函数 $\Lambda(\zeta)$ を導入する: 条件 ($\boldsymbol{S}$) 及び ($\widehat{\boldsymbol{S}}$**cl**) で特に $h=\dfrac{1}{j}$ $(j \in \mathbb{N})$ と取れば，定数 $C_j>0$ が存在して $\Omega_r[d_r]$ 上

$$|P(z,\zeta)| \leqslant C_j e^{\|\zeta\|/j} = e^{\|\zeta\|/j+\log C_j}.$$

$H_j := \log C_j$ と置く．$j<k$ ならば $H_j<H_k$ と仮定できる．更に

$$j(j-1)(H_j-H_{j-1}) < (j+1)j(H_{j+1}-H_j),$$

即ち $2jH_j < (j-1)H_{j-1}+(j+1)H_{j+1}$ と取っておく．$s_1 := 0$ とし $j \geqslant 2$ ならば，直線 $t=\dfrac{s}{j-1}+H_{j-1}$ と $t=\dfrac{s}{j}+H_j$ との交点の s 座標を s_j と置く．即ち

$$s_j := j(j-1)(H_j-H_{j-1}).$$

これから増大列 $0 = s_1 < s_2 < s_3 < \cdots < s_j < \cdots$ が定まる．更に $\dfrac{t}{j}+H_j = \dfrac{t}{j+1}+H_{j+1}$ となる t を t_j とすれば，必要ならば H_j を大きく取って $t_j \geqslant (j+1)d_r$ として良い．函数 $\widetilde{\Lambda}(s)$ を，$s_j \leqslant s \leqslant s_{j+1}$ ならば

$$\widetilde{\Lambda}(s) := \frac{s}{j}+H_j$$

なる折れ線で定める．このとき:

(1) $\widetilde{\Lambda}\colon \mathbb{R}_{>0} \to \mathbb{R}_{>0}$ は増大函数;

(2) $\displaystyle\lim_{s\to\infty} \frac{\widetilde{\Lambda}(s)}{s} = 0$;

(3) $c > 1$ ならば $\widetilde{\Lambda}(cs) \leqslant c\widetilde{\Lambda}(s)$;

が満たされる．以下，(1), (2), (3) を満たす $\widetilde{\Lambda}$ を劣線型函数，$\Lambda(\zeta) := \widetilde{\Lambda}(\|\zeta\|)$ を**劣線型重み函数**と呼ぶ．これから，$P(t;z,\zeta) = \sum_{j=0}^{\infty} t^j P_j(z,\zeta)$ が $(\widehat{\boldsymbol{S}}\mathbf{cl})$ を満たすのと，$\Omega_r[d_r]$ 上で劣線型重み函数 $\Lambda(\zeta)$ 及び $B > 0$ が存在して

$$|P_j(z,\zeta)| \leqslant \frac{B^j j!\, e^{\Lambda(\zeta)}}{\|\zeta\|^j}, \quad \bigl((z;\zeta) \in \Omega_r[d_r],\ j \in \mathbb{N}_0\bigr)$$

を満たすのとは同値である．表象についても同様である．$\Lambda(\zeta)$ が劣線型重み函数ならば，任意の定数 $C, C' > 0$ に対し $C\Lambda(\zeta) + C'$ も劣線型重み函数となる．

埋込み $\mathscr{S}(\Omega) \subset \widehat{\mathscr{S}_{\mathrm{cl}}}(\Omega)$ 及び命題 4.1.5 から，次の単準同型が得られる:

$$\mathscr{S}(\Omega)/\mathscr{N}(\Omega) \rightarrowtail \widehat{\mathscr{S}_{\mathrm{cl}}}(\Omega)/\widehat{\mathscr{N}_{\mathrm{cl}}}(\Omega).$$

4.1.7 [定理]　$\Omega \underset{\text{conic}}{\Subset} T^*\mathbb{C}^n$ を，$z^* = (z_0; \langle \zeta_0, dz\rangle) \in \dot{T}^*\mathbb{C}^n$ の十分小さい任意の錐状近傍とする．このとき任意の $P(t;z,\zeta) = \sum_{j=0}^{\infty} t^j P_j(z,\zeta) \in \widehat{\mathscr{S}_{\mathrm{cl}}}(\Omega)$ に対して $P(z,\zeta) \in \mathscr{S}(\Omega)$ が存在して

$$\sum_{j=0}^{\infty} t^j P_j(z,\zeta) - P(z,\zeta) \in \widehat{\mathscr{N}_{\mathrm{cl}}}(\Omega).$$

証明　Ω が十分小さければ，$\mathrm{Cl}\,\Omega$ の近傍上の複素 1 次斉次な整型函数 $s(\zeta)$ で適当な $\delta \in \left]0,1\right[$ に対して

$$\Omega \subset \{(z;\zeta); \mathrm{Re}\, s(\zeta) \geqslant \delta |s(\zeta)|\}$$

となるものが存在する．例えば $\Omega \underset{\text{conic}}{\Subset} \{(z;\zeta); \mathrm{Re}\,\zeta_1 > |\zeta_1|\}$ ならば $s(\zeta) := \zeta_1$ と置けば良い．一般には，n 次直交行列 A で Ω の繊維方向を回転させれば上に帰着する．必要ならば更に Ω を小さく取り直して $\|\zeta\| = 1$ での最大，最小を考えれば，$C, C' > 0$ が存在して Ω 上 $C'\|\zeta\| < |s(\zeta)| < C\|\zeta\|$ とできる．$r \in \left]0,1\right[$, $d > 0$ が存在して

$$P_j(z,\zeta) \in \Gamma(\Omega_r[d_r]; \mathscr{O}_{T^*\mathbb{C}^n}),$$

且つ定数 $B > 0$ 及び劣線型重み函数 $\Lambda(\zeta)$ が存在して

$$|P_j(z,\zeta)| \leqslant \frac{B^j j!\, e^{\Lambda(\zeta)}}{\|\zeta\|^j}, \quad \big((z;\zeta) \in \Omega_r[d_r],\, j \in \mathbb{N}_0\big).$$

r を小さく取り直せば，Ω_r 上

$$C'\|\zeta\| \leqslant |s(\zeta)| \leqslant C\|\zeta\|$$

と仮定できる．Γ 函数の定義，及び Cauchy の不等式で半径を $|\tau|/c$ の形に取って考えれば，$\{\tau \in \mathbb{C}^n; \operatorname{Re}\tau \geqslant \delta|\tau|\}$ 上 C_1, $\delta' > 0$ が存在して，任意の $a > 0$ に対して

$$(4.1.3)\quad \left|1 - \frac{\tau^j}{(j-1)!}\int_0^a e^{-t\tau}\, t^{j-1}\, dt\right| = \left|\frac{\tau^j}{(j-1)!}\int_a^\infty e^{-t\tau}\, t^{j-1}\, dt\right|$$
$$= \left|\frac{\tau^j}{(j-1)!}\, \partial_\tau^{j-1}\Big(\frac{e^{-a\tau}}{\tau}\Big)\right| \leqslant C_1^j\, e^{-a\delta'|\tau|}.$$

特に

$$(4.1.4)\qquad 0 < a < \min\{1, \frac{1}{2BC}, \frac{1}{2\delta' BCC'C_1}\}$$

と取り，$B_1 := \max\{\frac{1}{\delta' a C'}, \frac{BC}{\delta C'}\}$ と置く．以上の準備下で

$$P(z,\zeta) := P_0(z,\zeta) + \sum_{j=1}^\infty \frac{P_j(z,\zeta)\, s(\zeta)^j}{(j-1)!}\int_0^a e^{-ts(\zeta)}\, t^{j-1}\, dt$$

と定義する．

$$(4.1.5)\quad \left|\int_0^a e^{-ts(\zeta)}\, t^{j-1}\, dt\right| \leqslant \int_0^a \left|e^{-ts(\zeta)}\, t^{j-1}\right| dt \leqslant \int_0^a t^{j-1}\, dt = \frac{a^j}{j}$$

だから，(4.1.4) から $\Omega_r[d_r]$ 上

$$|P(z,\zeta)| \leqslant \sum_{j=0}^\infty \frac{B^j j!\, e^{\Lambda(\zeta)}\, |s(\zeta)|^j\, a^j}{\|\zeta\|^j\, j!} \leqslant e^{\Lambda(\zeta)} \sum_{j=0}^\infty (aBC)^j \leqslant 2e^{\Lambda(\zeta)}.$$

よって $P(z,\zeta) \in \mathscr{S}(\Omega)$ がわかったので，$\sum\limits_{j=0}^\infty t^j P_j(z,\zeta) - P(z,\zeta) \in \widehat{\mathscr{N}_{\mathrm{cl}}}(\Omega)$ を示せば良い．任意の $m \in \mathbb{N}$ に対し，$\Omega_r[d_r]$ 上

$$\left|P(z,\zeta) - \sum_{j=0}^{m-1} P_j(z,\zeta)\right| \leqslant \sum_{j=1}^{m-1} |P_j(z,\zeta)|\left|1 - \frac{s(\zeta)^j}{(j-1)!}\int_0^a e^{-ts(\zeta)}\, t^{j-1}\, dt\right|$$
$$+ \sum_{j=m}^\infty \left|\frac{P_j(z,\zeta)\, s(\zeta)^j}{(j-1)!}\int_0^a e^{-ts(\zeta)}\, t^{j-1}\, dt\right|.$$

任意の $1 \leqslant j \leqslant m-1$ に対して

$$e^{-a\delta'|s(\zeta)|} \leqslant e^{-a\delta' C'\|\zeta\|} \leqslant \frac{(m-j)!}{(a\delta' C'\|\zeta\|)^{m-j}}$$

だから，(4.1.3) と (4.1.4) とを併せて

$$\sum_{j=1}^{m-1} |P_j(z,\zeta)| \Big| 1 - \frac{s(\zeta)^j}{(j-1)!} \int_0^a e^{-ts(\zeta)}\, t^{j-1}\, dt \Big|$$
$$\leqslant \sum_{j=1}^{m-1} \frac{(BCC_1)^j\, j!\, e^{\Lambda(\zeta)}\, e^{-a\delta'|s(\zeta)|}}{\|\zeta\|^j} \leqslant \sum_{j=1}^{m-1} \frac{(BCC_1)^j\, j!\, (m-j)!\, e^{\Lambda(\zeta)}}{\|\zeta\|^j\, (a\delta' C'\|\zeta\|)^{m-j}}$$
$$\leqslant \frac{B_1^m m!\, e^{\Lambda(\zeta)}}{\|\zeta\|^m} \sum_{j=1}^{m-1} (a\delta' BCC'C_1)^j \leqslant \frac{B_1^m m!\, e^{\Lambda(\zeta)}}{\|\zeta\|^m}.$$

次に

$$\sum_{j=m}^{\infty} \Big| \frac{P_j(z,\zeta)\, s(\zeta)^j}{(j-1)!} \int_0^a e^{-ts(\zeta)}\, t^{j-1}\, dt \Big|$$
$$\leqslant e^{\Lambda(\zeta)} \sum_{j=m}^{\infty} \frac{B^j j\, |s(\zeta)|^j}{\|\zeta\|^j} \int_0^a e^{-t\delta C'\|\zeta\|}\, t^{j-1}\, dt.$$

従って，任意の $m \in \mathbb{N}$ に対して

$$\sum_{j=m}^{\infty} \frac{B^j j\, |s(\zeta)|^j}{\|\zeta\|^j} \int_0^a e^{-t\delta C'\|\zeta\|}\, t^{j-1}\, dt \leqslant \frac{4B_1^m m!}{\|\zeta\|^m}$$

を示せば証明が終わる．任意の $m \in \mathbb{N}$ に対して

$$\sum_{j=m}^{\infty} \frac{B^j j\, |s(\zeta)|^j}{\|\zeta\|^j} \int_0^a e^{-t\delta C'\|\zeta\|}\, t^{j-1}\, dt$$
$$\leqslant \sum_{j=m}^{\infty} (BC)^j j \int_0^a e^{-t\delta C'\|\zeta\|}\, t^{j-1}\, dt$$
$$= \sum_{k=0}^{\infty} (BC)^{k+m}\, (k+m) \int_0^a e^{-t\delta C'\|\zeta\|}\, t^{k+m-1}\, dt.$$

更に

$$\int_0^a e^{-t\delta C'\|\zeta\|}\, t^{k+m-1}\, dt < a^k \int_0^{\infty} e^{-t\delta C'\|\zeta\|}\, t^{m-1}\, dt = \frac{a^k\, (m-1)!}{(\delta C'\|\zeta\|)^m}$$

だから (4.1.4) から

$$\sum_{j=m}^{\infty} \frac{B^j j\, |s(\zeta)|^j}{\|\zeta\|^j} \int_0^a e^{-t\delta C'\|\zeta\|}\, t^{j-1}\, dt$$

$$\leqslant \frac{(BC)^m(m-1)!}{(\delta C'\|\zeta\|)^m}\sum_{k=0}^{\infty}(aBC)^k\,(k+m)$$
$$\leqslant \frac{B_1^m\,(m-1)!}{\|\zeta\|^m}\,2(m+1)\leqslant \frac{4B_1^m\,m!}{\|\zeta\|^m}.$$

以上で示された. ∎

定理 4.1.7 から, 十分小さい任意の Ω に対して次の同型が得られる:

$$\mathscr{S}(\Omega)/\mathscr{N}(\Omega)\xrightarrow{\sim}\widehat{\mathscr{S}_{\mathrm{cl}}}(\Omega)/\widehat{\mathscr{N}_{\mathrm{cl}}}(\Omega).$$

4.1.8 [定義]　表象 $P(z,\zeta)\in\mathscr{S}(\Omega)$ が定める $\mathscr{S}(\Omega)/\mathscr{N}(\Omega)$ の切断を $:\!P(z,\zeta)\!:$ と書く. 同様に $P(t;z,\zeta)\in\widehat{\mathscr{S}_{\mathrm{cl}}}(\Omega)$ が定める $\widehat{\mathscr{S}_{\mathrm{cl}}}(\Omega)/\widehat{\mathscr{N}_{\mathrm{cl}}}(\Omega)$ の切断を $:\!P(t;z,\zeta)\!:$ と書く. この二つの記号は両立している.

4.1.9 [注意]　(1) 物理学者の用法とは多少異なるが, 記号 $:\!P(z,\zeta)\!:$ は場の量子論に由来する. 実際, 微分作用素の合成則が自由 Bose 場の演算子の交換関係になっている. 例えば, 作用素 z_j, ∂_{z_j} $(1\leqslant j\leqslant n)$ の表象は, 各々 z_j, ζ_j で

$$z_j=\,:\!z_j\!:,\quad \partial_{z_j}=\,:\!\zeta_j\!:,\quad z_j\,\partial_{z_j}=\,:\!z_j\,\zeta_j\!:,\quad \partial_{z_j}z_j=\,:\!z_j\,\zeta_j+1\!:,$$

等になっている. 更に, 表象 $P(x,\zeta)=\sum_{\alpha\in\mathbb{N}_0^n}a_\alpha(z)\,\zeta^\alpha$ に対しては

$$:\!P(z,\zeta)\!:\,=\sum_{\alpha\in\mathbb{N}_0^n}a_\alpha(z)\,\partial_z^\alpha\,.$$

(2) $\Omega\in\mathfrak{O}(T^*\mathbb{C}^n)$ が $z\in\mathbb{C}^n\subset T^*\mathbb{C}^n$ の錐状近傍ならば, Ω は全繊維方向を含む. 即ち, z の近傍 $U\in\mathfrak{O}(\mathbb{C}^n)$ が存在して $U\times\mathbb{C}^n\subset\Omega$ となる. $\mathscr{S}(U\times\mathbb{C}^n)$ は全方向で劣指数型の整型函数である. 更に, **Liouville の定理**から $\mathscr{N}(U\times\mathbb{C}^n)=0$ がわかる. 従って, 第 1 章の結果と併せて

$$\mathscr{S}(U\times\mathbb{C}^n)/\mathscr{N}(U\times\mathbb{C}^n)=\mathscr{S}(U\times\mathbb{C}^n)=\Gamma(U;\mathscr{D}^\infty_{\mathbb{C}^n}).$$

2. 表象による無限階擬微分作用素の定義

本節では, 表象及び古典的形式表象を用いて, $T^*\mathbb{C}^n$ 上に無限階擬微分作用素の層を定義する. 最初に準備として, $\widehat{\mathscr{S}_{\mathrm{cl}}}(\Omega)/\widehat{\mathscr{N}_{\mathrm{cl}}}(\Omega)$ 上に複素座標変換, 積及び形式随伴を定義する.

最初に複素座標変換を与える．$\Omega \underset{\text{conic}}{\Subset} T^*\mathbb{C}^n$ に対して $z=(z_1,\dots,z_n)$ と $w=(w_1,\dots,w_n)$ とを $\mathrm{Cl}\,\pi_{\mathbb{C}}(\Omega)\subset\mathbb{C}^n$ の近傍の二つの複素座標系，対応する $\mathrm{Cl}\,\Omega$ の近傍の座標系を各々 $(z;\zeta)$, $(w;\eta)$ と置く．このとき命題 1.2.13 を拡張して形式表象の座標変換を定義する: 複素座標変換 $z=\Phi(w)$ に対し，定義 1.2.12 の通り $J_\Phi^{-1}(z',z)$ を定める (${}^{\mathrm{t}}J_\Phi^{-1}(z,z)\eta={}^{\mathrm{t}}d\Phi^{-1}(z)\eta=\zeta$ であった)．$P(t;z,\zeta)$ が座標 $(z;\zeta)$ に関する Ω 上の古典的形式表象ならば，$\Phi^*P(t;w,\eta)=\sum\limits_{j=0}^{\infty}t^j\Phi^*P_j(w,\eta)$ を次で定める:

$$\Phi^*P(t;w,\eta):=e^{t\langle\partial_{\zeta'},\partial_{z'}\rangle}P(t;z,\zeta'+{}^{\mathrm{t}}J_\Phi^{-1}(z',z)\eta)\Big|_{\substack{z=z'=\Phi(w)\\ \zeta'=0}}.$$

即ち:

$$\Phi^*P_j(w,\eta)=\sum_{k+|\alpha|=j}\frac{1}{\alpha!}\partial_{\zeta'}^{\alpha}\partial_{z'}^{\alpha}P_k(z,\zeta'+{}^{\mathrm{t}}J_\Phi^{-1}(z',z)\eta)\Big|_{\substack{z=z'=\Phi(w)\\ \zeta'=0}}.$$

4.2.1［定理］　(1) $\Phi^*P(t;w,\eta)$ は，座標系 $(w;\eta)$ に関する Ω 上の古典的形式表象となる．更に $P(t;z,\zeta)$ が形式零表象ならば，$\Phi^*P(t;w,\eta)$ も形式零表象．

(2) 1^* は恒等写像，且つ二つの複素座標変換を $z=\Phi(w)$ 及び $w=\Psi(v)$ とすれば，$\Psi^*\Phi^*=(\Phi\Psi)^*$ となる．

証明　(1) $P_j(z,\zeta)\in\Gamma(\Omega_r[d_r];\mathscr{O}_{T^*\mathbb{C}^n})$ とする．$r>0$ を小さく取り直せば，Ω_r の近傍上 $c>1$, $1>c'>0$ が存在して

$$c'\|\eta\|<\|\zeta\|=\|{}^{\mathrm{t}}d\Phi^{-1}(z)\eta\|<c\|\eta\| \tag{4.2.1}$$

と仮定して構わない．$\varepsilon>0$ を十分小さく取れば $c'-\varepsilon c>0$ 且つ $\delta>0$ が存在して，$\|z'-z\|\leqslant\delta$ ならば

$$\begin{cases}\|{}^{\mathrm{t}}J_\Phi^{-1}(z',z)\eta-\zeta\|\leqslant\varepsilon\|\zeta\|,\\ \quad c'\|\eta\|\leqslant\|{}^{\mathrm{t}}J_\Phi^{-1}(z',z)\eta\|.\end{cases} \tag{4.2.2}$$

更に，$r'\in\,]0,r[$ 及び ε, $\delta>0$ を十分小さく取れば

$$\Omega'_{r'}[d_{r'}]:=\bigcup_{(z;\zeta)\in\Omega_{r'}[d_{r'}]}\{(z;\zeta'+{}^{\mathrm{t}}J_\Phi^{-1}(z',z)\eta);\ \|z'-z\|\leqslant\delta,\ \|\zeta'\|\leqslant\varepsilon\|\zeta\|\}$$

と置いて

$$\Omega'_{r'}[d_{r'}]\underset{\text{conic}}{\Subset}\Omega_r[d_r] \tag{4.2.3}$$

とできる．従って，$\Omega'_{r'}[d_{r'}]$ 上

$$|P_k(z,\zeta' + {}^{\mathrm{t}}J_{\Phi}^{-1}(z',z)\eta)| \leqslant \frac{B^k k!\, e^{\Lambda(\zeta'+{}^{\mathrm{t}}J_{\Phi}^{-1}(z',z)\eta)}}{\|\zeta' + {}^{\mathrm{t}}J_{\Phi}^{-1}(z',z)\eta\|^k}\,.$$

よって，$(z;\zeta) \in \Omega_{r'}[d_{r'}]$ ならば $z = \Phi(w)$ として

$$\begin{aligned}
(4.2.4)\qquad & \frac{1}{\alpha!}\left|\partial_{\zeta'}^{\alpha}\partial_{z'}^{\alpha}P_k(z,\zeta' + {}^{\mathrm{t}}J_{\Phi}^{-1}(z',z)\eta)\big|_{z'=z,\zeta'=0}\right| \\
&= \left|\frac{\alpha!}{(2\pi\sqrt{-1}\,)^{2n}}\oint_{\substack{\|z'-z\|=\delta\\ \|\zeta'\|=\varepsilon\|\zeta\|}} \frac{P_k(z,\zeta' + {}^{\mathrm{t}}J_{\Phi}^{-1}(z',z)\eta)\,dz'd\zeta'}{(\zeta')^{\alpha+\mathbf{1}_n}(z'-z)^{\alpha+\mathbf{1}_n}}\right| \\
&\leqslant \frac{\alpha!}{(\varepsilon\delta\|\zeta\|)^{|\alpha|}}\sup_{\substack{\|z'-z\|=\delta\\ \|\zeta'\|=\varepsilon\|\zeta\|}}|P_k(z,\zeta' + {}^{\mathrm{t}}J_{\Phi}^{-1}(z',z)\eta)| \\
&\leqslant \frac{\alpha!\,B^k k!}{(\varepsilon\delta c'\|\eta\|)^{|\alpha|}}\sup_{\substack{\|z'-z\|=\delta\\ \|\zeta'\|=\varepsilon\|\zeta\|}}\frac{e^{\Lambda(\zeta'+{}^{\mathrm{t}}J_{\Phi}^{-1}(z',z)\eta)}}{\|\zeta' + {}^{\mathrm{t}}J_{\Phi}^{-1}(z',z)\eta\|^k} \\
&\leqslant \frac{\alpha!\,B^k\,k!\,e^{c(1+\varepsilon)\Lambda(\eta)}}{(\varepsilon\delta c'\|\eta\|)^{|\alpha|}((c'-\varepsilon c)\|\eta\|)^k}\,.
\end{aligned}$$

$A := \dfrac{2}{\varepsilon\delta c'}$ と置き，$\varepsilon > 0$ を $C := \dfrac{\varepsilon\delta c' B}{2(c'-\varepsilon c)} < 1$ と取れば

$$\begin{aligned}
|\Phi^* P_j(w,\eta)| &\leqslant e^{c(1+\varepsilon)\Lambda(\eta)}\sum_{k=0}^{j}\frac{B^k k!}{((c'-\varepsilon c)\|\eta\|)^k}\sum_{|\alpha|=j-k}\frac{\alpha!}{(\varepsilon\delta c'\|\eta\|)^{|\alpha|}} \\
&\leqslant e^{c(1+\varepsilon)\Lambda(\eta)}\sum_{k=0}^{j}\frac{B^k k!}{((c'-\varepsilon c)\|\eta\|)^k}\frac{2^{n+j-k-1}\,(j-k)!}{(\varepsilon\delta c'\|\eta\|)^{j-k}} \\
&\leqslant \frac{2^{n-1}A^j j!\,e^{c(1+\varepsilon)\Lambda(\eta)}}{\|\eta\|^j}\sum_{k=0}^{\infty}C^k \leqslant \frac{2^{n-1}A^j j!\,e^{c(1+\varepsilon)\Lambda(\eta)}}{(1-C)\,\|\eta\|^j}\,.
\end{aligned}$$

これで古典的形式表象となることが示された．

次に，$P(t;z,\zeta)$ が形式零表象ならば，同様にして任意の $m \in \mathbb{N}$ に対して

$$\left|\sum_{k=0}^{m-1}\partial_{\zeta'}^{\alpha}\partial_{z'}^{\alpha}P_k(z,\zeta' + {}^{\mathrm{t}}J_{\Phi}^{-1}(z',z)\eta)\big|_{\substack{z'=z\\ \zeta'=0}}\right| \leqslant \frac{(\alpha!)^2\,B^m m!\,e^{c(1+\varepsilon)\Lambda(\eta)}}{(\varepsilon\delta c'\|\eta\|)^{|\alpha|}((c'-\varepsilon c)\|\eta\|)^m}\,.$$

従って

$$\begin{aligned}
\left|\sum_{j=0}^{m-1}\Phi^* P_j(w,\eta)\right| &= \left|\sum_{|\alpha|=0}^{m-1}\sum_{k=0}^{m-1-|\alpha|}\frac{1}{\alpha!}\partial_{\zeta'}^{\alpha}\partial_{z'}^{\alpha}P_k(z,\zeta' + {}^{\mathrm{t}}J_{\Phi}^{-1}(z',z)\eta)\big|_{\substack{z'=z\\ \zeta'=0}}\right| \\
&\leqslant e^{c(1+\varepsilon)\Lambda(\eta)}\sum_{|\alpha|=0}^{m-1}\frac{\alpha!\,B^{m-|\alpha|}\,(m-|\alpha|)!}{(\varepsilon\delta c'\|\eta\|)^{|\alpha|}((c'-\varepsilon c)\|\eta\|)^{m-|\alpha|}}
\end{aligned}$$

$$\leqslant \frac{e^{c(1+\varepsilon)\Lambda(\eta)}}{\|\eta\|^m} \sum_{\nu=0}^{m-1} \frac{2^{n+\nu-1} B^{m-\nu} m!}{(\varepsilon\delta c')^\nu (c'-\varepsilon c)^{m-\nu}}$$

$$= \frac{2^{n-1} A^m m! e^{c(1+\varepsilon)\Lambda(\eta)}}{\|\eta\|^m} \sum_{\nu=0}^{m-1} C^{m-\nu} \leqslant \frac{2^{n-1} A^m m! e^{c(1+\varepsilon)\Lambda(\eta)}}{(1-C)\|\eta\|^m}.$$

(2) 1^* が恒等写像となるのは明らか．座標変換 $z=\Phi(w)$ 及び $w=\Psi(v)$ に対して $\Psi^*\Phi^* = (\Phi\Psi)^*$ を示す．これには，(t,z,ζ) の形式冪級数 $P(t;z,\zeta)$ に対して示せば十分である．座標系を各々 $(z;\zeta)$, $(w;\eta)$, $(v;\xi)$ と置く．即ち ${}^t d\Phi^{-1}(z)\eta = \zeta$ 且つ ${}^t d\Psi^{-1}(w)\xi = \eta$ である．$P_j(z,\zeta)$ の定義域内の $(z_0;\zeta_0)$ を取り，この近傍で考えれば，補題 1.2.11 から

$$e^{\langle \partial_{\zeta'}, \partial_{z'}\rangle} P(t;z,\zeta')\, e^{\langle J_\Phi^{-1}(z+tz',z)z', \eta\rangle} e^{-\langle z',\zeta_0\rangle}\Big|_{\substack{z'=0\\ \zeta'=\zeta_0}}$$

$$= \sum_{j=0}^{\infty} t^j e^{\langle \partial_{\zeta'}, \partial_{z'}\rangle} P_j(z,\zeta')\, e^{\langle z', {}^tJ_\Phi^{-1}(z+tz',z)\eta - \zeta_0\rangle}\Big|_{\substack{z'=0\\ \zeta'=\zeta_0}}$$

$$= e^{\langle \partial_{\zeta'}, \partial_{z'}\rangle} \sum_{j,\alpha} \frac{t^j}{\alpha!} \partial_{\zeta'}^{\alpha}\big(P_j(z,\zeta')\,({}^tJ_\Phi^{-1}(z+tz',z)\eta - \zeta_0)^\alpha\big)\Big|_{\substack{z'=0\\ \zeta'=\zeta_0}}$$

$$= \sum_{j=0}^{\infty} t^j e^{\langle \partial_{\zeta'}, \partial_{z'}\rangle} P_j(z,\zeta' - \zeta_0 + {}^tJ_\Phi^{-1}(z+tz',z)\eta)\Big|_{\substack{z'=0\\ \zeta'=\zeta_0}}$$

$$= e^{t\langle \partial_{\zeta'}, \partial_{z'}\rangle} P(t;z,\zeta' + {}^tJ_\Phi^{-1}(z+z',z)\eta)\Big|_{\substack{z'=0\\ \zeta'=0}} = \Phi^* P(t;w,\eta).$$

一方，$\Phi(w)=z$ ならば

$$\begin{aligned} w + J_\Phi^{-1}(z+tz',z)tz' &= \Phi^{-1}(z) + J_\Phi^{-1}(z+tz',z)(z+tz'-z) \\ &= \Phi^{-1}(z) + \Phi^{-1}(z+tz') - \Phi^{-1}(z) = \Phi^{-1}(z+tz') \end{aligned}$$

だから

$$\begin{aligned} &J_\Psi^{-1}(w + J_\Phi^{-1}(z+tz',z)tz', w)\, J_\Phi^{-1}(z+tz',z)tz' \\ &\quad = J_\Psi^{-1}(\Phi^{-1}(z+tz'), \Phi^{-1}(z))\, J_\Phi^{-1}(z+tz',z)(z+tz'-z) \\ &\quad = J_\Psi^{-1}(\Phi^{-1}(z+tz'), \Phi^{-1}(z))\, (\Phi^{-1}(z+tz') - \Phi^{-1}(z)) \\ &\quad = \Psi^{-1}\Phi^{-1}(z+tz') - \Psi^{-1}\Phi^{-1}(z) = J_{\Phi\Psi}^{-1}(z+tz',z)tz'. \end{aligned}$$

よって

$$J_\Psi^{-1}(w + J_\Phi^{-1}(z+tz',z)tz', w)\, J_\Phi^{-1}(z+tz',z) = J_{\Phi\Psi}^{-1}(z+tz',z).$$

これから，$z_0 = \Phi(w_0)$ 及び ${}^t d\Phi^{-1}(z_0)\eta_0 = \zeta_0$ と定め，$(w_0;\eta_0)$ の近傍で考

えれば

$$
\begin{aligned}
&\Psi^*\Phi^* P(t; v, \xi)\\
&\quad = e^{\langle \partial_{\eta'}, \partial_{w'}\rangle} \Phi^* P(t; w, \eta')\, e^{\langle J_\Psi^{-1}(w+tw', w)w', \xi\rangle}\, e^{-\langle w', \eta_0\rangle}\Big|_{\substack{w'=0\\ \eta'=\eta_0}}\\
&\quad = e^{\langle \partial_{\eta'}, \partial_{w'}\rangle} e^{\langle \partial_{\zeta'}, \partial_{z'}\rangle}\Big(P(t; z, \zeta')\, e^{\langle J_\Phi^{-1}(z+tz', z)z', \eta'\rangle}\, e^{-\langle z', \zeta_0\rangle}\\
&\qquad\quad \times e^{\langle J_\Psi^{-1}(w+tw', w)w', \xi\rangle}\, e^{-\langle w', \eta_0\rangle}\Big)\Big|_{\substack{z'=w'=0\\ \zeta'=\zeta_0, \eta'=\eta_0}}.
\end{aligned}
$$

ここで，$e^{\langle \partial_{\eta'}, \partial_{w'}\rangle} e^{\langle J_\Phi^{-1}(z+tz', z)z', \eta'\rangle} e^{\langle J_\Psi^{-1}(w+tw', w)w', \xi\rangle} e^{-\langle w', \eta_0\rangle}\big|_{\eta'=\eta_0}$ を
$e^{\langle \partial_{\eta'}, \partial_{w'}\rangle} e^{\langle J_\Phi^{-1}(z+tz', z)z', \eta'\rangle} e^{\langle J_\Psi^{-1}(w+tw', w)w', \xi\rangle} e^{\langle J_\Phi^{-1}(z+tz', z)z'-w', \eta_0\rangle}\big|_{\eta'=0}$
と書き直して，補題 1.2.11 を適用すれば

$$
\begin{aligned}
&e^{\langle \partial_{\eta'}, \partial_{w'}\rangle}\Big(e^{\langle J_\Phi^{-1}(z+tz', z)z', \eta'\rangle}\, e^{\langle J_\Psi^{-1}(w+tw', w)w', \xi\rangle}\, e^{-\langle w', \eta_0\rangle}\Big)\Big|_{\substack{w'=0\\ \eta'=\eta_0}}\\
&\quad = e^{\langle \partial_{\eta'}, \partial_{w'}\rangle}\sum_\alpha \frac{1}{\alpha!}\,\partial_{w'}^\alpha\Big((J_\Phi^{-1}(z+tz', z)z')^\alpha\\
&\qquad\qquad\qquad \times e^{\langle J_\Psi^{-1}(w+tw', w)w', \xi\rangle}\, e^{\langle J_\Phi^{-1}(z+tz', z)z'-w', \eta_0\rangle}\Big)\Big|_{\substack{w'=0\\ \eta'=0}}\\
&\quad = \sum_\alpha \frac{1}{\alpha!}(J_\Phi^{-1}(z+tz', z)z')^\alpha\\
&\qquad\qquad \times \partial_{w'}^\alpha\Big(e^{\langle J_\Psi^{-1}(w+tw', w)w', \xi\rangle}\, e^{\langle J_\Phi^{-1}(z+tz', z)z'-w', \eta_0\rangle}\Big)\Big|_{w'=0}\\
&\quad = e^{\langle J_\Psi^{-1}(w+J_\Phi^{-1}(z+tz', z)tz', w)J_\Phi^{-1}(z+tz', z)z', \xi\rangle} = e^{\langle J_{\Phi\Psi}^{-1}(z+tz', z)z', \xi\rangle}
\end{aligned}
$$

だから

$$
\begin{aligned}
\Psi^*\Phi^* P(t; v, \xi) &= e^{\langle \partial_{\zeta'}, \partial_{z'}\rangle} P(t; z, \zeta')\, e^{\langle J_{\Phi\Psi}^{-1}(z+tz', z)z', \xi\rangle}\, e^{-\langle z', \zeta_0\rangle}\Big|_{\substack{z'=0\\ \zeta'=\zeta_0}}\\
&= (\Phi\Psi)^* P(t; v, \xi).
\end{aligned}
$$

以上で証明が終わった．∎

4.2.2 ［定義］　以上の記号下で，Φ に附随する座標変換 Φ^* を

$$\Phi^*{:}P(t; w, \eta){:} := {:}\Phi^* P(t; w, \eta){:}$$

で定義する．定理 4.2.1 からこれは矛盾なく定まる．

次の補題は技巧的だが重要である:

4.2.3 [補題]　記号は (4.1.1) 及び (4.1.2) に従う．$\Omega \subset T^*\mathbb{C}^n$ を錐状開集合, $d > 0$, $r \in \left]0,1\right[$ 及び $j \in \mathbb{N}_0$ とする．$P(z,\zeta) \in \Gamma(\Omega_r[(j+1)d_r]; \mathscr{O}_{T^*\mathbb{C}^n})$ で，以下の条件を満たすと仮定する:

増大函数 $W_P\colon \mathbb{R}_{>0} \to \mathbb{R}_{>0}$, $N > 1$ 及び $l, m, p \in \mathbb{N}_0$ が存在して，任意の $\varepsilon \in \left[0,r\right[$ に対して $\Omega_\varepsilon[(j+1)d_\varepsilon]$ 上

$$|P(z,\zeta)| \leqslant \frac{W_P(\|\zeta\|)}{(r-\varepsilon)^{Nl}\|\zeta\|^m}. \tag{4.2.5}$$

このとき，任意の $\alpha, \beta \in \mathbb{N}_0^n$ ($|\alpha|, |\beta| > 0$) 及び $\varepsilon \in \left[0,r\right[$ に対して，$\Omega_\varepsilon[(j+1)d_\varepsilon]$ 上で次が成り立つ:

(1) $l = 0$ ならば

$$|\partial_z^\alpha P(z,\zeta)| \leqslant \frac{\alpha!\, W_P(\|\zeta\|)}{\|\zeta\|^m\,(r-\varepsilon)^{|\alpha|}},$$

$$|\partial_\zeta^\beta P(z,\zeta)| \leqslant \frac{\beta!\, W_P(2\|\zeta\|)}{\|\zeta\|^{m+|\beta|}\,(1-r+\varepsilon)^m(r-\varepsilon)^{|\beta|}},$$

$$|\partial_z^\alpha\partial_\zeta^\beta P(z,\zeta)| \leqslant \frac{\alpha!\,\beta!\, W_P(2\|\zeta\|)}{\|\zeta\|^{m+|\beta|}\,(1-r+\varepsilon)^m(r-\varepsilon)^{|\alpha+\beta|}}.$$

(2) $l \in \mathbb{N}$ ならば，$C_l := \dfrac{l+1}{l}$ と置けば

$$|\partial_z^\alpha P(z,\zeta)| \leqslant \frac{(l+1)^{|\alpha|}e^N\alpha!\, W_P(\|\zeta\|)}{\|\zeta\|^m\,(r-\varepsilon)^{|\alpha|+Nl}},$$

$$|\partial_\zeta^\beta P(z,\zeta)| \leqslant \frac{C_l^m(l+1)^{|\beta|}e^N\beta!\, W_P(2\|\zeta\|)}{\|\zeta\|^{m+|\beta|}\,(r-\varepsilon)^{|\beta|+Nl}},$$

$$|\partial_z^\alpha\partial_\zeta^\beta P(z,\zeta)| \leqslant \frac{C_l^m(l+1)^{|\alpha+\beta|}e^N\alpha!\,\beta!\, W_P(2\|\zeta\|)}{\|\zeta\|^{m+|\beta|}\,(r-\varepsilon)^{|\alpha+\beta|+Nl}}.$$

証明　$l \in \mathbb{N}$ と仮定する．$\|\zeta' - \zeta\| \leqslant \dfrac{(r-\varepsilon)\|\zeta\|}{1+l}$ ならば $\Bigl(1 - \dfrac{1}{1+l}\Bigr)\|\zeta\| \leqslant \|\zeta'\| \leqslant 2\|\zeta\|$．特に

$$\sup\{W_P(\|\zeta'\|);\, \|\zeta'-\zeta\| = \frac{(r-\varepsilon)\|\zeta\|}{1+l}\} \leqslant W_P(2\|\zeta\|).$$

よって，(4.2.5) で ε を $\varepsilon + \dfrac{r-\varepsilon}{1+l}$ に代えて評価すれば

$$\begin{aligned}
&\sup\{|P(z',\zeta')|;\, \|z'-z\| = \frac{r-\varepsilon}{l+1},\, \|\zeta'-\zeta\| = \frac{(r-\varepsilon)\|\zeta\|}{l+1}\}\\
&\leqslant \frac{W_P(2\|\zeta\|)}{\bigl((1-\frac{1}{l+1})(r-\varepsilon)\bigr)^{Nl}((1-\frac{1}{1+l})\|\zeta\|)^m} \leqslant \frac{C_l^m e^N W_P(2\|\zeta\|)}{(r-\varepsilon)^{Nl}\,\|\zeta\|^m}.
\end{aligned}$$

従って，Cauchy の不等式から

$$
\begin{aligned}
\left|\partial_z^\alpha \partial_\zeta^\beta P(z,\zeta)\right| &\leqslant \frac{(l+1)^{|\alpha+\beta|}\,\alpha!\,\beta!}{(r-\varepsilon)^{|\alpha+\beta|}\,\|\zeta\|^{|\beta|}} \sup_{\substack{\|z'-z\|=(r-\varepsilon)/(l+1)\\ \|\zeta'-\zeta\|=(r-\varepsilon)\|\zeta\|/(l+1)}} |P(z',\zeta')| \\
&\leqslant \frac{C_l^{\,m}(l+1)^{|\alpha+\beta|}e^N\alpha!\,\beta!\,W_P(2\|\zeta\|)}{(r-\varepsilon)^{|\alpha+\beta|+Nl}\,\|\zeta\|^{m+|\beta|}}.
\end{aligned}
$$

$|\partial_\zeta^\beta P(z,\zeta)|$ の評価も同様である．$|\partial_z^\alpha P(z,\zeta)|$ については

$$
\begin{aligned}
|\partial_z^\alpha P(z,\zeta)| &\leqslant \frac{(l+1)^{|\alpha|}\,\alpha!}{(r-\varepsilon)^{|\alpha|}} \sup_{\|z'-z\|=(r-\varepsilon)/(l+1)} |P(z',\zeta)| \\
&\leqslant \frac{(l+1)^{|\alpha|}\,\alpha!\,W_P(\|\zeta\|)}{(r-\varepsilon)^{|\alpha|}\|\zeta\|^m\Bigl((r-\varepsilon)(1-\dfrac{1}{l+1})\Bigr)^{Nl}} \\
&\leqslant \frac{(l+1)^{|\alpha|}e^N\alpha!\,W_P(\|\zeta\|)}{\|\zeta\|^m\,(r-\varepsilon)^{|\alpha|+Nl}}.
\end{aligned}
$$

$l=0$ の場合も同様である． ∎

不定元 t の $\Gamma(\Omega[d];\mathscr{O}_{T^*\mathbb{C}^n})$ 係数の形式冪級数全体を $\Gamma(\Omega[d];\mathscr{O}_{T^*\mathbb{C}^n})[[t]]$ と置く．$\widehat{\mathscr{S}_{\mathrm{cl}}}(\Omega)/\widehat{\mathscr{N}_{\mathrm{cl}}}(\Omega)$ 上に積及び形式随伴を定める:

4.2.4［定理］　$P(t;z,\zeta),\, Q(t;z,\zeta) \in \widehat{\mathscr{S}_{\mathrm{cl}}}(\Omega)$ に対して

$$
Q\circ P(t;z,\zeta) := e^{t\langle\partial_\zeta,\partial_w\rangle}Q(t;z,\zeta)\,P(t;w,\eta)\Big|_{\substack{w=z\\ \eta=\zeta}} \in \widehat{\mathscr{S}_{\mathrm{cl}}}(\Omega)
$$

となる．これは結合則 $R\circ(Q\circ P)=(R\circ Q)\circ P$ を満たす．更に $P(t;z,\zeta)$ 又は $Q(t;z,\zeta)$ のどちらかが $\widehat{\mathscr{N}_{\mathrm{cl}}}(\Omega)$ に属するならば

$$
Q\circ P(t;z,\zeta) \in \widehat{\mathscr{N}_{\mathrm{cl}}}(\Omega).
$$

証明　最初に

$$
P(t;z,\zeta) = \sum_{j=0}^{\infty} t^j P_j(z,\zeta) \in \Gamma(\Omega_r[d_r];\mathscr{O}_{T^*\mathbb{C}^n})[[t]],
$$

$$
Q(t;z,\zeta) = \sum_{j=0}^{\infty} t^j Q_j(z,\zeta) \in \Gamma(\Omega_r[d_r];\mathscr{O}_{T^*\mathbb{C}^n})[[t]],
$$

に対して，$Q\circ P(t;z,\zeta) = \sum\limits_{j=0}^{\infty} t^j R_j(z,\zeta)$ と置けば

$$
R_l(z,\zeta) = \sum_{|\alpha|+j+k=l} \frac{1}{\alpha!}\,\frac{\partial^{|\alpha|}Q_j}{\partial\zeta^\alpha}(z,\zeta)\,\frac{\partial^{|\alpha|}P_k}{\partial z^\alpha}(z,\zeta)
$$

だから，$R(t;z,\zeta) \in \Gamma(\Omega_r[d_r];\mathscr{O}_{T^*\mathbb{C}^n})[[t]]$ 及び結合則は良い．$R(t;z,\zeta) \in \widehat{\mathscr{S}_{\mathrm{cl}}}(\Omega)$ を示す．任意の $\varepsilon \in [0,r[$ に対して $\Omega_\varepsilon[d_\varepsilon] \subset \Omega_r[d_r]$ だから，$\Omega_\varepsilon[d_\varepsilon]$ 上 $|P_j(z,\zeta)|, |Q_j(z,\zeta)| \leqslant \dfrac{B^j j!\, e^{\Lambda(\zeta)}}{\|\zeta\|^m}$．従って，補題 4.2.3 から

$$\left|\partial_\zeta^\alpha Q_j(z,\zeta)\right| \leqslant \frac{\alpha!\, B^j j!\, e^{\Lambda(2\zeta)}}{\|\zeta\|^{j+|\alpha|}\,(1-r+\varepsilon)^j(r-\varepsilon)^{|\alpha|}},$$

$$\left|\partial_z^\alpha P_k(z,\zeta)\right| \leqslant \frac{\alpha!\, B^k k!\, e^{\Lambda(\zeta)}}{\|\zeta\|^k\,(r-\varepsilon)^{|\alpha|}}. \tag{4.2.6}$$

$\varepsilon \in [0,r[$ を $C := \dfrac{(r-\varepsilon)^2 B}{2(1-r+\varepsilon)} < 1$ と選べば，$\Omega_\varepsilon[d_\varepsilon]$ 上

$$\begin{aligned}|R_l(z,\zeta)| &\leqslant \sum_{j+k=0}^{l} \frac{j!\,k!\,B^{j+k}e^{3\Lambda(\zeta)}}{(1-r+\varepsilon)^j} \sum_{|\alpha|=l-j-k} \frac{\alpha!}{\|\zeta\|^{j+k+|\alpha|}\,(r-\varepsilon)^{2|\alpha|}} \\ &\leqslant \frac{2^{n-1}\,l!\,e^{3\Lambda(\zeta)}}{\|\zeta\|^l}\left(\frac{1}{r-\varepsilon}\right)^{2l} \sum_{j+k=0}^{l} C^{j+k} \leqslant \frac{2^{n+1}\,l!\,e^{3\Lambda(\zeta)}}{(1-C)^2\,\|\zeta\|^l}\left(\frac{1}{r-\varepsilon}\right)^{2l}.\end{aligned}$$

従って，$Q \circ P(t;z,\zeta) \in \widehat{\mathscr{S}_{\mathrm{cl}}}(\Omega)$.

次に $P(t;z,\zeta) \in \widehat{\mathscr{N}_{\mathrm{cl}}}(\Omega)$ と仮定する．(4.2.6) は任意の $m \in \mathbb{N}$ に対して

$$\left|\sum_{k=0}^{m-1} \partial_z^\alpha P_k(z,\zeta)\right| \leqslant \frac{\alpha!\, B^m m!\, e^{\Lambda(\zeta)}}{\|\zeta\|^m\,(r-\varepsilon)^{|\alpha|}}$$

に変更される．従って，今度は $C := \dfrac{(r-\varepsilon)^2 B}{2} < 1$ と $\varepsilon > 0$ を選んでおけば，$B_1 := \dfrac{1}{(1-r+\varepsilon)(r-\varepsilon)^2}$ と置いて $\Omega_\varepsilon[md_\varepsilon]$ 上

$$\begin{aligned}\left|\sum_{l=0}^{m-1} R_l(z,\zeta)\right| &= \left|\sum_{j+|\alpha|=0}^{m-1} \frac{1}{\alpha!}\,\partial_\zeta^\alpha Q_j(z,\zeta) \sum_{k=0}^{m-1-j-|\alpha|} \partial_z^\alpha P_k(z,\zeta)\right| \\ &\leqslant \sum_{j+|\alpha|=0}^{m-1} \frac{B^{m-|\alpha|}\,\alpha!\,j!\,(m-j-|\alpha|)!\,e^{3\Lambda(\zeta)}}{\|\zeta\|^m\,(1-r+\varepsilon)^m(r-\varepsilon)^{2|\alpha|}} \\ &\leqslant \frac{2^{n-1}\,B_1^m m!\,e^{3\Lambda(\zeta)}}{\|\zeta\|^m} \sum_{j=0}^{m-1}\sum_{\nu=j+1}^{m} C^\nu \leqslant \frac{2^{n-1}CB_1^m m!\,e^{3\Lambda(\zeta)}}{(1-C)^2\|\zeta\|^m}.\end{aligned}$$

よって $R(t;z,\zeta) \in \widehat{\mathscr{N}_{\mathrm{cl}}}(\Omega)$ がわかる．$Q(t;z,\zeta) \in \widehat{\mathscr{N}_{\mathrm{cl}}}(\Omega)$ の場合も同様に示される． ∎

4.2.5 [定義]　$:P(t;z,\zeta):,\ :Q(t;z,\zeta): \in \widehat{\mathscr{S}_{\mathrm{cl}}}(\Omega)/\widehat{\mathscr{N}_{\mathrm{cl}}}(\Omega)$ に対して積を

$$:Q(t;z,\zeta)::P(t;z,\zeta): := :e^{t\langle\partial_\zeta,\partial_w\rangle}Q(t;z,\zeta)\,P(t;w,\eta)\Big|_{\substack{w=z\\ \eta=\zeta}}:$$

で定める．これは定理 4.2.4 から矛盾なく定まる．

4.2.6 [注意]　上の積は $\mathscr{D}^{\infty}_{\mathbb{C}^n}$ の場合の拡張だが，$P(z,\zeta),\ Q(z,\zeta) \in \mathscr{S}_{z^*}$ に対して

$$\sum_{\alpha\in\mathbb{N}_0^n} \frac{1}{\alpha!}\,\frac{\partial^{|\alpha|}Q}{\partial\zeta^\alpha}(z,\zeta)\,\frac{\partial^{|\alpha|}P}{\partial z^\alpha}(z,\zeta)$$

は $\mathscr{S}_{z^*}$ 内で収束するとは限らない．

次に形式随伴を定める:

4.2.7 [定理]　$P(t;z,\zeta) \in \widehat{\mathscr{S}_{\mathrm{cl}}}(\Omega)$ に対して

$$P^*(t;z,-\zeta) := e^{-t\langle\partial_\zeta,\partial_z\rangle}P(t;z,\zeta)$$

と置くと，$P^*(t;z,-\zeta) \in \widehat{\mathscr{S}_{\mathrm{cl}}}(\Omega^a)$ 且つ $P^{**}=P$．更に $P(t;z,\zeta) \in \widehat{\mathscr{N}_{\mathrm{cl}}}(\Omega)$ ならば $P^*(t;z,-\zeta) \in \widehat{\mathscr{N}_{\mathrm{cl}}}(\Omega^a)$．

証明　$P(t;z,\zeta) = \sum_{j=0}^{\infty} t^j P_j(z,\zeta)$ に対して，$P^*(t;z,-\zeta) = \sum_{j=0}^{\infty} t^j R_j(z,-\zeta)$ と置けば

$$R_j(z,-\zeta) = \sum_{|\alpha|+k=j} \frac{(-1)^{|\alpha|}}{\alpha!}\,\partial_\zeta^\alpha\,\partial_z^\alpha P_k(t;z,\zeta).$$

$P^*(t;z,-\zeta) \in \widehat{\mathscr{S}_{\mathrm{cl}}}(\Omega^a)$ 及び $P(t;z,\zeta) \in \widehat{\mathscr{N}_{\mathrm{cl}}}(\Omega)$ ならば $P^*(t;z,-\zeta) \in \widehat{\mathscr{N}_{\mathrm{cl}}}(\Omega^a)$ の証明は，定理 4.2.4 と同様である．又，

$$\begin{aligned} P^{**}(t;z,\zeta) &= e^{t\langle\partial_\zeta,\partial_z\rangle}P^*(t;z,-\zeta) = e^{t\langle\partial_\zeta,\partial_z\rangle}e^{-t\langle\partial_\zeta,\partial_z\rangle}P(t;z,\zeta) \\ &= P(t;z,\zeta) \end{aligned}$$

だから証明された．　■

4.2.8 [定義]　$:P(t;z,\zeta): \in \widehat{\mathscr{S}_{\mathrm{cl}}}(\Omega)/\widehat{\mathscr{N}_{\mathrm{cl}}}(\Omega)$ に対して，形式随伴を

$$(:P(t;z,-\zeta):)^* := :e^{-t\langle\partial_\zeta,\partial_z\rangle}P(t;z,\zeta):$$

で定める．これは定理 4.2.7 から矛盾なく定まる．

以上の準備の下で，$T^*\mathbb{C}^n$ 上に錐状層 $\mathscr{E}^{\mathbb{R}}_{\mathbb{C}^n}$ を定義する:

4.2.9［定義］　$T^*\mathbb{C}^n$ 上の**無限階擬微分作用素** (pseudodifferential operator of infinite order) の層 $\mathscr{E}^{\mathbb{R}}_{\mathbb{C}^n}$ を次で定義する: $\mathbb{C}^n \subset T^*\mathbb{C}^n$ では (注意 4.1.9 を考慮して) $\mathscr{E}^{\mathbb{R}}_{\mathbb{C}^n}\big|_{\mathbb{C}^n} := \mathscr{D}^{\infty}_{\mathbb{C}^n}$ とする．$\dot{T}^*\mathbb{C}^n$ 上では，前層

$$\mathfrak{O}(\dot{T}^*\mathbb{C}^n) \ni V \mapsto \mathscr{S}(\mathbb{R}_{>0}V)\big/\mathscr{N}(\mathbb{R}_{>0}V)$$

に附随する錐状層で定める．これは前層

$$\mathfrak{O}(\dot{T}^*\mathbb{C}^n) \ni V \mapsto \widehat{\mathscr{S}_{\mathrm{cl}}}(\mathbb{R}_{>0}V)\big/\widehat{\mathscr{N}_{\mathrm{cl}}}(\mathbb{R}_{>0}V)$$

に附随する層といっても同じである．$\mathscr{E}^{\mathbb{R}}_{\mathbb{C}^n}$ は，複素座標変換で不変な (非可換) 環の層である．$\mathscr{E}^{\mathbb{R}}_{\mathbb{C}^n}$ の切断を**無限階擬微分作用素**と呼び，$P(z,\partial_z)$ 等で表す．表象 $P(z,\zeta)$，又は古典的形式表象 $P(t;z,\zeta)$ が定める $\mathscr{E}^{\mathbb{R}}_{\mathbb{C}^n}$ の切断を，やはり $:\!P(z,\zeta)\!:$ 又は $:\!P(t;z,\zeta)\!:$ 等で表す．

4.2.10［注意］　注意 4.1.9 及び第 1 章の結果から，環の層として $\mathscr{E}^{\mathbb{R}}_{\mathbb{C}^n}\big|_{\mathbb{C}^n} = \mathscr{D}^{\infty}_{\mathbb{C}^n}$ となる．又，表象の定義域の制限から，形式随伴を保つ環の層型射

$$\pi_{\mathbb{C}}^{-1}\mathscr{D}^{\infty}_{\mathbb{C}^n} \to \mathscr{E}^{\mathbb{R}}_{\mathbb{C}^n} \tag{4.2.7}$$

が得られる．後で示す通り，これは単型射である．

3. Radon 変換と超局所作用

本節では，標準的な $\mathscr{E}^{\mathbb{R}}_{\mathbb{C}^n}$ の芽の表示を紹介する．最初に記号を準備する:

4.3.1［定義］　$\varepsilon > 0$ に対して

$$W_\varepsilon := \{p \in \mathbb{C};\ \mathrm{Re}\,p < \varepsilon|\,\mathrm{Im}\,p|\},$$

と置く．更に $z^* \in \dot{T}^*\mathbb{C}^n$ に対して

$$\mathcal{T}_{z^*} := \varinjlim_{\Omega,\varepsilon}\{f(z,\zeta,p) \in \Gamma(\Omega \times W_\varepsilon; \mathscr{O}_{T^*\mathbb{C}^n\times\mathbb{C}});\ \ (\zeta,p)\text{ につき }-n\text{ 次斉次}\}$$

と定める．但し，$\Omega \in \mathfrak{O}(T^*\mathbb{C}^n)$ は z^* の錐状近傍全体を取る．更に $\mathcal{A}_{z^*} \subset \mathcal{T}_{z^*}$ を，$p = 0$ まで整型なものから成る部分集合とする．

4.3.2［定理］　任意の $z^* = (z_0;\zeta_0) \in \dot{T}^*\mathbb{C}^n$ に対して次の同型が存在する:

$$\mathscr{S}_{z^*}\big/\mathscr{N}_{z^*} \simeq \mathcal{T}_{z^*}\big/\mathcal{A}_{z^*}\,.$$

証明　以下 $\Omega = U \times \Gamma \in \mathfrak{O}(\dot{T}^*\mathbb{C}^n)$，但し $U \in \mathfrak{O}(\mathbb{C}^n)$ は z_0 の近傍，且つ $\Gamma \in \mathfrak{O}(\mathbb{C}^n)$ は ζ_0 の固有的凸錐近傍とする．任意の $P(z,\partial_z) = {:}P(z,\zeta){:} \in \mathscr{E}^{\mathbb{R}}_{\mathbb{C}^n,z^*}$ に対して d, $r > 0$ 及び z^* の錐状近傍 Ω が存在して $P(z,\zeta) \in \Gamma(\Omega_r[d_r]; \mathscr{O}_{T^*\mathbb{C}^n})$，且つ任意の $h > 0$ に対して $C_h > 0$ が存在して $\Omega_r[d_r]$ 上 $|P(z,\zeta)| \leqslant C_h e^{h\|\zeta\|}$．必要ならば Γ を取り直せば，Γ 上の複素 1 次斉次な整型函数 $s(\zeta)$ で $\|\zeta\| = 1$ ならば $\dfrac{1}{|s(\zeta)|} > d_r$ 且つ $s(\zeta_0) \in \mathbb{R}_{>0}$ となるものが存在する．例えば，$\zeta_0 = (1,0,\ldots,0)$ 且つ Γ 上 $\|\zeta\| = |\zeta_1|$ ならば $s(\zeta) := \dfrac{\zeta_1}{2d_r}$ と定める．一般には，n 次直交行列 A によって ζ_0 を $(1,0,\ldots,0)$ に写して考えれば良い．ここで

$$\mathcal{R}P(z,\zeta,p) := \int_{1/s(\zeta)}^{\infty} P(z,\tau\zeta)\, e^{\tau p} \tau^{n-1} d\tau \tag{4.3.1}$$

と定義する．$(z;\zeta) \in \Omega_r[d_r]$ ならば，任意の $h > 0$ に対して

$$\bigl|\mathcal{R}P(z,\zeta,p)\bigr| \leqslant C_h \int_{1/|s(\zeta)|}^{\infty} e^{\tau(h\|\zeta\| + \mathrm{Re}\, p)} \tau^{n-1} d\tau$$

だから，$\mathrm{Re}\, p < -h''|p|$ 且つ $h\|\zeta\| < h''|p|$ なる $h'' > 0$ 及び p について

$$|\mathcal{R}P(z,\zeta,p)| \leqslant \frac{C_h e^{(h\|\zeta\| - h''|p|)/|s(\zeta)|}}{(h''|p| - h\|\zeta\|)^n}. \tag{4.3.2}$$

更に，$c \in \mathbb{C}^\times$ に対して定義域に入る限り

$$\begin{aligned}\mathcal{R}P(z,c\zeta,cp) &= \int_{1/(cs(\zeta))}^{\infty} P(z,c\tau\zeta)\, e^{c\tau p} \tau^{n-1} d\tau \\ &= \frac{1}{c^n} \int_{1/s(\zeta)}^{\infty} P(z,q\zeta)\, e^{qp} q^{n-1} dq = \frac{1}{c^n}\, \mathcal{R}P(z,\zeta,p)\end{aligned}$$

だから，特に $c > 0$ と取れば，$\mathcal{R}P(z,\zeta,p)$ は (ζ,p) に対して $-n$ 次斉次な整型函数がわかった．$h > 0$ は任意だから

$$\mathcal{R}P(z,\zeta,p) \in \Gamma(\Omega_r \times \{p \in \mathbb{C};\, \mathrm{Re}\, p < 0\}; \mathscr{O}_{\mathbb{C}^{2n+1}}). \tag{4.3.3}$$

更に，絶対値が十分小さい $\theta \in \mathbb{R}$ に対して $c := e^{\sqrt{-1}\,\theta}$ とすれば，$(z;\zeta) \in \Omega$ に対して $(z; e^{\sqrt{-1}\,\theta}\zeta) \in \Omega_r$ となるから

$$\mathcal{R}P(z,\zeta,p) = e^{\sqrt{-1}\,n\theta} \mathcal{R}P(z, e^{\sqrt{-1}\,\theta}\zeta, e^{\sqrt{-1}\,\theta}p).$$

よって，$\mathcal{R}P(z, e^{\sqrt{-1}\,\theta}\zeta, e^{\sqrt{-1}\,\theta}p)$ に対し積分路を $\mathrm{Re}(e^{\sqrt{-1}\,\theta}p) < -h''|p|$ に変更して (4.3.2) と同様の評価を行えば，$\varepsilon > 0$ が存在して $\mathcal{R}P(z,\zeta,p)$ は $\Omega \times W_\varepsilon$ で整型，特に $\mathcal{T}_{z^*}$ の芽を定めることがわかる．$s(\zeta)$ と同じ条件を満たす $s'(\zeta)$

を取れば

$$\int_{1/s(\zeta)}^{1/s'(\zeta)} P(z,\tau\zeta)\, e^{\tau p}\tau^{n-1} d\tau \in \mathcal{A}_{z^*}$$

もわかる．同様に $P(z,\zeta) \in \mathscr{N}_{z^*}$ の場合，$\mathcal{R}P(z,\zeta,p) \in \mathcal{A}_{z^*}$．これから

$$\mathcal{R}\colon \mathscr{S}_{z^*}/\mathscr{N}_{z^*} \ni {:}P(z,\zeta){:} \mapsto [\mathcal{R}P(z,\zeta,p)] \in \mathcal{T}_{z^*}/\mathcal{A}_{z^*}$$

が矛盾なく定まる．この逆作用素を定める．$f(z,\zeta,p) \in \mathcal{T}_{z^*}$ が $\Omega \times W_\varepsilon$ で整型とする．必要ならば Γ 及び ε を取り直して，Γ 上の複素 1 次斉次整型函数 $s_0(\zeta)$ 及び $s_1(\zeta)$ を

$$0 < \operatorname{Re} s_0(\zeta) < -\varepsilon|\operatorname{Im} s_0(\zeta)|, \quad 0 < \operatorname{Re} s_1(\zeta) < \varepsilon|\operatorname{Im} s_1(\zeta)|,$$

を満たすように選ぶ．例えば，$\zeta_0 = (1,0,\dots,0)$ ならば $0 < \operatorname{Re}\beta_0 < -\varepsilon|\beta_0|$ 及び $0 < \operatorname{Re}\beta_1 < \varepsilon|\beta_1|$ なる複素数を取って $s_j(\zeta) := \beta_j\zeta_1$ とする．一般には n 次直交行列 A で ζ_0 を $(1,0,\dots,0)$ に写して考えれば良い．$\gamma(\zeta)$ を $s_0(\zeta)$ から $s_1(\zeta)$ まで原点を反時計回りに回る積分路として，次の通りに置く:

$$\mathcal{L}f(z,\zeta) := \frac{1}{2\pi\sqrt{-1}} \int_{\gamma(\zeta)} f(z,\zeta,p)\, e^{-p}\, dp.$$

4.3.3［命題］　(1) $\mathcal{L}f(z,\zeta) \in \mathscr{S}_{z^*}$.

(2) $f(z,\zeta) \in \mathcal{A}_{z^*}$ ならば $\mathcal{L}f(z,\zeta) \in \mathscr{N}_{z^*}$.

(3) (s_0, s_1) と同じ条件を満たす (s_0', s_1') に取り替えると，差は $\mathscr{N}_{z^*}$ に入る．

証明　(1) $s_j(\zeta)$ の斉次性から，任意の $h > 0$ に対して $c', c > 0$ が存在して

$$\text{(4.3.4)}\qquad \begin{cases} c\|\zeta\| < |s_j(\zeta)| < c'\|\zeta\|, \\ \gamma(\zeta) \subset \{p \in \mathbb{C};\ \operatorname{Re} p > -h\|\zeta\|,\ c\|\zeta\| < |p| < c'\|\zeta\|\}, \end{cases}$$

とできる (図 4.1)．更に $f(z,\zeta,p) = \dfrac{1}{|p|^n} f(z, \dfrac{\zeta}{|p|}, \dfrac{p}{|p|})$，且つ積分路上 $\dfrac{|p|}{c'} \leqslant \|\zeta\| \leqslant \dfrac{|p|}{c}$ だから，$C > 0$ が存在して $\left|f(z, \dfrac{\zeta}{|p|}, \dfrac{p}{|p|})\right| < C$．従って

$$|\mathcal{L}f(z,\zeta)| \leqslant \frac{Ce^{h\|\zeta\|}}{2\pi} \left| \int_{\gamma(\zeta)} \frac{1}{p^n}\, dp \right| \leqslant \frac{Cc'e^{h\|\zeta\|}}{c^n\|\zeta\|^{n-1}}.$$

(2) $p = 0$ で整型だから $h' > 0$ が存在して $\gamma(\zeta) \subset \{p \in \mathbb{C};\ \operatorname{Re} p > h'\|\zeta\|\}$ と変形できるから，後は (1) と同様である．(3) も (2) と同様．■

これから

$$\mathcal{L}\colon \mathcal{T}_{z^*}/\mathcal{A}_{z^*} \ni [f(z,\zeta,p)] \mapsto {:}\mathcal{L}f(z,\zeta){:} \in \mathscr{S}_{z^*}/\mathscr{N}_{z^*}$$

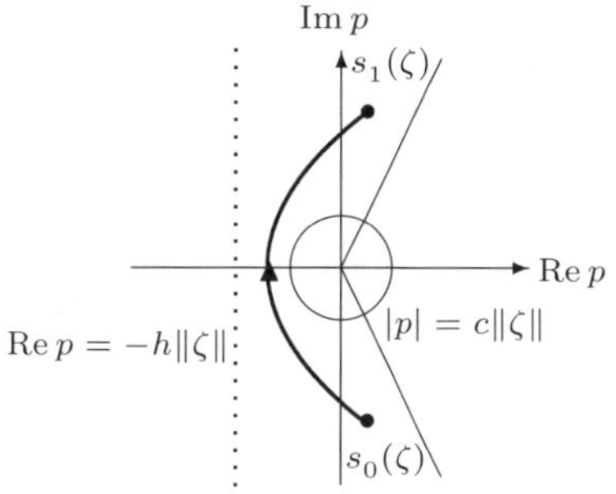

図 4.1　$\gamma(\zeta)$ の変更

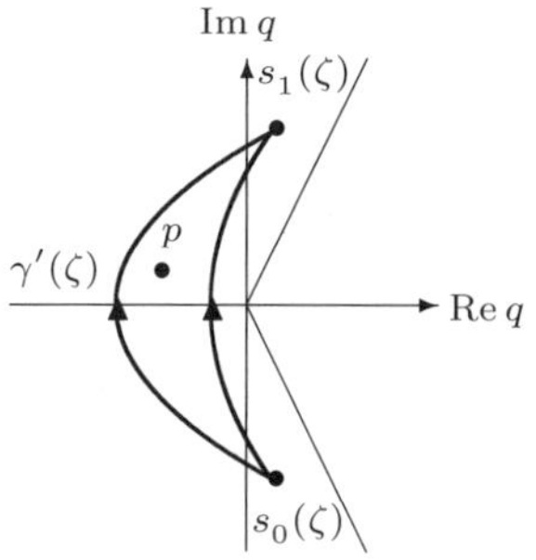

図 4.2　$\gamma(\zeta)$ の変更

が定まる．図 4.2 の $\gamma'(\zeta)$ を考えれば，Cauchy の積分公式から

$$\begin{aligned}
\mathcal{RL}f(z,\zeta,p) &= \frac{1}{2\pi\sqrt{-1}}\int_{1/s(\zeta)}^{\infty} d\tau\, e^{\tau p}\tau^{n-1}\int_{\gamma(\tau\zeta)} f(z,\tau\zeta,q)\,e^{-q}\,dq \\
&= \frac{1}{2\pi\sqrt{-1}}\int_{1/s(\zeta)}^{\infty} d\tau\, e^{\tau p}\tau^{-1}\int_{\tau\gamma(\zeta)} f(z,\zeta,q/\tau)\,e^{-q}\,dq \\
&= \frac{1}{2\pi\sqrt{-1}}\int_{\gamma(\zeta)} dq\, f(z,\zeta,q)\int_{1/s(\zeta)}^{\infty} e^{\tau(p-q)}d\tau \\
&= \frac{1}{2\pi\sqrt{-1}}\int_{\gamma(\zeta)-\gamma'(\zeta)} f(z,\zeta,q)\,\frac{e^{(p-q)/s(\zeta)}}{q-p}\,dq \\
&\qquad + \frac{1}{2\pi\sqrt{-1}}\int_{\gamma'(\zeta)} f(z,\zeta,q)\,\frac{e^{(p-q)/s(\zeta)}}{q-p}\,dq \\
&= f(z,\zeta,p) + \frac{1}{2\pi\sqrt{-1}}\int_{\gamma'(\zeta)} f(z,\zeta,q)\,\frac{e^{(p-q)/s(\zeta)}}{q-p}\,dq.
\end{aligned}$$

最後の第 2 項は，明らかに $p=0$ で整型で

$$\begin{aligned}
\int_{\gamma'(c\zeta)} f(z,c\zeta,q)\,\frac{e^{(cp-q)/s(c\zeta)}}{q-cp}\,dq &= \int_{\gamma'(\zeta)} f(z,c\zeta,cq)\,\frac{e^{(cp-cq)/s(c\zeta)}}{cq-cp}\,c\,dq \\
&= \frac{1}{c^n}\int_{\gamma'(\zeta)} f(z,\zeta,q)\,\frac{e^{(p-q)/s(\zeta)}}{q-p}\,dq
\end{aligned}$$

だから，$\mathcal{A}_{z^*}$ の芽を与える．従って $[\mathcal{RL}f(z,\zeta,p)] = [f(z,\zeta,p)]$.

逆に $\mathcal{LR}P(z,\zeta)$ を考える．$P(z,\zeta) \in \Gamma(\Omega_r[d_r]; \mathscr{O}_{T^*\mathbb{C}^n})$ とする．$\mathcal{R}P(z,\zeta)$ は (4.3.1) で積分路を $1/s(\zeta)$ から出発して $\operatorname{Im}\tau = \pm\varepsilon' \operatorname{Re}\tau$ に沿った線積分 $\Sigma_\pm(\zeta)$ に変更して解析的に延長して得られた．これに応じて

$$\gamma^\pm(\zeta) := \gamma(\zeta) \cap \{p \in \mathbb{C};\ \pm\operatorname{Im} p > 0\}$$

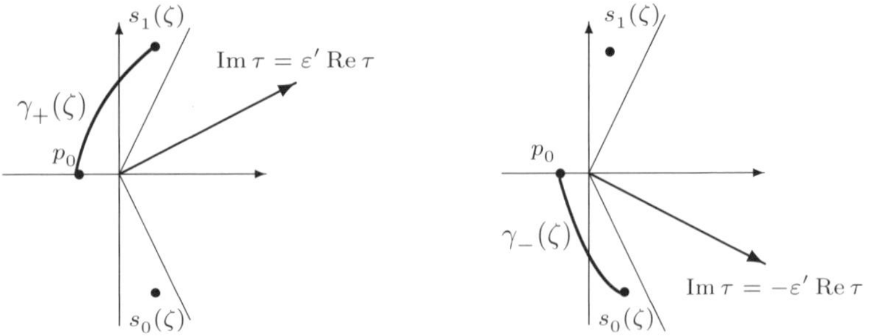

図 4.3　$\Sigma_\pm(\zeta)$ と $\gamma_\pm(\zeta)$

とし，$(\tau,p)\in\Sigma_+(\zeta)\times\gamma_+(\zeta)$ 及び $(\tau,p)\in\Sigma_-(\zeta)\times\gamma_-(\zeta)$ に対して

$$\operatorname{Re}(\tau p)<-2\delta''|\tau|\,|p| \tag{4.3.5}$$

としておく．又，$p_0\in\gamma(\zeta)$ を $\operatorname{Im}p_0=0$ となる点とする（図 4.3 を参照）．これと斉次性とから，$\lambda>0$ に対して

$$\begin{aligned}\mathcal{L}\mathcal{R}P(z,\zeta)&=\frac{1}{2\pi\sqrt{-1}}\int_{\gamma_+(\zeta)}dp\,e^{-p}\int_{\Sigma_+(\zeta/\lambda)}P(z,\tau\zeta/\lambda)\,\frac{e^{\tau p/\lambda}\tau^{n-1}}{\lambda^n}\,d\tau\\&\quad+\frac{1}{2\pi\sqrt{-1}}\int_{\gamma_-(\zeta)}dp\,e^{-p}\int_{\Sigma_-(\zeta/\lambda)}P(z,\tau\zeta/\lambda)\,\frac{e^{\tau p/\lambda}\tau^{n-1}}{\lambda^n}\,d\tau.\end{aligned}$$

この第 1 項，第 2 項を各々 I_+ 及び I_- とすれば，積分が絶対収束しているので Fubini の定理が適用できて

$$\begin{aligned}I_+&=\frac{1}{2\pi\sqrt{-1}}\int_{\Sigma_+(\zeta/\lambda)}d\tau\,\frac{P(z,\tau\zeta/\lambda)\,\tau^{n-1}}{\lambda^n}\int_{\gamma_+(\zeta/\lambda)}e^{(\tau/\lambda-1)p}\,dp\\&=\frac{1}{2\pi\sqrt{-1}}\int_{\Sigma_+(\zeta/\lambda)}P(z,\tau\zeta/\lambda)\Big(\frac{\tau}{\lambda}\Big)^{n-1}\frac{e^{(\tau/\lambda-1)s_1(\zeta)}}{\tau-\lambda}\,d\tau\\&\quad-\frac{1}{2\pi\sqrt{-1}}\int_{\Sigma_+(\zeta/\lambda)}P(z,\tau\zeta/\lambda)\Big(\frac{\tau}{\lambda}\Big)^{n-1}\frac{e^{(\tau/\lambda-1)p_0}}{\tau-\lambda}\,d\tau.\end{aligned}$$

第 1 項，第 2 項を各々 I_+^1, I_+^{cr} と置く．$s_1(\zeta)$ の選び方から $\delta'>0$ が存在して $\operatorname{Re}s_1(\zeta)\geqslant h'\|\zeta\|$．又，(4.3.4) 及び (4.3.5) から，$\tau\in\Sigma_+(\zeta/\lambda)$ に対して

$$\operatorname{Re}(\tau s_1(\zeta))<-2\delta''|\tau|\,|s_1(\zeta)|<-2c\delta''|\tau|\,\|\zeta\|. \tag{4.3.6}$$

更に $c''>0$ が存在して，$|s(\zeta)|>1$ なる ζ 及び任意の $\tau\in\Sigma_+(\zeta/\lambda)$ に対し

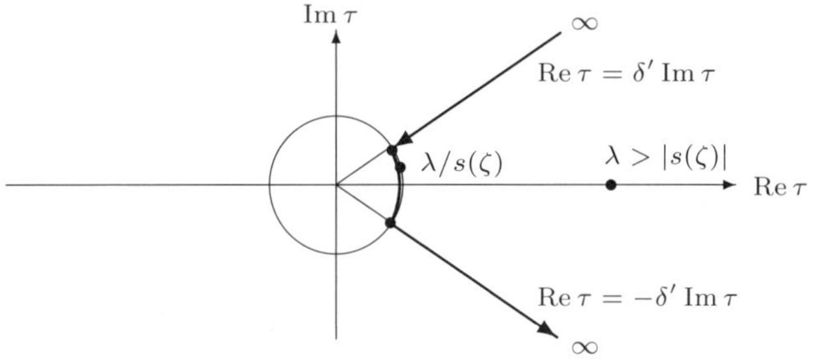

図 4.4　$\Sigma_-(\zeta/\lambda)-\Sigma_+(\zeta/\lambda)$, $\lambda>|s(\zeta)|$

て $|\tau-\lambda|>\lambda c''$ となるから，$h=c\delta''$ と取れば

(4.3.7)
$$|I_+^1|\leqslant\frac{C_{ch''}e^{-h'\|\zeta\|}}{2\pi c''}\int_{1/|s(\zeta)|}^{\infty}e^{-ch''|\tau|\|\zeta\|}|\tau|^{n-1}d|\tau|\leqslant\frac{C_{ch''}e^{-h'\|\zeta\|}}{2\pi c''(ch''\|\zeta\|)^n},$$

即ち $I_+^1\in\mathscr{N}_{z^*}$．同様に

$$I_-^{cr}:=\frac{1}{2\pi\sqrt{-1}}\int_{\Sigma_-(\zeta/\lambda)}P(z,\tau\zeta/\lambda)\left(\frac{\tau}{\lambda}\right)^{n-1}\frac{e^{(\tau/\lambda-1)p_0}}{\tau-\lambda}\,d\tau,$$

$$I_-^0:=-\frac{1}{2\pi\sqrt{-1}}\int_{\Sigma_-(\zeta/\lambda)}P(z,\tau\zeta/\lambda)\left(\frac{\tau}{\lambda}\right)^{n-1}\frac{e^{(\tau/\lambda-1)s_0(\zeta)}}{\tau-\lambda}\,d\tau,$$

と置けば，$I_-=I_-^{cr}-I_-^0$ 且つ $I_-^0\in\mathscr{N}_{z^*}$．従って

$$\begin{aligned}\mathcal{LR}P(z,\zeta)&=I_+^1-I_+^{cr}+I_-^{cr}-I_-^0\equiv I_-^{cr}-I_+^{cr}\bmod\mathscr{N}_{z^*}\\&=\frac{1}{2\pi\sqrt{-1}}\int\limits_{\Sigma_-(\zeta/\lambda)-\Sigma_+(\zeta/\lambda)}P(z,\tau\zeta/\lambda)\left(\frac{\tau}{\lambda}\right)^{n-1}\frac{e^{(\tau/\lambda-1)p_0}}{\tau-\lambda}\,d\tau.\end{aligned}$$

ここで λ が $\Sigma_-(\zeta/\lambda)-\Sigma_+(\zeta/\lambda)$ に囲まれる領域内の点なら，p_0 の取り方から $\dfrac{e^{(\tau/\lambda-1)p_0}}{2\pi\sqrt{-1}\,(\tau-\lambda)}$ は減衰項付きの Cauchy 核となる．1 次斉次性から $d'>d$ が存在して，$\|\zeta\|\geqslant d_r'$ ならば $|s(\zeta)|>1$．この ζ について $\lambda>|s(\zeta)|>1$ と取れば，$\gamma^-(\zeta/\lambda)-\gamma^+(\zeta/\lambda)$ は半径 $\lambda/|s(\zeta)|$ の円と $\operatorname{Im}\tau=\pm\varepsilon'\operatorname{Re}\tau$ とで囲まれる領域とできる（図 4.4 を参照）．従って，λ はその領域内に入り

$$\frac{1}{2\pi\sqrt{-1}}\int\limits_{\Sigma_-(\zeta/\lambda)-\Sigma_+(\zeta/\lambda)}P(z,\tau\zeta/\lambda)\left(\frac{\tau}{\lambda}\right)^{n-1}\frac{e^{(\tau/\lambda-1)p_0}}{\tau-\lambda}\,d\tau=P(z,\zeta).$$

従って，$:\mathcal{LR}P(z,\zeta):=:P(z,\zeta):\in\mathscr{E}^{\mathbb{R}}_{\mathbb{C}^n,z^*}$．　∎

4.3.4［定義］　(4.3.1) の $\mathcal{R}$ を **Radon 変換** (Radon transformation) と呼ぶ.

4.3.5［注意］　$\mathscr{E}^{\mathbb{R}}_{\mathbb{C}^n}$ の切断を「作用素」と呼んだが，実際，層型射

$$\mathscr{E}^{\mathbb{R}}_{\mathbb{C}^n}\Big|_{\sqrt{-1}\,T^*\mathbb{R}^n} \ni {:}P(z,\zeta){:} \mapsto K_P(x,y)\,dy \in \mathscr{L}_{\mathbb{R}^n} \tag{4.3.8}$$

が存在する．$\mathbb{R}^n$ 上では $\mathscr{E}^{\mathbb{R}}_{\mathbb{C}^n}\big|_{\mathbb{R}^n} = \mathscr{D}^{\infty}_{\mathbb{C}^n}\big|_{\mathbb{R}^n} \to \mathscr{L}_{\mathbb{R}^n}\big|_{\mathbb{R}^n}$ によって (4.3.8) を定める．$\sqrt{-1}\,\dot{T}^*\mathbb{R}^n$ 上では Radon 変換を用いる．$\Omega = U \times \Gamma \in \mathfrak{O}(\dot{T}^*\mathbb{C}^n)$ が十分小さい任意の固有的凸錐状集合で，$\sqrt{-1}\,V := \sqrt{-1}\,T^*\mathbb{R}^n \cap \Omega \neq \emptyset$ と仮定する．任意の $P(z,\zeta) \in \Gamma(\Omega_r[d_r]; \mathscr{O}_{T^*\mathbb{C}^n})$ に対して，(4.3.3) から

$$\mathscr{R}K_P(x,\xi,p) := \frac{1}{(2\pi)^n}\,\mathrm{sp}\Big[\mathcal{R}P(x,\sqrt{-1}\,\xi,\sqrt{-1}\,(p+\sqrt{-1}\,0))\Big]$$

が $\{(x,\xi,p;\sqrt{-1}\,kdp);\,(x;\sqrt{-1}\,\xi) \in \sqrt{-1}\,V,\, p=0,\, k \geqslant 0\}$ 上の切断として定まる．よって，定理 2.4.4 から $\mathscr{R}K_P(x,\xi,\langle x-y,\xi\rangle)$ が定まり

$$\begin{aligned}\mathrm{supp}\,\mathscr{R}K_P(x,\xi,\langle x-y,\xi\rangle) \subset \{&(x,y,\xi;\sqrt{-1}\,k(\xi,-\xi,x-y));\\ &(x;\sqrt{-1}\,\xi) \in \sqrt{-1}\,V,\, \langle x-y,\xi\rangle = 0,\, k \geqslant 0\}.\end{aligned}$$

従って定理 2.5.7 (あるいは (2.3.5) の定義と同様の議論) から繊維に沿う積分

$$K_P(x,y) := \int \mathscr{R}K_P(x,\eta,\langle x-y,\eta\rangle)\,\omega(\eta)$$

が定義できて

$$\mathrm{supp}\,K_P \subset \{(x,y;\sqrt{-1}(\xi,-\xi));\,(x;\sqrt{-1}\,\xi) \in \sqrt{-1}\,U,\, x=y\}.$$

従って

$$K_P(x,y)\,dy \in \Gamma(\sqrt{-1}\,V;\mathscr{L}_{\mathbb{R}^n}).$$

$\mathcal{R}P(z,\zeta,p)$ が $p=0$ まで整型ならば，$K_P(x,y)=0$ に注意すれば

$$\mathscr{S}(\Omega)\big/\mathscr{N}(\Omega) \ni {:}P(z,\zeta){:} \mapsto K_P(x,y)\,dy \in \Gamma(\sqrt{-1}\,V;\mathscr{L}_{\mathbb{R}^n})$$

が矛盾なく定義できて，$\sqrt{-1}\,\dot{T}^*\mathbb{R}^n$ 上の層型射に拡張できる．更に $P(z,\zeta) = \sum_{\alpha} a_\alpha(z)\,\zeta^\alpha$ が無限階微分作用素の表象ならば，超局所函数の積分の定義及び例 3.6.2 から

$$\begin{aligned}K_P(x,y) &= \mathrm{sp}\,\mathrm{b}\Big[\sum_{|\alpha|=0}^{\infty} a_\alpha(z)\int(\sqrt{-1}\,\tau\eta)^\alpha\, e^{\sqrt{-1}\,\tau\langle z-w,\eta\rangle}\,\tau^{n-1}\frac{\omega(\eta)\,d\tau}{(2\pi)^n}\Big]\\ &= \mathrm{sp}\,\mathrm{b}\Big[\sum_{|\alpha|=0}^{\infty} a_\alpha(z)\int_{\mathbb{R}^n}(\sqrt{-1}\,\xi)^\alpha\, e^{\sqrt{-1}\langle z-w,\xi\rangle}\,d\!\!{}^-\xi\Big]\end{aligned}$$

$$= \sum_{|\alpha|=0}^{\infty} a_\alpha(x)\,\partial_x^\alpha \int_{\mathbb{R}^n} e^{\sqrt{-1}(\langle x-y,\xi\rangle+\sqrt{-1}\,0)} đ\xi$$

$$= \sum_{|\alpha|=0}^{\infty} a_\alpha(x)\,\partial_x^\alpha \delta(x-y) = P(x,\partial_x)\,\delta(x-y).$$

従って $\mathscr{D}^\infty_{\mathbb{C}^n}\big|_{\mathbb{R}^n} \to \mathscr{L}_{\mathbb{R}^n}\big|_{\mathbb{R}^n}$ と両立するので，(4.3.8) が定まった．定理 4.7.1 及び 4.7.3 で，(4.3.8) が環の単型射を示す．

4. 形式表象

以降の議論では，古典的形式表象のみでは無限階擬微分作用素を効果的に取り扱えないことがある．そこで更に広い形式表象を導入し，その性質を紹介する:

4.4.1 [定義]　$\Omega \underset{\text{conic}}{\Subset} T^*\mathbb{C}^n$ とする．

(1) t を不定元とする形式冪級数

$$P(t;z,\zeta) = \sum_{j=0}^{\infty} t^j P_j(z,\zeta)$$

は，次の条件を満たせば Ω 上の**形式表象** (formal symbol) と呼ばれる:

($\widehat{\boldsymbol{S}}$) 定数 $r \in \,]0,r[$ 及び $d>0$ が存在して

$$P_j(z,\zeta) \in \Gamma\big(\Omega_r[(j+1)d_r];\mathscr{O}_{T^*\mathbb{C}^n}\big),$$

且つ $A \in \,]0,1[$ が存在して次が成り立つ: 任意の $h>0$ に対し定数 $C_h>0$ が存在して

$$|P_j(z,\zeta)| \leqslant C_h A^j e^{h\|\zeta\|}, \quad \big((z;\zeta)\in\Omega_r[(j+1)d_r];\, j\in\mathbb{N}_0\big).$$

Ω 上の形式表象の全体を $\widehat{\mathscr{S}}(\Omega)$ と書く．

(2) $P(t;z,\zeta) = \sum\limits_{j=0}^{\infty} t^j P_j(z,\zeta) \in \widehat{\mathscr{S}}(\Omega)$ は，次の条件を満たせば Ω 上の**形式零表象** (null-formal symbol) と呼ばれる:

($\widehat{\boldsymbol{N}}$) 各 j について $P_j(z,\zeta)\in\Gamma(\Omega_r[(j+1)d_r];\mathscr{O}_{T^*\mathbb{C}^n})$ のとき，定数 $A\in\,]0,1[$ が存在して次が成り立つ: 任意の $h>0$ に対し定数 $C_h>0$ が存在して

$$\Big|\sum_{j=0}^{m-1} P_j(z,\zeta)\Big| \leqslant C_h A^m e^{h\|\zeta\|}, \quad \big((z;\zeta)\in\Omega_r[md_r];\, m\in\mathbb{N}\big).$$

Ω 上の零形式表象の全体を $\widehat{\mathscr{N}}(\Omega)$ と書く．

(3) $z^* \in T^*\mathbb{C}^n$ に対して

$$\widehat{\mathscr{S}}_{z^*} := \varinjlim_{\Omega \ni z^*} \widehat{\mathscr{S}}(\Omega) \supset \widehat{\mathscr{N}}_{z^*} := \varinjlim_{\Omega \ni z^*} \widehat{\mathscr{N}}(\Omega)$$

と置く．但し，帰納極限は z^* の錐状近傍 $\Omega \underset{\text{conic}}{\Subset} T^*\mathbb{C}^n$ 全体について取る．

$(\widehat{\boldsymbol{S}})$ は，劣線型重み函数によって $|P_j(z,\zeta)| \leqslant A^j e^{\Lambda(\zeta)}$ と評価されることと同値．$(\widehat{\boldsymbol{N}})$ も同様である．

$\widehat{\mathscr{S}}(\Omega)$ が t に関する形式冪級数としての和積によって可換環となるのは，容易にわかる．更に:

4.4.2 ［命題］　$\widehat{\mathscr{N}}(\Omega)$ は $\widehat{\mathscr{S}}(\Omega)$ のイデアルである．

証明　$\widehat{\mathscr{N}}(\Omega)$ が $\widehat{\mathscr{S}}(\Omega)$ の部分加法群となるのは明らかだから，任意の

$$P(t;z,\zeta) = \sum_{j=0}^{\infty} t^j P_j(z,\zeta), \quad Q(t;z,\zeta) = \sum_{k=0}^{\infty} t^k Q_k(z,\zeta) \in \widehat{\mathscr{N}}(\Omega),$$

に対して，積を

$$W(t;z,\zeta) = \sum_{l=0}^{\infty} t^l W_l(z,\zeta) := P(t;z,\zeta)\, Q(t;z,\zeta)$$

と置く．定数 $A \in \left]0,1\right[$ 及び劣線型重み函数 $\Lambda(\zeta)$ が存在して

$$\begin{cases} |P_j(z,\zeta)| \leqslant A^j e^{\Lambda(\zeta)} & \big((z;\zeta) \in \Omega_r[(j+1)d_r]\big), \\ |Q_k(z,\zeta)| \leqslant A^k e^{\Lambda(\zeta)} & \big((z;\zeta) \in \Omega_r[(k+1)d_r]\big), \\ \left|\displaystyle\sum_{k=0}^{m-1} Q_k(z,\zeta)\right| \leqslant A^m e^{\Lambda(\zeta)} & \big((z;\zeta) \in \Omega_r[md_r]\big), \end{cases}$$

が任意の $j, k \in \mathbb{N}_0$ 及び $m \in \mathbb{N}$ について成り立つとして良い．

$$W_l(z,\zeta) = \sum_{l=j+k} P_j(z,\zeta)\, Q_k(z,\zeta)$$

だから，任意の $m \in \mathbb{N}$ に対して $\Omega_r[md_r]$ 上

$$\begin{aligned} \left|\sum_{l=0}^{m-1} W_l(z,\zeta)\right| &= \left|\sum_{l=0}^{m-1} \sum_{l=j+k} P_j(z,\zeta)\, Q_k(z,\zeta)\right| \\ &\leqslant \left|\sum_{j=0}^{m-1} \sum_{k=0}^{m-1} P_j(z,\zeta)\, Q_k(z,\zeta)\right| + \left|\sum_{l=m}^{2m-2} \sum_{\substack{l=j+k \\ j,k \leqslant m-1}} P_j(z,\zeta)\, Q_k(z,\zeta)\right| \end{aligned}$$

$$\leqslant \frac{A^m e^{2\Lambda(\zeta)}}{1-A} + \sum_{l=m}^{2m-2} (m-1)\, A^l\, e^{2\Lambda(\zeta)} \leqslant \frac{mA^m e^{2\Lambda(\zeta)}}{1-A}.$$

$0 < A < 1$ だから $B \in \left]A, 1\right[$ と取れば，十分大きい $C > 0$ に対して

$$\left|\sum_{l=0}^{m-1} W_l(z,\zeta)\right| \leqslant CB^m e^{2\Lambda(\zeta)}$$

とできる．これで示された． ∎

4.4.3 ［補題］　$\widehat{\mathscr{S}_{\mathrm{cl}}}(\Omega) \subset \widehat{\mathscr{S}}(\Omega)$ 且つ $\widehat{\mathscr{N}_{\mathrm{cl}}}(\Omega) \subset \widehat{\mathscr{N}}(\Omega)$ である．

証明　任意の $P(t;z,\zeta) \in \widehat{\mathscr{S}_{\mathrm{cl}}}(\Omega)$ を取る．任意の $j \in \mathbb{N}$ に対し $j! \leqslant j^j$ だから，$d' > \max\{d, B\}$ とし $A := \dfrac{B}{d} \in \left]0, 1\right[$ と置けば，$\Omega_r[(j+1)d_r]$ 上で

$$|P_j(z,\zeta)| \leqslant \frac{C_h B^j j!\, e^{h\|\zeta\|}}{\|\zeta\|^j} \leqslant \frac{C_h\, j!\, e^{h\|\zeta\|}}{(j+1)^j}\left(\frac{B}{d}\right)^j \leqslant C_h\left(\frac{j}{j+1}\right)^j A^j e^{h\|\zeta\|}$$
$$\leqslant C_h A^j e^{h\|\zeta\|}.$$

$\widehat{\mathscr{N}_{\mathrm{cl}}}(\Omega) \subset \widehat{\mathscr{N}}(\Omega)$ も同様である． ∎

4.4.4 ［注意］　$\widehat{\mathscr{S}_{\mathrm{cl}}}(\Omega) \neq \widehat{\mathscr{S}}(\Omega)$ である．実際，形式表象 $\displaystyle\sum_{j=0}^{\infty} \frac{t^j}{2^j}$ を考え，任意の $B > 0$ に対し $h \in \left]0, \dfrac{1}{2Be}\right[$ と取る．$\dfrac{1}{j!}\left(\dfrac{\|\zeta\|}{2B}\right)^j e^{-h\|\zeta\|}$ は，$\|\zeta\|$ の函数として $\|\zeta\| = \dfrac{j}{h}$ で最大値 $\dfrac{1}{j!}\left(\dfrac{j}{2Beh}\right)^j$ を取る．$j! \leqslant j^j$ だから

$$\frac{1}{j!}\left(\frac{j}{2Beh}\right)^j \geqslant \left(\frac{1}{2Beh}\right)^j \to \infty \qquad (j \to \infty).$$

従って，どのような $C > 0$ を取ってきても，$\Omega_r[(j+1)d_r]$ 上

$$\frac{1}{2^j} \leqslant \frac{CB^j\, j!\, e^{h\|\zeta\|}}{\|\zeta\|^j}$$

の形の評価を持たない．

4.4.5 ［命題］　$\mathscr{S}(\Omega) \cap \widehat{\mathscr{N}}(\Omega) = \mathscr{N}(\Omega)$ が成り立つ．

証明　$P(z,\zeta) \in \mathscr{S}(\Omega) \cap \widehat{\mathscr{N}}(\Omega)$ ならば $A \in \left]0, 1\right[$ が存在して，次が成り立つ: 任意の $h > 0$ に対し定数 $C_h > 0$ が存在して，任意の $m \in \mathbb{N}$ に対して $\Omega_r[md_r]$ 上 $|P(z,\zeta)| \leqslant C_h A^m e^{h\|\zeta\|}$．ここで $0 < A < 1$ なので

$$-\delta := h + \frac{\log A}{d} < 0$$

と $h > 0$ を選べる．よって ζ を固定して m を $\dfrac{\|\zeta\|}{d}$ の整数部分とすると

$$|P(z,\zeta)| \leqslant C_h A^{\|\zeta\|/d-1}\, e^{h\|\zeta\|} = \frac{C_h e^{-\delta\|\zeta\|}}{A}.$$

$md_r \leqslant \|\zeta\|$ に注意すれば, この評価は $\Omega_r[d_r]$ 上成り立つから, $P(z,\zeta) \in \mathscr{N}(\Omega)$ が示された．逆に $P(z,\zeta) \in \mathscr{N}(\Omega)$ ならば，$h, C > 0$ が存在して $\Omega_r[d_r]$ 上 $|P(z,\zeta)| \leqslant Ce^{-h\|\zeta\|}$ が成り立つ．$B := e^{-h} \in \left]0,1\right[$ と置けば，$\|\zeta\| \geqslant m$ ならば $|P(z,\zeta)| \leqslant CB^m$ となり，$P(z,\zeta) \in \mathscr{S}(\Omega) \cap \widehat{\mathscr{N}}(\Omega)$. ∎

前節までの結果と，補題 4.4.3 及び命題 4.4.5 とを併せて

$$\begin{array}{ccc} \mathscr{S}(\Omega)/\mathscr{N}(\Omega) & \rightarrowtail & \widehat{\mathscr{S}}(\Omega)/\widehat{\mathscr{N}}(\Omega) \\ & \searrow \quad \nearrow & \\ & \widehat{\mathscr{S}}_{\mathrm{cl}}(\Omega)/\widehat{\mathscr{N}}_{\mathrm{cl}}(\Omega) & \end{array}$$

が得られた．更に Radon 変換を用いて，次が示される:

4.4.6 [定理]　$\Omega \underset{\text{conic}}{\Subset} \dot{T}^*\mathbb{C}^n$ を z^* の錐状近傍とするとき，任意の

$$P(t;z,\zeta) = \sum_{j=0}^{\infty} t^j P_j(z,\zeta) \in \widehat{\mathscr{S}}(\Omega)$$

に対して z^* の錐状近傍 $\Omega' \underset{\text{conic}}{\Subset} \Omega$ と $P(z,\zeta) \in \mathscr{S}(\Omega')$ とが存在して

$$P(t;z,\zeta) - P(z,\zeta) \in \widehat{\mathscr{N}}(\Omega').$$

証明　以下, 定理 4.3.2 の証明の記号を断りなく用いる．$\Omega = U \times \Gamma$ 且つ Γ 上で，Radon 変換の定義で用いた $s(\zeta)$ が存在すると仮定して構わない．任意の $P(t;z,\zeta) = \sum\limits_{j=0}^{\infty} t^j P_j(z,\zeta) \in \widehat{\mathscr{S}}(\Omega)$ は，$P_j(z,\zeta) \in \Gamma(\Omega_r[(j+1)d_r]; \mathscr{O}_{T^*\mathbb{C}^n})$ 且つ $A \in \left]0,1\right[$ が存在して，任意の $h > 0$ に対して $C_h > 0$ が存在して $\Omega_r[(j+1)d_r]$ 上 $|P_j(z,\zeta)| \leqslant C_h A^j e^{h\|\zeta\|}$．ここで

$$\begin{aligned} \mathcal{R}P_j(z,\zeta,p) &= \int_{(j+1)/s(\zeta)}^{\infty} P_j(z,\tau\zeta)\, e^{\tau p}\tau^{n-1} d\tau \\ &= (j+1)^n \int_{1/s(\zeta)}^{\infty} P_j(z,(j+1)\tau\zeta)\, e^{(j+1)\tau p}\tau^{n-1} d\tau \end{aligned}$$

は，(4.3.2) と同様の評価をすれば，$(z;\zeta) \in \Omega$ 及び任意の $h' > 0$ に対して

$h'\|\zeta\| < 2h''|p|$ なる $p \in \gamma_+(\zeta)$ について (4.3.5) から

$$|\mathcal{R}P_j(z,\zeta,p)| \leqslant (j+1)^n \int_{\Sigma_+(\zeta)} C_{h'} A^j e^{(j+1)|\tau|(h'\|\zeta\|-2h''|p|)} |\tau|^{n-1} d|\tau| \leqslant \frac{C_h A^j e^{(j+1)(h'\|\zeta\|-2h''|p|)/|s(\zeta)|}}{(2h''|p| - h'\|\zeta\|)^n}.$$

よって (4.3.4) 及び斉次性から，任意の $h > 0$ に対して $C'_h > 0$ が存在して

$$\Big|\int_{\gamma_+(\zeta)} \mathcal{R}P_j(z,\zeta,p)\, e^{-p}\, dp\Big| \leqslant \Big|\int_{\gamma_+(\zeta)} \frac{C_{h'} A^j e^{(j+1)(h'\|\zeta\|-h''|p|)/|s(\zeta)|}\, e^{h\|\zeta\|}}{(h'' - h'\|\zeta\|/|p|)^n\, |p|^n} dp\Big| \leqslant \frac{C'_h A^j e^{h\|\zeta\|}}{\|\zeta\|^{n-1}}.$$

$\gamma_-(\zeta)$ の積分も同様に評価される．評価の定数が各 P_j/A^j に共通だから，$d > 0$ を大きく取り直せば z^* の錐状近傍 Ω' 及び $\delta \in \left]0,1\right[$ が存在して任意の $j \in \mathbb{N}$ に対して $\mathcal{L}\mathcal{R}P_j(z,\zeta) \in \Gamma(\Omega'_\delta[d_\delta]; \mathscr{O}_{T^*\mathbb{C}^n})$，且つ任意の $h > 0$ 及び $m \in \mathbb{N}_0$ に対して $\Omega'_\delta[d_\delta]$ 上

$$\Big|\sum_{j=m}^{\infty} \mathcal{L}\mathcal{R}P_j(z,\zeta)\Big| \leqslant \sum_{j=m}^{\infty} \frac{C'_h A^j e^{h\|\zeta\|}}{\pi\|\zeta\|^{n-1}} = \frac{C'_h A^m e^{h\|\zeta\|}}{\pi(1-A)\,\|\zeta\|^{n-1}}.$$

よって $P(z,\zeta) := \sum\limits_{j=0}^{\infty} \mathcal{L}\mathcal{R}P_j(z,\zeta)$ と置けば，$P(z,\zeta) - \sum\limits_{j=1}^{\infty} t^j \mathcal{L}\mathcal{R}P_j(z,\zeta) \in \widehat{\mathscr{N}}(\Omega')$ 且つ $P(z,\zeta) \in \mathscr{S}(\Omega')$．従って後は

$$\sum_{j=0}^{\infty} t^j P_j(z,\zeta) - \sum_{j=0}^{\infty} t^j \mathcal{L}\mathcal{R}P_j(z,\zeta) \in \widehat{\mathscr{N}}(\Omega')$$

を示せば良い．やはり

$$\mathcal{L}\mathcal{R}P_j(z,\zeta) = I^1_{j,+} - I^0_{j,-} + I^{cr}_{j,-} - I^{cr}_{j,+}$$

と分ければ，$\lambda > 0$ に対して

$$I^{cr}_{j,-} - I^{cr}_{j,+} = \frac{(j+1)^n}{2\pi\sqrt{-1}} \int_{\Sigma_-(\zeta/\lambda)-\Sigma_+(\zeta/\lambda)} P_j(z,(j+1)\tau\zeta/\lambda)\Big(\frac{\tau}{\lambda}\Big)^{n-1} \frac{e^{((j+1)\tau/\lambda-1)p_0}}{(j+1)\tau-\lambda} d\tau.$$

1 次斉次性から $d' > d$ が存在して $\|\zeta\| \geqslant d'_\delta$ ならば $|s(\zeta)| > 1$．この ζ について $\lambda > |s((j+1)\zeta)| = (j+1)|s(\zeta)| > j+1$ と取れば

$$I^{cr}_{j,-} - I^{cr}_{j,+} = P_j(z,\zeta)$$

であった．従って，$\Omega'_\delta[(j+1)d'_\delta]$ 上で

$$\mathcal{L}\mathcal{R}P_j(z,\zeta) - P_j(z,\zeta) = I^1_{j,+} - I^0_{j,-}.$$

一方，(4.3.7) と同じ記号で

$$|I^1_{j,+}| \leqslant \frac{(j+1)^n\, C_{c\delta''} A^j e^{-\delta'\|\zeta\|}}{2\pi c''} \int_{1/|s(\zeta)|}^{\infty} e^{-(j+1)c\delta''|\tau|\|\zeta\|} |\tau|^{n-1} d|\tau|$$
$$\leqslant \frac{C_{c\delta''} A^j e^{-\delta'\|\zeta\|}}{2\pi c''(c\delta''\|\zeta\|)^n}.$$

$|I^1_{j,+}|$ についても同様．よって $B := e^{-\delta' d'_\delta} \in \,]0,1[$ と置けば，$\Omega'_\delta[md'_\delta]$ 上

$$\sum_{j=1}^{m-1} \bigl|P_j(z,\zeta) - \mathfrak{L}\mathfrak{R}P_j(z,\zeta)\bigr| \leqslant \frac{C_{c\delta''} B^m}{\pi c''(c\delta'' m d'_\delta)^n} \sum_{j=1}^{m-1} A^j$$
$$\leqslant \frac{C_{c\delta''} A B^m}{\pi c''(c\delta'' d'_\delta)^n (1-A)}$$

が得られる．■

4.4.7［定理］　任意の $z^* \in \dot{T}^*\mathbb{C}^n$ に対し，二つの埋込み $\mathscr{S}_{z^*} \subset \widehat{\mathscr{S}}_{\mathrm{cl},z^*} \subset \widehat{\mathscr{S}}_{z^*}$ は次の同型を誘導する:

$$\mathscr{S}_{z^*}\big/\mathscr{N}_{z^*} \simeq \widehat{\mathscr{S}}_{\mathrm{cl},z^*}\big/\widehat{\mathscr{N}}_{\mathrm{cl},z^*} \simeq \widehat{\mathscr{S}}_{z^*}\big/\widehat{\mathscr{N}}_{z^*}.$$

証明　定理 4.4.6 から $\mathscr{S}_{z^*}/\mathscr{N}_{z^*} \simeq \widehat{\mathscr{S}}_{z^*}/\widehat{\mathscr{N}}_{z^*}$．この同型が $\mathscr{S}_{z^*}/\mathscr{N}_{z^*} \simeq \widehat{\mathscr{S}}_{\mathrm{cl},z^*}/\widehat{\mathscr{N}}_{\mathrm{cl},z^*}$ と両立することを示す．任意の $P(t;z,\zeta) \in \widehat{\mathscr{S}}_{\mathrm{cl},z^*} \subset \widehat{\mathscr{S}}_{z^*}$ に対して，定理 4.1.7 及び 4.4.6 から $P(z,\zeta) \in \mathscr{S}_{z^*}$ 及び $P'(z,\zeta) \in \mathscr{S}_{z^*}$ が存在して

$$\begin{cases} P(t;z,\zeta) - P(z,\zeta) \in \widehat{\mathscr{N}}_{\mathrm{cl},z^*}, \\ P(t;z,\zeta) - P'(z,\zeta) \in \widehat{\mathscr{N}}_{z^*}. \end{cases}$$

ここで $\widehat{\mathscr{N}}_{\mathrm{cl},z^*} \subset \widehat{\mathscr{N}}_{z^*}$ だから，命題 4.1.5 及び 4.4.5 から

$$P(z,\zeta) - P'(z,\zeta) \in \widehat{\mathscr{N}}_{z^*} \cap \mathscr{S}_{z^*} = \mathscr{N}_{z^*} = \widehat{\mathscr{N}}_{\mathrm{cl},z^*} \cap \mathscr{S}_{z^*}.$$ ■

$\widehat{\mathscr{S}}_{z^*}/\widehat{\mathscr{N}}_{z^*}$ 上に座標変換，積及び形式随伴の定義が拡張できることを示す．最初に座標変換を考える．定理 4.2.1 の記号を用い，$P(t;z,\zeta) \in \widehat{\mathscr{S}}(\Omega)$ に対してもやはり次の通りに定義する:

$$\Phi^* P(t;w,\eta) := e^{t\langle\partial_{\zeta'},\partial_{z'}\rangle} P(t;z,\zeta' + {}^{\mathrm{t}}J_\Phi^{-1}(z',z)\eta)\Big|_{\substack{z=z'=\Phi(w)\\ \zeta'=0}}.$$

4.4.8［定理］　(1) $\Phi^* P(t;w,\eta)$ は，座標系 $(w;\eta)$ に関する Ω 上の形式表象となる．更に，$P(t;z,\zeta)$ が形式零表象ならば，$\Phi^* P(t;w,\eta)$ も形式零表象となる．

(2) 1^* は恒等写像，且つ二つの複素座標変換を $z=\Phi(w)$ 及び $w=\Psi(v)$ とすれば，$\Psi^*\Phi^*P(t;v,\xi)-(\Phi\Psi)^*P(t;v,\xi)\in\widehat{\mathscr{N}}_{(v;\xi)}$ となる．

証明　(1) $P_j(z,\zeta)\in\Gamma(\Omega_r[(j+1)d_r];\mathscr{O}_{T^*\mathbb{C}^n})$ とする．(4.2.1), (4.2.2) 及び (4.2.3) を仮定して構わないから，$\Omega'_{r'}[(k+1)d_{r'}]$ 上で劣線型重み函数 $\Lambda(\zeta)$ が存在して

$$|P_k(z,\zeta'+{}^{\mathrm{t}}J_\Phi^{-1}(z',z)\eta)|\leqslant A^k e^{\Lambda(\zeta'+{}^{\mathrm{t}}J_\Phi^{-1}(z',z)\eta)}.$$

よって，$z=\Phi(w)$ 且つ $(z;\zeta)\in\Omega_{r'}[(k+1)d_{r'}]$ ならば (4.2.4) は

$$\begin{aligned}&\frac{1}{\alpha!}\Big|\partial_{\zeta'}^{\alpha}\partial_{z'}^{\alpha}P_k(z,\zeta'+{}^{\mathrm{t}}J_\Phi^{-1}(z',z)\eta)\big|_{z'=z,\zeta'=0}\Big|\\&\qquad\leqslant\frac{\alpha!\,A^k}{(\varepsilon\delta c'\|\eta\|)^{|\alpha|}}\sup_{\substack{\|z'-z\|=\delta\\\|\zeta'\|=\varepsilon\|\zeta\|}}e^{\Lambda(\zeta'+{}^{\mathrm{t}}J_\Phi^{-1}(z',z)\eta)}\leqslant\frac{\alpha!\,A^k\,e^{c(1+\varepsilon)\Lambda(\eta)}}{(\varepsilon\delta c'\|\eta\|)^{|\alpha|}}\end{aligned}$$

に変更される．$d>0$ を十分大きく取り直せば $B:=\dfrac{2}{\varepsilon\delta c'd_{r'}A}<1$ とできるから，$\|\eta\|\geqslant(j+1)d_{r'}$ ならば

$$\begin{aligned}\Big|\Phi^*P_j(w,\eta)\Big|&\leqslant\sum_{k+|\alpha|=j}\frac{\alpha!\,A^k\,e^{c(1+\varepsilon)\Lambda(\eta)}}{(\varepsilon\delta c'\|\eta\|)^{|\alpha|}}\\&\leqslant e^{c(1+\varepsilon)\Lambda(\eta)}\sum_{k=0}^{j}\frac{2^{n+j-k-1}\,A^k}{(\varepsilon\delta c'd'')^{j-k}}\,\frac{(j-k)!}{(j+1)^{j-k}}\\&\leqslant 2^{n-1}A^je^{c(1+\varepsilon)\Lambda(\eta)}\sum_{k=0}^{j}B^{j-k}\leqslant\frac{2^{n-1}A^je^{c(1+\varepsilon)\Lambda(\eta)}}{1-B}.\end{aligned}$$

これで形式表象となることが示された．

$P(t;z,\zeta)$ が形式零表象ならば同様に任意の $m\in\mathbb{N}$ に対して $\Omega_{r'}[md_{r'}]$ 上

$$\frac{1}{\alpha!}\Big|\sum_{k=0}^{m-1}\partial_{\zeta'}^{\alpha}\partial_{z'}^{\alpha}P_k(z,\zeta'+{}^{\mathrm{t}}J_\Phi^{-1}(z',z)\eta)\big|_{\substack{z'=z\\\zeta'=0}}\Big|\leqslant\frac{\alpha!\,A^me^{c(1+\varepsilon)\Lambda(\eta)}}{(\varepsilon\delta c'\|\eta\|)^{|\alpha|}}.$$

従って，$\|\eta\|\geqslant md_{r'}$ ならば

$$\begin{aligned}\Big|\sum_{j=0}^{m-1}\Phi^*P_j(w,\eta)\Big|&\leqslant\sum_{|\alpha|=0}^{m-1}\frac{\alpha!\,A^{m-|\alpha|}\,e^{c(1+\varepsilon)\Lambda(\eta)}}{(\varepsilon\delta c'\|\eta\|)^{|\alpha|}}\\&\leqslant 2^{n-1}A^me^{c(1+\varepsilon)\Lambda(\eta)}\sum_{k=0}^{m-1}B^k\Big(\frac{m-1}{m}\Big)^k\leqslant\frac{2^{n-1}A^me^{c(1+\varepsilon)\Lambda(\eta)}}{1-B}\end{aligned}$$

となって形式零表象．

(2) $v^* := (w;\eta)$ とする．定理 4.4.7 から，$P(t;z,\zeta) - Q(t;z,\zeta) \in \widehat{\mathscr{N}_{z^*}}$ となる $Q(t;z,\zeta) \in \widehat{\mathscr{N}_{\mathrm{cl},z^*}}$ が存在する．定理 4.2.1 及び (1) から

$$\begin{aligned}\Psi^*\Phi^* P(t;v,\xi) &\equiv \Psi^*\Phi^* Q(t;v,\xi) \bmod \widehat{\mathscr{N}_{v^*}} = (\Phi\Psi)^* Q(t;v,\xi)\\ &\equiv (\Phi\Psi)^* P(t;v,\xi) \bmod \widehat{\mathscr{N}_{v^*}}.\end{aligned}$$

∎

次に，$\widehat{\mathscr{S}}(\Omega)/\widehat{\mathscr{N}}(\Omega)$ 上の積及び形式随伴を見る．

4.4.9 ［定理］　$P(t;z,\zeta), Q(t;z,\zeta) \in \widehat{\mathscr{S}}(\Omega)$ に対して

$$Q \circ P(t;z,\zeta) := e^{t\langle \partial_\zeta, \partial_w\rangle} Q(t;z,\zeta)\, P(t;w,\eta)\Big|_{\substack{w=z\\ \eta=\zeta}}$$

と置けば，$Q \circ P(t;z,\zeta) \in \widehat{\mathscr{S}}(\Omega)$ 且つ結合則 $R \circ (Q \circ P) = (R \circ Q) \circ P$ が満たされる．更に，$P(t;z,\zeta)$ 又は $Q(t;z,\zeta)$ のどちらかが $\widehat{\mathscr{N}}(\Omega)$ に属せば

$$e^{t\langle \partial_\zeta, \partial_w\rangle} Q(t;z,\zeta)\, P(t;w,\eta)\Big|_{\substack{w=z\\ \eta=\zeta}} \in \widehat{\mathscr{N}}(\Omega).$$

証明　最初に，$P(t;z,\zeta) = \sum_{j=0}^{\infty} t^j P_j(z,\zeta)$ 及び $Q(t;z,\zeta) = \sum_{j=0}^{\infty} t^j Q_j(z,\zeta)$ に対して $P_j(z,\zeta), Q(t;z,\zeta) \in \Gamma(\Omega_r[(j+1)d_r]; \mathscr{O}_{T^*\mathbb{C}^n})$ とし，$Q \circ P(t;z,\zeta) = \sum_{j=0}^{\infty} t^j R_j(z,\zeta)$ と置けば

$$R_l(z,\zeta) = \sum_{|\alpha|+j+k=l} \frac{1}{\alpha!} \frac{\partial^{|\alpha|} Q_j}{\partial \zeta^\alpha}(z,\zeta) \frac{\partial^{|\alpha|} P_k}{\partial z^\alpha}(z,\zeta)$$

だから，$R_l(z,\zeta) \in \Gamma(\Omega_r[(l+1)d_r]; \mathscr{O}_{T^*\mathbb{C}^n})$ 及び結合則は良い．$R(t;z,\zeta) \in \widehat{\mathscr{S}}(\Omega)$ を示す．任意の $\varepsilon \in \left[0, r\right[$ に対して $\Omega_\varepsilon[(j+1)d_\varepsilon] \subset \Omega_r[(j+1)d_r]$ より，$\Omega_\varepsilon[(j+1)d_\varepsilon]$ 上 $|P_j(z,\zeta)|, |Q_j(z,\zeta)| \leqslant A^j e^{\Lambda(\zeta)}$．従って補題 4.2.3 から

$$\left|\partial_\zeta^\alpha Q_j(z,\zeta)\right| \leqslant \frac{A^j e^{2\Lambda(\zeta)}}{\|\zeta\|^{|\alpha|}(r-\varepsilon)^{|\alpha|}}, \qquad (z;\zeta) \in \Omega_\varepsilon[(j+1)d_\varepsilon],$$

$$\left|\partial_z^\alpha P_k(z,\zeta)\right| \leqslant \frac{A^k e^{\Lambda(\zeta)}}{(r-\varepsilon)^{|\alpha|}}, \qquad (z;\zeta) \in \Omega_\varepsilon[(k+1)d_\varepsilon]. \tag{4.4.1}$$

$B := \dfrac{2}{Ad_\varepsilon(r-\varepsilon)^2} < 1$ と $d > 1, \varepsilon > 0$ を取り直せば，$\Omega_\varepsilon[(l+1)d_\varepsilon]$ 上

$$\begin{aligned}|R_l(z,\zeta)| &\leqslant \sum_{l=|\alpha|+j+k} \frac{\alpha!\, A^{j+k}\, e^{3\Lambda(\zeta)}}{\|\zeta\|^{|\alpha|}(r-\varepsilon)^{2|\alpha|}}\\ &\leqslant e^{3\Lambda(\zeta)} \sum_{j+k=0}^{l} \frac{2^{n-j-k-1} A^{j+k}}{d_\varepsilon^{l-j-k}(r-\varepsilon)^{2(l-j-k)}} \frac{(l-j-k)!}{(l+1)^{l-j-k}}\end{aligned}$$

$$\leqslant 2^{n-1}e^{3\Lambda(\zeta)}\Big(\frac{A}{2}\Big)^l\sum_{j+k=0}^{l}B^{l-j-k}\leqslant\frac{2^{n-1}e^{3\Lambda(\zeta)}}{(1-B)^2}\Big(\frac{A}{2}\Big)^l.$$

よって $Q\circ P(t;z,\zeta)\in\widehat{\mathscr{S}}(\Omega)$.

次に $P(t;z,\zeta)\in\widehat{\mathscr{N}_{\mathrm{cl}}}(\Omega)$ と仮定する．(4.4.1) は任意の $m\in\mathbb{N}$ に対して $\Omega_\varepsilon[md_\varepsilon]$ 上

$$\Big|\sum_{k=0}^{m-1}\partial_z^\alpha P_k(z,\zeta)\Big|\leqslant\frac{\alpha!\,A^m e^{\Lambda(\zeta)}}{(\delta-\varepsilon)^{|\alpha|}}.$$

従ってやはり $B:=\dfrac{2}{Ad_\varepsilon(r-\varepsilon)^2}<1$ と $d>1$ 及び $\varepsilon>0$ を取り直せば，$\Omega_\varepsilon[md_\varepsilon]$ 上

$$\begin{aligned}\Big|\sum_{l=0}^{m-1}R_l(z,\zeta)\Big|&=\Big|\sum_{j+|\alpha|=0}^{m-1}\frac{1}{\alpha!}\partial_\zeta^\alpha Q_j(z,\zeta)\sum_{k=0}^{m-1-j-|\alpha|}\partial_z^\alpha P_k(z,\zeta)\Big|\\&\leqslant\sum_{j+|\alpha|=0}^{m-1}\frac{\alpha!\,A^{m-|\alpha|}e^{3\Lambda(\zeta)}}{\|\zeta\|^{|\alpha|}(r-\varepsilon)^{2|\alpha|}}\\&\leqslant 2^{n-1}A^m e^{3\Lambda(\zeta)}\sum_{j+\nu=0}^{m-1}B^\nu\Big(\frac{m-1}{m}\Big)^\nu\leqslant\frac{2^{n-1}A^m e^{3\Lambda(\zeta)}}{(1-B)^2}\end{aligned}$$

だから $R(t;z,\zeta)\in\widehat{\mathscr{N}}(\Omega)$ がわかる．$Q(t;z,\zeta)\in\widehat{\mathscr{N}}(\Omega)$ の場合も同様．■

4.4.10 ［定理］　$P(t;z,\zeta)\in\widehat{\mathscr{S}}(\Omega)$ に対して

$$P^*(t;z,-\zeta):=e^{-t\langle\partial_\zeta,\partial_z\rangle}P(t;z,\zeta)$$

と置けば $P^*(t;z,-\zeta)\in\widehat{\mathscr{S}}(\Omega^a)$ 且つ $P^{**}=P$ が成り立つ．

証明は，定理 4.4.9 と同様である．

4.4.11 ［定義］　$P(t;z,\zeta)\in\widehat{\mathscr{S}}(\Omega)$ が定める $\widehat{\mathscr{S}}(\Omega)/\widehat{\mathscr{N}}(\Omega)$ の切断を，定義 4.1.8 と同様に $:\!P(t;z,\zeta)\!:$ と書く．これは座標変換，積及び形式随伴を込めて，定義 4.1.8 と両立する．

4.4.12 ［注意］　環 $\mathscr{E}^{\mathbb{R}}_{\mathbb{C}^n,z^*}$ は，実は整域でないことが知られている．即ち，$P, Q\neq 0$ が存在して $PQ=0$.

5. 無限階擬微分作用素の核函数

本節では，$\mathscr{D}^{\infty}_{\mathbb{C}^n}$ の場合と同様，$:P(z,\zeta): \in \mathscr{E}^{\mathbb{R}}_{\mathbb{C}^n,z^*}$ の定義函数を与える．以下，Ω, Ω' 等は $T^*\mathbb{C}^n$ の錐状開集合とし

$$z^* = (z_0;\zeta_0) := (0;\lambda,0,\ldots,0) \in T^*\mathbb{C}^n \qquad (\lambda \in \mathbb{C}), \tag{4.5.1}$$

を固定し，茎 $\mathscr{E}^{\mathbb{R}}_{\mathbb{C}^n,z^*}$ を考える．$\lambda = 0$ ならば $\mathscr{E}^{\mathbb{R}}_{\mathbb{C}^n,z^*} = \mathscr{D}^{\infty}_{\mathbb{C}^n,z^*}$ だから，以下では $\lambda \neq 0$ と仮定する．$r, \varepsilon > 0$ に対して次の通りに定める:

$$\begin{aligned}
W_{\lambda,\varepsilon} &:= \{c \in \mathbb{C};\ -\operatorname{Re}(\lambda c) < \varepsilon|\operatorname{Im}(\lambda c)|\},\\
U_r &:= \{(z,\widetilde{z}) \in \mathbb{C}^n \times \mathbb{C}^n;\ \|z\|, \|z-\widetilde{z}\| < r\},\\
V^{(1)}_{r,\varepsilon} &:= \{(z,\widetilde{z}) \in U_r;\ \widetilde{z}_1 - z_1 \in W_{\lambda,\varepsilon}\},\\
V^{(j)}_{r,\varepsilon} &:= \{(z,\widetilde{z}) \in U_r;\ |\widetilde{z}_1 - z_1| < \varepsilon|\widetilde{z}_j - z_j|\} \quad (2 \leqslant j \leqslant n),\\
V_{r,\varepsilon} &:= \bigcap_{j=1}^{n} V^{(j)}_{r,\varepsilon},\\
\widehat{V}^{(j)}_{r,\varepsilon} &:= \bigcap_{k\neq j} V^{(k)}_{r,\varepsilon} \qquad (1 \leqslant j \leqslant n).
\end{aligned}$$

このとき集合，$\Gamma(V_{r,\varepsilon};\mathscr{O}^{(0,n)}_{\mathbb{C}^n\times\mathbb{C}^n})/\sum_{j=1}^{n}\Gamma(\widehat{V}^{(j)}_{r,\varepsilon};\mathscr{O}^{(0,n)}_{\mathbb{C}^n\times\mathbb{C}^n})$ 及びその帰納極限

$$E_{z^*} := \varinjlim_{r,\varepsilon} \Gamma(V_{r,\varepsilon};\mathscr{O}^{(0,n)}_{\mathbb{C}^n\times\mathbb{C}^n})\Big/\sum_{j=1}^{n}\Gamma(\widehat{V}^{(j)}_{r,\varepsilon};\mathscr{O}^{(0,n)}_{\mathbb{C}^n\times\mathbb{C}^n})$$

を考える．但し，$\mathscr{O}^{(0,n)}_{\mathbb{C}^n\times\mathbb{C}^n}$ は $\psi(z,\widetilde{z})\,d\widetilde{z}$ という形の整型函数係数の微分形式の成す層である．$\psi(z,\widetilde{z})\,d\widetilde{z} \in \Gamma(V_{r,\varepsilon};\mathscr{O}^{(0,n)}_{\mathbb{C}^n\times\mathbb{C}^n})$ の E_{z^*} での同値類を

$$P = K(z,\widetilde{z})\,d\widetilde{z} = [\psi(z,\widetilde{z})\,d\widetilde{z}]$$

等と書く．次に，$\psi(z,\widetilde{z})\,d\widetilde{z} \in \Gamma(V_{r,\varepsilon};\mathscr{O}^{(0,n)}_{\mathbb{C}^n\times\mathbb{C}^n})$ に対して

$$\begin{aligned}
\widehat{\psi}^{\beta_1}_{\beta_0}(z,\zeta) &:= \int \psi(z,\widetilde{z})\,e^{\langle \widetilde{z}-z,\zeta\rangle}\,d\widetilde{z}\\
&= \int_{\gamma_1}\oint_{\gamma_2}\cdots\oint_{\gamma_n} \psi(z,z+w)\,e^{\langle w,\zeta\rangle}\,dw
\end{aligned} \tag{4.5.2}$$

と置く．但し，β_0, β_1 及び $\gamma_1,\ldots,\gamma_n$ は以下の通りに選ぶ: β_0, β_1 を $|\beta_0|$, $|\beta_1| < r$ 且つ

$$0 > \operatorname{Re}(\lambda\beta_0) > \varepsilon\operatorname{Im}(\lambda\beta_0), \quad 0 > \operatorname{Re}(\lambda\beta_1) > -\varepsilon\operatorname{Im}(\lambda\beta_1),$$

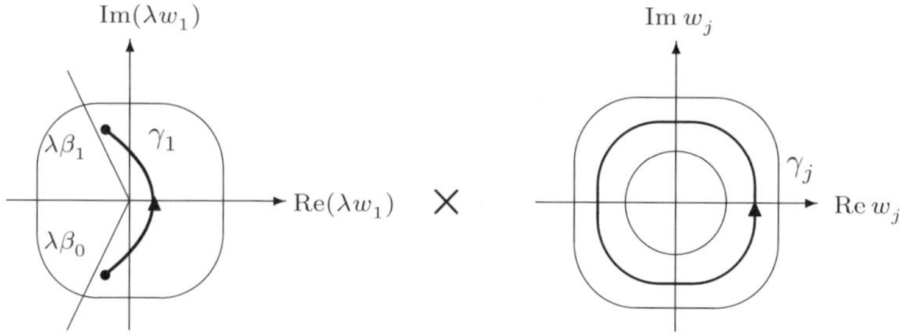

図 4.5　積分路

と取る．γ_1 を，β_0 を始点とし原点を反時計回りに回り β_1 を終点とする路とする．次に $2 \leqslant j \leqslant n$ を任意に固定する．$w_1 \in \gamma_1$ ならば $|w_1| < \varepsilon r$ となるように $|\beta_0|, |\beta_1|$ を十分小さく取り，$\delta > 0$ を

$$\gamma_j := \left\{ w_j \in \mathbb{C};\ |w_j| = \frac{|w_1|}{\varepsilon} + \delta \right\} \subset \{w_j \in \mathbb{C};\ |w_1| < \varepsilon |w_j|\}$$

となるように十分小さく取っておく（図 4.5 を参照）．これで $\psi(z, z+w)$ の整型域 $\{(z,w) \in \mathbb{C}^{2n};\ (z,w) \in V_{r,\varepsilon}\}$ 内の路が定まる．このとき命題 4.3.3 に対応して:

4.5.1 ［命題］　(1) z^* の錐状近傍 $\Omega \subset T^*\mathbb{C}^n$ が存在して，$\widehat{\psi}{}^{\beta_1}_{\beta_0}(z,\zeta) \in \mathscr{S}(\Omega)$.

(2) $[\psi(z,\widetilde{z})\, d\widetilde{z}] = 0 \in E_{z^*}$ ならば，z^* の錐状近傍 $\Omega \subset T^*\mathbb{C}^n$ が存在して，$\widehat{\psi}{}^{\beta_1}_{\beta_0}(z,\zeta) \in \mathscr{N}(\Omega)$.

(3) (β_0, β_1) と同じ条件を満たす (β_0', β_1') に取り替えると，z^* の錐状近傍 $\Omega \subset T^*\mathbb{C}^n$ が存在して，$\widehat{\psi}{}^{\beta_1}_{\beta_0}(z,\zeta) - \widehat{\psi}{}^{\beta_1'}_{\beta_0'}(z,\zeta) \in \mathscr{N}(\Omega)$.

証明　証明の方針は，命題 4.3.3 と同様である:

(1) $\dfrac{\zeta_1}{|\zeta_1|} = \dfrac{\lambda}{|\lambda|}$ とする．積分 (4.5.2) で $(n-1)|\zeta_j| \leqslant c_1|\zeta_1|$ 且つ $\delta c_1 \leqslant \dfrac{h}{3}$ と $c_1, \delta > 0$ を取れば，積分路の取り方から

(4.5.3)

$$\begin{aligned} \left|e^{\langle w,\zeta\rangle}\right| = e^{\mathrm{Re}\langle w,\zeta\rangle} &\leqslant \exp\Bigl(\mathrm{Re}\langle w_1,\zeta_1\rangle + \sum_{j=2}^{n} |w_j|\,|\zeta_j|\Bigr) \\ &\leqslant e^{\mathrm{Re}\langle w_1,\zeta_1\rangle + c_1|w_1||\zeta_1|/\varepsilon + \delta c_1|\zeta_1|} \leqslant e^{\mathrm{Re}\langle w_1,\zeta_1\rangle + c_1|w_1||\zeta_1|/\varepsilon + h|\zeta_1|/3}. \end{aligned}$$

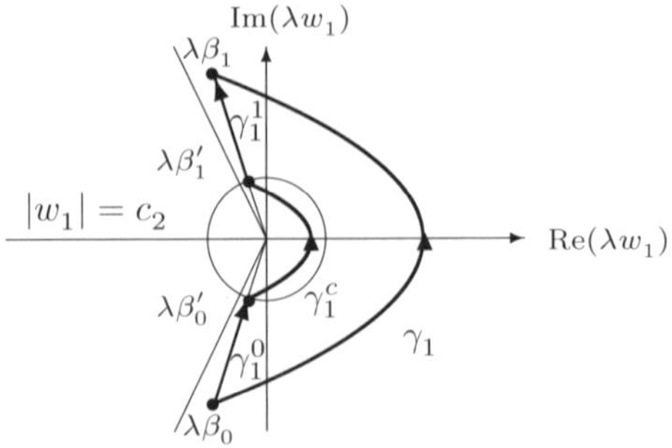

図 4.6　γ_1 の変更

$c_2 \in \left]0, \min\left\{r, \dfrac{h}{3}, \dfrac{\varepsilon h}{3c_1}\right\}\right[$ を取り，図 4.6 の通りに β_0', β_1' を定め，これに応じて積分路 γ_1 を $\gamma_1^0 + \gamma_1^c + \gamma_1^1$ と変更しておく．γ_1^c では (4.5.3) は

$$e^{\mathrm{Re}\langle w_1, \zeta_1\rangle + c_1|w_1||\zeta_1|/\varepsilon + h|\zeta_1|/3} \leqslant e^{2|w_1||\zeta_1| + h|\zeta_1|/3} \leqslant e^{h|\zeta_1|}.$$

γ_1^0, γ_1^1 では β_0, β_1 のみに依存する $c_3 > 0$ が存在して $\mathrm{Re}\langle w_1, \zeta_1\rangle \leqslant -c_3\,|w_1|\,|\zeta_1|$. これに応じて最初から $c_3\,\varepsilon - c_1 \geqslant 0$ と取っておけば，γ_1^0 及び γ_1^1 では (4.5.3) は

$$e^{\mathrm{Re}\langle w_1, \zeta_1\rangle + c_1|w_1||\zeta_1|/\varepsilon + h|\zeta_1|/3} \leqslant e^{(c_1 - c_3\varepsilon)|w_1||\zeta_1|/\varepsilon + h|\zeta_1|/3} \leqslant e^{h|\zeta_1|/3}.$$

ノルムの選び方から $\|\zeta\| = |\zeta_1|$ として良いので，結局 $w \in \gamma_1 \times \cdots \times \gamma_n$ 且つ $(n-1)\,|\zeta_j| \leqslant c_1|\zeta_1|$ ならば $\left|e^{\langle w, \zeta\rangle}\right| \leqslant e^{h\|\zeta\|}$ とできる．これで (1) を示すことができる．

(2) $[\psi(z, \widetilde{z})\, d\widetilde{z}]$ が零だから，$\psi_j(z, \widetilde{z})\, d\widetilde{z} \in \Gamma(\widehat{V}_{r,\varepsilon}^{(j)}; \mathscr{O}_{\mathbb{C}^n \times \mathbb{C}^n}^{(0,n)})$ が存在して

$$\psi(z, \widetilde{z})\, d\widetilde{z} = \sum_{j=1}^{n} \psi_j(z, \widetilde{z})\, d\widetilde{z} \in \sum_{j=1}^{n} \Gamma(\widehat{V}_{r,\varepsilon}^{(j)}; \mathscr{O}_{\mathbb{C}^n \times \mathbb{C}^n}^{(0,n)})$$

である．$2 \leqslant j \leqslant n$ ならば Cauchy の積分定理によって

$$\oint_{\gamma_j} \psi_j(z, z + w)\, e^{w_j \zeta_j} dw_j = 0.$$

$\psi_1(z, \widetilde{z})\, d\widetilde{z} \in \Gamma(\widehat{V}_{r,\varepsilon}^{(1)}; \mathscr{O}_{\mathbb{C}^n \times \mathbb{C}^n}^{(0,n)})$ については，積分路 γ_1 を $\mathrm{Re}(\lambda w_1) < 0$ まで動かせるので，(1) と同様に示される．(3) の証明も (2) と同様．■

命題 4.5.1 によって次の定義をする:

4.5.2 [定義]　$P=[\psi(z,\widetilde{z})\,d\widetilde{z}]\in E_{z^*}$ に対してその**表象**を

$$\sigma(P):=:\int_{\gamma_1}\oint_{\gamma_2}\cdots\oint_{\gamma_n}\psi(z,z+w)\,e^{\langle w,\zeta\rangle}dw:\in\mathscr{S}_{z^*}\big/\mathscr{N}_{z^*}$$

で定義する．これは P のみに依存し，定義函数 $\psi(z,\widetilde{z})\,d\widetilde{z}$ 及び積分路 γ の取り方には依存しない．これから表象写像

$$\sigma\colon E_{z^*}\ni P\mapsto\sigma(P)\in\mathscr{S}_{z^*}\big/\mathscr{N}_{z^*}$$

が定義される．これは明らかに線型である．場合によっては積分

$$P(z,\zeta):=\int_{\gamma_1}\oint_{\gamma_2}\cdots\oint_{\gamma_n}\psi(z,z+w)\,e^{\langle w,\zeta\rangle}dw\in\mathscr{S}_{z^*}$$

を P の表象と呼ぶこともあり，$P(z,\zeta)=\sigma(\psi)(z,\zeta)$ とも書く．

次の定理は定理 4.3.2 と本質的に同じだが，証明は格段に面倒である:

4.5.3 [定理]　表象写像 σ は，次の線型同型を与える:

$$E_{z^*}\simeq\mathscr{S}_{z^*}\big/\mathscr{N}_{z^*}.$$

証明　(4.5.1) で $|\lambda|=1$ として良い．z^* の十分小さい近傍で考えるから，任意の j について $|\zeta_j|\leqslant|\zeta_1|$ として良い．よって定義から $\|\zeta\|=|\zeta_1|$．以下，$z':=(z_2,\ldots,z_n)$ 等とする．

最初に $\varpi\colon\mathscr{S}_{z^*}\big/\mathscr{N}_{z^*}\to E_{z^*}$ を構成する:

第 1 段. 任意の $P(z,\zeta)\in\mathscr{S}_{z^*}$ に対し，$\dfrac{\zeta'}{\zeta_1}=\left(\dfrac{\zeta_2}{\zeta_1},\ldots,\dfrac{\zeta_n}{\zeta_1}\right)$ に関して

$$P(z,\zeta)=\sum_{\alpha'\in\mathbb{N}_0^{n-1}}P_{\alpha'}(z,\zeta_1)\left(\frac{\zeta'}{\zeta_1}\right)^{\alpha'}\tag{4.5.4}$$

と Taylor 展開する．$r_0,r>0$ が存在して，各 $P_{\alpha'}(z,\zeta_1)$ は次の集合の近傍上整型:

$$D:=\{(z,\zeta_1)\in\mathbb{C}^{n+1};\ \|z\|\leqslant 2\,r_0\,,\ \big|\zeta_1/|\zeta_1|-\lambda\big|\leqslant r_0,\ |\zeta_1|\geqslant r\}.$$

更に Cauchy の不等式から D 上で定数 $K>0$ が存在し，次が成り立つ:
任意の $h>0$ に対して $C_h>0$ が存在して，任意の $\alpha'\in\mathbb{N}_0^{n-1}$ に対して

$$|P_{\alpha'}(z,\zeta_1)|\leqslant C_hK^{|\alpha'|}\,e^{h|\zeta_1|}.\tag{4.5.5}$$

但し，$\alpha'=(\alpha_2,\ldots,\alpha_n)$ に対して $|\alpha'|:=\sum\limits_{j=2}^{n}\alpha_j$ である．

C_h は h について単調減少と仮定して構わない．次に，積分

$$\varphi_{\alpha'}(z,p) := \int_{\lambda r}^{\infty} P_{\alpha'}(z,\zeta_1)\, e^{-p\zeta_1} d\zeta_1 = \lambda \int_{r}^{\infty} P_{\alpha'}(z,\lambda s)\, e^{-\lambda p s} ds$$

を考える．但し p の積分路は $\{\zeta_1 \in \mathbb{C};\ \arg\zeta_1 = \arg\lambda,\ |\zeta_1| \geqslant r\}$，即ち s の積分路は $\{s \in \mathbb{R};\ s \geqslant r\}$．この積分を以下の通りに p に関して解析的に延長していく: 積分路が $\operatorname{Im} s \leqslant 0$ 内ならば，任意の $h > 0$ に対して (4.5.5) から，$\operatorname{Re}(\lambda p s) \geqslant 2h|s|$ なる p について $|P_{\alpha'}(z,\lambda s)\, e^{-\lambda p s}| \leqslant C_h K^{|\alpha'|} e^{-h|s|}$ が D 上で成り立つ．よって

$$|\varphi_{\alpha'}(z,p)| \leqslant \frac{C_h K^{|\alpha'|}}{h}. \tag{4.5.6}$$

積分路が $\operatorname{Im} s \geqslant 0$ 内にある場合も，同様に評価できる．従って $\delta_0 > 0$ が存在して，$\varphi_{\alpha'}(z,p)$ は

$$L := \{(z,p) \in \mathbb{C}^{n+1};\ \|z\| < 2r_0\,,\ p \in W_{\lambda,2\delta_0}\}$$

まで解析的に延長できる．更に，正数 $\varepsilon \in \left]0, \dfrac{r_0}{2}\right[$ に対して

$$L_h := \{(z,p) \in \mathbb{C}^{n+1};\ \|z\| < r_0,\ p \in W_{\lambda,\delta_0}\,,\ 2h < |p| < r_0\}$$

と置くと $L_h \Subset L$ であり，(4.5.6) によって，任意の $\alpha' \in \mathbb{N}_0^{n-1}$ に対して

$$\sup\{|\varphi_{\alpha'}(z,p)|;\ (z,p) \in L_h\} \leqslant \frac{C_h K^{|\alpha'|}}{h}. \tag{4.5.7}$$

従って，正数列 $\{\varepsilon_\nu\}_{\nu=1}^{\infty}$ と定数 $C > 0$ とを

$$\frac{r_0}{2} > \varepsilon_1 > \varepsilon_2 > \cdots > \varepsilon_\nu \underset{\nu}{\longrightarrow} 0, \qquad \frac{C_{\varepsilon_\nu}}{\varepsilon_\nu} \leqslant \frac{C_{\varepsilon_\nu/2}}{\varepsilon_\nu} \leqslant 2^\nu C, \tag{4.5.8}$$

と取る．これは C_h が単調減少だから可能である．簡単のため，$\varepsilon_{\alpha'} := \varepsilon_{|\alpha'|}$ と置く．(4.5.7) 及び (4.5.8) から，任意の $\alpha' \in \mathbb{N}_0^{n-1}$ に対して

$$\sup\{|\varphi_{\alpha'}(z,p)|;\ (z,p) \in L_{\varepsilon_{\alpha'}}\} \leqslant C(2K)^{|\alpha'|}. \tag{4.5.9}$$

次に，各 $\nu \in \mathbb{N}_0$ に対して積分作用素 $\partial_{w_1|\varepsilon}^{-\nu}$ を

$$\partial_{w_1|\varepsilon}^{-\nu}[f](z,w_1) := \begin{cases} f(z,w_1) & (\nu = 0), \\ \displaystyle\int_{\varepsilon_\nu/\lambda}^{w_1} \frac{(w_1 - p)^{\nu-1}}{(\nu-1)!} f(z,p)\, dp & (\nu > 0), \end{cases} \tag{4.5.10}$$

で定義する．$L_{\varepsilon_{\alpha'}}$ 上では (4.5.9) から

$$\left|\partial_{w_1|\varepsilon}^{-|\alpha'|}[\varphi_{\alpha'}](z,w_1)\right| \leqslant \frac{C\bigl(2K(\varepsilon_{\alpha'} + |w_1|)\bigr)^{|\alpha'|}}{|\alpha'|!}. \tag{4.5.11}$$

そこで次の通りに定義する:

$$(4.5.12) \qquad \psi(z, z+w) := \sum_{\alpha' \in \mathbb{N}_0^{n-1}} \frac{(-1)^{|\alpha'|}\,\alpha'!\,\partial_{w_1|\varepsilon}^{-|\alpha'|}[\varphi_{\alpha'}](z, w_1)}{(2\pi\sqrt{-1}\,)^n (w')^{\alpha' + \mathbf{1}_{n-1}}}.$$

$$V_\nu := \bigcap_{2 \leqslant j \leqslant n} \{(z, w) \in \mathbb{C}^{2n};\, (z, w_1) \in L_{\varepsilon_\nu}\,,\ \frac{2K(\varepsilon_\nu + |w_1|)}{|w_j|} < 1\},$$

と置く．$(z, w) \in V_\nu$ ならば (4.5.11) から

$$\Bigl| \sum_{|\alpha'| \geqslant \nu} \frac{(-1)^{|\alpha'|}\,\alpha'!\,\partial_{1|\varepsilon}^{-|\alpha'|}[\varphi_{\alpha'}](z, w_1)}{(2\pi\sqrt{-1}\,)^n\,(w')^{\alpha' + \mathbf{1}_{n-1}}} \Bigr| \leqslant \sum_{|\alpha'| \geqslant \nu} \frac{C}{(2\pi)^n} \prod_{j=2}^{n} \frac{1}{|w_j|} \Bigl(\frac{2K(\varepsilon_\nu + |w_1|)}{|w_j|} \Bigr)^{\alpha'_j}$$

だから，$\psi(z, z+w)$ は任意の $\nu \in \mathbb{N}$ に対して V_ν 上で収束して整型となる．従って，$\psi(z, z+w)$ は

$$\begin{aligned} V &:= \bigcup_{\nu=1}^{\infty} V_\nu \\ &= \bigcap_{2 \leqslant j \leqslant n} \{(z, w) \in \mathbb{C}^{2n};\, \|z\|, |w_1| < r_0,\ \frac{2K|w_1|}{|w_j|} < 1,\ w_1 \in W_{\lambda, \delta_0}\} \end{aligned}$$

で整型となるから，$\psi(z, \widetilde{z})\, d\widetilde{z}$ は E_{z^*} の芽を定義する．

第 2 段． $P(z, \zeta) \in \mathscr{N}_{z^*}$ とする．D 上で $K, h, C > 0$ が存在して，任意の α' に対して $|P_{\alpha'}(z, \zeta_1)| \leqslant CK^{|\alpha'|}\, e^{-h|\zeta_1|}$．よって積分路を変更すれば，$\delta_0 > 0$ が存在して，各 $\varphi_{\alpha'}(z, p)$ は

$$\{(z, p) \in \mathbb{C}^{n+1};\, \|x\| < 2r_0\,,\ |p| < 2\delta_0\}$$

まで解析的に延長できるので，第 1 段と同様の議論から $\psi(z, z+w)$ は

$$\bigcap_{2 \leqslant j \leqslant n} \{(z, w) \in \mathbb{C}^{2n};\, \|z\| < r_0\,,\ |w_1| < \delta_0\,,\ \frac{2K|w_1|}{|w_j|} < 1\}$$

で整型となる．従って $\psi(z, \widetilde{z})\, d\widetilde{z}$ は E_{z^*} で零となる．又，積分端点 r を取り替えれば，その差が E_{z^*} で零もわかる．更に (4.5.8) を満たす他の $\{\varepsilon'_\nu\}_{\nu=1}^{\infty}$ と定数 $C' > 0$ とに取り替えれば，差は E_{z^*} で零となる．実際，最大値を取って $C = C'$ 且つ $\varepsilon'_\nu \leqslant \varepsilon_\nu$ の場合に示せば十分である．

$$(\partial_{w_1|\varepsilon'}^{-|\alpha'|} - \partial_{w_1|\varepsilon}^{-|\alpha'|})[\varphi_{\alpha'}](z, w_1) = \int_{\varepsilon'_{\alpha'}/\lambda}^{\varepsilon_{\alpha'}/\lambda} \frac{(w_1 - p)^{|\alpha'|-1}}{(|\alpha'| - 1)!}\, \varphi_{\alpha'}(z, p)\, dp$$

は任意の $w_1 \in \mathbb{C}$ で整型且つ

$$\left|(\partial_{w_1|\varepsilon'}^{-|\alpha'|} - \partial_{w_1|\varepsilon}^{-|\alpha'|})[\varphi_{\alpha'}](z, w_1)\right| \leqslant \frac{2C\bigl(2K(\varepsilon_{\alpha'} + |w_1|)\bigr)^{|\alpha'|}}{|\alpha'|!}$$

と評価できる．従って

$$\psi'(z, z+w) := \sum_{\alpha' \in \mathbb{N}_0^{n-1}} \frac{(-1)^{|\alpha'|}\, \alpha'!\, (\partial_{w_1|\varepsilon'}^{-|\alpha'|} - \partial_{w_1|\varepsilon}^{-|\alpha'|})[\varphi_{\alpha'}](z, w_1)}{(2\pi\sqrt{-1}\,)^{n-1}(w')^{\alpha' + \mathbf{1}_{n-1}}}$$

と置けば，第 1 段の証明と同様，$\psi'(z, z+w)$ は

$$\bigcap_{2 \leqslant j \leqslant n} \{(z, w) \in \mathbb{C}^{2n};\ \|z\| < r_0\,,\ \frac{2K(\varepsilon_\nu + |w_1|)}{|w_j|} < 1\}$$

上で局所一様収束するから，これらの合併，即ち

$$\bigcap_{2 \leqslant j \leqslant n} \{(z, w) \in \mathbb{C}^{2n};\ \|z\| < r_0\,,\ \frac{2K|w_1|}{|w_j|} < 1\}$$

で整型となる．従って $[\psi'(z, \widetilde{z}\,)\, d\widetilde{z}\,] = 0 \in E_{z^*}$.

以上，第 1 段及び第 2 段によって

$$\varpi\colon \mathscr{S}_{z^*}\big/\mathscr{N}_{z^*} \ni P(z, \partial_z) = {:}P(z, \zeta){:} \mapsto [\psi(z, \widetilde{z}\,)\, d\widetilde{z}\,] \in E_{z^*}$$

が定まった．後は，以下の補題 4.5.4 及び 4.5.5 から定理が証明される．■

4.5.4 [補題]　$\varpi \cdot \sigma(P) = 1\colon E_{z^*} \simeq E_{z^*}$ となる．

証明　$[\psi(z, \widetilde{z}\,)\, d\widetilde{z}\,] \in E_{x^*}$ に対して

$$P(z, \zeta) := \int_\gamma \psi(z, z+w)\, e^{\langle w, \zeta \rangle} dw = \int_{\gamma_1} \oint_{\gamma_2} \cdots \oint_{\gamma_n} \psi(z, z+w)\, e^{\langle w, \zeta \rangle} dw$$

と置く．r_0, δ_0, $\delta_1 > 0$ が存在して，$\psi(z, z+w)$ は

$$\bigcap_{2 \leqslant j \leqslant n} \{(z, w) \in \mathbb{C}^{2n};\ \|z\|, \|w\| < 2r_0\,,\ w_1 \in W_{\lambda, 2\delta_0},\ \frac{|w_1|}{2r_0} < \frac{|w_1|}{|w_j|} < 2\delta_1\}$$

上で整型である．従って $\psi(z, z+w)$ は，$\dfrac{w_1}{w'} = \Bigl(\dfrac{w_1}{w_2}, \ldots, \dfrac{w_1}{w_n}\Bigr)$ に関し

$$\psi(z, z+w) = \sum_{\alpha' \in \mathbb{Z}^{n-1}} \frac{\psi_{\alpha'}(z, w_1)}{(2\pi\sqrt{-1}\,)^n} \Bigl(\frac{w_1}{w'}\Bigr)^{\alpha' + \mathbf{1}_{n-1}}$$

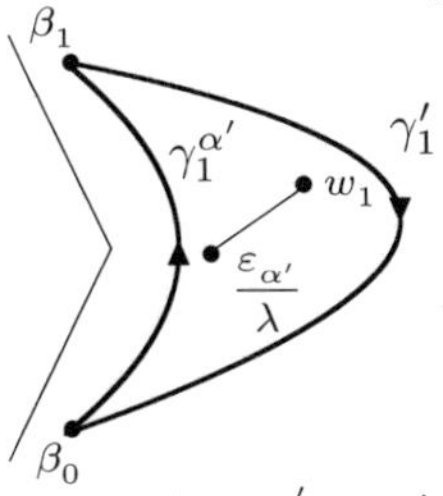

図 4.7　$\gamma_1^{\alpha'}$ と γ'_1

と Laurent 展開できる．ある $2 \leqslant j \leqslant n$ について $\alpha_j + 1 \leqslant 0$ となる項は $w_j = 0$ まで整型なので E_{z^*} で零．よって始めから展開は $\alpha_j + 1 \geqslant 1$，即ち

(4.5.13) $$\sum_{\alpha' \in \mathbb{N}_0^{n-1}} \frac{\psi_{\alpha'}(z, w_1)}{(2\pi\sqrt{-1}\,)^n} \Big(\frac{w_1}{w'}\Big)^{\alpha' + \mathbf{1}_{n-1}}$$

として構わない．よって $\psi(z, z + w)$ は

$$U := \bigcap_{2 \leqslant j \leqslant n} \{(z, w) \in \mathbb{C}^{2n};\ \|z\|, \|w\| < 2r_0\,,\ w_1 \in W_{\lambda, 2\delta_0},\ \frac{|w_1|}{|w_j|} < 2\delta_1\}$$

上で整型である．簡単のため

$$B(\lambda, \nu) := \Big\{p \in \mathbb{C};\ \Big|p - \frac{\varepsilon_\nu}{\lambda}\Big| \leqslant \frac{\varepsilon_\nu}{2}\Big\}$$

と置く．正数列 $\{\varepsilon_\nu\}_{\nu=1}^{\infty}$ と定数 $C > 0$ とを，(4.5.8) を満たし，更に

$$\max\{|\psi(z, w)|;\ \|z\| \leqslant r_0,\ w_1 \in B(\lambda, \nu),\ w_j \in \gamma_j\ (2 \leqslant j \leqslant n)\} \leqslant 2^\nu C$$

と取っておく．Cauchy の不等式から，定数 $K' > 0$ が存在して，任意の $\alpha \in \mathbb{N}_0^{n-1}$ に対し次が成り立つことがわかる:

(4.5.14) $$\max\{|\psi_{\alpha'}(z, w_1)|;\ \|z\| \leqslant r_0\,,\ w_1 \in B(\lambda, |\alpha'|)\} \leqslant C(2K')^{|\alpha'|}.$$

さて γ'_1 を β_1 を始点，β_0 を終点とし w_1 及び任意の $\varepsilon_{\alpha'}/\lambda$ を時計回りに回る道，各 $\alpha' \in \mathbb{N}_0^{n-1}$ $(|\alpha'| \geqslant 1)$ に対して $\gamma_1^{\alpha'}$ を β_0 を始点，β_1 を終点とし線分 $[\varepsilon_{\alpha'}/\lambda, w_1]$ を時計回りに回る道とする．又，$\gamma_1^0 := \gamma_1$ と置く（図 4.7）．Cauchy の積分公式，及び $e^{\langle w, \zeta\rangle} = e^{w_1\zeta_1} e^{\langle w', \zeta'\rangle}$ から

$$P(z, \zeta) = \int_{\gamma_1} dw_1 \oint_{\gamma_2} \cdots \oint_{\gamma_n} \sum_{\alpha' \in \mathbb{N}_0^{n-1}} \frac{\psi_{\alpha'}(z, w_1)}{(2\pi\sqrt{-1}\,)^n} \Big(\frac{w_1}{w'}\Big)^{\alpha' + \mathbf{1}_{n-1}} e^{\langle w, \zeta\rangle} dw'$$

$$= \sum_{\alpha' \in \mathbb{N}_0^{n-1}} \int_{\gamma_1^{\alpha'}} \frac{\psi_{\alpha'}(x, w_1)\, e^{w_1\zeta_1}\, w_1^{\alpha' + n - 1}}{2\pi\sqrt{-1}\,\alpha'!} \partial_{w'}^{\alpha'} e^{\langle w', \zeta'\rangle}\Big|_{w'=0} dw_1$$

$$= \sum_{\alpha'\in\mathbb{N}_0^{n-1}} \frac{(\zeta')^{\alpha'}}{2\pi\sqrt{-1}\,\alpha'!} \int_{\gamma_1^{\alpha'}} \psi_{\alpha'}(x,w_1)\, w_1^{|\alpha'|+n-1}\, e^{w_1\zeta_1} dw_1 .$$

即ち

$$P_{\alpha'}(z,\zeta_1) = \frac{\zeta_1^{|\alpha'|}}{2\pi\sqrt{-1}\,\alpha'!} \int_{\gamma_1^{\alpha'}} \psi_{\alpha'}(x,q)\, e^{q\zeta_1}\, q^{|\alpha'|+n-1}\, dq. \tag{4.5.15}$$

直接計算から，$\mathrm{Re}((q-p)\lambda) < 0$ ならば

$$\int_{\lambda r}^{\infty} e^{(q-p)\zeta_1}\, \zeta_1^{|\alpha'|}\, d\zeta_1 = (-1)^{|\alpha'|+1}\, \partial_p^{|\alpha'|}\Big(\frac{e^{(q-p)\lambda r}}{q-p}\Big),$$

且つ右辺の表示から，この積分は $q \neq p$ まで解析的に延長されている．従ってこの場合，(4.5.15) から

$$\begin{aligned}
\partial_{w_1|\varepsilon}^{-|\alpha'|}[\varphi_{\alpha'}](z,w_1) &= \partial_{w_1|\varepsilon}^{-|\alpha'|}\Big[\int_{\lambda r}^{\infty} P_{\alpha'}(z,\zeta_1)\, e^{-w_1\zeta_1}\, d\zeta_1\Big] \\
&= \partial_{w_1|\varepsilon}^{-|\alpha'|}\Big[\int_{\lambda r}^{\infty} d\zeta_1 \int_{\gamma_1^{\alpha'}} \frac{\psi_{\alpha'}(z,q)\, q^{|\alpha'|+n-1}}{2\pi\sqrt{-1}}\, e^{(q-w_1)\zeta_1}\, \zeta_1^{|\alpha'|}\, dq\Big] \\
&= \partial_{w_1|\varepsilon}^{-|\alpha'|}\Big[\int_{\gamma_1^{\alpha'}} dq\, \frac{\psi_{\alpha'}(z,q)\, q^{|\alpha'|+n-1}}{2\pi\sqrt{-1}} \int_{\lambda r}^{\infty} e^{(q-w_1)\zeta_1}\, \zeta_1^{|\alpha'|}\, d\zeta_1\Big] \\
&= \partial_{w_1|\varepsilon}^{-|\alpha'|}\Big[\int_{\gamma_1^{\alpha'}} \frac{\psi_{\alpha'}(z,q)\, q^{|\alpha'|+n-1}}{2\pi\sqrt{-1}\,(w')^{\alpha'+\mathbf{1}_{n-1}}}\, \partial_{w_1}^{|\alpha'|}\Big(\frac{e^{(q-w_1)\lambda r}}{q-w_1}\Big) dq\Big].
\end{aligned}$$

よって

$$\begin{aligned}
\varPi_1 := -\sum_{\alpha'\in\mathbb{N}_0^{n-1}} & \frac{1}{(2\pi\sqrt{-1}\,)^n\, (w')^{\alpha'+\mathbf{1}_{n-1}}} \\
& \times \partial_{w_1|\varepsilon}^{-|\alpha'|}\Big[\int_{\gamma_1^{\alpha'}+\gamma_1'} \frac{\psi_{\alpha'}(z,q)\, q^{|\alpha'|+n-1}}{2\pi\sqrt{-1}}\, \partial_{w_1}^{|\alpha'|}\Big(\frac{e^{(q-w_1)\lambda r}}{q-w_1}\Big) dq\Big], \\
\varPi_2 := \sum_{\alpha'\in\mathbb{N}_0^{n-1}} & \frac{1}{(2\pi\sqrt{-1}\,)^n\, (w')^{\alpha'+\mathbf{1}_{n-1}}} \\
& \times \partial_{w_1|\varepsilon}^{-|\alpha'|}\Big[\int_{\gamma_1'} \frac{\psi_{\alpha'}(z,q)\, q^{|\alpha'|+n-1}}{2\pi\sqrt{-1}}\, \partial_{w_1}^{|\alpha'|}\Big(\frac{e^{(q-w_1)\lambda r}}{q-w_1}\Big) dq\Big],
\end{aligned}$$

と置けば，定義から $\varpi\cdot\sigma(\psi)(z,w) = \varPi_1 + \varPi_2$.

最初に $\varPi_1$ を考える．$\partial_p^{|\alpha'|}\Big(\dfrac{e^{(q-p)\lambda r}}{q-p}\Big) - \dfrac{\alpha'!}{(q-p)^{|\alpha'|+1}}$ は $p=q$ で整型となるから

$$-\int_{\gamma_1^{\alpha'}+\gamma_1'} \frac{\psi_{\alpha'}(z,q)\, q^{|\alpha'|+n-1}}{2\pi\sqrt{-1}}\, \partial_p^{|\alpha'|}\Big(\frac{e^{(q-p)\lambda r}}{q-p}\Big)\, dq = \partial_p^{|\alpha'|}\big(\psi_{\alpha'}(z,p)\, p^{|\alpha'|+n-1}\big).$$

$|\alpha'|=0$ ならば $\partial_{w_1|\varepsilon}^{-|\alpha'|}\Big(\partial_{w_1}^{|\alpha'|}\big(\psi_{\alpha'}(z,w_1)\,w_1^{|\alpha'|+n-1}\big)\Big)=\psi_0(z,w_1)\,w_1^{n-1}$ であり，$|\alpha'|>0$ ならば (4.5.10) 及び部分積分から

$$\begin{aligned}\partial_{w_1|\varepsilon}^{-|\alpha'|}&\Big[\partial_{w_1}^{|\alpha'|}\big(\psi_{\alpha'}(z,w_1)\,w_1^{|\alpha'|+n-1}\big)\Big]\\&=\int_{\varepsilon_{\alpha'}/\lambda}^{w_1}\frac{(w_1-p)^{|\alpha'|-1}}{(|\alpha'|-1)!}\,\partial_p^{|\alpha'|}\big(\psi_{\alpha'}(z,p)\,p^{|\alpha'|+n-1}\big)dp\\&=\psi_{\alpha'}(z,w_1)\,w_1^{|\alpha'|+n-1}\\&\qquad-\sum_{j=0}^{|\alpha'|-1}\Big(\frac{(w_1-p)^{|\alpha'|-1}}{j!}\,\partial_p^j\big(\psi_{\alpha'}(x,p)\,p^{|\alpha'|+n-1}\big)\Big)\Big|_{p=\varepsilon_{\alpha'}/\lambda}.\end{aligned}$$

従って

$$\begin{aligned}\Pi_1':=\sum_{|\alpha'|\geqslant 1}&\frac{-1}{(2\pi\sqrt{-1}\,)^n\,(w')^{\alpha'+\mathbf{1}_{n-1}}}\\&\times\sum_{j=0}^{|\alpha'|-1}\Big(\frac{(w_1-p)^{|\alpha'|-1}}{j!}\,\partial_p^j\big(\psi_{\alpha'}(x,p)\,p^{|\alpha'|+n-1}\big)\Big)\Big|_{p=\varepsilon_{\alpha'}/\lambda}\end{aligned}$$

と置けば，(4.5.13) から

$$\Pi_1=\sum_{\alpha'\in\mathbb{N}_0^{n-1}}\frac{\psi_{\alpha'}(z,w_1)}{(2\pi\sqrt{-1}\,)^n}\Big(\frac{w_1}{w'}\Big)^{\alpha'+\mathbf{1}_{n-1}}+\Pi_1'=\psi(z,z+w)+\Pi_1'.$$

即ち $\varpi\cdot\sigma(\psi)(z,z+w)=\psi(z,z+w)+\Pi_1'+\Pi_2$. 定数 $B>0$ が存在して

$$V':=\bigcap_{j=2}^{n}\Big\{(z,w)\in\mathbb{C}^{n+2};\ \|z\|<r_0,\ \|w\|<\frac{r_0}{2},\ \frac{B|w_1|}{|w_j|}<1\Big\}$$

上で Π_1' 及び Π_2 が整型を示そう．

最初に Π_1' を評価する．$\partial_p^j\big(\psi_{\alpha'}(x,p)\,p^{|\alpha'|+n-1}\big)\big|_{p=\varepsilon_{\alpha'}/\lambda}$ を $\Big|p-\dfrac{\varepsilon_{\alpha'}}{\lambda}\Big|=\dfrac{\varepsilon_{\alpha'}}{2}$ 上の線積分で表して Cauchy の不等式を用いれば，(4.5.14) 及び $2\varepsilon_\nu<r_0<1$ だから，$0\leqslant j\leqslant|\alpha'|-1$ ならば

$$\begin{aligned}\sup\{&\big|\partial_p^j\big(\psi_{\alpha'}(x,p)\,p^{|\alpha'|+n-1}\big)\big|_{p=\varepsilon_{\alpha'}/\lambda}\big|;\ \|z\|\leqslant r_0\}\\&\leqslant j!\Big(\frac{2}{\varepsilon_{\alpha'}}\Big)^j\sup\{|\psi_{\alpha'}(z,p)\,p^{|\alpha'|+n-1}|;\ \|z\|\leqslant r_0,\,p\in B(\lambda,|\alpha'|)\}\\&\leqslant j!\Big(\frac{2}{\varepsilon_{\alpha'}}\Big)^j C(2K')^{|\alpha'|}\Big(\frac{3\varepsilon_{\alpha'}}{2}\Big)^{|\alpha'|+n-1}\\&\leqslant j!\,C(2K')^{|\alpha'|}\,4^j\,(2\varepsilon_{\alpha'})^{|\alpha'|+n-j-1}\leqslant j!\,C(2K')^{|\alpha'|+n-1}\,4^j.\end{aligned}$$

よって

$$|\varPi_1'| \leqslant \frac{C}{(2\pi)^n} \sum_{|\alpha'|\geqslant 1} \frac{(\varepsilon_{\alpha'}+|w_1|)^{|\alpha'|-1}}{|(w')^{\alpha'+\mathbf{1}_{n-1}}|}(2K')^{|\alpha'|+n-1}\sum_{j=0}^{|\alpha'|-1} 4^j$$
$$\leqslant \frac{C}{(2\pi)^n} \sum_{|\alpha'|\geqslant 1} \left|\left(\frac{2K'(\varepsilon_{\alpha'}+|w_1|)}{w'}\right)^{\alpha'+\mathbf{1}_{n-1}}\right| 4^{|\alpha'|}$$
$$\leqslant \frac{C}{(2\pi)^n} \sum_{|\alpha'|\geqslant 1} \left|\left(\frac{8K'(\varepsilon_{\alpha'}+|w_1|)}{w'}\right)^{\alpha'+\mathbf{1}_{n-1}}\right|.$$

従って $8K' < B$ と取れば，第 1 段での ϖ の定義と同様 $\varPi_1'$ が V' 上で整型，特に $\mathscr{E}^{\mathbb{R}}_{\mathbb{C}^n,z^*}$ で零が示される．

次に $\varPi_2$ を考える．必要ならば積分路 γ_1' を変更すれば，(4.5.14) から積分路上で定数 $C_1 > 0$ が存在して $\{(z,p,q); \|x\| \leqslant r_0\,,\ q \in \gamma_1',\ |p| \leqslant \frac{r_0}{2}\}$ に対して $|q_1| \leqslant C_1$ 且つ

$$\left|\partial_p^{|\alpha'|}\left(\frac{e^{(q-p)\lambda r}}{q-p}\right)\right| \leqslant |\alpha'|!\, C_1^{|\alpha'|+1}, \quad |\psi_{\alpha'}(z,q)| \leqslant C_1^{|\alpha'|+1},$$

とできる．これから γ_1' の長さを $|\gamma_1'|$ として

$$|\varPi_2| \leqslant \left|\frac{1}{(2\pi)^n\,(w')^{\mathbf{1}_{n-1}}}\int_{\gamma_1'} \frac{\psi_0(z,q)\,q^{n-1}}{2\pi}\,\frac{e^{(q-w_1)\lambda r}}{q-w_1}\,dq\right|$$
$$+ \sum_{|\alpha'|\geqslant 1}\left|\frac{1}{(2\pi)^n\,(w')^{\alpha'+\mathbf{1}_{n-1}}}\int_{\varepsilon_{\alpha'}/\lambda}^{w_1} dp\,\frac{(w_1-p)^{|\alpha'|-1}}{(|\alpha'|-1)!}\right.$$
$$\left.\cdot\int_{\gamma_1'} \frac{\psi_{\alpha'}(z,q)\,q^{|\alpha'|+n-1}}{2\pi}\,\partial_p^{|\alpha'|}\left(\frac{e^{(q-p)\lambda r}}{q-p}\right)dw_1\right|$$
$$\leqslant \frac{|\gamma_1'|}{(2\pi)^{n+1}} \sum_{\alpha'\in\mathbb{N}_0^{n-1}} \frac{(\varepsilon_{\alpha'}+|w_1|)^{|\alpha'|}\,C_1^{3|\alpha'|+n+1}}{|(w')^{\alpha'+\mathbf{1}_{n-1}}|}.$$

従って $C_1^3 < B$ と取っておけば，第 1 段での ϖ の定義と同様 $\varPi_2$ が V' 上で整型，特に E_{z^*} で零が示される．

以上から，$\varpi\cdot\sigma = 1\colon E_{z^*} \to E_{z^*}$ が証明された．■

4.5.5 [補題]　$\sigma\cdot\varpi = 1\colon \mathscr{S}_{z^*}/\mathscr{N}_{z^*} \to \mathscr{S}_{z^*}/\mathscr{N}_{z^*}$ となる．

証明　任意の $P(z,\zeta) \in \mathscr{S}_{z^*}$ に対し，第 1 段の記号を用いる．十分小さい ε,

$\delta \in \left]0, 1\right[$ を取り

$$\widetilde{V}_{\varepsilon,\delta} := \bigcap_{2 \leqslant j \leqslant n} \{(z,\zeta) \in \mathbb{C}^{2n};\ \|z\| < r_0,\ \|\zeta\| \geqslant \frac{r}{\delta}\,, \left|\lambda - \frac{\zeta_1}{|\zeta_1|}\right|, \frac{|\zeta_j|}{|\zeta_1|} \leqslant \varepsilon\}$$

の近傍で考える.

$$\varphi_{\alpha'}^{(\infty)}(z, w_1; \zeta_1) := \int_{\delta\zeta_1}^{\infty} P_{\alpha'}(z, \eta_1)\, e^{-w_1\eta_1}\, d\eta_1,$$

$$\varphi_{\alpha'}^{(\delta)}(z, w_1; \zeta_1) := \int_{\lambda r}^{\delta\zeta_1} P_{\alpha'}(z, \eta_1)\, e^{-w_1\eta_1}\, d\eta_1,$$

とし, 更に

$$I := \sum_{\alpha' \in \mathbb{N}_0^{n-1}} (\zeta')^{\alpha'} \int_{\gamma_1} \frac{(-1)^{|\alpha'|}\, e^{w_1\zeta_1}}{2\pi\sqrt{-1}}\, \partial_{w_1|\varepsilon}^{-|\alpha'|}[\varphi_{\alpha'}^{(\infty)}](z, w_1; \zeta_1)\, dw_1,$$

$$J := \sum_{\alpha' \in \mathbb{N}_0^{n-1}} (\zeta')^{\alpha'} \int_{\gamma_1} \frac{(-1)^{|\alpha'|}\, e^{w_1\zeta_1}}{2\pi\sqrt{-1}}\, \partial_{w_1|\varepsilon}^{-|\alpha'|}[\varphi_{\alpha'}^{(\delta)}](z, w_1; \zeta_1)\, dw_1,$$

と置けば, 定義から

$$\begin{aligned}
\sigma \cdot \varpi(P)(z,\zeta) &= \int_{\gamma} \varpi(P)(z, z+w)\, e^{\langle w,\zeta\rangle}\, dw \\
&= \int_{\gamma} dw \sum_{\alpha' \in \mathbb{N}_0^{n-1}} \frac{(-1)^{|\alpha'|}\, \alpha'!\, e^{\langle w,\zeta\rangle}}{(2\pi\sqrt{-1}\,)^n\, (w')^{\alpha'+\mathbf{1}_{n-1}}}\, \partial_{w_1|\varepsilon}^{-|\alpha'|}[\varphi_{\alpha'}](z, w_1) \\
&= \sum_{\alpha' \in \mathbb{N}_0^{n-1}} \int_{\gamma_1} \frac{(-1)^{|\alpha'|}\, e^{w_1\zeta_1}}{2\pi\sqrt{-1}}\, \partial_{w_1|\varepsilon}^{-|\alpha'|}[\varphi_{\alpha'}](z, w_1)\, dw_1 \\
&\qquad \cdot \oint_{\gamma_2} \cdots \oint_{\gamma_n} \frac{\alpha'!\, e^{\langle w',\zeta'\rangle}}{(2\pi\sqrt{-1}\,)^{n-1}\, (w')^{\alpha'+\mathbf{1}_{n-1}}}\, dw' \\
&= \sum_{\alpha' \in \mathbb{N}_0^{n-1}} (\zeta')^{\alpha'} \int_{\gamma_1} \frac{(-1)^{|\alpha'|}\, e^{w_1\zeta_1}}{2\pi\sqrt{-1}}\, \partial_{w_1|\varepsilon}^{-|\alpha'|}[\varphi_{\alpha'}](z, w_1)\, dw_1 = I + J.
\end{aligned}$$

$\sigma \cdot \varpi(P)(z,\zeta)$ は $\widetilde{V}_{\varepsilon,\delta}$ で整型, 且つ J が $\widetilde{V}_{\varepsilon,\delta}$ で整型は容易にわかるから, I も $\widetilde{V}_{\varepsilon,\delta}$ で整型.

最初に J を考える. 各 ζ_1 に対して $\varphi_{\alpha'}^{(\delta)}(z, w_1; \zeta_1)$ は明らかに $w_1 = 0$ の近傍まで定義できるから, $\partial_{w_1|\varepsilon}^{-|\alpha'|}[\varphi_{\alpha'}^{(\delta)}](z, w_1; \zeta_1)$ は $w_1 = 0$ の近傍まで定義できる. 特に (4.5.11) と同様にして $h = r_0$ と取れば, $|w_1| \leqslant r_0$ に対して

$$\left|\partial_{w_1|\varepsilon}^{-|\alpha'|}[\varphi_{\alpha'}^{(\delta)}](z, w_1; \zeta_1)\right| \leqslant \frac{(2r_0)^{|\alpha'|}}{|\alpha'|!}\, \frac{C_{r_0} K^{|\alpha'|}\, e^{2\delta r_0|\zeta_1|}}{2r_0}\,.$$

従って，$c>0$ が存在して γ_1 を $\mathrm{Re}(\lambda w_1)\leqslant -c$ に変更できるから，J 上で $|e^{w_1\zeta_1}|\leqslant e^{(\varepsilon r_0-c)|\zeta_1|}$．よって $\widetilde{V}_{\varepsilon,\delta}$ 上

$$|J|\leqslant\sum_{\alpha'\in\mathbb{N}_0^{n-1}}\frac{(\varepsilon|\zeta_1|)^{|\alpha'|}(2r_0)^{|\alpha'|}C_{r_0}K^{|\alpha'|}\,e^{2\delta r_0|\zeta_1|}\,e^{(\varepsilon r_0-c)|\zeta_1|}}{4\pi r_0|\alpha'|!}$$
$$\leqslant\frac{C_{r_0}e^{(2\delta r_0+\varepsilon r_0(2nK+1)-c)|\zeta_1|}}{4\pi r_0}.$$

これから，$2\delta r_0+\varepsilon r_0(2nK+1)<c$ と $\varepsilon,\delta>0$ を取れば $J\in\mathscr{N}_{z^*}$ がわかる．

次に I を考える．部分積分によって

$$(-1)^{|\alpha'|}\int_{\varepsilon_{\alpha'}/\lambda}^{w_1}\frac{(w_1-p)^{|\alpha'|-1}\,e^{-\lambda ps}}{(|\alpha'|-1)!}\,dp$$
$$=\frac{e^{-\lambda w_1 s}}{(\lambda s)^{|\alpha'|}}-\sum_{k=0}^{|\alpha'|-1}\frac{(\varepsilon_{\alpha'}-\lambda w_1)^k\,e^{-\varepsilon_{\alpha'}s}}{k!\,\lambda^{|\alpha'|}\,s^{|\alpha'|-k}}.$$

よって

$$I_1:=\sum_{\alpha'\in\mathbb{N}_0^{n-1}}(\zeta')^{\alpha'}\int_{\gamma_1}dw_1\int_{\delta\zeta_1/\lambda}^{\infty}\frac{\lambda P_{\alpha'}(z,\lambda s)}{(\lambda s)^{|\alpha'|}}\,\frac{e^{w_1(\zeta_1-\lambda s)}}{2\pi\sqrt{-1}}\,ds,$$

$$I_2:=-\sum_{|\alpha'|\geqslant 1}(\zeta')^{\alpha'}\sum_{k=0}^{|\alpha'|-1}\int_{\gamma_1}dw_1\,\frac{(\varepsilon_{\alpha'}-\lambda w_1)^k\,e^{w_1\zeta_1}}{\lambda^{|\alpha'|}k!}$$
$$\cdot\int_{\delta\zeta_1/\lambda}^{\infty}\frac{\lambda P_{\alpha'}(z,\lambda s)\,e^{-\varepsilon_{\alpha'}s}}{2\pi\sqrt{-1}\,s^{|\alpha'|-k}}\,ds,$$

と置けば，Fubini の定理から $I=I_1+I_2$ が直ちに従う．

最初に I_2 を考えると，(4.5.5) 及び (4.5.8) から

$$|P_{\alpha'}(z,\lambda s)|\leqslant C_{\varepsilon_{\alpha'}/2}\,K^{|\alpha'|}\,e^{\varepsilon_{\alpha'}|s|/2}\leqslant C\varepsilon_{\alpha'}\,(2K)^{|\alpha'|}\,e^{\varepsilon_{\alpha'}|s|/2},$$

且つ β_0 から β_1 までの線積分は積分路を $\mathrm{Re}(\lambda w_1)<0$ まで変更できる．よって，ε が十分小さければ $C_1,\,h>0$ が存在して

$$\left|\int_{\beta_0}^{\beta_1}\frac{(\varepsilon_{\alpha'}-\lambda w_1)^k\,e^{w_1\zeta_1}}{\lambda^{|\alpha'|}\,k!}\,dy_1\right|\leqslant\frac{C_1^{k+1}\,e^{-h|\zeta_1|}}{(k+1)!}$$

とできる．以上から $\widetilde{V}_{\varepsilon,\delta}$ 上

$$|I_2|\leqslant\sum_{|\alpha'|\geqslant 1}(\varepsilon|\zeta_1|)^{|\alpha'|}\sum_{k=0}^{|\alpha'|-1}\int_{\delta|\zeta_1|}^{\infty}\frac{C\varepsilon_{\alpha'}(2K)^{|\alpha'|}\,e^{-\varepsilon_{\alpha'}|s|/2}\,C_1^{k+1}\,e^{-h|\zeta_1|}}{2\pi\,|s|^{|\alpha'|-k}\,(k+1)!}\,d|s|$$

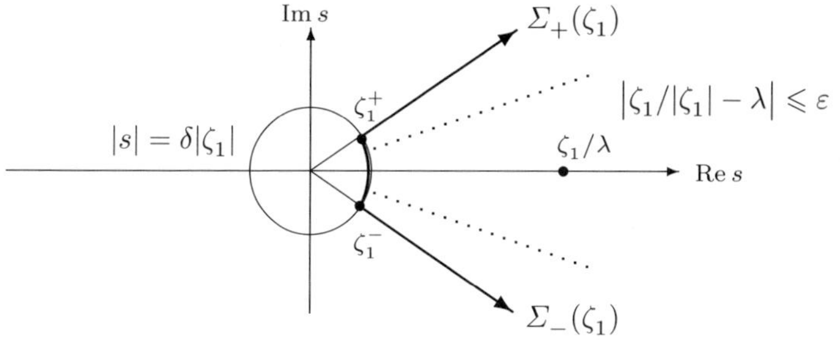

図 4.8　$\Sigma_\pm(\zeta_1)$

$$
\begin{aligned}
&\leqslant \sum_{|\alpha'|\geqslant 1}(\varepsilon|\zeta_1|)^{|\alpha'|}\sum_{k=0}^{|\alpha'|-1}\int_{\delta|\zeta_1|}^{\infty}\frac{C\varepsilon_{\alpha'}(2K)^{|\alpha'|}\,e^{-\varepsilon_{\alpha'}|s|/2}\,C_1^{k+1}\,e^{-h|\zeta_1|}}{2\pi\,(\delta|\zeta_1|)^{|\alpha'|-k}\,(k+1)!}\,d|s| \\
&\leqslant \sum_{|\alpha'|\geqslant 1}\frac{Ce^{-h|\zeta_1|}}{\pi\delta|\zeta_1|}\left(\frac{2\varepsilon K}{\delta}\right)^{|\alpha'|}\sum_{k=0}^{|\alpha'|-1}\frac{(C_1\delta|\zeta_1|)^{k+1}}{(k+1)!} \\
&\leqslant \sum_{|\alpha'|\geqslant 1}\frac{Ce^{(\delta C_1-h)|\zeta_1|}}{\pi\delta|\zeta_1|}\left(\frac{2\varepsilon K}{\delta}\right)^{|\alpha'|}.
\end{aligned}
$$

よって，ε, δ を $\delta C_1 - h < 0$ 且つ $2\varepsilon K < \delta$ と取れば $I_2 \in \mathscr{N}_{z^*}$ がわかる．

次に I_1 を考える．最初に $\dfrac{\delta\zeta_1}{\lambda} \in \mathbb{R}_{>0}$ と ζ_1 を取る．I_1 は，第 1 段と同様の議論を用いて積分 $\displaystyle\int_{\delta\zeta_1/\lambda}^{\infty} ds$ の積分路を $\Sigma_\pm(\zeta_1)$ の二つに変更することで解析的に延長される．但し $\Sigma_\pm(\zeta_1)$ は，十分小さい $\delta' > 0$ が存在して $|s| = \delta|\zeta_1|$ と $\{s \in \mathbb{C};\, \pm\delta' \operatorname{Im} s = \operatorname{Re} s > 0\}$ との交点を $\zeta_1^\pm$ と置いて $\dfrac{\delta\zeta_1}{\lambda}$ から円周 $|s| = \delta|\zeta_1|$ に沿って $\xi_1^\pm$ まで行き，そこから $\{s \in \mathbb{C};\, \pm\delta' \operatorname{Im} s = \operatorname{Re} s > 0\}$ に沿って無限大まで進む道である (図 4.8 を参照)．複素平面上で ζ_1 の偏角を動かせば $\Sigma_\pm(\zeta_1)$ が局所一様に取れ，ζ_1 について解析的に延長できる．従って I_1 は $\dfrac{\delta\zeta_1}{\lambda} \in \mathbb{R}_{>0}$ のある錐状近傍で整型となる．これに応じて，線積分 γ_1 を $\gamma_1^\pm := \gamma_1 \cap \{w_1 \in \mathbb{C};\, \pm\operatorname{Im}(\lambda w_1) \geqslant 0\}$ と分ける．

$$
\begin{aligned}
\Sigma'_\pm(\zeta_1) &:= \Sigma_\pm(\zeta_1) \setminus \{s \in \mathbb{C};\, |s| = \delta|\zeta_1|\} \\
&= \{s \in \mathbb{C};\, |s| \geqslant \delta|\zeta_1|,\, \operatorname{Re} s = \pm\delta' \operatorname{Im} s\}
\end{aligned}
$$

とし，任意の $(w_1, s) \in \gamma_1^+ \times \Sigma'_-(\zeta_1)$ 及び $(w_1, s) \in \gamma_1^- \times \Sigma'_+(\zeta_1)$ に対して

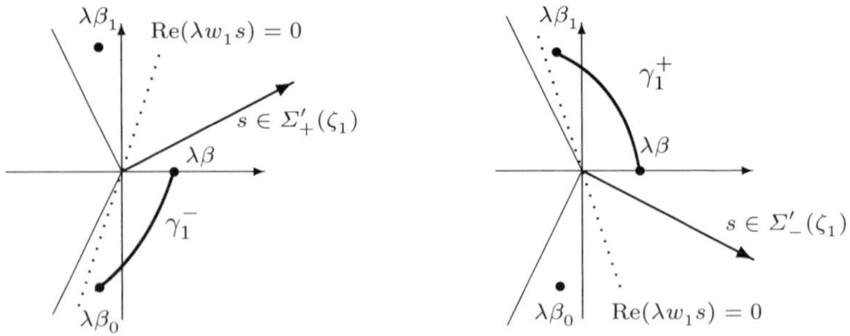

図 4.9　$\Sigma'_\pm(\zeta_1)$ と $\gamma_1^\mp$

$\mathrm{Re}(\lambda w_1 s) > 0$ となる通り γ_1 を変更しておく．又，$\beta \in \gamma_1$ を $\mathrm{Im}(\lambda\beta) = 0$ となる点とする（図 4.9 を参照）．積分が絶対収束しているので Fubini の定理が適用できて

$$\begin{aligned}
I_1 &= \sum_{\alpha' \in \mathbb{N}_0^{n-1}} (\zeta')^{\alpha'} \Big(\int_{\gamma_1^+} dw_1 \int_{\Sigma_-(\zeta_1)} ds + \int_{\gamma_1^-} dw_1 \int_{\Sigma_+(\zeta_1)} ds \Big) \frac{\lambda P_{\alpha'}(z, \lambda s)\, e^{w_1(\zeta_1 - \lambda s)}}{2\pi\sqrt{-1}(\lambda s)^{|\alpha'|}} \\
&= \sum_{\alpha' \in \mathbb{N}_0^{n-1}} (\zeta')^{\alpha'} \int_{\Sigma_-(\zeta_1)} ds\, \frac{\lambda P_{\alpha'}(z, \lambda s)}{(\lambda s)^{|\alpha'|}} \int_{\gamma_1^+} \frac{e^{w_1(\zeta_1 - \lambda s)}}{2\pi\sqrt{-1}}\, dw_1 \\
&\quad + \sum_{\alpha' \in \mathbb{N}_0^{n-1}} (\zeta')^{\alpha'} \int_{\Sigma_+(\zeta_1)} ds\, \frac{\lambda P_{\alpha'}(z, \lambda s)}{(\lambda s)^{|\alpha'|}} \int_{\gamma_1^-} \frac{e^{w_1(\zeta_1 - \lambda s)}}{2\pi\sqrt{-1}}\, dw_1 \\
&= \sum_{\alpha' \in \mathbb{N}_0^{n-1}} (\zeta')^{\alpha'} \int_{\Sigma_-(\zeta_1)} \frac{\lambda P_{\alpha'}(z, \lambda s)}{(\lambda s)^{|\alpha'|}} \frac{e^{\beta_1(\zeta_1 - \lambda s)} - e^{\beta(\zeta_1 - \lambda s)}}{2\pi\sqrt{-1}(\zeta_1 - \lambda s)}\, ds \\
&\quad + \sum_{\alpha' \in \mathbb{N}_0^{n-1}} (\zeta')^{\alpha'} \int_{\Sigma_+(\zeta_1)} \frac{\lambda P_{\alpha'}(z, \lambda s)}{(\lambda s)^{|\alpha'|}} \frac{e^{\beta(\zeta_1 - \lambda s)} - e^{\beta_0(\zeta_1 - \lambda s)}}{2\pi\sqrt{-1}(\zeta_1 - \lambda s)}\, ds \\
&= I_1^{cr} + I_1^- + I_1^+,
\end{aligned}$$

但し

$$I_1^{cr} := \sum_{\alpha' \in \mathbb{N}_0^{n-1}} (\zeta')^{\alpha'} \int_{\Sigma_-(\zeta_1) - \Sigma_+(\zeta_1)} \frac{\lambda P_{\alpha'}(z, \lambda s)}{(\lambda s)^{|\alpha'|}} \frac{e^{\beta(\zeta_1 - \lambda s)}}{2\pi\sqrt{-1}(\lambda s - \zeta_1)}\, ds,$$

$$I_1^- := -\sum_{\alpha' \in \mathbb{N}_0^{n-1}} (\zeta')^{\alpha'} \int_{\Sigma_-(\zeta_1)} \frac{\lambda P_{\alpha'}(z, \lambda s)}{(\lambda s)^{|\alpha'|}} \frac{e^{\beta_1(\zeta_1 - \lambda s)}}{2\pi\sqrt{-1}(\lambda s - \zeta_1)}\, ds,$$

$$I_1^+ := \sum_{\alpha' \in \mathbb{N}_0^{n-1}} (\zeta')^{\alpha'} \int_{\Sigma_+(\zeta_1)} \frac{\lambda P_{\alpha'}(z,\lambda s)}{(\lambda s)^{|\alpha'|}} \frac{e^{\beta_0(\zeta_1 - \lambda s)}}{2\pi\sqrt{-1}(\lambda s - \zeta_1)}\, ds,$$

と置いた．$\widetilde{V}_{\varepsilon,\delta}$ で考えていたので，$\varepsilon_0, c > 0$ が存在して任意の $\varepsilon \in \left]0, \varepsilon_0\right[$ 及び $s \in \Sigma_+(\zeta_1)$ に対して

$$|\zeta_1 - \lambda s| \geqslant c|s|, \quad \mathrm{Re}(\beta_1 \zeta_1) \leqslant -c|\zeta_1|$$

となる (図 4.9 を参照)．又，定数 $h_0 > 0$ が存在して任意の $s \in \Sigma'_+(\zeta_1)$ に対して $\mathrm{Re}(\lambda\beta_1 s) = h_0|s|$．よって (4.5.5) の h として $0 < h' < h_0$ なる h' を取れば

$$\begin{aligned} |I_1^-| &\leqslant \sum_{|\alpha'|=0}^{\infty} \frac{C_{h'}\, e^{-c|\zeta_1|}}{2\pi c\delta|\zeta_1|} \left(\frac{\varepsilon K}{\delta}\right)^{|\alpha'|} \\ &\quad \times \left(e^{(h' + |\mathrm{Re}(\lambda\beta_1)|)\delta|\zeta_1|} \int_{|s|=\delta|\zeta_1|} d|s| + \int_{\delta|\zeta_1|/|\lambda|}^{\infty} e^{(h'-h_0)|s|}\, d|s|\right) \\ &\leqslant \sum_{|\alpha'|=0}^{\infty} \frac{C_{h'} e^{-c|\zeta_1|}}{c} \left(\frac{\varepsilon K}{\delta}\right)^{|\alpha'|} \left(e^{(h' + |\mathrm{Re}(\lambda\beta_1)|)\delta|\zeta_1|} + \frac{e^{(h'-h_0)\delta|\zeta_1|}}{2\pi\delta(h_0 - h')|\zeta_1|}\right). \end{aligned}$$

従って $\varepsilon K < \delta$，且つ $(h' + |\mathrm{Re}(\lambda\beta_1)|)\delta < c$ と $\varepsilon, \delta > 0$ を選べば，$I_1^- \in \mathscr{N}_{z^*}$ がわかる．同様に $I_1^+ \in \mathscr{N}_{z^*}$．

最後に I_1^{cr} を考える．$c' > 0$ が存在して，任意の $s \in \Sigma_-(\zeta_1) - \Sigma_+(\zeta_1)$ に対して $\mathrm{Re}(\beta\lambda s) > c'|s|$ とできるから

$$\int_{\Sigma_-(\zeta_1) - \Sigma_+(\zeta_1)} \frac{\lambda e^{\beta(\zeta_1 - \lambda s)}}{2\pi\sqrt{-1}(\lambda s - \zeta_1)}\, ds$$

は減衰項付きの Cauchy 核となる．従って，ζ_1 が $\Sigma_-(\zeta_1) - \Sigma_+(\zeta_1)$ で囲まれる領域内にあれば，(4.5.4) から

$$I_1^{cr} = \sum_{\alpha' \in \mathbb{N}_0^{n-1}} P_{\alpha'}(z,\zeta_1)\left(\frac{\zeta'}{\zeta_1}\right)^{\alpha'} = P(z,\zeta).$$

以上から $\sigma \cdot \varpi = 1\colon \mathscr{S}_{z^*}\big/\mathscr{N}_{z^*} \to \mathscr{S}_{z^*}\big/\mathscr{N}_{z^*}$ が証明された．■

4.5.6 [定義]　$P(z, \partial_z) \in \mathscr{E}^{\mathbb{R}}_{\mathbb{C}^n, z^*}$ に対し $\varpi(P) = K(z, \widetilde{z})\, d\widetilde{z}$ ならば，$K(z, \widetilde{z})$ を $P(z, \partial_z)$ の**核函数** (kernel function) と呼ぶ．又，$K(z, \widetilde{z})$ の代表元 $\psi(z, \widetilde{z})$ を**定義函数** (defining function) という．

4.5.7 [注意]　定義 4.5.2 の表象は，第 1 章で紹介した $\mathscr{D}^{\infty}_{\mathbb{C}^n}$ の場合と両立する．実際，$\mathscr{D}^{\infty}_{\mathbb{C}^n}$ の核函数に対しては，積分路 γ_1 を $\beta_0 = \beta_1$ と取れるから良い．従って定理 4.5.3 の同型も $\mathscr{D}^{\infty}_{\mathbb{C}^n}$ の場合と両立する．これから $P(z, \partial_z) \in \mathscr{D}^{\infty}_{\mathbb{C}^n}$ の定義函数は $P(z, \partial_z) \in \mathscr{E}^{\mathbb{R}}_{\mathbb{C}^n}$ と考えても定義函数となる．

4.5.8 [例]　$\mathscr{E}^{\mathbb{R}}_{\mathbb{C}^n}$ の単位元 $:\!1\!:$ の定義函数は，(4.5.12) の通り計算すれば

$$\frac{e^{-\lambda(w_1 - z_1)r}}{(2\pi\sqrt{-1}\,)^n (w-z)^{\mathbf{1}_n}}$$

だが

$$\frac{e^{-\lambda(w_1 - z_1)r}}{(2\pi\sqrt{-1}\,)^n (w-z)^{\mathbf{1}_n}} - \frac{1}{(2\pi\sqrt{-1}\,)^n (w-z)^{\mathbf{1}_n}}$$

は $w_1 = z_1$ まで整型だから

$$\frac{1}{(2\pi\sqrt{-1}\,)^n (w-z)^{\mathbf{1}_n}}$$

でも良い．対応する核函数を δ 函数と同じ記号で $\delta(w-z)$ と書く．即ち

$$:\!1\!: = \delta(w-z)\,dw$$

である．但し実領域では $\delta(x-y) = \delta(y-x)$ だったが，複素では $\delta(z-w) = (-1)^n \delta(w-z)$ に注意する．従って (2.7.1) から

$$\mathrm{b}_{\mathbb{R}} : \delta(w-z) \mapsto \delta(y-x) = \delta(x-y),$$

$$\mathrm{b}_{\mathbb{R}} : \delta(z-w) \mapsto (-1)^n \delta(x-y).$$

□

4.5.9 [例]　形式表象，及びそれと同値な表象の例をいくつか挙げる．以下，全て 1 変数で考え，$\zeta := \zeta_1$ と置く．

(a)　$$\sum_{j=0}^{\infty} \frac{t^j}{2^j} \sim 2.$$

(b)　$$\sum_{j=0}^{\infty} \frac{t^j}{\zeta^j} \sim \frac{\zeta}{\zeta - 1} \sim \frac{\zeta(1 - e^{1-\zeta})}{\zeta - 1}.$$

後者の同値は $\mathrm{Re}\,\zeta > 0$ で成り立つ．

(c)　$$\sum_{j=0}^{\infty} \frac{t^j j!}{(-\zeta)^j} \sim \int_{\zeta}^{\infty} \frac{\zeta e^{\zeta - s}}{s}\,ds \qquad (\mathrm{Re}\,\zeta > 0).$$

(d)　$$\sum_{j=0}^{\infty} \frac{t^j \zeta^{j/2}}{j!} \sim e^{\sqrt{\zeta}}.$$

□

6. 核函数上の諸演算

定理 4.5.3 の同型によって $\mathscr{S}_{z^*}/\mathscr{N}_{z^*}$ 上の積，形式随伴を対応する核函数（又は定義函数）で表す．やはり z^* は (4.5.1) の通りで，$\lambda \neq 0$ とする．

$$P = {:}\sigma(\psi_1)(z,\zeta){:}, \quad Q = {:}\sigma(\psi_2)(z,\zeta){:} \in \mathscr{E}^{\mathbb{R}}_{\mathbb{C}^n, z^*}$$

に対して

$$QP = {:}\sigma(\psi)(z,\zeta){:} \in \mathscr{E}^{\mathbb{R}}_{\mathbb{C}^n, z^*}$$

を次で定める:

$$\psi(z,w) = \int \psi_2(z,\widetilde{z}\,)\,\psi_1(\widetilde{z},w)\,d\widetilde{z}. \tag{4.6.1}$$

但し，積分路は次の通りである: $\psi_2(z,\widetilde{z}\,)$ 及び $\psi_1(\widetilde{z},w)$ は各々 $(z,\widetilde{z}\,)$, $(\widetilde{z},w) \in V_{r,\varepsilon}$ で整型である．$B_r := \{c \in \mathbb{C};\, |c| < r\}$ とする．十分小さい $0 < \delta' \ll \delta \ll 1$ に対して，$z_1 \in B_{\delta'}$ 及び $w_1 \in \mathbb{C}$ を $w_1 - z_1 \in B_{\delta'} \cap W_{\lambda,\varepsilon}$ と取り

$$D^1_{\lambda,\varepsilon,\delta}(z_1,w_1) := \{\widetilde{z}_1 \in B_r;\, \widetilde{z}_1 - z_1,\, w_1 - \widetilde{z}_1 \in B_r \cap W_{\lambda,\varepsilon}\}$$

とすれば，この集合は単連結である．β_0, $\beta_1 \in D^1_{\lambda,\varepsilon,\delta}(z_1,w_1)$ を

$$\begin{cases} 0 > \mathrm{Re}\big(\lambda(\beta_0 - z_1)\big) > \varepsilon\,\mathrm{Im}\big(\lambda(\beta_0 - z_1)\big), \\ 0 > \mathrm{Re}\big(\lambda(\beta_1 - z_1)\big) > -\varepsilon\,\mathrm{Im}\big(\lambda(\beta_1 - z_1)\big), \end{cases}$$

と取る．γ_1 を β_0 から β_1 に到る $D^1_{\lambda,\varepsilon,\delta}(z_1,w_1)$ 内の道とする．次に $2 \leqslant j \leqslant n$ を任意に固定する．

$$\begin{cases} \{\widetilde{z}_j \in \mathbb{C};\, |\widetilde{z}_1 - z_1| < \varepsilon|\widetilde{z}_j - z_j|,\, \widetilde{z}_j - z_j \in B_r\}, \\ \{\widetilde{z}_j \in \mathbb{C};\, |w_1 - \widetilde{z}_1| < \varepsilon|w_j - \widetilde{z}_j|,\, w_j - \widetilde{z}_j \in B_r\}, \end{cases}$$

という二つの円環領域が共通部分を持つように，$\widetilde{z}_1 \in \gamma_1$, $D^1_{\lambda,\varepsilon,\delta}(z_1,w_1)$ 及び z_j, $w_j \in B_\delta$ を十分小さく取って，γ_j を $\{z_j \in \mathbb{C};\, |z_1 - \widetilde{z}_1| \geqslant \varepsilon|\widetilde{z}_j - z_j|,\, |w_j - \widetilde{z}_1| \geqslant \varepsilon|w_j - \widetilde{z}_j|\}$ を反時計回りに一周する $\{\widetilde{z}_j \in \mathbb{C};\, \widetilde{z}_j - z_j \in B_r,\, w_j - \widetilde{z}_j \in B_r\}$ 内の単純閉曲線とする（図 4.10 を参照）．これで

$$\psi(z,w) := \int_{\gamma_1}\oint_{\gamma_2}\cdots\oint_{\gamma_n} \psi_2(z,\widetilde{z}\,)\,\psi_1(\widetilde{z},w)\,d\widetilde{z}$$

と定義する．β_0 及び β_1 を取り替えた差は $z_1 = 0$ まで整型だから $\psi(z, z-w)$ は r', $\varepsilon' > 0$ が存在して

$$\bigcap_{2 \leqslant j \leqslant n} \{(z,w) \in U_{r'};\, w_1 - z_1 \in W_{\lambda,\varepsilon},\, |w_1 - z_1| < \varepsilon'|w_j - z_j|\}$$

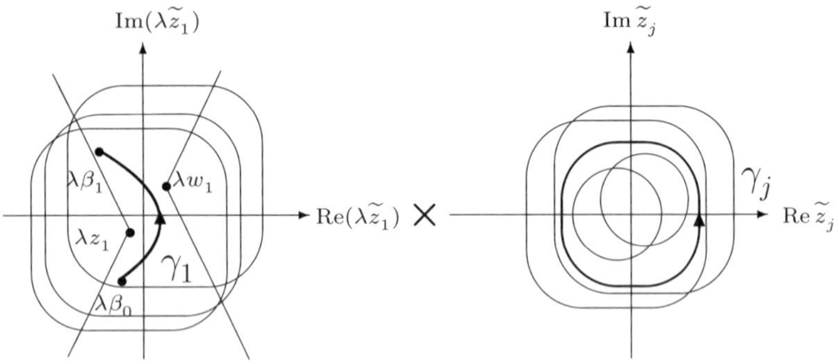

図 4.10　積分路

まで解析的に延長できる．$|z|$ が十分小さければ $\beta_0,\,\beta_1 \in D^1_{\lambda,\varepsilon,\delta}(z_1,w_1)$ を

$$0 > \mathrm{Re}(\lambda\beta_0) > \varepsilon\,\mathrm{Im}(\lambda\beta_0), \quad 0 > \mathrm{Re}(\lambda\beta_1) > -\varepsilon\,\mathrm{Im}(\lambda\beta_1),$$

と選べ，$j \neq 1$ については Cauchy の積分定理から z の平行移動で値が変わらない．従ってこの場合

$$\psi(z,w) = \int_\gamma \psi_2(z,\widetilde{z})\,\psi_1(\widetilde{z},w)\,d\widetilde{z} = \int_\gamma \psi_2(z,z+\widetilde{z})\,\psi_1(z+\widetilde{z},w)\,d\widetilde{z}.$$

4.6.1［定理］　以上の記号で次が成り立つ:

(1) $:P(t;z,\zeta): = :\sigma(\psi_1)(z,\zeta):$, $:Q(t;z,\zeta): = :\sigma(\psi_2)(z,\zeta):$ とすれば

$$:Q(t;z,\zeta)::P(t;z,\zeta): = :\sigma(\psi)(z,\zeta):.$$

(2) $P(z,\partial_z) = :P(t;z,\zeta):$ に対して P^* を

$$P^*(z,\partial_z)\,\delta(z-w) = P(w,\partial_w)\,\delta(w-z)$$

で定義すれば

$$P^*(z,\partial_z) = :P^*(t;z,-\zeta):.$$

証明　(1) 定理 4.2.4 又は 4.4.9 から，$P(t;z,\zeta)$ 及び $Q(t;z,\zeta)$ を同値な表象 $P(z,\zeta)$, $Q(z,\zeta)$ に取り替えて示せば良い．従って

$$P(z,\zeta) = \int_{\gamma'} \psi_1(z,z+w)\,e^{\langle w,\zeta\rangle}dw,\ Q(z,\zeta) = \int_{\gamma'} \psi_2(z,z+w)\,e^{\langle w,\zeta\rangle}dw,$$

と仮定して良い．表象 $\displaystyle\int_\gamma \psi(z,z+\widetilde{z})\,e^{\langle\widetilde{z},\zeta\rangle}d\widetilde{z}$ を計算してみる．γ を w だけ平行移動した路を $\gamma_w := \{w\}+\gamma$ と書く．γ に比べて γ' が十分小さければ

$w \in \gamma'$ のとき $\widetilde{z} \in \gamma_w$ は $\psi_1(z+w, z+\widetilde{z})$ の整型域に入る．これから

$$\begin{aligned}
&\int_\gamma \psi(z, z+\widetilde{z})\, e^{\langle \tilde{z}, \zeta\rangle} d\widetilde{z} \\
&\quad = \int_\gamma \left(\int_{\gamma'} \psi_2(z, z+w)\, \psi_1(z+w, z+\widetilde{z})\, dw \right) e^{\langle \tilde{z}-z, \zeta\rangle} d\widetilde{z} \\
&\quad = \int_\gamma \int_{\gamma'} \psi_2(z, z+w)\, e^{\langle w, \zeta\rangle}\, \psi_1(z+w, z+\widetilde{z})\, e^{\langle \tilde{z}-w, \zeta\rangle} d\widetilde{z}\, dw \\
&\quad = \int_{\gamma'} dw\, \psi_2(z, z+w)\, e^{\langle w, \zeta\rangle} \left(\int\limits_{\gamma_w} + \int\limits_{\gamma-\gamma_w} \right) \psi_1(z+w, z+\widetilde{z})\, e^{\langle \tilde{z}-w, \zeta\rangle} d\widetilde{z}.
\end{aligned}$$

γ に比べて γ' が十分小さいので，$w \in \gamma'$ ならば Cauchy の積分定理から

$$\begin{aligned}
&\oint_{\gamma_2} \cdots \oint_{\gamma_n} \psi_1(z+w, z+\widetilde{z})\, e^{\langle \tilde{z}-w, \zeta\rangle} d\widetilde{z}' \\
&\qquad\qquad = \oint\limits_{\gamma_2-\gamma_{w,2}} \cdots \oint\limits_{\gamma_n-\gamma_{w,n}} \psi_1(z+w, z+\widetilde{z})\, e^{\langle \tilde{z}-w, \zeta\rangle} d\widetilde{z}'.
\end{aligned}$$

一方

$$\int\limits_{\gamma_1-\gamma_{w,1}} \psi(z+w, z+\widetilde{z})\, e^{\langle \tilde{z}-w, \zeta\rangle} d\widetilde{z}_1$$

の積分路 $\gamma_1 - \gamma_{w,1}$ は Cauchy の積分定理から $[\beta_0 + w_1, \beta_0]$ 及び $[\beta_1, \beta_1 + w_1]$ の二つに変更できるが，$|w_1|$ は十分小さいので命題 4.5.1 (3) の状況と同様となって

$$\int_{\gamma'} dw\, \psi_2(z, z+w)\, e^{\langle w, \zeta\rangle} \int_{\gamma-\gamma_w} \psi_1(z+w, z+\widetilde{z})\, e^{\langle \tilde{z}-w, \zeta\rangle} d\widetilde{z} \in \mathscr{N}_{z^*}.$$

従って

$$\begin{aligned}
&\int_\gamma \psi(z, z+\widetilde{z})\, e^{\langle \tilde{z}, \zeta\rangle} d\widetilde{z} \\
&\quad \equiv \int_{\gamma'} dw\, \psi_2(z, z+w)\, e^{\langle w, \zeta\rangle} \int_{\gamma_w} \psi_1(z+w, z+\widetilde{z})\, e^{\langle \tilde{z}-w, \zeta\rangle} d\widetilde{z} \bmod \mathscr{N}_{z^*} \\
&\quad = \int_{\gamma'} dw\, \psi_2(z, z+w)\, e^{\langle w, \zeta\rangle} \int_\gamma \psi_1(z+w, z+\widetilde{z}+w)\, e^{\langle \tilde{z}, \zeta\rangle} d\widetilde{z}.
\end{aligned}$$

更に

$$\int_\gamma \psi_1(z+w, z+\widetilde{z}+w)\, e^{\langle \tilde{z}, \zeta\rangle} d\widetilde{z} = P(z+w, \zeta) = \sum_\alpha \frac{w^\alpha}{\alpha!} \partial_z^\alpha P(z, \zeta)$$

だから

$$\int_\gamma \psi(z,z+\widetilde{z})\,e^{\langle\tilde{z},\zeta\rangle}d\widetilde{z} \equiv \sum_\alpha \Bigl(\int_{\gamma'} \psi_2(z,z+w)\,\frac{w^\alpha}{\alpha!}\,e^{\langle w,\zeta\rangle}dw\Bigr)\partial_z^\alpha P(z,\zeta)$$

$$= \sum_\alpha \frac{1}{\alpha!}\,\partial_\zeta^\alpha\Bigl(\int_{\gamma'} \psi_2(z,z+w)\,e^{\langle w,\zeta\rangle}dw\Bigr)\partial_z^\alpha P(z,\zeta)$$

$$= \sum_\alpha \frac{1}{\alpha!}\,\frac{\partial^{|\alpha|}Q}{\partial\zeta^\alpha}(z,\zeta)\,\frac{\partial^{|\alpha|}P}{\partial z^\alpha}(z,\zeta) = e^{\langle\partial_\zeta,\partial_w\rangle}Q(z,\zeta)\,P(w,\eta)\Big|_{\substack{w=z\\ \eta=\zeta}}.$$

γ_1' の積分端点 β_0, β_1 に対して $c := \max\{|\beta_0|, |\beta_1|\}$ が十分小さければ，上の級数は局所一様収束する．実際

$$\partial_\zeta^\alpha Q(z,\zeta) = \partial_\zeta^\alpha \int_{\gamma'} \psi_2(z,z+w)\,e^{\langle w,\zeta\rangle}dw = \int_{\gamma'} w^\alpha\psi_2(z,z+w)\,e^{\langle w,\zeta\rangle}dw$$

で z が任意のコンパクト集合上の点ならば，γ' 上 $|\psi(z,z+w)|$ は有界である．又，γ' の定義から $2 \leqslant j \leqslant n$ ならば $|w_j| = \dfrac{|w_1|}{\varepsilon} + \delta$（$\varepsilon$, δ は十分小）であり，更に $|w_1| \leqslant c$ となるから

$$|w^\alpha| \leqslant \Bigl(\frac{c}{\varepsilon}+\delta\Bigr)^{|\alpha|}.$$

従って，$\varepsilon_1 := \dfrac{c}{\varepsilon} + \delta$ とすれば

$$\bigl|\partial_\zeta^\alpha Q(z,\zeta)\bigr| \leqslant \varepsilon_1^{|\alpha|}\,e^{\Lambda(\zeta)}.$$

一方，$\partial_z^\alpha P(z,\zeta)$ の方は補題 4.2.3 から

$$\bigl|\partial_z^\alpha P(z,\zeta)\bigr| \leqslant \frac{\alpha!\,e^{\Lambda(\zeta)}}{d^{|\alpha|}}.$$

従って，c, δ を取り直して $2\varepsilon_1 < d$ と取れば良い．従って後は

$$\text{(4.6.2)}\quad e^{\langle\partial_\zeta,\partial_w\rangle}Q(z,\zeta)\,P(w,\eta)\Big|_{\substack{w=z\\ \eta=\zeta}} - e^{t\langle\partial_\zeta,\partial_w\rangle}Q(z,\zeta)\,P(w,\eta)\Big|_{\substack{w=z\\ \eta=\zeta}} \in \widehat{\mathscr{N}_{z^*}}$$

を示せば良い．$P(z,\zeta), Q(z,\zeta) \in \Gamma(\Omega[d];\mathscr{O}_{T^*\mathbb{C}^n})$ とする．このとき

$$e^{t\langle\partial_\zeta,\partial_w\rangle}Q(z,\zeta)\,P(w,\eta)\Big|_{\substack{w=z\\ \eta=\zeta}} = \sum_{\alpha\in\mathbb{N}_0^n} \frac{t^{|\alpha|}}{\alpha!}\,\frac{\partial^{|\alpha|}Q}{\partial\zeta^\alpha}(z,\zeta)\,\frac{\partial^{|\alpha|}P}{\partial z^\alpha}(z,\zeta),$$

$$e^{\langle\partial_\zeta,\partial_w\rangle}Q(z,\zeta)\,P(w,\eta)\Big|_{\substack{w=z\\ \eta=\zeta}} = \sum_{\alpha\in\mathbb{N}_0^n} \frac{1}{\alpha!}\,\frac{\partial^{|\alpha|}Q}{\partial\zeta^\alpha}(z,\zeta)\,\frac{\partial^{|\alpha|}P}{\partial z^\alpha}(z,\zeta).$$

任意の $h > 0$ を取る．補題 4.2.3 の $\varepsilon > 0$ 及び d を $A := \dfrac{2}{(r-\varepsilon)^2 d_\varepsilon} \in \,]0,1[$ と取れば，任意の $m \in \mathbb{N}$ について $\Omega_\varepsilon[(m+1)d_\varepsilon]$ 上

$$\Bigl|\sum_{\alpha\in\mathbb{N}_0^n} \frac{1}{\alpha!}\,\frac{\partial^{|\alpha|}Q}{\partial\zeta^\alpha}(z,\zeta)\,\frac{\partial^{|\alpha|}P}{\partial z^\alpha}(z,\zeta) - \sum_{|\alpha|=0}^{m-1} \frac{1}{\alpha!}\,\frac{\partial^{|\alpha|}Q}{\partial\zeta^\alpha}(z,\zeta)\,\frac{\partial^{|\alpha|}P}{\partial z^\alpha}(z,\zeta)\Bigr|$$

$$= \Bigl| \sum_{|\alpha| \geqslant m} \frac{1}{\alpha!} \frac{\partial^{|\alpha|} Q}{\partial \zeta^\alpha}(z,\zeta) \frac{\partial^{|\alpha|} P}{\partial z^\alpha}(z,\zeta) \Bigr| \leqslant \sum_{\nu=m}^{\infty} \frac{2^{\nu+n-1}\,\nu!\, e^{3\Lambda(\zeta)}}{\|\zeta\|^\nu (r-\varepsilon)^{2\nu}}$$

$$\leqslant \sum_{\nu=m}^{\infty} \frac{2^{n-1}\,\nu!\, e^{3\Lambda(\zeta)} A^\nu}{(m+1)^\nu} \leqslant \frac{2^{n-1} A^m e^{3\Lambda(\zeta)}}{1-A}.$$

従って (4.6.2) が示された.

(2) (1) と同様に，定義函数 $\psi(z,\widetilde{z})\,d\widetilde{z}$ によって

$$P(z,\zeta) = \int \psi(z, z+w)\, e^{\langle w,\zeta\rangle} dw = \int \psi(z,w)\, e^{\langle w-z,\zeta\rangle} dw$$

と表されているとして良い．P, P^* の核函数を，各々 $K(z, z-\widetilde{z})\,d\widetilde{z}$ 及び $K^*(z, z-\widetilde{z})\,d\widetilde{z}$ とすれば

$$K^*(z,w) = \int K^*(z,\widetilde{z})\,\delta(\widetilde{z}-w)\,d\widetilde{z} = \int K(w,\widetilde{z})\,\delta(\widetilde{z}-z)\,d\widetilde{z}$$

$$= (-1)^n \int \delta(z-\widetilde{z})\, K(w,\widetilde{z})\,d\widetilde{z} = (-1)^n K(w,z).$$

形式的には

$$P^*(z,-\zeta) = (-1)^n \int \psi(w,z)\, e^{\langle w-z,-\zeta\rangle} dw = \int \psi(z-w, z)\, e^{\langle w,\zeta\rangle}\, dw$$

$$= \int \sum_{\alpha} \frac{(-w)^\alpha}{\alpha!}\, \partial_z^\alpha \psi(z, z+w)\, e^{\langle w,\zeta\rangle}\, dw$$

$$= \int \sum_{\alpha} \frac{(-1)^\alpha}{\alpha!}\, \partial_z^\alpha \psi(z, z+w)\, \partial_\zeta^\alpha e^{\langle w,\zeta\rangle}\, dw$$

$$= \sum_{\alpha} \frac{(-1)^\alpha}{\alpha!}\, \partial_z^\alpha\, \partial_\zeta^\alpha P(z,\zeta) = e^{-\langle \partial_\zeta, \partial_z\rangle} P(z,\zeta).$$

(1) の証明と同様，$P(z,\zeta)$ を同値なものに取り替えれば，上の級数は収束させることができて

$$e^{-t\langle \partial_\zeta, \partial_z\rangle} P(z,\zeta) - e^{-\langle \partial_\zeta, \partial_z\rangle} P(z,\zeta) \in \widehat{\mathscr{N}_{z^*a}}\,. \qquad \blacksquare$$

4.6.2 [注意]　座標変換の両立性も同様の方法で示すことができる．これは座標変換を $z = \Phi(w)$，対応する $T^*\mathbb{C}^n$ の座標系を $(z;\zeta)$, $(w;\eta)$ とするとき

$$P(z,\zeta) = \int \psi(z,\widetilde{z})\, e^{\langle w-\tilde{z},\zeta\rangle} dw$$

に対して

$$\Phi^* P(w,\eta) = \int \psi(z,\widetilde{z})\, e^{\langle \Phi^{-1}(\tilde{z}) - \Phi^{-1}(z), \eta\rangle} d\widetilde{z}$$

を計算すれば良い．詳細は読者に委ねる．

7. 核函数と超局所作用

最初に (4.3.8) の $K_P(x,y)\,dy$ と $:P(z,\zeta):$ の核函数との関係を見ておく．(4.5.1) で $\lambda=\sqrt{-1}$ として

$$x^*=(0;\sqrt{-1},0,\dots,0)\in\sqrt{-1}\,\dot{T}^*\mathbb{R}^n$$

と置く．$:P(z,\zeta):\in\mathscr{E}^{\mathbb{R}}_{\mathbb{C}^n,x^*}$ の定義函数 $\psi(z,w)$ は，$\varepsilon>0$ が存在して

(4.7.1)
$$\bigcap_{2\leqslant j\leqslant n}\{(z,w)\in\mathbb{C}^{2n};\,|z|,\,|z-w|<\varepsilon,\ \frac{\operatorname{Im}(w_1-z_1)}{|\operatorname{Re}(w_1-z_1)|},\ \frac{|w_1-z_1|}{|w_j-z_j|}<\varepsilon\}$$

で整型となるから，$\mathscr{L}_{\mathbb{R}^n,x^*}$ の芽

$$K_\psi(x,y)\,dy:=\operatorname{sp}\mathrm{b}_{\mathbb{R}}(\psi)(x,y)\,dy$$

が定まる．但し $\mathrm{b}_{\mathbb{R}}$ は (2.7.1) で定めた境界値型射である．(4.5.12) によって

$$\psi(z,w)=\sum_{\alpha'\in\mathbb{N}_0^{n-1}}\frac{(-1)^{|\alpha'|}\,\alpha'!\,\partial_{w_1|\varepsilon}^{-|\alpha'|}[\varphi_{\alpha'}](z,w_1-z_1)}{(2\pi\sqrt{-1}\,)^n(w'-z')^{\alpha'+\mathbf{1}_{n-1}}}$$

と書いておけば

$$\begin{aligned}&K_\psi(x,y)\,dy\\&=\operatorname{sp}\Big[\sum_{\alpha'}\frac{(-1)^{|\alpha'|}}{2\pi\sqrt{-1}}\,\partial_{w_1|\varepsilon}^{-|\alpha'|}[\varphi_{\alpha'}](x,y_1-x_1-\sqrt{-1}\,0)\,\partial_{x'}^{\alpha'}\delta(x'-y')\Big]dy.\end{aligned}$$

4.7.1［定理］　(1) 以上の記号下で

$$K_P(x,y)\,dy=K_\psi(x,y)\,dy\in\mathscr{L}_{\mathbb{R}^n,x^*}.$$

(2) (4.3.8) の $\mathscr{E}^{\mathbb{R}}_{\mathbb{C}^n}\big|_{\sqrt{-1}\,T^*\mathbb{R}^n}\to\mathscr{L}_{\mathbb{R}^n}$ は単型射となる．

証明　(1) x^* の開近傍 $\sqrt{-1}\,V\subset\sqrt{-1}\,T^*\mathbb{R}^n$ 上で

$$K_\psi(x,y)\,dy\in\varGamma(\sqrt{-1}\,V;\mathscr{L}_{\mathbb{R}^n})$$

とすれば，定理 2.4.4 から $\dfrac{K_\psi(x,x+y)}{(p+\langle y,\eta\rangle+\sqrt{-1}\,0)^n}$ が定義できて

$$\begin{aligned}\operatorname{supp}\Big(\frac{K_\psi(x,x+y)}{(p+\langle y,\eta\rangle+\sqrt{-1}\,0)^n}\Big)\subset\{&\big(x,y,\eta,p;\sqrt{-1}\,t(\langle\eta-\xi,dy\rangle+dp)\big);\\&y=0,\,p=0,\,t\in\mathbb{R}_{\geqslant0},\,(x;\xi)\in V\}.\end{aligned}$$

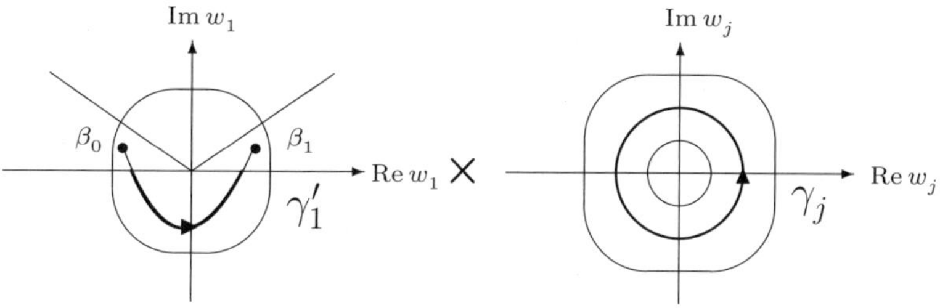

図 4.11

従って定理 2.5.7 から，繊維に沿う積分

$$\mathscr{R}K_\psi(x,\eta,p) := \frac{(n-1)!}{(-2\pi\sqrt{-1}\,)^n}\int \frac{K_\psi(x,x+y)\,d\widetilde{x}}{(p+\langle y,\eta\rangle+\sqrt{-1}\,0)^n}$$

が定義できて

$$\operatorname{supp}(\mathscr{R}K_\psi) \subset \{(x,\eta,p;\sqrt{-1}\,tdp);\, t\in\mathbb{R}_{\geqslant 0},\, p=0,\, (x;\eta)\in V\}.$$

定理 2.5.7 及び (2.7.1) によれば，$\mathscr{R}K_\psi(x,\eta,p)$ は十分小さい $c>0$ に対して $|p|<c$, $\operatorname{Im}p>0$ 且つ $\|\eta-\eta_0\|<c$ で定義される整型函数

$$\text{(4.7.2)}\quad \frac{(n-1)!}{(-2\pi\sqrt{-1}\,)^n}\int_{-\gamma_1'}\oint_{-\gamma_2}\cdots\oint_{-\gamma_n}\frac{(-1)^n\,\psi(z,z+w)\,dw}{(p+\langle w,\eta\rangle)^n}$$
$$= \frac{(n-1)!}{(-2\pi\sqrt{-1}\,)^n}\int_{\gamma_1'}\oint_{\gamma_2}\cdots\oint_{\gamma_n}\frac{\psi(z,z+w)\,dw}{(p+\langle w,\eta\rangle)^n}$$

を定義函数に持つ．但し，γ_1' 及び γ_j は，図 4.5 で $\lambda=\sqrt{-1}$ とした図 4.11 の通りである（γ_1' は γ_1 の虚部が零以下の部分を表す）.

4.7.2［補題］　$\mathscr{R}K_\psi(x,\eta,p)$ は，次の定義函数を持つ:

$$\text{(4.7.3)}\quad \frac{(n-1)!}{(-2\pi\sqrt{-1}\,)^n}\int_{\gamma_1}\oint_{\gamma_2}\cdots\oint_{\gamma_n}\frac{\psi(z,z+w)\,dw}{(p+\langle w,\eta\rangle)^n}.$$

証明　(4.7.2) と (4.7.3) との差

$$\frac{(n-1)!}{(-2\pi\sqrt{-1}\,)^n}\int_{\gamma_1-\gamma_1'}\oint_{\gamma_2}\cdots\oint_{\gamma_n}\frac{\psi(z,z+w)\,dw}{(p+\langle w,\eta\rangle)^n}$$

を考える．$j\neq 1$ ならば γ_j は $|w_j|=\dfrac{|w_1|}{\varepsilon}+\delta$ なる円周上の線積分である．又，$\gamma_1-\gamma_1'$ は $\pm u+\sqrt{-1}\,t$ $(0\leqslant t\leqslant c)$ という形に変更して構わない．但し

$u = \operatorname{Re}\beta_1 = -\operatorname{Re}\beta_0 > 0$ 且つ $u + \sqrt{-1}\,c = \beta_1$, $-u + \sqrt{-1}\,c = \beta_0$. 特に $|w_1| \geqslant u > 0$. ここで $\delta, c' > 0$ を十分小さく取れば，$|\eta_j| < \varepsilon c'\eta_1$ に対して

$$|\langle w, \eta\rangle| \geqslant |w_1|\,\eta_1 - \sum_{j=2}^{n} |w_j|\,|\eta_j| \geqslant (|w_1|(1 - c'(n-1)) - \varepsilon c'\delta)\eta_1 > 0,$$

従って $p = 0$ で解析的となる. ∎

x^* の近傍 Ω が存在して，$P(z, \zeta) \in \Gamma(\mathrm{Cl}\,\Omega[d]; \mathscr{O}_{T^*\mathbb{C}^n})$ とする.

$$P(z, \sqrt{-1}\,\xi) = \int_{\gamma_1}\oint_{\gamma_2}\cdots\oint_{\gamma_n} \psi(z, z+w)\, e^{\langle w, \sqrt{-1}\,\xi\rangle} dw$$

として良い. (4.3.1) で $s(\zeta) = \zeta_1/(\sqrt{-1}\,d)$ と取れ，$\zeta_1 = \sqrt{-1}$ の近傍で

$$\int_0^{(\sqrt{-1}\,d)/\zeta_1} e^{\sqrt{-1}\,\tau p}\tau^{n-1} d\tau$$

は $p = 0$ まで解析的だから，等式 (2.6.3) に注意して

$$\begin{aligned}
\mathscr{R}K_\psi(x, \eta, p) &= \mathrm{sp\,b}\Big[\int_{\gamma_1\times\cdots\times\gamma_n} dw\, \frac{\psi(z, z+w)}{(2\pi)^n} \int_0^\infty e^{\sqrt{-1}\,\tau(p + \langle w, \eta\rangle)}\tau^{n-1} d\tau\Big] \\
&= \mathrm{sp\,b}\Big[\int_{\gamma_1\times\cdots\times\gamma_n} dw\, \frac{\psi(z, z+w)}{(2\pi)^n} \int_{d/\eta_1}^\infty e^{\sqrt{-1}\,\tau(p + \langle w, \eta\rangle)}\tau^{n-1} d\tau\Big] \\
&= \mathrm{sp\,b}\Big[\int_{d/\eta_1}^\infty d\tau\, \frac{e^{\sqrt{-1}\,\tau p}\tau^{n-1}}{(2\pi)^n} \int_{\gamma_1\times\cdots\times\gamma_n} \psi(z, z+w)\, e^{\sqrt{-1}\,\tau\langle w, \eta\rangle} dw\Big] \\
&= \frac{1}{(2\pi)^n}\,\mathrm{sp\,b}\Big[\int_{d/\eta_1}^\infty P(x, \sqrt{-1}\,\tau\eta)\, e^{\sqrt{-1}\,\tau p}\tau^{n-1}\, d\tau\Big] = \mathscr{R}K_P(x, \eta, p).
\end{aligned}$$

従って，(4.3.8) の定め方及び δ 函数の平面波展開公式（命題 2.6.4）から

$$\begin{aligned}
K_P(x, y) &= \int \mathscr{R}K_P(x, \eta, \langle x - y, \eta\rangle)\, \omega(\eta) \\
&= \int \mathscr{R}K_\psi(x, \eta, \langle x - y, \eta\rangle)\, \omega(\eta) \\
&= \frac{(n-1)!}{(-2\pi\sqrt{-1}\,)^n} \int \frac{K_\psi(x, x + \widetilde{x}\,)\, d\widetilde{x}\, \omega(\eta)}{(\langle \widetilde{x} + x - y, \eta\rangle + \sqrt{-1}\,0)^n} \\
&= \int \delta(\widetilde{x} + x - y)\, K_\psi(x, x + \widetilde{x}\,)\, d\widetilde{x} = K_\psi(x, y).
\end{aligned}$$

(2) $\mathscr{D}^\infty_{\mathbb{C}^n}\big|_{\mathbb{R}^n} \rightarrowtail \mathscr{L}_{\mathbb{R}^n}\big|_{\mathbb{R}^n}$ なので，やはり $x^* = (0; \sqrt{-1}, 0, \ldots, 0)$ で示せば良い. (1) の証明の記号を用いる. $K_\psi(x, y) = 0$ ならば $0 = \mathscr{R}K_\psi(x, \eta, p) =$

$\mathscr{R}K_P(x,\eta,p)$ だから $\mathcal{R}P(z,\zeta,p) \equiv 0 \bmod \mathcal{A}_{x^*}$．よって定理 4.3.2 から $:P(z,\zeta): = 0 \in \mathscr{E}^{\mathbb{R}}_{\mathbb{C}^n,x^*}$ が得られる． ∎

定理 4.6.1 及び補題 4.7.2 の証明の議論によって，$P = :\sigma(\psi_1)(z,\zeta):$ 及び $Q = :\sigma(\psi_2)(z,\zeta): \in \mathscr{E}^{\mathbb{R}}_{\mathbb{C}^n,x^*}$ の $\mathscr{L}_{\mathbb{R}^n,x^*}$ 内での積 $K_Q K_P(x,y)\,dy$ は

$$\operatorname{sp}\operatorname{b}_{\mathbb{R}}\Big[\int_\gamma \psi_2(z,\widetilde{z}\,)\,\psi_1(\widetilde{z},w)\,d\widetilde{z}\Big]dy$$

で与えられる．更に，P の $\mathscr{L}_{\mathbb{R}^n,x^*}$ 内での随伴は

$$\int \psi_1(z-w,z)\,e^{\langle w,\zeta\rangle}\,dw$$

の境界値で与えられる．座標変換についても同様の議論ができる．従って:

4.7.3 [定理]　形式随伴（及び座標変換）と両立する次の環の単型射が存在する:

$$\mathscr{E}^{\mathbb{R}}_{\mathbb{C}^n}\Big|_{\sqrt{-1}\,T^*\mathbb{R}^n} \rightarrowtail \mathscr{L}_{\mathbb{R}^n}\,.$$

4.7.4 [注意]　$x^* \in \sqrt{-1}\,\dot{T}^*\mathbb{R}^n$ 及び $:P(z;\zeta): \in \mathscr{S}_{x^*}/\mathscr{N}_{x^*}$ に対して定理 4.7.1 (1), (2) から $P(z,\zeta)$ の定義函数 $\varpi(P)(z,w)$ を取れば

$$\begin{aligned}\mathscr{R}K_P(x,\eta,p) &= \frac{(n-1)!}{(-2\pi\sqrt{-1}\,)^n}\operatorname{sp}\operatorname{b}\Big[\int \frac{\varpi(P)(x,x+y)\,dy}{(p+\langle y,\eta\rangle)^n}\Big]\\ &= \frac{1}{(2\pi)^n}\operatorname{sp}\operatorname{b}\big[\mathcal{R}P(z,\sqrt{-1}\,\eta,\sqrt{-1}\,p)\big].\end{aligned}$$

一方，(4.3.8) の定め方から

$$\int \mathscr{R}K_P(x,\eta,\langle x-y,\eta\rangle)\,\omega(\eta) = K_P(x,y).$$

以上をまとめれば，$\mathscr{L}_{\mathbb{R}^n,x^*}$ の $\mathscr{R}$ による像を $\mathscr{R}\mathscr{L}_{\mathbb{R}^n,x^*}$ と書けば，次の可換図式が得られる:

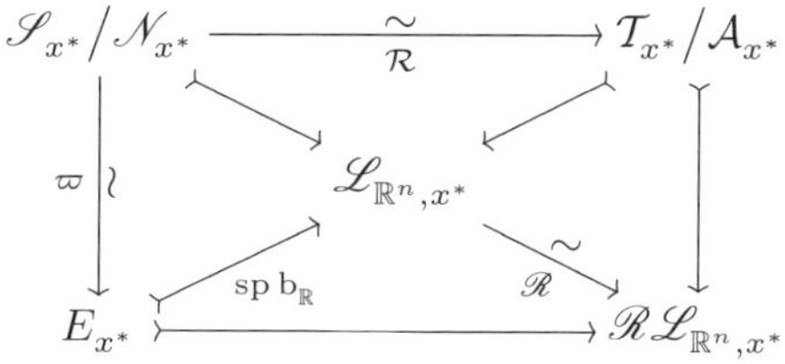

これと定理 4.4.6 とを併せれば，$P(t;z,\zeta)=\sum_{j=0}^{\infty}t^jP_j(z,\zeta)\in\widehat{\mathscr{S}}_{x^*}$ について

$$\mathcal{R}P_j(z,\zeta,p):=\int_{(j+1)/s(\zeta)}^{\infty}P_j(z,\tau\zeta)\,e^{\tau p}\tau^{n-1}d\tau$$

と置いたとき

$$K_P(x,y):=\sum_{j=0}^{\infty}\mathrm{sp\,b}\Big[\int\mathcal{R}P_j(z,\sqrt{-1}\,\eta,\sqrt{-1}\langle x-y,\eta\rangle)\,\frac{\omega(\eta)}{(2\pi)^n}\Big]$$

が $:P(t;z,\zeta):\ \mapsto K_P(x,y)$ を与えることがわかった．

次に $x^*=(0;\sqrt{-1},0,\ldots,0)$，及び $u(x)\in\mathscr{C}_{\mathbb{R}^n,x^*}$ とする．錐状脆弱性から，$u(x)$ の定義函数 $F(z)$ を任意の十分小さい $c'>c>0$ に対して $\{z\in\mathbb{C}^n;\ \|z\|<c',\ y_1>c|y'|\}\cup\{x\in\mathbb{R}^n;\ \|x\|>c'/2\}$ の近傍で整型と取れる．やはり補題 4.7.2 の証明の議論が適用できて

$$\sum_{\alpha'\in\mathbb{N}_0^{n-1}}\int_{\beta_0}^{\beta_1}\frac{(-1)^{|\alpha'|}}{2\pi\sqrt{-1}}\,\partial_{w_1|\varepsilon}^{-|\alpha'|}[\varphi_{\alpha'}](z,w_1)\,\partial_{z'}^{\alpha'}F(z_1+w_1,z')\,dw_1$$

が $Pu(x)$ の定義函数となる．$d=|\beta_0|=|\beta_1|<c'$ と取り，積分路は半径 d の円の一部とする．$\nu\in\mathbb{N}$ が存在して $|\alpha'|\geqslant\nu$ ならば $\varepsilon_{\alpha'}<d$．一方 $|\alpha'|\geqslant\nu$ ならば (4.5.9) から $|\varphi_{\alpha'}(z,p)|\leqslant C(2K)^{|\alpha'|}$．ここで (4.7.1) の $\varepsilon>0$ を $4\varepsilon K<1$ としておく（一般には，これに応じて $F(z)$ の定義域の c を十分小さく取り直す必要がある）．$|\alpha'|>0$ ならば Fubini の定理から

$$\begin{aligned}
&\int_{\beta_0}^{\beta_1}\partial_{w_1|\varepsilon}^{-|\alpha'|}[\varphi_{\alpha'}](z,w_1)\,\partial_{z'}^{\alpha'}F(z_1+w_1,z')\,dw_1\\
&\quad=\int_{\beta_0}^{\beta_1}dw_1\int_{\varepsilon_{\alpha'}/\sqrt{-1}}^{w_1}\frac{(w_1-p)^{|\alpha'|-1}}{(|\alpha'|-1)!}\,\varphi_{\alpha'}(z,p)\,\partial_{z'}^{\alpha'}F(z_1+w_1,z')\,dp\\
&\quad=\int_{\beta_0}^{\beta_1}dp\,\varphi_{\alpha'}(z,p)\int_{p}^{\beta_1}\frac{(w_1-p)^{|\alpha'|-1}}{(|\alpha'|-1)!}\,\partial_{z'}^{\alpha'}F(z_1+w_1,z')\,dw_1\\
&\qquad+\int_{\varepsilon_{\alpha'}/\sqrt{-1}}^{\beta_0}dp\,\varphi_{\alpha'}(z,p)\int_{\beta_0}^{\beta_1}\frac{(w_1-p)^{|\alpha'|-1}}{(|\alpha'|-1)!}\,\partial_{z'}^{\alpha'}F(z_1+w_1,z')\,dw_1\,.
\end{aligned}$$

第 2 項の w_1 に関する積分路は p に関係しないので $\{|w_1|=d\}\cap\{\mathrm{Im}\,w_1>0\}$ 内に変更できる．従って (4.7.1) に注意すれば，Cauchy の不等式から $z=0$ のある近傍上で $M>0$ が存在して

$$|\partial_{z'}^{\alpha'}F(z_1+w_1,z')|\leqslant\alpha'!\,M\Big(\frac{\varepsilon}{|w_1|}\Big)^{|\alpha'|}$$

だから

$$\left|\int_{\beta_0}^{\beta_1}\frac{(w_1-p)^{|\alpha'|-1}}{(|\alpha'|-1)!}\,\partial_{z'}^{\alpha'}F(z_1+w_1,z')\,dw_1\right|\leqslant M\Big(\frac{\varepsilon(|p|+d)}{d}\Big)^{|\alpha'|}.$$

従って

$$\Big|\sum_{|\alpha'|\geqslant\nu}\int_{\varepsilon_{\alpha'}/\sqrt{-1}}^{\beta_0}dp\,\varphi_{\alpha'}(z,p)\int_{\beta_0}^{\beta_1}\frac{(w_1-p)^{|\alpha'|-1}}{(|\alpha'|-1)!}\,\partial_{z'}^{\alpha'}F(z_1+w_1,z')\,dw_1\Big|$$
$$\leqslant 2dMC\sum_{|\alpha'|\geqslant\nu}(4\varepsilon K)^{|\alpha'|}<\infty$$

と評価されるので

$$\sum_{\alpha'}\int_{\varepsilon_{\alpha'}/\sqrt{-1}}^{\beta_0}dp\,(-1)^{|\alpha'|}\,\varphi_{\alpha'}(z,p)\int_{\beta_0}^{\beta_1}\frac{(w_1-p)^{|\alpha'|-1}}{(|\alpha'|-1)!}\,\partial_{z'}^{\alpha'}F(z_1+w_1,z')\,dw_1$$

は原点で整型がわかる．よって

$$\sum_{\alpha'}\int_{\beta_0}^{\beta_1}dp\,\frac{(-1)^{|\alpha'|}\,\varphi_{\alpha'}(z,p)}{2\pi\sqrt{-1}}\int_{p}^{\beta_1}\frac{(w_1-p)^{|\alpha'|-1}}{(|\alpha'|-1)!}\,\partial_{z'}^{\alpha'}F(z_1+w_1,z')\,dw_1$$

の境界値が $Pu(x)$ となる．$\Sigma:=\{z\in\mathbb{C}^n;\,z_1=\beta_1\}$ とし，(4.5.10) と同様に $\nu\in\mathbb{N}_0$ に対し

$$\partial_{z_1|\Sigma}^{-\nu}[F](z):=\begin{cases}F(z) & (\nu=0),\\ \displaystyle\int_{\beta_1}^{z_1}\frac{(z_1-w_1)^{\nu-1}}{(\nu-1)!}\,F(w_1,z')\,dw_1 & (\nu>0),\end{cases}$$

と定めれば

$$P_\Sigma F(z):=\sum_{\alpha'\in\mathbb{N}_0^{n-1}}\int_{\beta_0}^{\beta_1}\frac{\varphi_{\alpha'}(z,w_1)}{2\pi\sqrt{-1}}\,\partial_{z_1|\Sigma}^{-|\alpha'|}[\partial_{z'}^{\alpha'}F](z_1+w_1,z')\,dw_1$$

の境界値が $Pu(x)$ となる．P_Σ を **Bony-Schapira の作用**という．

5

表象の指数法則と可逆性定理

通常，指数法則といえば公式 $e^x e^y = e^{x+y}$，あるいは底を一般にした $a^x a^y = a^{x+y}$ $(a>0, a\neq 1)$ を指す．変数 x, y が行列や作用素等，非可換である場合には少し複雑になるが，交換子 $[x,y]=xy-yx$ を用いて ***Campbell-Hausdorff*** の公式

$$e^x e^y = e^{x+y+[x,y]/2+([x,[x,y]]+[y,[y,x]])/12+\cdots}$$

で表される．この章の第一の目標は，表象が指数函数の形で与えられた二つの擬微分作用素の積が再び指数函数表象を持つ擬微分作用素として表されることの証明である．即ち，新種の指数法則

$$:e^{p(z,\zeta)}::e^{q(z,\zeta)}: = :e^{p(z,\zeta)+q(z,\zeta)+\langle\partial_\zeta p(z,\zeta),\partial_z q(z,\zeta)\rangle+\cdots}:$$

を示す．その準備として $P(z,\zeta)=e^{p(z,\zeta)}$ の形の表象を持つ作用素の類について考察し，積，形式随伴及び座標変換がこの類で閉じていることを示す．第二の目標は可逆性定理の定式化と証明である．擬微分作用素の特性集合が無限階の場合も込めて定義され，佐藤の基本定理の無限階版が得られる．

1. 劣 1 階（形式）表象と指数函数表象

以下，$\Omega\subset T^*\mathbb{C}^n$ 等を錐状開集合とする．

5.1.1 [定義]　以下の条件を満たす Ω 上の表象 $p(z,\zeta)$ を**劣 1 階**と呼ぶ: $r\in\,]0,1[$ 及び $d>0$ が存在して，$p(z,\zeta)\in\Gamma(\Omega_r[d_r];\mathscr{O}_{T^*\mathbb{C}^n})$ と仮定する．このとき，任意の $h>0$ に対して定数 $H>0$ が存在して

$$|p(z,\zeta)|\leqslant h\|\zeta\|+H,\quad \bigl((z;\zeta)\in\Omega_r[d_r]\bigr).$$

Ω 上の劣 1 階表象全体を $\mathscr{S}^{(1-0)}(\Omega)\subset\mathscr{S}(\Omega)$ と書く．又，$z^*\in\dot{T}^*\mathbb{C}^n$ に

対して

$$\mathscr{S}_{z^*}^{(1-0)} := \varinjlim_{\Omega \ni z^*} \mathscr{S}^{(1-0)}(\Omega) \subset \mathscr{S}_{z^*}$$

と定める．但し，帰納極限は z^* の錐状近傍全体を渡る．

次に，形式表象についても同様に劣 1 階の定義を与える:

5.1.2 [定義]　次の評価を満たす Ω 上の形式表象

$$p(z,\zeta) = \sum_{j=0}^{\infty} t^j p_j(z,\zeta)$$

を**劣 1 階**と呼ぶ: $r \in \left]0,1\right[$ 及び $d > 0$ が存在して $p_j(z,\zeta) \in \Gamma(\Omega_r[(j+1)d_r]; \mathscr{O}_{T^*\mathbb{C}^n})$ と仮定する．このとき $A \in \left]0,1\right[$ が存在して次を満たす: 任意の $h > 0$ に対し $H > 0$ が存在して

$$|p_j(z,\zeta)| \leqslant A^j(h\|\zeta\| + H), \quad \big((z;\zeta) \in \Omega_r[(j+1)d_r]\,;j \in \mathbb{N}_0\big).$$

Ω 上の劣 1 階形式表象全体を $\widehat{\mathscr{S}}^{(1-0)}(\Omega) \subset \widehat{\mathscr{S}}(\Omega)$ で表す．又，$z^* \in \dot{T}^*\mathbb{C}^n$ に対して

$$\widehat{\mathscr{S}}_{z^*}^{(1-0)} := \varinjlim_{\Omega \ni z^*} \widehat{\mathscr{S}}^{(1-0)}(\Omega) \subset \widehat{\mathscr{S}}_{z^*}$$

と定める．但し，帰納極限は z^* の錐状近傍全体を渡る．

5.1.3 [注意]　注意 4.1.6 と同様，Ω 上の表象 $p(z,\zeta)$ が劣 1 階とは，劣線型重み函数 $\Lambda(\zeta)$ が存在して，$\Omega_r[d_r]$ 上で $|p(z,\zeta)| \leqslant \Lambda(\zeta)$ と同値である．又，Ω 上の形式表象 $\sum\limits_{j=0}^{\infty} t^j p_j(z,\zeta)$ が劣 1 階とは，劣線型重み函数 $\Lambda(\zeta)$ 及び定数 $A \in \left]0,1\right[$ が存在し，任意の $j \in \mathbb{N}_0$ に対して $\Omega_r[(j+1)d_r]$ 上で次の評価を持つことと同値である:

$$|p_j(z,\zeta)| \leqslant A^j \Lambda(\zeta). \tag{5.1.1}$$

$A_1 \in \left]A,1\right[$ 及び $C > 0$ が存在して任意の $j \in \mathbb{N}_0$ に対して $(j+1)^2 A^j \leqslant CA_1^j$ だから，A, $\Lambda(\zeta)$ を A_1, $C\Lambda(\zeta)$ で置き換えて (5.1.1) を次に代えても良い:

$$|p_j(z,\zeta)| \leqslant \frac{A^j \Lambda(\zeta)}{(j+1)^2}. \tag{5.1.2}$$

$p(z,\zeta)$ が劣 1 階表象ならば明らかに表象 $e^{p(z,\zeta)}$ が定まるが，劣 1 階形式表象についてもその指数形式表象が定まる．即ち:

5.1.4 [命題]　　任意の $p(t;z,\zeta)\in\widehat{\mathscr{S}}^{(1-0)}(\Omega)$ に対し $e^{p(t;z,\zeta)}\in\widehat{\mathscr{S}}(\Omega)$. 更に $p(t;z,\zeta)\in\widehat{\mathscr{S}}^{(1-0)}(\Omega)\cap\widehat{\mathscr{N}}(\Omega)$ ならば，$e^{p(t;z,\zeta)}-1\in\widehat{\mathscr{N}}(\Omega)$.

証明　劣線型重み函数 $\Lambda(\zeta)$ 及び $A\in\,]0,1[$ が存在して，$\Omega_r[(j+1)d_r]$ 上 (5.1.1) が成り立つ．$p(t;z,\zeta)=\sum_{j=0}^{\infty}t^jp_j(z,\zeta)$ を指数に乗せて t に関して形式的に展開し，$\sum_{j=0}^{\infty}t^je_j(z,\zeta):=e^{p(t;z,\zeta)}$ と置くと

$$e^{p(t;z,\zeta)}=\sum_{k=0}^{\infty}\frac{1}{k!}\Big(\sum_{j=0}^{\infty}t^jp_j(z,\zeta)\Big)^k=1+\sum_{k=1}^{\infty}\frac{1}{k!}\sum_{j_1,\dots,j_k=0}^{\infty}\prod_{\nu=1}^{k}t^{j_\nu}p_{j_\nu}(z,\zeta)$$

だから，$e_0(z,\zeta)=e^{p_0(z,\zeta)}$ 且つ $j\in\mathbb{N}$ ならば

$$e_j(z,\zeta)=\sum_{k=1}^{\infty}\frac{1}{k!}\sum_{j_1+\cdots+j_k=j}\prod_{\nu=1}^{k}p_{j_\nu}(z,\zeta).$$

よって，$j=0$ ならば $|e_0(z,\zeta)|\leqslant e^{|p_0(z,\zeta)|}\leqslant e^{\Lambda(\zeta)}$ だから良い．そこで，以下 $j\geqslant 1$ とする．任意の $h>0$ を取る．$A\in\,]0,1[$ だから $c\in\,]0,1[$ が存在して $A=1-c$ と書ける．

$$B:=1-c^2=A(1+c)\in\,]0,1[$$

と置く．$j_k\leqslant j$ 且つ $\Omega_r[(j_k+1)d_r]\supset\Omega[(j+1)d_r]$ だから，(5.1.1) から任意の $j\in\mathbb{N}$ に対し $\Omega_r[(j+1)d_r]$ 上

(5.1.3)
$$|e_j(z,\zeta)|\leqslant\sum_{k=1}^{\infty}\frac{1}{k!}\sum_{j_1+\cdots+j_k=j}A^j\Lambda(\zeta)^k=A^j\sum_{k=1}^{\infty}\binom{j+k-1}{j}\frac{\Lambda(\zeta)^k}{k!}.$$

5.1.5 [補題]　　不定元 s の形式冪級数として

(5.1.4)
$$\sum_{k=1}^{\infty}\binom{j+k-1}{j}\frac{s^k}{k!}=\sum_{l=1}^{j}\binom{j-1}{l-1}\frac{e^ss^l}{l!}.$$

証明　(5.1.4) の両辺を k 階 s で微分して，$s=0$ とする．

$$\partial_s^k\Big(\frac{s^le^s}{l!}\Big)\Big|_{s=0}=\sum_{\nu=0}^{k}\binom{k}{\nu}\Big(\partial_s^\nu\Big(\frac{s^l}{l!}\Big)\cdot\partial_s^{k-\nu}e^s\Big)\Big|_{s=0}=\begin{cases}0 & (l>k),\\ \dbinom{k}{l} & (l\leqslant k),\end{cases}$$

だから (5.1.4) の左辺からは $\binom{j+k-1}{j}$，右辺からは $\sum_{l=1}^{\min\{j,k\}}\binom{j-1}{l-1}\binom{k}{l}$ が得られる．従って，任意の $j, k \in \mathbb{N}$ に対して

$$\binom{j+k-1}{j} = \sum_{l=1}^{\min\{j,k\}}\binom{j-1}{l-1}\binom{k}{l}$$

を示せば良い．不定元 (z_1, z_2, w_1, w_2) の展開

$$(z_1+z_2)^{j-1}(w_1+w_2)^k = \sum_{m=0}^{j-1}\sum_{l=0}^{k}\binom{j-1}{m}\binom{k}{l} z_1^{\,m}\, z_2^{\,j-1-m}\, w_1^{\,k-l}\, w_2^{\,l}$$

で $z_1 = w_1$, $z_2 = w_2$ と置けば

$$(z_1+z_2)^{j+k-1} = \sum_{m=0}^{j-1}\sum_{l=0}^{k}\binom{j-1}{m}\binom{k}{l} z_1^{\,m+k-l}\, z_2^{\,j+l-1-m}$$

だから，両辺の $z_1^{\,k-1}\, z_2^{\,j}$ の係数を比較すると左辺は $\binom{j+k-1}{j}$，右辺は

$$\sum_{m=0}^{j-1}\sum_{l=0}^{k}\sum_{l=m+1}\binom{j-1}{m}\binom{k}{l} = \sum_{l=1}^{\min\{j,k\}}\binom{j-1}{l-1}\binom{k}{l}. \qquad ■$$

命題 5.1.4 の証明を続ける．$\dfrac{\Lambda(\zeta)^l}{l!} = \dfrac{c^l(\Lambda(\zeta)/c)^l}{l!} \leqslant c^l e^{\Lambda(\zeta)/c}$ だから (5.1.3) 及び (5.1.4) から

$$\begin{aligned}|e_j(z,\zeta)| &\leqslant A^j \sum_{l=1}^{j}\binom{j-1}{l-1}\frac{\Lambda(\zeta)^l\, e^{\Lambda(\zeta)}}{l!} \leqslant A^j \sum_{l=1}^{j}\binom{j-1}{l-1} c^l e^{\Lambda(\zeta)(1+c)/c} \\ &\leqslant A^j\,(1+c)^j\, e^{\Lambda(\zeta)(1+c)/c} = B^j e^{\Lambda(\zeta)(1+c)/c}.\end{aligned}$$

これから $e^{p(t;z,\zeta)}$ が形式表象がわかった．

$p(z,\zeta) \in \widehat{\mathscr{S}}^{(1-0)}(\Omega) \cap \widehat{\mathscr{N}}(\Omega)$ と仮定する．劣線型重み函数 $\Lambda(\zeta)$ 及び定数 $A \in \left]0,1\right[$ が存在して，任意の $j \in \mathbb{N}$ に対し $\Omega_r[(j+1)d_r]$ 上 (5.1.1) が成り立ち，更に $(z,\zeta) \in \Omega_r[md_r] (m \in \mathbb{N})$ ならば

$$\left|\sum_{j=0}^{m-1} p_j(z,\zeta)\right| \leqslant \min\left\{A^m e^{\Lambda(\zeta)}, \frac{\Lambda(\zeta)}{1-A}\right\}. \tag{5.1.5}$$

$d > 0$ を大きく取り直して，$\Omega_r[md_r]$ 上 $\dfrac{\Lambda(\zeta)}{1-A} \geqslant 1$ と仮定して良い．

$$a^{(k)}(X) := \Big(\sum_{j=0}^{m-1} X^j\Big)^k = \sum_{j=0}^{k(m-1)} a_j^{(k)} X^j$$

と置けば，定義から

$$\sum_{j=m}^{k(m-1)} a_j^{(k)} X^j = \sum_{j=m}^{(m-1)k} \sum_{\substack{j_1+\cdots+j_k=j \\ j_1,\ldots,j_k \leqslant m-1}} X^j.$$

$0 < A < B < 1$ と B を取る．各 $a_j^{(k)}$ は正だから

$$a_j^{(k)} \leqslant \Bigl(\frac{1}{B}\Bigr)^j \Bigl(\sum_{i=0}^{m-1} B^i\Bigr)^k \leqslant \Bigl(\frac{1}{B}\Bigr)^j \Bigl(\frac{1}{1-B}\Bigr)^k.$$

よって $A_1 := \dfrac{A}{B} \in \,]0,1[$ と置いて

$$\begin{aligned} a^{(k)}(A) &= \sum_{j=m}^{k(m-1)} a_j^{(k)} A^j \leqslant \sum_{j=m}^{(m-1)k} \Bigl(\frac{A}{B}\Bigr)^j \Bigl(\frac{1}{1-B}\Bigr)^k \\ &\leqslant A_1^m \Bigl(\frac{1}{1-B}\Bigr)^k \sum_{j=0}^{\infty} A_1^j = \frac{A_1^m}{1-A_1} \Bigl(\frac{1}{1-B}\Bigr)^k. \end{aligned} \tag{5.1.6}$$

ここで

$$\begin{aligned} \sum_{j=0}^{m-1} e_j(z,\zeta) - 1 &= \sum_{k=1}^{\infty} \frac{1}{k!} \sum_{j=0}^{m-1} \sum_{j_1+\cdots+j_k=j} \prod_{\nu=1}^{k} p_{j_\nu}(z,\zeta) \\ &= \sum_{k=1}^{\infty} \frac{1}{k!} \biggl(\Bigl(\sum_{j=0}^{m-1} p_j(z,\zeta)\Bigr)^k - \sum_{j=m}^{(m-1)k} \sum_{\substack{j_1+\cdots+j_k=j \\ j_1,\ldots,j_k \leqslant m-1}} \prod_{\nu=1}^{k} p_{j_\nu}(z,\zeta) \biggr) \end{aligned}$$

だから (5.1.1), (5.1.5) 及び (5.1.6) から

$$\begin{aligned} \Bigl| \sum_{j=0}^{m-1} e_j(z,\zeta) - 1 \Bigr| &\leqslant \sum_{k=1}^{\infty} \frac{1}{k!} \biggl(\Bigl| \sum_{j=0}^{m-1} p_j(z,\zeta) \Bigr|^k + \sum_{j=m}^{(m-1)k} \sum_{\substack{j_1+\cdots+j_k=j \\ j_1,\ldots,j_k \leqslant m-1}} A^j \Lambda(\zeta)^k \biggr) \\ &\leqslant \Bigl| \sum_{j=0}^{m-1} p_j(z,\zeta) \Bigr| \sum_{k=1}^{\infty} \frac{1}{k!} \Bigl| \sum_{j=0}^{m-1} p_j(z,\zeta) \Bigr|^{k-1} + \sum_{k=1}^{\infty} \frac{\Lambda(\zeta)^k}{k!} a^{(k)}(A) \\ &\leqslant A^m e^{\Lambda(\zeta)} \sum_{k=0}^{\infty} \frac{1}{k!} \Bigl(\frac{\Lambda(\zeta)}{1-A} \Bigr)^k + \frac{A_1^m}{1-A_1} \sum_{k=1}^{\infty} \frac{1}{k!} \Bigl(\frac{\Lambda(\zeta)}{1-B} \Bigr)^k \\ &\leqslant C A^m e^{(1+\delta/(1-A))\Lambda(\zeta)} + \frac{A_1^m e^{\Lambda(\zeta)/(1-B)}}{1-A_1}. \end{aligned}$$

以上で証明された．■

次の命題から，劣 1 階についても表象と形式表象とは同値がわかる:

5.1.6 [命題]　$p(t;z,\zeta) \in \widehat{\mathscr{S}}^{(1-0)}(\Omega)$, $p(z,\zeta) \in \mathscr{S}(\Omega)$ が $p(t;z,\zeta) - p(z,\zeta) \in \widehat{\mathscr{N}}(\Omega)$ を満たすと仮定すれば，$p(z,\zeta) \in \mathscr{S}^{(1-0)}(\Omega)$ が成り立つ．特に，任意の $z^* \in \dot{T}^*\mathbb{C}^n$ 及び $p(t;z,\zeta) \in \widehat{\mathscr{S}}_{z^*}^{(1-0)}$ に対して $p(z,\zeta) \in \mathscr{S}_{z^*}^{(1-0)}$ が存在して $e^{p(t;z,\zeta)} - e^{p(z,\zeta)} \in \widehat{\mathscr{N}}_{z^*}$.

証明　$p(t;z,\zeta) = \sum_{j=0}^{\infty} t^j p(z,\zeta)$ と書く．d, $r > 0$ が存在して $p(z,\zeta) \in \Gamma(\Omega[d];\mathscr{O}_{T^*\mathbb{C}^n})$ 且つ $p_j(z,\zeta) \in \Gamma(\Omega_r[(j+1)d_r];\mathscr{O}_{T^*\mathbb{C}^n})$ としておく．仮定から定数 A, $B \in \left]0,1\right[$ が存在して，次が成り立つ:
任意の h, $h' > 0$ に対して H_h, $C_{h'} > 0$ が存在して

$$|p_j(z,\zeta)| \leqslant A^j(h\|\zeta\| + H_h), \qquad \big((z;\zeta) \in \Omega_r[(j+1)d_r];\ j \in \mathbb{N}_0\big),$$

$$\left|p(z,\zeta) - \sum_{j=0}^{m-1} p_j(z,\zeta)\right| \leqslant C_{h'}B^m e^{h'\|\zeta\|}, \qquad \big((z;\zeta) \in \Omega_r[md_r];\ m \in \mathbb{N}\big).$$

$B < 1$ 且つ h' は任意だから，$h' + \log\left(\dfrac{B}{d}\right) < 0$ と取れる．従って，任意の $\zeta \in \Omega_r[d_r]$ に対して m を $\dfrac{\|\zeta\|}{d}$ の整数部分とすれば

$$\begin{aligned}|p(z,\zeta)| &\leqslant \left|\sum_{j=0}^{m-1} p_j(z,\zeta)\right| + C_{h'}B^m e^{h'\|\zeta\|} \\ &\leqslant \sum_{j=0}^{m-1} A^j(h\|\zeta\| + H_h) + \frac{C_{h'}}{B}\, e^{(h'+\log B/d)\|\zeta\|} \leqslant \frac{h\|\zeta\| + H_h}{1-A} + \frac{C_{h'}}{B}\,.\end{aligned}$$

$h > 0$ は任意だから，これで前半が示された．

後半を示す．定理 4.4.7 から表象 $p(z,\zeta)$ を $p(t;z,\zeta) - p(z,\zeta) \in \widehat{\mathscr{N}}_{z^*}$ と取れ，前半から $p(z,\zeta)$ は劣 1 階となる．更に命題 5.1.4 から

$$e^{p(t;z,\zeta)-p(z,\zeta)} - 1 \in \widehat{\mathscr{N}}_{z^*}$$

となるから，これに $e^{p(z,\zeta)}$ を掛ければ，命題 4.4.2 から

$$e^{p(t;z,\zeta)} - e^{p(z,\zeta)} \in \widehat{\mathscr{N}}_{z^*}\,. \qquad \blacksquare$$

2. 積，形式随伴及び座標変換

この節では，本章の第一目標である表象の指数法則等を述べる．証明はどれも次節で行う．前節で述べた指数函数表象が定める擬微分作用素は，一般に無

限階となる．従って，積等の種々の基本的演算を定義通りに行うと，取り扱いが非常に困難である．しかし，それらの演算結果が再び指数函数表象で書き下せる．この形に基本演算を書き直しておくと，これらの演算が有限階作用素の「主要部」（最高階部分）に対してある種の普遍性を持っていたことに対応する性質が無限階の作用素にもあることが見てとれる．

以下，$n \times n$ 定数行列 $M = [a_{ij}]_{\substack{1 \leqslant i \leqslant n \\ 1 \leqslant j \leqslant n}} \neq 0$ 及び函数 $f(z,\zeta)$, $g(z,\zeta)$ に対して，次の通りに置く:

$$\langle \partial_\zeta, M\partial_z \rangle := \sum_{i,j=1}^{n} a_{ij}\partial_{\zeta_i}\partial_{z_j}, \quad \langle \partial_\zeta f, M\partial_z g \rangle := \sum_{i,j=1}^{n} a_{ij}\frac{\partial f}{\partial \zeta_i}\frac{\partial g}{\partial z_j}.$$

5.2.1 [定理]（作用素の積）　錐状開集合 $\Omega \subset T^*\mathbb{C}^n$ で定義された二つの劣 1 階形式表象 $p(t;z,\zeta) = \sum_{j=0}^{\infty} t^j p_j(z,\zeta)$ 及び $q(t;z,\zeta) = \sum_{j=0}^{\infty} t^j q_j(z,\zeta)$ に対して，$\Omega \times \Omega$ 上の形式表象の列 $\{\widetilde{r}_k(t;z,w,\zeta,\eta)\}$ を $\widetilde{r}_0 := p(t;z,\zeta) + q(t;w,\eta)$ 且つ次の漸化式で定める:

$$\widetilde{r}_{k+1} := \frac{t}{k+1}(\langle \partial_\zeta, \partial_w \rangle \widetilde{r}_k + \sum_{j=0}^{k} \langle \partial_\zeta \widetilde{r}_{k-j}, \partial_w \widetilde{r}_j \rangle). \tag{5.2.1}$$

ここで $\{\widetilde{r}_k\}$ の対角線への制限を用いて

$$r(t;z,\zeta) := \sum_{k=0}^{\infty} \widetilde{r}_k(t;z,z,\zeta,\zeta)$$

と置くと，r は Ω 上の劣 1 階形式表象となり

$$:e^{p(t;z,\zeta)}::e^{q(t;z,\zeta)}: = :e^{r(t;z,\zeta)}:. \tag{5.2.2}$$

具体的に r の初めの項を少し書けば

$$r(t;z,\zeta) = p(t;z,\zeta) + q(t;z,\zeta) + t\langle \partial_\zeta p(t;z,\zeta), \partial_z q(t;z,\zeta) \rangle + \cdots$$

だから，r の「主要部分」，即ち ζ に関して最も次数の高い部分は，p, q 各々の主要部分の和となる．実際，和の部分以降は，ζ 微分の影響と各表象が劣 1 階ということとから，ζ に関する次数が少しずつ下がってゆく．

同様に，指数函数表象を持つ擬微分作用素は形式随伴に関しても閉じている:

5.2.2 [定理]（形式随伴）　錐状開集合 $\Omega \subset T^*\mathbb{C}^n$ で定義された劣 1 階形式表象 $p(t;z,\zeta) = \sum_{j=0}^{\infty} t^j p_j(z,\zeta)$ に対して，Ω で定義された形式表象の列

$\{\widetilde{v}_k(t;z,\eta)\}$ を $\widetilde{v}_0 := p(t;z,\eta)$ 且つ次の漸化式で定める:

$$\widetilde{v}_{k+1} := -\frac{t}{k+1}(\langle\partial_\zeta,\partial_z\rangle\widetilde{v}_j + \sum_{j=0}^{k}\langle\partial_\zeta\widetilde{v}_{k-j},\partial_z\widetilde{v}_j\rangle).$$

この $\{\widetilde{v}_k\}$ を用いて

$$p^*(t;z,-\zeta) := \sum_{k=0}^{\infty}\widetilde{v}_k(t;z,\zeta)$$

と置くと，p^* は Ω^a 上の劣 1 階形式表象となり

$$(:e^{p(t;z,-\zeta)}:)^* = :e^{p^*(t;z,-\zeta)}:. \tag{5.2.3}$$

座標変換に関しても同様である.

5.2.3 [定理]（座標変換）　$U \in \mathfrak{O}(\mathbb{C}^n)$ 上，複素座表系 $z=(z_1,\ldots,z_n)$ と $w=(w_1,\ldots,w_n)$ が与えられているとする．対応する T^*U の座標系を各々 (z,ζ), (w,η) で表す．変換を $z=\Phi(w)$ とし，定義 1.2.12 の通り $J_\Phi^{-1}(z',z)$ を定める．${}^{\mathrm{t}}J_\Phi^{-1}(z,z)\eta = {}^{\mathrm{t}}d\Phi^{-1}(z)\eta = \zeta$ であった．$p(t;z,\zeta)$ を，錐状開集合 $\Omega \subset T^*U$ 上定義された座標 (z,ζ) に関する劣 1 階形式表象とする．形式表象の列 $\{\widetilde{u}_k(t;z',\Phi(w),\zeta',\eta)\}$ を，$\widetilde{u}_0 := p(t;\Phi(w),\zeta' + {}^{\mathrm{t}}J_\Phi^{-1}(z',\Phi(w))\eta)$ 且つ次の漸化式で定める:

$$\widetilde{u}_{k+1} := \frac{t}{k+1}(\langle\partial_{\zeta'},\partial_{z'}\rangle\widetilde{u}_k + \sum_{j=0}^{k}\langle\partial_{\zeta'}\widetilde{u}_{k-j},\partial_{z'}\widetilde{u}_j\rangle).$$

この $\{\widetilde{u}_k\}$ を用いて

$$\widetilde{p}(t;w,\eta) := \sum_{k=0}^{\infty}\widetilde{u}_k(t;\Phi(w),\Phi(w),0,\eta)$$

と置くと，$\widetilde{p}(t;w,\eta)$ は Ω で定義された座標系 (w,η) に関する劣 1 階形式表象となり

$$:e^{\widetilde{p}(t;w,\eta)}: = :e^{p(t;z,\zeta)}:. \tag{5.2.4}$$

有限階の微分作用素や超局所微分作用素の主表象，即ち最高階部分は座標の取り方に依存せずに定まることは既に見たが，無限階の場合はそもそも主表象が考えられない．又，表象自身は座標不変ではない．しかし定理 5.2.3 を用いれば，表象の対数の「最高階部分」に当たるものは有限階の場合と同様，座標の取り方に依存しないことがわかる．これから後に特性集合が無限階擬微分作用素に対しても座標不変に定義される.

3. 指数法則の証明

本節で，前節で述べた三つの定理を証明する．これらの証明は実質的に同じである．次の命題は証明に共通する部分を抽出したものであり，証明の形式的議論は容易である．

5.3.1［命題］　$p(t;z,\zeta)=\sum_{m=0}^{\infty} t^m p_m(z,\zeta)$ を，錐状開集合 $\Omega\subset T^*\mathbb{C}^n$ で定義された 劣 1 階形式表象とする．$n\times n$ 定数行列 $M=[a_{ij}]\neq 0$ に対して，形式表象の列 $\{q_k(t;z,\zeta)\}$ を $q_0:=p(t;z,\zeta)$ 且つ漸化式

$$q_{k+1}:=\frac{t}{k+1}(\langle\partial_\zeta,M\partial_z\rangle q_k+\sum_{l=0}^{k}\langle\partial_\zeta q_{k-l},M\partial_z q_l\rangle) \tag{5.3.1}$$

で定める．このとき

$$q(t;z,\zeta)=\sum_{k=0}^{\infty} q_k(t;z,\zeta) \tag{5.3.2}$$

と置くと，$q(t;z,\zeta)$ は Ω 上の劣 1 階形式表象となり

$$e^{t\langle\partial_\zeta,M\partial_z\rangle}e^{p(t;z,\zeta)}=e^{q(t;z,\zeta)}. \tag{5.3.3}$$

証明　新たな不定元 t_1 を導入して，$\widehat{\mathscr{S}}(\Omega)$ の切断を係数とする形式冪級数

$$E(t_1,t;z,\zeta):=e^{t_1t\langle\partial_\zeta,M\partial_z\rangle}e^{p(t;z,\zeta)}$$

を考える．E は明らかに微分方程式

$$\begin{cases}\dfrac{\partial E}{\partial t_1}=t\langle\partial_\zeta,M\partial_z\rangle E,\\ E\Big|_{t_1=0}=e^{p(t;z,\zeta)},\end{cases} \tag{5.3.4}$$

の唯一の形式解である．そこで $E(t_1,t;z,\zeta)=e^{\widetilde{q}(t_1,t;z,\zeta)}$ と置くと，$\widetilde{q}$ が微分方程式

$$\begin{cases}\dfrac{\partial\widetilde{q}}{\partial t_1}=t(\langle\partial_\zeta,M\partial_z\rangle\widetilde{q}+\langle\partial_\zeta\widetilde{q},M\partial_z\widetilde{q}\rangle),\\ \widetilde{q}\big|_{t_1=0}=p(t;z,\zeta),\end{cases} \tag{5.3.5}$$

の形式解であれば，E は (5.3.4) を満たすことがわかる．更に

$$\widetilde{q}=\sum_{k=0}^{\infty} t_1^k q_k$$

と置けば，(5.3.5) は $\{q_k\}_{k=0}^{\infty}$ が (5.3.1) を満たすことと同値である．各 q_k が形式表象となることは明らか．$q(t;z,\zeta) := \widetilde{q}(1,t;z,\zeta)$ と置くと，形式的に (5.3.3) が成り立つ．さて，表象の二重列 $\{q_{m,k}\}_{0\leqslant k\leqslant m\in\mathbb{N}_0}$ を次の漸化式で定める:

$$(5.3.6)\qquad \begin{cases} q_{m,0} := p_m\,, \qquad (m\in\mathbb{N}_0),\\ q_{m,k+1} := \dfrac{1}{k+1}\displaystyle\sum_{i,j=1}^{n} a_{ij}\Big(\frac{\partial^2 q_{m-1,k}}{\partial\zeta_i\,\partial z_j}\\ \qquad\qquad + \displaystyle\sum_{l=0}^{k}\sum_{\nu=l}^{m-k+l-1}\frac{\partial q_{\nu,l}}{\partial\zeta_i}\,\frac{\partial q_{m-1-\nu,k-l}}{\partial z_j}\Big). \end{cases}$$

このとき

$$q_k = \sum_{m=k}^{\infty} t^m q_{m,k},\quad \widetilde{q}(t_1,t;z,\zeta) = \sum_{m=0}^{\infty}\sum_{k=0}^{m} t_1^k\,t^m q_{m,k}(z,\zeta),$$

は容易にわかる．この q が形式表象であることを証明するため:

5.3.2 [補題]　二重数列 $\{C_{m,k}\}_{0\leqslant k\leqslant m\in\mathbb{N}_0}$ を次の漸化式で定める:

$$\begin{cases} C_{m,0} := \dfrac{1}{(m+1)^2} \quad (m\in\mathbb{N}_0),\\ C_{m,k+1} := R\Big(C_{m-1,k}\\ \qquad\qquad + \dfrac{1}{k+1}\displaystyle\sum_{l=0}^{k}\sum_{\nu=l}^{m-k+l-1}(l+1)\,C_{\nu,l}(k-l+1)\,C_{m-1-\nu,k-l}\Big). \end{cases}$$

但し $R>0$ は定数である．このとき定数 $B>0$ が存在して，各 $0\leqslant k\leqslant m\in\mathbb{N}_0$ に対して

$$(5.3.7)\qquad C_{m,k} \leqslant \frac{B^k}{(k+1)^3(m+1)^2}\,.$$

証明　$\{C_{m,k}\}_{0\leqslant k\leqslant m\in\mathbb{N}_0}$ が一意に定まることは容易にわかる．$k=0$ に対しては成立しているので，任意の $m\in\mathbb{N}_0$ に対して $\{C_{m,l}\}_{0\leqslant l\leqslant\min\{k,m\}}$ が

$$C_{m,l} \leqslant \frac{B^l}{(l+1)^3(m+1)^2}$$

を満たすと仮定して $C_{m,k+1}$ を評価する．漸化式と帰納法の仮定とから

$$C_{m,k+1} \leqslant RB^k\Big(\frac{1}{(k+1)^3\,m^2}$$

$$+\frac{1}{k+1}\sum_{l=0}^{k}\frac{1}{(l+1)^2(k-l+1)^2}\sum_{\nu=0}^{m-1}\frac{1}{(\nu+1)^2(m-\nu)^2}\Big).$$

5.3.3［補題］　定数 $c>0$ が存在して，任意の $j\in\mathbb{N}_0$ に対して

$$\sum_{\nu=0}^{j}\frac{1}{(\nu+1)^2(j-\nu+1)^2}\leqslant\frac{c}{(j+2)^2}\,.$$

証明　周知の通り，任意の $j\in\mathbb{N}$ に対して

$$\sum_{\nu=0}^{j}\frac{1}{(\nu+1)^2}\leqslant c':=\sum_{\nu=1}^{\infty}\frac{1}{\nu^2}<\infty$$

(実際 $c'=\dfrac{\pi^2}{6}$)．さて

$$\frac{j+2}{(\nu+1)(j-\nu+1)}=\frac{1}{\nu+1}+\frac{1}{j-\nu+1}$$

と変形すれば

$$\begin{aligned}\sum_{\nu=0}^{j}\frac{(j+2)^2}{(\nu+1)^2(j-\nu+1)^2}&=\sum_{\nu=0}^{j}\Big(\frac{1}{\nu+1}+\frac{1}{j-\nu+1}\Big)^2\\&=\sum_{\nu=0}^{j}\frac{1}{(\nu+1)^2}+\sum_{\nu=0}^{j}\frac{2}{(\nu+1)(j-\nu+1)}+\sum_{\nu=0}^{j}\frac{1}{(j-\nu+1)^2}\\&\leqslant 2c'+\sum_{\nu=0}^{j}\frac{2}{(\nu+1)(j-\nu+1)}\,.\end{aligned}$$

更に Schwarz の不等式から

$$\sum_{\nu=0}^{j}\frac{1}{(\nu+1)(j-\nu+1)}\leqslant\Big(\sum_{\nu=0}^{j}\frac{1}{(\nu+1)^2}\Big)^{1/2}\Big(\sum_{\nu=0}^{j}\frac{1}{(j-\nu+1)^2}\Big)^{1/2}\leqslant c'$$

だから

$$\sum_{\nu=0}^{j}\frac{(j+2)^2}{(\nu+1)^2(j-\nu+1)^2}\leqslant 4c'.$$

■

補題 5.3.3 の通り，$c>0$ が存在して各 k,m に対して

$$\sum_{l=0}^{k}\frac{(k+2)^2}{(l+1)^2(k-l+1)^2},\quad\sum_{\nu=0}^{m-1}\frac{(m+1)^2}{(\nu+1)^2(m-\nu)^2}\leqslant c$$

が成り立つ．従って

$$C_{m,k+1}\leqslant\frac{R(1+c^2)B^k}{(k+1)^3\,m^2}$$

であるが
$$\left(\frac{k+2}{k+1}\right)^3\left(\frac{m+1}{m}\right)^2 \leqslant 32$$
だから，定数 B を最初から $32R(1+c^2) \leqslant B$ と取っておけば
$$C_{m,k+1} \leqslant \frac{B^{k+1}}{(k+2)^3(m+1)^2}$$
が成り立ち，帰納法が進行する. ∎

命題の証明に戻る．記号は (4.1.1) 及び (4.1.2) に従う．補題 5.3.2 の二重数列 $\{C_{m,k}\}_{0\leqslant k\leqslant m\in\mathbb{N}_0}$ を利用して $\{q_{m,k}\}_{0\leqslant k\leqslant m\in\mathbb{N}_0}$ の評価を行う．定数 A, $r\in]0,1[$, $d>0$ 及び劣線型重み函数 Λ が存在して，任意の $j\in\mathbb{N}_0$ に対して $\Omega_r[(j+1)d_r]$ 上 (5.1.2) が成り立っているとして良い．

5.3.4 [補題]　任意の $K, N>1$ に対して $d>0$ を十分大きく，$r>0$ を十分小さく取り直せば，次が成り立つ: 劣線型重み函数 $\Lambda(\zeta)$ が存在して，任意の $\varepsilon\in\left[0,r\right[$ に対して $\Omega_\varepsilon[(m+1)d_\varepsilon]$ 上 $k\leqslant m$ について

(5.3.8)
$$|q_{m,k}(z,\zeta)| \leqslant \frac{C_{m,k}\,A^{m-k}\Lambda(\zeta)}{(r-\varepsilon)^{Nk}K^k}.$$

証明　補題 5.3.2 と同様の論法で，k に関する数学的帰納法を用いる．任意の m に対して (5.3.8)-0 は成り立っているので，(5.3.8)-k まで成り立っていると仮定する．補題 4.2.3 から，$\Omega_\varepsilon[md_\varepsilon]$ 上で
$$\left|\frac{\partial^2 q_{m-1,k}}{\partial\zeta_i\,\partial z_j}(z,\zeta)\right| \leqslant \frac{2(k+1)^2\,C_{m-1,k}\,e^N A^{m-k-1}\Lambda(\zeta)}{(r-\varepsilon)^{Nk+2}K^k\|\zeta\|}.$$
$d_r \geqslant 2Ke^N$ と取り直せば，$\|\zeta\|\geqslant(m+1)d_\varepsilon\geqslant d_r$ に対して
$$\left|\frac{\partial^2 q_{m-1,k}}{\partial\zeta_i\,\partial z_j}(z,\zeta)\right| \leqslant \frac{(k+1)\,C_{m-1,k}\,A^{m-k-1}\Lambda(\zeta)}{(r-\varepsilon)^{N(k+1)}K^{k+1}}.$$
同様にして
$$\left|\frac{\partial q_{\nu,l}}{\partial\zeta_i}(z,\zeta)\right| \leqslant \frac{2(l+1)\,C_{\nu,l}\,e^N A^{\nu-l}\Lambda(\zeta)}{(r-\varepsilon)^{Nl+1}K^l\|\zeta\|},$$
$$\left|\frac{\partial q_{m-1-\nu,k-l}}{\partial z_j}(z,\zeta)\right| \leqslant \frac{(k-l+1)\,C_{m-1-\nu,k-l}\,e^N A^{m+l-k-\nu-1}\Lambda(\zeta)}{(r-\varepsilon)^{N(k-l)+1}K^{k-l}},$$
だから，$\left|\dfrac{\partial q_{\nu,l}}{\partial\zeta_i}(z,\zeta)\,\dfrac{\partial q_{m-1-\nu,k-l}}{\partial z_j}(z,\zeta)\right|$ は $\Omega_\varepsilon[(m+1)d_\varepsilon]$ 上で
$$\frac{2(l+1)\,C_{\nu,l}\,(k-l+1)\,C_{m-1-\nu,k-l}\,e^{2N}A^{m-k-1}\,\Lambda(\zeta)^2}{(r-\varepsilon)^{N(k+1)}K^k\|\zeta\|}$$

を超えない．必要ならば d を $\|\zeta\| \geqslant d_r$ ならば $2e^{2N}K\Lambda(\zeta) \leqslant \|\zeta\|$ と取り直す．$R := \max\{|a_{ij}|\}$ と取ると，$q_{m,k+1}$ と $C_{m,k+1}$ との定義から

$$|q_{m,k+1}(z,\zeta)| \leqslant \frac{C_{m,k+1}\, A^{m-k-1}\, \Lambda(\zeta)}{(r-\varepsilon)^{N(k+1)} K^{k+1}}$$

が $\Omega_\varepsilon[(m+1)d_\varepsilon]$ 上で成り立つ． ∎

命題の証明を完結させる．K を

$$\frac{B}{A(r-\varepsilon)^N} \leqslant \frac{K}{2}$$

と取っておけば，$\Omega_\varepsilon[(m+1)d_\varepsilon]$ 上で

$$\left| \sum_{k=0}^{m} q_{m,k}(z,\zeta) \right| \leqslant 2A^m \Lambda(\zeta)$$

が成り立つから，$q(t;z,\zeta) = \sum_{m=0}^{\infty} t^m \sum_{k=0}^{m} q_{m,k}(z,\zeta)$ は劣 1 階となる． ∎

定理 5.2.1–5.2.3 の証明は命題 5.3.1 を読み替えて制限すれば良い．例えば定理 5.2.1 を示す: $e^{p(z,\zeta)}$ と $e^{q(z,\zeta)}$ との作用素としての積は，定理 4.4.9 から

$$e^{t\langle\partial_\zeta,\partial_w\rangle} e^{p(z,\zeta)+q(w,\eta)}\Big|_{\substack{w=z\\ \eta=\zeta}}$$

によって表された．従って，(5.3.5) に対応する方程式は

$$\text{(5.3.9)} \qquad \begin{cases} \dfrac{\partial R}{\partial t_1} = t\langle\partial_\zeta,\partial_w\rangle R, \\ R\big|_{t_1=0} = e^{p(z,\zeta)+q(w,\eta)}. \end{cases}$$

即ち (5.3.4) で n を $2n$, $(z;\zeta)$ を $(z,w;\zeta,\eta)$ と読み替え，$(w_1,\ldots,w_n)$, $(\eta_1,\ldots,\eta_n)$ を各々 $(z_{n+1},\ldots,z_{2n})$, $(\zeta_{n+1},\ldots,\zeta_{2n})$ と思う．$M=(a_{ij})$ を $a_{ij} := \delta_{i,j-n}$ $(i,j=1,\ldots,2n)$ と置く．但し $\delta_{i,j}$ は **Kronecker の δ**（を負の添字も許して拡張したもの）である．これから (5.3.6) に対応する漸化式は

$$\begin{cases} \widetilde{r}_{m,0} := p_m + q_m\,, \qquad (m \in \mathbb{N}_0), \\ \widetilde{r}_{m,k+1} := \dfrac{1}{k+1}\Bigl(\langle\partial_\zeta,\partial_w\rangle \widetilde{r}_{m-1,k} \\ \qquad\qquad + \displaystyle\sum_{l=0}^{k} \sum_{\nu=l}^{m-k+l-1} \langle\partial_\zeta \widetilde{r}_{\nu,l}, \partial_w \widetilde{r}_{m-1-\nu,k-l}\rangle\Bigr) \end{cases}$$

だから $\widetilde{r}_k := \sum_{m=k}^{\infty} t^m\, \widetilde{r}_{m,k}$ の漸化式は (5.2.1) となる．得られた形式表象に対して制限 $w=z$, $\eta=\zeta$ を行っても，劣 1 階の形式表象であることに変わりはない．以上で示された．形式随伴，座標変換についても同様である．

4. 劣 1 階作用素の指数函数

本章 1 節では表象が劣 1 階形式表象の指数函数で与えられる擬微分作用素について論じたが，こうした作用素と劣 1 階の作用素の指数関数は密接に関係している．最初に，簡単な例から始める．

5.4.1 [例]　$n=1$ の場合を考え，$z:=z_1, \zeta:=\zeta_1$ 及び $\partial_z := d/dz$ と置く．1/2 階の擬微分作用素 $:z\sqrt{\zeta}: = z\sqrt{\partial_z}$ を考える．この作用素の指数函数

$$\exp(z\sqrt{\partial_z}) = \sum_{k=0}^{\infty} \frac{1}{k!}(z\sqrt{\partial_z})^k$$

は，擬微分作用素として意味を持ち

$$\exp(z\sqrt{\partial_z}) = :\exp\Big(z\big(\sqrt{\zeta}+\frac{1}{4}\big)\Big): = \exp\big(\frac{z}{4}\big)\sum_{k=0}^{\infty}\frac{z^k}{k!}\big(\sqrt{\partial_z}\big)^k.$$

厳密な証明はともかく，この等式を理解するには助変数 s を導入して作用素 $\exp(sz\sqrt{\partial_z})$ を考えるのが早道である．これは，作用素に対する微分方程式

$$\partial_s \exp(sz\sqrt{\partial_z}) = \exp(sz\sqrt{\partial_z})\, z\sqrt{\partial_z},$$
$$\exp(sz\sqrt{\partial_z})\big|_{s=0} = 1,$$

の一意解である．解の形を $\exp(sz\sqrt{D_z}) = :\exp q(s,z,\zeta):$ と仮定して代入してみると

$$\partial_s :\exp q(s,z,\zeta): = :\partial_s q(s,z,\zeta)\exp q(s,z,\zeta):$$

且つ積の定義から

$$:\exp q(s,z,\zeta)::z\sqrt{\zeta}: = :\exp q(s,z,\zeta)(z\sqrt{\zeta}+\partial_\zeta q(s,z,\zeta)\sqrt{\zeta}):$$

となるので，q に対する方程式

$$\frac{\partial q}{\partial s}(s,z,\zeta) = z\sqrt{\zeta} + \frac{\partial q}{\partial \zeta}(s,z,\zeta)\sqrt{\zeta}$$

が得られる．q が s について展開可能と仮定して，$q(s,z,\zeta)=\sum_{j=1}^{\infty} s^j q_j(z,\zeta)$ として上式に代入すると

$$q_1 = z\sqrt{\zeta},\quad q_2 = \frac{z}{4},\quad q_3 = \cdots = 0.$$ □

この例を一般化する．多変数の場合に戻る．劣 1 階の形式表象 $p(t;z,\zeta) \in \widehat{\mathscr{S}_{z^*}}^{(1-0)}$ に対して，擬微分作用素 $:p(t;z,\zeta):$ の指数函数 $e^{:p(t;z,\zeta):}$ を考えた

い．そのため，助変数 s を入れて作用素 $e^{s:p(t;z,\zeta):}$ を考える．形式的には

$$e^{s:p(t;z,\zeta):}=\sum_{l=0}^{\infty}\frac{s^l}{l!}(:p(t;z,\zeta):)^l.$$

$\{(:p(t;z,\zeta):)^l\}_{l=0}^{\infty}$ を評価する．形式表象列 $\{p^{(l)}(t;z,\zeta)\}$ を $p^{(0)}(t;z,\zeta):=1$ 及び漸化式

$$p^{(l+1)}(t;z,\zeta):=p(t;z,\zeta)\circ p^{(l)}(t;z,\zeta)$$

で定める．各 l に対し，$p^{(l)}(t;z,\zeta)$ は形式表象となり

$$(:p(t;z,\zeta):)^l=:p^{(l)}(t;z,\zeta):.$$

特に $p^{(1)}(t;z,\zeta)=p(t;z,\zeta)$.

5.4.2 [命題]　任意の $s\in\mathbb{C}$ に対し

$$E(t;s,z,\zeta):=\sum_{l=0}^{\infty}\frac{s^l}{l!}p^{(l)}(t;z,\zeta)$$

と置けば，任意のコンパクト集合 $K\Subset\mathbb{C}$ に対して $s\in K$ について一様に $E(t;s,z,\zeta)\in\widehat{\mathscr{S}_{z^*}}$.

証明　記号は (4.1.1) 及び (4.1.2) に従う．z^* の十分小さい錐状開近傍 Ω, $d>0$ 及び $r\in\,]0,1[$ が存在して，$p_j(z,\zeta)\in\Gamma(\Omega_r[(j+1)d_r];\mathscr{O}_{T^*\mathbb{C}^n})$，且つ $A\in\,]0,1[$ 及び劣線型重み函数 $\Lambda(\zeta)$ が存在し，任意の $j\in\mathbb{N}_0$ に対して $\Omega_r[(j+1)d_r]$ 上 (5.1.1) が成り立つ．ここで

$$p^{(l)}(t;z,\zeta)=\sum_{j=0}^{\infty}t^j p_j^{(l)}(z,\zeta)$$

と置けば，次を得る:

$$p_i^{(l)}(z,\zeta)=\sum_{|\alpha|+j+k=i}\frac{1}{\alpha!}\frac{\partial^{|\alpha|}p_j}{\partial\zeta^\alpha}(z,\zeta)\frac{\partial^{|\alpha|}p_k^{(l-1)}}{\partial z^\alpha}(z,\zeta). \tag{5.4.1}$$

5.4.3 [補題]　$B\in\,]A,1[$, C, $N>1$ が存在して，任意の $\varepsilon\in[0,r[$ 及び $\beta\in{\mathbb{N}_0}^n$ に対して $\Omega_\varepsilon[(i+1)d_\varepsilon]$ 上

$$|\partial_z^\beta p_i^{(l)}(z,\zeta)|\leqslant\sum_{j+k=i}\frac{(|\beta|+k)!\,B^j(C\Lambda(\zeta))^l}{(r-\varepsilon)^{N(2k+|\beta|)}\|\zeta\|^k}. \tag{5.4.2}$$

証明　$l=0$ ならば明らか．(5.4.2)-$(l-1)$ まで成り立つと仮定する．補題 4.2.3 及び帰納法の仮定から，$\Omega_\varepsilon[(j+1)d_\varepsilon]$ 及び $\Omega_\varepsilon[(k+1)d_\varepsilon]$ 上で

$$|\partial_z^\alpha \partial_\zeta^\beta p_j(z,\zeta)| \leqslant \frac{2\alpha!\,\beta!\,A^j\Lambda(\zeta)}{(r-\varepsilon)^{|\alpha+\beta|}\,\|\zeta\|^{|\beta|}},$$

$$|\partial_z^\alpha p_k^{(l-1)}(z,\zeta)| \leqslant \sum_{\nu+\mu=k} \frac{(|\alpha|+\mu)!\,B^\nu(C\Lambda(\zeta))^{l-1}}{(r-\varepsilon)^{N(2\mu+|\alpha|)}\|\zeta\|^\mu}.$$

従って (5.4.1) の両辺を微分して

$$|\partial_z^\beta p_i^{(l)}(z,\zeta)| = \Bigg|\sum_{\substack{|\alpha|+j+k=i\\ \gamma\leqslant\beta}} \binom{\beta}{\gamma}\frac{1}{\alpha!}\frac{\partial^{|\alpha+\beta-\gamma|}p_j}{\partial z^{\beta-\gamma}\partial\zeta^\alpha}(z,\zeta)\,\frac{\partial^{|\alpha+\gamma|}p_k^{(l-1)}}{\partial z^{\alpha+\gamma}}(z,\zeta)\Bigg|$$

$$\leqslant \sum_{\gamma\leqslant\beta}\sum_{\substack{|\alpha|+j+k=i\\ \nu+\mu=k}} \frac{\beta!\,(|\alpha+\gamma|+\mu)!\,2A^jB^\nu(C\Lambda(\zeta))^{l-1}\Lambda(\zeta)}{\gamma!\,(r-\varepsilon)^{|\alpha|+|\beta-\gamma|}(r-\varepsilon)^{N(2\mu+|\alpha+\gamma|)}\|\zeta\|^{\mu+|\alpha|}}.$$

$\gamma\leqslant\beta$ ならば $|\beta|!\,(|\alpha+\gamma|+\mu)! \leqslant (|\alpha+\beta|+\mu)!\,|\gamma|!$ 且つ $\dfrac{\beta!}{\gamma!}\leqslant\dfrac{|\beta|!}{|\gamma|!}$ が成り立つから

$$|\partial_z^\beta p_i^{(l)}(z,\zeta)| \leqslant \sum_{\gamma\leqslant\beta}\sum_{\substack{|\alpha|+j+k=i\\ \nu+\mu=k}} \frac{2(|\alpha+\beta|+\mu)!\,A^jB^\nu(C\Lambda(\zeta))^{l-1}\Lambda(\zeta)}{(r-\varepsilon)^{|\alpha|+|\beta-\gamma|}(r-\varepsilon)^{N(2\mu+|\alpha+\gamma|)}\|\zeta\|^{\mu+|\alpha|}}$$

$$= \sum_{j'+k'=i}\sum_{\substack{j+\nu=j'\\ \mu+|\alpha|=k'}}\sum_{\gamma\leqslant\beta} \frac{2(|\beta|+k')!\,(r-\varepsilon)^{(N-1)|\alpha+\beta-\gamma|}A^jB^\nu(C\Lambda(\zeta))^l}{C(r-\varepsilon)^{N(2k'+|\beta|)}\|\zeta\|^{k'}}$$

$$\leqslant \sum_{j'+k'=i} \frac{2(|\beta|+k')!\,B^{j'}(C\Lambda(\zeta))^l}{C(r-\varepsilon)^{N(2k'+|\beta|)}\|\zeta\|^{k'}} \sum_{j=0}^{\infty}\Big(\frac{A}{B}\Big)^j \sum_{\substack{\alpha\\ \gamma\leqslant\beta}} r^{(N-1)(|\alpha|+|\beta-\gamma|)}$$

$$= \sum_{j+k=i} \frac{2B}{C(B-A)\,(1-r^{N-1})^{2n}}\,\frac{(|\beta|+k)!\,B^j(C\Lambda(\zeta))^l}{(r-\varepsilon)^{N(2k+|\beta|)}\|\zeta\|^k}.$$

従って，$C:=\dfrac{2B}{(B-A)\,(1-r^{N-1})^{2n}}$ と置けば帰納法が進行する．∎

$E_i(s,z,\zeta):=\sum\limits_{l=0}^{\infty}\dfrac{s^l}{l!}\,p_i^{(l)}(z,\zeta)$ と置けば，(5.4.2) から $\Omega_\varepsilon[(i+1)d_\varepsilon]$ 上

$$|E_i(s,z,\zeta)| \leqslant \sum_{j+k=i}\frac{k!\,B^je^{|s|C\Lambda(\zeta)}}{(r-\varepsilon)^{2Nk}\|\zeta\|^k}.$$

$d>1$ と仮定して良い．任意の $B_1\in\,]0,B[$ を取って $d':=\dfrac{d}{(r-\varepsilon)^{2N}B_1}$ と

置けば，任意の $K>0$ に対して $\{s\in\mathbb{C};\ |s|\leqslant K\}\times\Omega_\varepsilon[(i+1)d'_\varepsilon]$ 上

$$|E_i(s,z,\zeta)|\leqslant\sum_{j+k=i}\frac{k^k\,B^jB_1^ke^{|s|C\Lambda(\zeta)}}{((i+1)d)^k}\leqslant\sum_{j+k=i}B^jB_1^ke^{CK\Lambda(\zeta)}$$

$$=B^ie^{CK\Lambda(\zeta)}\sum_{k=0}^{i}\Big(\frac{B_1}{B}\Big)^k\leqslant\frac{B^{i+1}e^{CK\Lambda(\zeta)}}{B-B_1}.$$

従って，$E(t;s,z,\zeta)=\sum_{j=0}^{\infty}t^jE_j(s,z,\zeta)$ が形式表象がわかった. ∎

形式的には

$$\exp(s{:}p(t;z,\zeta){:})=\sum_{l=0}^{\infty}\frac{s^l}{l!}\,({:}p(t;z,\zeta){:})^l=\sum_{l=0}^{\infty}\sum_{j=0}^{\infty}\frac{s^l\,t^j}{l!}\,{:}p_j^{(l)}(t;z,\zeta){:}$$

$$={:}\sum_{l=0}^{\infty}\sum_{j=0}^{\infty}\frac{s^l\,t^j}{l!}\,p_j^{(l)}(t;z,\zeta){:}={:}E(t;s,z,\zeta){:}$$

である．従って:

5.4.4 [定義]　$p(t;z,\zeta)\in\widehat{\mathscr{S}_{z^*}}^{(1-0)}$ 及び $s\in\mathbb{C}$ に対して

$$\exp(s{:}p(t;z,\zeta){:}):={:}E(t;s,z,\zeta){:}\in\mathscr{E}^{\mathbb{R}}_{\mathbb{C}^n,z^*}$$

と定める．通常の指数函数と同様，$\exp(s{:}p(t;z,\zeta){:})$ を $e^{s{:}p(t;z,\zeta){:}}$ とも書く．

5.4.5 [命題]　$p(t;z,\zeta)\in\widehat{\mathscr{S}_{z^*}}^{(1-0)}$ ならば，$\exp(s{:}p(t;z,\zeta){:})$ は

$$\left\{\begin{aligned}&\frac{\partial\exp(s{:}p(t;z,\zeta){:})}{\partial s}={:}p(t;z,\zeta){:}\ \exp(s{:}p(t;z,\zeta){:}),\\&\exp(s{:}p(t;z,\zeta){:})\big|_{s=0}=1,\end{aligned}\right.\tag{5.4.3}$$

を満たす．更に，次の**指数法則**が成り立つ:

$$\exp(s_1{:}p(t;z,\zeta){:})\ \exp(s_2{:}p(t;z,\zeta){:})=\exp((s_1+s_2){:}p(t;z,\zeta){:}).$$

特に，$\exp(s{:}p(t;z,\zeta){:})$ は逆作用素 $\exp(-s{:}p(t;z,\zeta){:})$ を持つ．

証明　$E(t;s,z,\zeta)=\sum_{l=0}^{\infty}\sum_{j=0}^{\infty}\frac{s^l\,t^j}{l!}\,p_j^{(l)}(z,\zeta)$ であったから

$$E(t;0,z,\zeta)=\sum_{j=0}^{\infty}t^jp_j^{(0)}(z,\zeta)=p^{(0)}(t;z,\zeta)=1.$$

又，

$$\frac{\partial E}{\partial s}(t;s,z,\zeta)=\sum_{l=0}^{\infty}\sum_{j=0}^{\infty}\frac{s^l\,t^j}{l!}\,p_j^{(l+1)}(z,\zeta)=\sum_{l=0}^{\infty}\frac{s^l}{l!}\,p^{(l+1)}(z,\zeta)$$

$$= p(z,\zeta) \circ \sum_{l=0}^{\infty} \frac{s^l}{l!} p^{(l)}(z,\zeta) = p(z,\zeta) \circ E(t;s,z,\zeta)$$

となるから (5.4.3) が示された．次に，積の結合則から

$$p^{(l)}(t;z,\zeta) \circ p^{(k)}(t;z,\zeta) = p^{(l+k)}(t;z,\zeta)$$

だから

$$E(t;s_1,z,\zeta) \circ E(t;s_2,z,\zeta) = \sum_{l=0}^{\infty}\sum_{k=0}^{\infty} \frac{s_1^l s_2^k}{l!\,k!} p^{(l)}(t;z,\zeta) \circ p^{(k)}(t;z,\zeta)$$

$$= \sum_{l=0}^{\infty}\sum_{k=0}^{\infty} \frac{s_1^l s_2^k}{l!\,k!} p^{(l+k)}(t;z,\zeta) = \sum_{l=0}^{\infty}\sum_{k=0}^{l} \frac{s_1^k s_2^{l-k}}{l!\,(l-k)!} p^{(l)}(t;z,\zeta)$$

$$= \sum_{l=0}^{\infty}\sum_{k=0}^{l} \binom{l}{k} \frac{s_1^k s_2^{l-k}}{l!} p^{(l)}(t;z,\zeta) = \sum_{l=0}^{\infty} \frac{(s_1+s_2)^l}{l!} p^{(l)}(t;z,\zeta)$$

$$= E(t;s_1+s_2,z,\zeta)$$

となり，指数法則も良い．∎

5.4.6 ［定理］　任意の $p(t;z,\zeta) \in \widehat{\mathscr{S}_{z^*}}^{(1-0)}$ に対して，$s \in \mathbb{C}$ に整型に依存する $q(t;s,z,\zeta) \in \widehat{\mathscr{S}_{z^*}}^{(1-0)}$ が存在して

$$e^{s:p(t;z,\zeta):} = :e^{q(t;s,z,\zeta)}:.$$

証明　$e^{s:p(t;z,\zeta):} = :e^{q(t;s,z,\zeta)}:$ の両辺を s で微分すれば

(5.4.4)
$$\begin{cases} :p(t;z,\zeta)::e^{q(t;s,z,\zeta)}: = \partial_s :e^{q(t;s,z,\zeta)}:, \\ e^{s:p(t;z,\zeta):}\big|_{s=0} = :e^{q(t;0,z,\zeta)}: = 1. \end{cases}$$

$p(t;z,\zeta) = \sum_{i=0}^{\infty} t^i p_i(z,\zeta)$ と置く．$:e^{q(t;0,z,\zeta)}: = 1$ だから

(5.4.5)
$$q(t;s,z,\zeta) = \sum_{l=1}^{\infty} s^l q^{(l)}(t;z,\zeta) = \sum_{l=1}^{\infty}\sum_{h=0}^{\infty} s^l\, t^h q_h^{(l)}(z,\zeta),$$
$$q_h(s,z,\zeta) := \sum_{l=1}^{\infty} s^l q_h^{(l)}(z,\zeta),$$

と置く．次に u を助変数とし

(5.4.6)
$$\Psi(u,t_1,t_2;s,z,w,\zeta,\eta) := e^{-q(t_2;s,w,\eta)} e^{ut_2\langle\partial_\zeta,\partial_w\rangle} p(t_1;z,\zeta)\, e^{q(t_2;s,w,\eta)}$$

と定める．$\varPsi$ は，形式的には次の通りに展開できる:

$$\varPsi(u,t_1,t_2;s,z,w,\zeta,\eta)=\sum_{l,i,j=0}^{\infty}\sum_{k=0}^{j}s^l\,t_1^i\,t_2^j\,u^k\,\varPsi_{i,j,k}^{(l)}(z,w,\zeta,\eta). \tag{5.4.7}$$

5.4.7 [補題]　初期条件

$$\begin{cases}\varPsi_{i,0,0}^{(0)}(z,w,\zeta,\eta)=\delta_{l,0}\,\delta_{j,0}\,p_i(z,\zeta),\\ \varPsi_{i,j,k}^{(l)}(z,w,\zeta,\eta)=0\quad(j<l\ \text{又は}\ j<k),\end{cases}$$

の下で，次の漸化式が得られる:

$$\begin{cases}q_{i,j}^{(l+1)}(z,\zeta)=\dfrac{1}{l+1}\displaystyle\sum_{k=0}^{j}\varPsi_{i,j,k}^{(l)}(z,z,\zeta,\zeta)\\ \quad\varPsi_{i,j,k+1}^{(l)}=\dfrac{1}{k+1}\Big(\langle\partial_\zeta,\partial_w\rangle\varPsi_{i,j-1,k}^{(l)}\\ \qquad\qquad+\displaystyle\sum_{h=0}^{i}\sum_{\mu=1}^{l}\sum_{\nu=0}^{j-k-1}\langle\partial_\zeta\varPsi_{h,j-\nu-1,k}^{(l-\mu)},\partial_w q_{i-h,\nu}^{(\mu)}\rangle\Big),\\ q_i(s,z,\zeta)=p_i(z,\zeta)+\displaystyle\sum_{j=1}^{i}\sum_{l=0}^{j}s^{l+1}q_{i-j,j}^{(l+1)}(z,\zeta).\end{cases}$$

証明　最初に漸化式から $\{\varPsi_{i,j,k}^{(l)}\}_{i,j,k,l}$ が一意に定まることを見ておく．便宜上 $\varPsi_{i,j,k}^{(-1)}=q_{i,j}^{(0)}=0$ と置けば，$\{\varPsi_{i,j,k}^{(-1)}\}_{i,j,k}$ 及び $\{q_{i,j}^{(0)}\}_{i,j,k}$ は定まっている．次に $l\geqslant 0$ に対して $\{\{\varPsi_{i,j,k}^{(\nu)}\}_{i,j,k}\}_{\nu<l}$ 及び $\{\{q_{i,j}^{(\nu+1)}\}_{i,j}\}_{\nu<l}$ が定まっていると仮定する．初期条件から $\{\varPsi_{i,j,0}^{(l)}\}_{i,j}$ は定まっている．次に $k\geqslant 0$ とし，$\{\{\varPsi_{i,j,\nu}^{(l)}\}_{i,j}\}_{0\leqslant\nu\leqslant k}$ が定まっていると仮定すれば，漸化式から $\{\varPsi_{i,j,k+1}^{(l)}\}_{i,j}$ が定まる．従って，$\{\varPsi_{i,j,k}^{(l)}\}_{i,j,k}$ が定まるから $\{q_{i,j}^{(l+1)}\}_{i,j}$ が定まる．以上で $\{\varPsi_{i,j,k}^{(l)}\}_{i,j,k,l}$ が一意に定まることがわかった．

さて，(5.4.5) を (5.4.4) に代入すれば

$$e^{t\langle\partial_\zeta,\partial_w\rangle}p(t,z,\zeta)\,e^{q(t;s,w,\eta)}\Big|_{\substack{w=z\\ \eta=\zeta}}=\sum_{l=0}^{\infty}(l+1)\,s^l q^{(l+1)}(t;z,\zeta)\,e^{q(t;s,w,\eta)}$$

で最初に $s=0$ として

$$p(t;z,\zeta)=\sum_{i=0}^{\infty}t^i q_i^{(1)}(z,\zeta)=q^{(1)}(t;z,\zeta). \tag{5.4.8}$$

又，(5.4.7) から

$$\varPsi_{i,j,k}^{(l)}(z,w,\zeta,\eta)=0\quad(j<k) \tag{5.4.9}$$

が直ちにわかる．ここで

$$\sum_{l,i,j=0}^{\infty}\sum_{k=0}^{j} s^l\, t^{i+j}\, \Psi^{(l)}_{i,j,k}(z,z,\zeta,\zeta) = \Psi(1,t,t;s,z,z,\zeta,\zeta)$$

$$= e^{-q(t;s,w,\eta)}\, e^{t\langle\partial_\zeta,\partial_w\rangle} p(t;z,\zeta)\, e^{q(t;s,w,\eta)}\Big|_{\substack{y=z\\ \eta=\zeta}}$$

$$= \sum_{l=0}^{\infty}(l+1)\, s^l q^{(l+1)}(t;z,\zeta) = \sum_{l=0}^{\infty}(l+1)\, s^l t^h q^{(l+1)}_h(z,\zeta)$$

だから

$$q^{(l+1)}_{i,j}(z,\zeta) := \frac{1}{l+1}\sum_{k=0}^{j}\Psi^{(l)}_{i,j,k}(z,z,\zeta,\zeta) \tag{5.4.10}$$

と置けば

$$q^{(l+1)}_h(z,\zeta) = \sum_{i+j=h} q^{(l+1)}_{i,j}(z,\zeta).$$

(5.4.6) で $s=0$ を代入すれば，(5.4.7) から

$$\sum_{i,j=0}^{\infty}\sum_{k=0}^{j} t_1^i\, t_2^j\, u^k\, \Psi^{(0)}_{i,j,k}(z,w,\zeta,\eta) = e^{ut_2\langle\partial_\zeta,\partial_w\rangle} p(t_1;z,\zeta) = p(t_1;z,\zeta)$$

なので

$$\Psi^{(0)}_{i,j,k}(z,w,\zeta,\eta) = \delta_{j,0}\,\delta_{k,0}\, p_i(z,\zeta).$$

(5.4.6) で $u=0$ を代入すれば，(5.4.7) から

$$\sum_{l=1}^{\infty}\sum_{i,j=0}^{\infty} s^l\, t_1^i\, t_2^j\, \Psi^{(l)}_{i,j,0}(z,w,\zeta,\eta) = p(t_1;z,\zeta)$$

なので

$$\Psi^{(l)}_{i,j,0}(z,w,\zeta,\eta) = 0 \quad (l\in\mathbb{N}). \tag{5.4.11}$$

次に $\Psi e^{q(t_2;s,w,\eta)} = e^{ut_2\langle\partial_\zeta,\partial_w\rangle}p(t_1;z,\zeta)e^{q(t_2;s,w,\eta)}$ の両辺を u で微分して

$$\frac{\partial(\Psi e^{q(t_2;s,w,\eta)})}{\partial u} = t_2\langle\partial_\zeta,\partial_w\rangle e^{ut_2\langle\partial_\zeta,\partial_w\rangle}p(t_1;z,\zeta)e^{q(t_2;s,w,\eta)}$$

$$= t_2\langle\partial_\zeta,\partial_w\rangle\, \Psi e^{q(t_2;s,w,\eta)}.$$

よって (5.4.6), (5.4.7) から

$$\sum_{l=1}^{\infty}\sum_{i,j=0}^{\infty}\sum_{k=1}^{j} s^l\, t_1^i\, t_2^j\, ku^{k-1}\, \Psi^{(l)}_{i,j,k}(z,w,\zeta,\eta)\, e^{q(t_2;s,w,\eta)}$$

$$= \sum_{l=1}^{\infty}\sum_{i,j=0}^{\infty}\sum_{k=0}^{j} s^l\, t_1^i\, t_2^{j+1} u^k \big(\langle\partial_\zeta,\partial_w\rangle\, \Psi^{(l)}_{i,j,k} + \langle\partial_\zeta\, \Psi^{(l)}_{i,j,k},\, \partial_w q\rangle\big) e^{q(t_2;s,w,\eta)}.$$

これから

$$
\begin{aligned}
\Psi^{(l)}_{i,j,k+1} = \frac{1}{k+1}\Big(&\langle\partial_\zeta,\partial_w\rangle\Psi^{(l)}_{i,j-1,k} \\
&+\sum_{h=0}^{i}\sum_{\mu=1}^{l}\sum_{\nu=0}^{j-k-1}\langle\partial_\zeta\Psi^{(l-\mu)}_{h,j-\nu-1,k},\,\partial_w q^{(\mu)}_{i-h,\nu}\rangle\Big)
\end{aligned}
\tag{5.4.12}
$$

が得られた．ここで

$$
\Psi^{(l)}_{i,j,k} = q^{(l+1)}_{i,j} = 0 \quad (j<l). \tag{5.4.13}
$$

実際，$l=0$ ならば明らか．任意の $l'<l$ について (5.4.13)-l' が示されたとする．$j<l$ に関する帰納法による．(5.4.9) から $k>j$ なら $\Psi^{(l)}_{i,j,k}=0$ なので，$j=0<l$ ならば良い．$j-1<l$ まで示されたとする．$j<l$ ならば $j-1<l$ だから，帰納法の仮定から $\langle\partial_\zeta,\partial_w\rangle\Psi^{(l)}_{i,j-1,k}=0$ 且つ

$$
\sum_{\mu=1}^{l}\sum_{\nu=0}^{j-k-1}\langle\partial_\zeta\Psi^{(l-\mu)}_{h,j-\nu-1,k},\partial_w q^{(\mu)}_{i-h,\nu}\rangle = \sum_{\mu=1}^{l}\sum_{\nu=\mu-1}^{j-l}\langle\partial_\zeta\Psi^{(l-\mu)}_{h,j-\nu-1,k},\partial_w q^{(\mu)}_{i-h,\nu}\rangle
$$

となり，$j-l<0$ からこれは零．以上から，帰納法で $\Psi^{(l)}_{i,j,k+1}$ について示された．よって (5.4.10) から $j<l$ で $q^{(l+1)}_{i,j}=0$ となり，(5.4.13)-l が示された．以上をまとめれば良い．　■

記号は (4.1.1) 及び (4.1.2) に従う．z^* の十分小さい錐状開近傍 Ω, $d>0$ 及び $\delta\in\,]0,1[$ が存在して $p_j(z,\zeta)\in\Gamma(\Omega_\delta[(j+1)d_\delta];\mathscr{O}_{T^*\mathbb{C}^n})$，且つ $A\in\,]0,1[$ 及び劣線型重み函数 $\Lambda(\zeta)$ が存在して，任意の $j\in\mathbb{N}_0$ に対して $\Omega_\delta[(j+1)d_\delta]$ 上 (5.1.2) が成り立つ．簡単のため

$$
C_{(j_1\cdots,j_m)} := \prod_{\nu=1}^{m}\frac{1}{(j_\nu+1)^2}
$$

と置く．例えば，$C_{(j,k)}=\dfrac{1}{(j+1)^2(k+1)^2}$ である．

5.4.8 [補題]　　$C,N>1$ 及び $r\in\,]0,\delta[$ が存在して，次が成り立つ:

(1) $\Psi^{(l)}_{i,j,k}(z,w,\zeta,\eta)$ は，$\mathrm{Int}(\Omega_r[(j+1)d_r]\times\Omega_r[(j+1)d_r])$ 上で整型，且つ任意の $\varepsilon_1,\varepsilon_2\in[0,r[$ に対して $\Omega_{\varepsilon_1}[(i+1)d_{\varepsilon_1}]\times\Omega_{\varepsilon_2}[(i+1)d_{\varepsilon_2}]$ 上

$$
\left|\Psi^{(l)}_{i,j,k}(z,w,\zeta,\eta)\right| \leqslant \frac{j!\,C_{(i,j,k,l)}\,(Ar^{2N})^i\Lambda(\zeta)\Lambda(\eta)^l}{l!\,((r-\varepsilon_1)^k(r-\varepsilon_2)^{2(i+j)-k})^N\|\zeta\|^k\,\|\eta\|^{j-k}}. \tag{5.4.14}
$$

(2) $q_{i,j}^{(l)}(z,\zeta)$ は，$\mathrm{Int}\,\Omega_r[(j+1)d_r]$ 上で整型，且つ任意の $\varepsilon \in \big[0,r\big[$ に対して $\Omega_\varepsilon[(i+1)d_\varepsilon]$ 上

$$\left|q_{i,j}^{(l)}(z,\zeta)\right| \leqslant \frac{j!\,C_{(i,j,l)}\,C(Ar^{2N})^i\Lambda(\zeta)^l}{l!\,(r-\varepsilon)^{2N(i+j)}\|\zeta\|^j}\,. \tag{5.4.15}$$

証明　最初に，次に注意する:

5.4.9 [補題]　$j_1 \leqslant j$ 且つ $k_1 \leqslant k$ ならば，$\dbinom{j}{j_1}\dbinom{k}{k_1} \leqslant \dbinom{j+k}{j_1+k_1}$.

証明　2 項展開

$$(1+t)^j(1+t)^k = \sum_{\nu=0}^{j}\binom{j}{\nu}t^\nu\sum_{\mu=0}^{k}\binom{k}{\mu}t^\mu = (1+t)^{j+k} = \sum_{i=0}^{j+k}\binom{j+k}{i}t^i$$

で，$t^{j_1+k_1}$ の係数を比較すれば

$$\binom{j}{j_1}\binom{k}{k_1} \leqslant \sum_{\nu+\mu=j_1+k_1}\binom{j}{\nu}\binom{k}{\mu} = \binom{j+k}{j_1+k_1}.$$

■

$\mu \leqslant \nu+1$ 且つ $l+\nu+1-\mu \leqslant j$ ならば，補題 5.4.9 から

$$\binom{l}{\mu} = \binom{l}{\mu}\binom{\nu+1-\mu}{\nu+1-\mu} \leqslant \binom{l+\nu+1-\mu}{\mu+\nu+1-\mu} \leqslant \binom{j}{\nu+1}$$

なので，補題 5.3.3 と併せて $c>0$ が存在して

$$\begin{aligned}
&\sum_{\mu=1}^{l}\sum_{\nu=\mu-1}^{j-l}\binom{l}{\mu}\binom{j}{\nu+1}^{-1}\frac{C_{(j-\nu-1,l-\mu)}C_{(\nu,\mu)}}{C_{(j,l)}} \\
&\qquad\leqslant (j+1)^2\,(l+1)^2\sum_{\mu=1}^{l}\sum_{\nu=\mu-1}^{j-l}C_{(j-\nu-1,l-\mu)}C_{(\nu,\mu)} \\
&\qquad\leqslant \sum_{\nu=0}^{j-1}\frac{(j+1)^2}{(j-\nu)^2(\nu+1)^2}\sum_{\mu=1}^{l}\frac{(l+1)^2}{(l-\mu+1)^2(\mu+1)^2} \leqslant c^2,
\end{aligned}$$

且つ

$$\sum_{h=0}^{i}\frac{C_{(h,k)}C_{(i-h)}}{C_{(i,k+1)}} = \sum_{h=0}^{i}\frac{(i+1)^2(k+2)^2}{(h+1)^2(k+1)^2(i-h)^2} \leqslant 2c.$$

ここで

$$C := \sup_{j,l}\Big\{\sum_{k=0}^{j}\frac{(l+2)^2}{(l+1)^2(k+1)^2}\Big\} < \infty \tag{5.4.16}$$

と置き，更に上で定めた $c>0$ と併せて

$$C' := \sup_{j,k}\left\{\frac{(j+1)^2\,(k+2)^2}{j^3\,(k+1)^2} + 2Cc^3\right\} < \infty \tag{5.4.17}$$

と置く．$N>1$ に対して $r>0$ を十分小さく取れば

$$2((r-\varepsilon_1)(r-\varepsilon_2))^{N-1} n e^{2N+1} C' \leqslant 2r^{2(N-1)} n e^{2N+1} C' \leqslant 1.$$

以上の準備の下で補題 5.4.8 を示す．

$$|\varPsi^{(0)}_{i,0,0}(z,w,\zeta,\eta)| = |p_i(z,\zeta)| \leqslant \frac{A^i \varLambda(\zeta)}{(i+1)^2} \leqslant \frac{C_{(i)}\,(Ar^{2N})^i \varLambda(\zeta)}{(r-\varepsilon_2)^{\,2iN}},$$

且つ $j \geqslant 1$ ならば $\varPsi^{(0)}_{i,j,0}=0$ だから，$\{\varPsi^{(0)}_{i,j,0}\}_{i,j}$ については (5.4.14) は正しい．又，$\varPsi^{(-1)}_{i,j,k} = q^{(0)}_{i,j} = 0$ としたから，$\{\varPsi^{(-1)}_{i,j,k}\}_{i,j,k}$ 及び $\{q^{(0)}_{i,j}\}_{i,j}$ は各々 (5.4.14) 及び (5.4.15) を満たす．次に，$l \geqslant 0$ に対して $\{\{\varPsi^{(\nu)}_{i,j,k}\}_{i,j,k}\}_{\nu<l}$ 及び $\{\{q^{(\nu+1)}_{i,j}\}_{i,j}\}_{\nu<l}$ が各々 (5.4.14) 及び (5.4.15) を満たすと仮定する．$\varPsi^{(l)}_{i,j,0}=0$ だから $\{\varPsi^{(l)}_{i,j,0}\}_{i,j}$ に対しては (5.4.14) が成り立つ．次に $k \geqslant 0$ とし，$\{\{\varPsi^{(l)}_{i,j,\nu}\}_{i,j}\}_{0\leqslant\nu\leqslant k}$ が (5.4.14) を満たすと仮定する．$1 \leqslant \mu \leqslant l$ と仮定する．補題 4.2.3 を適用すれば，$C_k = \dfrac{k+1}{k}$ だったから

$$\begin{aligned}
&\left|\frac{\partial \varPsi^{(l-\mu)}_{h,j-\nu-1,k}}{\partial \zeta_m}(z,w,\zeta,\eta)\right| \\
&\leqslant \frac{C_k^k (k+1)\, e^N (j-\nu-1)!\, C_{(h,j-\nu-1,k,l-\mu)}\,(Ar^{2N})^h \varLambda(2\zeta)\varLambda(\eta)^{l-\mu}}{(l-\mu)!(r-\varepsilon_1)((r-\varepsilon_1)^k (r-\varepsilon_2)^{2(h+j-\nu-1)-k})^N \|\zeta\|^{k+1}\|\eta\|^{j-\nu-1-k}} \\
&\leqslant \frac{2(k+1)\, e^{N+1} (j-\nu-1)!\, C_{(h,j-\nu-1,k,l-\mu)}\,(Ar^{2N})^h \varLambda(\zeta)\varLambda(\eta)^{l-\mu}}{(l-\mu)!(r-\varepsilon_1)((r-\varepsilon_1)^k (r-\varepsilon_2)^{2(h+j-\nu-1)-k})^N \|\zeta\|^{k+1}\|\eta\|^{j-\nu-1-k}}
\end{aligned}$$

を得る．同様にして，帰納法の仮定から

$$\left|\frac{\partial q^{(\mu)}_{i-h,\nu}}{\partial w_m}(w,\eta)\right| \leqslant \frac{(\nu+1)!\, e^N C_{(i-h,\nu,\mu)}\, C(Ar^{2N})^{i-h} \varLambda(\eta)^{\mu}}{\mu!\,(r-\varepsilon_2)(r-\varepsilon_2)^{2(i-h+\nu)N}\|\eta\|^{\nu}}$$

及び

$$\begin{aligned}
&\left|\frac{\partial \varPsi^{(l)}_{i,j-1,k}}{\partial \zeta_m \partial w_m}(z,w,\zeta,\eta)\right| \\
&\leqslant \frac{2(k+1)^2\, e^{2N+1} (j-1)!\, C_{(i,j-1,k,l)} (Ar^{2N})^i \varLambda(\zeta)\varLambda(\eta)^l}{l!(r-\varepsilon_1)(r-\varepsilon_2)((r-\varepsilon_1)^k((r-\varepsilon_2)^{2(i+j-1)-k})^N \|\zeta\|^{k+1}\|\eta\|^{j-k-1}}
\end{aligned}$$

となるから，(5.4.12) 及び (5.4.17) から

$$\left|\varPsi^{(l)}_{i,j,k+1}\right|$$

$$\leqslant \frac{2((r-\varepsilon_1)(r-\varepsilon_2))^{N-1}ne^{2N+1}j!\,C_{(i,j,k+1,l)}(Ar^{2N})^i\Lambda(\zeta)\Lambda(\eta)^l}{l!\,((r-\varepsilon_1)^k(r-\varepsilon_2)^{2(i+j)-k-1})^N\|\zeta\|^{k+1}\,\|\eta\|^{j-k-1}}$$
$$\times\left(\frac{C_{(j-1,k)}}{j\,C_{(j,k+1)}}+C\sum_{h=0}^{i}\sum_{\mu=1}^{l}\sum_{\nu=\mu-1}^{j-l}\binom{l}{\mu}\binom{j}{\nu+1}^{-1}\right.$$
$$\left.\times\frac{C_{(j-\nu-1,l-\mu)}C_{(\nu,\mu)}}{C_{(j,l)}}\frac{C_{(h,k)}C_{(i-h)}}{C_{(i,k+1)}}\right)$$
$$\leqslant \frac{j!\,C_{(i,j,k+1,l)}(Ar^{2N})^i\Lambda(\zeta)\Lambda(\eta)^l}{l!\,((r-\varepsilon_1)^k(r-\varepsilon_2)^{2(i+j)-k-1})^N\|\zeta\|^{k+1}\,\|\eta\|^{j-k-1}}.$$

よって，k に関する帰納法で $\{\Psi^{(l)}_{i,j,k}\}_{i,j,k}$ が (5.4.14) を満たすことがわかる．次に，$\varepsilon_1=\varepsilon_2=\varepsilon$ として，(5.4.16) から

$$\begin{aligned}\left|q^{(l+1)}_{i,j}(z,\zeta)\right| &\leqslant \frac{1}{l+1}\sum_{k=0}^{j}\left|\Psi^{(l)}_{i,j,k}(z,z,\zeta,\zeta)\right|\\ &\leqslant \sum_{k=0}^{j}\frac{j!\,C_{(i,j,k,l)}(Ar^{2N})^i\Lambda(\zeta)^{l+1}}{(l+1)!\,(r-\varepsilon)^{2(i+j)N}\|\zeta\|^j}\\ &= \frac{j!\,C_{(i,j,l+1)}(Ar^{2N})^i\Lambda(\zeta)^{l+1}}{(l+1)!\,(r-\varepsilon)^{2(i+j)N}\|\zeta\|^j}\sum_{k=0}^{j}\frac{(l+2)^2}{(l+1)^2(k+1)^2}\\ &\leqslant \frac{j!\,C_{(i,j,l+1)}\,C(Ar^{2N})^i\Lambda(\zeta)^{l+1}}{(l+1)!\,(r-\varepsilon)^{2N(i+j)}\|\zeta\|^j}.\end{aligned}$$

これで $\{q^{(l+1)}_{i,j}\}_{i,j}$ に対して (5.4.15) が示され，帰納法が進行する．■

任意の $K>0$ を取り，$|s|\leqslant K$ で考える．$\rho,\,B\in\left]0,1\right[$ を

$$B_1:=Be^{K\rho/B}\leqslant\frac{Ar^{2N}}{CK+1}<Ar^{2N} \tag{5.4.18}$$

と取る．但し $C>1$ は補題 5.4.8 の定数である．$d'>d$ を十分大きく取れば

$$d'_r>1,\qquad \sup_{\|\zeta\|\geqslant d'_r}\frac{\Lambda(\zeta)}{\|\zeta\|}\leqslant\rho, \tag{5.4.19}$$

とできる．任意の $\varepsilon\in\left[0,r\right[$ を取る．$l\geqslant 1$ ならば

$$C_{(i-j,j,l)}=\frac{1}{(i-j+1)^2(j+1)^2(l+1)^2}\leqslant\frac{1}{(i+1)^2}.$$

$q^{(l+1)}_{i-j,j}=0$ $(j<l)$ だから，$i\geqslant j$ ならば (5.4.15) から $\Omega_\varepsilon[(i+1)d'_\varepsilon/B]$ 上

$$\left|q^{(l+1)}_{i-j,j}(z,\zeta)\right|\leqslant\frac{j!\,C(Ar^{2N})^{i-j}\Lambda(\zeta)}{(l+1)!\,(i+1)^2(r-\varepsilon)^{2iN}\|\zeta\|^{j-l}}\left(\frac{\Lambda(\zeta)}{\|\zeta\|}\right)^l$$

$$\leqslant \frac{j!\,C(Ar^{2N})^{i-j}B^j\Lambda(\zeta)}{l!\,((i+1)d'_\varepsilon)^{j-l}(i+1)^2(r-\varepsilon)^{2iN}}\Bigl(\frac{\rho}{B}\Bigr)^l$$

$$\leqslant \frac{j^j C(Ar^{2N})^{i-j}B^j\Lambda(\zeta)}{l!\,(i+1)^{j-l}(i+1)^2(r-\varepsilon)^{2iN}}\Bigl(\frac{\rho}{B}\Bigr)^l \leqslant \frac{j^l C(Ar^{2N})^{i-j}B^j\Lambda(\zeta)}{l!\,(i+1)^2(r-\varepsilon)^{2iN}}\Bigl(\frac{\rho}{B}\Bigr)^l.$$

よって $|s| \leqslant K$ ならば

$$\Bigl|\sum_{l=0}^{j} s^{l+1} q_{i-j,j}^{(l+1)}(z,\zeta)\Bigr| \leqslant \frac{CK(Ar^{2N})^{i-j}B^j\Lambda(\zeta)}{(i+1)^2(r-\varepsilon)^{2iN}}\sum_{l=0}^{j}\frac{1}{l!}\Bigl(\frac{jK\rho}{B}\Bigr)^l$$

$$\leqslant \frac{CK(Ar^{2N})^{i-j}(Be^{K\rho/B})^j\Lambda(\zeta)}{(i+1)^2(r-\varepsilon)^{2iN}} = \frac{CK(Ar^{2N})^{i-j}B_1^j\Lambda(\zeta)}{(i+1)^2(r-\varepsilon)^{2iN}}.$$

従って，$\{s \in \mathbb{C};\,|s| \leqslant K\} \times \Omega_\varepsilon[(i+1)d'_\varepsilon/B]$ 上

$$|q_i(s,z,\zeta)| = \Bigl|p_i(z,\zeta) + \sum_{j=1}^{i}\sum_{l=0}^{j} s^{l+1} q_{i-j,j}^{(l+1)}(z,\zeta)\Bigr|$$

$$\leqslant \frac{A^i\Lambda(\zeta)}{(i+1)^2} + \frac{CK(Ar^{2N})^i\Lambda(\zeta)}{(i+1)^2(r-\varepsilon)^{2iN}}\sum_{j=1}^{i}\Bigl(\frac{B_1}{Ar^{2N}}\Bigr)^j$$

$$\leqslant \frac{(Ar^{2N})^i\Lambda(\zeta)}{(i+1)^2(r-\varepsilon)^{2iN}}\Bigl(1+\frac{CKB_1}{Ar^{2N}-B_1}\Bigr) \leqslant \Bigl(\frac{Ar^{2N}}{(r-\varepsilon)^{2N}}\Bigr)^i\frac{2\Lambda(\zeta)}{(i+1)^2}.$$

特に $A_1 := \dfrac{Ar^{2N}}{(r-\varepsilon)^{2N}} \in\ ]0,1[$ となる $\varepsilon > 0$ を取れば，$\{s \in \mathbb{C};\,|s| \leqslant K\} \times \Omega_\varepsilon[(i+1)d'_\varepsilon/B]$ 上

$$\bigl|q_i(s,z,\zeta)\bigr| \leqslant \frac{2A_1^i\Lambda(\zeta)}{(i+1)^2}.$$

以上で定理 5.4.6 が示された. ∎

次に定理 5.4.6 の逆を示す:

5.4.10 [定理] 任意の $q(t;z,\zeta) \in \widehat{\mathscr{S}_{z^*}}^{(1-0)}$ に対し $p(t;z,\zeta) \in \widehat{\mathscr{S}_{z^*}}^{(1-0)}$ が存在して

$$e^{:p(t;z,\zeta):} = {:}e^{q(t;z,\zeta)}{:} \in \mathscr{E}^{\mathbb{R}}_{\mathbb{C}^n,z^*}.$$

証明 増大度を考慮しなければ，$p(t;z,\zeta)$ と $q(t;z,\zeta)$ とは一意対応している. 即ち，補題 5.4.7 の漸化式で $s=1$ として逆に解くと，初期条件

$$\begin{cases} \Psi^{(0)}_{0,0,0}(z,w,\zeta,\eta) = q_0(z,\zeta), \\ \Psi^{(l)}_{i,j,0}(z,w,\zeta,\eta) = \delta_{l,0}\,\delta_{j,0}\,p_i(z,\zeta), \\ \Psi^{(l)}_{i,j,k}(z,w,\zeta,\eta) = 0 \quad (j<l \text{ 又は } j<k), \end{cases}$$

の下で，次の漸化式が得られる.

$$\begin{cases} p_i(z,\zeta) = \Psi^{(0)}_{i,0,0}(z,z,\zeta,\zeta) = q_i(z,\zeta) - \displaystyle\sum_{j=1}^{i}\sum_{l=0}^{j} q^{(l+1)}_{i-j,j}(z,\zeta), \\ q^{(l+1)}_{i,j}(z,\zeta) = \dfrac{1}{l+1}\displaystyle\sum_{k=0}^{j} \Psi^{(l)}_{i,j,k}(z,z,\zeta,\zeta), \\ \Psi^{(l)}_{i,j,k+1} = \dfrac{1}{k+1}\Big(\langle\partial_\zeta,\partial_w\rangle \Psi^{(l)}_{i,j-1,k} \\ \qquad + \displaystyle\sum_{h=0}^{i}\sum_{\mu=1}^{l}\sum_{\nu=0}^{j-k-1} \langle \partial_\zeta \Psi^{(l-\mu)}_{h,j-\nu-1,k},\, \partial_w q^{(\mu)}_{i-h,\nu}\rangle\Big). \end{cases}$$

記号は (4.1.1) 及び (4.1.2) に従う. z^* の十分小さい錐状開近傍 Ω, $d > 0$ 及び $r \in \left]0,1\right[$ が存在して各 j に対して $q_j(z,\zeta) \in \Gamma(\Omega_r[(j+1)d_r]; \mathscr{O}_{T^*\mathbb{C}^n})$, 且つ $A \in \left]0,1\right[$ 及び劣線型重み函数 $\Lambda(\zeta)$ が存在して任意の $j \in \mathbb{N}_0$ に対して $\Omega_r[(j+1)d_r]$ 上

$$|q_j(z,\zeta)| \leqslant \frac{A^j \Lambda(\zeta)}{2(j+1)^2}\,.$$

(5.4.18) に対応して，B, ρ 及び $B_1 \in \left]0,1\right[$ を

$$B_1 = Be^{\rho/B} \leqslant \frac{Ar^{2N}}{2C+1} < Ar^{2N}$$

と選ぶ. この ρ に対して (5.4.19) が成り立つように $d' > d$ を十分大きく取る. $\Phi^{(0)}_{i,0,0} = p_i(z,\zeta)$ は $\operatorname{Int}\Omega_r[(j+1)d_r]$ 上整型，且つ任意の $\varepsilon \in \left[0,r\right[$ に対して $\Omega_\varepsilon[(j+1)d'_\varepsilon/B]$ 上

$$|p_i(z,\zeta)| \leqslant \left(\frac{Ar^{2N}}{(r-\varepsilon)^{2N}}\right)^i \frac{\Lambda(\zeta)}{(i+1)^2}\,. \tag{5.4.20}$$

実際漸化式から $p_i(z,\zeta)$ が $\operatorname{Int}\Omega_r[(j+1)d_r]$ で整型となるのは明らか. (5.4.20)-0 は $p_0(z,\zeta) = q_0(z,\zeta)$ だから良い. (5.4.20)-$(i-1)$ まで示されたと仮定する. $r > 0$ が十分小さければ補題 5.4.8 がそのまま適用できて，$\Omega_\varepsilon[(i+1)d'_\varepsilon/B]$ 上

$$\left|q^{(l+1)}_{i-j,j}(z,\zeta)\right| \leqslant \frac{j^l\, C(Ar^{2N})^{i-j} B^j \Lambda(\zeta)}{l!\,(i+1)^2(r-\varepsilon)^{2iN}}\left(\frac{\rho}{B}\right)^l.$$

よって定理 5.4.6 の証明の通り，$\Omega_\varepsilon[(i+1)d'_\varepsilon/B]$ 上

$$\begin{aligned}\left|\sum_{j=1}^{i}\sum_{l=0}^{j} q^{(l+1)}_{i-j,j}(z,\zeta)\right| &\leqslant \frac{C(Ar^{2N})^i \Lambda(\zeta)}{(i+1)^2(r-\varepsilon)^{2iN}} \sum_{j=1}^{i}\left(\frac{B_1}{Ar^{2N}}\right)^j \\ &\leqslant \frac{(Ar^{2N})^i \Lambda(\zeta)}{(i+1)^2(r-\varepsilon)^{2iN}} \frac{CB_1}{Ar^{2N}-B_1} \leqslant \left(\frac{Ar^{2N}}{(r-\varepsilon)^{2N}}\right)^i \frac{\Lambda(\zeta)}{2(i+1)^2}\end{aligned}$$

となるから

$$|p_i(z,\zeta)| \leqslant |q_i(z,\zeta)| + \Bigl|\sum_{j=1}^{i}\sum_{l=0}^{j} q_{i-j,j}^{(l+1)}(z,\zeta)\Bigr|$$
$$\leqslant \frac{A^i \Lambda(\zeta)}{2(i+1)^2} + \Bigl(\frac{Ar^{2N}}{(r-\varepsilon)^{2N}}\Bigr)^i \frac{\Lambda(\zeta)}{2(i+1)^2} \leqslant \Bigl(\frac{Ar^{2N}}{(r-\varepsilon)^{2N}}\Bigr)^i \frac{\Lambda(\zeta)}{(i+1)^2}.$$

これで帰納法が進行する.

特に $A_1 := \dfrac{Ar^{2N}}{(r-\varepsilon)^{2N}} \in \left]0,1\right[$ となる $\varepsilon > 0$ を取れば, $\Omega_\varepsilon[(i+1)d'_\varepsilon/B]$ 上

$$|p_i(z,\zeta)| \leqslant \frac{A_1^i \Lambda(\zeta)}{(i+1)^2}$$

が得られ, $p(t;z,\zeta)$ が劣 1 階形式表象が示された. ∎

5.4.11 [注意]　定理 5.4.6 及び 5.4.10 から, 劣 1 階については作用素の指数函数と指数函数の表す作用素とは同等である. この同等性は, 層型射でなければ正しくない. 実際

$$:e^{-\langle z,\,\zeta\rangle}: f(z) = \sum_{\alpha\in\mathbb{N}_0^n} \frac{(-z)^\alpha}{\alpha!}\,\partial_z^\alpha f(z) = f(z-z) = f(0)$$

だから $:e^{-\langle z,\zeta\rangle}:$ は当然可逆ではない. 特に, $e^{:q(t;z,\zeta):}$ の形には書けない.

5. 特性集合と可逆性定理

以下, $\Omega \underset{\text{conic}}{\Subset} \dot{T}^*\mathbb{C}^n$ を錐状開集合, $r \in \left]0,1\right[$ 及び $d > 0$ とする. 最初に特性集合を定義する:

5.5.1 [定義]　$P \in \Gamma(\Omega;\mathscr{E}_{\mathbb{C}^n}^{\mathbb{R}})$ 及び $z^* \in \Omega$ とし, $P(z,\zeta)$ を z^* の近傍の表象で $:P(z,\zeta): = P$ と仮定する. このとき, z^* が P の**非特性点** (non-characteristic point) とは, $\dfrac{1}{P(z,\zeta)}$ も又 z^* での表象になることをいう.

$$\mathrm{Ch}(P) := \Omega \setminus \{z^* \in \Omega;\ z^* \text{ は } P \text{ の非特性点}\}$$

と置いて, P の**特性集合** (characteristic set) と呼ぶ.

$P \in \Gamma(\Omega;\mathscr{E}_{\mathbb{C}^n}^{\mathbb{R}})$ に対して, 明らかに $\mathrm{Ch}(P)$ は Ω の錐状閉集合である. 更に

5.5.2 [補題]　$\mathrm{Ch}(P)$ は, 表象 $P(z,\zeta)$ の取り方に依存しない.

証明　$P(z,\zeta), P'(z,\zeta) \in \mathscr{S}_{z^*}$ が $:P(z,\zeta): = :P'(z,\zeta):$ 且つ $\dfrac{1}{P(z,\zeta)} \in \mathscr{S}_{z^*}$ と仮定する．$Q(z,\zeta) := P(z,\zeta) - P'(z,\zeta)$ と置けば，z^* の錐状近傍 Ω 及び d, $\delta, C > 0$ が存在して，$\Omega[d]$ 上 $|Q(z,\zeta)| \leqslant Ce^{-2\delta\|\zeta\|}$．必要ならば Ω, $d > 0$ を取り直せば，$C' > 0$ が存在して $\Omega[d]$ 上 $\left|\dfrac{1}{P(z,\zeta)}\right| \leqslant C'e^{\delta\|\zeta\|}$ と仮定して良い．$d' > d$ を十分大きく取れば，$\Omega[d']$ 上 $CC'e^{-\delta\|\zeta\|} \leqslant \dfrac{1}{2}$．特に $\left|\dfrac{Q(z,\zeta)}{P(z,\zeta)}\right| \leqslant \dfrac{1}{2}$ だから $|P(z,\zeta)| \geqslant 2|Q(z,\zeta)|$．よって

$$|P'(z,\zeta)| = |P(z,\zeta) - Q(z,\zeta)| \geqslant |P(z,\zeta)| - |Q(z,\zeta)| \geqslant \frac{|P(z,\zeta)|}{2}$$

だから $\dfrac{1}{P'(z,\zeta)} \in \mathscr{S}_{z^*}$ となる． ∎

5.5.3 [定理]　(1) $\mathscr{E}^{\mathbb{R}}_{\mathbb{C}^n}$ の切断 P の特性集合 $\mathrm{Ch}(P)$ は座標不変である．

(2) 形式随伴について $\mathrm{Ch}(P^*) = \mathrm{Ch}(P)^a$ が成り立つ．

証明　(1) $z^* \notin \mathrm{Ch}(P)$ と仮定すれば，P の表象 $P(z,\zeta)$ は z^* の近傍で劣 1 階の表象 $p(z,\zeta)$ が存在して $P(z,\zeta) = e^{p(z,\zeta)}$ と仮定できる．(w,η) を他の z^* の近傍の局所座標とすれば，定理 5.2.3 から w 座標に関する劣 1 階の形式表象 $\widetilde{p}(t;w,\eta)$ が存在して，$:e^{p(z,\zeta)}: = :e^{\tilde{p}(t;w,\eta)}:$．よって，命題 5.1.6 から劣 1 階表象 $\widetilde{p}(w,\eta)$ が存在して，$e^{\tilde{p}(t;w,\eta)} - e^{\tilde{p}(w,\eta)} \in \widehat{\mathscr{N}_{z^*}}$．従って $z^* \notin \mathrm{Ch}(:e^{\tilde{p}(w,\eta)}:)$．同様に，$z^* \notin \mathrm{Ch}(:e^{\tilde{p}(w,\eta)}:)$ ならば $z^* \notin \mathrm{Ch}(P)$ だから示された．

(2) 定理 5.2.2 から，$(:e^{p(z,\zeta)}:)^*$ の形式表象は $a(z^*)$ の近傍で $P^*(t;z,-\zeta) = e^{p^*(t;z,-\zeta)}$ という形で書けるから，(1) と同様にしてわかる． ∎

実は，$\mathrm{Ch}(P)$ は，より一般の変換で不変である（定理 6.4.6 を参照）．

定理 5.4.10 及び $\mathrm{Ch}(P)$ の定義から，次の定理が得られる:

5.5.4 [定理]（無限階擬微分作用素の可逆性）　$z^* \notin \mathrm{Ch}(P)$ ならば，P は $\mathscr{E}^{\mathbb{R}}_{\mathbb{C}^n,z^*}$ 内で唯一の逆元を持つ．

証明　逆元の一意性は明らかである．仮定から，$P = :e^{q(z,\zeta)}:$ となる劣 1 階表象 $q(z,\zeta)$ が存在するとして一般性を失わない．従って命題 5.1.6 及び定理 5.4.10 から，劣 1 階形式表象 $p(t;z,\zeta)$ が存在して $:e^{q(z,\zeta)}: = e^{:p(t;z,\zeta):}$ 且つ

$$P^{-1} = :P(z,\zeta):^{-1} = :e^{q(z,\zeta)}:^{-1} = e^{-:p(t;z,\zeta):} \in \mathscr{E}^{\mathbb{R}}_{\mathbb{C}^n,z^*}.$$ ∎

5.5.5 [系]　$x^* \in \sqrt{-1}\,\dot{T}^*\mathbb{R}^n$ 及び $P \in \mathscr{E}^{\mathbb{R}}_{\mathbb{C}^n,x^*}$ とする．$x^* \notin \mathrm{Ch}(P)$ ならば，P は次の同型を誘導する:

$$P\colon \mathscr{C}_{\mathbb{R}^n,x^*} \xrightarrow{\sim} \mathscr{C}_{\mathbb{R}^n,x^*}\,.$$

系 5.5.5 を超函数の言葉で書けば次の通りになる:

5.5.6 [系]（佐藤の基本定理の無限階版）　$\Omega \in \mathfrak{O}(\mathbb{R}^n)$ とする．任意の $P(z,\partial_z) \in \Gamma(\Omega;\mathscr{D}^{\infty}_{\mathbb{C}^n}\big|_{\mathbb{R}^n})$ 及び $u \in \Gamma(\Omega;\mathscr{B}_{\mathbb{R}^n})$ に対して

$$\dot{\mathrm{SS}}(u) \subset \bigl(\mathrm{Ch}(P) \cap \sqrt{-1}\,\dot{T}^*\mathbb{R}^n\bigr) \cup \dot{\mathrm{SS}}(Pu).$$

6．可逆性定理の別証明

本節では，定理 5.5.4 の別証明を述べる．以下 $\Omega \underset{\text{conic}}{\Subset} \dot{T}^*\mathbb{C}^n$ を錐状開集合，$r \in \left]0,1\right[$ 及び $d>0$ とする．最初に準備を行う:

5.6.1 [定義]　$K \subset T^*\mathbb{C}^n$ とし，$P(z,\zeta) \in \Gamma(K;\mathscr{O}_{T^*\mathbb{C}^n})$, $\alpha,\,\beta \in \mathbb{N}_0^n$ 及び助変数 $\lambda \in \mathbb{R}$ に対して，簡単のため

$$\|P\|^{(\alpha,\beta)}_{K,\lambda} := \sup_{(z,\zeta)\in K}\bigl\{\bigl|\partial_z^{\alpha}\,\partial_\zeta^{\beta}P(z,\zeta)\bigr|\,\|\zeta\|^{\lambda+|\beta|}\bigr\}$$

及び $\|P\|_{K,\lambda} := \|P\|^{(0,0)}_{K,\lambda}$ と置く．以上の記号下で，t に関する形式冪級数 $P(t;z,\zeta) = \sum\limits_{j=0}^{\infty} t^j P_j(z,\zeta) \in \Gamma(K;\mathscr{O}_{T^*\mathbb{C}^n})[[t]]$ に対する Boutet de Monvel-Krée の**形式ノルム**を，次で定める:

$$\mathscr{N}^{\lambda}_K(P;t) := \sum_{\substack{j\in\mathbb{N}_0\\ \alpha,\beta\in\mathbb{N}_0^n}} \frac{2j!\,t^{2j+|\alpha+\beta|}\|P_j\|^{(\alpha,\beta)}_{K,\lambda+j}}{(2n)^j\,(|\alpha|+j)!\,(|\beta|+j)!}.$$

以下では，$\alpha,\beta \in \mathbb{N}_0^n$ 及び $j \in \mathbb{N}_0$ に対して，$\alpha! \leqslant |\alpha|! \leqslant 2^{(n-1)|\alpha|}\alpha!$ 及び $|\alpha|!\,|\beta|!\,j! \leqslant \dfrac{(|\alpha|+j)!\,(|\beta|+j)!}{j!} \leqslant 2^{2j+|\alpha+\beta|}|\alpha|!\,|\beta|!\,j!$ を断りなく用いる．一般に，形式冪級数 $A = \sum\limits_{j=0}^{\infty} A_j t^j$, $B = \sum\limits_{j=0}^{\infty} B_j t^j \in \mathbb{C}[[t]]$ に対して，任意の $j \in \mathbb{N}_0$ について $|A_j| \leqslant |B_j|$ ならば $A \ll B$ と書く．

5.6.2 [命題]　$P(t;z,\zeta),\, Q(t;z,\zeta) \in \Gamma(K;\mathscr{O}_{T^*\mathbb{C}^n})[[t]]$ に対して

$$\mathcal{N}_K^{\lambda_1+\lambda_2}(Q\circ P;t) \ll \mathcal{N}_K^{\lambda_1}(Q;t)\,\mathcal{N}_K^{\lambda_2}(P;t).$$

証明　$P(t;z,\zeta) = \sum_{j=0}^{\infty} t^j P_j(z,\zeta)$ 及び $Q(t;z,\zeta) = \sum_{j=0}^{\infty} t^j Q_j(z,\zeta)$ に対して $Q\circ P(t;z,\zeta) = \sum_{l=0}^{\infty} t^j R_l(z,\zeta)$ と置けば

$$R_l(z,\zeta) = \sum_{l=j+k+|\gamma|} \frac{1}{\gamma!}\,\frac{\partial^{|\gamma|}Q_j}{\partial\zeta^\gamma}(z,\zeta)\,\frac{\partial^{|\gamma|}P_k}{\partial z^\gamma}(z,\zeta)$$

だから

$$\begin{aligned}
\mathcal{N}_K^{\lambda_1+\lambda_2}(Q\circ P;t) &= \sum_{\substack{l\in\mathbb{N}_0\\ \alpha,\beta\in\mathbb{N}_0^n}} \frac{2l!\,t^{2l+|\alpha+\beta|}\|R_l\|_{K,\lambda_1+\lambda_2+l}^{(\alpha,\beta)}}{(2n)^j\,(|\alpha|+l)!\,(|\beta|+l)!} \\
&\ll \sum_{\substack{l\in\mathbb{N}_0\\ \alpha,\beta\in\mathbb{N}_0^n}} \sum_{\substack{\alpha_1+\alpha_2=\alpha\\ \beta_1+\beta_2=\beta}} \sum_{l=j+k+|\gamma|} \|Q_j\|_{K,\lambda_1+j}^{(\alpha_1+\gamma,\beta_1)}\,\|P_k\|_{K,\lambda_2+k}^{(\alpha_2,\beta_2+\gamma)} \\
&\qquad \times \binom{\alpha}{\alpha_2}\binom{\beta}{\beta_1}\frac{2l!\,t^{2l+|\alpha+\beta|}}{\gamma!\,(2n)^l\,(|\alpha|+l)!\,(|\beta|+l)!} \\
&= \sum_{\substack{l\in\mathbb{N}_0\\ \alpha,\beta\in\mathbb{N}_0^n}} \sum_{\substack{\alpha_1+\alpha_2=\alpha\\ \beta_1+\beta_2=\beta}} \sum_{l=j+k+|\gamma|} \frac{2j!\,t^{2j+|\alpha_1+\gamma+\beta_1|}\|Q_j\|_{K,\lambda_1+j}^{(\alpha_1+\gamma,\beta_1)}}{(2n)^j\,(|\alpha_1+\gamma|+j)!\,(|\beta_1|+j)!} \\
&\qquad \times \frac{2k!\,t^{2k+|\alpha_2+\beta_2+\gamma|}\|P_k\|_{K,\lambda_2+j}^{(\alpha_2,\beta_2+\gamma)}}{(2n)^k\,(|\alpha_2|+k)!\,(|\beta_2+\gamma|+k)!}\,C_{\alpha,\beta}(j,k,l,\alpha_2,\beta_1).
\end{aligned}$$

但し，$C_{\alpha,\beta}(j,k,l,\alpha_2,\beta_1)$ は

$$\sum_{\gamma\in\mathbb{N}_0^n} \frac{l!}{2j!\,k!\,\gamma!\,(2n)^{|\gamma|}}\binom{\alpha}{\alpha_2}\binom{|\alpha|+l}{|\alpha_2|+k}^{-1}\binom{\beta}{\beta_1}\binom{|\beta|+l}{|\beta_1|+j}^{-1}$$

を表す．ここで，補題 5.4.9 を繰返し適用すれば

$$\binom{\alpha}{\alpha_1}\binom{|\alpha|+l}{|\alpha_2|+k}^{-1} \leqslant \binom{l}{k}^{-1},\quad \binom{\beta}{\beta_1}\binom{|\beta|+l}{|\beta_1|+j}^{-1} \leqslant \binom{l}{j}^{-1},$$

がわかる．$\dfrac{(|\gamma|+j)!\,(|\gamma|+k)!}{|\gamma|!\,l!} \leqslant 1$ は直ちにわかるから

$$C_{\alpha,\beta}(j,k,l,\alpha_2,\beta_1) \leqslant \sum_{\gamma\in\mathbb{N}_0^n} \frac{(|\gamma|+j)!\,(|\gamma|+k)!}{2(2n)^{|\gamma|}\gamma!\,l!}$$

$$= \sum_{\gamma\in\mathbb{N}_0^n} \frac{|\gamma|!}{2(2n)^{|\gamma|}\gamma!} \frac{(|\gamma|+j)!\,(|\gamma|+k)!}{l!\,|\gamma|!} \leqslant \sum_{\gamma\in\mathbb{N}_0^n} \frac{|\gamma|!}{2(2n)^{|\gamma|}\gamma!}$$

だが，$\dfrac{1}{2(1-t_1-\cdots-t_n)} = \sum_{\gamma\in\mathbb{N}_0^n} \dfrac{t^\gamma\,|\gamma|!}{2\gamma!}$ で $t_1=\cdots=t_n=\dfrac{1}{2n}$ として

$$\sum_{\gamma\in\mathbb{N}_0^n} \frac{|\gamma|!}{2(2n)^{|\gamma|}\gamma!} = 1.$$

以上から証明が終わった. ∎

5.6.3［補題］　$L(t;z,\zeta) = 1 - \sum_{j=1}^{\infty} t^j L_j(z,\zeta) \in \Gamma(\Omega_r[d_r];\mathscr{O}_{T^*\mathbb{C}^n})[[t]]$ が次を満たすと仮定する: 定数 C, $A>0$ が存在して任意の $j\in\mathbb{N}$ に対し $\Omega_r[d_r]$ 上

$$|L_j(z,\zeta)| \leqslant \frac{CA^j j!}{\|\zeta\|^j}. \tag{5.6.1}$$

このとき $W(t;z,\zeta)\in\Gamma(\Omega_r[d_r];\mathscr{O}_{T^*\mathbb{C}^n})[[t]]$ が存在して

$$L(t;z,\zeta)\circ W(t;z,\zeta) = W(t;z,\zeta)\circ L(t;z,\zeta) = 1,$$

且つ任意の $\varepsilon\in\left[0,r\right[$ に対して C', $B>0$ が存在して，任意の $j\in\mathbb{N}$ に対して $\Omega_\varepsilon[d_\varepsilon]$ 上

$$|W_j(z,\zeta)| \leqslant \frac{C'B^j j!}{\|\zeta\|^j}. \tag{5.6.2}$$

証明　$R(t;z,\zeta) := \sum_{j=1}^{\infty} t^j L_j(z,\zeta)$ と置けば，$L(t;z,\zeta)=1-R(t;z,\zeta)$. ここで $R^0(t;z,\zeta):=1$, $R^k(t;z,\zeta):=R(t;z,\zeta)\circ R^{k-1}(t;z,\zeta)$ と帰納的に定め

$$W(t;z,\zeta) = \sum_{j=0}^{\infty} t^j W_j(z,\zeta) := \sum_{k=0}^{\infty} R^k(t;z,\zeta) = 1 + \sum_{k=1}^{\infty} R^k(t;z,\zeta)$$

と置けば，$W(t;z,\zeta)\in\Gamma(\Omega_r[d_r];\mathscr{O}_{T^*\mathbb{C}^n})[[t]]$ 且つ $L(t;z,\zeta)\circ W(t;z,\zeta)=1$ となることが容易にわかる. 補題 4.2.3 から，任意の $\varepsilon\in\left[0,r\right[$ 及び $j\in\mathbb{N}$, α, $\beta\in\mathbb{N}_0^n$ に対し，$\Omega_\varepsilon[d_\varepsilon]$ 上

$$\left|\partial_z^\alpha\,\partial_\zeta^\beta L_j(z,\zeta)\right| \leqslant \frac{CA^j\,\alpha!\,\beta!\,j!}{\|\zeta\|^{j+|\beta|}\,(1-r+\varepsilon)^j(r-\varepsilon)^{|\alpha+\beta|}}.$$

従って

$$\mathscr{N}^0_{\Omega_\varepsilon[d_\varepsilon]}(R;t) \leqslant \sum_{\substack{j\in\mathbb{N}\\ \alpha,\beta\in\mathbb{N}_0^n}} \frac{2\,t^{2j+|\alpha+\beta|}\|L_j\|^{(\alpha,\beta)}_{\Omega_\varepsilon[d_\varepsilon],j}}{(2n)^j\,\alpha!\,\beta!\,j!}$$

$$\ll \sum_{\substack{j\in\mathbb{N}\\ \alpha,\beta\in\mathbb{N}_0^n}} \frac{2\,t^{2j+|\alpha+\beta|}\,CA^j}{(2n)^j\,(1-r+\varepsilon)^j(r-\varepsilon)^{|\alpha+\beta|}}$$

$$\ll 2C \sum_{\substack{j\in\mathbb{N}\\ \alpha,\beta\in\mathbb{N}_0^n}} \Big(\frac{t}{r-\varepsilon}\Big)^{|\alpha+\beta|}\Big(\frac{At^2}{2n(1-r+\varepsilon)}\Big)^j.$$

従って，ε に対応して $0<\rho<r-\varepsilon$ 且つ $0<\delta:=\dfrac{A\rho^2}{2n(1-r+\varepsilon)}<1$ を十分小さく取れば $M>0$ が存在して $\mathcal{N}^0_{\Omega_\varepsilon[d_\varepsilon]}(R;\rho)\leqslant \delta M<1$．これと命題 5.6.2 とから

$$\mathcal{N}^0_{\Omega_\varepsilon[d_\varepsilon]}(\sum_{k=1}^{\nu} R^k;t) \ll \sum_{k=1}^{\nu}\mathcal{N}^0_{\Omega_\varepsilon[d_\varepsilon]}(R^k;t) \ll \sum_{k=1}^{\nu}\mathcal{N}^0_{\Omega_\varepsilon[d_\varepsilon]}(R;t)^k$$

だから，$\mathcal{N}^0_{\Omega_\varepsilon[d_\varepsilon]}(1;\rho)=1$ に注意すれば，$\Omega_\varepsilon[d_\varepsilon]$ 上

$$\begin{aligned}\frac{2\rho^{2j}\,|W_j(z,\zeta)|\,\|\zeta\|^j}{(2n)^j\,j!} &\leqslant \mathcal{N}^0_{\Omega_\varepsilon[d_\varepsilon]}(W;\rho)=\mathcal{N}^0_{\Omega_\varepsilon[d_\varepsilon]}(\sum_{k=0}^{\infty}R^k;\rho)\\ &\leqslant \sum_{k=0}^{\infty}\mathcal{N}^0_{\Omega_\varepsilon[d_\varepsilon]}(R;\rho)^k \leqslant C_1:=\sum_{k=0}^{\infty}(\delta M)^k<\infty.\end{aligned}$$

即ち，$\Omega_\varepsilon[d_\varepsilon]$ 上で

$$|W_j(z,\zeta)|\leqslant \frac{C_1\,j!}{2\|\zeta\|^j}\Big(\frac{2n}{\rho^2}\Big)^j$$

だから (5.6.5) を満たす．全く同様の証明で左逆が存在するが，右逆と左逆とは存在すれば一致するから，$W(t;z,\zeta)$ が逆である．■

この応用として後への準備も込めて次を示す:

5.6.4［命題］　$P(t;z,\zeta)=\sum_{j=0}^{\infty}t^jP_j(z,\zeta)\in\Gamma(\Omega_r[d_r];\mathscr{O}_{T^*\mathbb{C}^n})[[t]]$ が，次を満たすと仮定する: 定数 C_1', C_2', $A>0$ 及び $\lambda\in\mathbb{R}$ が存在して $\Omega_r[d_r]$ 上

(5.6.3)
$$C_1'\|\zeta\|^\lambda\leqslant|P_0(z,\zeta)|\leqslant C_2'\|\zeta\|^\lambda$$

且つ任意の $j\in\mathbb{N}$ に対して

(5.6.4)
$$|P_j(z,\zeta)|\leqslant\frac{C_2'A^jj!\|\zeta\|^\lambda}{\|\zeta\|^j}$$

が成り立つとする．このとき $Q(t;z,\zeta)\in\Gamma(\Omega_r[d_r];\mathscr{O}_{T^*\mathbb{C}^n})[[t]]$ が存在して

$$P(t;z,\zeta)\circ Q(t;z,\zeta)=Q(t;z,\zeta)\circ P(t;z,\zeta)=1,$$

且つ任意の $\varepsilon \in \big[0, r\big[$ に対して C', $B > 0$ が存在して，任意の $j \in \mathbb{N}_0$ に対して $\Omega_\varepsilon[d_\varepsilon]$ 上

$$|Q_j(z,\zeta)| \leqslant \frac{C' B^j j!}{\|\zeta\|^{\lambda+j}} . \tag{5.6.5}$$

特に，$P(t; z, \zeta)$ は $\widehat{\mathscr{S}_{\mathrm{cl}}}(\Omega)$ 内で可逆.

証明　$R(z,\zeta) := \dfrac{1}{P_0(z,\zeta)}$ は，$\Omega_r[d_r]$ で矛盾なく定義され

$$\frac{1}{C_2' \|\zeta\|^\lambda} \leqslant |R(z,\zeta)| \leqslant \frac{1}{C_1' \|\zeta\|^\lambda} . \tag{5.6.6}$$

$L_j(z,\zeta)$ を

$$\sum_{\substack{j \in \mathbb{N}_0 \\ \alpha \in \mathbb{N}_0^n}} \frac{t^{j+|\alpha|}}{\alpha!} \partial_\zeta^\alpha P_j(z,\zeta)\, \partial_z^\alpha R(z,\zeta) = 1 - \sum_{j=1}^{\infty} t^j L_j(z,\zeta) \tag{5.6.7}$$

で定める．$C := \max\{C_2', \dfrac{1}{C_1'}\}$ と置けば，補題 4.2.3 から任意の $\varepsilon \in \big[0, r\big[$ 及び $\alpha, \beta \in \mathbb{N}_0^n$ に対し Ω_ε 上

$$\begin{cases} \left|\partial_z^\alpha \partial_\zeta^\beta P_j(z,\zeta)\right| \leqslant \dfrac{j!\, C_\varepsilon \alpha!\, \beta!\, \|\zeta\|^{\lambda-j} A^j}{\|\zeta\|^{|\beta|} (r-\varepsilon)^{|\alpha+\beta|}} , \\ \left|\partial_z^\alpha \partial_\zeta^\beta R(z,\zeta)\right| \leqslant \dfrac{C_\varepsilon \alpha!\, \beta!}{\|\zeta\|^{\lambda+|\beta|} (r-\varepsilon)^{|\alpha+\beta|}} . \end{cases}$$

但し，$C_\varepsilon := C \max\{(1 \pm \varepsilon)^m, \dfrac{1}{(1 \pm \varepsilon)^m}\}$ である．従って

$$\begin{aligned} \mathcal{N}^{-\lambda}_{\Omega_\varepsilon[d_\varepsilon]}(P; t) &\ll \sum_{\substack{j \in \mathbb{N} \\ \alpha, \beta \in \mathbb{N}_0^n}} \frac{2\, t^{2j+|\alpha+\beta|} \|P_j\|^{(\alpha,\beta)}_{\Omega_\varepsilon[d_\varepsilon], j-\lambda}}{(2n)^j\, \alpha!\, \beta!\, j!} \\ &\ll \sum_{\substack{j \in \mathbb{N} \\ \alpha, \beta \in \mathbb{N}_0^n}} \frac{2\, t^{2j+|\alpha+\beta|} C_\varepsilon A^j}{(2n)^j (r-\varepsilon)^{|\alpha+\beta|}} \\ &\ll 2C_\varepsilon \sum_{\substack{j \in \mathbb{N} \\ \alpha, \beta \in \mathbb{N}_0^n}} \Big(\frac{t}{r-\varepsilon}\Big)^{|\alpha+\beta|} \Big(\frac{At^2}{2n(1-r+\varepsilon)}\Big)^j, \end{aligned}$$

$$\mathcal{N}^{\lambda}_{\Omega_\varepsilon[d_\varepsilon]}(R; t) \ll 2C_\varepsilon \sum_{\alpha, \beta \in \mathbb{N}_0^n} \Big(\frac{t}{r-\varepsilon}\Big)^{|\alpha+\beta|},$$

となるから

$$\mathcal{N}^0_{\Omega_\varepsilon[d_\varepsilon]}(L; t) = \mathcal{N}^0_{(z;\zeta)}(1 - P \circ R; t) \ll \mathcal{N}^{-\lambda}_{(z;\zeta)}(P; t)\, \mathcal{N}^{\lambda}_{(z;\zeta)}(R; t)$$

$$\ll \Bigl(2C_\varepsilon \sum_{\alpha,\beta\in\mathbb{N}_0^n} \Bigl(\frac{t}{r-\varepsilon}\Bigr)^{|\alpha+\beta|}\Bigr)^2 \sum_{j=1}^{\infty} \Bigl(\frac{At^2}{2n(1-r+\varepsilon)}\Bigr)^j.$$

従って，ε に対応して $0<\rho<r-\varepsilon$ 且つ $0<\delta:=\dfrac{A\rho^2}{2n(1-r+\varepsilon)}<1$ を十分小さく取れば，$M>0$ が存在して $\mathcal{N}_{\Omega_\varepsilon[d_\varepsilon]}(L;\rho)\leqslant \delta M<1$．これから補題 5.6.3 の証明と同様，$\Omega_\varepsilon[d_\varepsilon]$ 上

$$|L_j(z,\zeta)|\leqslant \frac{C_1\, j!}{2\|\zeta\|^j}\Bigl(\frac{2n}{\rho^2}\Bigr)^j$$

となり (5.6.1) が満たされる．よって補題 5.6.3 から，$P(t;z,\zeta)\circ R(z,\zeta)$ は逆 $W(t;z,\zeta)$ を持つ．

$$P(t;z,\zeta)\circ R(z,\zeta)\circ W(t;z,\zeta)=1$$

だから $P(t;z,\zeta)$ は右逆 $Q(t;z,\zeta):=R(z,\zeta)\circ W(t;z,\zeta)$ を持つ．同様の計算で左逆が存在し，特に $Q(t;z,\zeta)$ と一致するから $P(t;z,\zeta)$ が可逆が従う．更に P 及び R から $L=PR$ を評価したのと同様，(5.6.2) 及び (5.6.6) の仮定下で R 及び W から $Q=RW$ が評価できて (5.6.5) が得られる． ■

5.6.5 ［補題］　Ω 上の形式表象

$$Q(t;z,\zeta)=1+\sum_{j=1}^{\infty} t^j Q_j(z,\zeta)$$

が，$A\in\,]0,1[$ 及び劣線型重み函数 $\Lambda(\zeta)$ に対して，$\Omega_r[(j+1)d_r]$ 上

$$|Q_j(z,\zeta)|\leqslant \frac{A^j\Lambda(\zeta)}{\|\zeta\|} \tag{5.6.8}$$

と仮定する．このとき，$Q(z,\zeta)-Q(t;z,\zeta)\in\widehat{\mathscr{N}}(\Omega)$ となる Ω 上の任意の表象 $Q(z,\zeta)$ は，z 変数に関して一様に

$$\lim_{\|\zeta\|\to\infty} Q(z,\zeta)=1. \tag{5.6.9}$$

証明　仮定から $B\in\,]0,1[$ が存在し，任意の $h>0$ に対して $C'>0$ が存在して，任意の $m\in\mathbb{N}$ に対し $\Omega_r[md_r]$ 上

$$\Bigl|Q(z,\zeta)-1-\sum_{j=1}^{m-1} Q_j(z,\zeta)\Bigr|\leqslant C'B^m e^{h\|\zeta\|}. \tag{5.6.10}$$

よって m を $\dfrac{\|\xi\|}{d}$ の整数部分と取れば，(5.6.8) 及び (5.6.10) から命題 4.4.5

の証明と同様，$\Omega_r[md_r]$ 上定数 $\delta, C'' > 0$ が存在して

$$|Q(z,\zeta)-1| \leqslant C''e^{-\delta\|\zeta\|} + \sum_{j=1}^{m-1} \frac{A^j \Lambda(\zeta)}{\|\zeta\|} \leqslant C''e^{-\delta\|\zeta\|} + \frac{A\Lambda(\zeta)}{(1-A)\|\zeta\|}.$$

ここで $\|\zeta\| \to \infty$ とすれば (5.6.9) を得る．■

以上の準備の下に，定理 5.5.4 の別証明を与える:

証明　$Q(z,\zeta) := \dfrac{1}{P(z,\zeta)}$ も表象だから，z^* の錐状近傍 Ω が存在して，$P(z,\zeta)$, $Q(z,\zeta) \in \Gamma(\Omega_r[d_r]; \mathscr{O}_{T^*\mathbb{C}^n})$ と仮定して構わない．更に定理 4.2.7 と同様，$e^{t\langle\partial_\zeta,\partial_z\rangle}Q(z,\zeta) \in \widehat{\mathscr{S}_{\mathrm{cl}}}(\Omega)$ がわかる．

$$R(t;z,\zeta) = \sum_{j=0}^{\infty} t^j R_j(z,\zeta) := \bigl(e^{t\langle\partial_\zeta,\partial_z\rangle}Q(z,\zeta)\bigr) \circ P(z,\zeta) \tag{5.6.11}$$

が，補題 5.6.5 の仮定を満たすことを示す．

$$\begin{aligned}
R(t;z,\zeta) &= e^{t\langle\partial_\eta,\partial_w\rangle}e^{t\langle\partial_\eta,\partial_z\rangle}\,Q(z,\eta)\,P(w,\zeta)\Big|_{\substack{w=z\\ \eta=\zeta}} \\
&= e^{t\langle\partial_\eta,\partial_z+\partial_w\rangle}\frac{P(z,\zeta)}{P(z,\eta)}\,\frac{P(w,\zeta)}{P(z,\zeta)}\Big|_{\substack{w=z\\ \eta=\zeta}} = e^{t\langle\partial_\eta,\partial_z+\partial_w\rangle}\frac{P(z,\zeta)}{P(z,\eta)}\Big|_{\substack{w=z\\ \eta=\zeta}} \\
&= e^{t\langle\partial_\eta,\partial_z\rangle}\frac{P(z,\zeta)}{P(z,\eta)}\Big|_{\eta=\zeta}
\end{aligned}$$

と書ける．仮定から劣 1 階表象 $p(z,\zeta) \in \Gamma(\Omega_r[d_r]; \mathscr{O}_{T^*\mathbb{C}^n})$ が存在して，$P(z,\zeta) = e^{p(z,\zeta)}$ と書けると仮定して構わない．各 $1 \leqslant j \leqslant n$ に対して

$$\vartheta_j(z,\zeta,\eta) = \int_0^1 \frac{\partial p}{\partial \zeta_j}(z, s\zeta+(1-s)\eta)\,ds \tag{5.6.12}$$

と置けば，$p(z,\zeta)-p(z,\eta) = \langle\vartheta(z,\zeta,\eta), \zeta-\eta\rangle$ と書けるから，補題 1.2.11 から

$$\begin{aligned}
R(t;z,\zeta) &= e^{t\langle\partial_\eta,\partial_z\rangle}e^{\langle\vartheta(z,\zeta,\eta),\zeta-\eta\rangle}\Big|_{\eta=\zeta} = e^{\langle\partial_\eta,\partial_z\rangle}e^{-\langle\vartheta(z,\zeta,\zeta+t\eta),t\eta\rangle}\Big|_{\eta=0} \\
&= e^{\langle\partial_\eta,\partial_z\rangle}\sum_{\alpha\in\mathbb{N}_0^n}\frac{(-t)^{|\alpha|}}{\alpha!}\,\partial_z^\alpha(\vartheta(z,\zeta,\zeta+t\eta)^\alpha)\Big|_{\eta=0} \\
&= \sum_{\alpha,\beta\in\mathbb{N}_0^n}\frac{(-1)^{|\alpha|}\,t^{|\alpha+\beta|}}{\alpha!\,\beta!}\,\partial_\eta^\beta\partial_z^{\alpha+\beta}(\vartheta(z,\zeta,\zeta+\eta)^\alpha)\Big|_{\eta=0}.
\end{aligned}$$

これを書き直せば，$R_0(z,\zeta) = 1$ 且つ $j \in \mathbb{N}$ ならば

$$R_j(z,\zeta) = \sum_{\substack{|\beta|=j\\ 0\neq\alpha\leqslant\beta}}\frac{(-1)^{|\alpha|}}{\alpha!\,(\beta-\alpha)!}\,\partial_z^\beta\,\partial_\eta^{\beta-\alpha}(\vartheta(z,\zeta,\eta)^\alpha)\Big|_{\eta=\zeta}.$$

$R_j(z,\zeta)$ を評価する．劣線型重み函数 $\Lambda(\zeta)$ が存在して $\Omega_r[d_r]$ 上 $|p(z,\zeta)| \leqslant \Lambda(\zeta)$ だから，補題 4.2.3 から任意の $\varepsilon \in \big[0,r\big[$ に対して $\Omega_\varepsilon[d_\varepsilon]$ 上

(5.6.13)
$$\left|\frac{\partial p}{\partial \zeta_j}(z,\zeta)\right| \leqslant \frac{2\Lambda(\zeta)}{(r-\varepsilon)\|\zeta\|}\,.$$

$\varepsilon \in \big]0,r\big[$ を固定して任意の $\varepsilon_1 \in \big[0,\varepsilon\big[$ を取る．$\delta \in [0,\varepsilon_1\big[$ が存在して

$$\Omega'_{\varepsilon_1}[d_{\varepsilon_1}] := \bigcap_{(z,\zeta)\in\Omega_{\varepsilon_1}[d_{\varepsilon_1}]} \{(w;\zeta,\eta)\in\mathbb{C}^{3n};\ \|z-w\|\leqslant\delta,\ \|\eta-\zeta\|\leqslant\delta\|\zeta\|\}$$

と置けば

$$\{(w;s\zeta+(1-s)\eta)\in\mathbb{C}^{2n};\ (w;\zeta,\eta)\in\Omega'_\varepsilon[d_\varepsilon],\ s\in\big[0,1\big]\}\subset\Omega_\varepsilon[d_\varepsilon]$$

とできる．従って $C_0 := \dfrac{2(1+\delta)}{1-\delta}$ と置けば，(5.6.12) 及び (5.6.13) から，$\Omega'_{\varepsilon_1}[d_{\varepsilon_1}]$ 上任意の $1\leqslant j\leqslant n$ に対して $|\vartheta_j(w,\zeta,\eta)| \leqslant \dfrac{C_0\Lambda(\zeta)}{(r-\varepsilon)\|\zeta\|}$. これから，$(z,\zeta)\in\Omega_{\varepsilon_1}[d_{\varepsilon_1}]$ ならば

(5.6.14)
$$\begin{aligned}
\left|\partial_z^\beta\,\partial_\eta^\gamma\big(\vartheta(z,\zeta,\eta)^\alpha\big)\Big|_{\eta=\zeta}\right| &\leqslant \frac{\gamma!\,\beta!}{\|\zeta\|^{|\gamma|}\,\delta^{|\beta+\gamma|}} \sup_{(w,\zeta,\eta')\in\Omega'_{\varepsilon_1}[d_{\varepsilon_1}]} |\vartheta(w,\zeta,\eta')^\alpha| \\
&\leqslant \frac{\gamma!\,\beta!}{\|\zeta\|^{|\gamma|}\,\delta^{|\beta+\gamma|}}\left(\frac{C_0\Lambda(\zeta)}{(r-\varepsilon)\|\zeta\|}\right)^{|\alpha|}.
\end{aligned}$$

定数 $B\in\big]0,\dfrac{1}{4}\big[$ を一つ固定すると，$d>0$ を十分大きく取れば

$$\frac{2C_0\Lambda(\zeta)}{(r-\varepsilon)B\|\zeta\|}\leqslant\frac{1}{2}\quad\big((z,\zeta)\in\Omega_r[d_r]\big),\qquad \frac{1}{\delta^2 Bd_r}\leqslant\frac{1}{2}\,,$$

とできる．

$$A := 4B\in\big]0,1\big[,\quad C := \frac{4^{n-1}\,2C_0}{\delta B},$$

と置けば，任意の $j\in\mathbb{N}$ に対し $\Omega_{\varepsilon_1}[(j+1)d_{\varepsilon_1}]$ 上

$$\begin{aligned}
|R_j(z,\zeta)| &\leqslant \sum_{|\beta|=j}\ \sum_{\substack{\alpha\leqslant\beta\\ 1\leqslant|\alpha|}} \frac{\beta!}{\alpha!\,\delta^{|\beta|}\,(\delta\|\zeta\|)^{|\beta-\alpha|}}\left(\frac{C_0\Lambda(\zeta)}{(r-\varepsilon)\|\zeta\|}\right)^{|\alpha|} \\
&\leqslant \sum_{k=1}^{j} 2^{j+k+2n-2}\,\frac{j!\,B^k}{k!\,(\delta^2\|\zeta\|)^{j-k}}\left(\frac{C_0\Lambda(\zeta)}{(r-\varepsilon)B\|\zeta\|}\right)^{k} \\
&\leqslant \sum_{k=1}^{j} \frac{4^{n-1}(j-k)!\,A^j}{(\delta^2B(j+1)d_r)^{j-k}}\,\frac{2C_0\Lambda(\zeta)}{(r-\varepsilon)B\|\zeta\|}\left(\frac{1}{2}\right)^{k-1}
\end{aligned}$$

$$\leqslant \frac{CA^j \Lambda(\zeta)}{\|\zeta\|} \sum_{k=0}^{j-1} \left(\frac{1}{2}\right)^{j-1} \leqslant \frac{CA^j \Lambda(\zeta)}{\|\zeta\|} \sum_{\nu=1}^{\infty} \nu \left(\frac{1}{2}\right)^{\nu-1} = \frac{4CA^j \Lambda(\zeta)}{\|\zeta\|}.$$

よって $R_j(z,\zeta)$ が $\Omega_{\varepsilon_1}[d_{\varepsilon_1}]$ 上で補題 5.6.5 の仮定を満たすことが示された．従って，必要ならば Ω を縮めて $R(z,\zeta) - R(t;z,\zeta) \in \widehat{\mathscr{N}}(\Omega)$ なる表象 $R(z,\zeta)$ を取れば，補題 5.6.5 によって $\lim\limits_{\|\zeta\| \to \infty} R(z,\zeta) = 1$．更に $d > 0$ を十分大きく取り直せば，定数 $C_1', C_2' > 0$ が存在して $\Omega_{\varepsilon_1}[d_{\varepsilon_1}]$ 上で $C_1' \leqslant |R(z,\zeta)| \leqslant C_2'$ とできる．即ち，$R(z,\zeta) + t \cdot 0 + t^2 \cdot 0 + \cdots +$ は命題 5.6.4 の仮定を満たすから，$\mathscr{E}^{\mathbb{R}}_{\mathbb{C}^n, z^*}$ 内で可逆となる．よって $:\!R(t;z,\zeta)\!:$ も逆 $:\!R(t;z,\zeta)\!:^{-1}$ を持つから，特に

$$:\!R(t;z,\zeta)\!:^{-1} :\!e^{t\langle \partial_\zeta, \partial_z \rangle} Q(z,\zeta)\!: :\!P(z,\zeta)\!: = 1.$$

即ち，$P(z,\zeta)$ は左逆

$$:\!R(t;z,\zeta)\!:^{-1} :\!e^{t\langle \partial_\zeta, \partial_z \rangle} Q(z,\zeta)\!:$$

を持つ．同様に $P(z,\zeta) \circ e^{t\langle \partial_\zeta, \partial_z \rangle} Q(z,\zeta)$ について考えれば，右逆の存在もわかるから $:\!P(z,\zeta)\!:$ は可逆となる．　■

6

量子化接触変換

本章では最初に，無限階擬微分作用素の応用上重要な部分環の層である超局所微分作用素について表象理論の立場から紹介し，超局所微分作用素に関する可逆性定理，及び無限階擬微分作用素の割算定理を紹介する．次にこの割算定理を用いて，量子化接触変換という座標変換よりも広い変換が擬微分作用素及び超局所函数に定義できることを示す．最後に量子化接触変換と擬微分作用素の表象との関係を述べ，特に特性集合が量子化接触変換で不変を示す．

1. 超局所微分作用素

本節では，$\mathscr{E}^{\mathbb{R}}_{\mathbb{C}^n}$ の重要な部分環の層である，無限階超局所微分作用素の層 $\mathscr{E}^{\infty}_{\mathbb{C}^n}$ について紹介する．$j \in \mathbb{Z}$ に対して，$\mathscr{O}^{(j)}_{T^*\mathbb{C}^n} \subset \mathscr{O}_{T^*\mathbb{C}^n}$ を ζ について複素 j 次斉次な整型函数からなる部分層とする（即ち，$P(z,\zeta)$ が $\mathscr{O}^{(j)}_{T^*\mathbb{C}^n}$ の切断とは，任意の $c \in \mathbb{C}^\times$ に対して $P(z, c\zeta) = c^j P(z,\zeta)$）．

6.1.1 [定義]　$\Omega \subset T^*\mathbb{C}^n$ が $\mathbb{C}^\times$ 錐状とする．Ω 上の**無限階超局所微分作用素** (microdifferential operator of infinite order) $P(z, \partial_z) \in \mathscr{E}^{\infty}_{\mathbb{C}^n}[\Omega]$ とは，以下の条件を満たす函数列 $\{P_j(z,\zeta)\}_{j\in\mathbb{Z}}$ である:

(1) $r \in \left]0,1\right[$ が存在して $\{P_j(z,\zeta)\}_{j\in\mathbb{Z}} \subset \Gamma(\Omega_r; \mathscr{O}^{(j)}_{T^*\mathbb{C}^n})$;

(2) 次の増大度を持つ:

$(\boldsymbol{M}_+)$ 任意の $\varepsilon > 0$ に対して $C_\varepsilon > 0$ が存在して

(6.1.1) $$|P_j(z,\zeta)| \leqslant \frac{C_\varepsilon (\varepsilon \|\zeta\|)^j}{j!}, \quad \bigl((z;\zeta) \in \Omega_r\,;\, j \in \mathbb{N}_0\bigr);$$

$(\boldsymbol{M}_-)$ $C > 0$ が存在して

(6.1.2) $$|P_{-j}(z,\zeta)| \leqslant \frac{C^j j!}{\|\zeta\|^j}, \quad \bigl((z;\zeta) \in \Omega_r\,;\, j \in \mathbb{N}\bigr).$$

以下では，形式的に $P(z,\partial_z)=\sum_{j\in\mathbb{Z}}P_j(z,\partial_z)$ とも書く．

$\Omega\cap T^*_{\mathbb{C}^n}\mathbb{C}^n\neq\emptyset$ ならば $P_{-j}(z,\zeta)=0$ 且つ $P_j(z,\zeta)$ は j 次多項式だから，$\mathscr{E}^{\infty}_{\mathbb{C}^n}(\Omega)$ は無限階微分作用素（の表象）である．

層 $\mathfrak{O}(T^*\mathbb{C}^n)\ni V\mapsto\mathscr{E}^{\infty}_{\mathbb{C}^n}(\mathbb{C}^{\times}V)$ を定義するため，座標変換を定める．定理 4.2.1 の記号を用い，$P(z,\partial_z)=\sum_{j\in\mathbb{Z}}P_j(z,\partial_z)\in\mathscr{E}^{\infty}_{\mathbb{C}^n}(\Omega)$ に対してもやはり次の通りに定義する:

$$\Phi^*P_j(w,\eta):=\sum_{k=j+|\alpha|}\frac{1}{\alpha!}\partial_{\zeta'}^{\alpha}\partial_{z'}^{\alpha}P_k(z,\zeta'+{}^{\mathrm{t}}J_{\Phi}^{-1}(z',z)\eta)\Big|_{\substack{z=z'=\Phi(w)\\ \zeta'=0}}.$$

6.1.2 [定理]　$\Phi^*P(w,\eta)$ は，座標系 $(w;\eta)$ に関する Ω 上の無限階超局所微分作用素となる．更に，1^* は恒等写像，且つ二つの複素座標変換を $z=\Phi(w)$ 及び $w=\Psi(v)$ とすれば，$\Psi^*\Phi^*=(\Phi\Psi)^*$ となる．

証明　最初に増大度条件を示す．(4.2.1) 及び (4.2.2) を仮定して構わない．更に $r'\in\left]0,r\right[$ が存在して

$$\bigcup_{(z;\zeta)\in\Omega_{r'}}\{(z,\zeta'+{}^{\mathrm{t}}J_{\Phi}^{-1}(z',z)\eta)\in\mathbb{C}^{2n};\ \|z'-z\|\leqslant\delta,\ \|\zeta'\|\leqslant\varepsilon\|\zeta\|\}\underset{\text{conic}}{\Subset}\Omega_r$$

とできる．従って，この集合上 $C>0$ が存在し，更に任意の $h>0$ に対して $C_h>0$ が存在して

$$|P_k(z,\zeta'+{}^{\mathrm{t}}J_{\Phi}^{-1}(z',z)\eta)|\leqslant\begin{cases}\dfrac{C_h(h\|\zeta'+{}^{\mathrm{t}}J_{\Phi}^{-1}(z',z)\eta\|)^k}{k!} & (k\geqslant 0),\\[2ex] \dfrac{C^{-k}(-k)!}{\|\zeta'+{}^{\mathrm{t}}J_{\Phi}^{-1}(z',z)\eta\|^{-k}} & (k\leqslant -1).\end{cases}$$

よって，$z=\Phi(w)$ 且つ $(z;\zeta)\in\Omega_{r'}$ ならば

$$\begin{aligned}&\frac{1}{\alpha!}\left|\partial_{\zeta'}^{\alpha}\partial_{z'}^{\alpha}P_k(z,\zeta'+{}^{\mathrm{t}}J_{\Phi}^{-1}(z',z)\eta)\big|_{z'=z,\zeta'=0}\right|\\ &\leqslant\frac{\alpha!}{(\varepsilon\delta c'\|\eta\|)^{|\alpha|}}\sup_{\substack{\|z'-z\|=\delta\\ \|\zeta'\|=\varepsilon\|\zeta\|}}|P_k(z,\zeta'+{}^{\mathrm{t}}J_{\Phi}^{-1}(z',z)\eta)|\\ &\leqslant\begin{cases}\dfrac{\alpha!\,C_h(ch(2\varepsilon+1)\|\eta\|)^k}{(\varepsilon\delta c'\|\eta\|)^{|\alpha|}\,k!} & (k\geqslant 0),\\[2ex] \dfrac{\alpha!\,C^{-k}(-k)!}{(\varepsilon\delta c'\|\eta\|)^{|\alpha|}((c'-\varepsilon c)\|\eta\|)^{-k}} & (k\leqslant -1).\end{cases}\end{aligned}$$

$j \geqslant 0$ ならば, 任意の $h > 0$ に対し $A := \dfrac{2ch'(2\varepsilon+1)}{\varepsilon\delta c'} < 1$ 且つ $ch'(2\varepsilon+1) < h$ と $h' > 0$ を取れば

$$\begin{aligned}\left|\Phi^* P_j(w,\eta)\right| &\leqslant \sum_{k=j+|\alpha|} \frac{\alpha!\, C_{h'}(ch'(2\varepsilon+1)\|\eta\|)^k}{(\varepsilon\delta c'\|\eta\|)^{|\alpha|}\, k!} \\ &\leqslant \sum_{\nu=0}^{\infty} \frac{2^{n+\nu-1}\nu!\, C_{h'}(ch'(2\varepsilon+1)\|\eta\|)^{j+\nu}}{(\varepsilon\delta c'\|\eta\|)^{\nu}\,(j+\nu)!} \\ &\leqslant \frac{2^{n-1}C_{h'}(h\|\eta\|)^j}{j!}\sum_{\nu=0}^{\infty} A^{\nu} \leqslant \frac{2^{n-1}\, C_{h'}\,(h\|\eta\|)^j}{(1-A)\, j!}.\end{aligned}$$

$j > 0$ ならば, $A := \dfrac{2ch(2\varepsilon+1)}{\varepsilon\delta c'} < 1$ と $h > 0$ を取り, 必要ならば $\varepsilon > 0$ を取り直して $B := \dfrac{C\varepsilon\delta c}{2(c'-\varepsilon c)} < 1$ とすれば

$$\begin{aligned}&\left|\Phi^* P_{-j}(w,\eta)\right| \\ &\leqslant \sum_{\substack{j+k=|\alpha| \\ k\geqslant 1}} \frac{\alpha!\, C_h(ch(2\varepsilon+1)\|\eta\|)^k}{(\varepsilon\delta c'\|\eta\|)^{|\alpha|}\, k!} + \sum_{\substack{j=k+|\alpha| \\ k\geqslant 1}} \frac{\alpha!\, C^k k!}{(\varepsilon\delta c'\|\eta\|)^{|\alpha|}((c'-\varepsilon c)\|\eta\|)^k} \\ &\leqslant \frac{2^{n-1}j!\, C_h}{(\varepsilon\delta c'\|\eta\|)^j}\sum_{k=1}^{\infty} A^k + \frac{2^{n-1}j!}{(\varepsilon\delta c'\|\eta\|)^j}\sum_{k=1}^{\infty} B^k \\ &\leqslant \frac{2^{n-1}j!\, C_h}{(1-A)\,\|\eta\|^j}\left(\frac{1}{\varepsilon\delta c'}\right)^j + \frac{2^{n-1}j!}{(1-B)\,\|\eta\|^j}\left(\frac{1}{\varepsilon\delta c'}\right)^j.\end{aligned}$$

1^* が恒等写像と $\Psi^*\Phi^* = (\Phi\Psi)^*$ との証明は, 定理 4.2.1 と全く同様. ∎

6.1.3 [定理]　$P(z,\zeta),\, Q(z,\zeta) \in \mathscr{E}^{\infty}_{\mathbb{C}^n}[\Omega]$ に対して

$$R_l(z,\zeta) := \sum_{j+k=l+|\alpha|} \frac{1}{\alpha!}\, \frac{\partial^{|\alpha|}Q_j}{\partial\zeta^{\alpha}}(z,\zeta)\, \frac{\partial^{|\alpha|}P_k}{\partial z^{\alpha}}(z,\zeta)$$

で積 $Q\circ P(z,\zeta) = \sum\limits_{j\in\mathbb{Z}} R_l(z,\zeta)$ を定めれば, $Q\circ P(z,\zeta) \in \mathscr{E}^{\infty}_{\mathbb{C}^n}[\Omega]$ 且つ結合則を満たす.

証明　$\sum\limits_{j\in\mathbb{Z}} R_l(z,\zeta)$ が定義 6.1.1 (1) を満たすことと結合則とは明らかだから, 増大度条件を示す. 補題 4.2.3 の証明から次が得られる: $C,\, r > 0$ が存在し, 更に任意の $h > 0$ に対して $C_h > 0$ が存在し, 任意の $\varepsilon \in \left[0, r\right[$ に対して Ω_ε

上

$$\left|\partial_\zeta^\alpha Q_j(z,\zeta)\right| \leqslant \begin{cases} \dfrac{\alpha!\,C_h(h\|\zeta\|)^j}{((r-\varepsilon)\|\zeta\|)^{|\alpha|}\,j!} & (j \in \mathbb{N}_0), \\ \dfrac{\alpha!\,C^{-j}(-j)!}{\|\zeta\|^{|\alpha|-j}\,(r-\varepsilon)^{|\alpha|}\,(1-r+\varepsilon)^{-j}} & (-j \in \mathbb{N}), \end{cases}$$

$$\left|\partial_z^\alpha P_k(z,\zeta)\right| \leqslant \begin{cases} \dfrac{\alpha!\,C_h(h\|\zeta\|)^k}{(r-\varepsilon)^{|\alpha|}\,k!} & (k \in \mathbb{N}_0), \\ \dfrac{\alpha!\,C^{-k}(-k)!}{\|\zeta\|^{-k}\,(r-\varepsilon)^{|\alpha|}\,(1-r+\varepsilon)^{-k}} & (-k \in \mathbb{N}). \end{cases}$$

従って，$l \geqslant 0$ ならば $j+k=l+|\alpha|$ なる $j,\,k$ の正負で場合分けをして，任意の $h'>0$ に対して Ω_ε 上

$$|R_l(z,\zeta)| \leqslant \sum_{\substack{l+|\alpha|=j+k \\ j,k\geqslant 0}} \frac{\alpha!\,C_{h'}^2(h'\|\zeta\|)^{j+k}}{((r-\varepsilon)^2\|\zeta\|)^{|\alpha|}\,j!\,k!} + \sum_{\substack{k+l+|\alpha|=j \\ j,k-1\geqslant 0}} \frac{2\alpha!\,C_{h'}C^k(h'\|\zeta\|)^j k!}{\|\zeta\|^{|\alpha|+k}\,(r-\varepsilon)^{2|\alpha|}\,(1-r+\varepsilon)^k\,j!}\,.$$

任意の $h>0$ に対して $h'>0$ を $A := \dfrac{2h'}{(r-\varepsilon)^2} < 1$ 且つ $2h' \leqslant h$ と選べば，Ω_ε 上

$$\begin{aligned} &\sum_{\substack{l+|\alpha|=j+k \\ j,k\geqslant 0}} \frac{\alpha!\,C_{h'}^2(h'\|\zeta\|)^{j+k}}{((r-\varepsilon)^2\|\zeta\|)^{|\alpha|}\,j!\,k!} \\ &\qquad \leqslant 2^{n-1}C_{h'}^2(2h'\|\zeta\|)^l \sum_{\nu=l}^{\infty} \frac{\nu!\,A^\nu}{(l+\nu)!} \sum_{j+k=l+\nu} \frac{(l+\nu)!}{2^{l+\nu}\,j!\,k!} \\ &\qquad \leqslant \frac{2^{n-1}C_{h'}^2\,(h\|\zeta\|)^l}{(1-A)\,l!}\,. \end{aligned}$$

更に $B := \dfrac{h'C}{1-r+\varepsilon} < 1$ と $h'>0$ を取れば

$$\begin{aligned} &\sum_{\substack{k+l+|\alpha|=j \\ j,k-1\geqslant 0}} \frac{2\alpha!\,C_{h'}C^k(h'\|\zeta\|)^j k!}{\|\zeta\|^{|\alpha|+k}\,(r-\varepsilon)^{2|\alpha|}\,(1-r+\varepsilon)^k\,j!} \\ &\qquad \leqslant 2^n\,C_{h'}(\delta h'\|\zeta\|)^l \sum_{\nu=0}^{\infty} A^\nu \sum_{k=1}^{\infty} \frac{B^k\,\nu!\,k!}{(k+l+\nu)!} \leqslant \frac{2^n BC_{h'}(h\|\zeta\|)^l}{(1-A)(1-B)\,l!}\,. \end{aligned}$$

同様に $l>1$ ならば，Ω_ε 上

$$
\begin{aligned}
|R_{-l}(z,\zeta)| \leqslant & \sum_{\substack{|\alpha|=j+k+l\\ j,k\geqslant 0}} \frac{\alpha!\,C_{h'}^{\,2}(h'\|\zeta\|)^{j+k}}{\|\zeta\|^{|\alpha|}\,(r-\varepsilon)^{2|\alpha|}\,j!\,k!} \\
&+ \sum_{\substack{|\alpha|+k=j+l\\ j,k-1\geqslant 0}} \frac{2\alpha!\,C_{h'}C^k(h')^j k!}{\|\zeta\|^{|\alpha|-j+k}\,(r-\varepsilon)^{2|\alpha|}\,(1-r+\varepsilon)^k\,j!} \\
&+ \sum_{\substack{|\alpha|+j+k=l\\ j,k\geqslant 1}} \frac{\alpha!\,C^{j+k}j!\,k!}{\|\zeta\|^{|\alpha|+j+k}\,(r-\varepsilon)^{2|\alpha|}\,(1-r+\varepsilon)^{j+k}}\,.
\end{aligned}
$$

$A:=\dfrac{8h'}{(r-\varepsilon)^2}<1$ と $h'>0$ を選べば

$$
\begin{aligned}
&\sum_{\substack{|\alpha|=j+k+l\\ j,k\geqslant 0}} \frac{\alpha!\,C_{h'}^{\,2}(h'\|\zeta\|)^{j+k}}{\|\zeta\|^{|\alpha|}\,(r-\varepsilon)^{2|\alpha|}\,j!\,k!} \\
&\qquad \leqslant \frac{2^{n-1}\,C_h^{\,2}}{(2h'\|\zeta\|)^l}\sum_{\nu=l}^{\infty}\frac{\nu!}{(\nu-l)!}\Big(\frac{4h'}{(r-\varepsilon)^2}\Big)^{\nu}\sum_{j+k=\nu-l}\frac{(\nu-l)!}{2^{\nu-l}\,j!\,k!} \\
&\qquad \leqslant \frac{2^{n-1}\,l!\,C_{h'}^{\,2}}{(4h'\|\zeta\|)^l}\sum_{\nu=l}^{\infty}A^{\nu} \leqslant \frac{2^{n-1}\,l!\,C_{h'}^{\,2}}{(1-A)\,\|\zeta\|^l}\Big(\frac{A}{4h'}\Big)^l.
\end{aligned}
$$

更に $C':=\dfrac{2Ch'}{1-r+\varepsilon}<1$ と $h'>0$ を選べば

$$
\begin{aligned}
&\sum_{\substack{|\alpha|+k=j+l\\ j,k-1\geqslant 0}} \frac{2\alpha!\,C_{h'}C^k(h')^j k!}{\|\zeta\|^{|\alpha|-j+k}\,(r-\varepsilon)^{2|\alpha|}\,(1-r+\varepsilon)^k\,j!} \\
&\qquad \leqslant \frac{2^n\,C_{h'}}{\|\zeta\|^l}\sum_{\nu=l-1}^{\infty}\sum_{j=\nu-l+1}^{\infty}\frac{2^{\nu}\,\nu!\,(h')^j(j+l-\nu)!}{(r-\varepsilon)^{2\nu}\,j!}\Big(\frac{C}{1-r+\varepsilon}\Big)^{j+l-\nu} \\
&\qquad \leqslant \frac{2^n\,C_{h'}\,l!}{\|\zeta\|^l}\sum_{\nu=l-1}^{\infty}\sum_{j=\nu-l+1}^{\infty}\frac{2^{\nu+l+j}\,(h')^j}{(r-\varepsilon)^{2\nu}}\Big(\frac{C}{1-r+\varepsilon}\Big)^{j+l-\nu} \\
&\qquad \leqslant \frac{2^n\,C_{h'}\,l!}{(h'\|\zeta\|)^l}\sum_{\nu=l-1}^{\infty}\Big(\frac{A}{4}\Big)^{\nu}\sum_{j=1}^{\infty}\Big(\frac{2Ch'}{1-r+\varepsilon}\Big)^j \\
&\qquad \leqslant \frac{2^{n+4}C_{h'}\,l!}{A(4-A)(1-C')\,\|\zeta\|^l}\Big(\frac{A}{4h'}\Big)^l.
\end{aligned}
$$

一方，$B:=\dfrac{C(r-\varepsilon)^2}{2(1-r+\varepsilon)}<1$ と $\varepsilon>0$ を選べば，Ω_ε 上

$$\begin{aligned}\sum_{\substack{|\alpha|+j+k=l\\ j,k\geqslant 1}} & \frac{\alpha!\,C^{j+k}j!\,k!}{\|\zeta\|^{|\alpha|+j+k}(r-\varepsilon)^{2|\alpha|}(1-r+\varepsilon)^{j+k}} \\ &\leqslant \frac{2^{n-1}}{\|\zeta\|^{l}}\sum_{\nu=0}^{l-2}\sum_{j=1}^{l-\nu-1}\frac{2^{\nu}\,\nu!\,j!\,(l-j-\nu)!}{(r-\varepsilon)^{2\nu}}\Big(\frac{C}{1-r+\varepsilon}\Big)^{l-\nu} \\ &\leqslant \frac{2^{n-1}\,l!}{\|\zeta\|^{l}}\Big(\frac{2}{(r-\varepsilon)^{2}}\Big)^{l}\sum_{\nu=0}^{l-2}(l-\nu-1)\Big(\frac{C\varepsilon^{2}}{2(1-r+\varepsilon)}\Big)^{l-\nu} \\ &\leqslant \frac{2^{n-1}\,l!}{(1-B)^{2}\,\|\zeta\|^{l}}\Big(\frac{2}{(r-\varepsilon)^{2}}\Big)^{l}.\end{aligned}$$

以上で示された. ∎

6.1.4 [定理]　$P(z,\zeta)\in\mathscr{E}^{\infty}_{\mathbb{C}^n}[\Omega]$ に対して

$$P_j^*(z,-\zeta) := \sum_{j=k-|\alpha|}\frac{(-1)^{|\alpha|}}{\alpha!}\,\partial_\zeta^{\alpha}\,\partial_z^{\alpha}P_k(z,\zeta)\in\mathscr{E}^{\infty}_{\mathbb{C}^n}[\Omega^a]$$

となり, $P^{**}=P$ が成り立つ.

証明は定理 6.1.3 と同様である. 以上から:

6.1.5 [定義]　対応 $\mathfrak{O}(T^*\mathbb{C}^n)\ni V\mapsto\mathscr{E}^{\infty}_{\mathbb{C}^n}[\mathbb{C}^{\times}V]$ に附随する層は, 形式随伴を持つ環の層となる. これを同じ記号で $\mathscr{E}^{\infty}_{\mathbb{C}^n}$ とし, **無限階超局所微分作用素**の層と呼ぶ. $\mathscr{E}^{\infty}_{\mathbb{C}^n}$ は複素錐状層であり, 明らかに $\mathscr{E}^{\infty}_{\mathbb{C}^n}\big|_{\mathbb{C}^n}=\mathscr{D}^{\infty}_{\mathbb{C}^n}$, 且つ, 形式随伴を保つ環の単型射 $\pi_{\mathbb{C}}^{-1}\mathscr{D}^{\infty}_{\mathbb{C}^n}\rightarrowtail\mathscr{E}^{\infty}_{\mathbb{C}^n}$ が存在する.

6.1.6 [補題]　$P(z,\partial_z)=\sum_{j\in\mathbb{Z}}P_j(z,\partial_z)\in\mathscr{E}^{\infty}_{\mathbb{C}^n}[\Omega]$ に対して

$$P_0(z,\zeta)+\sum_{j=1}^{\infty}t^j\big(P_j(z,\zeta)+P_{-j}(z,\zeta)\big),\quad \sum_{j=0}^{\infty}P_j(z,\zeta)+\sum_{j=1}^{\infty}t^jP_{-j}(z,\zeta),$$

は各々 Ω 上の古典的形式表象となり, 差は $\widehat{\mathscr{N}_{\mathrm{cl}}}(\Omega)$ に属する.

証明　$j<0$ ならば明らか. $j\geqslant 0$ ならば任意の $h>0$ に対して (6.1.1) から Ω_r 上

$$|P_j(z,\zeta)|\leqslant\frac{C_{h^2}h^j(h\|\zeta\|)^j}{j!}\leqslant\frac{C_{h^2}h^j j!\,e^{2h\|\zeta\|}}{(h\|\zeta\|)^j}=\frac{C_{h^2}j!\,e^{2h\|\zeta\|}}{\|\zeta\|^j}.$$

又，明らかに $P^+(z,\zeta) := \sum_{j=0}^{\infty} P_j(z,\zeta)$ は $\mathscr{S}(\Omega)$ の切断となる．任意の $m \in \mathbb{N}$ に対し，上と同様 Ω_r 上で

$$\left|P^+(x;\xi) - \sum_{j=0}^{m-1} P_j(z,\zeta)\right| = \left|\sum_{j=m}^{\infty} P_j(z,\zeta)\right| \leqslant \sum_{j=m}^{\infty} \frac{C_{h^2}(h^2\|\zeta\|)^j}{j!}$$
$$\leqslant \frac{C_{h^2}\, h^m (h\|\zeta\|)^m}{m!} \sum_{j=0}^{\infty} \frac{(h^2\|\zeta\|)^j}{j!} \leqslant \frac{C_{h^2} m!\, e^{h(2+h)\|\zeta\|}}{\|\zeta\|^m}$$

となるから良い． ∎

以上から形式随伴を保つ環の型射 $\mathscr{E}^{\infty}_{\mathbb{C}^n} \to \mathscr{E}^{\mathbb{R}}_{\mathbb{C}^n}$ が定まったが，更に:

6.1.7 [定理]　$\mathscr{E}^{\infty}_{\mathbb{C}^n} \to \mathscr{E}^{\mathbb{R}}_{\mathbb{C}^n}$ は単型射，特に $\mathscr{E}^{\infty}_{\mathbb{C}^n}$ は $\mathscr{E}^{\mathbb{R}}_{\mathbb{C}^n}$ の部分環の層となる．

証明　$\mathscr{E}^{\infty}_{\mathbb{C}^n}\big|_{\mathbb{C}^n} = \mathscr{E}^{\mathbb{R}}_{\mathbb{C}^n}\big|_{\mathbb{C}^n} = \mathscr{D}^{\infty}_{\mathbb{C}^n}$ だから $\dot{T}^*\mathbb{C}^n$ 上の各茎で示せば良い．よって，$z^* := (0;1,0,\ldots,0) \in T^*\mathbb{C}^n$ とし $\mathscr{E}^{\infty}_{\mathbb{C}^n,z^*} \to \mathscr{E}^{\mathbb{R}}_{\mathbb{C}^n,z^*}$ が単準同型を示す．$P(z,\partial_z) = \sum_{j\in\mathbb{Z}} P_j(z,\partial_z) \in \mathscr{E}^{\infty}_{\mathbb{C}^n,z^*}$ は

$$P_j(z,\zeta) = \sum_{\substack{\nu+|\beta|=j \\ (\nu,\beta)\in\mathbb{Z}\times\mathbb{N}_0^{n-1}}} a_{\nu,\beta}(z)\,\zeta_1^{\nu}(\zeta')^{\beta}$$

と Laurent 展開できる．以下 $z=0$ のコンパクト近傍上で考える．Cauchy の不等式から，$C,\,K>0$ 及び任意の $h>0$ に対して $C_h>0$ が存在して

$$|a_{\nu,\beta}(z)| \leqslant \begin{cases} \dfrac{C_h\, h^{\nu+|\beta|}\, K^{|\beta|}}{(\nu+|\beta|)!} & (\nu+|\beta| \geqslant 0), \\ (-\nu-|\beta|)!\, C^{-\nu-|\beta|}\, K^{|\beta|} & (\nu+|\beta| \leqslant -1). \end{cases}$$

6.1.8 [命題]　$P(z,\partial_z)$ が定める $P' \in \mathscr{E}^{\mathbb{R}}_{\mathbb{C}^n,z^*}$ の定義函数は，次で与えられる:

$$\psi(z,z+w) := \sum_{\nu=0}^{\infty} \sum_{\beta\in\mathbb{N}_0^{n-1}} \frac{\nu!\,\beta!\,a_{\nu,\beta}(z)}{(2\pi\sqrt{-1}\,)^n\, w_1^{\nu+1}\,(w')^{\beta+\mathbf{1}_{n-1}}}$$
$$\qquad - \sum_{\nu=1}^{\infty} \sum_{\beta\in\mathbb{N}_0^{n-1}} \frac{\beta!\,a_{-\nu,\beta}(z)\,(-w_1)^{\nu-1}\log w_1}{(2\pi\sqrt{-1}\,)^n\,(\nu-1)!\,(w')^{\beta+\mathbf{1}_{n-1}}}. \tag{6.1.3}$$

証明　$\psi(z, z+w)$ が収束して $\psi(z, \widetilde{z})\, d\widetilde{z}$ が E_{z^*} の芽を定めることは容易にわかる．定義域を見れば，$\sigma(\psi)(z,\zeta)$ の積分領域で始点及び終点を $-a := \beta_0 = \beta_1 < 0$ と取って構わない．従って，留数計算を行い log の偏角を見れば

$$\begin{aligned}\sigma(\psi)(z,\zeta) &= \sum_{j=0}^{\infty} \sum_{\substack{\nu+|\beta|=j \\ \nu \geqslant 0}} a_{\nu,\beta}(z)\, \zeta_1^{\nu}\, (\zeta')^{\beta} \\ &\quad + \sum_{j=0}^{\infty} \sum_{\substack{|\beta|=j+\nu \\ \nu \geqslant 0}} \frac{a_{-\nu,\beta}(z)\, (\zeta')^{\beta}}{(\nu-1)!} \int_0^a e^{-t\zeta_1} t^{\nu-1}\, dt \\ &\quad + \sum_{j=1}^{\infty} \sum_{\substack{j+|\beta|=\nu \\ \nu > 0}} \frac{a_{-\nu,\beta}(z)\, (\zeta')^{\beta}}{(\nu-1)!} \int_0^a e^{-t\zeta_1} t^{\nu-1}\, dt\end{aligned}$$

がわかる．後は，定理 4.1.7 及び補題 6.1.6 から

$$\begin{aligned}\widetilde{P}(z,\zeta) &:= \sum_{j=0}^{\infty} P_j(z,\zeta) + \sum_{j=1}^{\infty} \frac{P_{-j}(z,\zeta)\, \zeta_1^{j}}{(j-1)!} \int_0^a e^{-t\zeta_1}\, t^{j-1}\, dt \\ &= \sum_{j=0}^{\infty} \sum_{\nu+|\beta|=j} a_{\nu,\beta}(z)\, \zeta_1^{\nu}\, (\zeta')^{\beta} \\ &\quad + \sum_{j=1}^{\infty} \sum_{\substack{j+|\beta|=\nu \\ \nu > 0}} a_{-\nu,\beta}(z) \Bigl(\frac{\zeta'}{\zeta_1}\Bigr)^{\beta} \frac{1}{(j-1)!} \int_0^a e^{-t\zeta_1} t^{j-1}\, dt\end{aligned}$$

として，$\sigma(\psi)(z,\zeta) - \widetilde{P}(z,\zeta) \in \mathscr{N}_{z^*}$ を示せば良い．$\max\limits_{2 \leqslant j \leqslant n} \{|\zeta_j|\} \leqslant \varepsilon|\zeta_1|$ で考える．(4.1.3) から

$$\left|1 - \frac{\zeta_1^{\nu}}{(\nu-1)!} \int_0^a e^{-t\zeta_1} t^{\nu-1}\, dt\right| \leqslant C_1^{\nu}\, e^{-a\delta'|\zeta_1|}.$$

$j \geqslant 0$ に対して

$$\begin{aligned}P'_j(z,\zeta) &:= \sum_{\substack{|\beta|=j+\nu \\ \nu \geqslant 0}} \frac{a_{-\nu,\beta}(z)\, (\zeta')^{\beta}}{(\nu-1)!} \int_0^a e^{-t\zeta_1} t^{\nu-1}\, dt \\ \widetilde{P}_j(z,\zeta) &:= \sum_{\substack{|\beta|=j+\nu \\ \nu \geqslant 0}} a_{-\nu,\beta}(z)\, \zeta_1^{-\nu}\, (\zeta')^{\beta},\end{aligned}$$

且つ $j > 0$ ならば

$$P'_{-j}(z,\zeta) := \sum_{\substack{j+|\beta|=\nu \\ \nu > 0}} \frac{a_{-\nu,\beta}(z)\, (\zeta')^{\beta}}{(\nu-1)!} \int_0^a e^{-t\zeta_1} t^{\nu-1}\, dt,$$

$$\widetilde{P}_{-j}(z,\zeta) := \sum_{\substack{j+|\beta|=\nu\\ \nu>0}} a_{-\nu,\beta}(z)\Big(\frac{\zeta'}{\zeta_1}\Big)^{\beta} \frac{1}{(j-1)!}\int_0^a e^{-t\zeta_1}t^{j-1}\,dt,$$

と置く．定義から

$$\begin{aligned}&\big|\sigma(\psi)(z,\zeta) - P(z,\zeta)\big|\\ &\qquad \leqslant \Big|\sum_{j=0}^{\infty}\big(P'_j(z,\zeta) - \widetilde{P}_j(z,\zeta)\big)\Big| + \Big|\sum_{j=1}^{\infty}\big(P'_{-j}(z,\zeta) - \widetilde{P}_{-j}(z,\zeta)\big)\Big|.\end{aligned}$$

この第 j 項を I_j $(j=1,2)$ とする．最初に $c := a\delta' - 2h'\varepsilon K > 0$ とする．$\|\zeta\| = |\zeta_1| \geqslant md$ ならば $A := e^{-cd} \in \,]0,1[$ として

$$\begin{aligned}I_1 &= \Big|\sum_{j=0}^{\infty}\sum_{\substack{|\beta|=j+\nu\\ \nu\geqslant 0}} \frac{a_{-\nu,\beta}(z)\,(\zeta')^{\beta}}{\zeta_1^{\nu}}\Big(\frac{\zeta_1^{\nu}}{(\nu-1)!}\int_0^a e^{-t\zeta_1}t^{\nu-1}\,dt - 1\Big)\Big|\\ &\leqslant \sum_{j=0}^{\infty}\frac{2^n C_{h'}\,(2\varepsilon h'K|\zeta_1|)^j\,e^{-a\delta'|\zeta_1|}}{j!}\sum_{\nu=0}^{\infty}(2\varepsilon C_1)^{\nu} \leqslant \frac{2^n C_h e^{-c\|\zeta\|}}{1-2\varepsilon C_1}.\end{aligned}$$

次に，部分積分から

$$\begin{aligned}&\frac{\zeta_1^{l}}{(j+l-1)!}\int_0^a e^{-t\zeta_1}t^{j+l-1}\,dt - \frac{1}{(j-1)!}\int_0^a e^{-t\zeta_1}t^{j-1}\,dt\\ &\qquad\qquad = \sum_{k=0}^{l-1}\frac{a^j\,(a\zeta_1)^k\,e^{-a\zeta_1}}{(j+k)!}.\end{aligned}$$

$\zeta_1 = 1$ の近傍で考えるから，$\delta > 0$ を $|e^{-a\zeta_1}| \leqslant e^{-a\delta|\zeta_1|}$ と選べる．更に $aC < 1$ 且つ $\varepsilon' := \varepsilon^{1/2} < \min\{\delta, 1/2\}$ と置けば

$$\begin{aligned}I_2 &= \Big|\sum_{j=1}^{\infty}\sum_{\substack{j+|\beta|=\nu\\ \nu>0}} a_{-\nu,\beta}(z)\Big(\frac{\zeta'}{\zeta_1}\Big)^{\beta}\\ &\qquad\times\Big(\frac{\zeta_1^{\nu}}{(\nu-1)!}\int_0^a e^{-t\zeta_1}t^{\nu-1}\,dt - \frac{1}{(j-1)!}\int_0^a e^{-t\zeta_1}t^{j-1}\,dt\Big)\Big|\\ &\leqslant \sum_{j=1}^{\infty}\sum_{l=1}^{\infty}2^{n+l-1}\,j!\,C^j\,(\varepsilon')^{2l}\sum_{k=0}^{l-1}\frac{a^j\,(a|\zeta_1|)^k\,e^{-a\delta|\zeta_1|}}{(j+k)!}\\ &\leqslant 2^{n-1}\,e^{-a\delta|\zeta_1|}\sum_{j=m}^{\infty}(aC)^j\sum_{l=1}^{\infty}(2\varepsilon')^l\sum_{k=0}^{l-1}\frac{(\varepsilon')^{l-k}\,(a\varepsilon'|\zeta_1|)^k\,j!}{(j+k)!}\\ &\leqslant \frac{2^{n-1}\,e^{-a\delta\|\zeta\|}}{(1-aC)(1-2\varepsilon')}\sum_{k=0}^{\infty}\frac{(a\varepsilon'\|\zeta\|)^k}{k!} = \frac{2^{n-1}\,e^{-a(\delta-\varepsilon')\|\zeta\|}}{(1-aC)(1-2\varepsilon')}.\end{aligned}$$

以上をまとめれば良い． ∎

定理 6.1.7 を示す．$P' = 0 \in \mathscr{E}^{\mathbb{R}}_{\mathbb{C}^n, z^*}$ ならば，(4.5.2) の記号下で，$\psi(z, \widetilde{z}) \in \sum_{j=1}^{n} \Gamma(\widehat{V}^{(j)}_{r,\varepsilon}; \mathscr{O}_{\mathbb{C}^{2n}})$．従って (6.1.3) の形から，任意の $(\nu, \beta) \in \mathbb{Z} \times \mathbb{N}_0^{n-1}$ に対して $a_{\nu,\beta}(z) = 0$ だから，$P_j(z, \zeta) = 0$. ∎

以降，$P(z, \partial_z) \in \Gamma(\Omega; \mathscr{E}^{\infty}_{\mathbb{C}^n})$ と P の定める $\Gamma(\Omega; \mathscr{E}^{\mathbb{R}}_{\mathbb{C}^n})$ の切断とを同一視して，同じ記号で書く．更に:

6.1.9 [定義]　(1) 各 $m \in \mathbb{Z}$ に対して部分加群の層 $\mathscr{E}^{(m)}_{\mathbb{C}^n} \subset \mathscr{E}^{\infty}_{\mathbb{C}^n}$ を $P(z, \partial_z) = \sum_{j \in \mathbb{Z}} P_j(z, \partial_z)$ で $j > m$ ならば $P_j(z, \zeta) = 0$ となるものとする．$P(z, \partial_z) \in \mathscr{E}^{(m)}_{\mathbb{C}^n} \setminus \mathscr{E}^{(m-1)}_{\mathbb{C}^n}$ ならば m を P の**階数** (order)，P を m 階の**超局所微分作用素** (microdifferential operator) という．階数が座標不変に定まるのは，定理 6.1.2 から直ちにわかる．同様に，$P \in \Gamma(\Omega; \mathscr{E}^{(m)}_{\mathbb{C}^n})$ ならば P の**主表象** (principal symbol) $\sigma_m(P)(z, \zeta) := P_m(z, \zeta)$ が Ω 上の函数として矛盾なく定まる．

(2) $\mathscr{E}_{\mathbb{C}^n} := \bigcup_{m \in \mathbb{Z}} \mathscr{E}^{(m)}_{\mathbb{C}^n} \subset \mathscr{E}^{\infty}_{\mathbb{C}^n}$ とし，**超局所微分作用素**の層という．

定理 6.1.3 及び 6.1.4 から $\mathscr{E}_{\mathbb{C}^n}$ は形式随伴で閉じた部分環の層になる．又，$m < 0$ ならば $\mathscr{E}^{(m)}_{\mathbb{C}^n}\big|_{\mathbb{C}^n} = 0$ 且つ $m \geqslant 0$ ならば $\mathscr{E}^{(m)}_{\mathbb{C}^n}\big|_{\mathbb{C}^n} = \mathscr{D}^{(m)}_{\mathbb{C}^n}$ となり，特に $\mathscr{E}_{\mathbb{C}^n}\big|_{\mathbb{C}^n} = \mathscr{D}_{\mathbb{C}^n}$．従って，環の層として次の包含関係が得られることが容易にわかる:

$$\begin{array}{ccccc} \pi_{\mathbb{C}}^{-1}\mathscr{D}_{\mathbb{C}^n} & \rightarrowtail & \pi_{\mathbb{C}}^{-1}\mathscr{D}^{\infty}_{\mathbb{C}^n} & & \\ \downarrow & & \downarrow & & \\ \mathscr{E}_{\mathbb{C}^n} & \rightarrowtail & \mathscr{E}^{\infty}_{\mathbb{C}^n} & \rightarrowtail & \mathscr{E}^{\mathbb{R}}_{\mathbb{C}^n}. \end{array}$$

6.1.10 [命題]　$\mathscr{E}^{\infty}_{\mathbb{C}^n, z^*}$ は，$\mathscr{E}^{\mathbb{R}}_{\mathbb{C}^n, z^*}$ の中で $\mathbb{C}^{\times}$ 錐状な芽に一致する．

証明　$z^* = (z_0; \zeta_0) \in \dot{T}^*\mathbb{C}^n$ とし，$:\!P(z, \zeta)\!: \in \mathscr{E}^{\mathbb{R}}_{\mathbb{C}^n, z^*}$ が $\mathbb{C}^{\times}$ 錐状，即ち任意の $\lambda \in \mathbb{C}^{\times}$ に対して $\lambda z^* := (z_0; \lambda\zeta_0)$ について定義されているとする．座標変換で $z^* = (0; 1, 0, \ldots, 0)$ とする．$\lambda = e^{\sqrt{-1}\,\theta}$ とし，$\lambda = e^{\sqrt{-1}\,\theta} z^*$ での表象を $P^{\theta}(z, \zeta)$，対応する定義函数を $\psi^{\theta}(z, \widetilde{z})$ と置く．各定義函数を (4.5.14) の形に書いておく．共通定義域では $P^{\theta_1}(z, \zeta) - P^{\theta_2}(z, \zeta)$ は零表象となるから，(4.5.2) の記号下で $\psi^{\theta_1}(z, \widetilde{z}) - \psi^{\theta_2}(z, \widetilde{z}) \in \varinjlim_{r,\varepsilon} \sum_{j=1}^{n} \Gamma(\widehat{V}^{(j)}_{r,\varepsilon}; \mathscr{O}_{\mathbb{C}^{2n}})$ だが，具

体的な形を見ればわかる通り，$\psi^{\theta_1}(z,\widetilde{z})-\psi^{\theta_2}(z,\widetilde{z})\in\varinjlim_{r,\varepsilon}\Gamma(\widehat{V}^{(1)}_{r,\varepsilon};\mathscr{O}_{\mathbb{C}^{2n}})$ となる．従って $[0,2\pi]$ がコンパクトに注意して，有限個の θ を用いて順番に繋いでいけば，$\psi^0(z,\widetilde{z})$ は $\psi^0(z,z+e^{2\pi\sqrt{-1}}(\widetilde{z}-z))$ まで延長され，ある r, $\varepsilon>0$ が存在して

$$\varphi(z,\widetilde{z}):=\psi^0(z,z+e^{2\pi\sqrt{-1}}(\widetilde{z}-z))-\psi^0(z,\widetilde{z})\in\Gamma(\widehat{V}^{(1)}_{r,\varepsilon};\mathscr{O}_{\mathbb{C}^{2n}}).$$

よって $\varphi(z,z+w)=\sum\limits_{\alpha'\in\mathbb{N}^{n-1}}\varphi_{\alpha'}(z,w_1)\Big(\dfrac{w_1}{w'}\Big)^{\alpha'}$ と置ける．このとき

$$\begin{aligned}\psi^0(z,z+e^{2\pi\sqrt{-1}}w)&-\frac{\varphi(z,e^{2\pi\sqrt{-1}}w)\log(e^{2\pi\sqrt{-1}}w_1)}{2\pi\sqrt{-1}}\\&=\psi^0(z,z+e^{-2\pi\sqrt{-1}}w)-\frac{\varphi(z,w)\log w_1}{2\pi\sqrt{-1}}-\varphi(z,w)\\&=\psi^0(z,z+w)-\frac{\varphi(z,w)\log w_1}{2\pi\sqrt{-1}}\end{aligned}$$

だから，$\psi^0(z,z+w)-\dfrac{\varphi(z,z+w)\log w_1}{2\pi\sqrt{-1}}$ は $w_1\neq 0$ で整型．従って，

$$\psi^0(z,z+w)-\frac{\varphi(z,z+w)\log w_1}{2\pi\sqrt{-1}}=\sum_{\alpha'\in\mathbb{N}^{n-1}}\sum_{j\in\mathbb{Z}}\frac{a_{j,\alpha'}(z)}{w_1^j}\Big(\frac{w_1}{w'}\Big)^{\alpha'}$$

と書けるから，$w_1=0$ まで整型な部分を除いて

$$\psi^0(z,z+w)=\sum_{\alpha\in\mathbb{N}^n}\frac{a_{\alpha_1+|\alpha'|,\alpha}(z)}{w^\alpha}+\frac{\log w_1}{2\pi\sqrt{-1}}\sum_{\alpha'\in\mathbb{N}^{n-1}}\varphi_{\alpha'}(z,w_1)\Big(\frac{w_1}{w'}\Big)^{\alpha'}$$

と置いて良い．これは (6.1.3) の形にまとめられる． ∎

6.1.11 [注意] $\mathscr{E}^{\mathbb{R}}_{\mathbb{C}^n}\big|_{\mathbb{C}^n}$ は $\mathbb{C}^\times$ 錐状だから $\mathscr{E}^{\mathbb{R}}_{\mathbb{C}^n}\big|_{\mathbb{C}^n}=\mathscr{E}^{\infty}_{\mathbb{C}^n}\big|_{\mathbb{C}^n}=\mathscr{D}^{\infty}_{\mathbb{C}^n}$．これは定義 4.2.9 と両立する．

$\mathrm{Ch}(P)$ に対応して:

6.1.12 [定義] $P\in\Gamma(\Omega;\mathscr{E}^{(m)}_{\mathbb{C}^n})$ に対して，P の**特性集合** (characteristic set) を次で定義する:

$$\mathrm{char}\,P:=\{z\in\Omega;\,\sigma_m(P)(z,\zeta)=0\}.$$

$\sigma_m(P)$ は座標不変だから，$\mathrm{char}\,P$ は Ω 上の $\mathbb{C}^\times$ 錐状閉集合として矛盾なく定義される．

6.1.13 [定理](超局所微分作用素の可逆性)　$P \in \Gamma(\Omega; \mathscr{E}_{\mathbb{C}^n})$ 及び $z^* \in \dot{T}^*\mathbb{C}^*$ に対して，$z^* \notin \operatorname{char} P$ と P の逆 $P^{-1} \in \mathscr{E}_{\mathbb{C}^n, z^*}$ が存在することとは同値.

証明　$P(z,\zeta) = \sum_{j=0}^{\infty} P_{m-j}(z,\zeta)$ (P_{m-j} は $(m-j)$ 次斉次) と書いておく. $P^{-1} = \sum_{j=0}^{\infty} Q_{-m-j}(z,\zeta) \in \mathscr{E}^{(-m)}_{\mathbb{C}^n, z^*}$ が存在すると仮定すれば，PQ の $-l$ 次斉次部分は $\sum_{l=j+k+|\alpha|} \dfrac{1}{\alpha!} \partial_\zeta^\alpha P_{m-j}(z,\zeta)\, \partial_z^\alpha Q_{-m-k}(z,\zeta)$ だから，特に $l=0$ として $P_m(z,\zeta)\, Q_{-m}(z,\zeta) = 1$，従って $z^* \notin \operatorname{char} P$ となる．逆に $z^* \notin \operatorname{char} P$ と仮定する．Ω を十分小さく取れば C_1', C_2', $r > 0$ が存在して，Ω_r 上

$$C_1' \|\zeta\|^m \leqslant |P_m(z,\zeta)| \leqslant C_2' \|\zeta\|^m$$

となるから，命題 5.6.4 から P は逆 Q を持つ．Q が $-m$ 階超局所微分作用素となるのは，(5.6.5) 及び (5.6.7) から良い．　■

$\operatorname{Ch}(P)$ と $\operatorname{char} P$ との関係は，定理 6.3.8 で述べる.

2. 擬微分作用素の割算定理

$K \underset{\text{conic}}{\Subset} T^*\mathbb{C}^n$ に対し $\Gamma(K; \mathscr{E}^{(0)}_{\mathbb{C}^n}) = \varinjlim_{K \subset U} \Gamma(U; \mathscr{E}^{(0)}_{\mathbb{C}^n})$ であった．$P(z,\zeta) = \bigoplus_{j=0}^{\infty} P_{-j}(z,\zeta) \in \bigoplus_{j=0}^{\infty} \Gamma(K; \mathscr{O}^{(-j)}_{T^*\mathbb{C}^n})$ を形式冪級数 $\sum_{j=0}^{\infty} t^j P_{-j}(z,\zeta)$ と同一視し，形式ノルム $\mathcal{N}_K^0(P; t)$ を考える．$\rho > 0$ に対して

$$\mathsf{E}(K;\rho) := \{P(z,\zeta) \in \bigoplus_{j=0}^{\infty} \Gamma(K; \mathscr{O}^{(-j)}_{T^*\mathbb{C}^n}); \mathcal{N}_K^0(P;\rho) < \infty\}$$

と定める．ノルム $\mathcal{N}_K^0(P;\rho)$ によって $\mathsf{E}(K;\rho)$ はノルム空間となる．$L \subset K$ 及び $\rho > \rho' > 0$ に対して埋込み $\mathsf{E}(K;\rho) \to \mathsf{E}(L;\rho')$ が定義され，$\mathcal{N}_L^0(P;\rho') \leqslant \mathcal{N}_K^0(P;\rho)$ は明らか.

6.2.1 [補題]　$\Gamma(K; \mathscr{E}^{(0)}_{\mathbb{C}^n}) = \varinjlim_{\varepsilon, \rho > 0} \mathsf{E}(K_\varepsilon; \rho)$ が成り立つ.

証明　補題 5.6.3 の証明と同様である．詳細は読者に委ねる．　■

6.2.2 [補題]　$\rho<1$ ならば，埋込み $\mathsf{E}(K;2^n(\rho+s))\to\mathsf{E}(K_\rho;s/2)$ が定義され連続．特に

$$\Gamma(K;\mathscr{E}^{(0)}_{\mathbb{C}^n})=\varinjlim_{\rho>0}\mathsf{E}(K_\rho;\rho)=\varinjlim_{\rho>0}\mathsf{E}(K;\rho).$$

証明　$\dfrac{1}{2}<c:=\dfrac{1+\rho_0}{2}<1$ と置く．$(z,\zeta)\in K_\rho$ ならば $(z,\zeta)=(z_0,\zeta_0)+\rho(w,\eta)$，$((z_0,\zeta_0)\in K,\ \|w\|\leqslant 1,\|\eta\|\leqslant\|\zeta_0\|)$ と置けば，Taylor 展開から

$$\partial_z^{\alpha_0}\partial_\zeta^{\beta_0}P_{-j}(z,\zeta)=\sum_{\alpha_1,\beta_1}\partial_z^{\alpha_0+\alpha_1}\partial_\zeta^{\beta_0+\beta_1}P_{-j}(z_0,\zeta_0)\,\frac{(\rho w)^{\alpha_1}(\rho\eta)^{\beta_1}}{\alpha_1!\,\beta_1!}\,.$$

従って，$\|\zeta\|^{j+|\beta_0|}\leqslant(1+\rho)^{j+|\beta_0|}\|\zeta_0\|^{j+|\beta_0|}$ だから

$$\begin{aligned}
&\frac{\|P_{-j}\|^{(\alpha_0,\beta_0)}_{K_\rho,j}}{\alpha_0!\,\beta_0!}\left(\frac{s}{2}\right)^{2j+|\alpha_0+\beta_0|}\\
&\leqslant\sum_{\alpha_1,\beta_1}\frac{\|P_{-j}\|^{(\alpha_0+\alpha_1,\beta_0+\beta_1)}_{K,j}}{\alpha_0!\,\alpha_1!\,\beta_0!\,\beta_1!}\left(\frac{s}{2}\right)^{2j+|\alpha_0+\beta_0|}\rho^{|\alpha_1+\beta_1|}(1+\rho)^{j+|\beta_0|}\\
&\leqslant c^{j+\alpha_0+\beta_0}\sum_{\alpha,\beta}\frac{\|P_{-j}\|^{(\alpha,\beta)}_{K,j}}{\alpha!\,\beta!}\sum_{\substack{\alpha_0+\alpha_1=\alpha\\ \beta_0+\beta_1=\beta}}\binom{\alpha}{\alpha_0}\binom{\beta}{\beta_0}s^{2j+|\alpha_0+\beta_0|}\rho^{|\alpha_1+\beta_1|}\\
&\leqslant c^{\alpha_0+\beta_0}\sum_{\alpha,\beta}\frac{\|P_{-j}\|^{(\alpha,\beta)}_{K,j}}{\alpha!\,\beta!}\,s^{2j}(\rho+s)^{|\alpha+\beta|}.
\end{aligned}$$

従って

$$\begin{aligned}
\mathcal{N}^0_{K_\rho}(P;s/2)&\leqslant\sum_{\substack{j\in\mathbb{N}_0\\ \alpha_0,\beta_0}}\frac{2\|P_{-j}\|^{(\alpha_0,\beta_0)}_{K_\rho,j}}{(2n)^j\,\alpha_0!\,\beta_0!\,j!}\left(\frac{s}{2}\right)^{2j+|\alpha_0+\beta_0|}\\
&\leqslant\sum_{\alpha_0,\beta_0}c^{\alpha_0+\beta_0}\sum_{\substack{j\in\mathbb{N}_0\\ \alpha,\beta\in\mathbb{N}_0^n}}\frac{2\|P_{-j}\|^{(\alpha,\beta)}_{K,j}}{(2n)^j\,\alpha!\,\beta!\,j!}\,s^{2j}\,(\rho+s)^{|\alpha+\beta|}\\
&\leqslant\left(\frac{1}{1-c}\right)^{2n}\sum_{\substack{j\in\mathbb{N}_0\\ \alpha,\beta\in\mathbb{N}_0^n}}\frac{2j!\,\|P_{-j}\|^{(\alpha,\beta)}_{K,j}\,2^{n(|\alpha+\beta|)}}{(2n)^j\,(|\alpha|+j)!\,(|\beta|+j)!}\,s^{2j}(\rho+s)^{\alpha+\beta|}\\
&\leqslant\left(\frac{1}{1-c}\right)^{2n}\mathcal{N}^0_K(P;2^n(s+\rho)).
\end{aligned}$$

以上で証明が終わった．　■

6.2.3 [命題]　$\mathsf{E}(K;\rho)$ は Banach 環.

証明　命題 5.6.2 から $\mathcal{N}_K^0(Q\circ P;\rho) \leqslant \mathcal{N}_K^0(Q;\rho)\mathcal{N}_K^0(P;\rho)$ だから，完備性のみが問題である．$\{P^l = \sum_{j=0}^{\infty} P_{-j}^l\}_{l\in\mathbb{N}} \subset \mathsf{E}(K;\rho)$ を任意の Cauchy 列とする．$\rho = s^n(\rho_0 + s)$ 且つ $0<\rho<1$ と置けば，補題 6.2.2 の証明から

$$\left\|P_{-j}^m - P_{-j}^l\right\|_{K_{\rho_0},j} \leqslant \left(\frac{8n}{\rho^2}\right)^j j!\,\mathcal{N}_K^0(P^m - P^l;\rho) \underset{l,m}{\longrightarrow} 0$$

がわかるから，$P(z,\zeta) = \bigoplus_{j=0}^{\infty} P_{-j}(z,\zeta) \in \bigoplus_{j=0}^{\infty} \Gamma(K_{\rho_0};\mathscr{O}_{T^*\mathbb{C}^n}^{(-j)})$ が存在して

$$\left\|P_{-j}^m - P_{-j}\right\|_{K_{\rho_0},j} \underset{m}{\longrightarrow} 0.$$

よって Cauchy の不等式を用いれば，$\left\|P_{-j}^m - P_{-j}\right\|_{K,j}^{(\alpha,\beta)} \underset{m}{\longrightarrow} 0$．従って

$$\mathcal{N}_K^0(P^m - P^l;\rho) \leqslant \varepsilon$$

で $l\to\infty$ として $\mathcal{N}_K^0(P^m - P;\rho) \leqslant \varepsilon$．即ち $\mathsf{E}(K;\rho)$ 内で $P^m \underset{m}{\longrightarrow} P$.　■

次に，K が $\{z_1 = 0\}$ に含まれると仮定し

$${}^1\mathsf{E}(K;\rho) := \{P \in \mathsf{E}(K;\rho);\ P \text{ は } z_1 \text{ に依存しない}\}$$

と定める．これは $\mathsf{E}(K;\rho)$ の部分 Banach 環である．

6.2.4 [命題]　$\mathbb{B}[\varepsilon] := \{z_1 \in \mathbb{C};\ |z_1| \leqslant \varepsilon\}$ に対して

$$\Gamma(\mathbb{B}[\varepsilon]\times K;\mathscr{E}_{\mathbb{C}^n}^{(0)}) = \varinjlim_{\rho>0} {}^1\mathsf{E}(K;\rho)\{\rho+\varepsilon\}.$$

ここで，右辺の ${}^1\mathsf{E}(K;\rho)\{\rho+\varepsilon\}$ は (1.1.1) の記号を用いている．

証明　$P = \sum_{j=0}^{\infty} P_{-j} \in \Gamma(\mathbb{B}[\varepsilon]\times K;\mathscr{E}_{\mathbb{C}^n}^{(0)})$ ならば $\varepsilon' > \varepsilon$ 及び $\rho > 0$ が存在して $\mathcal{N}_{\mathbb{B}[\varepsilon']\times K}^0(P;\rho) < \infty$．ここで $P_{-j}^m := \frac{1}{m!}\partial_{z_1}^m P_{-j}\big|_{\{0\}\times K}$ と置き，$P^m := \sum_{j=0}^{\infty} P_{-j}^m$ 及び $P' := \sum_{m=0}^{\infty} P^m t^m$ を考える．ρ は小さく取り直して良いから，$\rho+\varepsilon < \varepsilon'$ とする．Cauchy の不等式から

$$\begin{aligned}\sum_{m=0}^{\infty}\frac{(\rho+\varepsilon)^m}{m!}\left\|P_{-j}^m\right\|_{\{0\}\times K,j}^{(\alpha',\beta)} &\leqslant \sum_{m=0}^{\infty}\left\|P_{-j}^m\right\|_{\mathbb{B}[\varepsilon']\times K,j}^{(\alpha',\beta)}\left(\frac{\rho+\varepsilon}{\varepsilon'}\right)^m \\ &= \frac{\varepsilon\left\|P_{-j}^m\right\|_{\mathbb{B}[\varepsilon']\times K,j}^{(\alpha',\beta)}}{\varepsilon'-\rho-\varepsilon}.\end{aligned}$$

これから

$$\|P'\|_{^1\mathsf{E}(K;\rho)\{\rho+\varepsilon\}} = \sum_{m,j=0}^{\infty} \sum_{\substack{\alpha'\in\mathbb{N}_0^{n-1}\\ \beta\in\mathbb{N}_0^n}} \frac{2j!\,\|P_{-j}^m\|_{\{0\}\times K,j}^{(\alpha',\beta)}\,\rho^{2j+|\alpha'+\beta|}(\rho+\varepsilon)^m}{(2n)^j\,(|\alpha'|+j)!\,(|\beta|+j)!}$$

$$\leqslant \sum_{j=0}^{\infty} \sum_{\alpha'\in\mathbb{N}_0^{n-1}} \sum_{\beta\in\mathbb{N}_0^n} \frac{2j!\,\|P_{-j}\|_{\mathbb{B}[\varepsilon']\times K,j}^{(\alpha',\beta)}}{(2n)^j\,(|\alpha'|+j)!\,(|\beta|+j)!}\,\frac{\varepsilon'\rho^{2j+|\alpha'+\beta|}}{\varepsilon'-\rho-\varepsilon}$$

$$\leqslant \frac{\varepsilon'}{\varepsilon'-\rho-\varepsilon}\mathcal{N}_{\mathbb{B}[\varepsilon']\times K}^0(P;\rho)<\infty.$$

従って $\varGamma(\mathbb{B}[\varepsilon]\times K;\mathscr{E}_{\mathbb{C}^n}^{(0)})\subset {}^1\mathsf{E}(K;\rho)\{\rho+\varepsilon\}$.

逆に，$P'=\sum_{m=0}^{\infty}P^m t^m\in {}^1\mathsf{E}(K;2^n\rho)\{2^n\rho+\varepsilon\}$ に対し $P:=\sum_{m=0}^{\infty}z_1^mP^m$ を考えれば，$P_{-j}:=\sum_{m=0}^{\infty}z_1^mP_{-j}^m$ に対して

$$\sum_{\alpha,\beta\in\mathbb{N}_0^n}\frac{\|P_{-j}\|_{\mathbb{B}[\varepsilon]\times K,j}^{(\alpha,\beta)}\,\rho^{|\alpha+\beta|}}{\alpha!\,\beta!} \leqslant \sum_{\substack{m\in\mathbb{N}_0\\ \alpha,\beta\in\mathbb{N}_0^n}}\frac{\|P_{-j}^m\|_{\{0\}\times K,j}^{(\alpha',\beta)}\,\|\partial_{z_1}^{\alpha_1}z_1^m\|_{\mathbb{B}[\varepsilon]}\,\rho^{|\alpha+\beta|}}{\alpha!\,\beta!}$$

$$\leqslant \sum_{0\leqslant\alpha_1\leqslant m}\sum_{\alpha'\in\mathbb{N}_0^{n-1}}\sum_{\beta\in\mathbb{N}_0^n}\frac{\|P_{-j}^m\|_{\{0\}\times K,j}^{(\alpha',\beta)}\,\rho^{|\alpha'+\beta|}}{\alpha'!\,\beta!}\binom{m}{\alpha_1}\varepsilon^{m-\alpha_1}\rho^{\alpha_1}$$

$$\leqslant \sum_{m=0}^{\infty}\sum_{\alpha'\in\mathbb{N}_0^{n-1}}\sum_{\beta\in\mathbb{N}_0^n}\frac{\|P_{-j}^m\|_{\{0\}\times K,j}^{(\alpha',\beta)}\,(\rho+\varepsilon)^m\rho^{|\alpha'+\beta|}}{\alpha'!\,\beta!}.$$

従って

$$\mathcal{N}_{\mathbb{B}[\varepsilon]\times K}^0(P;\rho)\leqslant \sum_{\substack{j\in\mathbb{N}_0\\ \alpha,\beta\in\mathbb{N}_0^n}}\frac{2\|P_{-j}\|_{\mathbb{B}[\varepsilon]\times K,j}^{(\alpha,\beta)}}{(2n)^j\,\alpha!\,\beta!\,j!}\rho^{2j+|\alpha+\beta|}$$

$$\leqslant \sum_{m,j=0}^{\infty}\sum_{\substack{\alpha'\in\mathbb{N}_0^{n-1}\\ \beta\in\mathbb{N}_0^n}}\frac{2\|P_{-j}^m\|_{\{0\}\times K,j}^{(\alpha',\beta)}\,(\rho+\varepsilon)^m\rho^{2j+|\alpha'+\beta|}}{(2n)^j\,\alpha'!\,\beta!}$$

$$\leqslant \sum_{m,j=0}^{\infty}\sum_{\substack{\alpha'\in\mathbb{N}_0^{n-1}\\ \beta\in\mathbb{N}_0^n}}\frac{2j!\|P_{-j}^m\|_{\{0\}\times K,j}^{(\alpha',\beta)}\,2^{2j+n(|\alpha'+\beta|)}(\rho+\varepsilon)^m\rho^{2j+|\alpha'+\beta|}}{(2n)^j\,(|\alpha'|+j)!\,(|\beta|+j)!}$$

$$\leqslant \sum_{m=0}^{\infty} \mathcal{N}^0_{\{0\}\times K}(P^m; 2^n\rho)\,(\rho+\varepsilon)^m \leqslant \|P'\|_{{}^1\mathsf{E}(K;2^n\rho)\{2^n\rho+\varepsilon\}} < \infty.$$

これから，${}^1\mathsf{E}(K;2^n\rho)\{2^n\rho+\varepsilon\} \subset \Gamma(\mathbb{B}[\varepsilon]\times K; \mathscr{E}^{(0)}_{\mathbb{C}^n})$. ■

6.2.5 [注意]　$K \subset \{(z;\tau\zeta)\in T^*\mathbb{C}^n;\ \tau\in\mathbb{C}^\times,\ \zeta_1=\zeta_{01},\ \zeta_n=1\}$ の場合，z_1 を $\dfrac{\zeta_1}{\zeta_n}-\zeta_{01}$ に取り替えて

$$\mathsf{E}^1(K;\rho) := \{P\in\mathsf{E}(K;\rho);\ P \text{ は } \partial_{z_1} \text{ に依存しない}\}$$

と定義すれば，全く同様の結果が成り立つ.

$Q\in\mathscr{E}_{\mathbb{C}^n}$ に対して

$$\mathrm{ad}_Q\colon \mathscr{E}^{\mathbb{R}}_{\mathbb{C}^n} \ni P \mapsto \mathrm{ad}_Q(P) := [Q,P] = QP-PQ \in \mathscr{E}^{\mathbb{R}}_{\mathbb{C}^n}$$

と定め，ad_Q の p 階合成を ad^p_Q と置く．以下，$z^*=(z_0;\zeta_0)\in T^*\mathbb{C}^n$ 及び $P\in\mathscr{E}^{(m)}_{\mathbb{C}^n,z^*}$ とする．又，$\zeta' := (\zeta_2,\dots,\zeta_n)$ 等と置く.

6.2.6 [定理] (Späth 型)　(1) $0\leqslant j\leqslant p-1$ で $\dfrac{\partial^j\sigma_m(P)}{\partial\zeta_1^j}(z^*)=0$ 且つ $\dfrac{\partial^p\sigma_m(P)}{\partial\zeta_1^p}(z^*)\neq 0$ と仮定すれば，任意の $S\in\mathscr{E}_{\mathbb{C}^n,z^*}$ に対して一意に Q, $R\in\mathscr{E}_{\mathbb{C}^n,z^*}$ が存在して

$$S=QP+R,\quad \mathrm{ord}\,R\leqslant \mathrm{ord}\,S,\quad \mathrm{ad}^p_{z_1}(R)=0.$$

(2) $0\leqslant j\leqslant p-1$ で $\dfrac{\partial^j\sigma_m(P)}{\partial z_1^j}(z^*)=0$ 且つ $\dfrac{\partial^p\sigma_m(P)}{\partial z_1^p}(z^*)\neq 0$ と仮定すれば，任意の $S\in\mathscr{E}_{\mathbb{C}^n,z^*}$ に対して一意に Q, $R\in\mathscr{E}_{\mathbb{C}^n,z^*}$ が存在して

$$S=QP+R,\quad \mathrm{ord}\,R\leqslant \mathrm{ord}\,S,\quad \mathrm{ad}^p_{\partial_{z_1}}(R)=0.$$

証明　証明は同様なので (1) を示す．一意性を示す．$0=QP+R$ 及び $\mathrm{ad}^p_{z_1}(R)=0$ とする．主表象を取れば，$0=\sigma(Q)\,\sigma_m(P)+\sigma(R)$ だから，定理 1.1.23 の一意性から示される.

次に $n\geqslant 2$ 且つ $\zeta_{0n}=1$ と仮定できる．実際 $T^*(\mathbb{C}^n\times\mathbb{C})$ の座標 $(z,\tau;\zeta,\eta)$ を取り，S, P を $(\tau;\eta)$ に依存しない $(z_0,0;\zeta_0,1)$ の近傍の作用素と考え，割算ができたとする．このとき，一意性から Q, R も $(\tau;\eta)$ に依存しない.

定理 6.1.13 から K 上 $\partial_{z_n}^{-m}$ が存在するから，P を $\partial_{z_n}^{-m}P$ に取り替えて P は零階として良い．同様に S も零階と仮定できる．

$$K_t := \{(z;\zeta) \in \dot{T}^*\mathbb{C}^n;\, \zeta_1 = \zeta_{01},\, \|(z, \zeta/\zeta_n) - (z_0, \zeta_0)\| \leqslant t\}$$

及び $E_t := \mathsf{E}^1(K_t;t)$ と定める．仮定から，P は $f(s) \in E_{t_0}\{\rho_0\}$ を定め，$P = \sum\limits_{k=0}^{\infty} p_{-k}(z,\zeta)$ $(p_{-k} \in \mathscr{O}_{T^*\mathbb{C}^n}^{(-k)})$ と置いたとき

$$\partial_s^j f(0) = \sum_{k=0}^{\infty} \frac{1}{j!} \frac{\partial^j p_{-k}}{\partial \zeta_1^j}\Bigl(z, \zeta_{01}, \frac{\zeta'}{\zeta_n}\Bigr) \frac{1}{\zeta_n^k}\,.$$

従って定理 6.1.13 から $\partial_s^p f(0)$ は E_{t_0} 内で可逆且つ $\|\partial_s^j f(0)\|_{E_t} \xrightarrow[t\to+0]{} 0$ $(0 \leqslant j < p)$，即ち，補題 1.1.20 の仮定を満たす．従って

$$S = Q \circ P + \sum_{j=1}^{p-1} R_j'\Bigl(z, \zeta_{01}, \frac{\zeta'}{\zeta_n}\Bigr)\Bigl(\frac{\zeta_1}{\zeta_n} - \zeta_{01}\Bigr)^j$$

と書ける．後はこれを整理すれば良い．■

6.2.7 [定理] (Weierstraß 型)　(1) 定理 6.2.6 (1) の P は，z^* 上

$$P = EW, \quad W = \partial_{z_1}^p + \sum_{j=0}^{p-1} R_j \partial_{z_1}^j, \quad \operatorname{ord} R_j \leqslant p - j, \quad [z_1, R_j] = 0,$$

且つ，E は可逆と書ける．

(2) 定理 6.2.6 (2) の P は，z^* 上

$$P = EW, \quad W = z_1^p + \sum_{j=0}^{p-1} R_j z_1^j, \quad \operatorname{ord} R_j \leqslant 0, \quad [\partial_{z_1}, R_j] = 0,$$

且つ，E は可逆と書ける．

証明　(1) $\partial_{z_1}^p = QP - R$, $R = \sum\limits_{j=0}^{p-1} R_j \partial_{z_1}^j$, $\operatorname{ord} R \leqslant p$, $[z_1, R_j] = 0$ と書く．主表象を取れば

$$\sigma(Q)\sigma_m(P) = \sigma(\partial_{z_1}^p + R) = \zeta_1^p + \sum_{j=0}^{p-1} \sigma_{p-j}(R_j)\zeta_1^j.$$

仮定から $0 \leqslant j \leqslant p-1$ で $\dfrac{\partial^j \sigma_m(P)}{\partial \zeta_1^j}(z^*) = 0$ 且つ $\dfrac{\partial^p \sigma_m(P)}{\partial \zeta_1^p}(z^*) \neq 0$．よって $\sigma(Q)(z^*)\,\dfrac{\partial^p \sigma_m(P)}{\partial \zeta_1^p}(z^*) = p!$ だから，$\sigma(Q)(z^*) \neq 0$．従って Q^{-1} を掛ければ良い．(2) も同様．■

6.2.8 [注意]　形式随伴を取って考えれば，定理 6.2.6 (1) は $S = PQ + R$ としても同じである．定理 6.2.7 も同様.

6.2.9 [定理](Späth 型)　(1) P が定理 6.2.6 (1) の仮定を満たせば，任意の $S \in \mathscr{E}^{\mathbb{R}}_{\mathbb{C}^n, z^*}$ に対して一意に $Q, R \in \mathscr{E}^{\mathbb{R}}_{\mathbb{C}^n, z^*}$ が存在して

$$S = QP + R, \quad \mathrm{ad}^p_{z_1}(R) = 0.$$

(2) P が定理 6.2.6 (1) の仮定を満たせば，任意の $S \in \mathscr{E}^{\mathbb{R}}_{\mathbb{C}^n, z^*}$ に対して一意に $Q, R \in \mathscr{E}^{\mathbb{R}}_{\mathbb{C}^n, z^*}$ が存在して

$$S = QP + R, \quad \mathrm{ad}^p_{\partial_{z_1}}(R) = 0.$$

証明　(1) 定理 6.2.6 の証明と同じ記号を用いる．やはり $\zeta_{0n} = 1$ と仮定して良い．$\vdots S(z,\zeta) \vdots = S$ なる $S(z,\zeta) \in \mathscr{S}_{z^*}$ を取る．$0 < \delta < 1$ が存在して

$$V := \{(z;\zeta);\, \|(z, \zeta/\zeta_n) - (0, \zeta_0)\| \leqslant \delta,\, \|\zeta\| \geqslant \frac{1}{\delta}\}$$

の近傍で $P(z,\zeta)$ 及び $S(z,\zeta)$ が定義されていると仮定できる．$T^*(\mathbb{C} \times \mathbb{C}^n)$ の座標を $(\tau, z; \eta, \zeta)$ と置く．定理 6.2.6 (1) から $\eta \neq \zeta_1$ 且つ $\tau \in \mathbb{C}$ 上で $G(\tau, z, \eta, \zeta)$, $K_j(\tau, z, \eta, \zeta') \in \mathscr{E}_{\mathbb{C}^{n+1}}$ が存在して

$$\frac{1}{2\pi\sqrt{-1}(\eta - \zeta_1)} = G(\tau, z, \eta, \zeta) \circ P(z,\zeta) + \sum_{j=0}^{p-1} K_j(\tau, z, \eta, \zeta')\, \zeta_1^p.$$

$\tau = 0$ とできるから，実際は $G(\tau, z, \eta, \zeta) = G(z, \eta, \zeta)$ 及び $K_j(\tau, z, \eta, \zeta') = K_j(z, \eta, \zeta')$．十分小さい $\varepsilon > 0$ に対して $G(z, \eta, \zeta)$ も $K_j(z, \eta, \zeta')$ も $V' := \{(z; \eta, \zeta);\, (z;\zeta) \in V,\, |\eta - \zeta_1| \geqslant \varepsilon\|\zeta\|/2\}$ の近傍で定義されており，V' 上で $B > 0$ が存在し，更に任意の $h > 0$ に対して $C_h > 0$ が存在し

$$|(SG)_k(z, \eta, \zeta)| \leqslant \frac{C_h B^k k! e^{h\|(\eta,\zeta)\|}}{\|(\eta, \zeta)\|^k}$$

と仮定として良い．$\gamma := \{\eta \in \mathbb{C};\, |\eta - \zeta_1| = \varepsilon\|\zeta\|\}$ と置く．定理 4.2.4 から

$$S(z, \eta, \zeta') \circ G(z, \eta, \zeta) = \sum_{k=0}^{\infty} t^k (SG)_k(z, \eta, \zeta)$$

と置けば，V' 上で $\eta \in \gamma$ ならば $|\eta| \leqslant \varepsilon\|\zeta\| + |\zeta_1| \leqslant 2\|\zeta\|$ より $\|\zeta\| \leqslant \|(\eta, \zeta)\| \leqslant 2\|\zeta\|$．従って

$$|(SG)_k(z, \eta, \zeta)| \leqslant \frac{C_h B^k k! e^{2h\|\zeta\|}}{\|\zeta\|^k}.$$

ここで次の通りに定める:

$$Q(t;z,\zeta) := \int_\gamma S(z,\eta,\zeta') \circ G(z,\eta,\zeta)\, d\eta$$

$h\|\zeta\|e^{2h\|\zeta\|} \leqslant e^{3h\|\zeta\|}$ より

$$|Q_k(z,\zeta)| \leqslant \frac{2\pi\varepsilon\|\zeta\|C_h B^k k! e^{2h\|\zeta\|}}{\|\zeta\|^k} \leqslant \frac{2\pi\varepsilon C_h B^k k! e^{3h\|\zeta\|}}{h\|\zeta\|^k}.$$

よって $Q(t;z,\zeta) \in \widehat{\mathscr{S}_{\mathrm{cl},z^*}}$. 又，積分変数は η のみなので

$$Q(t;z,\zeta) \circ P(z,\zeta) = \int_\gamma S(z,\eta,\zeta') \circ G(z,\eta,\zeta) \circ P(z,\zeta)\, d\eta$$

に注意する．同様に

$$R_j(t;z,\zeta') := \int_\gamma S(z,\eta,\zeta') \circ K_j(z,\eta,\zeta')\, d\eta \in \widehat{\mathscr{S}_{\mathrm{cl},z^*}}$$

が定義できる．更に

$$S(z,\zeta) = \int_\gamma \frac{S(z,\eta,\zeta')}{2\pi\sqrt{-1}(\eta-\zeta_1)}\, d\eta = \int_\gamma S(z,\eta,\zeta') \circ \frac{1}{2\pi\sqrt{-1}(\eta-\zeta_1)}\, d\eta$$

だから，$S = {:}Q(t;z,\zeta){:}\,P + \sum_{j=0}^{p-1} {:}R_j(t;z,\zeta){:}\,\partial_{z_1}^j$ となり分解が得られる．特に $S(z,\zeta) \in \mathscr{N}_{z^*}$ ならば，定理 4.2.4 から $Q(t;z,\zeta)$, $R_j(t;z,\zeta') \in \widehat{\mathscr{N}_{\mathrm{cl},z^*}}$ もわかる．

一意性を示す．定理 6.2.7 (1) から，$P(z,\zeta) = \zeta_1^p + \sum_{j=0}^{p-1} R_j(z,\zeta')\zeta_1^j$ と仮定して良い．$P'(z,\partial_z) = \sum_{j=0}^{\infty} P'(z,\partial_z) := P(z,\partial_z)\,\partial_{z_n}^{-p} \in \mathscr{E}^{(0)}_{\mathbb{C}^n,z^*}$ と置けば，主表象は $P_0'(z,\zeta) = \left(\frac{\zeta_1}{\zeta_n}\right)^p + \sum_{j=0}^{p-1} \sigma_{p-j}(R_j)(z,\zeta')\,\frac{\zeta_1^j}{\zeta_n^p}$. さて，$QP + K = 0$ とすると

$$Q(t;z,\zeta) \circ P(z,\zeta) + \sum_{j=0}^{p-1} K_j(t;z,\zeta')\,\zeta_1^j = N(t;z,\zeta) \in \widehat{\mathscr{N}_{\mathrm{cl},z^*}}.$$

ここで，$Q'(t;z,\zeta)$, $K_j'(t;z,\zeta') \in \widehat{\mathscr{N}_{\mathrm{cl},z^*}}$ が存在して

$$N(t;z,\zeta) = Q'(t;z,\zeta) \circ P(z,\zeta) + \sum_{j=0}^{p-1} K_j'(t;z,\zeta')\,\zeta_1^j$$

と書けるから，$Q'' := Q - Q'$ 及び $K_j'' := K_j - K_j'$ と置けば

$$Q''(t;z,\zeta) \circ P'(z,\zeta) = -\sum_{j=0}^{p-1} K_j''(t;z,\zeta')\,\frac{\zeta_1^j}{\zeta_n^p}.$$

$Q''(t;z,\zeta)=\sum\limits_{k=0}^{\infty}t^kQ''_k(z,\zeta)$ 及び $K''_j(t;z,\zeta')=\sum\limits_{k=0}^{\infty}t^kK''_{j,k}(z,\zeta')$ と置けば

$$\sum_{|\alpha|+j+k=\nu}\frac{1}{\alpha!}\frac{\partial^{|\alpha|}Q''_j}{\partial\zeta^\alpha}(z,\zeta)\frac{\partial^{|\alpha|}P'_{-k}}{\partial z^\alpha}(z,\zeta)=-\sum_{j=0}^{p-1}K''_{j,\nu}(z,\zeta')\frac{\zeta_1^j}{\zeta_n^p}.$$

最初に $\nu=0$ とすれば

$$Q''_0(z,\zeta)\left(\left(\frac{\zeta_1}{\zeta_n}\right)^p+\sum_{j=0}^{p-1}\sigma_{p-j}(R_j)(z,\zeta')\frac{\zeta_1^j}{\zeta_n^p}\right)=-\sum_{j=0}^{p-1}K''_{j,0}(z,\zeta')\frac{\zeta_1^j}{\zeta_n^p}.$$

従って定理 1.1.23 の一意性から，$Q''_0(z,\zeta)=K''_{j,0}(z,\zeta')=0$．以下，$k<\nu$ まで $Q''_k(z,\zeta)=K''_{j,k}(z,\zeta')=0$ が示されたと仮定する．

$$\sum_{|\alpha|+j+k=\nu}\frac{1}{\alpha!}\frac{\partial^{|\alpha|}Q''_j}{\partial\zeta^\alpha}(z,\zeta)\frac{\partial^{|\alpha|}P'_{-k}}{\partial z^\alpha}(z,\zeta)=Q''_\nu(z,\zeta)\,P'_0(z,\zeta)$$

だから

$$Q''_\nu(z,\zeta)\,P'_0(z,\zeta)=\sum_{j=0}^{p-1}K''_{j,\nu}(z,\zeta')\frac{\zeta_1^j}{\zeta_n^p}$$

となり，定理 1.1.23 の一意性から $Q''_\nu(z,\zeta)=K''_{j,\nu}(z,\zeta')=0$．これで帰納法が進行し $Q''(t;z,\zeta)=K''(t;z,\zeta')=0$ だから，特に $:\!Q(t;z,\zeta)\!:=\;:\!Q'(t;z,\zeta)\!:=0$ 且つ $:\!K(t;z,\zeta')\!:=\;:\!K'(t;z,\zeta')\!:=0$．

(2) の証明も同様．分解の存在には，注意 6.2.8 で述べた通り，形式随伴を取り

$$\frac{1}{2\pi\sqrt{-1}(\tau-z_1)}=P(z,\zeta)\circ G(\tau,z,\zeta)+\sum_{j=0}^{p-1}z_1^jK_j(\tau,z',\zeta)$$

と割って考える．一意性の証明は，$P(z,\zeta)=z_1^p+\sum\limits_{j=0}^{p-1}z_1^jR_j(z',\zeta)$ と仮定すれば同様．∎

6.2.10 [注意]　定理 6.2.6 及び 6.2.9 を $z^*\in\mathbb{C}^n$ について適用すれば（無限階），微分作用素に対しても Späth 型定理が得られる．

3. 量子化接触変換

最初に $T^*\mathbb{C}^n$ 上の斉次正準変換について簡単に述べておく（詳細は文献 [2], [18] 等を参照されたい）．$T^*\mathbb{C}^n$ 上の**正準 1 形式** (canonical 1-form) ω

を，任意の $p=(z;\zeta)\in T^*\mathbb{C}^n$ に対して $d\pi_{\mathbb{C}^n}(p)\colon T_pT^*\mathbb{C}^n \to T_z\mathbb{C}^n$ 及び $\langle *,\zeta\rangle\colon T_z\mathbb{C}^n\to\mathbb{C}$ の合成で定める．座標で書けば，$\omega=\sum_{i=1}^{n}\zeta_i\,dz_i$ となる．

6.3.1 [定義]　$U,V\in\mathfrak{O}(T^*\mathbb{C}^n)$ とする．整型写像 $\chi\colon U\to V$ は $\chi^*\omega=\omega$ を満たせば，**斉次正準変換** (homogeneous canonical transformation)，又は**接触変換** (contact transformation) と呼ばれる．

6.3.2 [注意]　(1) 斉次正準変換は，必ず局所同型となる．

(2) $T^*\mathbb{C}^n$ 上の **Poisson 括弧式**を次で定める:

$$\{f,g\}:=\sum_{i=1}^{n}\Big(\frac{\partial f}{\partial\zeta_i}\frac{\partial g}{\partial z_i}-\frac{\partial f}{\partial z_i}\frac{\partial g}{\partial\zeta_i}\Big).$$

$\chi\colon U\to V$ を斉次正準変換とし，$(w;\eta)=\chi(z,\zeta)$ ($w_j=f_j(z,\zeta)$ 且つ $\eta_j=g_j(z,\zeta)$) とすれば，$f_j(z,\zeta)\in\Gamma(U;\mathscr{O}^{(0)}_{T^*\mathbb{C}^n})$, $g_j(z,\zeta)\in\Gamma(U;\mathscr{O}^{(1)}_{T^*\mathbb{C}^n})$，且つ

$$\{f_i,f_j\}=\{g_i,g_j\}=0,\quad \{f_i,g_j\}=\delta_{ij}$$

となる．

$Z,W\in\mathfrak{O}(\mathbb{C}^n)$ 及び $\Phi(z,w)\in\Gamma(Z\times W;\mathscr{O}_{\mathbb{C}^{2n}})$ が，次を満たすとする:

(1) $S:=\{(z,w)\in Z\times W;\,\Phi(z,w)=0\}$ は非特異超曲面，即ち，S 上で $d_{(z,w)}\Phi\neq 0$;

(2) S 上で $\det\begin{bmatrix}0 & d_z\Phi\\ d_w\Phi & d_zd_w\Phi\end{bmatrix}\neq 0$.

$$\begin{aligned}\Lambda:=\dot{T}^*_S(Z\times W)=\{(z,w;c(\zeta,\eta))\in\dot{T}^*(Z\times W);\,&\Phi(z,w)=0,\\ &(\zeta,\eta)=d_{(z,w)}\Phi,\,c\in\mathbb{C}^\times\}\end{aligned}$$

と定める．又，$p_1\colon\Lambda\to\dot{T}^*Z$ 及び $p_2\colon\Lambda\to\dot{T}^*W$ を自然射影，$a\colon T^*W\ni(w;\eta)\mapsto(w;-\eta)\in T^*W$ とする．以上の記号下で，p_1 及び $p_2^a:=a\circ p_2$ は局所同型で $\chi:=p_2^a\circ p_1^{-1}\colon\dot{T}^*Z\to\dot{T}^*W$ が斉次正準変換となる．従って，χ のグラフに対応するのは

$$\Lambda_0:=\{(z,w;\zeta,\eta)\in\dot{T}^*(Z\times W);\,(z,w;\zeta,-\eta)\in\Lambda\}$$

に注意する．$\Phi(z,w)$ を χ の**母函数** (generating function) という．任意の斉次正準変換は，局所的には母函数を持つ斉次正準変換の合成で書ける．更に:

6.3.3 [命題]　　$z^* \in \dot{T}^*\mathbb{C}^n$ 且つ $f(z,\zeta) \in \mathscr{O}^{(0)}_{T^*\mathbb{C}^n,z^*}$ とすれば，z^* のある近傍上で斉次正準変換 $(w,\eta) = \chi(z,\zeta)$ 及び $p \in \mathbb{N}_0$ が存在して，次が成り立つ: $g(w,\eta) := f(\chi^{-1}(w,\eta))$, $w^* := \chi(z^*)$ と置けば，$\dfrac{\partial^j g}{\partial \eta_1^j}(w^*) = 0$ $(0 \leqslant j \leqslant p-1)$ 且つ $\dfrac{\partial^p g}{\partial \eta_1^p}(w^*) \neq 0$ ($p=0$ ならば $g(w^*) \neq 0$ を表す).

この命題の証明には多少の準備が必要なので，本書では省略する．例えば，Björk [2, Chapter 4, 5.9.1 Proposition] を参照されたい．

6.3.4 [定理]　　$Z,\ W \in \mathfrak{O}(\mathbb{C}^n)$ 及び $\Phi(z,w) \in \Gamma(Z \times W; \mathscr{O}_{\mathbb{C}^{2n}})$ とし，$\Phi(z,w)$ が斉次正準変換 $\chi := p_2^a \circ p_1^{-1} \colon \dot{T}^*Z \to \dot{T}^*W$ の母函数と仮定する．

$$\chi^a := p_2 \circ p_1^{-1} \colon \dot{T}^*Z \to \dot{T}^*W$$

と置く．このとき任意の $z^* \in \dot{T}^*Z$ に対して $w^{*a} := \chi^a(z^*)$ と置くと，次の環の反同型が得られる:

$$\begin{array}{ccccccc}
\mathscr{E}^{\mathbb{R}}_{\mathbb{C}^n,z^*} & \hookleftarrow & \mathscr{E}_{\mathbb{C}^n,z^*} & \hookleftarrow & \mathscr{E}^{(m)}_{\mathbb{C}^n,z^*} & \xrightarrow{\sigma_m(*)} & \mathscr{O}^{(m)}_{T^*\mathbb{C}^n,z^*} \\
\downarrow\wr & & \downarrow\wr & & \downarrow\wr & & \circ\chi^a \uparrow\wr \\
\mathscr{E}^{\mathbb{R}}_{\mathbb{C}^n,w^{*a}} & \hookleftarrow & \mathscr{E}_{\mathbb{C}^n,w^{*a}} & \hookleftarrow & \mathscr{E}^{(m)}_{\mathbb{C}^n,w^{*a}} & \xrightarrow{\sigma_m(*)} & \mathscr{O}^{(m)}_{T^*\mathbb{C}^n,w^{*a}}
\end{array}$$

証明　$p^{*a} := (z^*, w^{*a})$ と置く．$Z \times W$ 上の整型ベクトル場 $\{\mathfrak{X}_j\}_{j=1}^{2n}$ を $[\mathfrak{X}_j, \mathfrak{X}_k] = 0$ $(1 \leqslant i,j \leqslant 2n)$, $\mathfrak{X}_j\Phi = 0$ $(1 \leqslant i,j \leqslant 2n-1)$ 且つ $\mathfrak{X}_{2n}\Phi = 1$ と選び

$$\mathscr{I} := \sum_{j=1}^{2n-1} \mathscr{E}_{\mathbb{C}^{2n},p^{*a}}\mathfrak{X}_j + \mathscr{E}_{\mathbb{C}^{2n},p^{*a}}(\Phi\mathfrak{X}_{2n}+1) \subset \mathscr{E}_{\mathbb{C}^{2n},p^{*a}}\,,$$

$$\mathscr{I}^{\mathbb{R}} := \sum_{j=1}^{2n-1} \mathscr{E}^{\mathbb{R}}_{\mathbb{C}^{2n},p^{*a}}\mathfrak{X}_j + \mathscr{E}^{\mathbb{R}}_{\mathbb{C}^{2n},p^{*a}}(\Phi\mathfrak{X}_{2n}+1) \subset \mathscr{E}^{\mathbb{R}}_{\mathbb{C}^{2n},p^{*a}}\,,$$

と置く．$\delta_\Lambda(z,w) := 1 \bmod \mathscr{I}$ と置けば

$$\mathscr{E}_{\mathbb{C}^{2n},p^{*a}}\delta_\Lambda = \mathscr{E}_{\mathbb{C}^{2n},p^{*a}} \big/ \mathscr{I}, \quad \mathscr{I} = \{P \in \mathscr{E}_{\mathbb{C}^{2n},p^{*a}};\ P\delta_\Lambda = 0\}.$$

$\mathscr{O}^h_{T^*\mathbb{C}^{2n}} := \bigoplus_{j\in\mathbb{Z}} \mathscr{O}^{(j)}_{T^*\mathbb{C}^{2n}}$ と定め

$$\mathscr{J}_\Lambda := \{f \in \mathscr{O}^h_{T^*\mathbb{C}^{2n},p^{*a}};\ f_j\big|_\Lambda = 0\}$$

と置けば

$$\mathscr{J}_\Lambda = \sum_{j=1}^{2n-1} \mathscr{O}^h_{T^*\mathbb{C}^{2n},p^{*a}}\,\sigma_1(\mathfrak{X}_j) + \mathscr{O}^h_{T^*\mathbb{C}^{2n},p^{*a}}\,\sigma_1(\Phi\mathfrak{X}_{2n}).$$

同様に

$$\mathscr{E}^{\mathbb{R}}_{\mathbb{C}^{2n},p^{*a}}\delta_\Lambda = \mathscr{E}^{\mathbb{R}}_{\mathbb{C}^{2n},p^{*a}}\big/\mathscr{I}^{\mathbb{R}}, \quad \mathscr{I}^{\mathbb{R}} = \{P \in \mathscr{E}^{\mathbb{R}}_{\mathbb{C}^{2n},p^{*a}};\, P\delta_\Lambda = 0\}.$$

このとき

(6.3.1)
$$\begin{array}{ccccc} \mathscr{E}^{\mathbb{R}}_{\mathbb{C}^n,z^*} & \longleftarrow & \mathscr{E}_{\mathbb{C}^n,z^*} & \longleftarrow & \mathscr{E}^{(m)}_{\mathbb{C}^n,z^*} \\ \downarrow\wr & & \downarrow\wr & & \downarrow\wr \\ \mathscr{E}^{\mathbb{R}}_{\mathbb{C}^{2n},p^{*a}}\big/\mathscr{I}^{\mathbb{R}} & \longleftarrow & \mathscr{E}_{\mathbb{C}^{2n},p^{*a}}\big/\mathscr{I} & \longleftarrow & \mathscr{E}^{(m)}_{\mathbb{C}^{2n},p^{*a}}\big/\mathscr{I} \end{array}$$

なる同型を示す．$\mathscr{I}$ の生成系 $\{R_j, S_j\}_{j=1}^n$ が存在して，次を満たすことを示す: 任意の $A \in \mathscr{E}^{\mathbb{R}}_{\mathbb{C}^{2n},p^{*a}}$ $(A \in \mathscr{E}^{(m)}_{\mathbb{C}^{2n},p^{*a}})$ に対して G_j, $H_j \in \mathscr{E}^{\mathbb{R}}_{\mathbb{C}^{2n},p^{*a}}$ $(G_j$, $H_j \in \mathscr{E}_{\mathbb{C}^{2n},p^{*a}})$ 及び一意に $\widetilde{A} \in \mathscr{E}^{\mathbb{R}}_{\mathbb{C}^n,z^*}$ $(\widetilde{A} \in \mathscr{E}^{(m)}_{\mathbb{C}^n,z^*})$ が存在して

$$A = \sum_{j=1}^n G_j R_j + \sum_{j=1}^n H_j S_j + \widetilde{A}.$$

$p_j(z,\zeta) \in \mathscr{O}^{(1)}_{T^*\mathbb{C}^n,z^*}$ 及び $q_j(z,\zeta) \in \mathscr{O}^{(0)}_{T^*\mathbb{C}^n,z^*}$ が存在して，p^{*a} の近傍で

$$\Lambda = \bigcap_{j=1}^n \{(z,w;\zeta,\eta) \in \dot{T}^*(X \times Y);\, \eta_j = p_j(z,\zeta), w_j = q_j(z,\zeta)\}.$$

$\eta_j - p_j(z,\zeta)$, $w_j - q_j(z,\zeta) \in \mathscr{J}_\Lambda$ だから，$a_{jk}(z,w,\zeta,\eta) \in \mathscr{O}^{(0)}_{T^*\mathbb{C}^{2n},p^{*a}}$ 及び $b_{jk}(z,w,\zeta,\eta) \in \mathscr{O}^{(-1)}_{T^*\mathbb{C}^{2n},p^{*a}}$ が存在して

$$\eta_j - p_j(z,\zeta) = \sum_{k=1}^{2n-1} a_{jk}\sigma_1(\mathfrak{X}_k) + a_{j2n}\sigma_1(\Phi\mathfrak{X}_{2n}),$$

$$w_j - q_j(z,\zeta) = \sum_{k=1}^{2n-1} b_{jk}\sigma_1(\mathfrak{X}_k) + b_{j2n}\sigma_1(\Phi\mathfrak{X}_{2n}).$$

ここで $\{\eta_j - p_j(z,\zeta), w_j - q_j(z,\zeta)\}_{j=1}^n$ は $\mathscr{J}_\Lambda$ の局所生成系に注意すれば，$\det\begin{bmatrix} a_{jk} \\ b_{jk} \end{bmatrix}_{\substack{1\leqslant j\leqslant n \\ 1\leqslant k\leqslant 2n}} \neq 0$ と仮定して良い．$\sigma_0(A_{jk}) = a_{jk}$ 及び $\sigma_{-1}(B_{jk}) = b_{jk}$ となる A_{jk}, $B_{jk} \in \mathscr{E}_{\mathbb{C}^{2n},p^{*a}}$ を任意に選び，$\{R_j, S_j\}_{j=1}^n \subset \mathscr{I}$ を

$$R_j := \sum_{k=1}^{2n-1} A_{jk}\mathfrak{X}_k + A_{j2n}(\Phi\mathfrak{X}_{2n} + 1),$$

$$S_j := \sum_{k=1}^{2n-1} B_{jk}\mathfrak{X}_k + B_{j2n}(\varPhi\mathfrak{X}_{2n}+1),$$

と定める．$\det\begin{bmatrix}\sigma_0(A_{jk})\\ \sigma_{-1}(B_{jk})\end{bmatrix}_{\substack{1\leqslant j\leqslant n\\ 1\leqslant k\leqslant 2n}} = \det\begin{bmatrix}a_{jk}\\ b_{jk}\end{bmatrix}_{\substack{1\leqslant j\leqslant n\\ 1\leqslant k\leqslant 2n}} \neq 0$ だから定理 6.1.13 と同様にして，$\begin{bmatrix}A_{jk}\\ B_{jk}\end{bmatrix}_{\substack{1\leqslant j\leqslant n\\ 1\leqslant k\leqslant 2n}}$ は $\mathscr{E}_{\mathbb{C}^{2n},p^*a}$ 係数の $2n\times 2n$ 行列として可逆がわかる．よって

(6.3.2)
$$\mathscr{I} = \sum_{j=1}^{n}\mathscr{E}_{\mathbb{C}^{2n},p^*a}R_j + \sum_{j=1}^{n}\mathscr{E}_{\mathbb{C}^{2n},p^*a}S_j$$

と書ける．$R_j = \partial_{w_j} - P_j(z,w,\partial_z,\partial_w)$, $S_j = w_j - Q_j(z,w,\partial_z,\partial_w)$ と置く．このとき:

6.3.5 [補題]　低階項を取り替えて，$R_j = \partial_{w_j} - P_j(z,\partial_z)$, $S_j = w_j - Q_j(z,\partial_z)$ と書ける．

証明　任意の $1\leqslant j\leqslant n$ に対して

(6.3.3)
$$[w_i, P_j] = [w_i, Q_j] = 0 \quad (1\leqslant i\leqslant \nu)$$

(6.3.4)
$$[\partial_{w_i}, P_j] = [\partial_{w_i}, Q_j] = 0 \quad (1\leqslant i\leqslant \nu)$$

を考え，ν に関する帰納法で示す．$\nu=0$ なら明らか．$\nu\geqslant 1$ とし $\nu-1$ まで (6.3.3) 及び (6.3.4) が成立すると仮定する．$\sigma(R_\nu)=\eta_\nu - p_\nu(z,\zeta)$ だから，定理 6.2.6 から

$$P_j = G_jR_\nu + P'_j,\quad Q_j = H_jR_\nu + Q'_j,\quad [w_\nu, P'_j] = [w_\nu, Q'_j] = 0,$$

とできる．帰納法の仮定から，$i<\nu$ ならば任意の $1\leqslant j\leqslant n$ に対して

$$[w_i, P_j] = [w_i, R_\nu] = [w_i, Q_j] = 0$$

だから，定理 6.2.6 の一意性から $i\leqslant\nu$, $1\leqslant j\leqslant n$ に対して

$$[w_i, P'_j] = [w_i, Q'_j] = 0.$$

更に，主表象を見れば

$$p_j(z,\zeta) = \sigma_0(G_j)\sigma_1(\eta_\nu - p_\nu(z,\zeta)) + \sigma_j(P'_j)$$

だから，η_ν の係数を見て $\sigma_0(G_j)=0$ 且つ $\sigma_1(P'_j)=p_j(z,\zeta)$．特に

$$\partial_{w_\nu} - P'_\nu = \partial_{w_\nu} - P_\nu + G_\nu R_\nu = (1+G_\nu)R_\nu$$

を考えれば，$1+G_\nu$ は可逆だから R_ν を $\partial_{w_\nu}-P'_\nu$ に取り替えられる．$j\neq\nu$ ならば

$$\partial_{w_j}-P'_j=\partial_{w_j}-P_j+G_jR_\nu=\partial_{w_j}-P_j+(1+G_\nu)^{-1}(\partial_{w_\nu}-P'_\nu)$$

及び Q'_j も同様に議論できるから

$$\mathscr{I}=\sum_{j=1}^{n}\mathscr{E}_{\mathbb{C}^{2n},p^*a}(\partial_{w_j}-P'_j)+\sum_{j=1}^{n}\mathscr{E}_{\mathbb{C}^{2n},p^*a}(w_j-Q'_j).$$

従って ν に対して (6.3.3) が示された．同様に，ν に対して (6.3.4) が示される．これで帰納法が進行する．■

次に，$\widetilde{A}(z,\partial_z)\in\mathscr{E}^{\mathbb{R}}_{\mathbb{C}^n,z^*}$ が

$$\widetilde{A}=\sum_{j=1}^{n}G_jR_j+\sum_{j=1}^{n}H_jS_j$$

ならば $\widetilde{A}=0$ を示す．帰納法で

$$\widetilde{A}=\sum_{j=\nu}^{n}G_jR_j+\sum_{j=1}^{n}H_jS_j,\quad [w_i,G_j]=[w_i,H_j]=0\ (i<\nu)$$

を示す．

$$G_j=T_jR_\nu+G'_j,\quad H_j=U_jR_\nu+H'_j,\quad [w_\nu,G'_j]=[w_\nu,H'_j]=0$$

とする．補題 6.3.5 の証明と同様，$i<\nu$ でも $[w_i,G'_j]=[w_i,H'_j]=0$．これから

$$\widetilde{A}(z,\partial_z)-\sum_{j=\nu+1}^{n}G'_jR_j-\sum_{j=1}^{n}H'_jS_j=\sum_{j=1}^{n}(T_j+U_j)R_\nu$$

となるが，左辺は w_ν と可換だから，割算の一意性から

$$\widetilde{A}(z,\partial_z)-\sum_{j=\nu+1}^{n}G'_jR_j-\sum_{j=1}^{n}H'_jS_j=0.$$

以下，帰納法で $\widetilde{A}(z,\partial_z)=\sum_{j=1}^{n}H'_jS_j$ だから同様の議論で $\widetilde{A}=0$．以上から

$$\mathscr{E}^{\mathbb{R}}_{\mathbb{C}^n,z^*}\ni\widetilde{A}(z,\partial_z)\mapsto\widetilde{A}(z,\partial_z)\delta_\Lambda\in\mathscr{E}^{\mathbb{R}}_{\mathbb{C}^{2n},p^*a}\big/\mathscr{I}^{\mathbb{R}}$$

が同型がわかった．証明法から同型 $\mathscr{E}^{(m)}_{\mathbb{C}^n,z^*}\simeq\mathscr{E}^{(m)}_{\mathbb{C}^{2n},p^*a}\big/\mathscr{I}$ も誘導されるから，(6.3.1) が得られた．同様に

$$\mathscr{E}^{\mathbb{R}}_{\mathbb{C}^n,w^*a}\ni\widetilde{B}(w,\partial_w)\mapsto\widetilde{B}(w,\partial_w)\delta_\Lambda\in\mathscr{E}^{\mathbb{R}}_{\mathbb{C}^{2n},p^*a}\big/\mathscr{I}^{\mathbb{R}}$$

も同型．$\mathscr{E}^{(m)}_{\mathbb{C}^n}$ 等についても同じである．従って，関係式

$$P(z,\partial_z)\delta_\Lambda = Q(w,\partial_w)\delta_\Lambda\,,\ \text{即ち}\ P(z,\partial_z) - Q(w,\partial_w) \in \mathscr{I}^{\mathbb{R}} \tag{6.3.5}$$

によって同型 $\widehat{\chi}^a\colon \mathscr{E}^{\mathbb{R}}_{\mathbb{C}^n,z^*} \xrightarrow{\simeq} \mathscr{E}^{\mathbb{R}}_{\mathbb{C}^n,w^{*a}}$ が得られる．$P_j(z,\partial_z) \in \mathscr{E}^{\mathbb{R}}_{\mathbb{C}^n,z^*}$ $(j = 1,2)$ に対して，$P_2(z,\partial_z)$ と $\widehat{\chi}^a_*(P_1)(w,\partial_w)$ とは可換だから

$$P_2P_1\delta_\Lambda = P_2\widehat{\chi}^a(P_1)\delta_\Lambda = \widehat{\chi}^a(P_1)P_2\delta_\Lambda = \widehat{\chi}^a(P_1)\widehat{\chi}^a(P_2)\delta_\Lambda\,,$$

即ち，$\widehat{\chi}^a(P_2P_1) = \widehat{\chi}^a(P_1)\widehat{\chi}^a(P_2)$ だから (6.3.5) は環の反同型となる．

$P(z,\partial_z) \in \mathscr{E}^{(m)}_{\mathbb{C}^n,z^*}$ 及び $Q(w,\partial_w) \in \mathscr{E}^{(m)}_{\mathbb{C}^n,w^{*a}}$ ならば (6.3.5) から

$$\begin{aligned}&\sigma_m(P)(z,\zeta) - \sigma_m(Q)(w,\eta)\\ &\qquad \in \sum_{j=1}^n \mathscr{O}^{(m-1)}_{T^*\mathbb{C}^n,p^{*a}}(\eta_j - p_j(z,\zeta)) + \sum_{j=1}^n \mathscr{O}^{(m)}_{T^*\mathbb{C}^n,p^{*a}}(w_j - q_j(z,\zeta)).\end{aligned}$$

これに p^{*a} を代入すれば，$\sigma_m(P)(z^*) = \sigma_m(Q)(w^{*a})$ を得る．∎

6.3.6［定義］　$w^* := a(w^{*a})$ と置く．$\widehat{\chi}^a$ と随伴との合成

$$\widehat{\chi}\colon \mathscr{E}^{\mathbb{R}}_{\mathbb{C}^n,z^*} \ni P(z,\partial_z) \mapsto \widehat{\chi}(P)(w,\partial_w) := \widehat{\chi}^a(P)^*(w,\partial_w) \in \mathscr{E}^{\mathbb{R}}_{\mathbb{C}^n,w^*}$$

は環同型を与える．これを χ に附随する**量子化接触変換** (quantized contact transformation) という．$Q := \widehat{\chi}(P)$ ならば，対応関係は $P(z,\partial_z)\delta_\Lambda(z,w) = \delta_\Lambda(z,w)Q^*(w,\partial_w)$，又は (6.3.5) から

$$P(z,\partial_z) - Q^*(w,\partial_w) \in \mathscr{I}^{\mathbb{R}}. \tag{6.3.6}$$

一般の斉次正準変換に対しては，母函数を持つ斉次正準変換の合成で表して，対応する量子化接触変換の合成で定める．

6.3.7［命題］　χ を斉次正準変換，$\widehat{\chi}$ を χ に附随する量子化接触変換とすると，$\mathscr{E}_{\mathbb{C}^n}$ の切断 P に対して $\chi(\mathrm{char}(P)) = \mathrm{char}(\widehat{\chi}(P))$．即ち，$\mathrm{char}\,P$ は量子化接触変換で不変.

証明　P が m 階ならば，定義から $\sigma_m(P)(\chi^{-1}(w,\eta)) = \sigma_m(\widehat{\chi}(P))(w,\eta)$.
∎

6.3.8［定理］　$\Omega \subset \dot{T}^*\mathbb{C}^n$ が錐状開集合ならば，$P \in \Gamma(\Omega;\mathscr{E}_{\mathbb{C}^n})$ に対して

$$\mathrm{Ch}(P) = \mathrm{char}\,P.$$

証明　$\mathrm{Ch}(P)$ も $\mathrm{char}\,P$ も座標不変だから，$z^* = (0; 0, \ldots, 0, 1)$ で考えれば良い．P が m 階ならば $\partial_{z_n}^{-m}$ を掛けて $m = 0$ と仮定できる．$P(z,\zeta) = \sum_{j=0}^{\infty} P_{-j}(z,\zeta)$ ($P_{-j} \in \mathscr{O}_{T^*\mathbb{C}^n, z^*}^{(-j)}$, $\sigma_0(P)(z,\zeta) = P_0(z,\zeta)$) と書いておく．最初に $z^* \notin \mathrm{char}\,P$ と仮定する．z^* のある錐状近傍 $V \subset T^*\mathbb{C}^n$ 上で $C > 0$ が存在して $|P_{-j}(z,\zeta)| \leqslant \dfrac{C^j j!}{\|\zeta\|^j}$ が成り立つ．更に V 上 $\|\zeta\| = |\zeta_n|$ 且つ $|P_0(z,\zeta)| \geqslant C'$ と仮定できる．P と同値な表象 Q は，定理 4.1.7 及び補題 6.1.6 の通り

$$Q(z,\zeta) = P_0(z,\zeta) + \sum_{j=1}^{\infty} \frac{P_{-j}(z,\zeta)\,\zeta_n^j}{(j-1)!} \int_0^a e^{-t\zeta_n}\, t^{j-1}\, dt$$

で得られる．(4.1.5) から，$a > 0$ を十分小さく取れば，$d > 0$ に対し $V[d]$ 上

$$|P_0(z,\zeta) - Q(z,\zeta)| \leqslant \sum_{j=1}^{\infty} (aC)^j = \frac{aC}{1 - aC}\,.$$

従って，a が十分小さければ $C_2 := \left(C' - \dfrac{aC}{1-aC}\right) > 0$ とできるから

$$\begin{aligned} |Q(z,\zeta)| &= |Q(z,\zeta) - P_0(z,\zeta) + P_0(z,\zeta)| \\ &\geqslant |P_0(z,\zeta)| - |Q(z,\zeta) - P_0(z,\zeta)| \geqslant C_2\,. \end{aligned}$$

従って，$\left|\dfrac{1}{Q(z,\zeta)}\right| \leqslant \dfrac{1}{C_2}$ だから $z^* \notin \mathrm{Ch}(Q) = \mathrm{Ch}(P)$.

逆に $z^* \notin \mathrm{Ch}(P)$ と仮定すれば，可逆性定理 5.5.4 から P は逆元 $Q \in \mathscr{E}_{\mathbb{C}^n, z^*}^{\mathbb{R}}$ を持つ．ここで $f = \sigma_0(P)$ 及び z^* に対して，命題 6.3.3 の χ 及びこれに附随する量子化接触変換 $\widehat{\chi}$ を考える．命題 6.3.3 及び Späth 型定理 6.2.6 から，一意に Q', $R' \in \mathscr{E}_{\mathbb{C}^n, w^*}$ が存在して，$1 = Q'\,\widehat{\chi}(P) + R'$, $\mathrm{ad}_{\eta_1}^p(R') = 0$ と書ける．一方，$\widehat{\chi}(Q)\,\widehat{\chi}(P) = 1$ だから

$$\widehat{\chi}(Q)\,\widehat{\chi}(P) = Q'\,\widehat{\chi}(P) + R'.$$

ここで定理 6.2.9 の一意性から $\widehat{\chi}(Q) = Q'$ 且つ $R' = 0$. 特に $\widehat{\chi}(Q) \in \mathscr{E}_{\mathbb{C}^n, w^*}$ だから，定理 6.1.7 及び 6.1.13 から $w^* \notin \mathrm{char}\,\widehat{\chi}(P)$. 従って，命題 6.3.7 から $z^* \notin \mathrm{char}\,P$ （特に $p = 0$). ∎

量子化接触変換 $\widehat{\chi}$ は，χ からは一意には決まらない．これについては:

6.3.9 ［定理］　$\widehat{\chi}_1$ 及び $\widehat{\chi}_2$ が斉次正準変換 χ に附随する量子化接触変換ならば，可逆な $A \in \mathscr{E}_{\mathbb{C}^n}^{\mathbb{R}}$ が存在して $\widehat{\chi}_2(P) = A^{-1}\widehat{\chi}_1(P)A$.

証明　最初に次の補題に注意する:

6.3.10 [補題]　$z^* := (0;0,\dots,1) \in \dot{T}^*\mathbb{C}^n$ とする．

(1) ある $1 \leqslant j \leqslant n-1$ に対して $P \in \mathscr{E}^{(0)}_{\mathbb{C}^n,z^*}$ が $\sigma_0(P) = z_j$ と仮定すれば，可逆な $R \in \mathscr{E}^{(0)}_{\mathbb{C}^n,z^*}$ が存在して $R^{-1}PR = z_j$．

(2) ある $1 \leqslant j \leqslant n$ に対して $P \in \mathscr{E}^{(1)}_{\mathbb{C}^n,z^*}$ が $\sigma_1(P) = \zeta_j$ と仮定すれば，可逆な $R \in \mathscr{E}^{(0)}_{\mathbb{C}^n,z^*}$ が存在して $R^{-1}PR = \partial_{z_j}$．

証明　証明は同様だから (1) のみを示す．$j=1$ として良い．仮定から $P = z_1 + A(z,\partial_z)$，但し $A \in \mathscr{E}^{(-1)}_{\mathbb{C}^n,z^*}$ と書ける．A を形式表象 $\sum_{j=0}^{\infty} t^j A_{j+1}$ ($A_{j+1} \in \mathscr{O}^{(-j-1)}_{T^*\mathbb{C}^n,z^*}$) と同一視する．$\zeta := (\zeta_1,\zeta') = (\zeta_1,\zeta'',\zeta_n)$ と変数を分ける．十分小さい ρ, $\delta > 0$ が存在して，A は $V_\delta := \{(z;\zeta) \in \dot{T}^*\mathbb{C}^n;\ \|z\| \leqslant \rho,\ \|\zeta''\| \leqslant \rho|\zeta_n|,\ |\zeta_1| \leqslant \delta|\zeta_n|\}$ の近傍で定義され，$c>0$ が存在して $\mathscr{N}^{-1}_{V_\delta}(A;\delta) \leqslant c$．ここで $\{R^k\}_{k=0}^{\infty} \subset \Gamma(V_\delta;\mathscr{E}^{(0)}_{\mathbb{C}^n})$ を $R^0 := 1$，且つ帰納的に次で定める:

$$R^k(z,\zeta) := \int_0^{\zeta_1} A(z,s,\zeta') \circ R^{k-1}(z,s,\zeta')\,ds.$$

$\dfrac{\partial R^k}{\partial \zeta_1}(z,\zeta) = A(z,\zeta) \circ R^{k-1}(z,\zeta)$, $R^k\big|_{\zeta_1=0} = 0$ は明らか．更に，任意の $0 < \varepsilon \leqslant \delta$ に対して $\mathscr{N}^0_{V_\varepsilon}(R^k;\varepsilon) \leqslant (2\varepsilon c)^k$．実際 $k=0$ ならば明らか．$k-1$ まで示されたと仮定する．$A \circ R^{k-1} = \sum_{j=0}^{\infty} t^j S_j$, $R^k = \sum_{j=0}^{\infty} t^j R^k_j$ と書く ($S_j \in \mathscr{O}^{(-j-1)}_{T^*\mathbb{C}^{n+1}}$, $R^k_j \in \mathscr{O}^{(-j)}_{T^*\mathbb{C}^{n+1}}$)．$\beta_1 > 0$ ならば，$\boldsymbol{e}_1 \in \mathbb{R}^n$ を 1 次単位ベクトルとして $\|R^k_j\|^{(\alpha,\beta)}_{V_\varepsilon,j} = \|S_j\|^{(\alpha,\beta-\boldsymbol{e}_1)}_{V_\varepsilon,j+1}$ は明らか．$\beta_1 = 0$ ならば $|\zeta_1| \leqslant \varepsilon|\zeta_n| = \varepsilon\|\zeta_n\|$ に注意して

$$\|R^k_j\|^{(\alpha,\beta)}_{V_\varepsilon,j} = \sup_{V_\varepsilon}\Big\{\Big|\int_0^1 \partial_z^\alpha\,\partial_{\zeta'}^\beta \zeta_1 S_j(z,\zeta_1 s,\zeta')\,ds\Big|\,|\zeta|^{j+|\beta|}\Big\} \leqslant \varepsilon\|S_j\|^{(\alpha,\beta)}_{V_\varepsilon,j+1}.$$

よって命題 5.6.2 と同様の証明と帰納法の仮定とから

$$\begin{aligned}
\mathscr{N}^0_{V_\varepsilon}(R^k;\varepsilon) &= \sum \frac{2j!\,\varepsilon^{2j+|\alpha+\beta|}\|R^k_j\|^{(\alpha,\beta)}_{V_\varepsilon,j}}{(2n)^j\,(|\alpha|+j)!\,(|\beta|+j)!} \\
&\leqslant \sum_{\beta_1>0} \frac{2j!\,\varepsilon^{2j+|\alpha+\beta|}\|S_j\|^{(\alpha,\beta-\boldsymbol{e}_1)}_{V_\varepsilon,j+1}}{(2n)^j\,(|\alpha|+j)!\,(|\beta|+j)!} + \varepsilon\sum_{\beta_1=0} \frac{2j!\,\varepsilon^{2j+|\alpha+\beta|}\|S_j\|^{(\alpha,\beta)}_{V_\varepsilon,j+1}}{(2n)^j\,(|\alpha|+j)!\,(|\beta|+j)!} \\
&\leqslant \varepsilon\sum \frac{2j!\,\varepsilon^{2j+|\alpha+\beta|}\|S_j\|^{(\alpha,\beta)}_{V_\varepsilon,j+1}}{(2n)^j\,(|\alpha|+j)!\,(|\beta|+j+1)!} + \varepsilon\mathscr{N}^{-1}_{V_\varepsilon}(A \circ R^{k-1};\varepsilon)
\end{aligned}$$

$$\leqslant 2\varepsilon\mathcal{N}_{V_\varepsilon}^{-1}(A\circ R^{k-1};\varepsilon)\leqslant 2\varepsilon\mathcal{N}_{V_\varepsilon}^{-1}(A;\varepsilon)\,\mathcal{N}_{V_\varepsilon}^{0}(R^{k-1};\varepsilon)\leqslant 2\varepsilon c(2\varepsilon c)^{k-1}.$$

これで帰納法が進行する．従って，$2\varepsilon c<1$ と $0<\varepsilon$ を取れば

$$\mathcal{N}_{V_\varepsilon}^{0}(\sum_{k=0}^{\infty}R^k;\varepsilon)\leqslant\sum_{k=0}^{\infty}(2\varepsilon c)^k=\frac{1}{1-2\varepsilon c}$$

だから $R(z,\zeta):=\sum_{k=0}^{\infty}R^k(z,\zeta)\in\mathscr{E}_{\mathbb{C}^n,z^*}^{(0)}$ が定まり，$\sigma_{-1}(R)(z^*)=1$ だから可逆である．更に，定め方から

$$(z_1+A(z,\partial_z))R(z,\partial_z)=R(z,\partial_z)z_1\,. \qquad \blacksquare$$

定理の証明をする．$z^*=(0;0,\ldots,0,1)\in\dot{T}^*\mathbb{C}^n$ で考えて構わない．

最初に $\sigma_0(\widehat{\chi}(z_j))=z_j$ 且つ $\sigma_1(\widehat{\chi}(\partial_{z_j}))=\zeta_j$ ならば，可逆な $A\in\mathscr{E}_{\mathbb{C}^n,z^*}^{\mathbb{R}}$ が存在して $\widehat{\chi}(P)=APA^{-1}$ を示す．補題 6.3.10 から，可逆な $A_1\in\mathscr{E}_{\mathbb{C}^n,z^*}^{(0)}$ が存在して $A_1^{-1}\widehat{\chi}(\partial_{z_1})A_1=\partial_{z_1}$．よって $\widehat{\chi}_1(*):=A_1^{-1}\widehat{\chi}(*)A_1$ と定めれば $\widehat{\chi}_1(\partial_{z_1})=\partial_{z_1}$．更に $[\partial_{z_1},\widehat{\chi}_1(\partial_{z_j})]=[\widehat{\chi}_1(\partial_{z_1}),\widehat{\chi}_1(\partial_{z_j})]=0$ だから，$\widehat{\chi}_1(\partial_{z_2})=\partial_{z_2}+S(z_2,\ldots,z_n,\partial_z)$，$S\in\mathscr{E}_{\mathbb{C}^n,z^*}^{(0)}$ と書ける．補題 6.3.10 から，可逆な $A_2\in\mathscr{E}_{\mathbb{C}^n,z^*}^{(0)}$ が存在して $A_2^{-1}\widehat{\chi}_1(\partial_{z_2})A_2=\partial_{z_2}$，且つ構成法から $[\partial_{z_1},A_2]=0$ とできる．よって $\widehat{\chi}_2(*):=A_2^{-1}\widehat{\chi}_1(*)A_2$ を考えれば，$\widehat{\chi}_2(\partial_{z_1})=\partial_{z_1}$ 且つ $\widehat{\chi}_2(\partial_{z_2})=\partial_{z_2}$．これを繰返せば，可逆な $H\in\mathscr{E}_{\mathbb{C}^n,z^*}^{(0)}$ が存在して $H^{-1}\widehat{\chi}(\partial_{z_j})H=\partial_{z_j}$ $(1\leqslant j\leqslant n)$．次に $H^{-1}\widehat{\chi}(z_1)H=z_1+H_1$ $(H_1\in\mathscr{E}_{\mathbb{C}^n,z^*}^{(-1)})$ と置けば

$$[\partial_{z_j},H^{-1}\widehat{\chi}(z_1)H]=[H^{-1}\widehat{\chi}(\partial_{z_j})H,H^{-1}\widehat{\chi}(z_1)H]=\delta_{j1}$$

だから，H_1 は z に依存しないことがわかる．後は上と同様の議論を繰返せば，可逆な $B\in\mathscr{E}_{\mathbb{C}^n,z^*}^{(0)}$ が存在して，

$$B^{-1}\widehat{\chi}(\partial_{z_j})B=\partial_{z_j}\ (1\leqslant j\leqslant n),\quad B^{-1}\widehat{\chi}(z_j)B=z_j\ (1\leqslant j\leqslant n-1),$$

且つ $a\in\mathscr{E}_{\mathbb{C},(0;1)}^{(-1)}$ が存在して，$B^{-1}\widehat{\chi}(z_n)B=z_n+a(\partial_{z_n})$．ここで $a(\zeta_n)=\sum_{j=1}^{\infty}\frac{a_j}{\zeta_n^{j+1}}$ を，形式表象 $a(t;\zeta_n):=\sum_{j=1}^{\infty}t^j\frac{a_j}{\zeta_n^{j+1}}$ と同一視する．このとき

$$q(t,\zeta):=a_0\log\zeta_n-\sum_{j\geqslant 1}t^j\frac{a_j}{j\zeta_n^j}\in\widehat{\mathscr{S}}_{(0;1)}^{(1-0)}$$

が定義できて，$\dfrac{\partial q}{\partial\zeta_n}(t;\zeta_n)=a(t;\zeta_n)$．命題 5.1.4 から $:e^{q(t;\zeta_n)}:$ が定まり，可

逆性定理 5.5.4 の証明の通り可逆．更に，定数係数に注意して

$$e^{q(t;\zeta_n)} \circ z_n = z_n e^{q(t;\zeta_n)} + \frac{\partial q}{\partial \zeta_n}(t;\zeta_n)\, e^{q(t;\zeta_n)} = (z_n + a(t;\zeta_n)) \circ e^{q(t;\zeta_n)}.$$

これから $:e^{q(t;\zeta_n)}: z_n = B^{-1}\widehat{\chi}(z_n)B :e^{q(t;\zeta_n)}:$．以上から可逆な $A \in \mathscr{E}^{\mathbb{R}}_{\mathbb{C}^n, z^*}$ が存在して

$$A^{-1}\widehat{\chi}(\partial_{z_j})A = \partial_{z_j}, \quad A^{-1}\widehat{\chi}(z_j)A = z_j \; (1 \leqslant j \leqslant n).$$

更に，$1 = \widehat{\chi}(\partial_{z_n}\partial_{z_n}^{-1}) = \widehat{\chi}(\partial_{z_n})\widehat{\chi}(\partial_{z_n}^{-1})$ から $A^{-1}\widehat{\chi}(\partial_{z_n}^{-1})A = \partial_{z_n}^{-1}$ が従うから，任意の $P \in \mathscr{E}^{\mathbb{R}}_{\mathbb{C}^n, z^*}$ を展開して考えれば $A^{-1}\widehat{\chi}(P)A = P$ がわかる．

一般の $\widehat{\chi}_1$ 及び $\widehat{\chi}_2$ については

$$\sigma_0(\widehat{\chi}_2\widehat{\chi}_1^{-1}(z_j)) = z_j, \quad \sigma_1(\widehat{\chi}_2\widehat{\chi}_1^{-1}(\partial_{z_j})) = \zeta_j, \quad (1 \leqslant j \leqslant n)$$

だから，前半から可逆な $A \in \mathscr{E}^{\mathbb{R}}_{\mathbb{C}^n, z^*}$ が存在して，任意の $Q \in \mathscr{E}^{\mathbb{R}}_{\mathbb{C}^n, z^*}$ に対して $A^{-1}\widehat{\chi}_2\widehat{\chi}_1^{-1}(Q)A = Q$．従って，$P := \widehat{\chi}_1(Q)$ と置けば

$$\widehat{\chi}_2(P) = A\widehat{\chi}_1(P)A^{-1}. \qquad ■$$

量子化接触変換は超局所函数の変換を与える．即ち:

6.3.11 ［定理］　$Z, W \in \mathfrak{O}(\mathbb{C}^n)$ 及び $\Phi(z,w) \in \Gamma(Z \times W; \mathscr{O}_{\mathbb{C}^{2n}})$ 等を定理 6.3.4 と同じとし，更に $M := Z \cap \mathbb{R}^n \neq \emptyset$, $N := W \cap \mathbb{R}^n \neq \emptyset$ 且つ $M \times N$ 上で Φ は実数値と仮定する．$\delta_\Lambda(x,y) := \mathrm{b}_{\mathbb{R}}\bigl(\delta_\Lambda(z,w)\bigr)$ と置く．このとき，$x^* \in \sqrt{-1}\,\dot{T}^*\mathbb{R}^n$ 及び $y^* := \chi(x^*) \in \sqrt{-1}\,\dot{T}^*\mathbb{R}^n$ に対して

$$\mathscr{C}_{\mathbb{R}^n, y^*} \ni u(y) \mapsto \int \delta_\Lambda(x,y)\, u(y)\, dy \in \mathscr{C}_{\mathbb{R}^n, x^*} \tag{6.3.7}$$

なる同型が誘導され，量子化接触変換と両立する．

証明　最初に (6.3.7) を定義する．定義から

$$\begin{aligned}\operatorname{supp}\delta_\Lambda(x,y) &\subset \sqrt{-1}\,\dot{T}^*(M \times N) \cap \Lambda \\ &= \{(x^*, y^{*a}) \in \sqrt{-1}\,\dot{T}^*(M \times N);\; y^* = \chi(x^*)\}.\end{aligned}$$

射影 $p_1\colon \sqrt{-1}\,\dot{T}^*(M \times N) \cap \Lambda \to \sqrt{-1}\,\dot{T}^*M$ は局所同型だから，定理 2.7.2 の証明と同様，任意の $u(y) \in \mathscr{C}_{\mathbb{R}^n, y^*}$ に対し $\displaystyle\int \delta_\Lambda(x,y)\, u(y)\, dy$ が定まり

$$\begin{aligned}&\operatorname{supp}\int \delta_\Lambda(x,y)\, u(y)\, dy \\ &\quad\subset \{x^* \in \sqrt{-1}\,\dot{T}^*M;\, (x^*, y^{*a}) \in \operatorname{supp}\delta_\Lambda(x,y),\; y^* \in \operatorname{supp} u\}\end{aligned}$$

$$= \{x^* \in \sqrt{-1}\,\dot{T}^* M; \chi(x^*) \in \operatorname{supp} u\}.$$

これで (6.3.7) が定義された．M と N とを入れ替えても同様である．従って $K(y,\widetilde{y}) := \displaystyle\int \delta_\Lambda(x,y)\,\delta_\Lambda(x,\widetilde{y})\,dx$ が可逆な作用素を与えることを示せば良い．$x' := (x_2,\dots,x_n)$ と置く．定理 1.1.24 から $\Phi(x,y) = x_1 + f(x',y)$ の形として一般性を失わない．これで

$$K(y,\widetilde{y}) = \int \delta(f(x',y) - f(x',\widetilde{y}))\,dx'$$

且つ Taylor 展開から $f(x',y) - f(x',\widetilde{y}') = \langle y-\widetilde{y}, g(x',y,\widetilde{y})\rangle$ と書ける（特に $g(x',y,y) = (\partial_{y_1} f',\dots,\partial_{y_n} f')$）．$t > 0$ を取り $\eta := tg(x',y,\widetilde{y}) \in \mathbb{S}^{n-1}$ と置く．$y = \widetilde{y}$ ならば $\eta = td_y f'$ 且つ $\partial_{x_j}\eta = t(\partial_{x_j}\partial_{y_1} f',\dots,\partial_{x_j}\partial_{y_n} f')$.

$$J(y,\widetilde{y},\eta) := \Big|\det\big[\eta, \partial_{x_2}\eta,\dots,\partial_{x_n}\eta\big]\Big|^{-1}$$

と定める．$J(y,\widetilde{y},\eta)$ が定義できることを示す．$\Phi(x,y) = x_1 + f(x',y)$ は母函数なので $\det\begin{bmatrix} 0 & d_x\Phi \\ d_y\Phi & d_x d_y\Phi \end{bmatrix} \neq 0$，即ち

$$0 \neq \det\begin{bmatrix} 0 & 1 & \partial_{x_2} f' & \dots & \partial_{x_n} f' \\ \partial_{y_1} f' & 0 & \partial_{x_2}\partial_{y_1} f' & \dots & \partial_{x_n}\partial_{y_1} f' \\ \vdots & \vdots & \vdots & & \vdots \\ \partial_{y_n} f' & 0 & \partial_{x_2}\partial_{y_n} f' & \dots & \partial_{x_n}\partial_{y_n} f' \end{bmatrix} = -\det[d_y f'\; d_{x'} d_y f'].$$

従って $y = \widetilde{y}$ ならば $\det\big[\eta, \partial_{x_2}\eta,\dots,\partial_{x_n}\eta\big] \neq 0$．これから y と $\widetilde{y}$ とが十分近ければ $J(y,\widetilde{y},\eta) \neq 0$．従って，変数変換によって

$$K(y,\widetilde{y}) = \int \delta(\langle y-\widetilde{y}, g(x',y,\widetilde{y})\rangle)\,dx' = \int J(y,\widetilde{y},\eta)\,\delta(\langle y-\widetilde{y},\eta\rangle)\,\omega(\eta).$$

$J(y,\widetilde{y},\eta)$ は $(y_0,y_0;\eta_0)$ のある近傍上で ζ について $-n$ 次斉次な整型函数 $J(z,w,\zeta)$ に拡張できる．そこで $A(z,w,\zeta) := J(z,w,\zeta)\,\langle\zeta,\zeta\rangle^{1/2}$ と置けば，これは $(y_0,y_0;\eta_0)$ のある近傍上で ζ について $1-n$ 次斉次な整型函数．さて，適当な直交変換で $\eta_0 = (1,\dots,1)$ として良い．又，$y^* = (y_0;\sqrt{-1}\,\eta_0)$ と $(y_0,y_0;\sqrt{-1}\,\eta_0,-\sqrt{-1}\,\eta_0)$ とを同一視する．任意の $d > 0$ に対して超局所函数として

$$\delta(\langle y-\widetilde{y},\eta\rangle) = \operatorname{sp}\operatorname{b}\Big[\frac{1}{2\pi}\int_d^\infty e^{\sqrt{-1}\,\langle z-w,\eta\rangle r}\,dr\Big]$$

だから，$\Delta \subset \mathbb{R}^n$ を η_0 の十分小さい錐状近傍とすれば，y^* の近傍で

$$K(y,\widetilde{y}) = \operatorname{sp}\operatorname{b}\Big[\frac{1}{2\pi}\int_d^\infty \int_{\Delta\infty} J(z,w,\eta)\,e^{\sqrt{-1}\,\langle z-w,\eta\rangle r}\,dr\,\omega(\eta)\Big]$$

$$= \mathrm{sp\,b}\Big[\frac{1}{2\pi}\int_d^\infty \int_{\Delta\infty} J(z,w,r\eta)\, e^{\sqrt{-1}\,\langle z-w,\eta\rangle r} r^n dr\,\omega(\eta)\Big]$$
$$= \mathrm{sp\,b}\Big[\frac{1}{2\pi}\int_{\Delta[d]} A(z,w,\xi)\, e^{\sqrt{-1}\,\langle z-w,\xi\rangle} d\xi\Big].$$

次に，$A_\alpha(z,\xi) := \partial_w^\alpha A(z,w,\xi)\big|_{w=z}$ と置いて

$$A(z,w,\xi) = \sum_{\alpha\in\mathbb{N}_0^n} \frac{A_\alpha(z,\xi)}{\alpha!}\,(w-z)^\alpha$$

と Taylor 展開する．y^* での芽として

$$\mathrm{sp\,b}\Big[\sum_{\alpha\in\mathbb{N}_0^n}\int_{\Delta[d]}^{\Delta[(|\alpha|+1)d]} \frac{A_\alpha(z,\xi)}{2\pi\alpha!}\,(w-z)^\alpha\, e^{\sqrt{-1}\,\langle z-w,\xi\rangle} d\xi\Big] = 0$$

が容易にわかるから

$$K(y,\widetilde{y}\,) = \mathrm{sp\,b}\Big[\sum_{\alpha\in\mathbb{N}_0^n}\int_{\Delta[d]} \frac{A_\alpha(z,\xi)}{2\pi\,\alpha!}\,(w-z)^\alpha\, e^{\sqrt{-1}\,\langle z-w,\xi\rangle} d\xi\Big]$$
$$= \mathrm{sp\,b}\Big[\sum_{\alpha\in\mathbb{N}_0^n}\int_{\Delta[(|\alpha|+1)d]} \frac{A_\alpha(z,\xi)}{2\pi\,\alpha!}\,(w-z)^\alpha\, e^{\sqrt{-1}\,\langle z-w,\xi\rangle} d\xi\Big]$$
$$= \mathrm{sp\,b}\Big[\sum_{\alpha\in\mathbb{N}_0^n}\int_{\Delta[(|\alpha|+1)d]} \frac{A_\alpha(z,\xi)}{2\pi\,\alpha!}\,(\sqrt{-1}\,\partial_\xi)^\alpha\, e^{\sqrt{-1}\,\langle z-w,\xi\rangle} d\xi\Big].$$

6.3.12 [補題]　$\boldsymbol{e}_\nu \in \mathbb{R}^n$ を ν 次単位ベクトル（即ち ν 成分が 1 で，それ以外は零）とする．$P(\xi)$ が m 次斉次多項式ならば $P^{(\beta)}(\xi) := \partial_\xi^\beta P(\xi)$ として

$$a(\xi)P(\partial_\xi)b(\xi) - \big(P(-\partial_\xi)a(\xi)\big)b(\xi)$$
$$= \sum_{\nu=1}^n \partial_{\xi_\nu} \sum_{|\beta|<m} \frac{(-1)^{|\beta|}(m-|\beta|-1)!\,|\beta|!}{m!\,\beta!}\,\partial_\xi^\beta a(\xi)\,P^{(\beta+\boldsymbol{e}_\nu)}(\partial_\xi)b(\xi).$$

証明　右辺は

$$\sum_{\nu=1}^n \sum_{|\beta|<m} \frac{(-1)^{|\beta|}(m-|\beta|-1)!\,|\beta|!}{m!\,\beta!}\,\partial_\xi^{\beta+\boldsymbol{e}_\nu} a(\xi)\,P^{(\beta+\boldsymbol{e}_\nu)}(\partial_\xi)b(\xi)$$
$$+\sum_{\nu=1}^n \sum_{|\beta|<m} \frac{(-1)^{|\beta|}(m-|\beta|-1)!\,|\beta|!}{m!\,\beta!}\,\partial_\xi^\beta a(\xi)\,\partial_{\xi_\nu} P^{(\beta+\boldsymbol{e}_\nu)}(\partial_\xi)b(\xi).$$

$P^{(\beta)}(\xi)$ は $m-|\beta|$ 次斉次だから $\sum\limits_{\nu=1}^n \partial_{\xi_\nu} P^{(\beta+\boldsymbol{e}_\nu)}(\partial_\xi) = (m-|\beta|)\,P^{(\beta)}(\partial_\xi)$

となる．従って，第 2 項は

$$\sum_{|\beta|<m} \frac{(-1)^{|\beta|}(m-|\beta|)!\,|\beta|!}{m!\,\beta!}\,\partial_\xi^\beta a(\xi)\,P^{(\beta)}(\partial_\xi)b(\xi).$$

一方，第 1 項は

$$\sum_{0<|\gamma|\leqslant m} \frac{(-1)^{|\gamma|-1}(m-|\gamma|)!\,(|\gamma|-1)!}{m!} \sum_{\gamma=\beta+\boldsymbol{e}_\nu} \frac{1}{\beta!}\,\partial_\xi^\gamma a(\xi)\,P^{(\gamma)}(\partial_\xi)b(\xi)$$

と書けるが，$\displaystyle\sum_{\gamma=\beta+\boldsymbol{e}_\nu} \frac{1}{\beta!} = \sum_{j=1}^n \frac{\gamma_\nu}{\gamma!} = \frac{|\gamma|}{\gamma!}$ だから

$$\sum_{0<|\beta|\leqslant m} \frac{(-1)^{|\beta|-1}(m-|\beta|)!\,|\beta|!}{m!\,\beta!}\,\partial_\xi^\beta a(\xi)\,P^{(\beta)}(\partial_\xi)b(\xi)$$

と書き換えられる．$\displaystyle P(-\xi) = \sum_{|\beta|=m} \frac{(-1)^m P^{(\beta)}}{\beta!}\,\xi^\beta$ だから右辺は $|\beta| = 0, m$ の部分だけが残り

$$\begin{aligned} a(\xi)P(\partial_\xi)b(\xi) - \sum_{|\beta|=m} \frac{(-1)^m}{\beta!}\,\partial_\xi^\beta a(\xi)\,P^{(\beta)}(\partial_\xi)b(\xi) \\ = a(\xi)P(\partial_\xi)b(\xi) - \bigl(P(-\partial_\xi)a(\xi)\bigr)b(\xi). \end{aligned}$$

∎

この補題から

$$\begin{aligned} &\frac{A_\alpha(z,\xi)}{2\pi\,\alpha!}\,(\sqrt{-1}\,\partial_\xi)^\alpha\,e^{\sqrt{-1}\langle z-w,\xi\rangle} - \frac{(-\sqrt{-1}\,\partial_\xi)^\alpha A_\alpha(z,\xi)}{2\pi\,\alpha!}\,e^{\sqrt{-1}\langle z-w,\xi\rangle} \\ &= \sum_{\nu=1}^n \partial_{\xi_\nu} \sum_{|\beta|<|\alpha|} \frac{(\sqrt{-1}\,)^{|\alpha|}(-1)^{|\beta|}(|\alpha|-|\beta|-1)!\,|\beta|!}{2\pi\,|\alpha|!\,\beta!\,(\alpha-\beta-\boldsymbol{e}_\nu)!} \\ &\qquad\qquad \times \partial_\xi^\beta A_\alpha(z,\xi)\,\partial_\xi^{\alpha-\beta-\boldsymbol{e}_\nu} e^{\sqrt{-1}\langle z-w,\xi\rangle} \\ &= \sum_{\nu=1}^n \partial_{\xi_\nu} \sum_{|\beta|<|\alpha|} \frac{(\sqrt{-1}\,)^{2|\alpha|-\beta-1}(-1)^{|\beta|}(|\alpha|-|\beta|-1)!\,|\beta|!}{2\pi\,|\alpha|!\,\beta!\,(\alpha-\beta-\boldsymbol{e}_\nu)!} \\ &\qquad\qquad \times \partial_\xi^\beta A_\alpha(z,\xi)\,(z-w)^{\alpha-\beta-\boldsymbol{e}_\nu} e^{\sqrt{-1}\langle z-w,\xi\rangle}. \end{aligned}$$

ここで

$$\begin{aligned} G_{\nu,j}(z,w,\xi) := \sum_{\substack{|\alpha|=j \\ \beta<\alpha}} \frac{(\sqrt{-1}\,)^{2|\alpha|-\beta-1}(-1)^{|\beta|}(|\alpha|-|\beta|-1)!\,|\beta|!}{2\pi\,|\alpha|!\,\beta!\,(\alpha-\beta-\boldsymbol{e}_\nu)!} \\ \times \partial_\xi^\beta A_\alpha(z,\xi)\,(z-w)^{\alpha-\beta-\boldsymbol{e}_\nu} \end{aligned}$$

と置く．$(y_0, y_0; \eta_0)$ のある近傍上で

$$|A(z,w,\zeta)| \leqslant \frac{C}{\|\zeta\|^{n-1}} \tag{6.3.8}$$

だから Cauchy の不等式から $B>0$ が存在して $|\partial_\zeta^\beta A_\alpha(z,\zeta)| \leqslant \dfrac{\beta! C B^{|\alpha+\beta|}}{\|\zeta\|^{n+|\beta|-1}}$.
よって $\dfrac{(|\alpha|-|\beta|-1)!}{(\alpha-\beta-\boldsymbol{e}_\nu)!} \leqslant n^{|\alpha|-|\beta|-1}$ だから，$\|z-w\|<\varepsilon$ ならば

$$\begin{aligned}|G_{\nu,j}(z,w,\xi)| &\leqslant \sum_{\nu=0}^{j-1} \frac{4^{n-1}2^{j+\nu}\,\nu!(n\varepsilon)^{j-\nu-1}CB^{j+\nu}}{j!\,\|\xi\|^{n+\nu-1}} \\ &\leqslant \frac{4^{n-1}C(2n\varepsilon B)^j}{n\varepsilon\|\xi\|^{n-1}} \sum_{\nu=0}^{j-1}\Big(\frac{2B}{n\varepsilon\|\xi\|}\Big)^\nu.\end{aligned}$$

従って，$2n\varepsilon B<1$ 且つ $2B<n\varepsilon d$ と $\varepsilon, d>0$ を取れば

$$g_\nu(z,w) := \sum_{j=0}^\infty \int_{\Delta[(j+1)d]} \partial_{\xi_\nu}(G_{\nu,j}(z,w,\xi)\, e^{\sqrt{-1}\langle z-w,\xi\rangle})d\xi$$

が定まり，更に y^* での芽として

$$\operatorname{sp}\mathrm{b}(g_\nu)(y,\widetilde{y}) = \operatorname{sp}\mathrm{b}\Big[\sum_{j=0}^\infty \int_{\Delta[(j+1)d]} \partial_{\xi_\nu}(G_{\nu,j}(z,w,\xi)\, e^{\sqrt{-1}\langle z-w,\xi\rangle})d\xi\Big] = 0$$

がわかる．これから

$$P_j(z,\sqrt{-1}\,\zeta) := (2\pi)^{n-1} \sum_{|\alpha|=j} \frac{(-\sqrt{-1}\,\partial_\zeta)^\alpha A_\alpha(z,\zeta)}{\alpha!}$$

と置けば，y^* での芽として

$$K(y,\widetilde{y}) = \operatorname{sp}\mathrm{b}\Big[\sum_{j=0}^\infty \int_{\Delta[(j+1)d]} P_j(z,\sqrt{-1}\,\xi)\, e^{\sqrt{-1}\langle z-w,\xi\rangle} \,\text{đ}\xi\Big].$$

やはり (6.3.8) 及び Cauchy の不等式から

$$|P_j(z,\sqrt{-1}\,\zeta)| \leqslant (2\pi)^{n-1} \sum_{|\alpha|=j} \frac{\alpha! C B^{2|\alpha|}}{\|\zeta\|^{n+|\alpha|-1}} \leqslant \frac{(4\pi)^{n-1} j! C(2B^2)^j}{\|\zeta\|^{n+j-1}}$$

だから，$P := \sum_{j=0}^\infty P_j(z,\sqrt{-1}\,\zeta)$ は古典的形式表象を与え，$P_0(z,\sqrt{-1}\,\zeta) = A_0(z,\zeta) = A(z,z,\zeta)$ は零にならない．従って，命題 5.6.4 の仮定を満たすので可逆である．従って，P の核函数 $K_P(z,w)$ に対して $\mathrm{b}_\mathbb{R}(K_P)(y,\widetilde{y}) = K(y,\widetilde{y})$ を示せば $K(y,\widetilde{y})$ が可逆がわかり，(6.3.7) が同型となる．

$$\mathcal{R}P_j(z,\sqrt{-1}\,\eta,p) := \int_{(j+1)/s(\sqrt{-1}\,\eta)}^\infty P_j(z,\sqrt{-1}\,\tau\eta)e^{\tau p}\tau^{n-1}d\tau$$

と置けば，注意 4.7.4 の通り

$$\mathrm{b}_{\mathbb{R}}(K_P)(y,\widetilde{y}\,) = \mathrm{sp}\,\mathrm{b}\Big[\sum_{j=0}^{\infty}\int_{\Delta\infty}\mathcal{R}P_j(z,\sqrt{-1}\,\eta,\sqrt{-1}\,\langle z-w,\eta\rangle)\,\frac{\omega(\eta)}{(2\pi)^n}\Big].$$

更に

$$\int_{\Delta[(j+1)d]} P_j(z,\sqrt{-1}\,\xi)\,e^{\sqrt{-1}\,\langle z-w,\xi\rangle}d\xi$$
$$= \int_{\Delta\infty}\int_{(j+1)d}^{\infty} P_j(z,\sqrt{-1}\,r\eta)\,e^{\sqrt{-1}\,\langle z-w,\eta\rangle r}r^{n-1}dr\,\omega(\eta)$$

と書き直し

$$f_j(z,\sqrt{-1}\,\eta,p) := \int_{(j+1)d}^{(j+1)/s_0(\sqrt{-1}\,\eta)} P_j(z,\sqrt{-1}\,\tau\eta)\,e^{\tau p}\tau^{n-1}d\tau$$
$$= \int_{(j+1)d}^{\infty} P_j(z,\sqrt{-1}\,r\eta)\,e^{rp}r^{n-1}dr - \mathcal{R}P_j(z,\sqrt{-1}\,\eta,p)$$

と置けば，y^* での芽として

$$\mathrm{sp}\,\mathrm{b}\Big[\sum_{j=0}^{\infty}\int_{\Delta\infty} f_j(z,\sqrt{-1}\,\eta,\sqrt{-1}\,\langle z-w,\eta\rangle)\,\omega(\eta)\Big] = 0$$

が直ちにわかり，$\mathrm{b}_{\mathbb{R}}(K_P)(y,\widetilde{y}\,) = K(y,\widetilde{y}\,)$ が示された．

次に，任意の $P(x,\partial_x) \in \mathscr{E}^{\mathbb{R}}_{\mathbb{C}^n,x^*}$ に対して

$$P(x,\partial_x)\int \delta_\Lambda(x,y)\,u(y)\,dy = \int P(x,\partial_x)\delta_\Lambda(x,y)\,u(y)\,dy$$
$$= \int \delta_\Lambda(x,y)\,\widehat{\chi}(P)(y,\partial_y)\,u(y)\,dy = \int \delta_\Lambda(x,y)(\widehat{\chi}(P)\,u(y))\,dy$$

だから

$$\begin{array}{ccc}
\mathscr{C}_{\mathbb{R}^n,y^*} & \xrightarrow[\int dy\,\delta_\Lambda(x,y)]{\sim} & \mathscr{C}_{\mathbb{R}^n,x^*} \\
{\scriptstyle \widehat{\chi}(P)}\big\downarrow & & \big\downarrow{\scriptstyle P} \\
\mathscr{C}_{\mathbb{R}^n,y^*} & \xrightarrow[\int dy\,\delta_\Lambda(x,y)]{\sim} & \mathscr{C}_{\mathbb{R}^n,x^*}
\end{array}$$

なる可換図式を得る．即ち，同型 (6.3.7) は量子化接触変換と両立する．■

6.3.13 [例]　(1) 母函数を $\varPhi(z,w) := z_1 - w_1 + \sum_{j=2}^{n-1} z_j\,w_j$ とする斉次正準変換を **Legendre 変換**という．$z' = (z_2,\ldots,z_n)$ 等と置く．

$$\Lambda = \{(z,w;c\zeta,c\eta);\, \varPhi(z,w)=0,\ (\zeta;\eta) = (1,w';-1,z'),\ c\in\mathbb{C}^\times\}$$

だから，$\chi(z,\zeta)=\left(\dfrac{(\langle z,\zeta\rangle,\zeta')}{\zeta_n};(1,-z')\zeta_1\right)$ となり，附随する量子化接触変換は $w=(\langle z,\partial_z\rangle,\partial_{z'})\,\partial_{z_1}^{-1}$, $\partial_w=(1,-z')\,\partial_{z_1}$.

(2) $P(\zeta)$ を高々 1 階の多項式とし，$\chi(z;\zeta):=(z+\partial_\zeta\sigma_1(P)(\zeta);\zeta)$ と置けば，$\chi^*\omega=\omega$ だから接触変換を与える．これに附随する量子化接触変換は，$w_j=z_j+[z_j,P(\partial_z)]$ 及び $\partial_w=\partial_z$. □

4. 量子化接触変換と表象

本節では量子化接触変換による表象の対応を調べ，特性集合が量子化接触変換で不変を示す．

6.4.1 [定義]　$U\in\mathfrak{O}(\dot{T}^*\mathbb{C}^n)$ が錐状，$\Omega(z,\eta)\in\Gamma(U;\mathscr{O}^{(1)}_{T^*\mathbb{C}^n})$ とし

$$\Lambda_0=\{(z,w;\zeta,\eta);\,(z,\eta)\in U,\,w=z+d_\eta\Omega(z,\eta),\,\zeta=\eta+d_z\Omega(z,\eta)\}$$

が $z^*=(z_0;\zeta_0)$ の近傍から $w^*=(w_0;\eta_0)$ の近傍への斉次正準変換 $\chi\colon z^*\mapsto w^*$ のグラフと仮定する．従って，母函数に対応するのは

$$\begin{aligned}\Lambda&=\{(z,w;\zeta,\eta);\,w=z+d_\eta\Omega(z,-\eta),\,\zeta=-\eta+d_z\Omega(z,-\eta)\}\\&=\{(z,w;\zeta,\eta);\,z-w+d_\eta\Omega(z,\eta)=0,\,\zeta+\eta+d_z\Omega(z,\eta)=0\}.\end{aligned}$$

更に，$\left|\dfrac{\partial\Omega}{\partial\eta_j}(z,\eta)\right|$ 及び $\dfrac{1}{\|\eta\|}\left|\dfrac{\partial\Omega}{\partial z_j}(z,\eta)\right|$ が十分小さいと仮定する．

$$\Omega(z+z',\eta)-\Omega(z,\eta)=\langle z',\theta(z,z+z',\eta)\rangle,$$

$$\Omega(z,\eta+\eta')-\Omega(z,\eta)=\langle\vartheta(z,\eta,\eta+\eta'),\eta'\rangle,$$

と定める．特に $\theta_j(z,z,\eta)=\dfrac{\partial\Omega}{\partial z_j}(z,\eta)$ 且つ $\vartheta_j(z,\eta,\eta)=\dfrac{\partial\Omega}{\partial\eta_j}(z,\eta)$. 更に $(z_0;\eta_0,\eta_0)$ の錐状近傍 U_0, 十分小さい $\varepsilon>0$ 及び $\dfrac{\varepsilon}{C}$ が十分小さくなる $C>0$ が存在して U_0 上 $|\vartheta_j(z,\eta,\eta')|<\varepsilon$ 且つ $\|z-z_0\|\leqslant C$, $\|\eta-\eta_0\|\leqslant C\|\eta_0\|$, $\|\eta'-\eta_0\|\leqslant C\|\eta_0\|$ ならば $(z,\eta,\eta')\in U_0$ と仮定する．従って，陰函数定理 1.1.17 から

$$\sigma(z,\zeta,\eta)+\vartheta(z+\sigma(z,\zeta,\eta),\zeta,\eta)=0$$

を満たす (ζ,η) について，零次斉次な整型函数が存在する．これから $\sigma_0(w,\eta):=\sigma(w,w,\eta)$ と置けば

$$\chi^{-1}(w,-\eta)=(w+\sigma_0(w,\eta);\eta+d_z\Omega(w+\sigma_0(w,\eta),\eta)).$$

一般の斉次正準変換は，この形の斉次正準変換の有限回の合成で得られることが知られている．

6.4.2 [定理]　量子化接触変換を表象 $P(z,\zeta)\in\mathscr{S}_{z^*}$ 及び $Q(w,\eta)\in\mathscr{S}_{w^*}$ を用いて表せば

$$\begin{aligned}&{:}e^{t\langle\partial_{z'},\partial_{\zeta'}\rangle}P(z,\eta+\theta(z,z+z',\eta)+\zeta')\big|_{z'=\zeta'=0}{:}\\&\quad={:}e^{t\langle\partial_{w'},\partial_{\eta'}\rangle}Q(z+w'+\vartheta(z,\eta,\eta+\eta'),\eta)\big|_{w'=\eta'=0}{:}.\end{aligned}$$

証明　$p^{*a}=(z^*,w^{*a})$ であったが，更に $p^*:=(z^*,w^*)$ 及び次の通りに置く:

$$\mathfrak{X}_j:=z_j-w_j+\frac{\partial\Omega}{\partial\eta_j}(z,\partial_w)\in\mathscr{E}^{(0)}_{\mathbb{C}^{2n},p^{*a}},$$

$$\varXi_j:=\partial_{z_j}+\partial_{w_j}+\frac{\partial\Omega}{\partial z_j}(z,\partial_w)\in\mathscr{E}^{(1)}_{\mathbb{C}^{2n},p^{*a}}.$$

$[\varXi_j,\varXi_k]=[\mathfrak{X}_j,\varXi_k]=[\mathfrak{X}_j,\mathfrak{X}_k]=0$ に注意する．(6.3.2) の証明と同様

$$\mathscr{I}^{\mathbb{R}}=\sum_{j=1}^{n}\mathscr{E}^{\mathbb{R}}_{\mathbb{C}^{2n},p^{*a}}\varXi_j+\sum_{j=1}^{n}\mathscr{E}^{\mathbb{R}}_{\mathbb{C}^{2n},p^{*a}}\mathfrak{X}_j.$$

更に

$$\mathfrak{M}:=\bigcap_{j=1}^{n}\{{:}f(z,w,\zeta,\eta){:}\in\mathscr{E}^{\mathbb{R}}_{\mathbb{C}^{2n},p^*};\,[{:}f(z,w,\zeta,\eta){:},z_j]=0\}$$

と置く．定理 4.1.7 及び 6.2.9 の証明から ${:}f(z,w,\zeta,\eta){:}\in\mathfrak{M}$ ならば $f=f(z,w,\eta)\in\mathscr{S}_{p^*}$ と仮定できる．任意の $F(t;z,w,\zeta,\eta)\in\widehat{\mathscr{S}}_{\mathrm{cl},p^{*a}}$ 及び ${:}f{:}\in\mathfrak{M}$ に対して

$$\begin{aligned}&L_F(f)(z,w,\eta)\\&\quad:=e^{t(\langle\partial_{z'},\partial_{\zeta'}\rangle+\langle\partial_{w'},\partial_{\eta'}\rangle)}F(t;z,w,\eta+\theta(z,z+z',\eta)+\zeta',\eta'-\eta)\\&\qquad\times f(z+z',w+w',\eta)\big|_{\substack{z'=\zeta'=0\\w'=\eta'=0}}\end{aligned}$$

と定める．定理 4.2.4 と同様にして，${:}L_F(f){:}\in\mathfrak{M}$ がわかる．更に

6.4.3 [補題]　以上の記号下で，$L_1(f)=f$, $L_F(1)=F^a$ 且つ

$$L_G(L_F(f))=L_{GF}(f).$$

但し $F(z,w,\zeta,\eta)$ に対して $F^a(z,w,\zeta,\eta):=F(z,w,\zeta,-\eta)$ と定める．

証明　$L_1(f) = f$ 及び $L_F(1) = F^a$ は定義から明らか．以降 $\Phi(z, w, \eta) := \langle z - w, \eta\rangle + \Omega(z, \eta)$ と置く．補題 1.2.11 を適用すれば

$$
\begin{aligned}
L_F(f) &= e^{\langle \partial_{z'}, \partial_{\zeta'}\rangle + \langle \partial_{w'}, \partial_{\eta'}\rangle} F(t; z, w, \eta + \theta(z, z + tz', \eta) + \zeta', \eta' - \eta) \\
&\qquad \times f(z + tz', w + tw', \eta)\Big|_{\substack{z'=\zeta'=0\\ w'=\eta'=0}} \\
&= e^{\langle \partial_{z'}, \partial_{\zeta'}\rangle + \langle \partial_{w'}, \partial_{\eta'}\rangle} \sum_{\alpha,\beta} \frac{1}{\alpha!\,\beta!} \partial_{\zeta'}^{\alpha} \partial_{\eta'}^{\beta} F(t; z, w, \zeta', \eta')\,(\eta_0 - \eta)^{\beta} \\
&\qquad \times (\eta + \theta(z, z + tz', \eta) - \zeta_0)^{\alpha} f(z + tz', w + tw', \eta)\Big|_{\substack{z'=0,\zeta'=\zeta_0\\ w'=0,\eta'=-\eta_0}} \\
&= e^{\langle \partial_{z'}, \partial_{\zeta'}\rangle + \langle \partial_{w'}, \partial_{\eta'}\rangle} F(t; z, w, \zeta', \eta') \\
&\qquad \times e^{\langle z', \eta + \theta(z, z+tz', \eta) - \zeta_0\rangle} e^{\langle w', \eta_0 - \eta\rangle} f(z + tz', w + tw', \eta)\Big|_{\substack{z'=0,\zeta'=\zeta_0\\ w'=0,\eta'=-\eta_0}} \\
&= e^{t(\langle \partial_{z'}, \partial_{\zeta'}\rangle + \langle \partial_{w'}, \partial_{\eta'}\rangle)} F(t; z, w, \zeta', \eta')\, e^{\Phi(z+z', w+w', \eta) - \Phi(z, w, \eta)} \\
&\qquad \times e^{\langle w', \eta_0\rangle - \langle z', \zeta_0\rangle} f(z + z', w + w', \eta)\Big|_{\substack{z'=0,\zeta'=\zeta_0\\ w'=0,\eta'=-\eta_0}}.
\end{aligned}
$$

従って

$$
\begin{aligned}
&L_G(L_F(f)) \\
&= e^{t(\langle \partial_{z'}, \partial_{\zeta'}\rangle + \langle \partial_{w'}, \partial_{\eta'}\rangle)} G(t; z, w, \zeta', \eta')\, e^{\langle w', \eta_0\rangle - \langle z', \zeta_0'\rangle} \\
&\qquad \times e^{\Phi(z+z', w+w', \eta) - \Phi(z, w, \eta)} L_F(f)(z + z', w + w', \eta)\Big|_{\substack{z'=0,\zeta'=\zeta_0\\ w'=0,\eta'=-\eta_0}} \\
&= e^{t(\langle \partial_{z'}, \partial_{\zeta'}\rangle + \langle \partial_{w'}, \partial_{\eta'}\rangle)} G(t; z, w, \zeta', \eta')\, e^{\Phi(z+z', w+w', \eta) - \Phi(z, w, \eta)} \\
&\qquad \times e^{\langle w', \eta_0\rangle - \langle z', \zeta_0'\rangle} e^{t(\langle \partial_{z''}, \partial_{\zeta''}\rangle + \langle \partial_{w''}, \partial_{\eta''}\rangle)} F(t; z + z', w + w', \zeta'', \eta'') \\
&\qquad \times e^{\Phi(z+z'+z'', w+w'+w'', \eta) - \Phi(z+z', w+w', \eta)}\, e^{\langle w'', \eta_0\rangle - \langle z'', \zeta_0\rangle} \\
&\qquad \times f(z + z' + z'', w + w' + w'', \eta)\Big|_{\substack{z'=z''=0,\zeta'=\zeta''=\zeta_0\\ w'=w''=0,\eta'=\eta''=-\eta_0}} \\
&= e^{t(\langle \partial_{z'}, \partial_{\zeta'}\rangle + \langle \partial_{w'}, \partial_{\eta'}\rangle + \langle \partial_{z''}, \partial_{\zeta''}\rangle + \langle \partial_{w''}, \partial_{\eta''}\rangle)} \\
&\qquad \times e^{\langle w'+w'', \eta_0\rangle - \langle z'+z'', \zeta_0\rangle} e^{\Phi(z+z'+z'', w+w'+w'', \eta) - \Phi(z, w, \eta)} \\
&\qquad \times G(t; z, w, \zeta', \eta')\, F(t; z + z', w + w', \zeta'', \eta'') \\
&\qquad \times f(z + z' + z'', w + w' + w'', \eta)\Big|_{\substack{z'=z''=0,\zeta'=\zeta''=\zeta_0\\ w'=w''=0,\eta'=\eta''=-\eta_0}}.
\end{aligned}
$$

$(z''', w''') := (z' + z'', w' + w'')$ と変換し，更に $(\zeta''', \eta''') = (\zeta'' - \zeta', \eta'' - \eta')$

と変換すると，上式は

$$
\begin{aligned}
&e^{t(\langle\partial_{z'},\partial_{\zeta'}\rangle+\langle\partial_{w'},\partial_{\eta'}\rangle+\langle\partial_{z'''}-\partial_{z'},\partial_{\zeta''}\rangle+\langle\partial_{w'''}-\partial_{w'},\partial_{\eta''}\rangle)}\\
&\quad\times e^{\langle w''',\eta_0\rangle-\langle z''',\zeta_0\rangle}e^{\Phi(z+z''',w+w''',\eta)-\Phi(z,w,\eta)}\\
&\quad\times G(t;z,w,\zeta',\eta')\,F(t;z+z',w+w',\zeta'',\eta'')\\
&\quad\times f(z+z''',w+w''',\eta)\Big|_{\substack{z'=z'''=0,\zeta'=\zeta''=\zeta_0\\ w'=w'''=0,\eta'=\eta''=-\eta_0}}\\
&=e^{t(\langle\partial_{z'''},\partial_{\zeta''}\rangle+\langle\partial_{w'''},\partial_{\eta''}\rangle)}e^{\langle w''',\eta_0\rangle-\langle z''',\zeta_0\rangle}\\
&\quad\times e^{\Phi(z+z''',w+w''',\eta)-\Phi(z,w,\eta)}e^{t(\langle\partial_{z'},\partial_{\zeta'''}\rangle+\langle\partial_{w'},\partial_{\eta'''}\rangle)}\\
&\quad\times G(t;z,w,\zeta''+\zeta''',\eta'+\eta''')\,F(t;z+z',w+w',\zeta'',\eta'')\\
&\quad\times f(z+z''',w+w''',\eta)\Big|_{\substack{z'=z'''=\zeta'''=0,\zeta''=\zeta_0\\ w'=w'''=\eta'''=0,\eta''=-\eta_0}}\\
&=e^{t(\langle\partial_{z'''},\partial_{\zeta''}\rangle+\langle\partial_{w'''},\partial_{\eta''}\rangle)}\,e^{\langle w''',\eta_0\rangle-\langle z''',\zeta_0\rangle}\\
&\quad\times e^{\Phi(z+z''',w+w''',\eta)-\Phi(z,w,\eta)}GF(t;z,w,\zeta'',\eta'')\\
&\quad\times f(z+z''',w+w''',\eta)\Big|_{\substack{z'''=0,\zeta''=\zeta_0\\ w'''=0,\eta''=-\eta_0}}\\
&=L_{GF}(f)
\end{aligned}
$$

と計算できる．これで示された． ∎

補題 6.4.3 を用いて $\mathfrak{M}$ 上に $\mathscr{E}^{\mathbb{R}}_{\mathbb{C}^{2n},p^*a}$ 作用を与える．即ち $:F:\,:f: := :L_F(f):$.
$a_j = a_j(z,w,\eta) \in \mathscr{S}_{p^*}$ が存在して

$$
g(z,w,\eta)=\sum_{j=1}^{n}\Big(\frac{\partial a_j}{\partial\eta_j}+(z_j-w_j+\frac{\partial\Omega}{\partial\eta_j}(z,\eta))a_j\Big)\in\mathscr{S}_{p^*}
$$

と書ける元の同値類全体を $\mathfrak{N}\subset\mathfrak{M}$ と書く．$\mathfrak{N}$ は $\mathfrak{M}$ の部分 $\mathscr{E}^{\mathbb{R}}_{\mathbb{C}^{2n},p^*}$ 加群となる．実際，上の $g(z,w,\eta)$ を考える．$a^a_j\in\mathscr{S}_{p^*a}$ と考えると $A:=\sum_{j=1}^{n}a^a_j\circ\mathfrak{X}_j\in\widehat{\mathscr{S}}_{\mathrm{cl},p^*a}$ に対して

$$
L_A(1)=\sum_{j=1}^{n}a^a_j(z,w,-\eta)\circ\Big(z_j-w_j+\frac{\partial\Omega}{\partial\eta_j}(z,-\eta)\Big)=g(z,w,\eta).
$$

従って，任意の $F\in\mathscr{S}_{p^*a}$ に対して

$$
L_F(g)=L_F(L_A(1))=L_{FA}(1).
$$

ここで定理 6.2.9 から

$$Fa_j^a = \sum_{j=1}^{n} F_{j,k}\Xi_k + b_j, \quad [z_k, b_j] = 0 \quad (1 \leqslant k \leqslant n)$$

と書ける．$[\mathfrak{X}_j, \Xi_k] = 0$ 且つ

$$L_{\Xi_k}(1) = \theta_j(z,z,\eta) + \frac{\partial\Omega}{\partial z_j}(z,-\eta) = \theta_j(z,z,\eta) - \frac{\partial\Omega}{\partial z_j}(z,\eta) = 0$$

だから

$$\begin{aligned} L_{FA}(1) &= L_{\sum F_{j,k}\Xi_k \mathfrak{X}_j^a}(1) + L_{\sum b_j \mathfrak{X}_j}(1) = L_{\sum F_{j,k}\mathfrak{X}_j \Xi_k}(1) + L_{\sum b_j \mathfrak{X}_j}(1) \\ &= \sum_{j,k=1}^{n} L_{F_{j,k}}\big(L_{\mathfrak{X}_j}(L_{\Xi_k}(1))\big) + \sum_{j=1}^{n} L_{b_j \mathfrak{X}_j}(1) \\ &= \sum_{j=1}^{n}\Big(\frac{\partial b_j^a}{\partial \eta_j} + (z_j - w_j + \frac{\partial\Omega}{\partial \eta_j}(z,\eta))b_j^a\Big). \end{aligned}$$

従って $:L_{FA}(1): \in \mathfrak{N}$．次に $\mathscr{E}^{\mathbb{R}}_{\mathbb{C}^{2n},p^*a} \ni :F: \mapsto :L_F(1): \in \mathfrak{M}$ が同型 $\mathscr{E}^{\mathbb{R}}_{\mathbb{C}^{2n},p^*a}/\mathscr{I}^{\mathbb{R}} \xrightarrow{\sim} \mathfrak{M}/\mathfrak{N}$ を誘導することを示す．$F \in \mathscr{S}_{p^*a}$ を

$$F = \sum_{j=1}^{n} F_j \Xi_j + G, \quad [z_j, G] = 0 \quad (1 \leqslant j \leqslant n)$$

と定理 6.2.9 を用いて書けば，$L_F(1) = L_G(1) = G^a$ だから $\mathscr{E}^{\mathbb{R}}_{\mathbb{C}^{2n},p^*a}/\mathscr{I}^{\mathbb{R}} \to \mathfrak{M}/\mathfrak{N}$ が定まる．$:L_F(1): \in \mathfrak{N}$ ならば a_j が存在して $L_F(1) = L_{\sum a_j^a \mathfrak{X}_j}(1)$．定理 6.2.9 から

$$F - \sum_{j=1}^{n} a_j^a \mathfrak{X}_j = \sum_{j=1}^{n} b_j^a \Xi_j + G, \quad [z_j, G] = 0 \quad (1 \leqslant j \leqslant n)$$

と書けば，上と同様の計算で $0 = L_{F - \sum a_j \mathfrak{X}_j}(1) = L_G(1) = G^a$，即ち $G = 0$．従って $F = \sum_{j=1}^{n} a_j \mathfrak{X}_j + \sum_{j=1}^{n} b_j \Xi_j$ だから $F \in \mathscr{I}^{\mathbb{R}}$．逆は容易．これから，関係 (6.3.6) は $L_P(1) - L_{Q^*}(1) \in \mathfrak{N}$ と書け，これが量子化接触変換を与える．

$$L_P(1) = e^{t\langle \partial_{z'}, \partial_{\zeta'}\rangle} P(z, \zeta' + \eta + \theta(z, z+z', \eta))\big|_{z'=\zeta'=0}$$

且つ $L_{Q^*}(1) = Q^*(w,-\eta)$ に注意する．定義から，$\mathfrak{N}$ を法として

$$(-\partial_{\eta_j})^k a \equiv e^{-\Phi(z,w,\eta)}(\partial_{\eta_j}^k e^{\Phi(z,w,\eta)})\, a \equiv \partial_{\eta_j'}^k e^{\langle z-w+\vartheta(z,\eta,\eta+\eta'),\eta'\rangle}\, a\big|_{\eta_j'=0}$$

が直ちにわかるから，補題 1.2.11 を適用して

$$:Q^*(w,-\eta): = :\sum_{\alpha} \frac{(-t)^{|\alpha|}}{\alpha!}\partial_w^\alpha \partial_\eta^\alpha Q(w,\eta):$$

$$
\begin{aligned}
&= :e^{t\langle\partial_{w'},\partial_{\eta'}\rangle}e^{\langle z-w+\vartheta(z,\eta,\eta+\eta'),\eta'\rangle}Q(w+w',\eta)\big|_{w'=\eta'=0}: \\
&= :e^{\langle\partial_{w'},\partial_{\eta'}\rangle}e^{\langle z-w+\vartheta(z,\eta,\eta+\eta'),\eta'\rangle}Q(w+tw',\eta)\big|_{w'=\eta'=0}: \\
&= :e^{\langle\partial_{w'},\partial_{\eta'}\rangle}Q(z+tw'+\vartheta(z,\eta,\eta+\eta'),\eta)\big|_{w'=\eta'=0}: \\
&= :e^{t\langle\partial_{w'},\partial_{\eta'}\rangle}Q(z+w'+\vartheta(z,\eta,\eta+\eta'),\eta)\big|_{w'=\eta'=0}:.
\end{aligned}
$$

以上で示された. ∎

${}'\mathscr{E}^{\mathbb{R}}_{\mathbb{C}^{2n},p^*} := \{P \in \mathscr{E}^{\mathbb{R}}_{\mathbb{C}^{2n},p^*};\ [z_j, P] = [\partial_{w_j}, P] = 0\}$ とすると，定理 6.2.9 から ${}'\mathscr{E}^{\mathbb{R}}_{\mathbb{C}^{2n},p^*} = \mathfrak{M}/\mathfrak{N}$ と考えられる．これから

$$
\begin{aligned}
&\Phi_1\colon \mathscr{E}^{\mathbb{R}}_{\mathbb{C}^{2n},z^*} \ni P \mapsto :L_P(1): \in {}'\mathscr{E}^{\mathbb{R}}_{\mathbb{C}^{2n},p^*}, \\
&\Phi_2\colon \mathscr{E}^{\mathbb{R}}_{\mathbb{C}^{2n},w^*} \ni Q \mapsto :L_{Q^*}(1): \in {}'\mathscr{E}^{\mathbb{R}}_{\mathbb{C}^{2n},p^*},
\end{aligned}
$$

が定まる．即ち

$$
\begin{aligned}
\Phi_1(:P:) &= :e^{t\langle\partial_{z'},\partial_{\zeta'}\rangle}P(z,\zeta'+\eta+\theta(z,z+z',\eta))\big|_{z'=\zeta'=0}:, \\
\Phi_2(:Q:) &= :e^{t\langle\partial_{w'},\partial_{\eta'}\rangle}Q(z+w'+\vartheta(z,\eta,\eta+\eta'),\eta)\big|_{w'=\eta'=0}:.
\end{aligned}
$$

$\widehat{\chi}(Q) = P$ は $\Phi_1(P) = \Phi_2(Q)$ で与えられる．

$$
B(t;w,\eta,\zeta) := \sum_{\beta}\frac{(-t)^{|\beta|}}{\beta!}\,\partial_w^{\beta}(\vartheta(w,\eta,\zeta)^{\beta}),
$$

$$
B(w,\eta,\zeta) := \sum_{\beta}\frac{(-1)^{|\beta|}}{\beta!}\,\partial_w^{\beta}(\vartheta(w,\eta,\zeta)^{\beta}),
$$

と置く．U_0 及び $0 < \varepsilon < C$ の選び方から (w_0, η_0, η_0) の近傍上 Cauchy の不等式により $|\partial_w^{\beta}(\vartheta(w,\eta,\zeta)^{\beta})| \leqslant \beta!\Big(\dfrac{\varepsilon}{C}\Big)^{|\beta|}$．従って

$$
\Big|\sum_{|\beta|=j}\frac{(-1)^{|\beta|}}{\beta!}\,\partial_w^{\beta}(\vartheta(w,\eta,\zeta)^{\beta})\Big| \leqslant 2^{n-1}\Big(\frac{2\varepsilon}{C}\Big)^{j}
$$

且つ $\dfrac{2\varepsilon}{C} < 1$ と仮定できるから，$B(t;w,\eta,\zeta) \in \widehat{\mathscr{S}_{(w^*,w^*)}}$ となる．同様に $|B(w,\eta,\zeta)| \leqslant \Big(\dfrac{\varepsilon}{C}\Big)^{n}$ だから，$B(w,\eta,\zeta)$ は (η,ζ) について零次斉次な整型函数となる．更に $\dfrac{\varepsilon}{C}$ は十分小さいとしたから $|B(w,\eta,\zeta)| \geqslant 1 - \sum_{|\beta|>0}\Big(\dfrac{\varepsilon}{C}\Big)^{\beta} > 0$．従って劣 1 階表象 $b(w,\eta,\zeta)$ が存在して $B(w,\eta,\zeta) = e^{b(w,\eta,\zeta)}$ と仮定できる．

$$
\Big|\sum_{j=0}^{m-1}B_j(w,\eta,\zeta) - B(w,\eta,\zeta)\Big| \leqslant 2^{n-1}\sum_{j=m}^{\infty}\Big(\frac{2\varepsilon}{C}\Big)^{j} = \frac{2^{n-1}C}{C-2\varepsilon}\Big(\frac{2\varepsilon}{C}\Big)^{m}
$$

だから $B(t;w,\eta,\zeta)-B(w,\eta,\zeta)\in\widehat{\mathscr{N}_{(w^*,w^*)}}$．次に $:F:\in{}'\mathscr{E}^{\mathbb{R}}_{\mathbb{C}^{2n},p^*}$ に対して

$$\Phi_2^*(:F:):=:e^{t\langle\partial_{z'},\partial_{\zeta'}\rangle}B(w+z',\eta,\eta+\zeta')\\ \times F(w+z'+\sigma(w+z',\eta,\eta+\zeta'),\eta)\big|_{z'=\zeta'=0}:$$

及び $A(t;w,\eta):=e^{t\langle\partial_{z'},\partial_{\zeta'}\rangle}B(w+z',\eta,\eta+\zeta')\big|_{z'=\zeta'=0}$ と置く．ここで $B(w+z',\eta,\eta+\zeta')$ を $B(t;w+z',\eta,\eta+\zeta')$ としても良い．

6.4.4［命題］　(1) $:A(t;w,\eta):\in\mathscr{E}^{(0)}_{w^*}$ 且つ可逆となる．

(2) $:A(t;w,\eta):=:e^{t\langle\partial_{z'},\partial_{\zeta'}\rangle}e^{-\langle\vartheta(w+z',\eta,\eta+\zeta'),\zeta'\rangle}\big|_{z'=\zeta'=0}:$.

(3) $\Phi_2^*\Phi_2(:Q:)=:A\circ Q(w,\eta):$ が成り立つ．

(4) $\widehat{\chi}(P)=Q$ ならば $A^{-1}\Phi_2^*\Phi_1(P)=Q$.

証明　(1) $A(t;w,\eta)=\sum_{j=0}^{\infty}t^jA_j(w,\eta)$ と置けば

$$A_j(w,\eta)=\sum_{|\alpha|=j}\frac{(-1)^{|\alpha|}}{\alpha!}\partial_w^\alpha\partial_{\eta'}^\alpha B(w,\eta,\eta')\big|_{\eta'=\eta}.$$

特に $A_0(w,\eta)=B(w,\eta,\eta)$ だから零にならない．Cauchy の不等式から

$$\left|\partial_w^\alpha\partial_\eta^\alpha B(w,\eta,\eta')\big|_{\eta'=\eta}\right|\leqslant\frac{(\alpha!)^2}{C^{2|\alpha|}\|\eta\|^{|\alpha|}}\left(\frac{\varepsilon}{C}\right)^n$$

だから $|A_j(w,\eta)|\leqslant\dfrac{2^{n+j-1}j!}{C^{2j}\|\eta\|^j}\left(\dfrac{\varepsilon}{C}\right)^n$ となり，(1) を得る．

(2) (5.6.11) の計算と同様に，補題 1.2.11 を用いれば

$$\begin{aligned}&:e^{t\langle\partial_{z'},\partial_{\zeta'}\rangle}e^{-\langle\vartheta(w+z',\eta,\eta+\zeta'),\zeta'\rangle}\big|_{z'=\zeta'=0}:\\&=:e^{\langle\partial_{z'},\partial_{\zeta'}\rangle}\sum_{\alpha\in\mathbb{N}_0^n}\frac{(-t)^{|\alpha|}}{\alpha!}\partial_z^\alpha(\vartheta(w+z',\zeta,\eta+\eta+t\zeta')^\alpha)\big|_{z'=\zeta'=0}:\\&=:e^{t\langle\partial_{z'},\partial_{\zeta'}\rangle}\sum_{\alpha\in\mathbb{N}_0^n}\frac{(-t)^{|\alpha|}}{\alpha!}\partial_z^\alpha(\vartheta(w+z',\zeta,\eta+\eta+\zeta')^\alpha)\big|_{z'=\zeta'=0}:\\&=:e^{t\langle\partial_{z'},\partial_{\zeta'}\rangle}B(t;w+z',\eta,\eta+\zeta')\big|_{z'=\zeta'=0}:=:A(w,\eta):.\end{aligned}$$

(3) を示すため，次の補題を用いる:

6.4.5［補題］　$\psi(s)$ 及び $u(s)=(u_1(s),\ldots,u_n(s))$ が $s=0\in\mathbb{C}^n$ の近傍

の整型函数で，$|u(0)|$ が十分小さいとし，

$$b(s) := \sum_{\beta} \frac{(-1)^{|\beta|}}{\beta!} \partial_t^{\beta} \big(u(s)\big)^{\beta}$$

と置く．このとき $v(s) = (v_1(s), \ldots, v_n(s))$ が $v(s) + u(s + v(s)) = 0$ を満たせば

$$\sum_{\alpha} \frac{(-1)^{|\alpha|}}{\alpha!} \partial_s^{\alpha} \big(u(s)^{\alpha} \psi(s)\big) = b(s)\psi(s + v(s)).$$

証明　形式的微分作用素として $\sum_{\alpha} \frac{(-1)^{|\alpha|}}{\alpha!} \partial_s^{\alpha} \circ u(s)^{\alpha} = b(s) \sum_{\beta} \frac{v(s)^{\beta}}{\beta!} \partial_s^{\beta}$ を示せば良い．$T_u := \sum_{\alpha} \frac{u(s)^{\alpha}}{\alpha!} \partial_s^{\alpha}$ と置けば，右辺は $b(s)T_v$，左辺は形式随伴 T_u^* である．$v(s)+u(s+v(s)) = 0$ で $t := s+v(s)$ と置けば，$v(t-v(s))+u(t) = 0$. ここで

$$t - v(s) = t + u(s + v(s)) = t + u(t)$$

だから $v(t + u(t)) + u(t) = 0$．よって $\varphi(s) := \psi(s + v(s))$ と置けば

$$\begin{aligned} T_u T_v \psi(s) &= T_u \psi(s + v(s)) = T_u \varphi(s) = \varphi(s + u(s)) \\ &= \psi(s + u(s) + v(s + u(s))) = \psi(s). \end{aligned}$$

一方，σ を s の双対変数とすれば，T_u の表象は $e^{\langle u(s), \sigma\rangle}$ 且つ T_u^* の表象は $e^{\langle \partial_{s'}, \partial_{\sigma'}\rangle} e^{-\langle u(s+s'), \sigma+\sigma'\rangle}\big|_{s'=\sigma'=0}$．従って，$T_u^* T_u$ の表象は

$$\begin{aligned} &e^{\langle \partial_{s''}, \partial_{\sigma''}\rangle} e^{\langle \partial_{s'}, \partial_{\sigma'}\rangle} e^{-\langle u(s+s'), \sigma+\sigma'+\sigma''\rangle} e^{\langle u(s+s''), \sigma\rangle}\Big|_{\substack{s'=\sigma'=0 \\ s''=\sigma''=0}} \\ &= e^{\langle \partial_{s'}+\partial_{s''}, \partial_{\sigma'}\rangle} e^{\langle u(s+s'')-u(s+s'), \sigma\rangle} e^{-\langle u(s+s'), \sigma'\rangle}\Big|_{\substack{s'=\sigma'=0 \\ s''=0}} \\ &= e^{\langle \partial_{s'}, \partial_{\sigma'}\rangle} e^{-\langle u(s+s'), \sigma'\rangle}\Big|_{s'=\sigma'=0} = b(s). \end{aligned}$$

従って，$T_u^* T_u = b(s)$ だから $T_u^* = T_u^* T_u T_v = b(s) T_v$. ∎

$Z := \sigma(w + z', \eta, \eta + \zeta') + \vartheta(w + z' + \sigma(w + z', \eta, \eta + \zeta'), \eta, \eta + \eta')$ と置けば

$$\begin{aligned} \Phi_2^* \Phi_2({:}Q{:}) = {:}e^{t(\langle \partial_{z'}, \partial_{\zeta'}\rangle + \langle \partial_{w'}, \partial_{\eta'}\rangle)} &B(w + w', \eta, \eta + \eta') \\ &\times Q(w + z' + w' + Z, \eta)\Big|_{\substack{z'=\zeta'=0 \\ w'=\eta'=0}}{:} \end{aligned}$$

だから，$z := z' + w'$ 且つ $\zeta := \zeta' - \eta'$ と置けば

$$\begin{aligned} \Phi_2^* \Phi_2({:}Q{:}) = {:}e^{t(\langle \partial_{z'}, \partial_{\zeta}\rangle + \langle \partial_{z}, \partial_{\eta'}\rangle)} &B(w + z', \eta, \eta + \zeta + \eta') \\ &\times Q(w + z + Z', \eta)\Big|_{\substack{z'=\zeta=0 \\ z=\eta'=0}}{:}. \end{aligned}$$

但し

$$\begin{aligned}Z' &:= \sigma(w+z',\eta,\eta+\zeta+\eta')\\&\qquad + \vartheta(w+z'+\sigma(w+z',\eta,\eta+\zeta+\eta'),\eta,\eta+\eta')\\&= \vartheta(w+z'+\sigma(w+z',\eta,\eta+\zeta+\eta'),\eta,\eta+\eta')\\&\qquad - \vartheta(w+z'+\sigma(w+z',\eta,\eta+\zeta+\eta'),\eta,\eta+\zeta+\eta')\end{aligned}$$

と置いた．簡単のため

$$\sigma_1 := \sigma(w+z',\eta,\eta+\zeta+\eta'),$$
$$\vartheta_1 := \vartheta(w+z',\eta,\eta+\eta'),\qquad \vartheta_2 := \vartheta(w+z',\eta,\eta+\zeta+\eta'),$$

と置けば

$$Q(w+z+Z',\eta) = \sum_\alpha \frac{1}{\alpha!}\sigma_1^\alpha \partial_{z'}^\alpha\big(e^{\langle \vartheta_1-\vartheta_2,\partial_z\rangle}Q(w+z,\eta)\big).$$

ここで補題 6.4.5 から

$$\begin{aligned}&B(w+z',\eta,\eta+\zeta+\eta')\,Q(w+z+Z',\eta)\\&\quad=\sum_\beta \frac{(-1)^{|\beta|}}{\beta!}\,\partial_{z'}^\beta(\vartheta_2^\beta)\sum_\alpha \frac{1}{\alpha!}\sigma_1^\alpha\partial_{z'}^\alpha\big(e^{\langle\vartheta_1-\vartheta_2,\partial_z\rangle}Q(w+z,\eta)\big)\\&\quad=\sum_\alpha \frac{(-\partial_{z'})^\alpha}{\alpha!}\big(\vartheta_2^\alpha e^{\langle\vartheta_1-\vartheta_2,\partial_z\rangle}Q(w+z,\eta)\big)\end{aligned}$$

だから，$[e^{\langle\partial_{z'},\partial_\zeta\rangle},\zeta_j]=\partial_{z'_j}$ 及び $[e^{\langle\partial_z,\partial_{\eta'}\rangle},\eta'_j]=\partial_{z_j}$ を用いれば

$$\begin{aligned}&\varPhi_2^*\varPhi_2(:\!Q\!:)\\&=:\!e^{t(\langle\partial_{z'},\partial_\zeta\rangle+\langle\partial_z,\partial_{\eta'}\rangle)}\sum_\alpha\frac{(-\partial_{z'})^\alpha}{\alpha!}\big(\vartheta_2^\alpha e^{\langle\vartheta_1-\vartheta_2,\partial_z\rangle}Q(w+z,\eta)\big)\Big|_{\substack{z'=\zeta=0\\z=\eta'=0}}\!:\\&=:\!e^{t(\langle\partial_{z'},\partial_\zeta\rangle+\langle\partial_z,\partial_{\eta'}\rangle)}\sum_\alpha\frac{(-\zeta)^\alpha}{\alpha!}\big(\vartheta_2^\alpha e^{\langle\vartheta_1-\vartheta_2,\eta'\rangle}Q(w+z,\eta)\big)\Big|_{\substack{z'=\zeta=0\\z=\eta'=0}}\!:\\&=:\!e^{t(\langle\partial_{z'},\partial_\zeta\rangle+\langle\partial_z,\partial_{\eta'}\rangle)}e^{-\langle\vartheta_2,\zeta\rangle}e^{\langle\vartheta_1-\vartheta_2,\eta'\rangle}Q(w+z,\eta))\Big|_{\substack{z'=\zeta=0\\z=\eta'=0}}\!:.\end{aligned}$$

ここで $-\langle\vartheta_2,\zeta\rangle+\langle\vartheta_1-\vartheta_2,\eta'\rangle=\varOmega(w+z',\eta+\eta')-\varOmega(w+z',\eta+\zeta+\eta')$ だから

$$\begin{aligned}\varPhi_2^*\varPhi_2(:\!Q\!:)&=:\!e^{t\langle\partial_z,\partial_{\eta'}\rangle}A(t;w,\eta+\eta')Q(w+z,\eta))\big|_{z=\eta''=0}\!:\\&=:\!A\circ Q(w,\eta)\!:.\end{aligned}$$

(4) $\widehat{\chi}(P)=Q$ とは $\varPhi_1(P)=\varPhi_2(Q)$ だから

$$A^{-1}\Phi_2^*\Phi_1(P) = A^{-1}\Phi_2^*\Phi_2(Q) = Q.$$

∎

6.4.6 [定理]　χ を斉次正準変換，$\widehat{\chi}$ を χ に附随する量子化接触変換とすると，$\mathscr{E}_{\mathbb{C}^n}^{\mathbb{R}}$ の切断 P に対して $\chi(\mathrm{Ch}(P)) = \mathrm{Ch}(\widehat{\chi}(P))$．特に $\mathrm{Ch}(P)$ は量子化接触変換で不変である．

証明　$w^* := \chi(z^*)$ と置く．χ は定義 6.4.1 の仮定を満たすとして良い．従って $\widehat{\chi}(P) = A^{-1}\Phi_2^*\Phi_1(:e^{p(z,\zeta)}:)$．ここで $\sigma_1 := \sigma(w+z', \eta, \eta+\zeta')$ と置けば

$$\begin{aligned}\Phi_2^*\Phi_1(:P:) = {}&:e^{t(\langle\partial_{z'},\partial_{\zeta'}\rangle+\langle\partial_{w'},\partial_{\eta'}\rangle)}B(w+z',\eta,\eta+\zeta')\\ &\times P(w+z'+\sigma_1, \theta(w+z'+\sigma_1, w+w'+z'+\sigma_1,\eta),\eta)\Big|_{\substack{z'=\zeta'=0\\ w'=\eta'=0}}:.\end{aligned}$$

$B(w,\eta,\zeta) = e^{b(w,\eta,\zeta)}$ と仮定できた．更に

$$\begin{aligned}P(w+z'+\sigma_1, \theta(w+z'+\sigma_1, w+w'+z'+\sigma_1,\eta),\eta)\Big|_{\substack{z'=\zeta'=0\\ w'=\eta'=0}}&\\ = P(\chi^{-1}(w,\eta))&\end{aligned}$$

に注意する．$z^* \notin \mathrm{Ch}(P)$ と仮定すれば，P の表象 $P(z,\zeta)$ は z^* の近傍で劣 1 階表象 $p(z,\zeta)$ が存在して $P(z,\zeta) = e^{p(z,\zeta)}$ と仮定できる．上の式から劣 1 階形式表象 $q(t;w,\eta)$ が存在して，$\Phi_2^*\Phi_1(:e^{p(z,\zeta)}:) = :e^{q(t;w,\eta)}:$ となることがわかる．従って，命題 5.5.3 と同様 $w^* \notin \mathrm{Ch}(:e^{q(t;w,\eta)}:)$，且つ命題 6.3.8 を考慮すれば $w^* \notin \mathrm{Ch}(A^{-1}:e^{q(t;w,\eta)}:) = \mathrm{Ch}(\widehat{\chi}(P))$．更に定理 6.3.9 及び命題 6.3.8 から，χ に附随する他の量子化接触変換 $\widehat{\chi}_1$ に対して $\mathrm{Ch}(\widehat{\chi}(P)) = \mathrm{Ch}(\widehat{\chi}_1(P))$．

∎

付録 A

記号及び準備

この付録では引用の便も考え，本書で必要となる層，多変数の劣調和函数について簡単にまとめておく．ここで述べた事項は，どれも基本的ではあるのだが必ずしも容易とは限らないので，わからない部分があっても気にせず，必要に応じて本章に立ち戻れば良いだろう．

1. 一般的記号

最初に，本書を通して用いる記号をまとめておく: 位相空間 X に対して，X の開集合の全体を $\mathfrak{O}(X)$ と書く．$S \subset X$ に対して，内点集合を $\operatorname{Int} S$，閉包を $\operatorname{Cl} S$ と書く．$K \Subset X$ は，K が X 内で相対コンパクトを表す．又，連結開集合を**領域** (domain) と呼ぶ．

通常の通り，整数，実数及び複素数の集合を，各々 $\mathbb{Z}, \mathbb{R}$ 及び $\mathbb{C}$ で表し

$$\mathbb{N} := \{n \in \mathbb{Z};\ n \geqslant 1\} \subset \mathbb{N}_0 := \mathbb{N} \cup \{0\},$$

$$\mathbb{R}_{>0} := \{r \in \mathbb{R};\ r > 0\} \subset \mathbb{R}_{\geqslant 0} := \mathbb{R}_{>0} \cup \{0\} = \{r \in \mathbb{R};\ r \geqslant 0\},$$

$\dot{\mathbb{R}}^n := \mathbb{R}^n \setminus \{0\}$, $\mathbb{C}^\times := \{c \in \mathbb{C}; c \neq 0\}$ と置く．$V \subset \mathbb{R}^n$ について $\dot{V} := V \cap \dot{\mathbb{R}}^n$ と置く．又，$a, b \in \mathbb{R}$ が $a < b$ ならば $\left]a, b\right[:= \{r \in \mathbb{R}; a < r < b\}$, $\left[a, b\right] := \{r \in \mathbb{R}; a \leqslant r \leqslant b\}$ 及び $\left[a, b\right[:= \{r \in \mathbb{R}; a \leqslant r < b\}$ 等と置く．列 $\{a_n\}_{n \in \mathbb{N}}$ が $n \to \infty$ で a に収束するならば，$a_n \underset{n}{\longrightarrow} a$ と書く．$K, L \subset \mathbb{R}^n$ に対して，集合論的差集合を $K \setminus L$ とし，$K \pm L := \{x \pm y;\ x \in K,\ y \in L\}$ と置く．K の**境界集合**を ∂K と置く．K と L との**距離** (distance) を次で定める:

$$\operatorname{dis}(K, L) := \inf\{|x - y|;\ x \in K,\ y \in L\}.$$

特に，$x \in \mathbb{R}^n$ に対して $\operatorname{dis}(x, L) := \operatorname{dis}(\{x\}, L)$ と置く．

2. 前層と層

本節では，前層と層に関する用語を復習しておく．

A.2.1 ［定義］ 以下の条件を満たす系 $\mathscr{F}$ を，X 上の（アーベル群の）**前層** (presheaf) という:

(**PS 1**) 任意の $U \in \mathfrak{O}(X)$ に対して，アーベル群 $\mathscr{F}(U)$ が一つ定まる;

(**PS 2**) $U, V \in \mathfrak{O}(X)$ が $V \subset U$ ならば，**制限** (restriction) と呼ばれる群準同型

$$\rho_V^U \colon \mathscr{F}(U) \to \mathscr{F}(V)$$

が一つ定まり，ρ_U^U は $\mathscr{F}(U)$ 上の恒等写像，且つ $U, V, W \in \mathfrak{O}(X)$ が $W \subset V \subset U$ ならば，次を満たす:

$$\rho_W^V \rho_V^U = \rho_W^U \colon \mathscr{F}(U) \to \mathscr{F}(W)$$

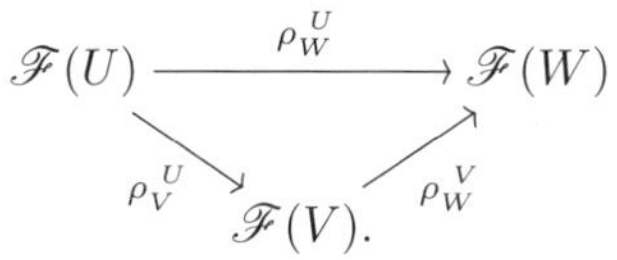

特に，$\mathfrak{O}(X) \ni U \mapsto \{0\}$ は明らかに前層を成す．これを単に 0 で表す．又，前層 $\mathscr{F}$ に対して $\mathscr{F}(U)$ を $\Gamma(U; \mathscr{F})$ とも書く．

A.2.2 ［定義］ $\mathscr{F}$ を X 上の前層とする．

(1) $U \in \mathfrak{O}(X)$ に対して $s \in \mathscr{F}(U)$ を $\mathscr{F}$ の U 上の**切断** (section) と呼ぶ．又，$V \subset U$ なる $U, V \in \mathfrak{O}(X)$ に対して $\rho_V^U(s)$ を単に $s|_V$ と書き，s の**制限**という．

(2) $x \in X$ に対して $\mathscr{F}$ の x での**茎** (stalk) を

$$\mathscr{F}_x := \varinjlim_{x \in U} \mathscr{F}(U)$$

で定義する．但し，U は x の（基本）近傍全体を渡り，$\varinjlim$ は帰納極限である．即ち，$\bigoplus_{x \in U} \mathscr{F}(U)$ を次の同値関係で類別する: $s \in \mathscr{F}(U)$ と $t \in \mathscr{F}(V)$ とが同値とは，$W \subset U \cap V$ なる x の近傍が存在して $s|_W = t|_W$.

$x \in U \in \mathfrak{O}(X)$ に対して，切断 $s \in \mathscr{F}(U)$ の $\mathscr{F}_x$ での像を s_x と書き，x での s の**芽** (germ) と呼ぶ．

A.2.3 ［定義］ $\mathscr{F}, \mathscr{F}'$ を X 上の前層とする．f が $\mathscr{F}'$ から $\mathscr{F}$ への前層の**型射** (morphism of presheaves) とは，$U \in \mathfrak{O}(X)$ について準同型

$f_U\colon \mathscr{F}'(U) \to \mathscr{F}(U)$ が定まり，$U, V \in \mathfrak{O}(X)$ が $V \subset U$ ならば，次の図式が可換となるものをいう:

$$\begin{array}{ccc} \mathscr{F}'(U) & \xrightarrow{f_U} & \mathscr{F}(U) \\ \rho_V^U \downarrow & & \rho_V^U \downarrow \\ \mathscr{F}'(V) & \xrightarrow{f_V} & \mathscr{F}(V). \end{array}$$

任意の $x \in X$ に対し，f は準同型 $f_x\colon \mathscr{F}'_x \to \mathscr{F}_x$ を誘導する．

f が $\mathscr{F}'$ から $\mathscr{F}$ への型射ならば，通常の函数と同様に $f\colon \mathscr{F}' \to \mathscr{F}$ で表す．型射の合成の定義は明らかであろう．$f\colon \mathscr{F}' \to \mathscr{F}$ 及び $f'\colon \mathscr{F} \to \mathscr{F}''$ の合成を，やはり函数と同様に $f'f = f' \circ f\colon \mathscr{F}' \to \mathscr{F}''$ と表す．更に，任意の $U \in \mathfrak{O}(X)$ に対して f_U が同型写像ならば，f を**同型射** (isomorphism) と呼ぶ．同型射 $f\colon \mathscr{F}' \to \mathscr{F}$ が存在する $\mathscr{F}'$ と $\mathscr{F}$ とを**同型**と呼び，$\mathscr{F}' \simeq \mathscr{F}$ と書く．任意の $U \in \mathfrak{O}(X)$ に対して恒等写像 $1\colon \mathscr{F}(U) \to \mathscr{F}(U)$ となる型射を $1\colon \mathscr{F} \to \mathscr{F}$ と書けば，$f\colon \mathscr{F}' \to \mathscr{F}$ が同型射と，$g\colon \mathscr{F} \to \mathscr{F}'$ が存在して $gf = 1$ 且つ $fg = 1$ とは同値.

A.2.4 [定義]　　$f\colon \mathscr{F}' \to \mathscr{F}$ を X 上の前層の型射とする．

$$\mathfrak{O}(X) \ni U \mapsto \mathrm{Ker}\big(f_U\colon \mathscr{F}'(U) \to \mathscr{F}(U)\big),$$
$$\mathfrak{O}(X) \ni U \mapsto \mathrm{Image}\big(f_U\colon \mathscr{F}'(U) \to \mathscr{F}(U)\big),$$
$$\mathfrak{O}(X) \ni U \mapsto \mathrm{Coker}\big(f_U\colon \mathscr{F}'(U) \to \mathscr{F}(U)\big),$$

は各々前層を定めることは容易にわかる．これらの前層を $\mathrm{Ker}\, f$, $\mathrm{Image}\, f$, $\mathrm{Coker}\, f$ で表す．更に

(1) $\mathrm{Ker}\, f = 0$ ならば f を**単型射** (monomorphism);

(2) $\mathrm{Image}\, f = \mathscr{F}$，即ち $\mathrm{Coker}\, f = 0$ ならば f を**全型射** (epimorphism);

と各々呼ぶ.

A.2.5 [定義]　　X 上の前層の型射の列

$$\cdots \xrightarrow{f_{j-2}} \mathscr{F}_{j-1} \xrightarrow{f_{j-1}} \mathscr{F}_j \xrightarrow{f_j} \mathscr{F}_{j+1} \xrightarrow{f_{j+1}} \mathscr{F}_{j+2} \xrightarrow{f_{j+2}} \cdots$$

に対し，各 j に対して $\mathrm{Ker}\, f_{j+1} = \mathrm{Image}\, f_j$ を満たせば，**完全系列** (exact sequence) を成す，又は**完全**であるという．

A.2.6 [定義]　　X 上の前層 $\mathscr{F}$ は，以下の条件を満たせば**層** (sheaf) と呼ばれる: 任意の $U \in \mathfrak{O}(X)$ 及び U の開被覆 $\{U_i\}_{i \in I}$ を取る．

(S 1) $s \in \mathscr{F}(U)$ が零となるのは，任意の $i \in I$ について $s\big|_{U_i} = 0$ と同値;

(S 2) 任意の $i \in I$ に対して $s_i \in \mathscr{F}(U_i)$ が存在して，任意の $i, j \in I$ に対して $s_i\big|_{U_i \cap U_j} = s_j\big|_{U_i \cap U_j}$ ならば，$s \in \mathscr{F}(U)$ が存在して任意の $i \in I$ に対して $s\big|_{U_i} = s_i$.

A.2.7［注意］ 空集合 $\emptyset$ も開集合であるが，その取り扱いには注意を要する．一般に位相空間 X の部分集合の族 $\{U_i; i \in I\}$ に対して $I = \emptyset$ の場合，$\bigcup_{i \in \emptyset} U_i = \emptyset$ 且つ $\bigcap_{i \in \emptyset} U_i = X$ と規約する．従って，空集合 $\emptyset$ の開被覆として $\bigcup_{i \in \emptyset} U_i = \emptyset$ が取れる．この場合，層 $\mathscr{F}$ に対して $\mathscr{F}(U_i)$ $(i \in \emptyset)$ が存在しないので，**(S 1)** は任意の $a, b \in \mathscr{F}(\emptyset)$ について $a = b$ と解釈する．即ち，$\mathscr{F}(\emptyset)$ は 1 点から成るアーベル群だから $\mathscr{F}(\emptyset) = \{0\}$.

(S 1) の下では **(S 2)** の s は一意である．又，層 $\mathscr{F}$ に対して $U \in \mathfrak{O}(X)$, $s \in \mathscr{F}(U)$ とすれば，$s = 0$ となる最大の開集合 $V \subset U$ が一意に決まることがわかる．この補集合 $U \setminus V$ を s の**台** (support) と呼び，$\operatorname{supp} s$ で表す.

A.2.8［定義］ $\mathscr{F}$, $\mathscr{F}'$ を X 上の層とする．f が $\mathscr{F}'$ から $\mathscr{F}$ への層の**型射** (morphism of sheaves) とは，$\mathscr{F}$, $\mathscr{F}'$ を X 上の前層と考えての前層の型射である．f が $\mathscr{F}'$ から $\mathscr{F}$ への型射を，やはり $f\colon \mathscr{F}' \to \mathscr{F}$ と書く．f が前層の型射として同型射ならば，層の**同型射** (isomorphism) という．同型射 $f\colon \mathscr{F}' \to \mathscr{F}$ が存在する $\mathscr{F}'$ と $\mathscr{F}$ とを**同型**と呼び，前層の場合と同様 $\mathscr{F}' \simeq \mathscr{F}$ と書く.

A.2.9［命題］ $f\colon \mathscr{F}' \to \mathscr{F}$ が X 上の層型射ならば，f が同型射と任意の $x \in X$ に対して $f_x\colon \mathscr{F}'_x \to \mathscr{F}_x$ が同型とは同値.

証明 同型射ならば, $f_x\colon \mathscr{F}'_x \to \mathscr{F}_x$ が同型は明らか．逆に, 任意の $U \in \mathfrak{O}(X)$ を取る.

f_U が単準同型を示す．$s \in \mathscr{F}'(U)$ が $f_U(s) = 0 \in \mathscr{F}(U)$ ならば，任意の $x \in U$ に対して $f_x(s_x) = 0 \in \mathscr{F}_x$ だから，$s_x = 0 \in \mathscr{F}'_x$．即ち，$x$ の近傍 V が存在して $s\big|_V = 0$ だから，**(S 1)** から $s = 0 \in \mathscr{F}'(U)$.

次に，任意の $t \in \mathscr{F}(U)$ を取れば，U の開被覆 $\{U_i\}_{i \in I}$ 及び $s_i \in \mathscr{F}(U_i)$

が存在して，各 $i \in I$ に対して $f_{U_i}(s_i) = t\big|_{U_i}$．任意の $i, j \in I$ に対して

$$f_{U_i \cap U_j}(s_i\big|_{U_i \cap U_j}) = f_{U_i \cap U_j}(s_j\big|_{U_i \cap U_j}) = t\big|_{U_i \cap U_j}$$

だが，前半で単準同型が示されているので $s_i\big|_{U_i \cap U_j} = s_j\big|_{U_i \cap U_j}$．従って $s \in \mathscr{F}'(U)$ が存在して，任意の $i \in I$ に対して $s\big|_{U_i} = s_i$．このとき $f_U(s) = t$ が，(**S 2**) から直ちにわかる．■

A.2.10 [定理]　任意の X 上の前層 $\mathscr{F}$ に対し，層 $\mathscr{F}^+$ 及び前層の型射 $\theta\colon \mathscr{F} \to \mathscr{F}^+$ が存在して次を満たす:

X 上の任意の層 $\mathscr{G}$ 及び前層の型射 $f\colon \mathscr{F} \to \mathscr{G}$ に対して，一意に層型射 $f^+\colon \mathscr{F}^+ \to \mathscr{G}$ が存在して，次は可換:

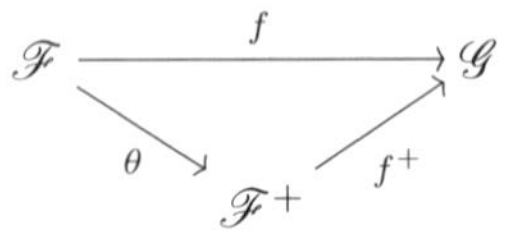

$\mathscr{F}^+$ は同型を除いて一意，且つ任意の $x \in X$ に対して $\mathscr{F}^+_x = \mathscr{F}_x$ となる．

証明　方針のみを述べる．詳しい検証は読者に委ねる．

任意の $U \in \mathfrak{O}(X)$ に対し，$\Gamma(U; \mathscr{F}^+)$ を以下の条件を満たす函数 $s\colon U \to \coprod_{x \in U} \mathscr{F}_x$ 全体とする: 任意の $x \in U$ に対して開近傍 $x \in V \subset U$ 及び $t \in \mathscr{F}(V)$ が存在して，任意の $y \in V$ について $s(y) = t_y \in \mathscr{F}_y$．

各 $s \in \Gamma(U; \mathscr{F}^+)$ は函数だから，$U \in \mathfrak{O}(X) \ni U \mapsto \Gamma(U; \mathscr{F}^+)$ は層となる．任意の $s \in \mathscr{F}(U)$ に対して $\theta_U(s) \in \Gamma(U; \mathscr{F}^+)$ を $\theta_U(s)(x) := s_x \in \mathscr{F}_x$ と定めれば，これから $\theta\colon \mathscr{F} \to \mathscr{F}^+$ が定まるのは明らか．更に任意の $x \in X$ について $\theta_x\colon \mathscr{F}_x \to \mathscr{F}^+_x$ は同型．又，構成から，前層の型射 $f\colon \mathscr{F} \to \mathscr{G}$ から層型射 $f^+\colon \mathscr{F}^+ \to \mathscr{G}^+$ が得られる．特に $\mathscr{G}$ が層なら $\mathscr{G}$ と $\mathscr{G}^+$ とは同型なので，層型射 $f^+\colon \mathscr{F}^+ \to \mathscr{G}^+ \simeq \mathscr{G}$ が得られる．これが $f = f^+\theta$ を満たすことが直ちにわかる．又，f^+ の一意性は茎を見れば容易にわかる．

条件を満たす他の $(\mathscr{F}', \theta')$ に対して，可換図式

が得られる．$gf\theta = g\theta' = \theta$，且つ $fg\theta' = f\theta = \theta'$ だから，次の図式は可換:

$$
\begin{array}{ccc}
\mathscr{F} & \xrightarrow{\quad\theta\quad} & \mathscr{F}^+ \\
 & {\scriptstyle\theta}\searrow \quad \nearrow{\scriptstyle gf} & \\
 & \mathscr{F}^+ &
\end{array}
\qquad
\begin{array}{ccc}
\mathscr{F} & \xrightarrow{\quad\theta'\quad} & \mathscr{F}' \\
 & {\scriptstyle\theta'}\searrow \quad \nearrow{\scriptstyle fg} & \\
 & \mathscr{F}^+ &
\end{array}
$$

よって，一意性から gf も fg も恒等型射となり，$\mathscr{F}^+ \simeq \mathscr{F}'$. ∎

定理 A.2.10 で定まった層 $\mathscr{F}^+$ を，前層 $\mathscr{F}$ に**附随する層** (associeted sheaf)，又は**層化** (sheafification) と呼ぶ.

A.2.11 [例]　(1) $\mathfrak{O}(X) \ni U \mapsto \mathbb{C}$ なる前層に附随する層を $\mathbb{C}_X$ で表す.

(2) $U \in \mathfrak{O}(\mathbb{R}^n)$ に対して，$L_1(U)$ を U 上の Lebesgue 可積分函数全体とする．$\mathfrak{O}(\mathbb{R}^n) \ni U \mapsto L_1(U)$ なる前層に附随する層を $L_{1,loc}$ と書く. □

A.2.12 [注意]　定理 A.2.10 の証明を見ればわかる通り，前層 $\mathscr{F}$ から層 $\mathscr{F}^+$ を構成するには，$\mathscr{F}$ が X の各点の（基本）近傍系のみで定義されていれば十分である．以下では，必ずしも全ての開集合で定義されていない場合でも，層化を考察することもある.

A.2.13 [定義]　X 上の層型射 $f\colon \mathscr{F}' \to \mathscr{F}$ に対して，前層 $\operatorname{Ker} f$ も層となる．これを同じ記号で書く．一方，$\operatorname{Coker} f$ は一般には層とならない．これに附随する層を，やはり同じ記号 $\operatorname{Coker} f$ と書く．更に，前層の場合と同様

(1) $\operatorname{Ker} f = 0$ ならば f を**単型射** (monomorphism);

(2) $\operatorname{Image} f = \mathscr{F}$，即ち $\operatorname{Coker} f = 0$ ならば f を**全型射** (epimorphism);

と呼ぶ．単型射，全型射を単写像 (injection)，全写像 (surjection) と同様の記号を用いて，各々 $f\colon \mathscr{F}' \rightarrowtail \mathscr{F}$, $f\colon \mathscr{F}' \twoheadrightarrow \mathscr{F}$ で表すこともある．又，X 上の層の型射の列

$$\cdots \xrightarrow{f_{j-2}} \mathscr{F}_{j-1} \xrightarrow{f_{j-1}} \mathscr{F}_j \xrightarrow{f_j} \mathscr{F}_{j+1} \xrightarrow{f_{j+1}} \mathscr{F}_{j+2} \xrightarrow{f_{j+2}} \cdots$$

に対し，各 j に対して $\operatorname{Ker} f_{j+1} = \operatorname{Image} f_j$ を満たせば，**完全系列**を成す，又は**完全**であるという.

単型射 $f\colon \mathscr{F}' \rightarrowtail \mathscr{F}$ があれば，$\operatorname{Image} f$ と $\mathscr{F}'$ とを同一視して $\mathscr{F}$ の**部分層** (subsheaf) と呼び，記号 $\mathscr{F}' \subset \mathscr{F}$ を用いることもある．又，定義から

$$0 \to \operatorname{Ker} f \to \mathscr{F}' \xrightarrow{f} \mathscr{F} \to \operatorname{Coker} f \to 0$$

なる層の完全系列が得られる．f が単型射なら

$$\mathscr{F}\big/\mathscr{F}' := \operatorname{Coker} f$$

と書き，**商層** (quotient sheaf) と呼ぶこともある．

A.2.14 ［注意］　前層と層での完全性等の定義は，形式的には同じだが意味が異なる: 前層として $\operatorname{Ker} f = \operatorname{Image} f'$ とは任意の $U \in \mathfrak{O}(X)$ について $\operatorname{Ker} f_U = \operatorname{Image} f'_U$ であり，層として $\operatorname{Ker} f = \operatorname{Image} f'$ とは任意の $x \in X$ について $\operatorname{Ker} f_x = \operatorname{Image} f'_x$ である．従って，前層として完全ならば層としても完全だが，逆は一般には成り立たない．特に

$$0 \to \mathscr{F}' \xrightarrow{f'} \mathscr{F} \xrightarrow{f} \mathscr{F}'' \to 0$$

が層の完全系列ならば，$U \in \mathfrak{O}(X)$ に対して

$$0 \to \Gamma(U;\mathscr{F}') \xrightarrow{f'_U} \Gamma(U;\mathscr{F}) \xrightarrow{f_U} \Gamma(U;\mathscr{F}'')$$

が完全系列となるが，f_U は全準同型とは限らない．

位相空間の間の連続写像 $f\colon Y \to X$ が**適正** (proper) とは，f は閉写像且つ任意の $x \in X$ に対して $f^{-1}(x) \subset Y$ がコンパクトとなることをいう．X, Y が局所コンパクト Hausdorff 空間ならば，f が適正と，任意のコンパクト集合 $K \Subset X$ に対して $f^{-1}(K) \subset Y$ がコンパクトとは同値．

A.2.15 ［定義］　$f\colon Y \to X$ を位相空間の間の連続写像とする．

(1) Y 上の層 $\mathscr{G}$ に対して，X 上の層 $f_*\mathscr{G}$ を次で定義する:

$$\mathfrak{O}(X) \ni U \mapsto \Gamma(f^{-1}(U);\mathscr{G})$$

(実際に層となる)．これを $\mathscr{G}$ の f による**順像** (direct image) という．

(2) X 上の層 $\mathscr{F}$ に対して，Y 上の層 $f^{-1}\mathscr{F}$ を

$$\mathfrak{O}(Y) \ni V \mapsto \varinjlim_{f(V)\subset U} \mathscr{F}(U)$$

なる前層に附随する層として定義する．但し，$U \in \mathfrak{O}(X)$ は $f(V)$ の近傍全体を渡る．これを $\mathscr{F}$ の f による**逆像** (inverse image) という．任意の $y \in Y$ に対して $(f^{-1}\mathscr{F})_y = \mathscr{F}_{f(y)}$ となる．又，自然な型射 $\mathscr{F} \to f_* f^{-1}\mathscr{F}$ が存在する．特に $Y \subset X$ 且つ f が埋込みならば，$f^{-1}\mathscr{F}$ を $\mathscr{F}\big|_Y$ とも書く．更に簡単のため

$$\Gamma(Y;\mathscr{F}) := \Gamma(Y;\mathscr{F}\big|_Y)$$

と置く．これは Y が開集合でも両立する記号である．

(3) Y 上の層 $\mathscr{G}$ に対して，$f_*\mathscr{G}$ の部分層 $f_!\mathscr{G}$ を

$$\mathfrak{O}(X) \ni U \mapsto \{s \in \Gamma(f^{-1}(U);\mathscr{G});\ f\big|_{\operatorname{supp} s}\colon \operatorname{supp} s \to X \text{ は適正 }\}$$

で定める．これを $\mathscr{G}$ の f による**適正順像** (proper direct image) という．

(4) $U \in \mathfrak{O}(X)$ 及び閉集合 $Z \subset U$ に対して

$$\Gamma_Z(U;\mathscr{F}) := \{s \in \Gamma(U;\mathscr{F});\ \operatorname{supp} s \subset Z\}$$

と置く．又，次の通りに定める:

$$\Gamma_{\mathrm{c}}(U;\mathscr{F}) := \{s \in \Gamma(U;\mathscr{F});\ \operatorname{supp} s \text{ はコンパクト }\}.$$

A.2.16 [命題]　X がパラコンパクト Hausdorff ならば，任意の閉集合 $Z \subset X$ に対して

$$\varinjlim_{Z \subset U} \Gamma(U;\mathscr{F}) = \Gamma(Z;\mathscr{F}).$$

但し，$U \in \mathfrak{O}(X)$ は Z の近傍全体を渡る．

証明　定義から，自然な準同型

$$\psi\colon \varinjlim_{Z \subset U} \Gamma(U;\mathscr{F}) \to \Gamma(Z;\mathscr{F})$$

が存在する．$s \in \Gamma(U;\mathscr{F})$ が $\psi(s) = 0 \in \Gamma(Z;\mathscr{F})$ ならば，任意の $x \in Z$ に対して $s_x = 0$ だから，x の開近傍 V_x が存在して $s\big|_{V_x} = 0$．ここで $V := \bigcup_{x \in Z} V_x$ は，Z の開近傍で $s = 0 \in \Gamma(V;\mathscr{F})$ だから，ψ は単準同型．

次に $s \in \Gamma(Z;\mathscr{F})$ とすれば，Z の開被覆 $\{U_i\}_{i \in I}$ 及び $s_i \in \Gamma(U_i;\mathscr{F})$ が存在して $s\big|_{Z \cap U_i} = s_i\big|_{Z \cap U_i}$．ここで X はパラコンパクトだから，必要ならば細分を取って $\{U_i\}_{i \in I}$ は局所有限と仮定して良い．パラコンパクト Hausdorff 空間は正規だから，Z の局所有限開被覆 $\{V_i\}_{i \in I}$ で $\operatorname{Cl} V_i \subset U_i$ となるものが存在する．$x \in X$ に対して $I(x) := \{i \in I;\ x \in \operatorname{Cl} V_i\}$ とすれば，これは有限集合である．

$$W := \{x \in \bigcup_{i \in I} V_i;\ \text{任意の } j,\, k \in I(x) \text{ に対して } s_{j,x} = s_{k,x}\}$$

と定めれば，$Z \subset W$ は明らか．任意の $x \in X$ に対して開近傍 W_x が存在して $W_x \cap \operatorname{Cl} V_i \neq \emptyset$ となる $i \in I$ は有限個である．この i 全体を $i_1, \ldots, i_n$ と置けば，必要ならば W_x を $W_x \setminus \operatorname{Cl} V_i$ で置き換えて，$x \in W_x \cap \operatorname{Cl} V_i$

$(i \in \{i_1, \ldots, i_n\})$ として良い．即ち $\{i_1, \ldots, i_n\} \subset I(x)$．ここで $y \in W_x$ に対して $j \in I(y)$ ならば $y \in W_x \cap \mathrm{Cl}\, V_j$ だから $j \in \{i_1, \ldots, i_n\} \subset I(x)$．従って $I(y) \subset I(x)$ だから $W_x \subset W$ が示された．従って W は開集合．さて，定義から $s_i\big|_{W\cap V_i \cap V_j} = s_j\big|_{W\cap V_i \cap V_j}$ だから $t \in \Gamma(W; \mathscr{F})$ が存在して $t\big|_{W\cap V_i} = s_j\big|_{W\cap V_i}$．従って $\psi(t) = s$ が得られる． ∎

A.2.17 ［定義］　(1) 位相空間 X 上の層 $\mathscr{F}$ は，任意の $U \in \mathfrak{O}(X)$ について制限

$$\rho_U^X : \Gamma(X; \mathscr{F}) \to \Gamma(U; \mathscr{F})$$

が常に全準同型ならば，**脆弱層** (flabby sheaf) と呼ばれる．

(2) X がパラコンパクト Hausdorff 空間と仮定する．X 上の層 $\mathscr{F}$ は，任意の閉集合 $Z \subset X$ に対して制限

$$\rho_U^X : \Gamma(X; \mathscr{F}) \to \Gamma(Z; \mathscr{F})$$

が常に全準同型ならば，**軟層** (soft sheaf) と呼ばれる．

命題 A.2.16 から，パラコンパクト Hausdorff 空間上，脆弱層は軟層である．

A.2.18 ［例］　$\mathbb{R}^n$ 上の層 $L_{1,loc}$ は軟層である．実際，命題 A.2.16 から任意の閉集合 $Z \subset \mathbb{R}^n$ 及び $f(x) \in \Gamma(Z; L_{1,loc})$ に対して Z の近傍 $U \in \mathfrak{O}(\mathbb{R}^n)$ 及び $g \in \Gamma(U; L_{1,loc})$ が存在して $g(x)\big|_Z = f(x)$．函数 $\varphi(x) \in C^\infty(\mathbb{R}^n)$ を Z の近傍で 1 且つ $\operatorname{supp}\varphi \subset U$ と取れば，$\varphi(x)g(x) \in \Gamma(\mathbb{R}^n; L_{1,loc})$ 且つ $\varphi(x)g(x)\big|_Z = f(x)$． □

今まではアーベル群の層であったが，環の層や加群の層も同様に定義される:

A.2.19 ［定義］　(1) 位相空間 X 上の層 $\mathcal{A}$ が**環の層** (sheaf of rings) とは，任意の $U \in \mathfrak{O}(X)$ に対して $\Gamma(U; \mathcal{A})$ が環となり，$V, U \in \mathfrak{O}(X)$ が $V \subset U$ ならば，制限 $\rho_V^U : \Gamma(U; \mathcal{A}) \to \Gamma(V; \mathcal{A})$ が環準同型となることをいう．更に $\mathcal{A}$ が環の層のとき，層 $\mathcal{M}$ が $\boldsymbol{\mathcal{A}}$ **加群の層** (sheaf of $\mathcal{A}$-modules) とは，各 $U \in \mathfrak{O}(X)$ に対して $\Gamma(U; \mathcal{M})$ が $\Gamma(U; \mathcal{A})$ 加群となり，$V, U \in \mathfrak{O}(X)$ が

$V \subset U$ ならば，次が可換となることをいう．

$$\begin{array}{ccc} \Gamma(U;\mathcal{A}) \times \Gamma(U;\mathcal{M}) & \longrightarrow & \Gamma(U;\mathcal{M}) \\ \rho_V^U \downarrow & & \rho_V^U \downarrow \\ \Gamma(V;\mathcal{A}) \times \Gamma(V;\mathcal{M}) & \longrightarrow & \Gamma(V;\mathcal{M}). \end{array}$$

(2) $\mathscr{F}$ が右 $\mathcal{A}$ 加群の層で $\mathscr{F}'$ が左 $\mathcal{A}$ 加群の層のとき，対応 $\mathfrak{O}(X) \ni U \mapsto \Gamma(U;\mathscr{F}) \underset{\mathcal{A}(U)}{\otimes} \Gamma(U;\mathscr{F}')$ は前層を成す．これに附随する層を $\mathscr{F} \underset{\mathcal{A}}{\otimes} \mathscr{F}'$ と書く．任意の $x \in X$ の茎は $(\mathscr{F} \underset{\mathcal{A}}{\otimes} \mathscr{F}')_x = \mathscr{F}_x \underset{\mathcal{A}_x}{\otimes} \mathscr{F}'_x$ となる．

特に断らない場合，加群は全て**左加群**を意味する．

3. 幾何学的設定

本節では，本書で用いる幾何学的設定について述べる．以下，多様体は全てパラコンパクト且つ C^∞ 級とする．M を多様体とする．M の**接織維束** (tangent bundle) 及び**余接織維束** (cotangent bundle) を，各々 $\tau_M\colon TM \to M$ 及び $\pi_M\colon T^*M \to M$ と書く (混乱の恐れがなければ，射影を単に τ, π とも書く)．座標変換を考慮して $(x;v) \in TM$ を $x + \langle v, \partial_x \rangle$ とも書く．同様に $(x;\xi) \in T^*M$ を $(x;\langle \xi, dx \rangle)$ とも書く．多様体の間の C^∞ 級写像 $F\colon N \to M$ に対して，その微分を dF と書く．F は自然写像

$$F'\colon TN \ni y + \langle v, \partial_y \rangle \mapsto (y, F(y) + \langle dF(y)v, \partial_x \rangle) \in N \underset{M}{\times} TM,$$

$$F_d\colon N \underset{M}{\times} T^*M \ni (y, F(y); \langle \xi, dx \rangle) \mapsto (y; \langle {}^{\mathrm{t}}dF(y)\xi, dy \rangle) \in T^*N,$$

を誘導する．但し $N \underset{M}{\times} TM$ 及び $N \underset{M}{\times} T^*M$ は**織維積** (fiber product)，即ち

$$N \underset{M}{\times} TM := \{(y, x + \langle v, \partial_x \rangle) \in N \times TM;\ F(y) = x\},$$

$$N \underset{M}{\times} T^*M := \{(y, x; \langle \xi, dx \rangle) \in N \times T^*M;\ F(y) = x\}.$$

又，${}^{\mathrm{t}}$ は行列の転置を表す．

$$T_N M := \mathrm{Coker}(TN \xrightarrow{F'} N \underset{M}{\times} TM),$$

$$T_N^* M := \mathrm{Ker}(N \underset{M}{\times} T^*M \xrightarrow{F_d} T^*N),$$

と定義し，各々 N の M での**法織維束** (normal bundle) 及び**余法織維束** (conormal bundle) と呼ぶ．$T_N M$ と $T_N^* M$ とは互いに双対織維束となる．

又，$T_M M \simeq M \simeq T^*_M M$ の同一視がある．τ_M 及び π_M の $\dot{T}M := TM \setminus M$ 及び $\dot{T}^*M := T^*M \setminus M$ への制限を，各々 $\dot{\tau}_M$ 及び $\dot{\pi}_M$ と書く．なお $N \subset \mathbb{R}^n$, $M \subset \mathbb{R}^m$ ならば，本書では慣用と異なり**ヤコビ行列**を

$$\frac{\partial F}{\partial x} := \begin{bmatrix} \dfrac{\partial F_1}{\partial x_1} & \cdots & \dfrac{\partial F_1}{\partial x_n} \\ \vdots & & \vdots \\ \dfrac{\partial F_m}{\partial x_1} & \cdots & \dfrac{\partial F_m}{\partial x_n} \end{bmatrix}$$

で表し，更に $n = m$ ならば**ヤコビ行列式**を $\det \dfrac{\partial F}{\partial x}$ と書く．

$A \subset \mathbb{R}^n$ に対して

$$\mathbb{R}_{>0}A := \{cx \in \mathbb{R}^n;\, x \in A,\, c > 0\} \subset A$$

と置く．A が**錐** (cone) とは，$\mathbb{R}_{>0}A \subset A$ となることをいう．錐 $A \subset B \subset \mathbb{R}^n$ に対して $A \underset{\text{conic}}{\Subset} B$ とは，$K \Subset B$ が存在して $A = \mathbb{R}_{>0}K$ となることと定める．錐 A に対して

$$A^\circ := \bigcap_{v \in A} \{\xi \in \mathbb{R}^n;\, \langle v, \xi \rangle \geqslant 0\}$$

と置く．$A, B \subset \mathbb{R}^n$ がともに凸錐ならば $A^\circ \cap B^\circ = \gamma(A \cup B)^\circ$ となる．但し $\gamma(\cdot)$ は**凸包**を表す．又，**双極定理**から $A^{\circ\circ} = \mathrm{Cl}\,\gamma(A)$ が知られている．任意の直線を含まない凸集合を，**固有的凸**という．以上を拡張して:

A.3.1 ［定義］　(1) $A \subset TM$ に対して

$$\mathbb{R}_{>0}A := \{(x; cv) \in TM;\, (x; v) \in A,\, c > 0\}$$

と置く．A が**錐状** (conic) とは，$\mathbb{R}_{>0}A \subset A$ となることをいう．錐状集合 $A \subset B \subset TM$ に対して $A \underset{\text{conic}}{\Subset} B$ とは，$K \Subset B$ が存在して $A = \mathbb{R}_{>0}K$ となることと定める．

(2) $A \subset TM$ が錐状集合ならば，$\tau(A) \subset M$ を A の**基底** (basis) と呼ぶ．更に A が凸，固有的凸とは，任意の $x \in \tau(A)$ に対して $A_x := A \cap \tau^{-1}(x)$ が各々対応する性質を持つことをいう．又，$A^a := \{(x; -v) \in TM;\, (x; v) \in A\}$ 及び $\gamma(A) := \bigcup_{x \in \tau(A)} \gamma(A)_x \subset TM$ と置く．

(3) 錐状集合 $A \subset TM$ 対して，**双対錐** (dual cone) を $A^\circ := \bigcup_{x \in \tau(A)} A^\circ_x \subset T^*M$ で定める．

以上の記号は，T^*M の部分集合についても同様の意味で用いる．

A.3.2 [定義]　(1) TM 上の層 $\mathscr{G}$ に対して，$\dot{\tau}_*(\mathscr{G}\big|_{\dot{T}M})$ を単に $\dot{\tau}_*\mathscr{G}$ と書く．同様に，T^*M 上の層 $\mathscr{F}$ に対して，$\dot{\pi}_*(\mathscr{F}\big|_{\dot{T}^*M})$ を単に $\dot{\pi}_*\mathscr{F}$ と書く．

(2) T^*M 上の層 $\mathscr{F}$ は，任意の $(x;\langle\xi,dx\rangle)\in T^*M$ 及び $r>0$ に対して

$$\mathscr{F}_{(x;\langle c\xi,dx\rangle)}=\mathscr{F}_{(x;\langle\xi,dx\rangle)}$$

ならば**錐状** (conic) と呼ばれる．このとき $\gamma\colon\dot{T}^*M\to\boldsymbol{S}^*M:=\dot{T}^*M/\mathbb{R}_{>0}$ と定義すれば，$\mathscr{F}\big|_{\dot{T}^*M}$ と $\gamma_*(\mathscr{F}\big|_{\dot{T}^*M})$ とは同一視できる．TM 上の層に対しても同様に定める．

4. 劣調和函数

$U\in\mathfrak{O}(\mathbb{R}^n)$ とする．U 上の函数 $u\colon U\to\mathbb{R}\cup\{-\infty\}$ は，任意の $c\in\mathbb{R}$ に対して，$\{x\in U;\,u(x)<c\}\in\mathfrak{O}(U)$ ならば上半連続という．

以下，上半連続函数は恒等的に $-\infty$ ではないと仮定しておく．U 上の上半連続函数 $u(x)$ に対して，次が知られている:

(1) $u(x)$ は任意の U のコンパクト集合上，最大値を取る．

(2) 任意のコンパクト集合 $K\Subset U$ 上，連続函数の非増大列 $\{f_j(x)\}_{j=1}^{\infty}$ が存在して，$x\in K$ に対して $u(x)=\lim\limits_{j\to\infty}f_j(x)$.

A.4.1 [定義]　$U\in\mathfrak{O}(\mathbb{R}^n)$ とする．U 上の上半連続函数 $u(x)$ は，任意の $x\in U$ 及び $r\in\bigl[0,\operatorname{dis}(x,\partial U)\bigr[$ に対して

$$u(x)\leqslant\frac{1}{\sigma_n}\int_{\mathbb{S}^{n-1}}u(x+r\eta)\,\omega(\eta)$$

を満たせば，**劣調和** (subharmonic) と呼ばれる．但し

$$\omega(\eta):=\sum_{j=1}^{n}(-1)^{j-1}\,\eta_j\,d\eta_1\wedge\cdots\wedge\widehat{d\eta_j}\wedge\cdots\wedge d\eta_n\,,$$

即ち，$(n-1)$ 次元球面 $\mathbb{S}^{n-1}$ 上の標準体積要素 ($\widehat{d\eta_j}$ はその因子を取り除くことを表す)．又，$\sigma_n:=\displaystyle\int_{\mathbb{S}^{n-1}}\omega(\eta)=\frac{2\pi^{n/2}}{\Gamma(n/2)}$ と置く ($\Gamma(s)$ は通常の Γ 函数).

特に，調和函数は劣調和函数である．

A.4.2 [命題] (最大値原理)　$u(x)$ が $U\in\mathfrak{O}(\mathbb{R}^n)$ 上の劣調和函数ならば，任意の $K\Subset U$ に対して $\max\limits_{x\in K}u(x)=\max\limits_{x\in\partial K}u(x)$.

証明　$x_0 \in K$ を $C := u(x_0) = \max\{u(x); x \in K\}$ と取り，$x \in \operatorname{Int} K$ と仮定する．$r := \operatorname{dis}(x_0, \partial K)$ と置けば，$\eta_0 \in \mathbb{S}^{n-1}$ が存在して $x_0 + r\eta_0 \in \partial K$．ここで $u(x_0 + r\eta_0) < C$ と仮定すれば，$x_0 + r\eta_0$ の近傍で $u < C$ 且つ K 上 $u \leqslant C$ だから

$$C = u(x_0) \leqslant \frac{1}{\sigma_n} \int_{\mathbb{S}^{n-1}} u(x_0 + r\eta)\,\omega(\eta) < C$$

となり矛盾する．■

A.4.3［補題］　$\{u_\alpha(x)\}_{\alpha \in A}$ が $U \in \mathfrak{O}(\mathbb{R}^n)$ 上の劣調和函数族で，$u(x) := \sup_{\alpha \in A} u_\alpha(x)$ が上半連続ならば，劣調和函数となる．

証明　任意の $x \in U$ 及び $r \in \big[0, \operatorname{dis}(x, \partial U)\big[$ に対して

$$u_\alpha(x) \leqslant \frac{1}{\sigma_n} \int_{\mathbb{S}^{n-1}} u_\alpha(x + r\eta)\,\omega(\eta) \leqslant \frac{1}{\sigma_n} \int_{\mathbb{S}^{n-1}} u(x + r\eta)\,\omega(\eta)$$

だから結局

$$u(x) \leqslant \frac{1}{\sigma_n} \int_{\mathbb{S}^{n-1}} u(x + r\eta)\,\omega(\eta).$$

■

A.4.4［命題］　$U \in \mathfrak{O}(\mathbb{R}^n)$ 上の C^2 級函数 $u(x)$ は，$\Delta u \geqslant 0$ を満たせば劣調和となる．

証明　任意の $x \in U$ を固定し，$\mathsf{D}_r := \{y \in \mathbb{R}^n; |y - x| \leqslant r\}$ と置く．

$$\mathsf{M}(u; x, r) := \frac{1}{\sigma_n} \int_{\mathbb{S}^{n-1}} u(x + r\eta)\,\omega(\eta)$$

と定める．D_r に関する外法線ベクトル場は $\dfrac{\partial}{\partial \boldsymbol{\nu}} = \displaystyle\sum_{j=1}^{n} \frac{y_j - x_j}{r} \frac{\partial}{\partial y_j}$ だから，変数変換によって

$$\frac{\partial \mathsf{M}}{\partial r}(u; x, r) = \frac{1}{\sigma_n} \int_{\mathbb{S}^{n-1}} \frac{\partial u}{\partial r}(x + r\eta)\,\omega(\eta) = \frac{1}{\sigma_n r^{n-1}} \int_{\partial \mathsf{D}_r} \frac{\partial u}{\partial \boldsymbol{\nu}}(y)\,\omega(y).$$

ここで **Green の公式**を適用すれば，任意の C^2 級函数 $v(x)$ に対して

$$\int_{\mathsf{D}_r} \big(v(y)\,\Delta u(y) - u(y)\,\Delta v(y)\big)\,dy = \int_{\partial \mathsf{D}_r} \Big(v(y)\,\frac{\partial u}{\partial \boldsymbol{\nu}}(y) - u(y)\,\frac{\partial v}{\partial \boldsymbol{\nu}}(y)\Big)\,\omega(y).$$

特に v を恒等的に 1 に取れば，$r > 0$ のとき

$$\frac{\partial \mathsf{M}}{\partial r}(u; x, r) = \frac{1}{\sigma_n r^{n-1}} \int_{\mathsf{D}_r} \Delta u(y)\,dy \geqslant 0.$$

従って $0 < r' < r$ ならば $\mathsf{M}(u;x,r') \leqslant \mathsf{M}(u;x,r)$．極限を取れば，連続性から

$$u(x) = \mathsf{M}(u;x,0) = \lim_{r'\to+0} \mathsf{M}(u;x,r') \leqslant \frac{1}{\sigma_n}\int_{\mathbb{S}^{n-1}} u(x+r\eta)\,\omega(\eta). \qquad \blacksquare$$

A.4.5 [定理] (Hartogs)　$U \in \mathfrak{O}(\mathbb{C})$ 上の劣調和函数列 $\{u_j(z)\}_{j\in\mathbb{N}}$ が，次の条件を満たすと仮定する:

(1) 定数 $C > 0$ が存在して，任意の $z \in U$ に対して $\overline{\lim_{j\to\infty}}\, u_j(z) \leqslant C$;

(2) 任意の $K \Subset U$ に対して，$\sup\{u_j(z);\, z \in K, j \in \mathbb{N}\} < \infty$.

このとき任意の $\varepsilon > 0$ 及び $K \Subset U$ に対して $j_0 \in \mathbb{N}$ が存在して，任意の $z \in K$ 及び $j \geqslant j_0$ に対して $u_j(z) \leqslant C + \varepsilon$ となる．

証明　$3r < \operatorname{dis}(K, \partial U)$ と $r > 0$ を取る．仮定 (2) を $\{z \in \mathbb{C};\, \operatorname{dis}(z,K) \leqslant 3r\} \Subset U$ で適用して定数を引いて $u_j(z) \leqslant 0$ と仮定して一般性を失わない．このとき，任意の $z \in K$ に対して

$$u_j(z) \leqslant \frac{1}{\sigma_2}\int_{\mathbb{S}^1} u_j(z+r'\eta)\,\omega(\eta) = \frac{1}{2\pi}\int_0^{2\pi} u_j(z+r'e^{\sqrt{-1}\,\theta})\,d\theta.$$

これに $2\pi r'$ を掛けて，$0 \leqslant r' \leqslant r$ で積分すれば

$$\pi r^2 u_j(z) \leqslant \int\limits_{|z-w|\leqslant r} u_j(w)\,d|w|.$$

但し，$d|w| := d\operatorname{Re} w\, d\operatorname{Im} w$．一方，Lebesgue 積分の **Fatou の補題**から

$$\overline{\lim_{j\to\infty}} \int\limits_{|z-w|\leqslant r} u_j(w)\,d|w| \leqslant \int\limits_{|z-w|\leqslant r} \overline{\lim_{j\to\infty}}\, u_j(w)\,d|w| \leqslant \pi r^2 C.$$

よって任意の $z \in K$ に対して $j_0 \in \mathbb{N}$ が存在して，$j \geqslant j_0$ ならば

$$\int\limits_{|z-w|\leqslant r} u_j(w)\,d|w| \leqslant \pi r^2\Bigl(C + \frac{\varepsilon}{2}\Bigr).$$

$u_j \leqslant 0$ だから，$|z - z'| < \delta < r$ ならば

$$\pi(r+\delta)^2 u_j(z') \leqslant \int\limits_{|z'-w|\leqslant r+\delta} u_j(w)\,d|w| \leqslant \int\limits_{|z-w|\leqslant r} u_j(w)\,d|w|.$$

従って，$j \geqslant j_0$ ならば

$$u_j(z') \leqslant \Bigl(C + \frac{\varepsilon}{2}\Bigr)\Bigl(\frac{r}{r+\delta}\Bigr)^2$$

だから δ を十分小さく取れば $j \geqslant j_0$ 且つ $|z - z'| < \delta$ ならば $u_j(z') \leqslant C + \varepsilon$ となる．K はコンパクトだから，これを有限回繰返せば良い．　$\blacksquare$

A.4.6 [命題]　$U \in \mathfrak{O}(\mathbb{C})$ とする．U 上の上半連続函数 $u(z)$ が次を満たせば劣調和となる: 任意の $z_0 \in U$ 及び $r < \mathrm{dis}(z_0, \partial U)$ に対して $\mathsf{D}_r(z_0) := \{z \in U; |z - z_0| \leqslant r\}$ で連続且つ $\mathrm{Int}\,\mathsf{D}_r(z_0)$ で調和な函数 $f(z)$ が $\partial\mathsf{D}_r(z_0)$ 上 $u(z) \leqslant f(z)$ ならば $\mathsf{D}_r(z_0)$ 上でも $u(z) \leqslant f(z)$.

証明　$\partial\mathsf{D}_r(z_0)$ 上で $f_j(z) \underset{j}{\to} u(z)$ となる非減少連続函数列を取り，その **Poisson 積分**

$$u_j(z_0 + \rho e^{\sqrt{-1}\,\theta}) := \frac{1}{2\pi}\int_0^{2\pi} \frac{(r^2 - \rho^2) f_j(z_0 + r e^{\sqrt{-1}\,\varphi})}{r^2 + \rho^2 - 2r\rho\cos(\theta - \varphi)}\, d\varphi$$

を考えれば，u_j は $\mathsf{D}_r(z_0)$ で連続，$\mathrm{Int}\,\mathsf{D}_r(z_0)$ で調和，且つ $\partial\mathsf{D}_r(z_0)$ 上 $u(z) \leqslant f_j(z) = u_j(z)$．従って，仮定から

$$\begin{aligned} f(z_0) \leqslant u_j(z_0) &= \frac{1}{2\pi}\int_0^{2\pi} u_j(z_0 + r e^{\sqrt{-1}\,\varphi})\, d\varphi \\ &= \frac{1}{2\pi}\int_0^{2\pi} f_j(z_0 + r e^{\sqrt{-1}\,\varphi})\, d\varphi \end{aligned}$$

だから，$j \to \infty$ とすれば良い．■

実は，命題 A.4.6 の条件は，$u(z)$ が劣調和と同値が知られている．

A.4.7 [系]　$U \in \mathfrak{O}(\mathbb{C})$ とすれば，任意の $u(z) \in \Gamma(U; \mathscr{O}_{\mathbb{C}})$ に対して $\log|u(z)|$ は劣調和函数.

証明　任意の $z_0 \in U$ 及び $r < \mathrm{dis}(z_0, \partial U)$ を取る．$\mathsf{D}_r(z_0)$ で連続且つ $\mathrm{Int}\,\mathsf{D}_r(z_0)$ で調和な函数 $f(z)$ が $\partial\mathsf{D}_r(z_0)$ 上 $\log|u(z)| \leqslant f(z)$ とする．$\mathsf{D}_r(z_0)$ で連続且つ $\mathrm{Int}\,\mathsf{D}_R(z_0)$ で整型な函数 $g(z)$ が存在して $f(z) = \mathrm{Re}\, g(z)$ と書ける． 従って $u(z)\, e^{-g(z)}$ に対して**最大値原理**を適用すれば，$\partial\mathsf{D}_r(z_0)$ 上 $|u(z)\, e^{-g(z)}| = |u(z)|\, e^{-f(z)} \leqslant 1$ だから，$\mathsf{D}_r(z_0)$ でも $|u(z)\, e^{-g(z)}| \leqslant 1$，即ち $\log|u(z)| \leqslant f(z)$ が得られ，命題 A.4.6 から $\log|u(z)|$ は劣調和.　■

参考文献

[1] T. Aoki (青木貴史), *Symbols and formal symbols of pseudodifferential operators*, Group Representation and Systems of Differential Equations, Proceedings Tokyo 1982 (K. Okamoto, ed.), Advanced Studies in Pure Math. **4**, Kinokuniya, Tokyo; North-Holland, 1984, pp. 181–208.

[2] J.-E. Björk, *Rings of Differential Operators*, North-Holland, 1979.

[3] J.-E. Björk, *Analytic $\mathscr{D}$-Modules and Applications*, Math. and Its Appl. **247**, Kluwer, 1993.

[4] L. Hörmander, *An Introduction to Complex Analysis in Several Variables*, (3rd ed.), Math. Library **7**, North-Holland, 1990.

[5] D. Iagolnitzer and H. P. Stapp, *Macroscopic causality and physical region analyticity in S-matrix theory*, Comm. Math. Phys. **14** (1969), 15–55.

[6] 金子 晃, [新版] 超函数入門, 東京大学出版会, 1996.

[7] M. Kashiwara (柏原 正樹), *Systems of Microdifferential Equations*, Notes and English transl. by T. Monteiro Fernandes, Progress in Math. **34**, Birkhäuser, 1983.

[8] 柏原 正樹, 代数解析概論, 岩波講座 現代数学の展開, 岩波書店, 2000.

[9] 柏原 正樹, 河合 隆裕, 木村 達雄, 代数解析学の基礎, 紀伊國屋数学選書 **18**, 紀伊國屋, 1980.

[10] M. Kashiwara (柏原 正樹) and P. Schapira, *Sheaves on Manifolds*, Grundlehren Math. Wiss. **292**, Springer, 1990.

[11] K. Kataoka (片岡清臣), *On the theory of Radon transformations of hyperfunctions*, J. Fac. Sci. Univ. Tokyo Sect. IA **28** (1981), 331–412.

[12] G. Kato and D. C. Struppa, *Fundamentals of Algebraic Microlocal Analysis*, Pure and Appl. Math. **217**, Dekker (1999).

[13] 小松 彦三郎，超関数論入門，岩波講座 基礎数学，岩波書店，1978.

[14] P. Laubin, *Front d'onde analytique et décomposition microlocale des distributions*, Ann. Inst. Fourier (Grenoble) **33**-3 (1983), 179–199.

[15] Y. Laurent, *Microlocal operators with plurisubharmonic growth*, Compositio Math. **86** (1993), 23–67.

[16] A. Martineau, *Les hyperfonctions de M. Sato*, Séminaire Bourbaki **13** (1960/1), **124**.

[17] 森本 光生，復刊 佐藤超函数入門，共立出版，2000.

[18] 大島 利雄，小松 彦三郎，1 階偏微分方程式，岩波講座 基礎数学，岩波書店，1977.

[19] M. Sato（佐藤 幹夫），*Theory of hyperfunctions. I–II*, J. Fac. Sci. Univ. Tokyo Sect. IA **8** (1959/60), 139–193 and 387–436.

[20] M. Sato（佐藤 幹夫），T. Kawai（河合 隆裕），M. Kashiwara（柏原 正樹），*Microfunctions and pseudo-differential equations*, Hyperfunctions and Pseudo-Differential Equations, Proceedings Katata 1971 (H. Komatsu, ed.), Lecture Notes in Math. **287**, Springer, 1973, pp. 265–529.

[21] P. Schapira, *Microdifferential Systems in the Complex Domain*, Grundlehren Math. Wiss. **269**, Springer, 1985.

[22] L. Schwartz, *Théorie des distributions*, 3éd., Hermann, 1966（岩村 聯他訳，超函数の理論，岩波書店，1971）.

[23] 志賀 浩二，多様体論，基礎数学選書，岩波書店，1990.

[24] J. Sjöstrand, *Singularités analytiques microlocales*, Astérisque **95**, 1982.

[25] S. Wakabayashi（若林 誠一郎），*Classical Microlocal Analysis in the Space of Hyperfuntions*, Lecture Notes in Math. **1737**, Springer, 2000.

参考文献は本書と関連する中で最小限に留めたことを断っておく．

本書で用いた多様体に関する基礎事項については，例えば志賀 [23] を参照されたい．

日本語で読める超函数論に関する単行本は，金子 [6]，柏原，河合，木村 [9] 及び森本 [17] を紹介しておく．又，小松 [13] は 1 変数超函数論が詳しい．英語の本では Kato-Struppa [12] がある．

多変数複素解析の基礎は，例えば Hörmander [4] を参考にされたい．

FBI 変換の基本文献は Sjöstrand [24] だが，その理論の起源は Iagolnitzer-Stapp [5] にあるといって良いだろう．

Schwartz 超函数については，今日でも Schwartz [22] が基本的文献である．小松 [13] では Schwartz 超函数の他に ultradistribution の理論も紹介されている．超函数を Schwartz 超函数的手法で扱ったものは例えば若林 [25] を，Schwartz 超函数と FBI 変換との関連については Laubin [14] を各々参照されたい．

本書での作用素の扱いは片岡 [11] 及び青木 [1] に基づくが，他に Laurent [15] を参考にした．割算定理の証明は Schapira [21] に従った．又 symplectic 幾何の基礎については，Björk [2] 及び大島，小松 [18] を参照されたい．

本書は「はじめに」で述べた通り相対コホモロジー論を用いずに理論の展開を図った．本書で省略した元来の代数的アプローチについては言うまでもなく佐藤，河合，柏原 [20]，更には柏原，Schapira [10] が基本的且つ重要な文献である．$\mathscr{D}$ 加群論及びその超局所化については，この二つの他に Björk [2], [3], 柏原 [7], [8] 及び Schapira [21] が各々特色ある教科書である．

索引

【カ】

【キ】

【ク】

【ケ】

【サ】

【シ】

【ス】

【セ】

【ソ】

著者紹介

あお き たか し
青 木 貴 史

1981年　東京大学大学院理学系研究科博士課程修了
現　在　近畿大学理工学部教授，理学博士
著　書　21世紀無差別級数学バトル—近畿大学数学コンテスト問題集—
　　　　（ピアソン・エデュケーション，2004，共著）

かた おか きよ おみ
片 岡 清 臣

1976年　東京大学大学院理学系研究科修士課程修了
現　在　東京大学大学院数理科学研究科教授，理学博士

やま ざき すすむ
山 崎　 晋

1996年　東京大学大学院数理科学研究科博士課程修了
現　在　日本大学理工学部専任講師，博士（数理科学）

共立叢書 現代数学の潮流
超函数・FBI 変換・無限階擬微分作用素

2004 年 6 月 10 日　初版 1 刷発行

著　者　青 木 貴 史
　　　　片 岡 清 臣
　　　　山 崎　 晋

発行者　南 條 光 章

発行所　**共立出版株式会社**
東京都文京区小日向 4-6-19
電話　東京(03)3947-2511 番（代表）
郵便番号 112-8700
振替口座 00110-2-57035 番
URL http://www.kyoritsu-pub.co.jp/

印　刷　加藤文明社

製　本　関山製本

検印廃止

NDC 413,415

ISBN 4-320-01695-5